可持续发展的土木工程

——第二届全国高校土木工程专业大学生论坛论文及创新成果集

邹超英　主编

哈爾濱工業大學出版社
HARBIN INSTITUTE OF TECHNOLOGY PRESS

图书在版编目(CIP)数据

可持续发展的土木工程:第二届全国高校土木工程专业大学生论坛论文及创新成果集/邹超英主编. —哈尔滨:哈尔滨工业大学出版社,2012.8

ISBN 978-7-5603-3752-4

Ⅰ.①可… Ⅱ.①邹… Ⅲ.①土木工程-文集
Ⅳ.①TU-53

中国版本图书馆 CIP 数据核字(2012)第 173812 号

责任编辑 王桂芝 宋福君 任莹莹
出版发行 哈尔滨工业大学出版社
社　　址 哈尔滨市南岗区复华四道街 10 号 邮编 150006
传　　真 0451-86414749
网　　址 http://hitpress.hit.edu.cn
印　　刷 哈尔滨市石桥印务有限公司
开　　本 787mm×1092mm 1/16 印张 23.25 字数 550 千字
版　　次 2012 年 8 月第 1 版 2012 年 8 月第 1 次印刷
书　　号 ISBN 978-7-5603-3752-4
定　　价 150.00 元

第二届全国高校土木工程专业大学生论坛

组 织 机 构

■ **主办单位** 住房与建设部全国高等土木工程学科专业指导委员会

■ **承办单位** 哈尔滨工业大学

■ **指导委员会**

主　席:李国强 教授 同济大学

委　员(按姓氏笔画排序)

王　湛(华南理工大学)
王立忠(浙江大学)
王起才(兰州交通大学)
叶列平(清华大学)
朱宏平(华中科技大学)
刘伯权(长安大学)
祁　皑(福州大学)
孙利民(同济大学)
李爱群(东南大学)
吴　徽(北京建筑工程学院)
邹超英(哈尔滨工业大学)
张永兴(重庆大学)
岳祖润(石家庄铁道学院)
周学军(山东建筑大学)
赵艳林(桂林理工大学)
徐　岳(长安大学)
高　波(西南交通大学)
靖洪文(中国矿业大学)
薛素铎(北京工业大学)
王　燕(青岛理工大学)
王宗林(哈尔滨工业大学)
方　志(湖南大学)
白国良(西安建筑科技大学)
朱彦鹏(兰州理工大学)
关　罡(郑州大学)
孙伟民(南京工业大学)
李宏男(大连理工大学)
杨　杨(浙江工业大学)
余志武(中南大学)
张　雁(中国土木工程学会)
张俊平(广州大学)
周志祥(重庆交通大学)
郑健龙(长沙理工大学)
姜忻良(天津大学)
徐礼华(武汉大学)
程　桦(安徽大学)
缪　昇(云南大学)
魏庆朝(北京交通大学)

■ **组织委员会**

主　席:周　玉　中国工程院院士、哈尔滨工业大学副校长
　　　　张洪涛　哈尔滨工业大学党委副书记、副校长

副主席:徐晓飞　哈尔滨工业大学校长助理、本科生院常务副院长
　　　　沈　毅　哈尔滨工业大学教务处处长
　　　　范　峰　哈尔滨工业大学土木工程学院院长
　　　　夏　辉　哈尔滨工业大学团委副书记

委　员:

郑文忠　吕大刚　吴　斌　徐鹏举　武　岳　邵永松　辛大波　郭兰慧
耿　悦　张东昱　汪鸿山　卢姗姗　王　建

前　　言

全国高校土木工程专业大学生论坛是由住房与城乡建设部全国高等学校土木工程学科专业指导委员会主办的一项旨在提高大学生创新能力的交流会,通过论坛为大学生创建一个轻松愉快、青春洋溢的交流平台,展示大学生对土木工程发展的新见解、新措施、新方法以及所取得的成绩。通过论文交流、成果展示和兴趣活动,激发学生对所学专业的认识、思考和对工程问题、环境问题、社会问题以及土木工程发展方向的关注,培养具有实践能力、组织和管理能力,具有创新精神、面向未来的高级人才。全国高校土木工程专业大学生论坛每两年举行一次,本届论坛于2012年8月在哈尔滨工业大学召开,来自30所高校的126名师生共聚哈尔滨工业大学参加本次论坛。

随着全球经济的发展,土木工程正在呈现出结构大型化、复杂化、多样化,施工技术精细化,材料与设备日新月异,防灾减灾能力可靠性高,服务领域多样化的特点。信息技术、生态技术、节能技术等日益与土木工程有机结合,土木工程本身正在成为众多新技术的复合载体。同时,可持续发展的理念已经成为全世界经济社会发展的共识,绿色环保、节能减排等新形势为土木工程的发展提出了更高的要求。把握可持续发展的土木工程发展趋势,抓住历史机遇,与时俱进,提升自身创造力,使我国土木工程科技早日跻身世界领先行列,是土木工程专业大学生的历史使命与责任。本届论坛以"可持续发展的土木工程"为主题,主要环节包括:展示社会热点与土木工程专业发展为主的专家报告,体现大学生思维与创新为主的分组交流和实践成果展示,提升合作精神和动手能力为主的趣味竞赛,增强工程体验的参观等环节。

此次论坛共收到来自同济大学、清华大学、哈尔滨工业大学、大连理工大学、武汉大学、华南理工大学等高校提交的80余篇学术论文,经专家评审,评选出45篇大会交流论文和18项创新成果,以《可持续发展的土木工程——第二届全国高校土木工程专业大学生论坛论文及创新成果集》的形式正式出版。

借此机会,向所有参加本次全国高校土木工程专业大学生论坛的同学表示热烈的欢迎,向所有为此次论坛付出辛勤劳动的专家、老师们表示由衷的感谢！愿大学生们在会议期间尽享哈尔滨的凉爽。

编　者

2012年8月于哈工大

目　录

论　文

创新成果

论　文

一、智能结构系统与能源结构

预应力张拉智能化控制系统的研究

陈雅泽　许家婧　魏　莱　王培育

（武汉大学 土木建筑工程学院，湖北 武汉 430072）

摘　要　预应力张拉是在结构构件承受外荷载之前，通过张拉预应力束，将预应力束的弹性收缩力传递到混凝土构件上，产生预压应力，这样可以部分或者全部抵消外荷载产生的拉应力，从而提高构件的刚度，推迟裂缝出现的时间。预应力张拉智能控制系统利用对混凝土上施加预应力的时时监控，得到当下混凝土上有效的预应力值，根据不断和目标值对比，改变张拉速度，得到与预应力目标值相差在1%以内的值。这样，不仅能克服油压表读数误差大、读数速度慢及人工操作干扰多等缺点，而且能更好地适应张拉过程中具有的非线性和不确定性等特点，大幅提高预应力结构的施工精度及安全性，具有广阔的工程背景和良好的应用前景。

关键词　预应力张拉；智能化控制

1　引　言

随着近年来我国改革开放事业的高速发展，预应力结构越来越多地应用到高层建筑、地下工程、高速铁路、公路、水电、核电等重要工程建设领域，具有广泛的应用前景。预应力张拉是在结构构件承受外荷载之前，通过张拉预应力束，将预应力束的弹性收缩力传递到混凝土构件上，产生预压应力，这样可以部分或者全部抵消外荷载产生的拉应力，从而提高构件的刚度，推迟裂缝出现的时间，增加构件的耐久性。

预应力混凝土的施工工艺有先张法和后张法。

预应力张拉是一个复杂的非线性的力的分配和传递过程，其中，预应力张拉精度是决定预应力结构安全与正常运营的首要条件。在张拉过程中由于预应力混凝土生产工艺和材料的固有特性等原因，预应力束的应力值从张拉、锚固直到构件安装使用的整个过程中不断降低，即预应力损失。预应力损失的大小，会对最终的精度造成不同程度的影响。一旦预应力张拉精度失控，轻则会引起结构出现锚固端的纵向裂纹、反拱过大，重则会引起结构出现横向裂缝、预应力束拉断等事故，因预应力张拉精度失控造成预应力结构失效、破坏及生命财产巨大损失的事故时有发生。

2　预应力张拉技术现状与趋势

预应力张拉技术以其所特有的优点而迅速发展。目前，国内建设工程中采用的预应力张拉设备，主要是由油泵驱动千斤顶进行张拉，并通过人工读取油表示数、记录伸长量来控制张拉过程。这一施工技术虽然目前广泛使用，但仍存在以下不足之处：

(1) 压力表读数误差大、读数不稳定、读数速度慢;

(2)由压力表读数需换算才能知道张拉力的大小,形不成张拉力的直观概念,对控制张拉不方便;

(3) 工测量张拉伸长值存在读数误差大、测量过程慢、信息反馈不准确、控制不同步等问题;

(4) 千斤顶、张拉油泵与油压表的标定所需次数多,标定结果不易保持;

(5) 施工记录人工填写,难以保证真实性。

面对相对完善的预应力结构计算和设计方法,原始的预应力施工方法是极不相称的,直接影响到预应力结构的应用与发展。因此,充分利用当代的高科技成果,改进传统的预应力张拉工艺是目前预应力混凝土施工中迫切需要解决的问题,受到了结构工程界和应用力学界的高度重视。20 世纪 80 年代末,一些研究者从不同的侧面开始了对这一问题的研究,并取得了初步的成果,英国 CCL 公司和北京市建筑科学研究院在数控油泵的研制方面取得了初步成功,但不能对张拉力实施直接控制,而且不能实现张拉伸长值的控制,因此不能满足工程需要。

现在,国内外有两种提高预应力张拉精度方法:

(1)预应力信息化施工。

信息化施工是在施工过程中,通过设置各种测量元件和仪器,实时收集现场实际数据并加以分析,根据分析结果对原设计和施工方案进行必要的调整,并反馈到下一施工过程,对下一阶段的施工过程进行分析和预测,从而保证工程施工安全、经济地进行。一定程度上克服了油压表读数误差大、读数速度慢等缺点,有效地提高了张拉力的控制精度,但无法实现双控,大量的力传感器永久地埋设在预应力结构中,施工后无法回收,成本高;另一方面,在施工过程中,数据的采集和处理由计算机完成,对施工人员要求高。预应力信息化施工技术只能在某些特殊重要的结构中应用,无法从根本上取代传统的张拉工艺。

(2)油泵的数字化控制。

采用数控油泵,主要是监控油泵上的读数,可以很大程度上提高预应力张拉的精度,但依然存在下列不足之处:

①计算机系统采集和控制的是液压压力,不能对张拉力实施直接控制,若张拉装置在使用过程中出现漏油或管路阻力变化,液压压力与张拉力的相关关系会发生改变,张拉控制精度无法保证,另外,张拉力需经换算方能获得,不直观;

②计算机控制电动油泵仅仅控制张拉力,不能实现张拉伸长值的控制,因此也无法实现预应力张拉的双控。

3 预应力张拉智能控制系统设计

预应力张拉智能控制系统利用对混凝土上施加预应力的时时监控,得到当下混凝土上有效的预应力值,根据不断和目标值对比,改变张拉速度,得到与预应力目标值相差在1% 以内的值。这样,不仅能克服油压表读数误差大、读数速度慢及人工操作干扰多等缺点,而且能更好地适应张拉过程中具有的非线性和不确定性等特点,大幅提高预应力结构的施工精度及安全性,具有广阔的工程背景和良好的应用前景。

预应力张拉智能控制系统主要针对后张法,部件包括应变仪、位移传感器、可编程逻辑控制器(PLC)、变速器、张拉千斤顶、控制与显示仪表等。组装工作流程如图 1 所示。

首先,在可编程逻辑控制器(PLC)中输入预应力设计值和当下工作环境的部分参数,PLC 根据预应力设计值和损失计算值,计算出实际需要的预加压应力,作为混凝土需达到的目标值。然后张拉开始,应变仪采集预应力束和混凝土的应变值,并传输到逻辑控

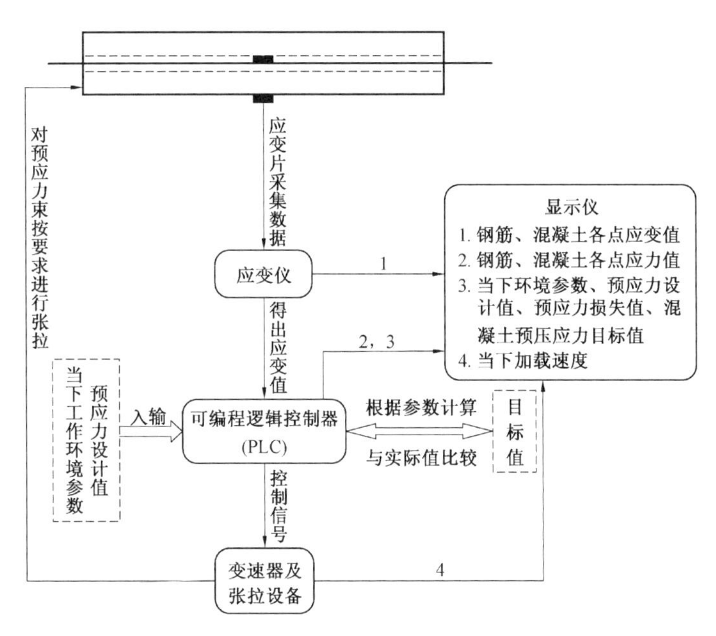

图 1　预应力张拉智能控制系统

制器中，计算出各个点相应的实际应力值，同时将各点应力应变和预应力束的伸长量数据输出在显示屏上。最后，通过与混凝土目标应力值的比较，逻辑控制器向张拉设备发出控制信号，改变张拉的速度。即目标应力值与实际值的差值越小，加载量越小，使实际应力值与目标值更准确地吻合。通过不断的测量，与目标值比较，做出数次调整，使混凝土的有效应力与目标值之间的误差最小。

相较于传统施工方式中以油表示数为控制量，本系统以预应力束和混凝土的实际应力为目标控制变量，则可省去对一些即时产生的预应力损失的估算，如摩擦和锚具压缩等，使混凝土最终得到的预应力更准确，也更具可控性。

4　系统的参数选取

4.1　预应力损失

预应力损失会极大地影响已建立的预应力，同时也影响到结构的工作性能。通过理论分析和实验研究，正确估算出预应力损失值，决定实际张拉量。

传统的施工方法中，需要考虑的主要因素包括：①锚固损失；②摩擦损失；③热养护损失；④钢材的松弛损失；⑤混凝土的徐变损失；⑥混凝土收缩损失。对于以上 6 点主要因素，由于本系统已测出混凝土的实际应力，可忽略如摩擦、锚固等瞬时损失因素，故只需要考虑非瞬时损失，即钢筋应力松弛及混凝土的收缩徐变引起的预应力损失。参考成熟的经验公式，选取适当预应力损失估算公式。

4.2　混凝土受压时的应力-应变关系

本系统在张拉过程中采集混凝土的应变值，但以其实际应力为基本控制量，故需进行混凝土受压时的应力-应变关系的分析。搜集以往数据，参考一些经典模型，例如：

当 $\varepsilon \leqslant \varepsilon_c$ 时，$\sigma = \sigma_c(2\frac{\varepsilon}{\varepsilon_c} - \frac{\varepsilon^2}{\varepsilon_c^2})$，此时 $E_c = 2\sigma_c/\varepsilon_c$，$\varepsilon_c = 0.002$。

当 $\varepsilon_c \leqslant \varepsilon \leqslant \varepsilon_u$ 时，$\sigma = \sigma_c[1 - m(\frac{\varepsilon}{\varepsilon_c} - 1)]$，式中 $m = \alpha/(\frac{\varepsilon_u}{\varepsilon_c} - 1)$。

当 $\alpha = 0.15$，$\varepsilon_u = 0.038$ 时，即为当前使用

较多的 Hognestad 应力 - 应变曲线。

当 $\alpha = 0.019$，$\varepsilon_u = 0.035$ 时，即为 CEB - FIP 标准规范采用的应力 - 应变曲线。

根据实际施工情况进行适当调整，建立预应力施加过程中混凝土应力与应变的对应关系。

5 总 结

预应力张拉智能控制系统不仅能克服油压表读数误差大、读数速度慢及人工操作干扰多等缺点，而且能更好地适应张拉过程中具有的非线性和不确定性等特点，大幅提高预应力结构的施工精度及安全性，使工程质量得到保障。

在社会价值和经济性上，本系统由于高度的智能化控制，可大量减少施工技术人员，将人工从复杂繁琐的操作中解放出来，进一步提高土木工程行业的智能化和现代化程度。同时施工人员的减少也将便于施工现场的科学管理，加快施工速度，既节省了成本也提高了施工精度。因此，预应力张拉智能化控制系统的研发能进一步完善预应力理论，大幅提高预应力结构的施工水平，提升行业智能化程度，具有深远的研究意义和广泛的应用前景。

参考文献

[1] WARSZAWSKI R. Implementation of robotics in building-current status and future prospects[J]. Journal of Construction Engineering and Management, 1998, 124 (1): 31-38.

[2] JOHN E. The state of the art in north America [J]. PCI Journal, 1990, 35(6): 62-67.

[3] 郭全全，李珠，张善元. 预应力数字化张拉技术的研究[J]. 土木工程学报，2004，37(7)：13-17.

[4] 吕志涛. 新世纪我国土木工程活动与预应力技术的展望[J]. 建筑技术，2000，31(12)：42-44.

[5] 朱伯芳. 土木工程计算机应用的现状与展望[J]. 土木工程学报，1992，25(4)：71-74.

[6] 杨宗放. 中国预应力技术的现况与展望[J]. 建筑技术，1998，29(12)：816-818.

[7] 陈惠玲. 高效预应力结构设计施工实例应用手册[M]. 北京：中国建筑工业出版社，1998.

基于脚步发电的发光斑马线设备原型研究

谢雯娉　张宏雨　陈登峰　葛　辰　龚玲艳
（长沙理工大学 交通运输工程学院，湖南 长沙 410114）

摘　要　本作品设计开发了一种基于脚步发电的发光斑马线，该斑马线能感应即将过街的行人，并将行人行走对地面踩压时所做的自然功通过压电发电片转化为电能，使斑马线上的灯带发光。灯带发出的光对驾驶员产生一定视觉冲击，以此警示驶向斑马线的车辆，使之减速行驶或停止，从而达到保护行人安全过街的目的，打造安全交通、绿色交通。同时本作品可以实现自主发电与供电，符合当前节能减排的号召与趋势，这对于道路交通系统的节能具有重要的探索意义和社会价值。

关键词　交通安全；发光斑马线；压电发电技术；节能减排

1　研究背景

1.1　问题的提出

交通事故作为道路交通的三大公害之一，不仅给交通参与者的生命安全和财产带来巨大的威胁，而且严重干扰了道路交通系统的正常运行。交通事故频发一直以来困扰着我国乃至世界各国。我国的交通安全形势严峻，交通事故造成的死亡人数占各种事故的90%以上，对人类的危害已超过了地震、洪水、火灾、矿难等灾难。

据世界卫生组织统计，每年全球约有120万人死于道路交通事故，其中46%为步行者、骑自行车者或者两轮机动车使用者，这一比例在一些低收入和中等收入国家会更高。行人是交通参与者中的弱势群体，最容易受到伤害。我国道路交通情况复杂，人、车混行情况多，是世界上典型的以混合交通为主的国家，据《中华人民共和国道路交通事故统计年报(2007年度)》数据显示，2007年行人因交通意外死亡的人数为21 106人，占全部交通死亡人数的25.85%。这两个数字从1998年至现在没有低于2万。

因此，从主动安全的理念出发，研发科学、人性化、节能的保护行人安全的交通工程设施是非常有必要的。

1.2　国内外研究现状

关于如何设计更安全的人行横道方面，国内外研究人员针对斑马线进行了大量研究，提出了一系列的创新设计，并且已有部分成果在某些城市应用。2004年，比利时Tony Cavaleri提出了一种会发光的斑马线，其原理是当感知器感应到有行人踏到斑马线时，原本白色部分便发出亮光，让驾驶人在夜间可清楚见到行人穿越，降低不必要的意外事故，让行人与驾驶都可获得较好的安全保障。2009年3月，一种涂有“夜光交通标线涂料”的标线在我国北京市密云县境内的密西路、河东路施划，主要是解决山区乡镇公路夜间缺少照明设施导致发生交通事故的问题。同年11月，我国首条立体斑马线应用于广州番禺。立体斑马线紧挨着白线处平行增加一条蓝色线，在两条线的两端，刷上一个黄色四方块。这种斑马线利用色块构图，其立体感对司机产生视觉冲击，以此达到警示的目的。

2011 年,韩国设计师 Jae Min Lim 设计了一种更符合人类心态的弧形斑马线,减少心急过路的人容易偏离斑马线的几率,让他们可以更安全地走过道路。同时为进一步保障行人安全,设计师更在弧形斑马线铺上 LED 的发光层,让线条更醒目,提醒行人及驾驶者小心过街。其发光层的电源来自斑马线下设置的压力感应电池板,每当有汽车和行人经过路面时,斑马线所感受到的压力便会转化为电力,为发光层供电。此外,还有杭州的爱心斑马线、西安的脸谱斑马线等等。

综上所述,设计开发新型斑马线已成为提高行人安全的重要手段。其设计思路主要归纳为以下发展趋势:①通过改变斑马线的形状或色彩,对驾驶员产生一定的视觉冲击,以此达到警示作用;②通过外加电源或自身发电使斑马线发光,以此警示驾驶员。

本作品基于节能减排的理念,采用压力发电片技术设计发光斑马线,将行人行走对路面踩压所做的自然功转化为电能,使斑马线发光。

2　设计原理

2.1　设计思路

本作品采用压力发电片作为元器件,该元器件的发电原理是使其产生一定变形即可实现发电,如图 1 所示。但是压力发电片抗压能力很差,容易受损。因此本作品的设计思路是首先设计缓冲结构保护压力发电片,保证其使用寿命。然后设计发电结构,通过某种方式使压力发电片产生一定容许范围内的变形,从而产生电能。本作品使用的压电发电片如图 1 所示,其硬件数据如下:

(1) 型号为60 mm×37 mm×0.4mm,内层陶瓷片尺寸为 50 mm×35 mm×0.2 mm。

(2) 发电片峰值电压为 12 V,峰值电流为 10 mA。

通过实验,我们发现,压电发电片通过自身的形变产生瞬间电荷,其形变过程中产生的电荷量并无线性关系。

图 1　压电发电片

2.2　研究方法

本作品已设计了一种缓冲结构、两种发电结构,已开发了两个发光斑马线设备原型,我们称为发光斑马线 1 号和发光斑马线 2 号。

我项目小组在研究与制作基于脚步发电的发光斑马线设备原型时,前后采用了两种不同的传动的方式和作用压电发电片的方式。

2.2.1　发光斑马线 1 号的设计原理

发电机制:本型号的发电机制是采用敲击的方式使压力发电片发电,具体地,当行人踩踏到上盖时,上盖向下运动,在立柱内弹簧的缓冲下做预定范围内的下降,带动内立柱上的销钉击打压电片发电使其发电。

发电结构:发光斑马线 1 号的发电结构是压电发电片固定在底座上,与上盖一起构成发电装置。底板与上盖之间用立柱连接,如图 2 所示。立柱的主要作用是:

(1) 承受上盖来自行人的压力,保证发光底板不产生过大形变或者被破坏,维持其发电能力;

(2) 与底部的压缩弹簧连成整体,限制销钉(长销钉用于拨动发电片)上下运动的位移,使发电片形变不超出设计的 8 mm,保护其不被损坏。

在斑马线1号中，我们将发光部分和发电部分合二为一，在发电部分的盖板上方安装了20枚发光二极管，以此作为发光斑马线的替代。

图2　发电装置内部

实验分析：通过实验，我们可以看到，当斑马线1号上方有行人走过时，其上盖中内嵌的发光二极管会间断发光。因此，本作品的设计原理是可行的。斑马线1号能实现将行人行走所做的自然功转化为电能，并将其用于发光二极管的供能，达到警示驾驶员、保护行人的目的。

发光斑马线的不足之处是压电发电片的工作效率不高，功与能的转化率较低。其中最主要的原因是：立柱下部的弹簧缓冲作用太大，很大一部分的行人踩踏做功被内耗，未能转化为电能加以利用。

2.2.2　*发光斑马线2号的设计原理*

发电机制：通过齿轮传动拨动压力发电片的方式实现发电，具体地，当行人踩踏发电装置时，将齿轴下压，使其通过齿的传动，带动内部齿轮转动；再通过轴的转动，对两侧的压电发电片进行拨动。通过这种设计，行人踩踏发电装置一次，可以拨打每片发电片3次，极大地提高了发电效率。“拨打”方式比“敲击”方式能使发电片产生更多的电能。

发电结构：发电装置主要由上盖、传动部分、发电部分、和底座组成。传动部分和发电部分是整体设计的技术关键，我们采用齿条齿轮传动。设计数据如下：

(1)尺寸大小：齿轴圆柱的半径15 mm，齿轮的厚度15 mm，齿轴与齿轮咬合深2 mm；

(2)在齿轴有齿的部分：宽15 mm，长42 mm平面，齿轮齿的高度为2 mm，齿轴齿的外边缘与圆心距离为 $d=(15^2-7.5^2)1/2=13$ mm；

(3)齿轴与齿轮的中心距离(mm)：19.5=13+8.5−2(13为齿轴圆心到保留面的垂直距离；8.5为齿轮的半径；2为齿轴与齿轮的咬合深度)；

(4)齿轮与齿轴的传动：半径 $R=8.5$ mm的齿轮旋转90°，齿轴上下行程 $L=1/2\cdot\pi R=13.345$ mm，设计行程为15 mm。

发光装置：发光装置是根据国标要求进行设计的，小组将道路斑马线按比例缩小。通过在斑马线上内嵌发光二极管的方式，我们用“灯光”代替原来斑马线中的“白条”，使斑马线更美观耐用，对交通事故能更有效地进行预防。

实验分析：发光斑马线2号改进了发光斑马线1号发电效率低、功与能转化率低的缺点。

3　创新特色

本作品的研究方法突破了目前已有的普通人行道不发光或耗能发光的设计方法，通过大量设计和反复实验，创新地采用压力发电片作为元器件，将行人踩压的自然功转换为电能，能够自主发电，具有节能的特点。同时利用产生的电能使斑马线发光，达到警示驾驶员、提高主动安全的目的。

4　应用前景

(1)据统计，交通事故中有46%的事故与行人相关，本作品开发的基于脚步发电的发光斑马线具有较强的创新性和实用性，适应城市道路和公路上路段和交叉口的行人过街地点,若能够推广使用,对于提高行人安全性、节能、开发新型发电方式具有重要的价值和意义。

（2）市场分析和经济效益预测:本作品开发的基于脚步发电的发光斑马线具有广阔的应用空间,以中等城市为例,约16%左右的土地用于修建道路,有很多的行人过街斑马线,因此具有亿元级的市场空间。

参考文献

[1] 王炜. 交通工程学[M]. 南京:东南大学出版社, 2002.

[2] 杨佩昆. 交通管理与控制[M]. 北京:人民交通出版社, 2011.

[3] 周长城. AutoCAD 2007（中文版）机械设计实例教程[M]. 北京:机械工业出版社, 2007.

自适应自然灾害的仿生结构的设想

郭春阳　孟丽军
（石家庄铁道大学 土木工程学院，河北 石家庄 050043）

摘　要　自然界中的生物经历了几百万年的进化，其结构与功能已经达到了近乎完美的程度。人类的建筑若能像生物一样适应自然界的规律，必将在保护自我的同时，也能对自然环境起到丰富、美化和调节的作用。本文通过对部分生物自身结构以及动物巢穴构造的探索与分析，寻找自然界中存在的巧妙的、受力合理的、美观的“建筑”或“结构”。设想出防御强风、地震、环境侵蚀和泥石流等自然灾害的仿生结构。这种结构更加坚固，更加轻巧，更加节省材料，能够随遇而安，更能与环境相协调，成为一种自适应灾害的可控制性结构。

关键词　仿生结构；防御灾害；自适应；可控制性

1　引　言

我国每年发生各种各样的自然灾害。我们在面对突如其来的自然灾害的时候，深刻感受到了在自然面前人类的渺小和脆弱，但是只要顺应自然规律，人类就可以与自然和谐相处。当前，绝大多数工程结构都只是按照力学原理设计的，建筑物没有智能，所以也不能做出相应的反应来保护自己。而今我们往往通过增大结构的尺寸与重量来保证结构的安全性。这样不可避免的增加了人力、财力与资源的消耗。自然界中动植物的种类繁多，它们在漫长的进化过程中，为求得生存，逐渐具备了适应自然界变化的能力。我们通过仿照这些生物体的结构，使建筑结构具有某些生命特性。我们通过对自然界和生物进化的过程进行学习和思考，从中学习经验与教训，从根本上解决仿生结构对自然灾害自适应的问题。

2　当前建筑在防御自然灾害方面的问题

当前建筑在防御自然灾害方面的性能还有一些不足，主要体现在如下三个方面：

（1）由于我国的国情和科学技术及经济实力的不断提升，现阶段有大量低标准的建筑物，与其设计安全标准相差甚远，许多城市的设施达不到这一标准，这种现象仍将长期存在。如何通过延长建筑结构在灾害发生时建筑物的寿命，尽量地减少损失，这是一个现实的问题。

（2）随着城市化的发展和高层建筑的发展，也给建筑带来了前所未有的问题，比如火灾、飞行物桩基等，再加上环境的恶化及人为灾害频度的上升，使原有建筑设计的可靠性降低。

（3）在现阶段的建筑结构设计过程中，我们虽然已经考虑到了某些不可预见的因素的影响，但是由于其不可预见的特性，我们可参考的数据和试验还有很大的欠缺，设计不可能预见得十分周全、准确。

3 自适应自然灾害的仿生结构

3.1 特点

自适应自然灾害结构是具有结构健康自诊断、环境自适应、对自然灾害做出自动防御及损伤自愈合等某些特征，以达到减轻重量、增加结构的稳固性、降低能耗、减少外界环境对其损害的目标的结构。好像自然界中的树木的结构，它对自然有着很好的自适应性，能对不同的自然灾害做出适当的反应。

3.2 基于材料的自适应自然灾害的仿生结构

作为自适应自然灾害的仿生结构，采用绿色材料和高智能性材料可以实现减轻重量、增强稳固性、降低能耗、减少外界环境对结构的损伤、结构的自愈性等目标，同时也可以有效地减少污染、降低能耗。

虽然强度和硬度是必要的，但是用作结构的材料其最重要的缺点是缺乏韧度。裂痕的形成是由于贫乏的韧性抵抗力。在外荷载的作用下，变形和破裂由于应力的集中便迅速发育、发展、扩展起来，渐次形成宏观上材料的破裂。植物在生长的过程中承受着各种自然的作用，如风、雨、地震和自身的重量，在抵抗这些作用的同时实际上也是与之相适应。在植物的中轴上，它们有着特有的细胞结构和稳固组织的弹性，裂纹不能扩展到整个横断面上。细胞组织的纤维越细，裂纹出现的可能性就越小。建筑材料可以通过在人工材料中加一些绿色材料，改变材料的结构，形成如上的植物结构，提高材料的韧性，提高结构的抵抗自然灾害的能力。

发展自愈性材料也可以提高结构应对自然灾害的能力。而今聚合物和结构复合材料在土木工程中的使用相当广泛。这些材料受到自然灾害的影响较易导致深裂纹，检测和外部干预是很难或几乎不可能形成的，故提出自愈性材料的概念。而今研究出的自我修复聚合物材料在分子和结构层次可以有效地解决众多的损伤机制，但是自愈材料仍然具有不稳定性。我们可以通过学习生物愈合的机制，即生物系统的多步骤愈合解决方案，并且研究生物如何对不同的自然灾害的损伤做出适当的愈合反应。通过研究生物的结构和功能，也可以开发出具有生命活性的材料。最理想的自愈性材料就是能不断感知和响应部件的寿命的损伤，恢复初始材料的性能，没有或很少影响材料的性能，这样可以使结构更安全、更可靠、更持久，并且对不同的自然灾害的损伤做出相应的反应，同时降低成本和维护费用，使材料本身具有自适应性。比如人与动物的皮肤具有良好的自愈功能，通过细胞组织的增殖，来实现伤口的自愈。同时皮肤具有防水的性能，汗液可以渗透出来，外边的水却永远都进不去。假如运用具有这种结构的材料，那么建筑结构对暴雨等灾害就会具有一定的抵抗力。我们可以通过探索皮肤的微观奥妙，为研究该材料提供思路。

3.3 基于结构的自适应自然灾害的仿生结构

迄今为止，几乎所有的工程结构都是按照力学的设计原理设计的，建筑结构没有生命，不会对自然灾害有感知性，也不会做出相应的反应来保护自己。我们可以参考人体的反射弧系统。神经元即神经细胞，它是神经系统的结构单位和功能单位。人的神经系统中包括有一百多亿个神经元，这些神经元在人体内组成网络。通过感觉器官和感觉神经即传入神经接受来自身体内外的各种信息，传递至中枢神经系统内，经过对信息的分析和综合，再通过运动神经即传出神经发出控制信息，以此实现肌体与内外环境的联系，使机体对外界的环境变化做出适当的反应。

该结构是通过模拟反射弧的形式感知结构系统内部的状态和外部的环境的变化，并及时做出相对应的判断和响应。该结构具有“神经系统”,可以感知结构整体形变与动态响应、局部应力应变和受损伤的情况;该结构具有“大脑”,能实时地监测结构健康状态,迅速地处理突发事故,并自动调节和控制,以便使整个结构系统始终处于最佳工作状态;该结构具有“肌肉”,能根据“大脑”发出的指令调节结构的形状、位置、强度、刚度、阻尼或振动频率;它们还具有生存和康复能力(自补偿),在自然灾害发生的时候能够自己保护自己,并继续“生存”下来。在自然界中,生物的驱动主要是靠骨骼肌进行的。骨骼肌由大量的肌肉纤维组成,当肌肉纤维受到刺激后,会发生收缩,并在刺激消散后舒张,这一过程虽然简单,但通过大量的肌肉纤维所组成的肌群的相互协调、共同作用,便可以完成复杂的物理运动。但是目前还没有一种材料能达到肌肉纤维的机械性能,所以该种材料还有待于进一步研究。我们可以利用材料对外界环境的变化做出特定反应的特点,通过改变外界的某些环境来达到结构中“肌肉”的作用。如果建筑结构受到自然灾害的严重影响,结构的稳定变得极差,有毁坏的可能性,那么该仿生结构则做出适当的反应,尽可能地延长结构完好的时间,为人们的逃生争取时间。

自适应自然灾害的仿生结构还可以借鉴动植物的某些特性。在特定的区域内,该结构对特定的灾害进行相应的适应。例如树木的根系与建筑基础有着基本相同的功能,一是承重,二是抗风,三是抗震。从抗震的方面考虑,树木抗震的能力要优于建筑的抗震能力,主要是由于树木上部树干的整体性好和树木下部树须系统与土层牢固连接的稳定性好。树木的根须发达与周围的土壤连接成整体,因而具有较强的抗震能力。根据树木根系具有较强的抗震性的特征,可以在地震裂度较高的区域进行根系仿生建筑抗震基础设计。

3.4　基于建筑环境的自适应自然灾害的仿生结构

目前建筑物对自然环境缺乏自动适应的装置,只能依靠空调、采暖等进行调节。生物表面的毛细血管使生物体具有调节温度和排湿的功能,我们可以利用建筑物围护的毛细渗透来实现类似生物的微循环来自动调节室内的温度。并且人类的自身循环的系统具有保持自身体内冷热调节的功能,我们可以将一些循环的管道放置在天花板、地板的墙壁内,管道内密闭的流动着可以改变温度的材料,起到自动调节温度的作用。该类结构也可以借鉴动物的巢穴。澳大利亚白蚁将洞穴建成5 m高的土墩儿,平整的表面既可以利用早晚的阳光,又能防止中午的曝晒。白蚁洞穴内是多孔的结构,在洞内大约有4 m深的地下水慢慢流过,阳光使得凉爽而潮湿的冷空气上升,在整个洞穴中形成对流,从而基本保持恒温。在高温时间较长的区域,我们可以从上面的例子得到启发,创造出优良的仿生结构。又如在降水较多的地区,建筑结构的防水是个难题。在自然界中荷叶表面具有良好的疏水性质以及自清洁功能。研究发现荷叶表面的微型凸起可以让雨水形成球形,并且让雨水将自己表面的脏东西带走,从而保证叶面的清洁与干燥。通过上述结构我们可以开发出防水的建筑结构,使其具有防水和自清洁的功效。

4　结　论

人类的生活与自然有着紧密的联系,自然对人类来说是一个巨大的宝藏。随着人类对自然的认识的加深,建筑结构的发展愈加趋向于绿色化、智能化,更能适应自然。本论文通过对原先熟悉的动物和植物材料进行再认识,从仿生学中吸取营养,将发现的和找到的植物结构对自然灾害自适应的特性,应用到建筑结构中去，就形成自适应自然灾害的仿生结构。本文所讨论的自适应自然灾害的仿生结构具有重要的理论意义和潜在的应用价值，给出了建筑结构的一个发展方向，符合可持续发展的目标。工程师可以把仿生学同建筑结构相结合，向大自然学习，模仿生命的形式，为人类提供更加可靠的安全保障和更舒适的环境。在不久的将来，会有更多的更好的仿生结构应用在建筑工程实践中去，将减少自然灾害对建筑的影响，减少人员伤亡。可以预见的是，在不远的未来，人与自然将和谐相处，这才是人类追求的最高目标。

参考文献

[1] 葛春风. 防御自然灾害对建筑破坏的方法[J]. 济南:科技信息, 2009:283-288.
[2] 周云龙. 植物生物学[M]. 北京: 高等教育出版社, 2004.
[3] 涂亚庭. 皮肤性病学[M]. 北京: 科学出版社, 2009.
[4] 崔慧先. 系统解剖学[M]. 北京: 人民卫生出版社, 2010.
[5] 丁勇, 施斌, 徐洪钟,等. 基于仿生学的建筑物智能结构系统初探[J]. 南京: 防灾减灾工程学报, 2004: 1672-2132.
[6] 盛力, 邓云川, 盛建荣. 根系仿生建筑抗震基础[J]. 武汉:建材世界, 2009:5-15.
[7] 王淑杰, 任露泉, 韩志武, 等. 植物叶表面非光滑形态及疏水特性的研究[J]. 杭州: 科技通报, 2005, 21(5): 553-556.

改善室内环境的主动式呼吸墙系统

赵 越 徐 杰 王潇健 张世界 卢立鑫 曹云弘
（大连理工大学 建设工程学部，辽宁 大连 116024）

摘 要 为保证室内空间的优良空气品质，本文提出了一种主动式呼吸墙系统的设计雏形。呼吸墙由太阳能集热板、空气加热空腔、多孔过滤单元及贯流风机组成。冬季工况下，由于太阳热辐射的作用，外部环境的空气可进入空腔内被加热，从而诱导室外空气渗透入多孔过滤单元。假使太阳辐射强度不高，系统可开启内置风机来保证空气流量。夏季工况下，空气空腔可形成烟囱效应，将室外空气吸入呼吸墙内部。本文于实验室内建立了呼吸墙的物理模型，对热力学流动参数进行了测试并将其与计算流体力学（CFD）动态模拟模型进行了相应对比，从而评估系统运行下的综合性能参数。随后，应用 CFD 模拟的方法研究了搭建有呼吸墙体的某典型办公环境。本研究寻求到应用于不同季节下办公房间内的多种不同通风模式。呼吸墙系统整体上具备增强室外新风量的良好性能，同时在冬季下，室内又不会产生结露现象。

关键词 呼吸墙；空气过滤；呼吸换热；CFD 数值模拟；实验

1 引 言

为了节约能源，现代化建筑设计往往具有良好的气密性。大部分商业建筑均装配有机械通风系统，因此室外新鲜空气只能通过风机的作用被引入室内空间。对于使用自然通风的民用住房来说，当需要室外新风时，门窗均可被开启以满足室内的通风。然而，在人口稠密的乡镇或城市内，通过这样的方法会产生诸多问题。如果开启门窗，室外噪声及携带有污染物质的汽车尾气将同时被输送到室内空间，从而严重影响室内空气品质及人员生活或工作。呼吸墙的出现似乎可以为这种困境提供一种很好的解决思路。呼吸墙体内部的多孔过滤单元可用以阻隔室外噪音，同时过滤室外空气，经过处理后得到洁净空气，然后提供给室内空间。然而，尽管呼吸墙具有巨大的节能潜力和空气净化性能，但要想应用到工程实践，还需更加充分的理论基础，需要更科学合理的设计才能保证其优良的运行性能。

“呼吸墙”概念的出现可追溯到“动态保温”（Dynamic Insulation）的相关研究，室内外空气通过多孔材料的渗透处理从而实现“呼吸换气”。最早提出呼吸墙动态保温的相关概念是在 20 世纪 60 年代，并在挪威应用于农业建筑的顶棚保温。直到 20 世纪末，Taylor 与 Imbabi 等人对呼吸墙进行了广泛的研究。研究发现呼吸墙能够用于改善室内健康水平，而且具有较好的能源效率。由于呼吸墙由多孔介质单元组成，可作为过滤器运行，所以空气中大多数的粗重颗粒可在呼吸墙内部流动过程中被去除。室外气流渗透通过呼吸墙的方向与传热方向相反，所以绝大部分热传导损失可被回收，因此形成较好的保温效果。例如，冬季情况下，空气渗透进入室内环境，渗透进入的气流就会被呼吸墙内部向外界方向的传热损失所加热。由于渗透的空气最终被输送进入室内空间，所以呼吸墙系统就会有效地回收或降低热传导的损耗，而如果单纯使用传统的固态外墙，围护结构的热耗散将全部损失到外部环境中。

上述呼吸墙系统听起来完美无瑕,然而,如果其中的一些问题无法解决的话,其未必能真正意义上施行。首先,前面提及的呼吸墙只能在渗入气流与热损失的方向相反的情况下提供动态保温,即逆向呼吸墙。如果建筑围护结构表面存在裂缝或间隙,比如门窗的接头余隙等,由于呼吸墙具有较大的流动阻力,这便会造成室外空气绕过呼吸墙转而从围护结构的外墙间隙中进入建筑物内部。其次,通过呼吸墙的空气渗透过程受室外环境风场影响,其中外界环境风场在方向和强度上,本质上是混乱无序的。如此一来,就很难保证预期的渗透空气的流动方向。最后,如果冬季室外气温极低,室外空气将使室内环境处于一个很低的温度水平下,远远不及舒适性温度区间。此外,在寒冷地区的冬季使用呼吸墙,若不适当控制呼吸墙的壁温,低温入流空气将使墙体内表面温度过低,室内水蒸气在呼吸墙壁面产生凝结现象。

上述回顾揭示出,尽管呼吸墙看似能够用以节约能源并且改善室内环境,但是传统的被动式呼吸换气方案未必可以很好地实现其功能。本研究因此设计出一种主动式呼吸墙,通过在墙体内部配置风机的方法来完善现存的问题。同时,将呼吸墙与一个室内空间进行了结合,通过计算流体力学(CFD)模拟来评定系统的性能状况。

2 呼吸墙系统

经设计的呼吸墙系统如图 1 所示,由结构框架、透射玻璃板、太阳辐射吸收板、空气空腔、多孔介质过滤单元、贯流风机、消声网及空气排气口组成。冬夏两季使用下的流动模式略有差异。室外空气从进气口底部被诱导进入空腔内部。

冬季时,如图 1(a)所示,如果太阳辐射满足要求,太阳辐射吸收板即可保持较高的表面温度,于是较低温度的室外空气可以在空腔内部得到加热。由于热浮升作用,受热空气自然上升,继而通过开口流道进入吸收板后部空间。在导流挡板的作用下,空气下降流动,形成“之”字流动路线。此设计将有助于大颗粒的沉降和去除。此后,空气再次爬升,渗透进入多孔介质过滤单元,细小颗粒将在此单元内得到过滤。如果太阳辐射强度不足以驱动空气运动,将在过滤单元上部增设贯流风机,同时,铺设抗火消声网以消除风机运行下产生的噪声。夏季时,流动线路相对较为简单,如图 1(b)所示。为防止热空气被引入室内空间,可开启空气空腔顶部挡板,空腔作用效果类似于烟囱。引入空气被诱导进入墙体内部,而后直接抬升渗透进入多空介质单元。

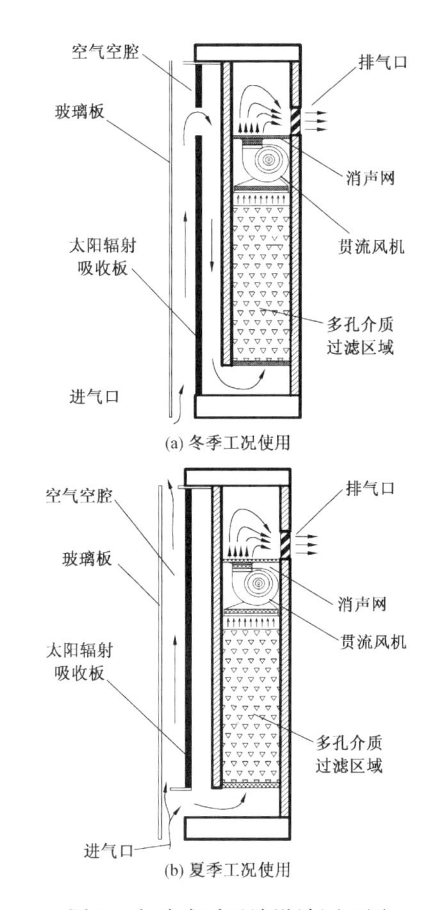

图 1 主动式呼吸墙设计原理图

为了评估呼吸墙的性能,本文将呼吸墙安

装到某办公室外部围护结构内,如图2所示。房间几何尺寸为4.32 m×4.92 m×2.42 m。房间顶棚安装6盏荧光灯用于照明,两名室内人员长时间坐在电脑桌前工作。假定无机械通风,室外空气只能通过围护结构较低部位的呼吸墙进入室内空间。其中,呼吸墙体的几何尺寸为3.0 m×0.5 m×1.5 m。呼吸墙空气排气口下方安装有两片散热器,可在冬季工况下运行。房间顶部中心部分设置有方形排风口,用以抽取室内污染空气。

表1列出了搭建有呼吸墙体办公室的边界条件。冬季工况下,室外环境温度为 −5 ℃,夏季工况下为30 ℃。按照实际情况,冬夏季太阳辐射强度设定值不同,但室内环境的设计通风量不随季节变化,保持在37 L/s。风机保有20 Pa的压差用以提供所需风量。值得说明的是,呼吸墙体无法作为空调使用,于是室内的热环境需要其他方式加以控制。冬季,散热器可以投入运行,热流量大致在320 W左右。相对应,夏季可将室内顶棚配置15 ℃的冷梁系统用以冷却室内环境温度。为简化模型,办公室其余壁面均假设为绝热条件。

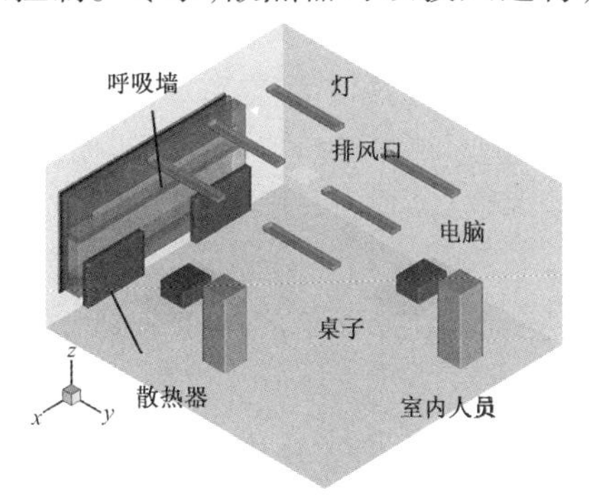

(a) 内部视角

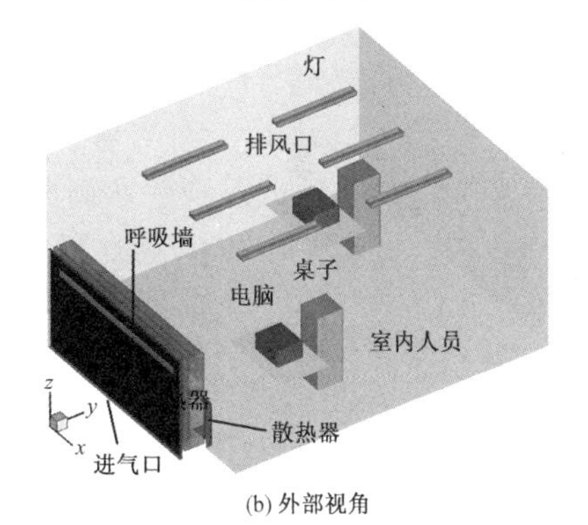

(b) 外部视角

图2　呼吸墙系统办公室设计图

表1　呼吸墙系统的边界条件

参　数	冬季工况	夏季工况
室外气温/℃	−5	30
室内送风量/($L \cdot S^{-1}$)	37	37
风机压力/Pa	20	20
吸收板散热量/($W \cdot m^{-2}$)	212.5	173.4
过滤材料孔隙率	0.1	0.1
散热器散热量/W	320	0
冷梁温度/℃	绝热	15
室内排风口	零压力	零压力

为检验呼吸墙系统的可行性以及评估室内环境条件,包括空气流速和温度在内的热流参数需被解算出来。室内空气流动多为湍流,因此需要相应的湍流模型。本研究采用基于RANS−CFD方法下的RNG $k-\varepsilon$ 模型。研究环境下的空间尺寸相差很大。如果颗粒床或纤维过滤器用于空气过滤的话,那么过滤单元区域的最小尺寸将在几毫米单位范围内,而房间的尺寸则跨越到几米范围。如果无法恰当地对多尺度流动现象的建模做好处理,则CFD将很难对其进行模拟。本文基于体积平均理论对渗入过滤区域内的流体流动进行了建模,所以只需要关注平均参数。因此,除了固相表面表征的流动阻力外,多孔介质内的控制方程与纯流体介质相似,其中黏性阻力和惯性阻力参量见表1。过滤材料的孔隙率为0.1。

研究所需算例的几何模型由GAMBIT创建,而后生成相匹配的CFD网格。使用Map方案,对呼吸墙体生成了单位尺寸为2.5 cm的结构化Quad网格。使用Tet/Hybrid方案对办公室创建非结构化四面体网格。使用特定网格尺寸函数来逐渐变化网格尺寸,从临近人员和排气口处的3 cm大小逐渐生成到室内空间的7.5 cm。压力离散方案选定为PRESTO,这样可以充分考虑热浮升力的作用。同时,动量、湍流动能、湍流耗散率及能量离散选定二阶迎风方案。最后,连续性方程通过 SIMPLE 算法与动量方程进行耦合。

3 CFD 模型的验证

由于本研究主要应用了 CFD 模拟作为研究工具,所以很有必要对数值模拟程序的可行性进行验证。RANS 方法使用了很多假设,会致使结果解算不准确。所以在本研究中,此类不准确性需要被分量鉴定,以验证 RANS 算法的可行性。

程序的验证通过对简化的呼吸墙体进行实验测试所实现。如图 3 所示,呼吸墙体几何尺寸为 1.5 m×0.5 m×1.2 m。为搭建简便,本呼吸墙没有采取如图 1 所示的设计。因无风机驱动空气渗流,因此空气运动只能通过太阳辐射产生的自然对流所驱动。设计的流动路径为沿单一方向的自下而上方式,如图 3(b)所示。填充有介质颗粒的颗粒床被应用于过滤区域用以滤透空气,其平均粒径大约为 3.5 mm,孔隙率为 0.1。

(a) 实验测试结构图

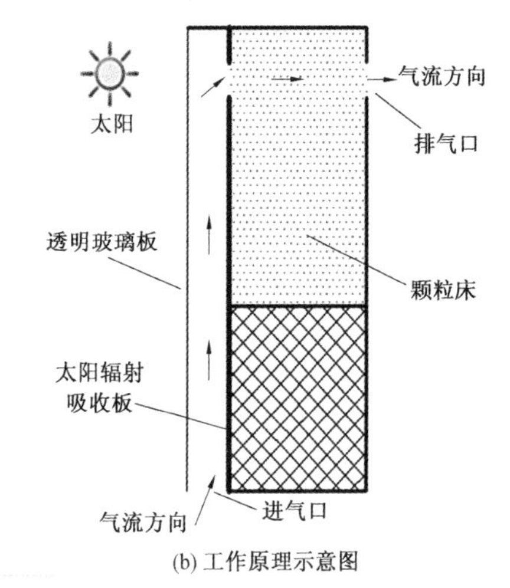

(b) 工作原理示意图

图 3 数值模拟验证下呼吸墙

呼吸墙体装置放置在静态温度约为10 ℃的环境下,一组钨灯组合用以模拟太阳辐射。太阳辐射吸收板表面平均温度约为70 ℃。空气入气口与排气口风速的测量使用了超声波风速仪(type DA-650&TR-92T; Kaijo Sonic, Japan),其分辨率为 0.005 m/s,误差为读数的 1%。此外,布设了 16 个测控点,使用 Pt-100 铂电阻传感探头对温度进行测定。温度读数由吉时利数据采集系统(type 2700; Keithley Instruments, USA)获得,其分辨率为 0.15 ℃,误差为读数的 0.1%。

除了实验测试以外,本研究还使用了 CFD 方法对呼吸墙体系统在不同季节运行方式下的性能参数开展了数值模拟,以获得更详细的有关呼吸墙参数分布的数据。空气进气口使用压力入口条件,排气口设置为压力出口。使用 Hex/Map 方案生成结构化网格,总网格数量为 84 440。其余 CFD 设定条件与上文描述相同。

图 4 给出了 CFD 模拟和实验测试在 9 个不同位置下的温度对比数据。由于太阳辐射吸收板的热量,空腔内的空气稳定上升。受热空气与颗粒床进行了充分的热交换,最终在出口侧保持为 21 ℃。由于呼吸墙的围护结构表面未做保温,所以很难保证在排气口侧具有相同温度的气流。*P*5 点为玻璃表面,所以其温度值较低。从对比图来看,CFD 得到的计算温度与实验测试得到的数据或高或低 2 ℃左右。这显示了 CFD 模拟取得了合理的良好准确性。模拟的温度分布和气流流线如图 5 所示。

此外,本文将 CFD 模拟和实验测试得到的排气口平均空气速度进行了对比。CFD 计算得到的空气速度为 0.2 m/s,而实验值为 0.15 m/s。由于空气流速非常低,所以在测

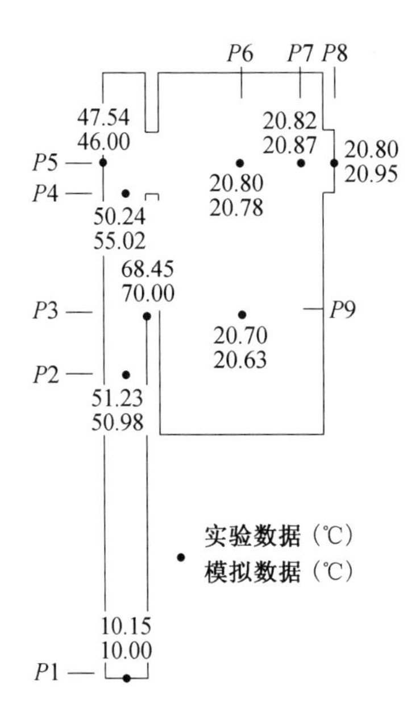

图 4　呼吸墙实验测试与 CFD 模拟温度对比图

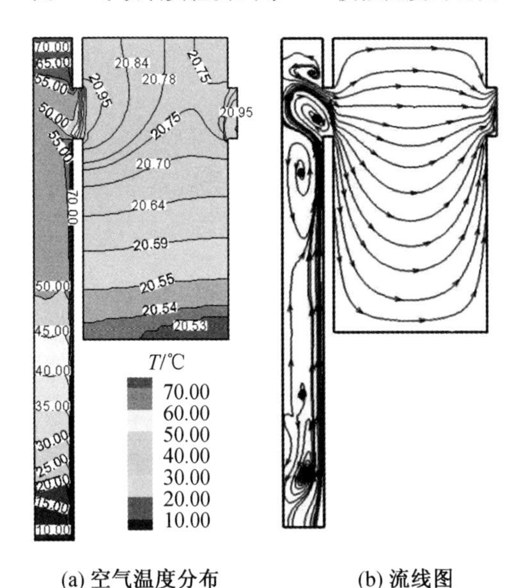

(a) 空气温度分布　　(b) 流线图

图 5　数值验证下的呼吸墙内部模拟温度分布与气流流线图

试本身存在一些不确定性因素。因此，依照测试，本研究采用 CFD 建模从而得到合理的良好结果。

4　结果分析

在验证数值程序后，CFD 方法进一步应用于解决办公室内热流条件。图 6 显示了冬季工况下办公室内的模拟温度分布。在 X 方向上选取 3 个典型截面，分别贯穿两个室内人员的工作区和整个房间的中部区域。室外环境温度为 −5 ℃，在呼吸墙体内部被加热后，排气口侧的温度可增加到 18 ℃。由于排气口温度仍小于室内平均温度（22 ℃），必然会在室内显示出温度梯度。地板保持在 20 ℃，而后靠近天花板顶棚时逐渐上升到 24 ℃。温度变化的平均梯度控制在 2 ℃/m 以内，因而温度分层对热舒适性的影响不大。X=1.15 m和 X=3.15 m 的截面贯穿两片散热器，故而靠近散热器区域温度相对较高。散热器驱动来自呼吸墙排气口的空气上升运动，如图 7(c) 所示。而图 7(a) 的效果不同，这是由于 X=1.15 m 截面贯穿的是散热器的边缘部分，而不是图 7(c) 所示的贯穿中部区域。房间中部截面如图 7(b) 所示，由于出口

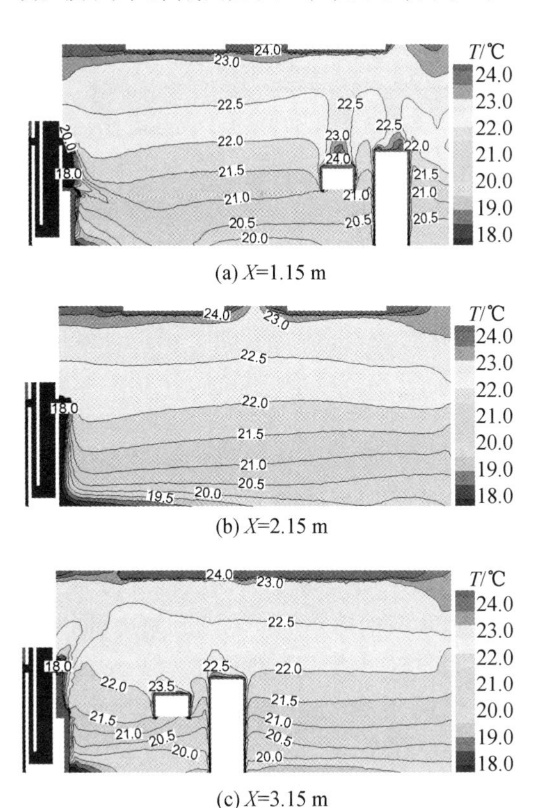

(a) X=1.15 m

(b) X=2.15 m

(c) X=3.15 m

图 6　冬季工况下呼吸墙办公室温度分布图

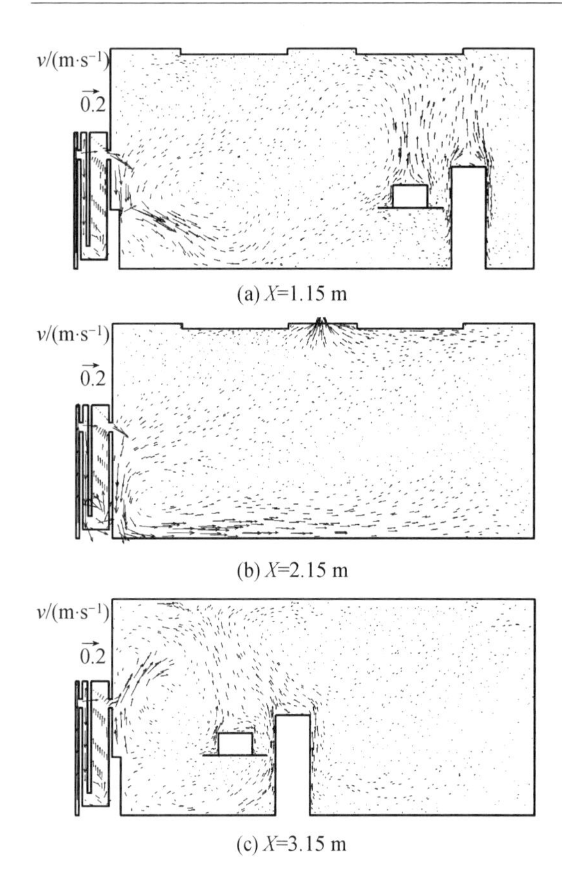

(a) X=1.15 m

(b) X=2.15 m

(c) X=3.15 m

图 7　冬季工况下呼吸墙办公室速度分布图

温度小于室内环境温度，所以来自呼吸墙的排放空气下沉到地面。温度的分层现象和下沉的流动形态显示了冬季工况下的呼吸墙创建了一种类似于置换通风的通风模式。空气的混合程度较低，从而有助于保持良好的室内空气品质。然而，散热器的存在一定程度上抵消了置换通风的效果。室内壁面最低温度为15.2 ℃，如果室内空气的相对湿度低于40%，这样可以保证壁面处不会发生结露现象。

图 8 给出了夏季运行时的温度分布。由于接近 30 ℃的热空气被输送到室内，同时开启冷梁系统（15 ℃）冷却室内气温，室内空气温度呈现不均匀分布状态，平均温度在23.5 ℃左右。

呼吸墙排放空气沿办公室墙壁爬升，所以室内空间的流动方式较为复杂，如图 9 所示。流动特性和温度分布整体上与混合通风

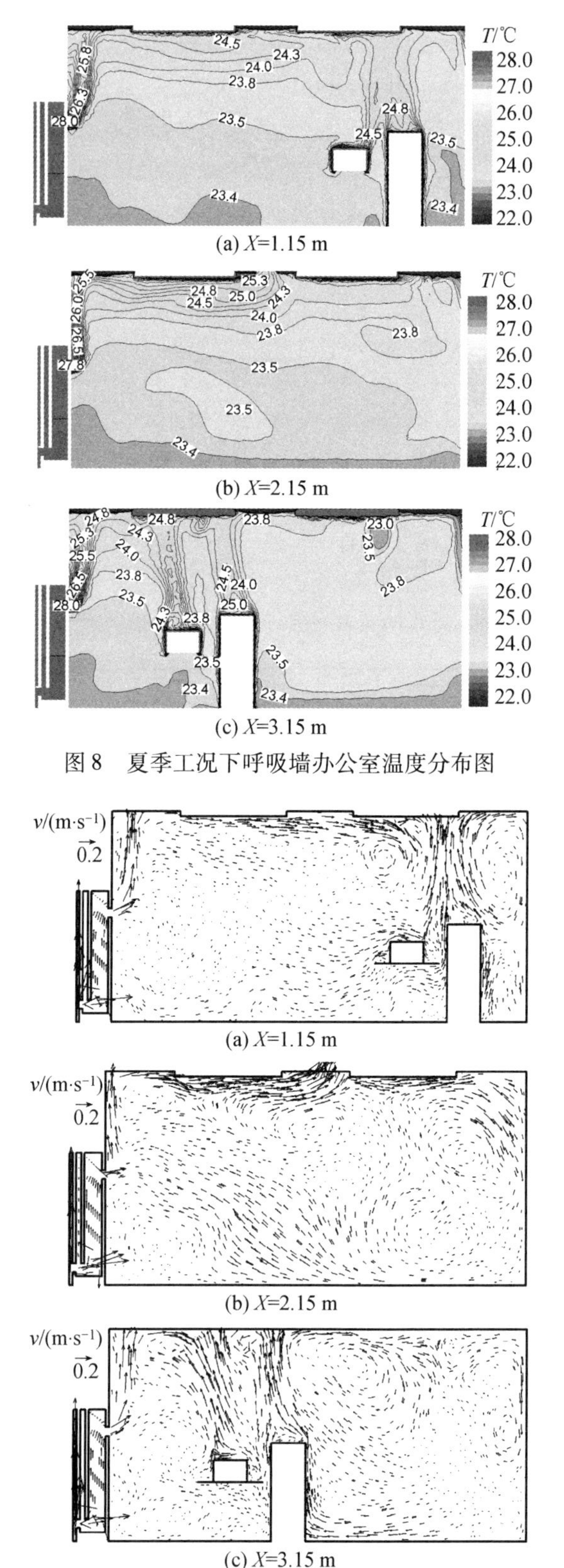

(a) X=1.15 m

(b) X=2.15 m

(c) X=3.15 m

图 8　夏季工况下呼吸墙办公室温度分布图

(a) X=1.15 m

(b) X=2.15 m

(c) X=3.15 m

图 9　夏季工况下呼吸墙办公室速度分布图

系统较为相似。因此,夏季使用的呼吸墙体系统通风效果与冬季相比较差。温度分布反映出空气混合得较为均匀,除靠近地面位置气温较低以外,整个房间的温度较为均匀。呼吸墙体携带的暖气流进入室内空间,可以很好地达到保证室内热舒适性的标准。靠近地面高度的污染物浓度略微较高,这也是由于空气冷流的作用把污染物直接带到地面的缘故。相较于送风下沉的工况,本通风方式置换效果不明显,抑制污染物交叉感染的能力较差。

5 结　论

本文提出了一种主动式的呼吸墙,墙体内部装配风机,从而忽略室外气候条件的影响,保证整个设备的可工作性。空气加热空腔被设计用于冬季加热空气,夏季则呈现烟囱效应诱导空气流动。将呼吸墙系统安装在办公室并使用CFD模拟方法评估其运行性能,寻求到冬夏季不同的热流条件。冬季工况下,创立的通风模式接近于置换通风,有助于保持室内空气品质。然而,散热器的存在会相应抵消其置换通风的效果。如果室内空气的相对湿度低于40%,室内壁面应该不存在结露的风险。呼吸墙应用于夏季工况时,研究实现了一种类似于混合通风的通风模式。

参考文献

[1] TAYLOR B J, CAWTHORNE D A, IMBABI M S. Analytical investigation of the steady-state behaviour of dynamic and diffusive building envelopes[J]. Building and Environment, 1996, 31(6): 519-525.

[2] IMBABI M S. Modular breathing panels for energy efficient, healthy building construction[J]. Renewable Energy, 2006(31): 729-738.

[3] TAYLOR B J, WEBSTER R, IMBABI M S. The building envelope as an air filter[J]. Building and Environment, 1999(34): 353-361.

[4] BAKER P H. The thermal performance of a prototype dynamically insulated wall[J]. Building Service Engineering Research and Technology, 2003, 24(1): 25-34.

[5] DIMOUDI A, ANDROUTSOPOULOS A, LYKOUDIS S. Experimental work on a linked, dynamic and ventilated, wall component[J]. Energy and Buildings, 2004(36): 443-453.

[6] GAN G. Numerical evaluation of thermal comfort in rooms with dynamic insulation[J]. Building and Environment, 2000(35): 445-453.

[7] YOON S, HOYANO A. Passive ventilation system that incorporates a pitched roof constructed of breathing walls for use in a passive solar house[J]. Solar Energy, 1998, 64(4-6): 189-195.

二、新型建筑材料与建筑设备

废旧鞋类胶料改性再生沥青的初步研究

陈静云　庞　锐　唐超瞻　姜　锋　谢文芳　李亚斌
（大连理工大学 建设工程学部，辽宁 大连 116024）

摘　要　废旧鞋底材料属于高聚物，难以自然分解，大量的废旧鞋造成了极大的环境污染，未得到合理利用。为了研究废旧鞋类胶料在改性再生沥青方面的应用，本文选择了废旧牛筋底鞋类，同时选择了废旧轮胎橡胶粉，分别研究了 150 目的废旧鞋底胶粉、废旧轮胎橡胶粉、鞋类和橡胶 1∶1 的混合料在不同百分含量下作为改性剂，对 90 号沥青的改性再生效果。软化点、针入度和延度及黏度的研究表明，废旧鞋类胶粉对沥青有良好的改性再生作用，改性再生效果依次为：混合料，废旧鞋类胶粉，废旧橡胶粉。然后，本文又选取了对沥青有良好改性效果的 22%的废旧鞋底胶粉，与沈-大高速旧料、再生剂、90#国产沥青、矿粉、15 ~ 20 mm 的砂石混合，进行了马歇尔和车辙试验，试验表明，22%的废旧鞋底胶粉混合料对沥青有积极的改性再生作用，但是要找到最佳配比、掺量，还要作进一步的研究。

关键词　废旧鞋类胶粉；废旧橡胶粉；改性再生沥青

1　引　言

鞋类胶料大部分由橡胶底、牛筋底、EVA、MD、PVC 材质组成，这些材料富有弹性，即便是老化后，仍然保留着一些优点。通过与工程中已经使用的轮胎橡胶改性再生沥青对比，作为人类鞋底胶料无论从人性化考虑还是从材质考虑，都应该比轮胎胶粉有更好的弹性、黏性等，预测它对沥青的改性再生效果将优于废旧橡胶。首先从数量上：据悉，只有 8 000 万人口的德国，每年销售的各种鞋子，如皮鞋、胶鞋和塑料鞋多达 4 亿双，德国人每年扔掉的鞋子也有 4 亿双，从而来分析中国状况，中国人口约为 13 亿，假设平均每人每年产生 2 双可利用的胶鞋（橡胶鞋或牛筋底鞋），就是 26 亿双，去掉鞋帮，每 4 只鞋大约 0.5 kg，那么就是大约 65 万 t，这还是保留数字，可能会更多。从经济上看：据了解，废旧鞋类的回收价格平均 1 ~ 2 角钱一斤，并且应用价值不大，经济效益不高，所以很少有相应的回收站。目前常规的处理方式，一般是掩埋、焚烧或随意丢弃，这将带来巨大的环境污染。如果能把这些废旧鞋料加以利用，无论从环保、人文还是节约资源来说，都是比较好的选择。从路用性能看：大量国内国外的实验已经证明废旧橡胶对沥青具有明显的改性再生作用，因此被广泛用于道路工程中。本文的研究正是基于对橡胶改性再生沥青机理的认识，首先选择了由橡胶衍生的鞋类牛筋底和直接的橡胶底，尝试用其进行沥青的改性再生，相信将比废旧轮胎对沥青有更好的改性再生效果，在解决重载交通环境下的高温抗车辙能力、路面的防水与层间黏结、旧路改造、延长沥青路面使用寿命、建设低噪音沥青路面、建造特殊用途路面（如操场、广场、游乐场、彩色路面等）等方面，发挥重大作用。此外，将它与废旧橡胶或者 SBS 混合利用，将会大大减少废旧橡胶或者 SBS 的使用。目前，国内外对橡胶、塑料和 SBS 对沥青改性再生的研究众多，但利用废旧鞋类胶料对沥青改性再生，目前尚未见有关报道和文献。在本文中，我们选择了常见的废旧牛筋底鞋类和废旧轮胎橡胶，研磨成 150 目的颗粒，然后分别进行了以不同百分含量加入沥青中，沥青的软化点、针入度、延度和黏度的实验研究，并对废旧牛筋底胶粉改性沥青和废旧轮胎胶粉改性沥青的性能作了对比。最后找到废旧鞋底胶粉的最佳掺量和配料，再进行沥青混凝土的各项技术指标马歇尔、车辙实验。

2　三大指标和黏度试验

2.1　主要试验设备

主要试验设备为高速剪切仪、101A-2E 干燥箱、SYD-0620A 沥青动力黏度试验器、针入度试验器、SYD-2806H 全自动沥青软化点试验器、SKLY-3A 调温调速沥青延度测定仪。

2.2　试验材料

试验材料为废旧牛筋底胶料（简称 NJ 胶料）、废旧橡胶料（简称橡胶料）、1∶1 废旧牛筋底与废旧橡胶混合料（简称 N-X 胶料），基质沥青为 90 号国产沥青（从表 1 可看出，已经有所老化），其实验技术指标见表 1。

表 1　90 号沥青的实验技术指标

	基质沥青
软化点/℃	45.51
针入度（25 ℃）	77
延度/mm	22.5
黏度（60℃）	145.2

2.3　沥青混合料制备

选取废旧牛筋底料和橡胶料，在工厂中研磨成 150 目的胶粉颗粒，结合前人的研究结果以及鞋底胶料和废旧橡胶的特性，本文分别选取了 20%、25%、28% 比例的三种混合料，经过多次试验，由于 25% 鞋底胶料加入沥青后经熔融后的流动性和状态不佳，故又测定了 22% 的混合比，以上混合料分别与 90 号沥青混合后放入 160 ℃高温箱里熔融 1 h，边搅拌边升温至 180 ℃，在 6 500 r/min 下保持 170 ~ 180 ℃的高温，高速连续剪切 1 个小时，然后放入 180℃高温箱里发育 3 h，使粉料充分融入沥青之中，然后根据公路工程沥青及沥青混合料试验规程进行三大指标和黏度试验。（注：以下各种胶料与沥青的混合物简称混合料）

3　混合料三大指标实验及黏度实验

3.1　软化点实验

3.1.1　软化点实验流程和条件

取出发育好的混合料倒入软化点设备，在空气中冷却半个小时，刮平，然后放入 5℃水中冷却 15 min，放入软化点试验仪，进行试验。

3.1.2　软化点试验结果

混合料软化点试验结果见表 2。

表 2　混合料软化点试验结果

	基质沥青	CR20 NJ 胶料	CR22 NJ 胶料	CR25 NJ 胶料
软化点/℃	45.51	60.94	57.93	55.12
	CR20 N-X 胶料	CR22 N-X 胶料	CR25 N-X 胶料	CR28 N-X 胶料
软化点/℃	55.86	65.57	56.60	57.53
	CR20 橡胶料	CR22 橡胶料	CR25 橡胶料	CR28 橡胶料
软化点/℃	57.37	56.33	55.44	57.39

3.1.3　混合料软化点试验结果分析

（1）从表 2 和图 2 可以看出，随着 NJ 胶料含量的增加，改性沥青软化点明显降低；而 N-X 胶料则表现为先上升后下降，在 CR22 左右达到极值，变化较为明显；而橡胶料改性沥青则先下降后上升，在 CR25 附近达到极小值，变化不太明显。

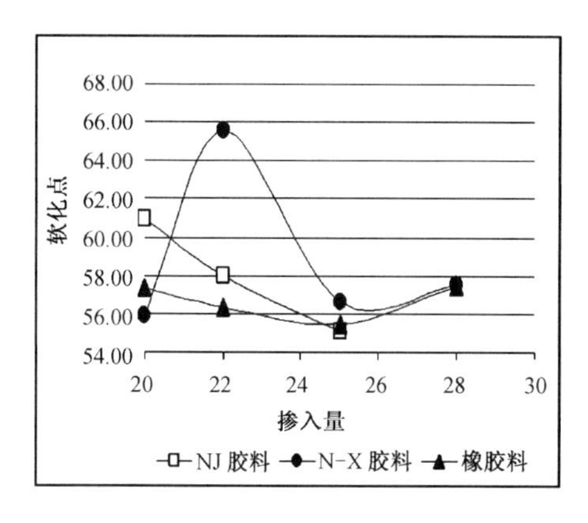

图2　各混合料软化点与胶料掺入量的关系

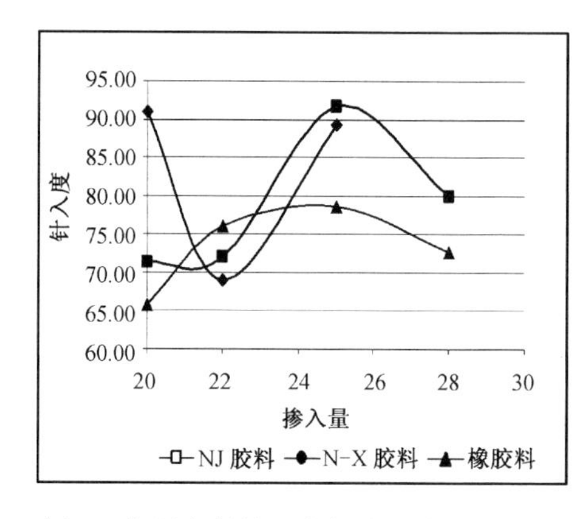

图3　各混合料针入度与胶料掺入量关系

(2)三种混合料软化点皆远高于基质沥青,表明高温性能大大优于基质沥青。

(3)实验表明,NJ 胶料的高温性能明显优于橡胶料。

(4)N-X 胶料的软化点处于二者的中间值,可能 N-X 胶料在沥青的作用下,发生了物理和化学变化,在一定范围内,还是优于 NJ 胶料和橡胶料的。

3.2　针入度实验(25 ℃,0.1 mm)

3.2.1　针入度实验流程和条件

向针入度器皿中倒入混合料,在空气中冷却 1 h 后,放入 25 ℃针入度实验设备中 1 h,开始针入度实验。

3.2.2　针入度实验结果

各混合料针入度实验结果见表3,各混合料针入度与胶料掺入量关系如图3所示。

表3　各混合料针入度实验结果

	基质沥青	CR20 NJ 胶料	CR22 NJ 胶料	CR25 NJ 胶料
针入度	77	91	69	89
	CR20 N-X 胶料	CR22 N-X 胶料	CR25 N-X 胶料	CR28 N-X 胶料
针入度	71	72	92	80
	CR20 橡胶料	CR22 橡胶料	CR25 橡胶料	CR28 橡胶料
针入度	66	76	79	73

3.2.3　针入度实验结果分析

(1)从表3和图3可以看出,NJ 胶料针入度先降低,在 CR22 左右达到极小点,然后上升。N-X 胶料的针入度值先上升,后降低,在 CR25 左右达到峰值,橡胶料改性试验的结果与此类同。

(2)三种混合料的针入度值均有小于基质沥青的范围,说明在此范围的胶粉掺入量下,混合料的低温稳定性优于基质沥青。

(3)从表3和图3可以明显看出,在一定范围内,NJ 胶料的低温性能优于橡胶料。

(4)在一定范围内,从针入度方面看,N-X 胶料的性质有两种物质性质的中和迹象。

3.3　延度试验(5 ℃,5 cm/min)

3.3.1　延度实验流程和条件

向八字模中倒入混合料,在空气中冷却半个小时,5 ℃水中冷却 0.5 h,取出刮平,然后继续放入水中冷却 1 h,进行延度试验。

3.3.2　延度试验结果

各混合料延度试验结果见表4,各混合料延度与胶料掺入量的关系如图4所示。

表4　各混合料延度试验结果

	基质沥青	CR20 NJ 胶料	CR22 NJ 胶料	CR25 NJ 胶料
延度/mm	23	625	268	554
	CR20 N-X 胶料	CR22 N-X 胶料	CR25 N-X 胶料	CR28 N-X 胶料
延度/mm	325	276	251	272
	CR20 橡胶料	CR22 橡胶料	CR25 橡胶料	CR28 橡胶料
延度/mm	168	219	189	201

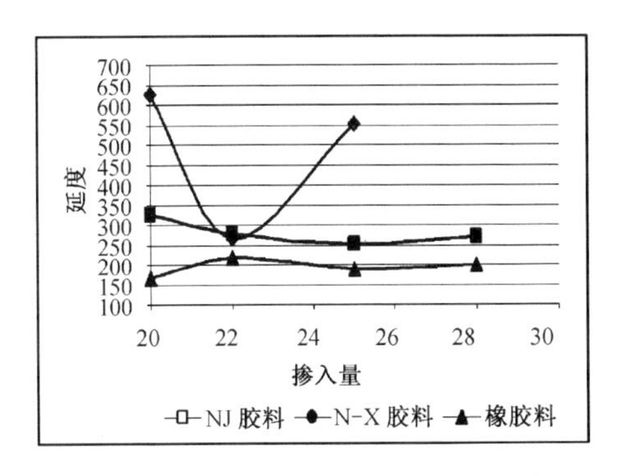

图4　各混合料延度与胶料掺入量的关系

3.3.3　延度试验结果分析

(1)从表4和图4可以明显看出,随掺入量的增加,NJ胶料延度先降低后升高,在CR22左右达到极小值,并且随加入的百分量变化明显;N-X胶料的总体趋势是下降的,但变化不明显;橡胶料的变化规律不明显。

(2)三种混合料的延度值明显高于基质沥青,表明其低温塑性明显优于基质沥青。

(3)NJ胶料的延度值明显高于橡胶料,表明NJ胶料的低温塑性明显优于橡胶料。

(4)N-X胶料的延度值基本上处于二者之间,表明有二者中和的趋势。

3.4　黏度试验(60 ℃)

3.4.1　黏度试验流程和条件

将试管放入180 ℃高温箱里10 min,然后向试管中倒入混合料到刻度线,将试管在高温箱里继续加热20 min,取出置于空气中2 min,放入60 ℃水浴中30 min,进行黏度试验。

3.4.2　黏度试验结果

混合料的黏度试验结果见表5,各混合料黏度与胶料掺入量的关系如图5所示。

表5　混合料的黏度试验结果

	基质沥青	CR20 NJ胶料	CR22 NJ胶料	CR25 NJ胶料
黏度(Pa*S)	145.2	708.6	792.0	1 011.7
	CR20 N-X胶料	CR22 N-X胶料	CR25 N-X胶料	CR28 N-X胶料
黏度(Pa*S)	707.1	1 587.0	762.6	765.8
	CR20 橡胶料	CR22 橡胶料	CR25 橡胶料	CR28 橡胶料
黏度(Pa*S)	848.7	792.9	689.5	904.2

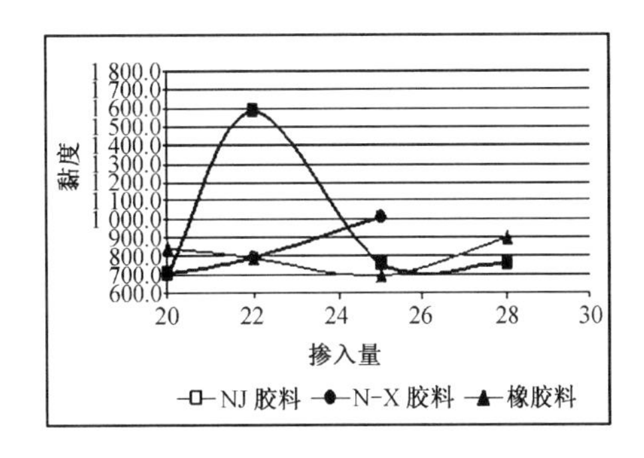

图5　各混合料黏度与胶料掺入量的关系

3.4.3　黏度实验结果分析

(1)从表5和图5中看出,NJ胶料的黏度呈上升状态,N-X胶料的黏度呈先升高、后降低状态,而废橡胶料的变化不太明显。

(2)三种混合料的黏度明显高于基质沥青,表明其粘附性远远优于基质沥青。

(3)NJ胶料的黏度在大于CR22的范围大于橡胶料,表明其粘附性在此范围内优于橡胶。

(4)从图中不能看出N-X胶料是废橡胶料和NJ胶料混合性能的反映。

4　22%的N-X混合料对沥青混凝土性能的影响

4.1　试验材料

试验材料为CR22的N-X胶粉、沈-大高速旧料、再生剂、90#国产沥青、矿粉、15 ~ 20 mm的砂石。

4.2　试验设备

试验设备为GB/T 11823沥青混合料自动马歇尔试验仪、车辙试验机。

4.3　试验配料

实验配料见表6和表7。

表 6　马歇尔试验配料

油石比	6.50%
旧料	7 380.0 g
15～20 mm 砂石	539.0 g
矿粉	231.0 g
再生剂	34.0 g
22% N-X 胶料沥青混合料	16.0 g
总计	8 200.0 g

表 7　车辙试验配料

油石比	6.50%
旧料	10 800.0 g
15～20 mm 砂石	788.7 g
矿粉	338.0 g
再生剂	49.8 g
22% N-X 胶料沥青混合料	23.5 g
总计	12 000.0 g

4.4　试验方案

CR22 的 N-X 胶粉与 90#国产沥青混合，以上述 1.3 方法配成混合料后放入175 ℃烘箱中，将沥青旧料、矿粉、砂石等一块放入。高温加热 2 h，按上述 3.3 配料后，先将沥青旧料、砂石、再生剂投入搅拌器，干拌100 s，然后加入 CR22 的 N-X 混合料拌 100 s，再加矿粉拌 100 s。先后在高温条件下制成马歇尔试件和车辙试件。分别按公路工程沥青及沥青混合料试验规程进行各项指标试验，性能对比试验结果见表 8～11。

表 8　掺加 CR22N-X 混合料的沥青混凝土动稳定度指标值

实验项目	动稳定度(60℃,0.7 Mpa)/(次·mm^{-1})
旧料	8 336
旧料+再生剂	6 230
旧料+再生剂+22% N-X 混合料	5 111
规范值	≥3 000
试验方法	T 0719

表 9　掺加 CR22N-X 混合料的沥青混凝土残留稳定度指标值

实验项目	残留稳定度/%
旧料	80.60
旧料+再生剂	85.19
旧料+再生剂+22% N-X 混合料	99.72
规范值	≥80
试验方法	T 0709

表 10　掺加 CR22N-X 混合料的沥青混凝土冻融劈裂强度指标值

实验项目	RT1 /Mpa	RT2 /Mpa	冻融劈裂强度比 /%
旧料	2.31	1.78	77.05
旧料+再生剂	1.95	1.62	83.08
旧料+再生剂+22% N-X 混合料	2.08	2.16	103.71
规范值	—	—	≥80
试验方法	—	—	T 0729

表 11　掺加 CR22N-X 混合料的沥青混凝土稳定度指标值

实验项目	稳定度/KN	流值/mm
旧料	20.39	4.80
旧料+再生剂	13.17	5.15
旧料+再生剂+22% N-X 混合料	13.8	4.75
规范值	≥6.0	—
试验方法	T 0709	T 0709

4.5　试验分析

从表 8 可以看出，掺加 CR22N-X 混合料后，沥青混凝土的动稳定度有所下降，表明其高温稳定性有所降低，但是还是符合公路沥青施工技术规范的指标。从表 9、10 可以看出，掺加 CR22N-X 混合料后，沥青混凝土的残留稳定度和冻融劈裂强度都大幅度升高，并且接近 100%，表明其水稳定性很好，明显得到改善。由表 11 可以看出，掺加 CR22N-X 混合料后，沥青混凝土的稳定度有所下降，但比旧料+再生剂的略大，且远远超过规范值，表明其抗破坏能力还是很好的。综合考虑,在旧料中掺加 CR22N-X 混合料后,沥青混凝土的高温抗破坏能力有所下降,水稳定性大幅增加,表明 CR22N-X 混合料改性再生沥青的作用还是积极有效的,但是考虑到抗车辙能力和水稳定性一直是相互对立的关系,要想兼顾两方面,必须通过多次试验,调整级配,改变掺量。

5 结　论

三种混合料对沥青有明显的改性再生效果,远远优于基质沥青,并且加入混合料后,已老化基质沥青的某些机理有所恢复,表明混合料起到了再生效果;NJ 胶料的改性再生效果明显优于废橡胶料,符合预期效果;不同混合料的最佳配比不一样,但综合起来看,CR22 的配比是相对比较良好的掺入量;综合来看,N-X 胶料的改性再生效果要更加优越,是比较不错的改性再生剂,这可能是由于混合后产生了物理或者化学变化的原因,有待进一步探究;从高温抗破坏能力和水稳定性综合来看,CR22N-X 混合料对沥青的改性再生有积极作用,但是要找到最佳配比、掺量,还要进一步研究。

参考文献

[1] 吕伟民, 孙大权. 沥青混合料设计手册[M]. 北京:人民交通出版社,2007.

[2] 吕伟民. 橡胶沥青路面技术[M]. 北京:人民交通出版社,2011.

[3] 樊兴华. 废旧轮胎橡胶改性沥青混合料路用性能[J]. 科技导报, 2011, 29(21):62-63.

[4] 王家主. 废旧塑料合成 MPE 颗粒对沥青改性效果的试验研究[J]. 公路, 2011.9:110-111.

[5] 张巨松, 王文军. 聚乙烯和聚乙烯胶粉复合改性沥青的实验[J]. 沈阳建筑大学学报, 2007(3):88-90.

[6] 王志刚, 杜英. 废橡胶粉/SBS 复合改性沥青制备研究[J]. 石油炼制与化工, 2010, 41(4):33-35.

[7] 刘子兴, 常立峰. 橡胶沥青性能试验及影响因素分析[J]. 公路, 2011(4):110-112.

[8] 杨永顺, 曹卫东. 橡胶沥青制备工艺及其性能研究[J]. 山东大学学报, 2008, 38(5):108.

[9] 李闯, 陈静云. 沥青类型对沥青混凝土路用性能影响的试验研究[J]. 山西建筑, 2009:98-99.

[10] 张智勇, 刘祖国. 废旧塑料在沥青路面中的应用[J]. 国外建材科技, 2008, 29(3):112-114.

光纤平行排列法制备水泥基透光材料的研究

李佳蔓　杨巧丽　王　磊

（北京工业大学 建筑工程院，北京 100124）

摘　要　水泥基透光材是一种新型复合型透光材料，其通过掺入大量光纤，产生透过效果。本文通过实验与结论分析研究光纤以平行排列法的排列方式置于高流混凝土中，在波长 370 ~ 790 nm 范围内，测试其透光率，并与 70 g A4 纸进行比对。结果表明，合适的光纤及合理的排列方式，该材料的透光率可达到甚至超过 70 g A4 纸的透光率。透光率随光纤掺入量的增加而增大，抗压强度则反之。

关键词　水泥砂浆；光纤；透光率；抗压强度

1　引　言

水泥基透光材料作为一种透光的结构材料，可以在建筑墙体使用，大大提高建筑物的采光效果，促进建筑节能，可以为建筑艺术的想象与创作提供实现的可能性，还能够复合其他辅助组分以实现建筑工业的可持续发展。目前，国内外就此方面的新闻报道少之又少，可以说，此种新型材料的研究在国内外尚属空白。因此，水泥基透光材料的研究具有科学意义和应用价值。

2　光纤平行排列法制备水泥基透光材料的研究

2.1　原料

水泥：钻牌 P. O 32. 5 普通硅酸盐水泥，3 d 和 28 d 抗压强度分别为 12 MPa 和 35 MPa。光纤：武汉长飞光线光缆有限公司生产的两种玻璃质多模光纤，型号分别为 50 μ m/125 μ m、62. 5 μ m/ 125 μ m，依次记为①号、②号光纤。将光纤以每 10 根丝为一组，用 502 胶水黏结成为一束，称为束状光纤；未处理的则称为丝状光纤。此外，还采用了 70 g 的 A4 打印纸作为透光率对比材料。

2.2　试验方法

水泥净浆体：水灰比为 0. 3，2 cm×2 cm×10 cm 试模，每次浇注厚度为试模高度的 1/7 左右。将光纤分层平行平铺于试模中新浇注的水泥浆体上，纤维铺设完毕后轻轻振捣水泥浆体，如此反复，直到试模内部全部充满水泥浆体和光纤。并以相同浆体和试模尺寸制备水泥净浆试块，以供作为抗压强度对比使用。按标准养护 28 d 后，切割成边长为 2 cm 的立方体试块，以供测量抗压强度使用；同时将埋入光纤的硬化水泥试块切割成断面为 2 cm×2 cm，厚度为 5 mm 的薄片，并将切割断面打磨抛光，以供测量透光率使用。

采用 UV765 紫外可见分光光度计测量水泥基透光材料透光率。

3　结果与讨论

3.1　水泥基透光材料的配合比设计及强度试验结果

由表 1 可看出，掺加光纤后，试块抗压强度明显下降，丝状光纤试块略高于束状光纤试块。其原因为两种试块的光纤掺入量相同,但是丝状光纤分布交束状均匀,材料整体　　性更强。

表 1　试块配合比及抗压强度测试结果

编号	光纤类别	光纤的体积分数/%	光纤形式	28 d 抗压强度/MPa	与净浆抗压强度比/%
①10 丝	①号	10	丝状	14.3	27.5
①10 束			束状	13.9	26.7
①20 丝		20	丝状	6.3	12.1
①20 束			束状	6.1	11.7
②10 丝	②号	10	丝状	10.3	19.8
②10 束			束状	9.6	18.5
②20 丝		20	丝状	5.9	11.3
②20 束			束状	5.8	11.1

3.2　水泥基透光材料的透光率结果与分析

当光线射入透光水泥基材料时,存在如下关系:

$$\tau + R + K = 1 \quad (1)$$

式中　τ——透光系数;

R——反射系数;

K——吸收系数。

不同性质的透光水泥基材料对不同波长的光进行选择性吸收。透光水泥基材料对光的不同波长与其对应的透光率的关系曲线称为透光水泥基材料的透射光谱的曲线。为了评价透光水泥基材料的透光性,一般采用透光率表示。透光水泥基材料的透光率是通过透光水泥基材料的光流强度和透射在透光水泥基材料表面上的光流强度之比,即

$$\tau = I/I_0 \times 100\% \quad (2)$$

由于可见光的波长范围为 380 ~ 780 nm,所以实验取 8 种试块及 70 g A4 纸在波长范围 370 ~ 790 nm 的透射光谱曲线。

3.2.1　丝状光纤和束状光纤透光率对比

丝状光纤和束状光纤透光率对比如图 1 ~ 4所示。由图组看出,在光纤体积相同时,同一状态体系下,丝状试块的透光率高于束状试块。在光纤含量相同的情况下,由于束状光纤并非均匀分布于试块内,紫外可见分光光度计测量区域覆盖光纤量并不理想,而丝状光纤分布于试块内较为均匀,紫外可见分光光度计测量区域覆盖光纤量更加理想,因此丝状形式的透光率优于束状形式。且,在波长为 580 ~ 790 nm 时的透光率均优于

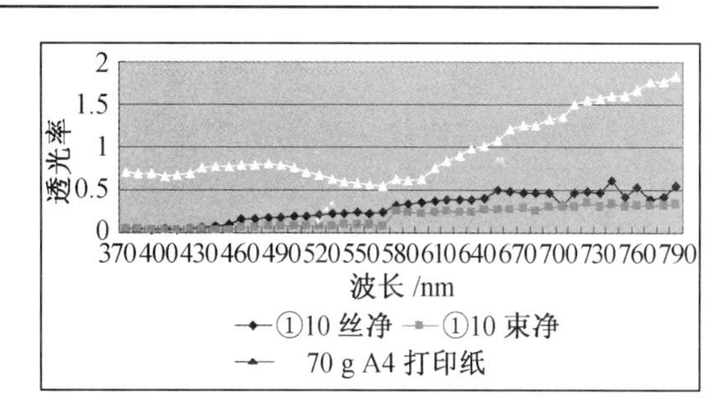

图 1　透光率对比图 1

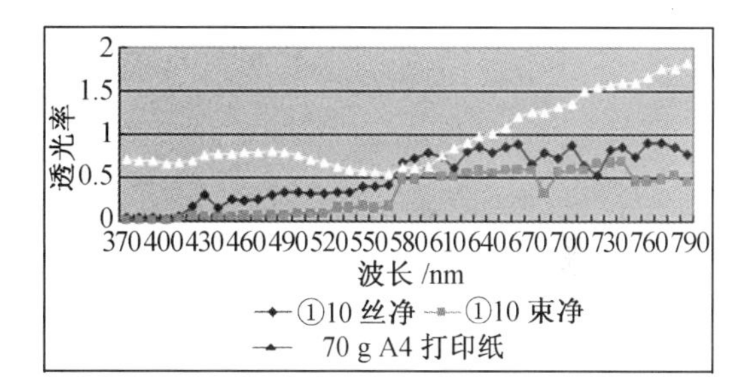

图 2　透光率对比图 2

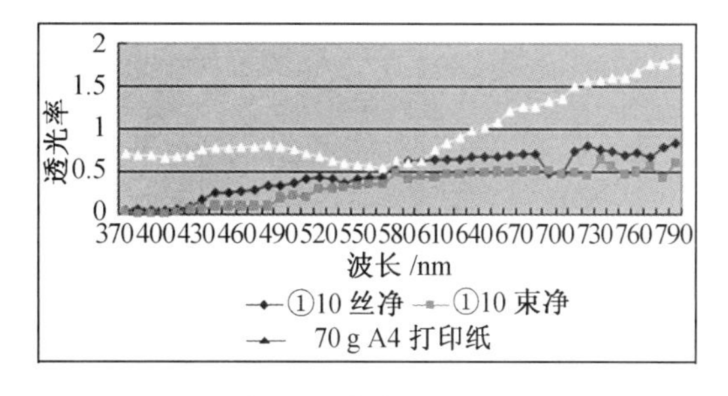

图 3　透光率对比图 3

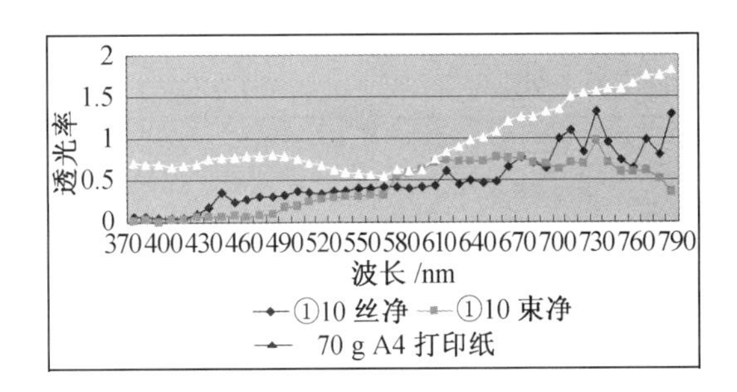

图 4　透光率对比图 4

370～570 nm的透光率。

3.2.2　①号光纤与②号光纤透光率对比

①号光纤与②号光纤透光率对比如图 5～7 所示。

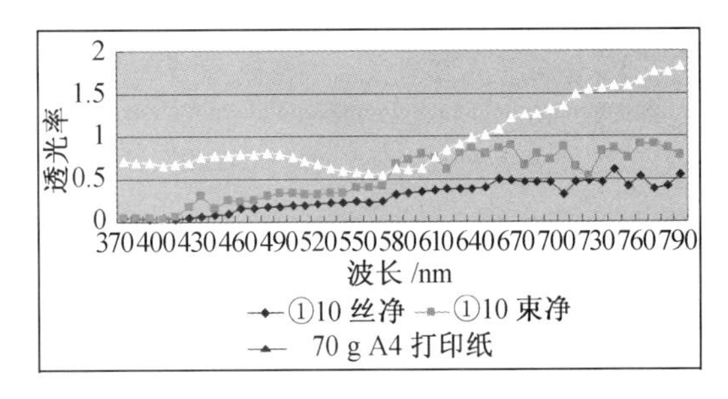

图 5　透光率对比图 5

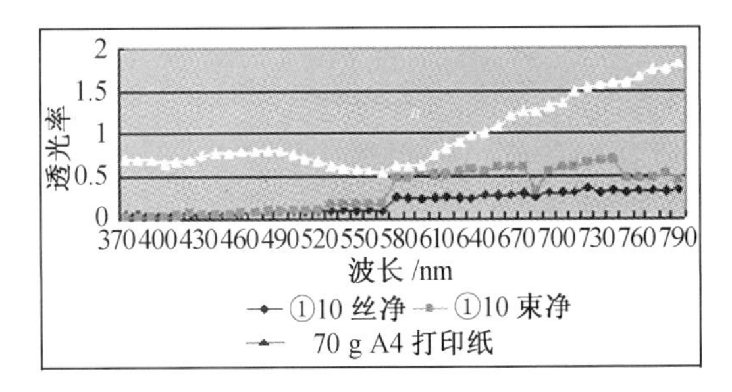

图 6　透光率对比图 6

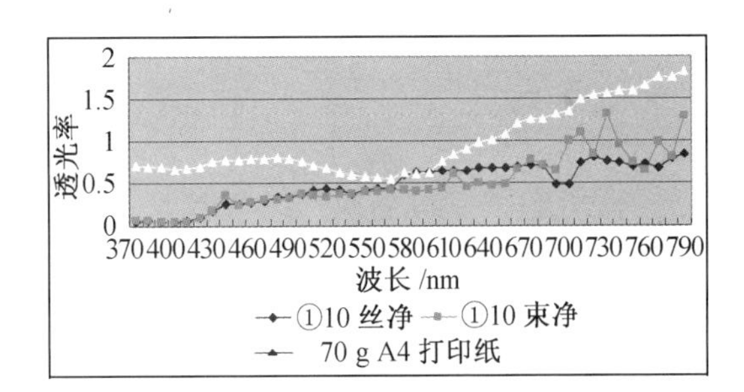

图 7　透光率对比图 7

由图组看出，②号光纤传导光的能力优于①号。因为，①号 50 μm/125 μm、②号 62.5 μm/125 μm（内径/外皮），②号光纤内径比①号光纤粗。起传导光作用的是内芯，与外皮无关。

3.2.3　不同光纤体积掺加量的透光率对比

由图组看出，光纤体积掺加量增加，则透光率提高。其原因为起传导光作用内芯体积增加的缘故。

4　结　论

由以上内容可看出，在条件相同情况下：

（1）在水泥基中掺加光纤可以使材料具有透光性能。当掺加的光纤内径较大并以平行丝状排列时，材料透光性能较好。在 580～790 nm 的波长范围中，透光率甚至可以超过一张标准 A4 纸。

（2）材料掺加光纤体积愈大，其抗压强度愈低。因此，需要合理考虑掺入光纤量。

参考文献

［1］陈卢松，黄争鸣. PMMA 透光复合材料研究进展［J］. 塑料，2007，36（4）：90-96.

［2］江源，殷志东. 光纤照明及应用［M］. 北京：化学工业出版社，2009.

［3］姜肇中. 发展玻璃纤维产业纺织品［J］. 玻璃纤维，2005（3）：44-51.

［4］董韵，李炜. 经编多轴向织物［J］. 玻璃钢/复合材料，2006（1）：56-57.

［5］郑威. 新型低成本玻璃纤维增强抗冲击复合材料研究［J］. 中国材料进展，2009，28（6）：33-40.

胶凝材料组成对管桩抗氯离子性能影响的研究

刘文彬[1]　杨医博[1,2]　黄铸豪[1]　李　扬[1]　蔡绍樊[1]
王叶湖[1]　郭文瑛[1]　艾立涛[1]　王恒昌[1]

（1. 华南理工大学 土木与交通学院，广州 五山 510640
2. 华南理工大学 亚热带建筑科学国家重点实验室，广州 五山 510640）

摘　要　近年来预应力高强混凝土管桩得到了广泛应用，其在氯盐环境下的耐久性问题也日益得到关注。本文在保持管桩混凝土基本配合比不变的情况下，以粉煤灰和矿渣粉取代水泥和磨细砂，研究其对管桩混凝土强度以及抗氯离子性能的影响。研究结果显示，以粉煤灰取代部分磨细砂或者以矿渣粉取代部分磨细砂和水泥能得到强度满足要求的管桩混凝土，但其对管桩混凝土抗氯离子性能改善效果非常有限。由于管桩混凝土要求高强，矿物掺合料用量非常有限，采用掺加矿物掺合料的方法来提高管桩抗氯离子性能的方法可能并不适用。此外，管桩混凝土电量值与氯离子迁移系数的关系与抗氯盐高性能混凝土有较大差异，单以电量值为依据判断管桩混凝土的抗氯离子性能值得商榷。

关键词　预应力混凝土管桩；耐久性；胶凝材料；矿渣微粉；粉煤灰；抗氯离子性能

1　引　言

预应力高强混凝土管桩（也称 PHC 管桩，以下简称管桩）作为一种优质的建筑物桩基础材料，具有桩身强度高，质量可靠、穿透力强、单桩承载力高、施工便捷等诸多优点，近十年来在全国范围内（尤其是广东地区）得到了快速发展。据资料不完全统计，2010 年全国管桩生产量已超过 3 亿 m，中国已成为世界上生产应用管桩最多的国家。

管桩现已形成较为成熟的生产工艺，其胶凝材料组成一般为 70% 硅酸盐水泥+30% 磨细砂，养护采用蒸养-蒸压工艺生产。这种生产工艺虽然带来了很高的桩身强度，混凝土强度已超过 C80，但其耐久性却被证明并非如设计所愿，其在腐蚀环境下易造成桩身破坏，从而影响建筑物的安全性和使用寿命，也对土木工程的可持续发展有不良影响。如何提高管桩的耐久性能已经成为业内研究者亟待解决的问题。

《工业建筑防腐蚀设计规范》（GB 50046—2008）中 4.9.5 条规定，对于氯离子和硫酸盐中等腐蚀条件下的管桩，应采用提高桩身混凝土的耐腐蚀性能和表面涂刷防腐蚀涂层的措施。对于氯盐环境，为掺加阻锈剂和矿物掺合料；对于硫酸盐环境，为采用抗硫酸盐水泥或外加剂，掺加矿物掺合料。

《先张法预应力混凝土管桩》（GB 13476—2009）中 4.2.4 条规定，对于有特殊要求及腐蚀、冻融环境下的管桩，应对其原材料、混凝土配合比和生产工艺等相关技术进行控制，并按设计要求对混凝土保护层等采取相应措施。

我国沿海地区多为氯盐环境，这些地区的工程建设量大，且地基基础通常适用管桩，因此管桩大量得到应用。虽然相关标准要求采用防腐蚀技术，但实际上相关研究和应用均较少。考虑到掺加矿物掺合料、改变胶凝材料组成是最为经济的提高混凝土抗氯离子性能的方法,国内学者也进行了一些研究。

涂波涛等人研究发现,矿渣的掺量宜在20% ~25%,磨细砂的掺量宜在25% ~30%,二者总掺量不宜超过50%,这样的双掺比例能增加管桩混凝土的密实度,提高耐久性。杨雪玲研究发现,粉煤灰和外加剂的掺入,能充分发挥粉煤灰的活性效应,使水泥混凝土不仅早期强度不降低,并且后期和长期强度都有显著增长。

虽然国内已经有了一些研究,但相关研究不够系统,只有单掺矿渣和粉煤灰,没有进行矿渣和粉煤灰复掺的研究;研究主要考虑强度,对抗氯离子性能研究较少。

为充分了解矿渣微粉和粉煤灰对管桩抗氯离子性能的影响,进行了本文的研究。

2 原材料与实验方法

2.1 原材料

(1)水泥:东莞华润牌 P·Ⅱ,42.5R 硅酸盐水泥,比表面积为362 m^2/kg,标准稠度用水量为24.6%,初凝时间137 min,终凝时间176 min,安定性合格,水泥胶砂强度见表1。

表1 水泥胶砂强度

龄期	抗折强/MPa	抗压强度/MPa
3 d	6.2	35.0
28 d	8.8	57.2

(2)磨细砂:罗洪水泥厂产磨细砂,比表面积为438 m^2/kg,二氧化硅含量92.5%。

(3)粉煤灰:珠海市发电厂产二级粉煤灰。粉煤灰细度为23.6%,需水量比为98%,烧失量为4.84%。

(4)矿渣微粉:阳春市众鑫公司产S95级矿渣微粉。密度≥2.8 g/cm^3,比表面积≥410 m^3/kg,活性指数(7 d)≥75%,活性指数(28 d)≥95%,烧失量≤3.0%。

(5)减水剂:上海花王产减水剂,即迈地-150高效减水剂,密度为1.2 g/cm^3,固含量为39.9%,净浆流动度239 mm,砂浆减水率20.3%。

(6)河沙:为2区中砂,含泥量0.5%,氯离子含量0.002%,细度模数为2.5。

(7)碎石:大泽砂石厂产花岗岩碎石,分为5~10 mm碎石和10~20 mm碎石,含泥量0.2%。

2.2 实验方法

2.2.1 试件成型方法

按设计的配合比称量好各种原材料后,用实验室混凝土搅拌机搅拌,先干拌40 s,再将需用的水和外加剂缓慢倒入搅拌机内一起拌和,直至搅拌3 min停止。拌和物自搅拌机中卸出后,还要经人工拌和1~2 min。

试块成型用100 mm×100 mm×100 mm的三联铁模,用振动台振捣密实。

2.2.2 养护方法

混凝土成型后,先在室内静停2~4 h。静停结束后,将混凝土放入蒸养池带模蒸养6 h(见图1)。具体工艺为:静停20 min;升温1.5 h至80~85 ℃;恒温4 h,自然降温10 min。

图1 蒸汽养护池带模蒸养的混凝土

将混凝土从蒸养池中取出后,拆模,再放入蒸压釜中进行10.5 h的蒸压(见图2和图3),具体工艺为:升压2 h至0.88 MPa;恒温恒压5 h(0.88 ~0.9 MPa);降压3.5 h至0 MPa。

图 2　蒸压养护设备

图 3　蒸压养护试件放置

蒸压结束后，放在室内空气中养护到指定龄期进行实验。

2.2.3　测试方法

混凝土力学性能试验采用《普通混凝土力学性能试验方法标准》（GB/T 50081－2002）。

混凝土抗氯离子性能采用电量综合法。其实验过程参考《普通混凝土长期性能和耐久性能试验方法》（GB/T 50082—2009）的电量法，但通电时间改为 18 h；除测定 6 h 电量值外，还需测定通电 18 h 后的氯离子扩项系数，称为 D_{DL}。

但实验过程中发现，管桩混凝土的抗氯离子渗透性能较抗氯盐高性能混凝土差，通电 18 h 会使得试件击穿，不能读出氯离子渗透深度，因此将通电时间改为 6 h。

试件到龄期的前一天，采用自动切石机将从试块中部切割边长为 100 mm×100 mm，厚度为(50±2) mm 的长方体试件，再放入真空保水机进行试件保水，具体如图 4 所示。

图 4　混凝土真空保水机

保水完成后，采用混凝土电通量测定仪测定混凝土试件的电量值，具体如图 5 所示。

图 5　混凝土电通量测定仪

测出试块的 6 h 电量值后，将试件在压力试验机上沿轴向劈开，在劈开的试件表面立即喷涂浓度为 0.1 mol/L 的 $AgNO_3$ 溶液显色指示剂。

约 15 min 后，可以观察到明显的颜色变化，沿试件直径断面将其分成 10 等份，读取氯离子的渗透深度，精确至 0.1 mm，如图 6 所示。

按式(1)计算非稳态氯离子迁移系数：

$$D_{DL}=\frac{0.0239\times(273+T)L}{(U-2)t}\left(X_d-0.0158\sqrt{\frac{(273+T)LX_d}{U-2}}\right) \quad (1)$$

式中　D_{DL}——混凝土的非稳态氯离子迁移系数，精确到 0.1×10^{-12} m²/s；

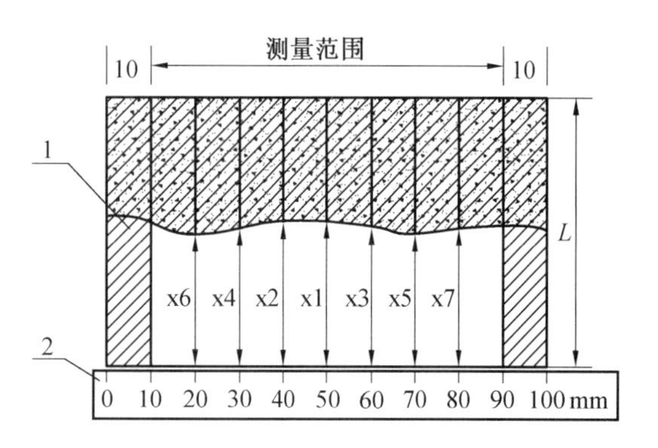

1—试件边缘部分;2—直尺;L—试件高度

图6 氯离子渗透深度的测量

U—— 所用电压的绝对值,单位为伏特(V);

T—— 阳极溶液的初始温度和结束温度的平均值,单位为摄氏度(℃);

L—— 试件厚度,单位为毫米(mm),精确到0.1 mm;

X_d—— 氯离子渗透深度的平均值,单位为毫米(mm),精确到0.1 mm;

t—— 试验持续时间,单位为小时(h)。

混凝土电量值和氯离子迁移系数均为3个试件的算术平均值。如任一个测值与中间值的差值超过中间值的15%,则取其余两个试件的算术平均值;如有两个测值与中间值的差值都超过中间值的15%,则取中间值。

3 试验结果与分析

在保持管桩混凝土基本配合比不变的情况下,以粉煤灰和矿渣粉取代水泥和磨细砂,研究其对混凝土蒸养强度、蒸压强度以及抗氯离子性能的影响。管桩混凝土基本配合比见表2,混凝土胶凝材料组成和抗压强度见表3。

表2 现有管桩混凝土配合比 kg/m^3

胶凝材料	水泥	磨细砂	砂	小石	大石	水	减水剂
485	340	145	660	140	1 100	141	6.1

表3 混凝土胶凝材料组成和抗压强度结果

配合比编号	胶凝材料组成/%				混凝土抗压强度/MPa	
	水泥	矿渣微粉	磨细砂	粉煤灰	蒸养强度	蒸压强度
CM	70	—	30	—	54.4	83.5
CF1	70	—	20	10	44.9	84.0
CF2	70	—	15	15	48.9	82.3
CF3	70	—	10	20	51.2	86.1
CF4	60	—	30	10	40.7	65.7
CF5	50	—	30	20	25.8	57.0
CF6	60	—	20	20	38.1	71.5
CF7	50	—	25	25	37.6	72.4
CK1	70	10	20	—	41.8	90.8
CK2	70	15	15	—	48.7	87.2
CK3	70	20	10	—	46.4	89.6
CK4	60	10	30	—	40.8	80.2
CK5	50	20	30	—	43.5	83.9
CK6	60	20	20		48.1	86.7
CK7	60	25	15		55.9	88.4
CK8	60	30	10		47.0	86.1
CK9	50	25	25		49.6	79.6
CK10	50	30	20		52.9	75.4
CKF1	70	10	10	10	39.5	75.4
CKF2	60	10	20	10	43.3	81.4
CKF3	60	10	10	20	50.4	75.7
CKF4	60	20	10	10	45.0	77.5

3.1　混凝土工作性能和抗压强度

混凝土的坍落度都在 15 ~ 40 mm 之间，符合要求。混凝土抗压强度见表 3。根据表 3 作图 7 ~ 9。

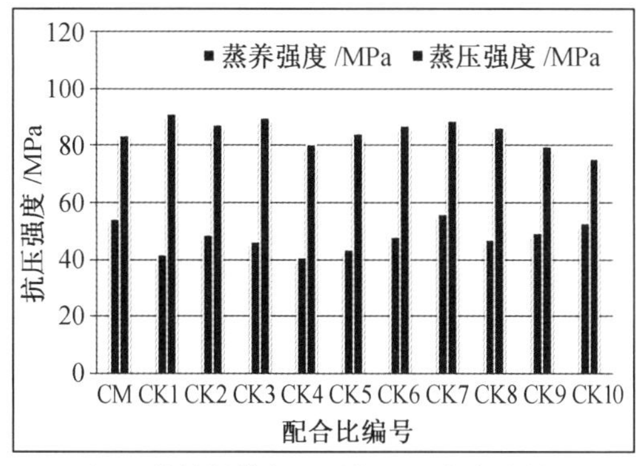

图 7　单掺粉煤灰系列抗压强度实验结果

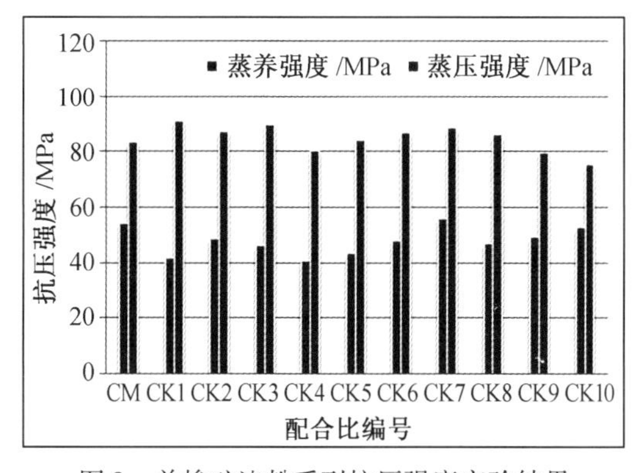

图 8　单掺矿渣粉系列抗压强度实验结果

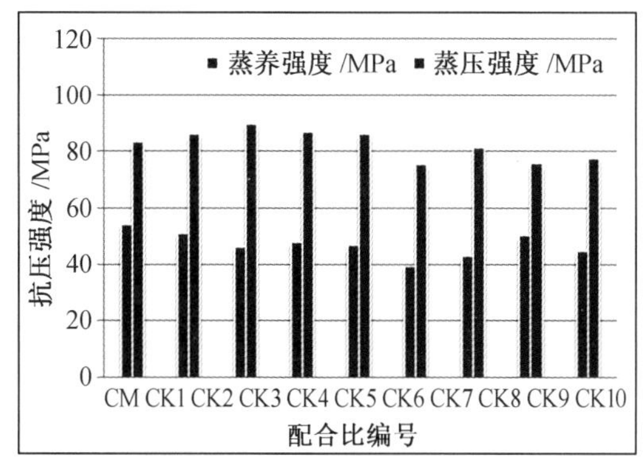

图 9　复掺粉煤灰和矿渣粉系列抗压强度实验结果

由表 3 和图 7 可见：

（1）在保持水泥用量不变，以粉煤灰取代磨细砂时，混凝土蒸养和蒸压强度均能满足要求（蒸养强度大于 40 MPa，蒸压强度大于 80 MPa），但蒸养强度略低于空白样 CM。

（2）当保持磨细砂用量不变，以粉煤灰取代水泥时，混凝土的蒸养和蒸压强度均随粉煤灰掺量增加而明显下降，不能满足要求。

（3）在保持水泥用量分别为 60% 和 50% 时，适当降低磨细砂掺量、提高粉煤灰掺量，可以提高混凝土强度，但混凝土蒸养和蒸压强度仍不能满足要求。

这就表明，在水泥-磨细砂-粉煤灰体系中，水泥用量是影响混凝土强度的主要因素，其用量不得低于 70%，可采用粉煤灰取代部分磨细砂。

由表 3 和图 8 可见：

（1）在保持水泥用量不变，以矿渣粉取代磨细砂时，混凝土蒸养和蒸压强度均能满足要求（蒸养强度大于 40 MPa，蒸压强度大于 80 MPa），但蒸养强度略低于空白样 CM，蒸压强度要高于空白样 CM。

（2）当保持磨细砂用量不变，以矿渣粉取代水泥时，混凝土的蒸养强度明显下降，蒸压强度基本不变，水泥用量为 50% 时能满足要求。

（3）在保持水泥用量为 60% 时，适当降低磨细砂掺量、提高矿渣粉掺量，可以提高混凝土强度，混凝土蒸养和蒸压强度均能满足要求。

（4）在保持水泥用量为 50% 时，适当降低磨细砂掺量、提高矿渣粉掺量，可以提高混凝土蒸养强度，但蒸压强度降低，蒸压强度不能满足要求。

这就表明，在水泥-磨细砂-矿渣粉体系中，水泥和矿渣粉用量均是影响混凝土强度的重要因素，水泥用量宜为 60% ~ 70%；可采用矿渣粉取代部分水泥和磨细砂。

由表 3 和图 9 可见：在保持水泥和磨细砂用量不变，矿渣粉和粉煤灰双掺时，混凝土蒸压强度均较单掺粉煤灰或矿渣粉的低。

这就表明，粉煤灰和矿渣粉复掺对混凝土蒸压强度没有叠加效应。

3.2 混凝土抗氯离子性能

在上述抗压强度研究的基础上，选取CM、CF2、CF3、CK2、CK3、CKF2、CKF3、CKF4等8个配合比进行了7 d龄期混凝土抗氯离子性能研究。管桩混凝土电量值和氯离子迁移系数试验结果见表4。

表4 管桩混凝土7 d抗氯离子性能试验结果

配合比编号	迁移系数($\times10^{-12}m^2/s$)	电量值/C
CM	12.67	436
CF2	12.57	778
CF3	15.32	745
CK2	19.19	12 156
CK3	10.59	933
CKF2	11.29	918
CKF3	8.50	594
CKF4	8.34	623

由表4中数据可见：

(1)管桩混凝土的电量值均较低，多低于1 000 C，掺加粉煤灰或矿渣粉均使得混凝土的电量值增加，其中矿渣粉的影响较粉煤灰更大。

(2)管桩混凝土的迁移系数较高，通常超过10×10^{-12} m^2/s，远高于抗氯盐高性能混凝土的数值。卢明的研究表明，对于抗氯盐高性能混凝土，其对应1 000 C的电量法迁移系数约为7×10^{-12} m^2/s。管桩混凝土的电量值与迁移系数的关系与抗氯盐高性能混凝土存在较大差异的原因可能是管桩混凝土经过高压蒸养、混凝土中存在较多的晶体；而抗氯盐混凝土中CSH凝胶多、晶体少所致。

(3)以粉煤灰或矿渣粉取代磨细砂不能有效降低混凝土的氯离子迁移系数，但进一步提高矿物掺合料用量对降低混凝土的氯离子扩散系数有一定效果，但混凝土的氯离子扩散系数仍远高于抗氯盐高性能混凝土。这可能与管桩混凝土中矿物掺合料用量相对较低有关。

4 结 论

通过本文的研究，可以得出如下结论：

(1)在水泥用量为70%时，以粉煤灰取代部分磨细砂对管桩混凝土强度影响不大，但胶凝材料成本更低，优选的胶凝材料组成为20%粉煤灰+10%磨细砂+70%水泥。

(2)在水泥用量为60% ~70%时，以矿渣粉取代部分磨细砂和水泥能够提高管桩混凝土蒸压强度，胶凝材料成本较低。

(3)粉煤灰和矿渣粉复掺的管桩混凝土蒸压强度较单掺粉煤灰或矿渣粉低，采用单掺粉煤灰或矿渣粉更为有利。

(4)管桩混凝土的电量值均较低，通常低于1 000 C，但氯离子迁移系数较高。其电量值与氯离子迁移系数的关系与抗氯盐高性能混凝土有较大差异，单以电量值为依据判断管桩混凝土的抗氯离子性能值得商榷。

(5)以粉煤灰或矿渣粉取代磨细砂不能有效降低混凝土的氯离子迁移系数和电量值，但进一步提高矿物掺合料用量对降低混凝土的氯离子扩散系数有一定效果。

由于管桩混凝土要求高强，矿物掺合料用量非常有限，采用掺加矿物掺合料的方法来提高管桩抗氯离子性能的方法可能并不适用。以免蒸压方式提高管桩的抗氯离子性能可能是未来的发展方向。

致 谢

感谢珠海市兆丰混凝土有限公司在实验条件上的支持。

参考文献

[1] 严志隆. 掺磨细砂的PHC管桩的有关性能研究[J]. 混凝土与水泥制品，1996(2):37- 40.

[2] 涂波涛，严炳土，李贵民. 关于磨细砂、矿渣微粉在PHC管桩混凝土中的双掺研究[J]. 广东建材，2008(1)：33-34.

[3] 杨雪玲. 粉煤灰对水泥混凝土强度的影响[J]. 河北交通科技，2005(2):18-20.

[4] 卢明. 混凝土抗氯离子性能电加速试验方法改进研究[D]. 广州：华南理工大学，2011.

新型改性 EPS 混凝土的试验研究

战佳朋　刘娇春

(东北农业大学 水利与建筑学院,黑龙江 哈尔滨 150030)

摘　要　EPS 混凝土作为一种新型绿色建筑材料,具有节约资源、保护环境、实现资源再利用等方面的优良性能。本文针对掺入聚丙烯纤维、硅灰、膨胀珍珠岩、减水剂、膨胀剂的新型改性 EPS 混凝土进行试验研究。在单轴压力荷载作用下进行 100 mm×100 mm×100 mm 立方体试块抗压强度力学性能试验,并得到应力-应变全曲线和强度峰值,经分析随着混凝土密度的增大其强度成指数上升。同时利用 X 射线衍射实验通过衍射光谱的匹对,确定其化学组成成分,结合组成成分验证性能的原因。为进一步的实验研究和实际工程应用提供理论依据。

关键词　聚丙烯纤维;EPS 混凝土;力学性能;X 射线衍射分析

1　引　言

随着建筑行业的蓬勃发展,建筑环保、节能和可持续发展的问题变得日益突出。EPS 混凝土就是一种具有节约资源、保护环境、实现资源再利用等多方面的优良性能的绿色建筑材料。近几年来,EPS 保温面板和 EPS 保温砂浆开始被广泛用于建筑保温隔热方面。EPS 是一种稳定、憎水且轻质的高分子聚合物材料,可以取代砂石成为粗集料和部分细集料,制成强度等级略低的轻质保温混凝土。国外,20 世纪 70 年代 D. J. Cook 对 EPS 颗粒作为集料的轻混凝土进行了系统研究。国内,上海交通大学陈兵、周可可通过试验探讨了 EPS 颗粒粒径、基材强度和聚丙烯纤维对 EPS 轻质混凝土强度的影响。

本文对掺入聚丙烯纤维、硅灰、膨胀珍珠岩、减水剂、膨胀剂的新型 EPS 混凝土进行部分试验研究,分析并给出了密度与强度之间的指数关系式。应用多元线性回归分析的方法对密度和强度与各原材料的相关性进行分析,同时对 EPS 混凝土的化学成分进行了 X 射线衍射实验的物相分析。

2　试件制作

2.1　原材料

本试验原材料采用哈尔滨亚太集团的天鹅牌水泥厂生产的 42.5 型普通硅酸盐水泥、细度模数平均为 2.14 的河沙、束状单丝型聚丙烯纤维、粒径 3 mm 的 EPS 颗粒、硅灰、减水剂(粉剂)、膨胀剂。

2.2　试件制作

首先将原材料水泥、硅灰、膨胀珍珠岩、沙子、膨胀剂按设计好的配合比称量后,将它们同时放入搅拌机中进行干拌,使其混合均匀。混合均匀后,将进行过浸水处理(常温状态下,将其浸泡在自来水下 1 h 以上,目的是使 EPS 和拌和物能更好地结合)的 EPS 泡沫注入搅拌机内。随即机搅拌合,共 4 次,每次 2 min。在此期间,将用水稀释的减水剂再一次搅拌后逐渐倒入。最后一次拌和结束后,把拌和物倒入搅拌槽内,将聚丙烯纤维采用层铺法铺在拌和物上。用铁锹倒匀后,立即装入 100 mm×100 mm×100 mm 的立方体试模中，人工振实成型。最后放入到恒温(21 ℃)恒湿的养护箱中养护28 d。

3 实验结果与分析

3.1 密度和强度关系分析

对养护28 d后的56个试块测量出密度，并利用力学万能试验机进行强度峰值的测量。利用SPSS软件对密度和强度进行Logistic回归分析，分析报告相关系数见表1，分析表明两者呈现指数分布关系，相关系数为$t=12.499$，Sig. =0.000说明两者指数相关性极显著。

表1 密度与强度的相关系数和显著水平

Cofficients[a]

Model	Unstandardized Coefficients		Standardized Coefficients		
	B	Std. Error	Beta	t	Sig.
1 (Constant)	0.746	0.022		34.175	0.000
强度	0.073	0.006	0.862	12.499	0.000

a. Dependent Variable：密度

绘制密度与强度的指数关系曲线如图1所示。由图可知随着密度的增加，强度成指数上升的趋势增加。用ρ表示密度，σ表示强度峰值，那么密度和强度通过最小二乘法拟合指数函数关系表达式为

$$\sigma = 0.103\,5e^{3.325\,4\rho} \quad (1)$$

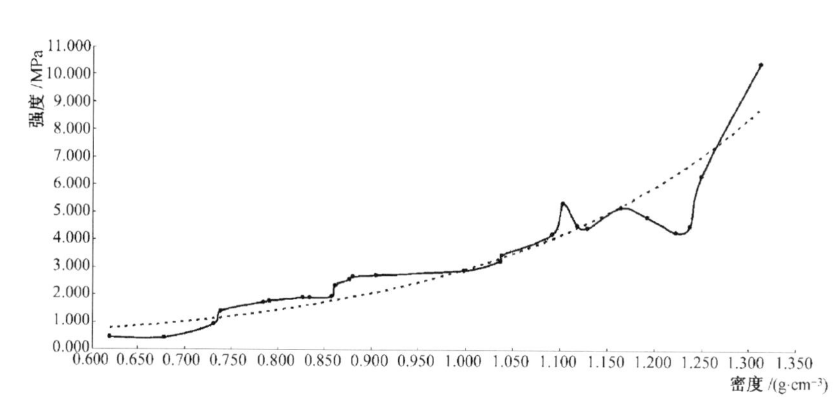

图1 密度与强度指数关系曲线

3.2 密度与各组分成分的关系分析

利用SPSS软件，将密度作为独立因变量，各个组成成分作为自变量组，进行多元线性回归分析。得出如表2的多元线性相关系数表，由表中Sig.显著指标数据可知只有水灰比、沙子、膨胀剂、珍珠岩与密度相关性显著。分别用w、s、p、z表示原材料水灰比、沙子、膨胀剂和珍珠岩。用ρ来表示密度。以此可得密度与相关性显著的组分成分的线性关系式为

$$\rho = -2.732w + 1.692s - 2.076p + 2.488z \quad (2)$$

表2 密度与各组分成分多元回归分析的相关系数表

Coefficients[a]

Model	Unstandardized Coefficients		Standardized Coefficients		
	B	Std. Error	Beta	t	Sig.
1 (Constant)	1.138	1.445		0.787	0.435
水灰比	-1.043	0.382	-0.441	-2.732	0.009
沙子	1.078	0.637	0.253	1.692	0.097
EPS	1.479	11.847	0.046	0.125	0.901
减水剂	11.015	60.872	0.063	0.181	0.857
膨胀剂	-2.920	1.406	-0.311	-2.076	0.043
珍珠岩	0.739	0.297	0.299	2.488	0.016

a. Dependent Variable：密度

3.3　强度与各组分成分的关系分析

利用 SPSS 软件，将强度作为独立因变量，各个组成成分作为自变量组，进行多元线性回归分析，得出表 3 的多元线性相关系数表。由表中 Sig. 显著指标数据可知只有水灰比、珍珠岩和聚丙烯纤维与强度相关性显著。我们分别用 w、z、x 表示原材料水灰比、珍珠岩和聚丙烯纤维，用 σ 来表示密度，可得强度与各组分成分的线性关系式为

$$\sigma = -1.958w + 4.131z + 2.113x \quad (3)$$

表 3　强度与各组分成分多元回归分析的相关系数表

Coefficients[a]

Model		Unstandardized Coefficients		Standardized Coefficients	t	Sig.
		B	Std. Error	Beta		
1	(Constant)	30.793	22.334		1.379	0.174
	水灰比	-8.789	4.489	-0.316	-1.958	0.056
	沙子	-1.691	8.781	0.034	-0.193	0.848
	EPS	-164.395	174.220	-0.431	-0.944	0.350
	减水剂	-837.114	881.148	-0.408	-0.950	0.347
	膨胀剂	-21.327	16.532	-0.193	-1.290	0.203
	珍珠岩	16.628	4.025	0.572	4.131	0.000
	聚丙烯纤维	-955.900	452.354	-0.429	2.113	0.040

a. Dependent Variable：密度

3.4　X 射线衍射实验化学组成成分分析

通过 JADE5.0 软件进行物相分析如图 2，得到 EPS 混凝土中的含有如下主要成分：$CaCO_3$、$CaSiO_3$、Al_2O_3、C、$Ca(OH)_2$ 等。

从组成成分中可以明显看出，相对于普通混凝土的化学组成成分相比 C 元素的含量明显增大，主要原因为聚苯乙烯是指由苯乙烯单体经自由基缩聚反应合成的聚合物简称 PS。EPS 为发泡型聚苯乙烯，含 93% ~94% 的聚苯乙烯。从图 3 PS 的化学分子式中可以看出 C 元素的比例成分。

另外 EPS 混凝土中另一高分子有机物为聚丙烯纤维（PP），其化学分子式如图 4 所示。

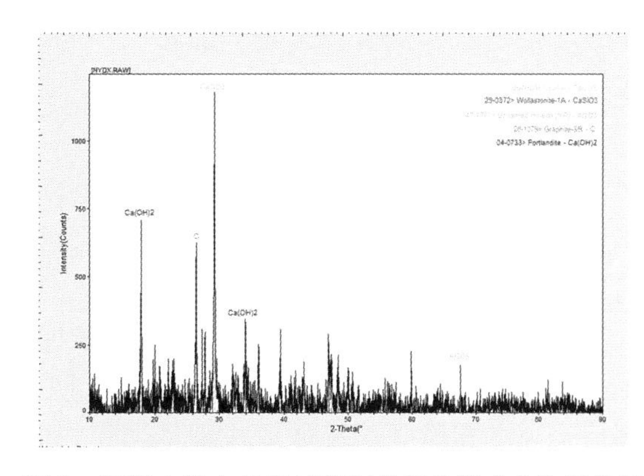

图 2　混凝土粉末 X 射线衍射分析化学成分物相分析

$$(-CHCH_2-)_n$$

图 3　PS 的化学分子式

$$[-CH(CH_3)-CH_2-]_n$$

图 4　PP 的化学分子式

PP 同 PS 一样，C 元素含量高，且不与无机物发生离子或胶体的化学反应。故 C 元素含量相对于普通混凝土中的多，且高分子有机物不参与无机物的离子和胶体化学反应。

虽然混凝土生成过程中存在着大量的物理化学变化，但从 X 射线衍射实验物相分析出的生成物上可以推算出混凝土中的主要化学反应过程如式（4）~（7）：

$$3(CaO \cdot SiO_2) + 6H_2O = 3CaO \cdot 2SiO_2 \cdot 3H_2O(\text{胶体}) + 3Ca(OH)_2(\text{晶体}) \quad (4)$$

$$2(2CaO \cdot SiO_2) + 4H_2O = 3CaO \cdot 2SiO_2 \cdot 3H_2O + Ca(OH)_2(\text{晶体}) \quad (5)$$

$$3CaO \cdot Al_2O_3 + 6H_2O = 3CaO \cdot Al_2O_3 \cdot 6H_2O(\text{晶体}) \quad (6)$$

$$4CaO \cdot Al_2O_3 \cdot Fe_2O_3 + 7H_2O = 3CaO \cdot Al_2O_3 \cdot 6H_2O + CaO \cdot Fe_2O_3 \cdot H_2O(\text{胶体}) \quad (7)$$

4 结　论

(1)随着 EPS 混凝土密度的增大,其强度指数上升。故按配合比适当地提高密度,可有效提高强度峰值。

(2)水灰比、沙子、膨胀剂、珍珠岩与密度相关性显著,且由相关性关系式可知适当地相应提高水和膨胀剂的含量可降低密度,相反沙子和珍珠岩会提高密度。

水灰比、珍珠岩和聚丙烯纤维与强度相关性显著。由相关性关系式可知适当地相应提高珍珠岩和聚丙烯纤维的含量可提高强度,相反和普通混凝土不同的是,水灰比的增加对强度有减弱作用。

(3)由 X 射线衍射实验物相分析可得,本 EPS 混凝土中含有 $CaCO_3$、$CaSiO_3$、Al_2O_3、C、$Ca(OH)_2$等主要成分。

参考文献

[1] COOK D J. Expanded polystyrene beads as lightweight aggregate for concrete [J]. Precast Concrete, 1973, 4(4): 691-693.

[2] 陈兵, 周可可. EPS 轻质高性能混凝土力学性能影响因素试验研究[J]. 混凝土与水泥制品, 2009(6):47-50.

[3] 薛薇. SPSS 统计分析方法及应用[M]. 北京:电子工业出版社, 2009.

复合纤维高强混凝土小梁高温后力学性能试验

胡宪鑫　赵金龙　杨淑慧　曾　力

（郑州大学 土木工程学院，河南 郑州 450001）

摘　要　随着高强混凝土在工程实际中的广泛应用和火灾事故的频发，大量试验表明，混凝土在高温下及高温后的力学性能不仅会有明显下降，特别还存在高温下爆裂的现象，进而影响到结构的安全可靠。针对此问题，本创新项目通过在高强混凝土中掺加钢纤维和聚丙烯纤维，制作成18根复合纤维混凝土小梁，并对其高温试验后进行力学性能试验研究。试验结果表明，掺加钢纤维和聚丙烯纤维能明显改善高强混凝土高温后的各项性能；随着钢纤维掺量的变化、试验温度的不同以及是否配筋，复合纤维高强混凝土小梁高温后的力学性能呈现不同的变化规律。本文的研究结论为高强混凝土高温性能研究和结构灾后评估提供一定意义的参考。

关键词　混凝土，纤维，小梁，高温，力学性能

1　引　言

火灾是最经常、最普遍威胁公众安全和社会发展的主要灾害之一。随着社会的高速发展和科技的不断进步，城市人口的不断增加，城市建筑物日益密集，高层建筑不断增加，使得建筑物火灾事故频率及造成的损失也不断增加，建筑物防火耐火的研究日益受到关注。

面对危害性如此严重的火灾，十分有必要对建筑物结构的耐火防火性能进行研究探索。如何避免建筑火灾的发生，如何尽可能减少火灾损失，以及灾后如何加固修复等，这些问题迫切需要对建筑结构进行抗火设计，并研究结构在高温火灾下的力学性能。

1901年美国国家标准局成立后陆续开展了许多与火灾相关的研究工作。1916年，由11个建筑团体组成的一个联合委员会综合各构件的试验方法，提出了标准的温度-时间曲线，即ASTM E 119曲线，该曲线1918年正式成为美国进行火灾研究的标准曲线。20世纪50年代，前苏联颁布了耐热钢筋混凝土的设计暂行指示（y-151-56/MCПM×П）。之后，美国消防协会（1962）、FIP/CEB（1979）、瑞典（1983）、法国（1984）相继颁布了钢筋混凝土抗火的设计标准。

我国在建筑火灾研究方面的起步较晚。20世纪70年代，我国冶金工业部建筑研究总院等单位编制了《冶金工业厂房钢筋混凝土结构抗热设计规程》，这是我国第一部有关钢筋混凝土结构抗火设计规程。随着国民经济的快速发展，高层建筑不断涌现，我国于1983年和1995年颁布了《高层民用建筑设计防火规范》。20世纪80年代中期开始，为了制订科学合理的建筑结构抗火设计规范，清华大学、同济大学、西南交通大学等单位对钢筋混凝土结构的高温材料模型、构件和结构在高温下的反应以及灾后评估修复等问题进行了研究，并取得了较为丰富的成果。

本实验通过在高强混凝土中掺加钢纤维和聚丙烯纤维，制作成18根复合纤维混凝土小梁，并对其高温试验后进行力学性能试验研究。

2 试验概况

2.1 试验梁的设计与制作

2.1.1 试验目的

通过对复合纤维高强混凝土小梁分别进行常温及高温后的抗弯性能试验，研究分析温度和纤维掺量等不同因素对复合纤维高强混凝土梁的性能影响，对比不同试验梁在加载受弯过程中的构件反应，包括初裂荷载、极限破坏荷载、构件刚度、裂缝发展和破坏形式，给出复合纤维高强混凝土小梁高温力学性能的变化规律。

2.1.2 试验材料

本次试验混凝土设计配制强度为 C60，基准配合比见表 1。

表 1 配合比 kg/m^3

等级	水胶比	水	水泥	沙子	石子	减水剂
60	0.3	150	500	612	1 188	7.5

水泥：采用卫辉天瑞水泥公司生产的 42.5普通硅酸盐水泥，试验期间保存良好。

细骨料：采用河沙，级配试验测为中砂，级配良好，含水率在 1.2% 左右，杂质少。

粗骨料：采用石灰岩，碎石，粒径 10 ~ 25 mm，级配连续，含泥量及杂质少，表面洁净。

水：饮用水。

钢筋：纵筋及箍筋采用 HPB235 级热轧钢筋。

高效减水剂：采用郑州建科混凝土外加剂有限公司生产 JKH－1 型粉状高效减水剂（FDN），产品执行标准 GB8076—1997。

纤维：本试验所采用的纤维有钢纤维和聚丙烯纤维。钢纤维为上海哈瑞克斯金属制品有限公司生产的 AMi04－32－600（原型号 SF01－32）钢锭铣削型钢纤维，长度 32 mm，等效直径 0.56 mm，长径比为 35 ~ 40，抗拉强度≥700 MPa。聚丙烯纤维为 HILL BROTHERS CHEMICAL COMPANY 生产的 Dura Fiber（杜拉纤维），纤维类型为束状单丝，长约 19 mm，直径 48 μm，比重为 0.91，无吸水性，熔点约 160 ℃，燃点约 580 ℃，极低的导热性和导电性，拉伸极限为 15%，抗拉强度为 276 MPa，含湿量<0.1%，弹性模量为 3 793 MPa。

2.1.3 试验梁制作和养护

试验共设计小梁构件 18 根，其中 14 根采用双筋矩形截面，尺寸和配筋如图 1 所示，其余 4 根不配钢筋，梁的编号分组见表 2。采用 HPB235 级热轧钢筋，纵筋为 2Φ8，架立钢筋为 2Φ8，箍筋采用四边形封闭箍筋，直径为 6 mm，间距为100 mm，中间 1/3 留纯弯段，保护层厚度为10 mm。同时每组配合比制作标准立方体试块（100 mm×100 mm×100 mm）6 个。

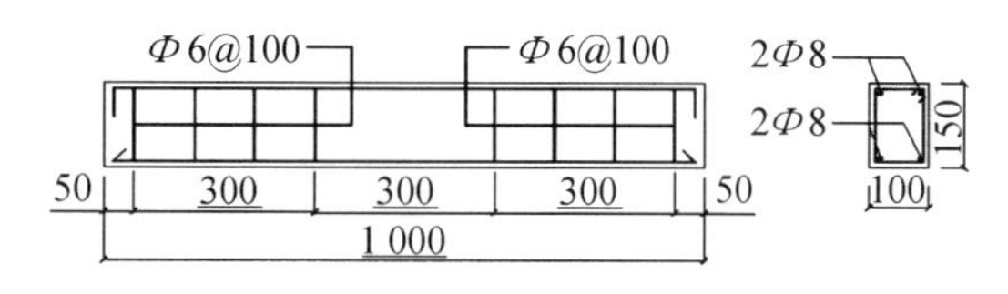

图 1 试验梁及配筋图

表 2 试件设计分组

钢纤维体积率	20（常温）	200 ℃	400 ℃	600 ℃	800 ℃
0（SF、不配筋）	WL11	—	WL12	—	—
1.0%（SF、不配筋）	WL31	—	WL32	—	—
0（SF、配筋）	L11	—	L12	—	—
0.5%（SF、配筋）	—	—	L21	—	—
1.0%（SF、配筋）	L31	L32	L33	L34	L35
1.5%（SF、配筋）	L41	L42	L43	L44	L45
2.0%（SF、配筋）	—	—	L51	—	—

注：混凝土聚丙烯纤维体积率均为 1.0%。

试件的制作按照《钢纤维混凝土试验方法》(CECS 13：89) 的有关规定进行,为使钢纤维分布良好并避免结团现象,采用了强制式搅拌机搅拌。本实验采用的加料顺序为：石子—砂—水泥—纤维、减水剂—水。即先将砂、石子和水泥搅拌均匀,然后人工将纤维和减水剂撒入,最后加水搅拌均匀。试验小梁构件采用木模板,试块采用塑料模板,采用振动台振动成型。

小梁构件养护条件为室外自然养护,拆模后为防止水分蒸发过快,初期每天浇水 2 ~3 遍,并覆盖草毡,7 d 后,每隔 3 d 浇水养护一次,直到龄期 28 d,然后放置室内静置,从成型之日起 30 ~50 d 进行试验。标准试块拆模后放置标准养护室养护,28 d 后放置室内静置。

2.2 试验内容、方法及装置

2.2.1 混凝土抗压强度试验

参照《钢纤维混凝土试验方法》(CECS 13:89),采用 30T 压力试验机,对标准 28 d 后的试块及经高温试验自然冷却后的试块进行抗压强度试验,加载速率分别为 0.5 ~ 0.8 MP/s和 0.5 MP/s。记录最大荷载,精确至 0.1 MP。

2.2.2 小梁高温试验

试验升温设备为郑州大学新型建材与结构研究中心的箱式电阻炉,最大升温速率为 10 ℃/min。本试验以温度为变化参数,设定温度分别为 200 ℃、400 ℃、600 ℃、800 ℃,当达到设定温度后,恒温 3 h,然后炉内冷却至常温,再进行试验。

2.2.3 小梁弯曲试验

(1)试验装置。弯曲试验加载与装置示意图如图 2 所示。加载方式采用千斤顶-分配梁的形式,采用竖向两点对称加载,千斤顶采用 50 t 的油压千斤顶,荷载控制利用 5 t 压力传感器,并由压力传感仪显示读出读数。试验用五个百分表测量小梁挠度变化,百分表分别布置在跨中、对应加载点及支座处,利用磁性表座固定百分表。

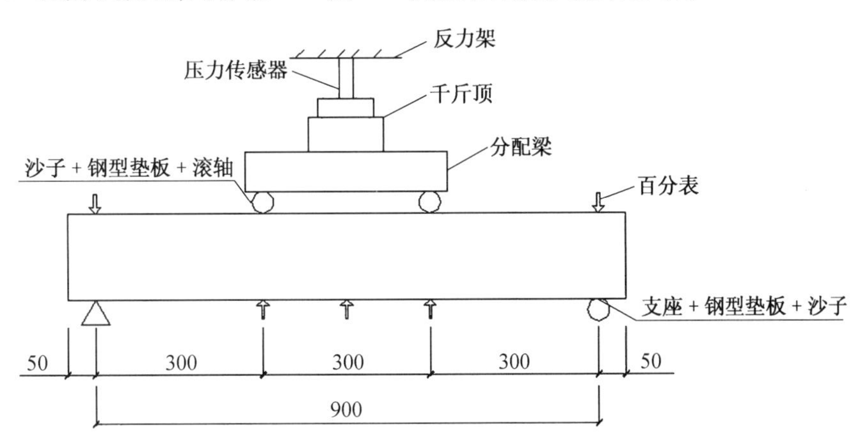

图 2　小梁弯曲加载与测量装置示意图

(2)试验过程。将试验梁安放到反力架支座上,并依次在试验梁上安放分配梁、千斤顶、压力传感器(支座、滚轴处均用沙子找平,并安放宽 50 mm 的钢型垫板),依照图 3 调整、对中。将压力传感器与传感仪连接,调试应变仪,同时也将百分表固定到磁性表座上放置到设计位置。

进行加载试验,在正式加载前需按计算极限荷载的 20% 进行预加载 2 ~3 次,以检查各种试验装置的工作状态。待卸载调零后,以计算极限荷载的 10% 为加载级差进行正式加载,由于有抗裂性能和极限承载力的研究,所以当荷载加至计算开裂荷载 90% 以及计算极限荷载的 90% 时,适当缩小荷载级差至

图3　小梁弯曲试验装置

5%，以便尽可能准确地得到开裂荷载和极限荷载。但由于高温后，小梁的承载力理论计算较为困难，故对于高温后的抗弯试验，荷载级差根据实际情况把握调整。每级加载至设定值后，持荷5～7 min，测量跨中挠度、荷载处梁的挠度、支座沉降以及观察各级荷载下裂缝的发展情况和宽度变化。

3　试验结果分析

3.1　温度对复合纤维高强混凝土梁力学性能的影响

本节试验以温度为变量，控制温度分别为常温、200 ℃、400 ℃、600 ℃和800 ℃，共设置两个试验对比组，其钢纤维掺量分别为1.0%和1.5%，如表3所示。

表3　温度对比试验

钢纤维掺量	常温	200 ℃	400 ℃	600 ℃	800 ℃
1.0%	L31	L32	L33	L34	L35
1.5%	L41	L42	L43	L44	L45

3.1.1　小梁受力变形过程

本节试验的10根小梁其中8根均经过不同温度的高温实验，其受力过程经历了弹性阶段、带裂缝工作阶段、纤维增强阶段（未掺有钢纤维的不存在）和破坏阶段。变形在各个阶段具有以下特点：

（1）开始加载至开裂阶段。在加载初期，高温后的小梁同常温的相似，基本上是弹性变形，荷载挠度曲线呈线性上升。由于经历不同程度的高温试验，高温后小梁的抗弯强度随温度的升高而降低。随着荷载的不断增加，不同于常温下的小梁会在受拉区开始出现细小裂缝，高温后的小梁因存在不同程度的温度裂缝而很难观察到新裂缝的出现。

（2）开裂至钢筋屈服阶段。当荷载达到极限荷载的30%～40%时，常温和高温后的小梁均在受拉区出现新裂缝，并随着荷载的继续增加而展开。由于钢纤维的存在，初裂后的钢纤维阻裂作用使裂缝缓慢向上发展，此阶段为钢筋和钢纤维共同承担拉力。当荷载达到极限荷载的70%，原有裂缝逐步变宽，不再有新裂缝出现。当达到极限荷载的85%时，裂缝逐渐变宽并向上发展，纵向钢筋屈服。

（3）钢筋屈服至破坏阶段。钢筋屈服之后，荷载仍能增加，在中部形成一条主裂缝，快速变宽并向上发展。挠度不断增加，受拉区钢纤维增强作用显著，伴随有拉断和从混凝土中拉出的响声。最后裂缝变宽，向上延伸，中和轴上升。随着钢纤维逐渐地被拉断拉出，承载力不断下降，最后受压区混凝土出现水平和鳞片状隆起，小梁破坏。

对比常温和高温后钢筋复合纤维高强混凝土小梁受力与变形全过程可知，高温后小梁的破坏过程与常温下的基本相似，但因高温后混凝土和钢筋的各项性能损伤，虽然掺入了钢纤维，但其抗裂和抗弯承载力仍有较为明显的下降。

因在小梁构件中掺入了1.0%的聚丙烯纤维，起到了良好的防爆裂作用，即使升温至

800 ℃仍没有出现爆裂现象,构件外观维持良好。

3.1.2　开裂、极限荷载分析

表 4 为试验梁开裂荷载的加载结果。

表 4　试验梁开裂(极限)荷载加载结果　kN

	常温	200 ℃	400 ℃	600 ℃	800 ℃
L3(1.0%)开裂(极限)荷载	17(41)	14(45)	14(43)	13(32)	11(24)
L4(1.5%)开裂(极限)荷载	17(41)	15(46)	14(42)	12(31)	12(25)

由表 4 可以看出,同一钢纤维掺量的小梁在经过高温试验后:

(1)开裂荷载有不同程度的降低。小梁构件的开裂荷载主要是由混凝土的抗拉能力决定的,故随着试验温度的升高,混凝土损伤愈来愈严重,虽掺入钢纤维,但其抗拉能力不断减弱,开裂荷载降低。

(2)极限荷载在 0 ~ 200 ℃是提高的,在 200 ~ 800℃是降低的。分析认为,小梁构件的极限荷载主要是由纵筋的抗拉能力决定,在 200 ℃高温作用时,钢筋的抗拉强度较高,之后随着温度的升高,内部受损趋于严重,极限荷载开始下降。

通过对比同一温度下不同钢纤维掺量对小梁开裂荷载的影响发现:

(1)在 600 ℃高温后,1.5% 的钢纤维掺量的小梁开裂承载力比 1.0% 掺量的开裂承载力降低了,而其他温度下的对比均为持平或提高。

(2)在 400 ℃和 600 ℃高温后,钢纤维掺量为 1.5% 的小梁极限承载力比 1.0% 掺量的极限承载力降低了,而其他温度下的对比均为持平或提高。

通过试验结果分析可得:钢纤维掺量的增加对小梁的开裂、极限承载力有双重影响,一方面钢纤维的增多加强了混凝土的抗拉性能,但同时由于钢纤维导热性能较好,过多的钢纤维使高温更为容易的导入混凝土内部,加剧高温损伤。钢纤维的双重影响作用随着试件所受温度的不同而变化。

3.1.3　小梁挠度分析

图 4 为试验梁荷载-挠度的曲线对比图。

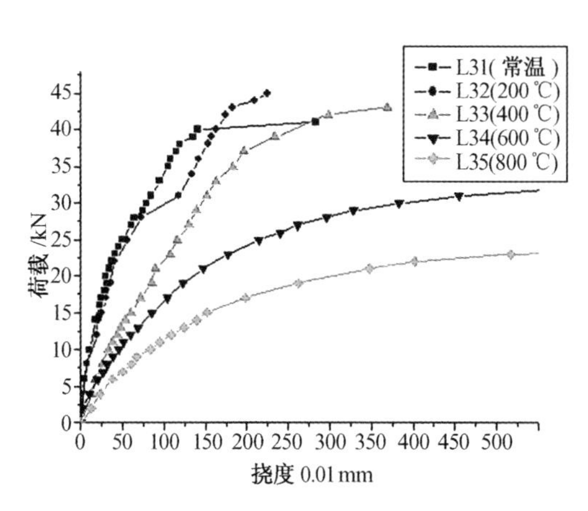

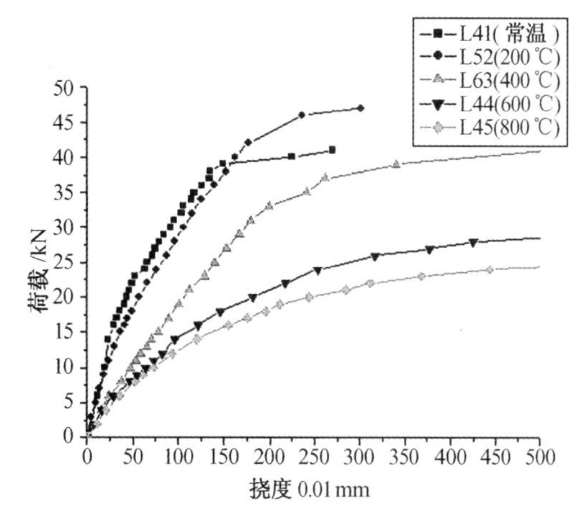

图 4　试验梁荷载-挠度曲线对比

由图 4 可见,在梁开裂之前,无论常温试验或者高温后的试验,荷载-挠度曲线都大致呈线性关系,挠度变化较为缓慢,高温后的小梁相对于常温的其挠度变化较快,且随着温度的增加而增快,从曲线中可以发现,200 ℃时的 L32、L42 和常温下的 L31、L41,两者挠度变化非常相近,对比 400 ℃、600 ℃以及 800 ℃发现,挠度有了很大的增加。对比常温和200 ℃的试验梁,在即将屈服时,常温下的小梁随即发生了破坏,挠度迅速增加,而200 ℃后的梁挠度并未发生较迅猛增长,而是缓慢增快,增加了其延性。

通过试验总结表明,200 ℃的试验温度对钢筋复合纤维高强混凝土小梁造成的损伤较小,并对其延性有了一定的提升,而400 ℃以及之后的试验温度对小梁造成了较为严重的损伤,其承载力下降,挠度增加。

图5为小梁的实测挠度沿梁长的分布曲线,对比可以发现,对于同一温度试验后不同钢纤维掺量的梁,钢纤维掺量为1.5%的梁普遍比1.0%掺量的延性要好,弯曲韧性得到一定提高。

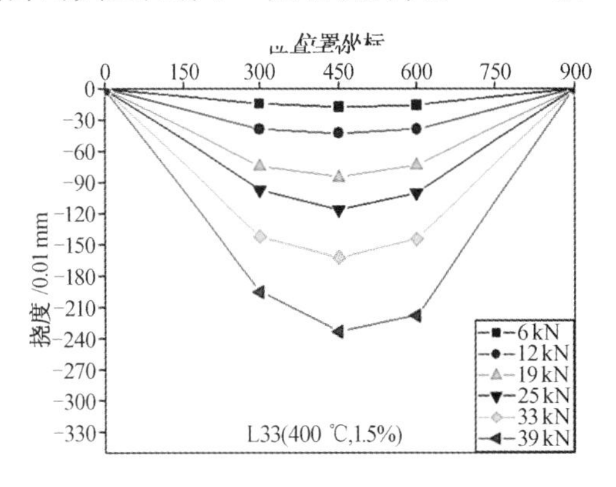

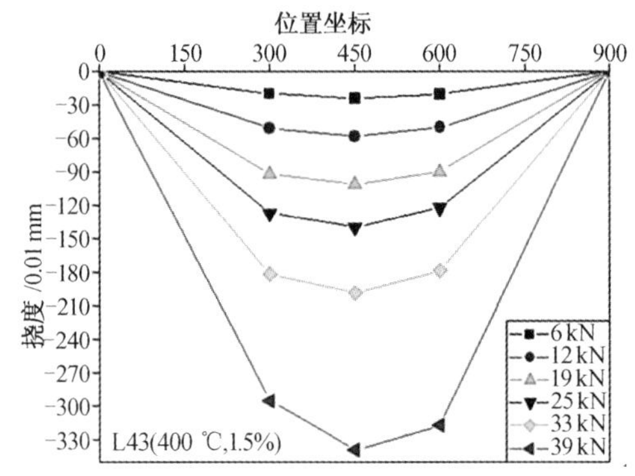

图5　梁的实测挠度沿梁长的分布曲线对比

3.1.4　裂缝分析

如图6所示,当试验和在达到开裂荷载后,在试验梁纯弯段内出现了第一条裂缝,裂缝宽度很小,约为0.02 mm左右。由于高温致使混凝土机体出现微观或宏观裂缝,当达到开裂荷载时,原有的温度裂缝开始继续延伸和扩张,新裂缝较晚才会出现。随着荷载的不断增加,裂缝不断出现及发展,对比同一钢纤维掺量的小梁,常温和200 ℃后的梁出现的裂缝较400 ℃及以上高温后的少,而且后者分布更为密集均匀。

当继续增加荷载到一定程度,一般在极限荷载的85%左右,裂缝逐渐增大,在纯弯段薄弱处形成一条或两条主裂缝,与此同时其他裂缝逐渐不再发展。当纵向受力钢筋屈服以后,主裂缝迅猛发展,向上延伸,宽度增大。试验发现,高温后的梁主裂缝相对形成较晚,钢筋屈服后维持荷载能力较强,延性增加。总的来说,钢纤维的存在明显地改善了高强混凝土梁构件的最终破坏形态,即克服了受压区混凝土的受压破坏,增大了极限压应变,从而使梁的延性提高。同时受拉破坏断面上,钢纤维的不断拔出或拉断过程,也消耗能量,使钢筋屈服之后,荷载没有很快下降,荷载维持能力提高。

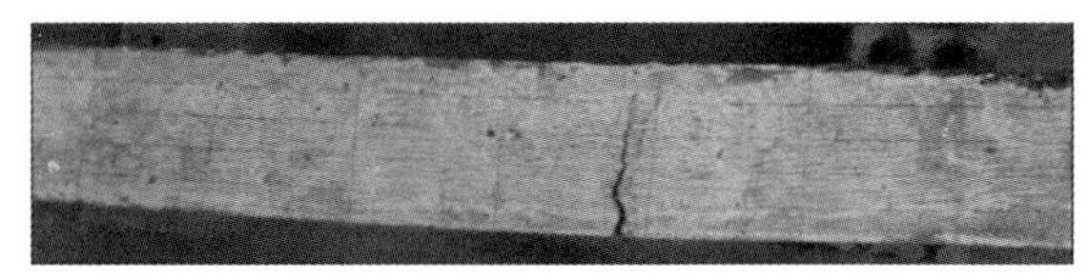

L31(常温)

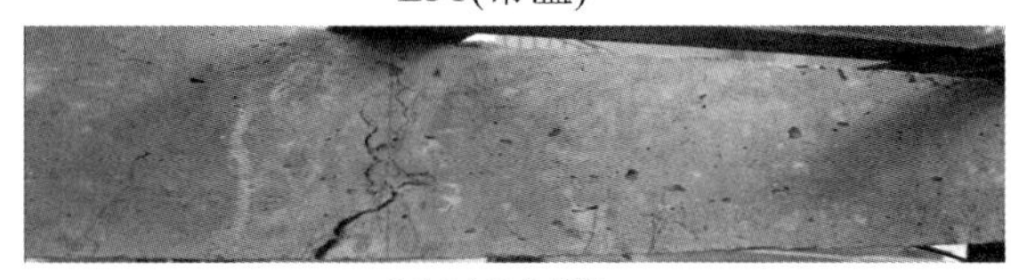

L33(400 ℃)

图6　1.0%钢纤维掺量试验梁的裂缝形态图

3.2　钢纤维对复合纤维高强混凝土梁力学性能的影响

本节试验以钢纤维掺量为控制变量,分别为0、0.5%、1.0%、1.5%和2.0%,共设置常温和400 ℃两个试验对比组,如表5所示。

表5　纤维掺量对比试验

钢纤维掺量	0	0.5%	1.0%	1.5%	2.0%
常温	L11	—	L31	L41	—
400 ℃	L12	L21	L33	L43	L51

3.2.1　小梁受力变形的特点

本节试验小梁受力变形基本与本文3.1.1描述相同，均经历弹性阶段、带裂缝工作阶段、纤维增强阶段和破坏阶段。

对比不同钢纤维掺量的小梁，可以发现，钢纤维的掺加，对小梁的受力变形有影响，但试验表明，并不是钢纤维掺量越多的梁的变形能力越强，刚度越大，同时发现其变形能力不仅受钢纤维掺量多少的影响，而且还受温度的影响较多，常温的和400 ℃高温后的受掺量变化的影响规律也存在一定的差异。

3.2.2　开裂、极限荷载分析

由表6可以看出，对于常温试验的小梁：

表6　试验梁开裂、极限荷载加载结果　　kN

钢纤维掺量	0	0.5%	1.0%	1.5%	2.0%
常温 开裂(极限)荷载	18.5(40)	—	17(41)	17(41)	—
400℃ 开裂(极限)荷载	10(37)	13(36)	14(43)	14(42)	16(43)

(1)随着钢纤维掺量的增加，其开裂荷载减小。而对于400 ℃高温之后的试验梁，开裂荷载随着掺量的增大而增大。

(2)钢纤维的掺入对小梁极限荷载提高并不明显。对于400 ℃高温后的试验梁，随着钢纤维掺量的增加极限荷载基本成变大趋势。

所以由试验结果表明，随着钢纤维的掺入，复合纤维钢筋混凝土小梁常温中的开裂、极限荷载并没有得到明显提高；400 ℃高温后的小梁其开裂、极限荷载都有了明显的提高。钢纤维的优越性在高温后的试验梁中得到了较好的体现。

3.2.3　小梁挠度分析

由图7可见，在梁开裂之前，无论常温试验还是400 ℃高温后的试验，荷载-挠度曲线大致呈线性关系，挠度变化较为缓慢，不同钢纤维掺量的小梁之间的区别不明显，随着荷载的增大，裂缝出现，梁进入了塑性阶段，试验梁的刚度发生了明显的不同。

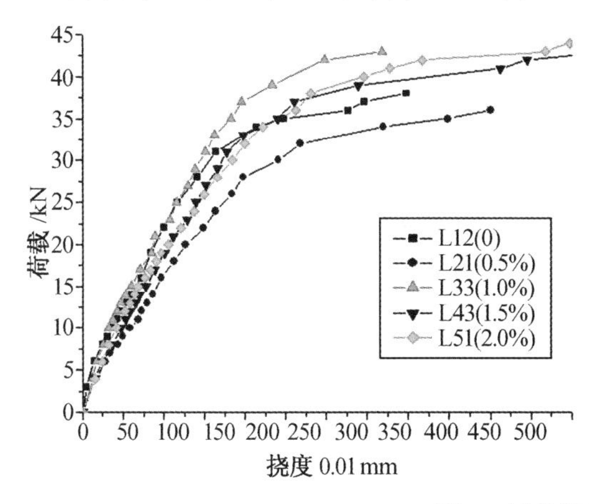

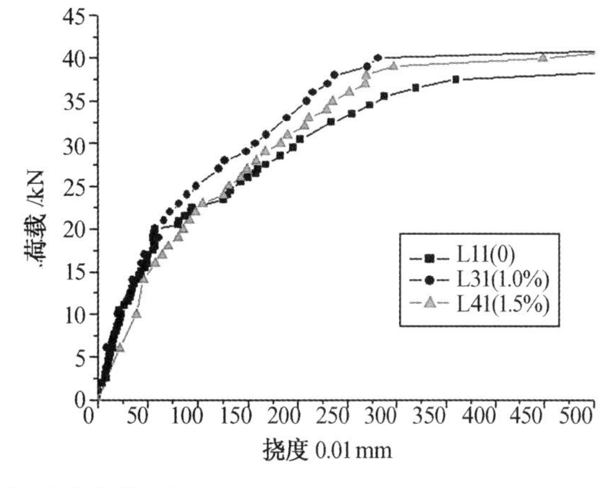

图7　试验梁荷载-挠度曲线对比

由图表对比来看，钢纤维的掺入对小梁构件的刚度有了一定程度的提高，并不是钢纤维的掺量越多对其刚度提高越多，试验数据表明对于常温和400 ℃高温后的梁，1.0%

的钢纤维掺量对其刚度提高最多。

3.2.4　裂缝分析

对比常温下的三根试验梁 L11、L31 和 L41 的试验现象,在出现第一条开裂裂缝之后,L31 和 L41 裂缝发展较慢,并且在纯弯段出现了较多的裂缝,L11 出现的裂缝较少,向上发展较快。当荷载继续增大,L11 最终在中部形成一条主裂缝,其他裂缝不再发展,而 L31 和 L41 形成主裂缝的位置均为三分点箍筋位置处,并向上部加载点发展,同时其他处的裂缝不再发展。最后随着主裂缝的变宽并向上延伸,最终梁失去承载能力,相对于 L11 较快速的承载力下降,L31 和 L41 能很好地维持荷载,并能减缓其下降。

对比 400 ℃高温后的五根梁,在荷载达到其开裂荷载时,在梁的中部或三分点处底部出现微小裂缝,之后随着荷载的不断增加,新裂缝不断出现和发展,但宽度长度均很小,当荷载继续增大,梁形成一条主裂缝。与常温情况相似,随着钢纤维掺量的增大,小梁维持荷载的能力越强,屈服之后承载力下降的速度也越慢,挠度变大,延性增强(图 8)。

L12(0)

L33(1.0%)

图 8　400 ℃试验梁的裂缝形态图

总的来说,钢纤维的掺入约束了裂缝的发展,并能提高裂缝的分散度,避免了集中裂缝的较早形成,使得裂缝的条数增多,形成更细更密的裂缝形态,不仅提高了梁的极限承载能力和延性,并能再屈服破坏之后较好的维持荷载,延缓承载力下降。但钢纤维掺量的增多,使得混凝土搅拌不均,易造成钢纤维结团集中,形成较为薄弱的截面,承载能力由此下降。

4　结　论

本文通过对复合纤维高强钢筋混凝土小梁高温力学性能的试验研究,主要得到以下结论:

(1)钢纤维掺量为 1.0% 的小梁,在经过 200 ℃、400 ℃、600 ℃、800 ℃高温后,其开裂荷载分别降低了 17.6%、17.6%、23.5%、35.3%,而对于钢纤维掺量为 1.5% 的小梁,开裂荷载分别降低 11.8%、17.6%、29.4%、29.4%。

(2)400 ℃高温之后的试验梁,开裂荷载随着掺量的增大而变化,随着钢纤维掺量由 0.5% 增加到 2.0%,其开裂荷载比不加钢纤维的分别提高了 30%、40%、40%、60%。

(3)钢纤维的掺加,对小梁的受力变形有影响,但试验表明,并不是钢纤维掺量越多,梁的变形能力越强,刚度越大;同时发现,其变形能力不仅受钢纤维掺量多少的影响,而且还受温度的影响较多,常温的与 400 ℃高温后的受掺量变化的影响规律也存在一定差异。

参考文献

[1] 陈荣毅, 沈祖炎. 钢筋混凝土结构抗火设计述评[J]. 工业建筑, 1999, 29(8):13-14.

[2] 冶金工业厂房钢筋混凝土结构抗热设计规程: YS12-79[M]. 北京: 冶金工业出版社, 1981.

[3] 高层民用建筑设计防火规范 GB50045—95[M]. 北京: 中国计划出版社, 2005.

[4] 程庆国, 高陆彬, 徐蕴贤. 钢纤维混凝土理论及应用[M]. 北京: 中国铁道出版社, 1999.

[5] 董香军, 王岳华, 高淑玲. 钢纤维和聚丙烯纤维混凝土的试验研究[J]. 混凝土, 2003(11): 14-15, 47.

[6] KALIFA P, CHENE G, GALLE C. High-temperature behaviour of HPC with polypropylene fibres from spalling to microstructure[J]. Cement and Concrete Research, 2001(31): 1487-1499.

新型脚手架的现状调研和推广措施研究

李　昂　王昊一　郭彬彬

（北京建筑工程学院 土木与交通工程学院，北京 100044）

摘　要　本文通过文献检索、现场考察、实地走访等方式调研了国内外土建工程中新型脚手架的结构形式和工程应用情况，分析了目前新型脚手架的优缺点，发现了新型脚手架在国内土木工程施工中应用所面临的问题。结合国内外脚手架最新发展趋势与使用情况，本文给出了我国新型脚手架在环保、节能等方面解决方案的合理化建议，并总结归纳了新型脚手架推广应用的有效措施，为国内脚手架行业的技术革新和可持续发展提供一定参考。

关键词　工程施工；新型脚手架；可持续发展；推广措施

1　引　言

脚手架是土木工程施工的重要设施，是为保证高处作业安全，顺利进行施工而搭设的工作平台或作业通道。脚手架对于建筑施工所具有的特殊重要性是人所共知的，它大量占用着施工企业的流动资金，脚手架不仅是施工作业中保证施工安全进行、工程质量以及施工进度必不可少的手段和设备，而且也是企业经济管理工作中的重要环节之一。

当前，由于我国建筑和租赁市场的不完善，生产和销售劣质钢管、扣件的违法行为屡有发生，大量不合格的钢管、扣件流入施工现场，加上一些施工单位对脚手架使用没有明确的规范操作，这些将会严重危及建筑施工安全；施工现场的管理不规范、工人的不专业等因素也使脚手架的安装使用存在着安全隐患。脚手架材料的随意丢弃和低利用率，阻碍了土木行业在低碳、节能方面的发展。近十年来，建筑行业中出现了一些新型脚手架，这些脚手架具备了安全可靠、节约材料、能达到高层建筑施工的要求等优势，但其在我国的应用并不是十分广泛，如何推广新型脚手架、确保其施工安全，是当前需要迫切解决的重要课题。本文通过对国内外新型脚手架的结构形式和使用情况的调研，提出了我国新型脚手架在环保、节能等方面解决方案的合理化建议，并总结归纳了新型脚手架推广应用的有效措施。

2　新型脚手架的研发现状

2.1　碗扣自锁式多功能脚手架

碗扣自锁式多功能脚手架（如图1）由立柱、卡碗（焊于立柱上）和卡箍（套于立柱上）、梯子、脚手架、横撑和斜撑（焊有卡扣的连接杆）、横托撑及可调立柱组成。具体结构为将卡碗按一定间距焊于立柱上，其内表面与横撑、斜撑的外表面的接触面是同一角度的锥形面，就是自锁角；连接时，卡扣插入立柱与卡碗之间的槽内，卡碗的上缘平面上设有四个互为直角的定位槽，便于架设四边形脚手架时，横撑和立柱迅速定位。卡碗的下内缘设有若干泄漏孔，便于落入卡碗内的水泥渣漏出。作为吊脚手架时防止卡碗和卡扣脱锁的卡箍套在立柱上，其上缘是一斜边，与其底边构成自锁角，旋转卡箍，斜边与焊在立柱上的顶销紧接并销紧。

此脚手架的特点：从受力性能方面讲，由

图1 碗扣式脚手架

于采用了中心线连接,因而大大提高了承载能力;其次是承受横杆垂直力的下碗扣与立杆采用焊接,因而改善了“结点”的受力性能,使其达到了完全可靠的程度。从安装操作上讲,较扣件式脚手架方便,只需用小锤楔紧上碗扣即可。同时在保管上减少了扣件丢失,降低了应用的成本。

2.2 插盘式脚手架

插盘式脚手架,又称圆盘式脚手架(图2),是继碗扣式脚手架之后的升级换代产品。这种脚手架的插座为直径123 mm、厚10 mm的圆盘,圆盘上开设8个孔,采用 $\phi48$ mm×3.5 mm、Q235钢管做主构件,立杆是在一定长度的钢管上每隔0.6 m焊接上一个圆盘,用这种新颖、美观的圆盘连接横杆,底部带连接套。横杆是在钢管两端焊接上带插销的插头制成。这种脚手架适用于一般高架桥等桥梁工程、隧道工程、厂房、高架水塔、发电厂、炼油厂等,以及特殊厂房的支撑设计,也适用于过街天桥、跨度棚架、仓储货架、烟囱、水塔和室内外装修、大型演唱会舞台、背景架、看台、观礼台、造型架、楼梯系统,晚会的舞台搭设、体育比赛看台等工程。

图2 插盘式脚手架

插盘式脚手架的特点:①多功能。根据具体施工要求,能组成模数为0.5 m的多种组架尺寸和荷载的单排、双排脚手架、支撑架、支撑柱、物料提升架等多种功能的施工装备,并能够曲线布置。②结构简单,各部件搭建及拆卸方便,可使该系统能适用于各种结构建筑物。③产品有高度的经济性,拼拆速度比碗扣式脚手架快0.5倍,减少劳动时间与劳动报酬,减少运费使综合成本降低。④接头构造合理,作业容易,轻巧简便。立杆重量比同等长度规格的碗扣立杆减少6% ~ 9%。⑤承载能力大。力杆轴向传力,使脚手架整体在三维空间、结构强度高、整体稳定性好,圆盘具有可靠的轴向抗剪力,且各种杆件轴线交于一点,连接横杆数量比碗扣接头多出1倍,整体稳定强度比碗扣和脚手架提高20%。⑥安全可靠。采用独立楔子穿插自锁机构。由于互锁和重力作用,即使插销未被敲紧,横杆插头亦无法脱出。插件有自锁功能,可以按下插销进行锁定或拔下进行拆卸,加上扣件和支柱的接触面大,从而提高了钢管的抗弯强度,并可确保两者相结合时,支柱不会出现歪斜。⑦综合效益好。构件系列标准化,便于运输和管理。无零散易丢构件,损耗低,后期投入少。

2.3 附着式升降脚手架

附着式升降脚手架(图3)由主桁架、底部桁架、挑梁、导向装置、防坠系统、荷载与同步控制系统、控制台、脚手架、安全防护等组成。其仅需搭设一定高度,并附着于工程结构上(不落地),依靠自身的升降装置或电动装置,结构施工时可随结构施工逐层爬升。导向装置和挑梁独立设置,每层楼安装一个导向装置,并附上防坠装置,一对轨道进行导向,防止坠落;挑梁悬挂荷载与同步控制装置。

此种脚手架的特点:①安全性高。采用全自动同步控制装置和遥控控制系统,可主动预防不安全状态,在提升过程中,如遇到每吊点重量变化或提升不同步的状况,防坠装置自动动作,电源自动断电,直至故障排除;导向装置是脚手架提升时防止其外倾和前后左右摆动的平衡装置,有效避免了超载和失载过大等安全隐患;固定时,脚手架架体和墙体由连墙钢管连为一体,刚度大,同时减小了导轨受力后的弯曲程度,其导向性能、传力性和竖向框架刚度及承载力得到加强。升降时位于架体下层的连墙钢管可做脚手架架体的保护挑托。②机械化、节省人力。部分构件可在工厂内预先加工组装,再运到施工现场进行组装,同时也可以在建筑主体底部一次性组装完成,附着在建筑物上,随楼层高度的增加而不断提升,整个作业过程不占用其他起重机械,大大提高了施工效率,同时便于管理操作。③智能化。采用微电脑荷载技术控制系统,能够实时显示升降状态,自动采集各提升机位的荷载值。当某一机位的荷载超过设计值的15%时,以声光形式自行报警并显示报警机位;当超过30%时,该组升降设备将自动停机,直至故障排除,有效避免了超载或失载过大而造成的安全隐患。④ 经济环保。所用材料可节省钢材的用量,也可节约施工耗材,节约钢材用量70%,节省用电量95%,节约施工耗材30% 。45 m以上的建筑主体均适用,楼层越高经济性越明显,每栋楼可综合节约30% ~60%成本。⑤ 适用于各种结构的建筑主体,特别是高层建筑主体,而且楼层越高经济性越明显;轨道均设计有多重功能,结构简洁、规整,操作方便,轨道受力均匀,整体性强。⑥ 外形美观。突破传统脚手架杂乱的外观形象,使施工项目整体形象更加简洁、规整,能够更有效、更直观展现施工项目的安全文明形象。

图3 附着式升降脚手架

2.3.1 液压互爬式附着升降脚手架

液压互爬式附着升降脚手架是比较新型的脚手架,其在附着升降式脚手架的基础上有很大的创新和发展,该脚手架的先进之处有:①采用倾角传感器进行爬模爬架自动调平的控制装置,使左右油缸同时工作顶升架体,从而达到同步爬升的目的。②采用组合式水平梁架根据升降脚手架附着点水平跨距的长短选取不同长度的标准水平梁架进行组合,通过接头套件与两端的悬挑水平梁架连接,组成一组需要跨距长度的水平梁架。③采用拉簧摆臂式控制的爬升箱的注销轴上铰接有承力块,使承力块可以在爬升箱内部上下摆动,与导轨上的踏步块受力接触,当承力块搬向踏步块下方时便自动爬升 H 型导轨,当承力块搬向踏步块上方时便自动爬升架体。④导轨顶墙支撑装置主要由连接板、支撑架、回行销、支撑座和销轴等组成。这种顶墙装置可以有效提高 H 型导轨在架体工作和爬升时的承载能力,提高爬模爬架在使用过程中的安全可靠性。⑤防坠落装置采用预应力锚夹具式楔块夹片锁紧钢绞线防止架体坠落的防坠装置,该装置灵敏可靠、安全适用,能够有效防止升降脚手架的坠落。⑥万能铰接的组合式合页装置当建筑结构外形遇到圆弧或曲线形状时,只要在主承力架与水平梁架的连接处采用万能铰接的组合式合页装置便能很快地解决爬模爬架的安装使用及防护问题,该组合式合页装置具有适应性强、方便灵活、加工简单、装拆容易、重复使用和安全可靠等特点。

液压互爬式附着升降脚手架主要应用在高层、超高层建筑结构工程和高耸构筑物施工中,具有省工省料、安全可靠、操作简单、升降平稳、节能环保、无污染、无排放、文明施工、减轻劳动强度、加快工程进度、提高工程质量的优点,能为建筑施工企业和生产厂家带来显著的技术经济效益和社会环境效益。

2.3.2 FSD 滑动导柱升降脚手架

可滑动导柱升降脚手架(以下简称 FSD 脚手架)采用可滑动承力导柱和更趋安全的架体机构,简化了工人操作程序,为超高层建筑施工提供了安全可靠的升降脚手架。其爬升示意图如图 4 所示。

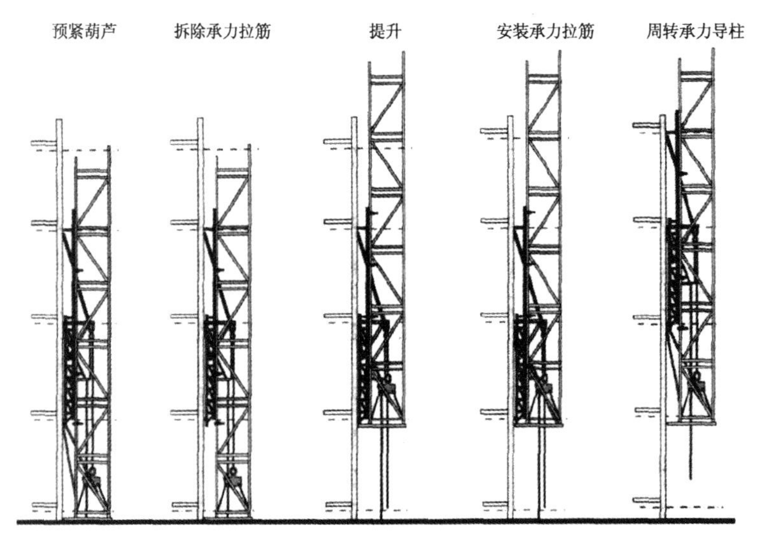

图 4 FSD 脚手架爬升示意图

2.3.3　CYC 附着升降脚手架

在写字楼、宿舍楼等不同结构的建筑中使用时发现,该类型脚手架结构合理、功能齐全、防坠装置灵活、简单可靠,能确保建筑施工安全。CYC 附着升降脚手架构造由主桁架、底部桁架、挑梁、导向装置、防坠系统、荷载与同步控制系统、控制台、脚手架、安全防护等组成,如图 5 所示。

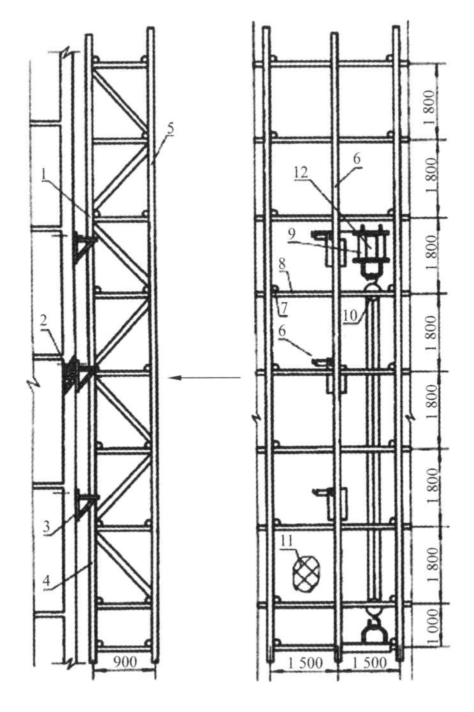

图 5　CYC 附着升降脚手架构造图

2.3.4　导座式升降脚手架

导座升降脚手架(图 6)结构主要由导轨主框架、水平支撑框架、附墙导向座、提升设备、防坠装置等组成。其特点是:(1)一次性投入材料少,提高周转材料的使用率。(2)操作简单、迅速, 劳动力投入少, 劳动强度低。(3)使用过程中不占用塔吊, 加快施工进度。(4)升降、使用任何工况, 每一主框架处均有三点以上独立的附着点, 其中任何一点失效, 架体不会坠落或倾覆。(5)现场施工安全管理规范, 为施工现场标准化、文明施工立体化提供良好的保障。

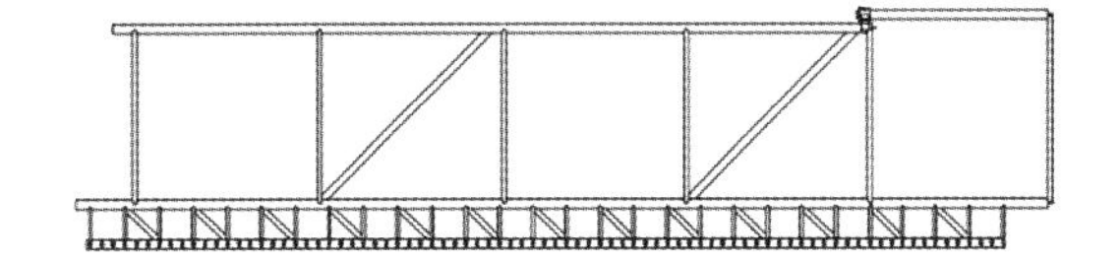

图 6　导轨主框架结构示意

3　新型脚手架的应用情况及存在的问题

通过对脚手架租赁市场的调查发现,目前在工程中使用最多的还是扣件式脚手架,它具有加工简便、搬运方便、通用性强等优点,但这种脚手架的安全保证性较差,施工工效低,最大搭设高度规定为 33 m,不能满足高层建筑施工需要。普通脚手架对钢材的依赖性大,所使用的钢材如果质量低、易生锈,会严重影响脚手架的使用寿命和使用过程中的安全性。

安全施工是每个工地都必须重视的问题。通过我们的调查得知目前国内传统脚手架的事故原因主要是以下几个方面:①材料问题。用作脚手架和模架的材料主要是钢管和竹竿。目前,许多钢管生产厂家为了抢占市场,低价竞争,生产的钢管壁厚不能达到规范要求。由于钢管租赁是按长度计价,不是按重量计价,因此租赁单位还是愿意选择低价钢管。但是,经过计算发现这种钢管的惯性矩损失在 10% 左右。在经过多年施工应用后,钢管锈蚀使壁厚变薄,钢管惯性矩还要进一步减少,所以这些钢管组成的脚手架将是土建施工中重大的安全隐患。②设计问题。许多施工企业在模板工程施工前,没有进行模板设计和刚度验算,只靠经验来进行支撑系统布置。另外,由于现场实际情况与设计计算有相当大的差距,还有的钢管材料在搭接前就已出现了锈蚀或磨损严重的问题,有的钢管局部弯曲或开焊,导致了钢管实际受载能力大幅减少。在上述情况下所拼接的脚手架极易发生整性支撑失稳。③应用问题。

目前有不少施工工地的技术负责人,没有对操作工人进行详细的安全技术交底,加上有些工人素质较差,难免发生应用问题。如有的模架倒塌事故是由于操作工人没有按设计要求设置剪力撑或纵横水平拉杆的间距,造成模架稳定性不足;有的事故是工人私自拆除外脚手架与建筑物之间的连接拉杆,导致脚手架整体倒塌;还有的事故是在脚手架和模架上集中堆放建筑材料、预制构件或施工设备等,造成局部杆件超载失稳,引起整体倒塌。因此,施工现场管理混乱,操作人员没有严格按设计要求安装和拆除支撑,也是造成倒塌事故的重要原因。

而新型脚手架所用材料既可节省钢材的用量,也可节约施工耗材,节约钢材用量70%,节省用电量95%,节约施工耗材30%，且楼层越高经济性越明显,每栋楼可综合节约30%～60%成本。其具有低碳性、绿色环保及耐久性等优势。时间和安全对于工程来说是至关重要的,高效率、高安全度的脚手架在工地上的需求日益增长,而新型脚手架的优势恰恰在于此,随着建筑行业的高速高发展,其对脚手架在安全性、使用性等方面的要求越来越高,因此新型脚手架的广泛使用在我国是必然趋势。

然而,从20世纪60年代至今,国内也出现过一些新型脚手架,但并没有很好的得到推广使用,为什么会出现这种情况呢?经过本组调查研究,我们总结了新型脚手架没有被广泛推广的原因主要有以下三个方面:技术方面的欠缺、应用及管理方面的不足以及施工单位对新型脚手架认知度不高。下面以门式脚手架为例,做简单的介绍及分析。

20世纪70年代以后,我国开始从国外引进门式脚手架体系,并在一些高层建筑工程施工中应用。但是到了20世纪90年代,门式脚手架非但没有得到发展,在施工中应用反而越来越少,不少门式脚手架厂关闭或转产,只有少数加工质量好的单位继续生产。分析其原因,主要是由于各厂的产品规格不同,质量标准不一致,给施工单位使用和管理工作带来一定困难。同时,由于有些厂采用的钢管材质和规格不符合设计要求,门架的刚度小,重量大,运输和使用中易变形,加工精度差,使用寿命短,严重影响了这项新技术的推广。这些技术上的因素,是导致门式脚手架没有被认可的主要原因。

除了之前所提到的质量不合格,标准不统一之外,还有的原因就是:一、操作人员的不专业性。国内的施工人员多为农民工,大部分农民工没经过专业的培训,对于新型脚手架的错误操作导致脚手架的使用存在安全隐患,新技术的无法掌握造成了新型脚手架市场的局限性。二、造价问题。由于新型脚手架在其材料、技术上的创新,其价格比普通脚手架每吨平均高出2 000元左右,因此大部分的施工单位会选择低价的普通脚手架,而不接受新型脚手架。以上因素导致目前国内的脚手架主要还是以扣件式脚手架为主。无论是从传统的脚手架改装,或是重新制造到完全替代扣件式脚手架都将会是一个相当长的过程。

通过结合传统脚手架事故原因的分析我们可以看到新型脚手架在国内市场还是存在相当大的发展潜力的,但是这个过程当然是需要脚手架制造商、租赁商、业主、施工人员以及政府的共同努力才能够尽快地实现。除此之外,新型脚手架在建筑业中推行可持续发展战略、节能低碳方面也有着很大的贡献,它抛弃了旧式脚手架在搭接阶段搭接周期长、人力资源消耗大以及拆除时噪音污染等缺点。因此,新型脚手架在我国的应用将是必然的趋势。

4　新型脚手架的推广措施

在进行新型脚手架推广时,应当把它当做一种技术性应用型商品来看待。推广工作应依次在其技术性、应用性和商品特性等几方面开展，具体应在依靠科技进步、提高产品和工程质量、行业推广使用、行业体制改革、加强领导部门调控和管理以及做好宣传、普及新型脚手架知识上进行展开。

4.1　依靠科技进步

施工技术的发展是伴随着科学技术发展而来的，从本质上来讲，如果没有科学技术的支持，施工技术不可能充分、有效地实现。同样，脚手架的发展应用也是依附于科学的进步，所以，推广新型脚手架必须要掌握和运用先进的科学技术。

近几年，国内外脚手架技术都有较大的发展，而相对来说，我国新型脚手架的科技总发展水平还不是很高，同发达国家的差距还是比较大的。因此，今后在脚手架材料多样化和材质合理选用上，生产工艺和装备设施上，以及各项标准、规范的编制配套等一系列的基础技术理论的研究都有大量工作要做。具体的技术创新与研究，建议可以从以下方面入手：提升脚手架的安全性，发展脚手架的多样化，实现脚手架的轻型化，加强脚手架的环保要求以及加脚手架材料的应用。

4.2　提高产品质量

脚手架要在工程施工中应用，提高产品质量是新型脚手架能够在市场上立足的保障。从脚手架的生产过程出发，要做到全面的质量保证至少应该做到质量“三步走”：

第一步，生产前紧跟先进的生产标准规范。现在，标准化已成为科技成果转化为现实生产力的桥梁，它是组织现代化生产，提高产品和工程质量的基础。我国研制、推广新型脚手架已经很多年了，但是遵循的相应标准却很滞后，因此很多新型脚手架并不能跟上时代发展，这就限制了新型脚手架发展和推广，因此保持生产规范的先进性是十分必要的。

第二步，制造中选用合格材料，提高制造工艺水平。材料性能优劣往往决定了构件性能的好坏，选用质量合格的原材料是脚手架质量的最基础的保证。另外，脚手架构件的制造工艺的也决定着脚手架的质量，可以说是质量保证中最重要的环节，好的制造工艺甚至可以弥补材料性能上的欠缺。

第三步，严格执行出厂后产品的质量跟进。相关企事业单位应当及时了解产品出厂后的使用情况，并及时反馈脚手架的质量问题，做到对脚手架系列产品的监督。

4.3　提升产品在行业内认知度

建议加强信息技术在脚手架行业的应用。应大力建设一些专业的脚手架网站，并提供相应的培训学习。企业的脚手架设计应采用先进的专业软件和数据库，并最终实现产品宣传的多元化、专业化，购买使用简便化，早日与国际接轨，实现脚手架行业的现代化。

4.4　行业体制改革

脚手架公司应该向标准化、规模化的方向发展。主要体现便是将分散经营变为集中制生产。当然，根据目前国内各个地区发展情况的不同，可能不会做到全面的集中经营，再考虑到经济的可持续发展和资源的合理化使用，以及脚手架自身可循环利用的特点，可以尝试在市场上先建立一些大型的脚手架租赁站试点，引领整个行业的蓬勃发展。

4.5　加强管理部门的调控和管理

当前，我国新型脚手架的推广应用应强调积极、稳步、健康、有序，针对这个要求，相关管理部门对脚手架的推广工作首先要在两个方向上开展，即横向和纵向。横向开展是指管理部门要鼓励扩大新型脚手架的使用范围，使之不仅仅局限于特殊工程和特殊地区的使用；纵向发展是在全面总结推广应用经验的基础上，进一步明确技术发展方向。

其次，管理部门的工作还应当做到坚持一个原则，即扶优汰劣，防止劣质产品流入施工现场。对产品质量不合格、技术水平低、不具备生产条件的厂家应及时曝光并加以警告，必要时应勒令其停止生产进行整顿。对生产工艺合理、产品质量好、技术力量强的厂家，应予以鼓励并在市场上向用户积极推荐。

除此之外，管理部门在做推广工作中还要防止推广过热现象，避免一哄而起现象所产生的不良后果。所以相关部门应当及时研究新技术推广工作中的新动向、新问题，要实施宏观调控和规范化管理，发挥方向指导作用。

总之，只有充分发挥相关建设管理部门的作用才可能做到全面有效地控制和管理新型脚手架的推广。

4.6　做好宣传，普及新型脚手架知识

做好宣传是推广新型脚手架的重要措施之一。我国在新型脚手架的自主研发上取得了很大的进步，但这些新型成果在国内建筑施工企业中并没有得到广泛的应用。其中一个重要原因是我国在脚手架和模板支架的概念上认识模糊。如将扣件式脚手架用作模板支架，这在发达国家是绝对不允许的。而目前我国不少建筑工程还在采用扣件式钢管脚手架作模板支架，以致年年发生脚手架坍塌事故，造成人民生命和财产的重大损失。另外施工企业对新型脚手架的认识不足，采用新型脚手架需要重新学习相关知识，这对工程负责人来说会有一定的困难，所以施工单位对采用新技术的积极性不高。因此，若要更加有效地推广新型脚手架的应用，必须对脚手架的新技术和新概念进行宣传和普及。

5　结　论

通过对新型脚手架的调研，本文得出了我国现使用的脚手架的缺陷，提出了解决方案和推广措施，主要结论如下：

(1)国内的新型脚手架没有被推广的原因主要是因为技术方面的欠缺、应用及管理方面的不足，以及施工单位对新型脚手架认知度不高。

(2)新型脚手架与普通脚手架相比具有节约能源、承载能力强、适于高层建筑的施工、耐久性长等优势，能大大减少因脚手架质量问题而发生的工程事故，适用于土木行业绿色、低碳、可持续发展的新理念。

(3)新型脚手架在我国的推广应从依靠科技进步、提高产品和工程质量、行业推广使用、行业体制改革、加强领导部门调控和管理以及做好宣传、普及新型脚手架知识等方面进行展开。

参考文献

[1] 中华人民共和国国家标准 JCJ166—2008. 建筑施工碗扣式钢管脚手架安全技术规范[S]. 北京：中国建筑工业出版社，2008.

[3] 平京辉，吴杰. 液压互爬式附着升降脚手架的研制及工程应用[J]. 建筑机械化，2010(9)：141.

[4] 向海静，程舒，曹宇牧. 滑动导柱升降脚手架施工工艺[J]. 上海建筑科技，2007(5)：37.

[5] 陈胜坤，陈月娥，陈程. CYC 附着升降脚手架的研究与应用[J]. 建筑安全，2008(12)：9-22.

[6] 张义勇. 导座式升降脚手架在施工中的应用[J]. 施工技术，2006(52)：20-22.

三、土木工程灾害防御与控制

新型被动式房屋优化设计方案

龚勇强　钟　越　王潇宇
（大连理工大学 建设工程学部，辽宁 大连 116024）

摘　要　通过对北方农村住房室内热环境的调研，北方绝大部分农房采暖设备热效率低，室内热环境欠佳，容易造成大量的能源浪费。据统计，截止到2004年我国建筑能耗已占整个社会总能耗的18.8%，其中北方乡村城镇采暖能约占全国建筑城镇建筑总能耗的40%。针对北方农村房屋的诸多问题，从农村房屋整体保温隔热系统出发，规划出新型被动式房屋优化设计方案。本新型房屋适用于北方乡村居民建筑，主要体现出湿热材料应用、通风系统PAC工法及太阳能空气集热器的综合利用，新型被动式房屋在夏、冬季节无需额外的制冷和取暖耗费，具有良好的节能减排效果；在房屋使用寿命期内，运行费的节省远大于其初投资的增加，具有良好的经济效应。

关键词　建筑节能；寒冷地区农村传统方式优化集成；湿热材料；PAC工法

1　引　言

北方农宅基本为单户独栋建筑，以二层为主，平原地区的农房一般较集中，而丘陵、山区、高原地区的农房相对较分散。村庄普遍缺少统一规划，整个村庄杂乱无章，基础设施的建设水平严重滞后于经济发展水平，村庄环境有待改进；农民缺乏建筑节能知识，导致建房仅趋于习惯，而不科学，出现新房子老样式，缺少节能保温措施。另外，农房普遍由村民自建或雇佣零散的技术工匠进行施工，很少有专业从事农房建造的施工队，技术手段较低，施工质量得不到保障。

通过对北方农村住房围护结构及室内热环境进行调研，了解到北方绝大部分农房未进行保温隔热处理，采暖设备热效率低，室内热环境恶劣，且造成大量的能源浪费。为降低北方农村住房冬季的采暖能耗，保证夏季室内的热舒适度，特此提出新型被动式房屋优化设计方案。

2　被动式房屋优化设计方案

针对调查分析中体现的北方农村房屋夏季通风性、热舒适性较差，室内温度高以及冬季室内保温效果欠佳，供暖时间长，成本高，能源消耗巨大，对环境污染严重等诸多问题，提出被动式房屋优化设计方案。新型房屋适用于北方农村居民建筑，主要体现出湿热材料应用、通风系统PAC工法及太阳能空气集热器的利用三个创新点。

2.1　湿热材料性能分析及其应用

材料性能分析及选用见表1。

表1　材料性能对比

材料名称	保温隔热性	力学性能	适宜建筑结构	其他特点
土坯	储热能力和传热能力都很优异	抗压不抗拉，一般在震区用垂直的钢筋加固	适于结合梁结构，与乳化沥青混合后性能良好，可做外墙	建造房屋的速度比用草泥黏土和夯实黏土快，隔音好
草泥黏土	混合物中沙子含量高时保温性能好，农作物纤维含量高时隔热性能好	抗压好（沙子含量高）；抗拉好（丰富的长纤维）	可以用来做太阳能吸热壁；或者室内保温墙、地板	其中麦束墙的力学性能、保温性能更好
夯实黏土	厚重的墙体有优越的储热性能	承重能力和耐久力都很好	抵抗水分侵蚀性能好，适于做地基	力学性能好

2.1.1　土坯

（1）土坯材料的热学及力学性能。土坯的储热能力和传热性能都很优异，有利于冬季保温和夏季隔热制冷，很适合于被动式太阳能设计。其优良的热性能还能显著的降低燃料的消耗以及由此引起的污染。

土坯建筑还有另外的一个优点就是隔热性能好。因为土坯的吸附和解吸附的能力都很强，土坯建筑（墙面为泥浆）的室内湿度通常保持在50%左右，对于采用太阳能供暖系统的建筑来说，室内外的交换几乎是不受限制的，因为泥土墙储存和辐射能量的能力很强，能将室内温度稳定在一个舒适的范围内。

土坯建筑能够缓和日间和季节之间的气温浮动，蓄热土坯地板可以增加整个建筑吸热材料的表面积，在提高建筑的热性能上扮演者重要角色。在朝南的窗户（对北半球而言）附近的地板下设置蓄热材料是一种保证冬季能储存足够的自然热能的最有效的方法。

（2）土坯材料的社会特点。在大多数人居住的地方，都很容易找到合适的泥土，所以基本上不需要从外地运输过来，加工成本低，具有很好的经济效益。

2.1.2　乳化沥青和土坯的结合材料

沥青作为一种防水材料极大地减少了土坯建筑墙体的膨胀和收缩几率，从而延长了建筑寿命，提高建筑的品质。还有一个重要的优点就是有了这种稳定性，土坯在潮湿的环境也能保持一定的强度。吸水率比较见表2。

乳化沥青加固的土坯可以长时间与水接触，同时乳化沥青土坯墙还可以防虫，防兽，防火。

乳化沥青通常被用于建筑外墙和地下水泥基础的防水层中，还有护堤的墙面上。在混凝土墙根上砌上第一层土坯砖时也要先在混凝土上表面涂上一层沥青来防水。

表2　吸水率比较

材料	吸水率
沥青加固土坯	0.5%～3%
木材	4%～8%
普通混凝土	8%
水泥灰泥	8%～11%
烧制黏土砖	8%～12%

草泥黏土如果与保温隔热材料相结合就会成为一种很优秀的建筑材料，适用于多重被动式太阳能系统。草泥黏土中有大量的农作物纤维，而且黏土收缩或者水分蒸发以后留下的微小孔洞使得草泥黏土比别的材料例如：石头、混凝土、黏土砖或者夯土的隔热性能要好。另一方面，草泥黏土建筑的保温性能也比传统的框架建筑（麦束、轻质黏土填充墙体系）要好。

如果草泥黏土混合物中沙子的含量高，那么保温性能就更好；混合物中沙子含量低但农作物纤维含量高，那么隔热性能就更好。在冬季非常寒冷的地区，我们推荐把草泥黏土作为混合型建筑的一种材料,例如可以用来做太阳能吸热壁来储藏日间的太阳能,或者用来建造室内保温墙或者地板,以控制室内温度。

在设计上需要考虑的主要是潮湿问题。在这个问题上,首先应该注意的是保护好基础,其次是确保屋顶的排水不要溅到墙体的基础,最后则是确保抹面的干燥。

在实际施工中最大的问题则是如何草泥黏土的混合搅拌。常见的方法有深坑搅拌法、防水布法、机械混合法和特殊混合的方法。

2.1.3 夯实泥土

夯实泥土在使用过程中能够自动保持能量平衡,朝向较好而且有窗口的建筑在冬季白天获取太阳能,并且把热量存储在墙体中,到夜间再通过辐射提高室内的温度,减少对燃烧化石能源取暖的需要。相反,在夏天,假如建筑的遮阳设备和夜间通风措施做得好,厚重的墙体也能够吸收起居室多余的热量,帮助维持室内凉爽的温度。

2.1.4 结　论

墙体材料设计要求及选用结果如下:

(1)外墙:选用乳化沥青;材料要求:防水要求高,防止雨水侵入墙体降低墙体内气体的传热性能,为此选用加入5%(按重量)沥青乳液的土坯,可有效防止水分的侵袭。根据经验,外墙厚度12 in效果更佳。

(2)内墙:选用草泥黏土;材料要求:保温性能好,透气性能优良,可以保证室内空气与墙体内空气较好地进行对流交换,为此可采用草泥黏土。

(3)地基及室内主梁:选用夯实泥土;材料要求:主要从力学方面考虑,地基要求材料牢固,性能稳定,主梁要求材料力学抗压性能强,为此可选用夯实泥土。

2.2 被动式房屋通风系统:PAC工法

模型墙体采用双层木板框架式结构,双层木板间可供空气流通形成被动式房屋通风系统。木板外层、内层表面分别覆盖不同性能的湿热材料,外层可采用乳化沥青与土坯混合材料,土坯材料具有良好的储热和传热性能,与乳化沥青混合用作外墙更能起到防虫、防火、防水的作用;内层可采用草泥黏土,起到良好的保温作用。因此在湿热材料的应用下,墙体内气体循环系统能起到夏天带走多余热量,冬天保温的效果。

被动式房屋通风系统运行的工作原理如图1(a)和图1(b)所示。

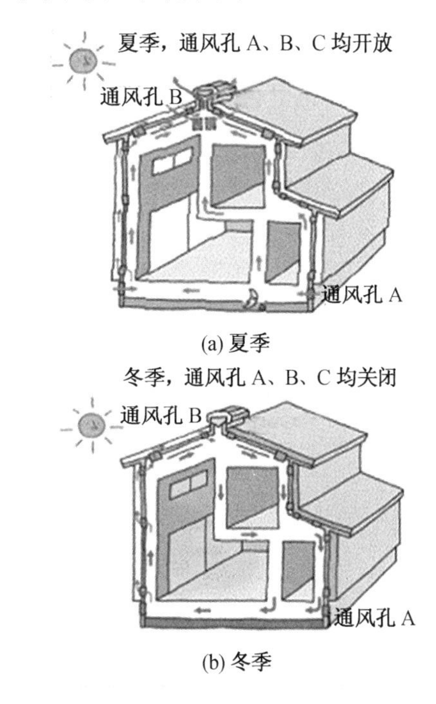

(a)夏季

(b)冬季

图1　被动式房屋通风系统工作原理

夏天开放贴近地表的通风孔A和屋顶通风孔B、C,室外空气流通速度大于室内空气,导致室内大气压大于室外空气的大气差,空心墙体内空气向屋顶流动,经过通风孔B、C带走多余的热量。同时室内空气通过墙体湿热材料与空心墙体内空气进行交换,以此方式循环,保证室内气温较低。

冬天关闭通风孔A、B、C,空心墙体内空气形成一个较为封闭的系统,以避免室内与室外进行过度的热交换而降低室内温度。同时通过太阳能集热器(详见下文)给室内空气加热,以此方式能有效减少寒冷冬天里用于保温的能源消耗。

2.3 太阳能空气集热器

与建筑集成的太阳能空气集热器通常称之为太阳能空气集热建筑模块(以下简称集热模块),是太阳能空气采暖系统的重要组成部分,目前已研制开发出的集热模块形式多样,种类繁多,从建筑集成方式上有嵌入式和外挂式;从太阳能应用方式上有光热型、光电光热型等。

我国北方冬季寒冷干燥,需要长时间供暖,大部分北方地区供暖时间是每年的 11 月 15 日,到次年的 3 月 15 日,共 4 个月;而有些高原地区,例如新疆地区是每年 10 月 15 日,到次年的 4 月 15 日,共 6 个月,如此长时间的供暖要求能源消耗大,对环境的污染严重。

与此同时我国北方太阳能资源丰富,采用集热模块可以实现冬季的被动式采暖,是太阳能热利用技术应用的重要途径,但是目前太阳能热水采暖系统初投资较大,集热面积为 10 m^2、20 m^2、30 m^2、40 m^2、50 m^2的采暖系统投资分别为 2.3 万元、3.1 万元、3.8 万元、4.5 万元和 5.2 万元。

2.3.1 集热模块的研究和发展现状

集热模块是太阳能收集、输运装置与建筑围护结构的有机结合,不仅可以提高太阳能利用率,还通过替代部分建筑的围护结构,降低了建筑建造成本。目前国内外有关集热模块的研究主要集中在建筑集成方式。图 2 所示为某屋顶集成式太阳能板型集热器。

图 2 某屋顶集成式太阳能平板型集热器

2.3.2 适用于全年工况的集热模块结构形式的设计

采用集热模块可以实现冬季的被动式采暖,是太阳能热利用技术应用的重要途径,但夏季过热一直是亟须解决的问题之一。在我国太阳能资源较丰富的北方地区,夏季的太阳辐射照度及室外气温均处于较高水平,这势必使集热模块在夏季处于较高的过热状态,增加室内冷负荷。集热模块的夏季过热问题,如不得到较好的解决,也将影响集热模块技术的应用和推广。目前已研制开发出的集热模块形式多样,但主要针对的是冬季采暖应用,很少在设计中考虑到夏季过热问题。

迄今为止,国内外针对壁挂式或集热蓄热墙式太阳能空气集热设施的过热问题进行过一些研究,如 S. Ubertini 等设计了适用于全年工况的太阳能空气集热器,通过增设冬/夏季运行阀门来解决夏季过热问题,陈滨等通过冬夏季采用不同颜色的集热板来缓解夏季过热问题等。

使用时,在冬季可以关闭通风循环系统,形成一个相对封闭的房屋,由于本新型被动式房屋中采用湿热材料,能有效地阻止室内空气与室外发生过度的热交换,辅助太阳能集热器利用太阳能对室内空气进行加热,达到冬季室内保暖的目的。

3 新型被动式房屋可行性分析

3.1 技术分析

实际工程中房屋框架可以采用钢材或木材框架,双层框架组合成空心墙体,墙体可采用湿热材料,如土坯、草泥黏土,以厚重夯实泥土作为地基、立柱和主梁,在屋顶东南面安装太阳能集热器。湿热材料保温性能良好,已被大量实验事实和研究成果证明;通风系统运行率良好,基本无需维修,国际上通常采用的 PAC 工法与此类似。

空气集热器可行性:假设只考虑集热模

块单纯的供热作用,不考虑建筑物本身的蓄热及对集热模块所产生的热量进行储存利用,观察一天 24 h 内集热模块满足室内设计温度的保证率。以大连地区的气候条件为例,采暖期从 11 月 15 日至 3 月 15 日,冬季室外平均温度为-1.6 ℃。选取采暖期内某天的室外气象数据,温湿度记录仪时间间隔为 10 min,依据文献所得到的实测结果,集热模块的集热效率为 50%,根据实验测得的逐时太阳辐射照度,可计算出逐时供热量与逐时耗热量,如图 3 所示。

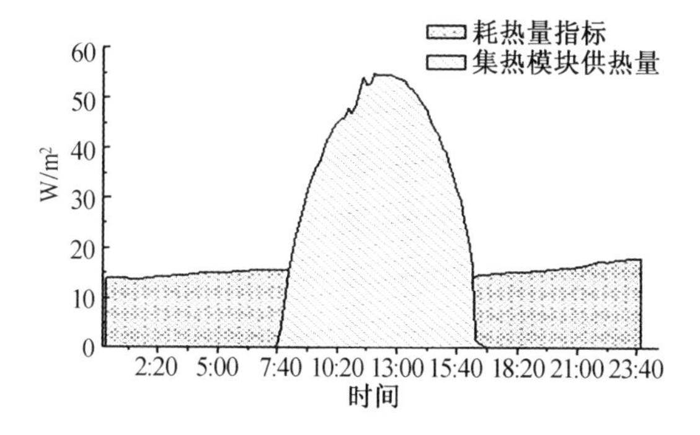

图 3　采暖期内某天逐时供/耗热量变化

由于集热模块的供热量与太阳辐射照度相关,从上图中一天 24 h 的建筑物逐时耗热量与集热模块供热量对比可看出,上午 9 点左右至下午 4 点期间,太阳辐射的作用使集热模块的供热量大于建筑物的耗热量,可满足室内舒适性要求;分析一天 24 h 中集热模块供热量大于建筑物耗热量的时间段为 34%,即此天能达到舒适性温度的保证率为 34%。

由此根据 2008 年冬季实验的室外气象数据,分析采暖期所有天数之内的集热模块逐时供热量与建筑物逐时耗热量。采暖期共 2 892 h,其中供热量大于耗热量的总数为 778 h。则可分析出在大连的冬季气候条件下,不考虑建筑物的蓄热及不采取对集热模块的供热进行热量存储等措施,大连地区的采暖期室内舒适性保证率为 26.9%。

假设由于建筑物本身的蓄热并且集热模块的供热量可以全部利用,分析太阳辐射对室内舒适性保证的贡献率。根据 2008 年冬季实验期间的室外气象数据,假设日平均太阳辐射照度大于 300 W/m^{2}的为晴天,100 ~ 300 W/m^{2}之间的为多云天,小于 100 W/m^{2}的为阴天,统计出每月晴天、多云天所占的比例。另外,按每天集热模块的供热量与建筑物耗热量的大小关系,可计算出晴天与多云天的太阳能保证率,计算结果如图 4 所示。

由图 4 可知,在整个采暖期,各采暖月晴天所占的比例均在 50% 以上,其平均太阳能保证率为 97%;多云天占每月天数的 30% 左右,其平均太阳能保证率为 58.5%。由上可知,如能充分利用建筑物蓄热特性以及其他有效的热能利用技术,把集热模块的供热量全部有效的加以利用,大连地区的太阳能资源利用潜力是比较大的。

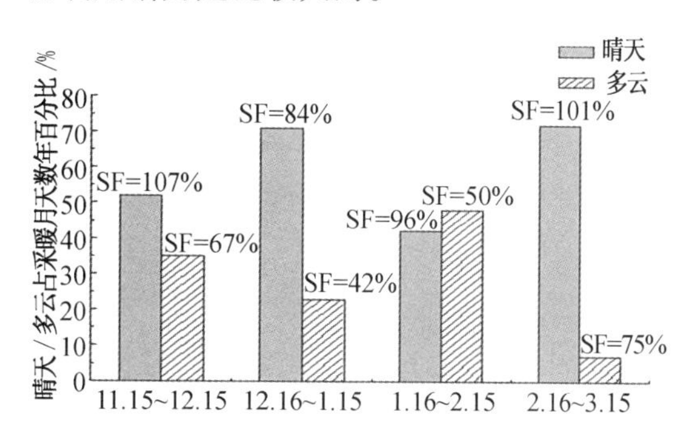

图 4　晴/多云天占采暖月天数百分比及相应太阳能保证率

现假设只考虑墙体传热,计算新型被动式房屋墙体的导热量。按 JGJ134—2001《夏热冬冷地区居住建筑节能设计标准》附录 A 规定的方法求得外墙平均传热系数 K_1 为 1.582 W/(m^2·K),内墙传热系数 K_2 为 1.662 W/(m^2·K)。

其中,h_1,h_2,h_3,h_4分别为室外空气与外墙体壁面之间,外墙内侧与墙体内空气之间,墙体内空气与内墙之间,内墙与室内空气之间的传热系数,λ_1,λ_2,λ_3分别为外墙土坯、墙体内空气、内墙草泥黏土的导热系数,δ_1,δ_2,δ_3分别为外墙土坯、墙体内空气、内墙草泥黏土的厚度。

墙体材料的导热系数分析（图5）：外层墙体通常采用土坯材料，土坯常用黏土、石灰、水泥和粉煤灰等组成。其各成分的比例的不同会直接影响到土坯的导热系数。具体分析见表3。

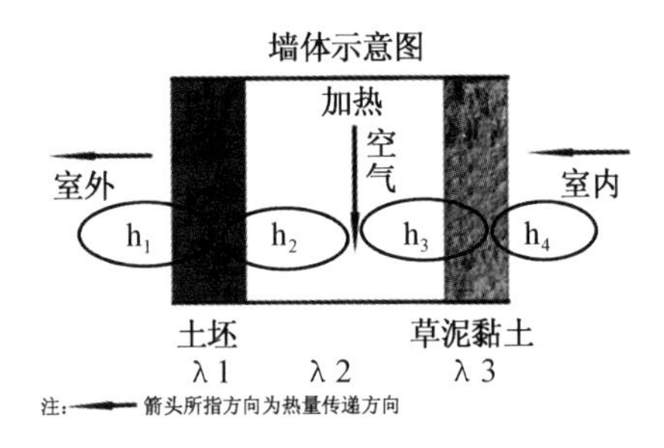

图5 墙体示意图

表3 材料导热系数

石灰:粉煤灰:水泥:黏土	含水率/%	抗拆强度/Mpa	抗压强度/Mpa	导热系数/($W \cdot m^{-1} \cdot K^{-1}$)
3:15:2:80	31	0.59	3.6	0.433 6
3:10:4:83	35	0.46	2.5	0.394 8
3:5:6:86	37	0.36	1.8	0.408 0
7:10:6:77	31	0.95	4.7	0.483 6
7:5:2:86	35	0.51	1.9	0.353 6
7:15:4:74	37	0.57	2.4	0.417 4
11:5:4:80	31	0.58	3.0	0.433 4
11:15:6:68	35	0.50	2.6	0.452 0
11:10:2:77	37	0.32	1.0	0.375 2

针对表3，我们采用抗压强度最高的土坯作为外墙，其导热系数 $\lambda_1 = 0.483\,6$ W/(m·k)。

空气的导热系数：在冬季，空心墙体的空气层温度通常控制在18 ℃左右，常压下导热系数 $\lambda_2 = 0.025\,84$ W/(m·K)。

内层保温墙通常采用草泥黏土材料，传热系数 $\lambda_3 = 0.931\,23$ W/(m·K)。

同时取 $h_1 = 1.582$ W/(m^2·K)，$h_2 = h_3 = h_4 = 1.662$ W/(m^2·K)，$\delta_1 = 0.2$ m，$\delta_2 = 0.1$ m，$\delta_3 = 0.1$ m，代入

$$K = 11h_1 + h_2 + h_3 + h_4 + \lambda_1\delta_1 + \lambda_2\delta_2 + \lambda_3\delta_3$$

计算得 $K = 0.069\,3$ W/(m^2·k)。

取10 m×6 m×6 m房屋计算，表面积 $A = 360$ m^2，冬天室外温度 −10 ℃，室内温度为16 ℃，导热量 $\Phi = 648.834\,6$ W。对于普通混凝土，容重在2 300 kg/m^3，导热系数为1.63 W/(m·K)左右，取0.3 m厚度的墙体，所以一般传统建筑的导热量 $\Phi = 1\,722.699\,4$ W，可以节省导热量 $\Phi = 1\,073.864\,8$ W。

3.2 经济性分析

本研究针对所述新型被动式房屋采用寿命期内费用比较法，分别对建筑材料及施工费用、年采暖能耗节约量、资金节省及回收年限等进行计算。

在保证室内环境舒适度的条件下，与普通建筑相比，新型住宅在寿命期内资金消费的特点是初投资大而运行费用低。此类建筑的经济性体现在：在寿命期内的运行费节省远大于其初投资的增加。因此，可以争取政府鼓励在我国北方投资建设此类新型被动式房屋，实行相关政策如提供房屋补助、降低贷款利率等以解决住房建设初期的资金问题。这也十分符合我国可持续发展战略。

以360 m^2的二层乡村建筑为例（表4）。

表 4　经济性比较

项目＼房屋类型	传统农村建筑	被动式房屋
建筑材料费用	以钢筋,砖瓦,混凝土为主,室内供暖管道系统安装预计在 20 万元左右	湿热材料可就地取材,太阳能集热器2 000 ~ 3 000 元
施工费用	120 元/m^2,合计 43 200 元	湿热材料加工、施工人员技术要求较高,预计费用在 35 万元左右
能源消耗费用	每平方米 22 ~ 28 元左右,且逐年上涨,以 50 年计算约为 375 000 元	基本不需额外增加取暖费
回收	钢筋可回收重加工,混凝土基本废弃污染环境	钢筋可回收利用,湿热材料可回归大自然

3.3　应用前景

在第一节中已经可以看出北方绝大部分农房未进行保温隔热处理,采暖设备效率较低,室内热环境恶劣,不仅浪费了大量的能源,更重要的是对环境造成了不可恢复的破坏。

本方案提出的目的就是降低北方农村冬季的采暖能耗并保证夏季室内的热舒适度。

本方案的应用目的为方案广阔的应用前景创造了前提,即保证了有广阔的市场。而更重要的是本建筑方案的主要建筑材料在农村十分容易取得,这大大减轻了建筑费用,保证了在农村地区推广的经济前提。而目前材料的加工费用较高主要是因为国内对于湿热材料使用于建筑中尚是一片空白,只要进行适当的推广和引导,待国内湿热材料产业与湿热材料建筑相互促进后,这一点亦不会成为瓶颈。

本方案所使用的太阳能集热器价格约为2 000 元,这比使用湿热材料作为建筑材料而节省下来的建筑费用少得多,而另一方面空心墙体的 PAC 工法亦为国际广泛采用,施工较为简单,成本较为合理。

参考文献

[1] 清华大学建筑节能研究中心. 中国建筑节能度发展研究报告[R]. 北京: 中国建筑工业出版社, 2007.

[2] 刘晶. 北方地区农村现状分析[J]. 建设科技, 2011, 3: 20-22.

[3] 琳恩 伊丽莎白, 卡萨德勒 亚当斯. 新乡土建筑当代建造方法[M]. 吴春苑, 译. 北京: 机械工业出版社, 2005.

[4] 孙亚峰. 太阳能空气集热模块优化策略的研究[D]. 大连: 大连理工大学, 2009.

楼梯刚度对框架抗震设计的影响

徐天妮[1,2]　王一鸣[2]

（1. 兰州理工大学 防震减灾研究所，甘肃 兰州 730050；
2. 兰州理工大学 西部土木工程防灾减灾教育部工程研究中心，甘肃 兰州 730050）

摘　要　近年来发生的一系列地震，特别是5·12汶川地震中大量的楼梯遭到不同程度破坏，引发了工程界和研究人员对楼梯抗震问题的关注。本文通过收集5·12大地震的楼梯破坏震例，对楼梯破坏的原因作了思考，提出了框架抗震设计中考虑楼梯刚度的一种简化模型，利用双自由度体系对考虑楼梯刚度后结构体系的动力特性变化进行了解析推导和数值分析。采用结构力学求解器计算楼梯构件的内力，分析了不同构件的受力危险点。

关键词　结构抗震；楼梯抗震；框架结构；刚度

1　引　言

当发生地震时，楼梯是重要的紧急逃生竖向通道。楼梯的破坏会阻碍住户的撤离，并延误救援和消防人员的工作，从而可能导致严重伤亡。因此，楼梯的抗震性能是不能忽视的。然而，原有的结构抗震设计规范中，没有对楼梯结构进行抗震计算的要求，在楼梯结构抗震方面也缺乏针对性的构造要求。这就导致了楼梯结构在地震灾害中表现脆弱，加重了灾害损失。我国5·12大地震中，许多地震激励稍高的地方，楼梯结构发生了大量破坏，给灾害发生后的疏散和救灾造成了很大困难。笔者所在课题组震后在甘肃省陇南地震灾区（地震烈度为7～8）开展应急评估过程中，发现不少框架、砖砌体结构楼梯间破坏严重，或者楼梯先于主体结构破坏前产生不同程度的损伤，影响应急使用，主要表现在一、二层的板式楼梯断裂、断裂处的板中钢筋弯曲，楼梯小柱、楼梯平台梁开裂严重。经过笔者所在课题组的初步分析，这种震害主要是由于梯段板沿房屋高度交错布置，楼梯结构的受力特性较为复杂所致。此外，楼梯平台梁呈现明显的扭转受力状态，加上楼梯踏步与梯段板组成的齿状结构，在齿根和板顶处产生应力集中，以及存楼梯间成了人们逃生的唯一路线，人流密集时梯段荷载较为集中，不单使楼梯的主体结构负荷

在施工缝处理不到位等因素，导致板式楼梯断裂的事例较为多见。再加上灾害发生时，走廊、增大，而且对楼梯的附属构件也造成很大的负担。笔者所在课题组在震后的应急评估过程中，就发现了因疏散过程中人流集中，导致楼梯扶手侧向失稳而造成10多名学生从楼梯间坠落受伤的事例。

新颁布的结构抗震设计规范中对楼梯结构抗震计算提出了一定的要求。将楼梯与框架本体结构进行整体建模分析，虽然能较好地体现楼梯与本体结构的共同工作，但计入楼梯后会减小本体结构的设计内力，当楼梯结构在地震作用下退出工作时，采用这种内力分析结果对本体结构进行设计是偏于不安全的。本文提出了楼梯结构分析的一种双自由度简化的平面模型，利用解析手段分析了楼梯刚度对本体结构设计内力的影响，并用结构力学求解器的分析结果进行对比。

2　计算模型的建立

本文选用一般工程设计中使用的有限自由度模型。为便于获取解析解，选择图1所

示双自由度简化模型，即将与楼梯直接相连的框架简化为一榀平面的综合框架，结构质量仍旧简化为置于每一层楼面的一个集中质点。为体现楼梯所提供的刚度，将楼梯的梯段板和平台板简化为嵌入框架节点中的一个层间铰接桁架，如图2所示。

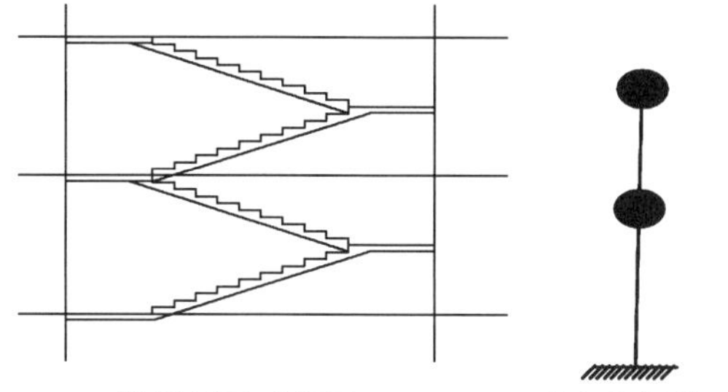

(a) 楼梯剖面示意图　　(b) 动力分析模型

图1　双自由度简化动力模型

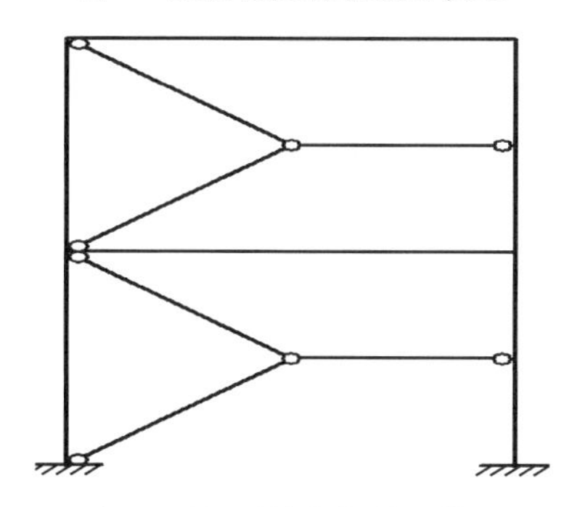

图2　层间铰接桁架简化模型

3　动力特性及振型基底剪力计算公式

对于双自由度体系，可以获得结构动力特性的解析解。频率的表达式为

$$\omega^2 = \frac{1}{2}\left[\frac{k_1 + k_2}{m_1} + \frac{k_2}{m_2} + \sqrt{\left(\frac{k_1}{m_1} - \frac{k_2}{m_2}\right)^2 + \frac{k_2}{m_1}\left(\frac{2k_1 + k_2}{m_1} + \frac{2k_2}{m_2}\right)}\right] \tag{1}$$

式中　m_1 为一层楼板及柱、墙重；m_2 为二层楼板及柱、墙重；k_1 为一层不考虑楼梯的抗侧移刚度；k_2 为二层不考虑楼梯的抗侧移刚度；ω_1 为(1) 式中较小的值，称为第一自振圆频率；ω_2 为(1) 式中较大的值，称为第二自振圆频率。

振型的表达式为

$$\frac{X_{12}}{X_{11}} = \frac{k_1 + k_2 - m_1\omega_1^2}{k_2}$$

$$\frac{X_{22}}{X_{21}} = \frac{k_1 + k_2 - m_1\omega_2^2}{k_2} \tag{2}$$

式中　X_{ij} 为第 i 振型第 j 质点的位移值。

$$\alpha_i = \left(\frac{T_g}{T_i}\right)^{0.9}\alpha_{max}$$

$$f_i = \frac{\omega_i}{2\pi} \tag{3}$$

式中　α_i 为地震影响系数；α_{max} 为水平地震影响系数；T_i 为第 i 阶自振周期；T_g 为特征周期；f_i 为第 i 阶运动频率。

$$\gamma_i = \frac{G_1X_{i1} + G_2X_{i2}}{G_1X_{i1}^2 + G_2X_{i2}^2} \tag{4}$$

式中　γ 为振型参与系数。

$$F_{ij} = \alpha_i\gamma_iX_{ij}G_j \tag{5}$$

式中　F_{ij} 为地震作用；i 为阵型数($i = 1,2$)；j 为层数($j = 1,2$)。

4　算例参数及动力响应对比

由《框架结构计算分析与设计实例》的工程实例计算出结构的质量和刚度，见表1。

表1　考虑与不考虑楼梯刚度时的结构参数

层号 i	质量 m_i /kg	刚度 K_i/(kN·m^{-1}) 不考虑楼梯	考虑楼梯
1	4 068.16	21 139.53	1 043 766.87
2	3 810.29	50 108.52	562 767.86

由公式(2)可计算出各振型的位移值，如图3所示。

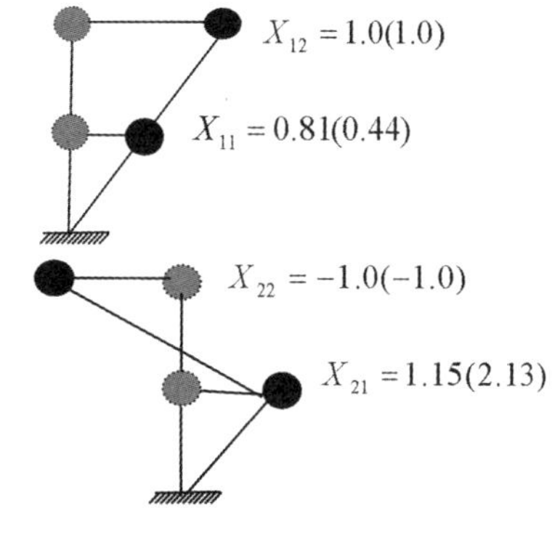

图3　框架的一、二阶振型位移值
(括号内为考虑楼梯刚度的位移值)

由公式(1)、(3)、(4)得各振型的参数

值,见表2和表3。

表2　考虑楼梯刚度时各振型的参数值

振型	自振圆频率 ω/Hz	运动频率 f/Hz	周期 T/s	地震影响系数	振型参与系数
一阶振型	9.07	1.44	0.69	0.04	1.218
二阶振型	21.45	3.41	0.29	0.08	0.218

表3　不考虑楼梯刚度时各振型的参数值

振型	自振圆频率 ω/Hz	运动频率 f/Hz	周期 T/s	地震影响系数 α	振型参与系数 γ
一阶振型	1.56	0.25	4	0.009	1.097
二阶振型	5.31	0.85	1.18	0.027	0.094

由基本公式(5)可求得地震作用,如表4及图4所示。

表4　不同振型的地震作用对比

地震作用/kN	考虑楼梯刚度/kN	不考虑楼梯刚度/kN	增大倍数/%
F_{11}	872.08	325.34	168.97
F_{12}	1 856.37	376.19	393.47
F_{21}	1 511.21	118.74	869.52
F_{22}	-664.51	-96.71	587.12

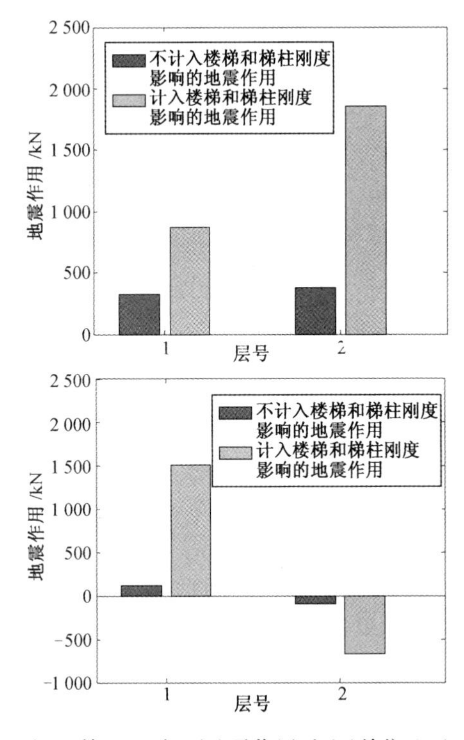

图4　第一、二振型地震作用对比(单位:kN)

5　考虑抗震的楼梯简化模型及静力计算

已知:单元(1)、(3)、(4)的刚度均为K,单元(6)、(7)的刚度均为K_1。单元(6)和(7)之间的夹角为2θ,如图5所示。

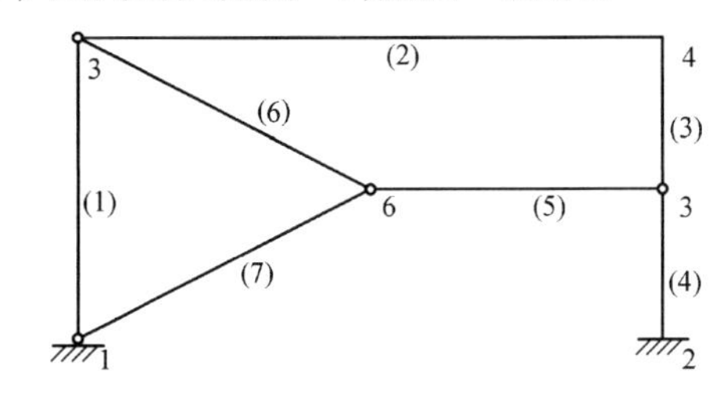

图5　楼梯单元编号

使层间发生单位位移时所需要的力为层间各构件所有刚度之和,即力为$2(K+K_1)$。

由节点法:取节点6,由竖向的合力为零可写出

$$F_1\sin\theta = F_2\sin\theta \tag{6}$$

其中　F_1——单元(6)中的轴力;

F_2——单元(7)中的轴力。

所以单元(6)(7)中的轴力相等,用F表示,由截面法:截单元(1)(3)(6),由水平向的合力为零可写出

$$F\cos\theta = 2(K+K_1) \tag{7}$$

所以单元(6)亦即梯段板中的轴力为

$$F=\frac{2(K+K_1)}{\cos\theta} \tag{8}$$

由计算可知,梯段板中的轴力与梯段板、

框架的刚度和两梯段板之间的夹角有关。

利用结构力学求解器对上述简化结构进行计算,把地震作用作为静力作用施加在楼层处,得出主要构件的内力(图6)。

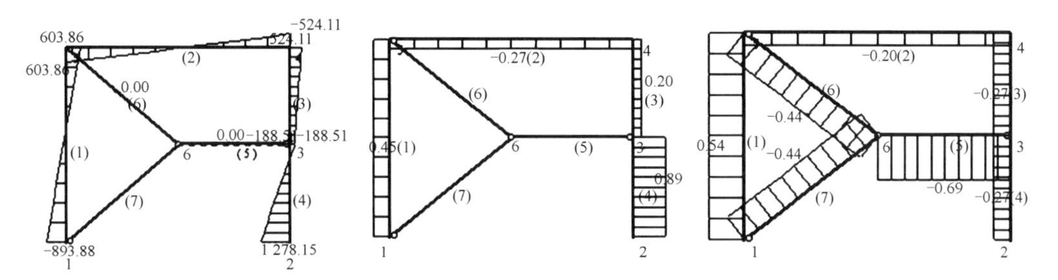

图6　不考虑楼梯刚度影响的各构件弯矩、剪力、轴力图

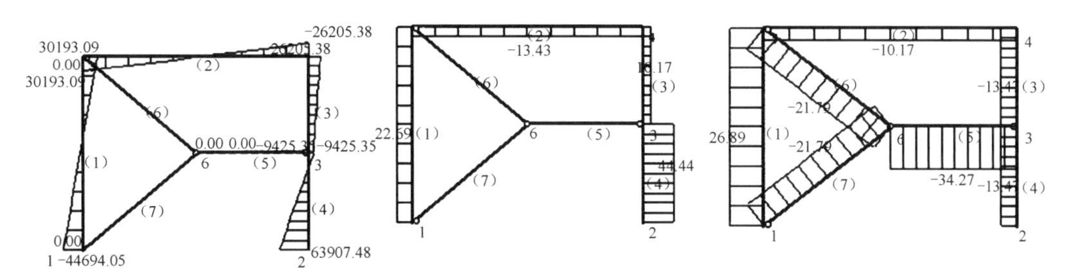

图7　考虑楼梯刚度影响的各构件弯矩、剪力、轴力图

在重力荷载作用下,各构件的内力图如图8~9所示。

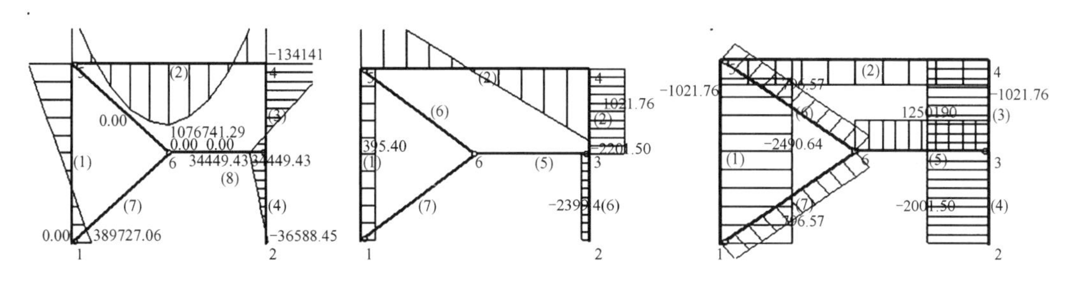

图8　考虑楼梯刚度影响的各构件弯矩、剪力、轴力图

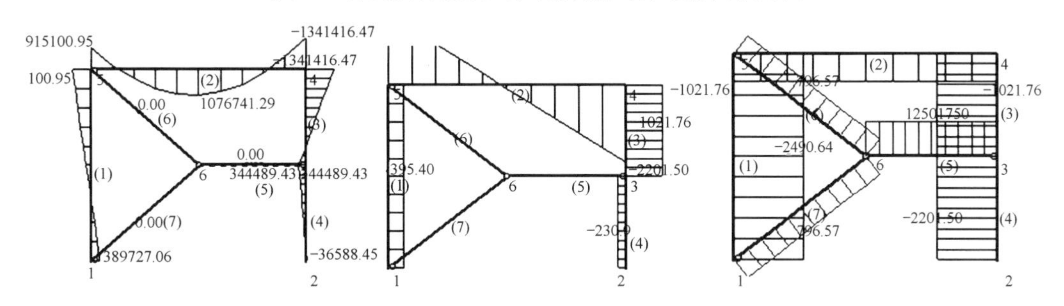

图9　不考虑楼梯刚度影响的各构件弯矩、剪力、轴力图

同时考虑水平地震作用和竖向重力荷载,各构件内力图如图10~11所示。

由图11可知,在楼梯的休息平台处剪力发生突变,故此处为一受力危险点;在休息平台与梯段板交界处的轴力很大,此处为另一受力危险点。若按照原有规范进行楼梯结构设计时,只考虑了重力荷载,没有考虑在地震作用下的往复运动在梯段板中产生的拉压交替的轴向

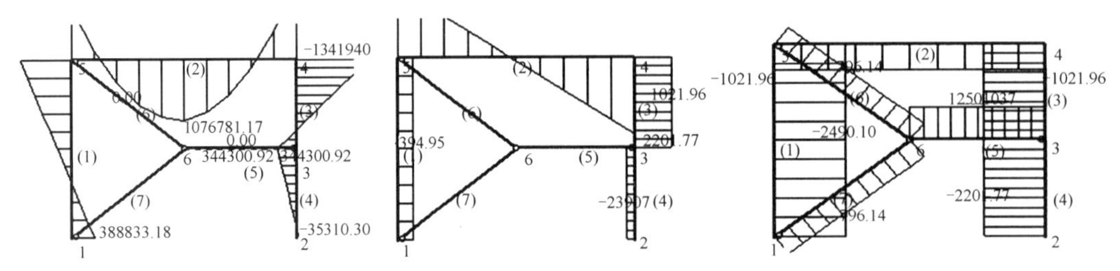

图 10　不考虑楼梯刚度影响的各构件弯矩、剪力、轴力图

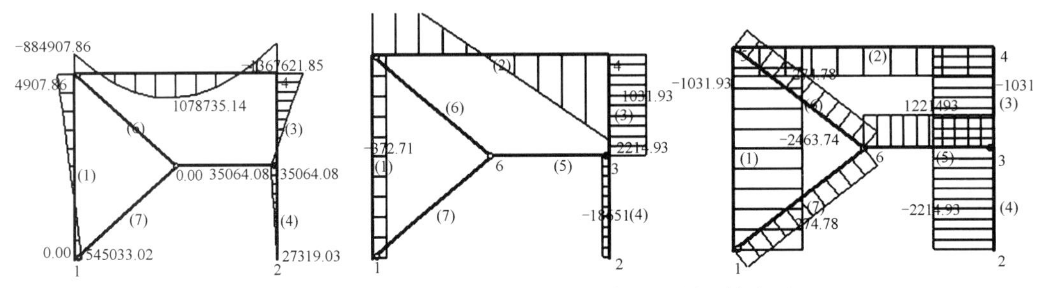

图 11　考虑楼梯刚度影响的各构件弯矩、剪力、轴力图

力,而这个受拉轴向力不但直接降低了楼梯结构的承载性能,而且与重力荷载联合作用还会使梯段板的两端成为受力薄弱点。

6　结　语

本文首先通过振型分解反应谱法对框架计算时是否计入楼梯刚度进行了分析,得出如下结论:

(1)不计入楼梯刚度比计入楼梯刚度时框架所分得的力有所减小,这在框架实际应用中是不利的。因为楼梯和梯柱的刚度一方面增加了结构体系的总刚度,从而提高了结构所承担的地震作用,另一方面楼梯的刚度存在,使分配到框架结构本体上的内力减小,但在地震往复运动作用下梯段板中的产生拉压交替的轴向力会使楼梯的刚度较早退出工作,使得采用整体分析模型所求得的框架结构本体上的内力偏小,对本体结构设计是偏于不安全的。

(2)利用结构力学求解器对平面框架简化模型进行了内力分析,得出了危险点。当结构在发生动位移时,梯板段受拉,另一梯板段受压,楼梯梁受剪;而当反向层间位移发生时,梯段板中的产生拉压交替的轴向力,重力荷载联合作用使梯段板的两端承受较大的拉应力。同时,楼梯平台梁受两个梯段传来的往复扭矩和剪力的联合作用。这种反复作用使得框架结构楼梯中的梯段板和平台梁出现较多破坏的重要原因。

致　谢

本文的研究得到了西部土木工程防灾减灾新技术新人才基金(“双新”基金)本科生课外创新研究项目的资助,基金项目编号为 WF2010-U02。感谢指导教师杜永峰教授和周勇副教授在选题和建模阶段给予的精心指导与鼓励。

参考文献

[1] 吕西林,周德源. 抗震设计理论与实例[M]. 上海:同济大学出版社,1995.
[2] 杨杰. 框架结构计算分析与设计实例[M]. 北京:中国水利水电出版社,2008.
[3] 朱慈勉. 结构力学[M].北京:高等教育出版社,2007.
[4] 程选生. 工程结构力学[M].北京:机械工业出版社,2009.
[5] 莫庸,金建民,杜永峰,等.小高层建筑填充墙震害和抗震设计的初步探讨[M].北京:中国建筑工业出版社,2008.

高层建筑局部楼层多阶段隔震技术研究

高东奇　葛海杰　王　辉

（同济大学 土木工程学院，上海 200092）

摘　要　地震灾害是建筑物面临的主要威胁之一，近年来隔震技术在全世界得到了大力发展并在高层建筑中得到一定应用。本文基于此背景提出多阶段隔震技术，将滚动式支座和阻尼器结合安装于高层建筑的局部楼层，使得小震、中震时滚动式支座单独工作减小局部楼层在地震波下的加速度响应，大震、特大震时阻尼器参与工作限制局部楼层的位移响应。通过振动台实验对缩尺结构模型进行分析，结果表明通过合理的参数设置可以实现多阶段隔震技术的三阶段工作状态，与《GB50011—2010 建筑抗震设计规范中》的“二阶段，三水准”设防目标相对应。分析显示多阶段隔震技术减弱了楼板的共振响应，多数情况下能有效减小楼层的加速度响应。该技术的应用将有助于对高层建筑局部楼层进行性能化的抗震设计，因此具有良好的研究与应用前景。

关键词　结构抗震；多阶段隔震；振动台；模型实验；性能化

1　引　言

地震灾害对建筑物有重要的影响。地震灾害的突发性和不可预测性，以及频度较高、横波纵波交替发生的特点，使其成为建筑物结构面临的最大威胁之一。5·12 汶川大地震（里氏 8.0 级）的巨大破坏力造成房屋倒塌 536.25 万间，数千公里道路受阻。为了减轻地震对结构的危害，最初人们主要在结构本身上寻求解决办法，比如提高结构的强度和延性等，但是通过这些方法来提高结构地震抗力的缺点是成本较高。

在现代抗震技术中，人们主要从消震减震方面入手。隔震技术就是其中比较有代表性的解决方案。一种比较成熟的隔震技术是在楼板间加组合橡胶支座。这种支座由聚四氟乙烯滑动橡胶支座和普通橡胶支座组合而成，当地震惯性力大于静摩擦力时，支座开始滑移，这时隔震体系的自振频率就由普通橡胶支座的刚度决定。这种隔震技术在美国、日本和中国应用比较广泛，对保证地震频发地区建筑物的安全有很好的作用。

隔震技术的另一种思路就是运用滚动支座。滚动支座目前主要用于博物馆对珍贵文物的保护之中。在珍贵文物的展览平台下安置滚动隔震支座，可以使得地震来临时，大大减小结构的地震响应，从而显著减轻结构的损坏程度，进而对珍贵文物起到很好的保护作用。日本一项名为“Tuned Configuration Rail”的项目曾经做过一个实验：用一个简易结构来模拟博物馆中的隔震平台，在结构下方安置一个滚动隔震支座，对此结构输入一列与阪神地震相当的地震波，结构的响应加速度由 818 gal 减至 72 gal 左右，这一研究结论表明了滚动隔震支座对抗震减震的良好作用。但是这种滚动隔震支座在楼层抗震上的应用还很少。

本项目通过模型试验，将滚动支座与阻尼器结合起来应用于楼板隔震，即本文所提出的“高层建筑局部楼层多阶段隔震技术”，来分析一维震动波下单自由度体系的结构响应。

2　高层建筑局部楼层多阶段隔震技术特点

本实验中所应用的高层建筑局部楼层多阶段隔震技术主要由以下两个装置协同工作实现:一为设置在楼板下的滚动支座,二为设置在楼板与立柱之间的阻尼器。在实体建筑中,竖向荷载的传递路径为:荷载→楼板→滚动支座→梁→柱→地基。在未应用高层建筑局部楼层多阶段隔震技术的楼层,横向荷载由柱的抗侧刚度和楼板的面内刚度共同承担;而在应用了高层建筑局部楼层多阶段隔震技术的楼层,横向荷载直接由立柱的抗侧刚度来承担(图1)。

图1　梁柱结构建模图

在地震作用下,应用了高层建筑局部楼层多阶段隔震技术的楼层将有三个阶段的反应。第一阶段:当地震作用非常微弱时,地震作用产生的侧向力未能克服滚动支座的摩擦力,楼板将与梁柱体系一同无差异振动;第二阶段:当地震作用较大时,地震作用产生的侧向力将克服滚动支座的摩擦力,并使楼板开始滑动,此时滚动支座作为一层隔震层能够阻止地震的能量有效地传给楼板;第三阶段:当地震作用特别强烈时,主体结构将产生较大的位移,此时阻尼器将开始工作,将地震作用的侧向力传给楼板,使楼板参与侧向力的分配,同时阻尼器能够起到消能减震的作用。对于一个特定的结构,地震作用力从小往大发展会使得结构依次进入上述三个阶段,通过调整隔震支座的摩擦系数、楼板与立柱之间的间隙大小以及阻尼器的阻尼比等参数,可以有效控制三个阶段对应的地震作用力。

高层建筑局部楼层多阶段隔震技术应用于建筑有三方面的优点:

(1)在地震作用下,隔震楼层上的恒、活荷载部分的质量对整个建筑的强度和刚度贡献较小。将其与整体结构“隔离”开来,使其无法有效吸收地震波能量,减少了整个建筑吸收的地震波能量;

(2)对于多高层建筑,可以根据该栋建筑的结构特点和动力特性在特定的某几层应用该技术,从而干预建筑的自振频率和动力响应特性,使其拥有更佳的抗震能力;

(3)应用该技术的楼层在地震作用下相对于地面的位移很小,这一点能够保证超高层建筑上人体的舒适度,同时在一些对位移有很高要求的精密仪器的使用上有很重要的作用。

3　试验模型及装置

3.1　模型主体结构

本次试验旨在研究隔震楼层的地震响应特性以及地震作用对整个结构的影响。受限于小型振动台的技术参数,本试验采用实际建筑物的缩尺模型进行研究。

试验的主体结构为单层框架,长300 mm,宽200 mm,高300 mm,可视为单自由度体系。模型的柱、梁、楼板均采用有机玻璃为模型材料,滚动支座由金属构件和轴承制作完成,固接在两个纵梁上,楼板放置在滚动支座之上,阻尼器安置在横梁上(图2)。其中纵梁指与震动方向平行的梁,横梁指与震动方向垂直的梁。

3.2　构件连接

本试验中,柱与楼板连接节点处用5 mm厚的有机玻璃板加强,柱底连接在5 mm厚的有机玻璃基础底板上,并通过底板固定在振

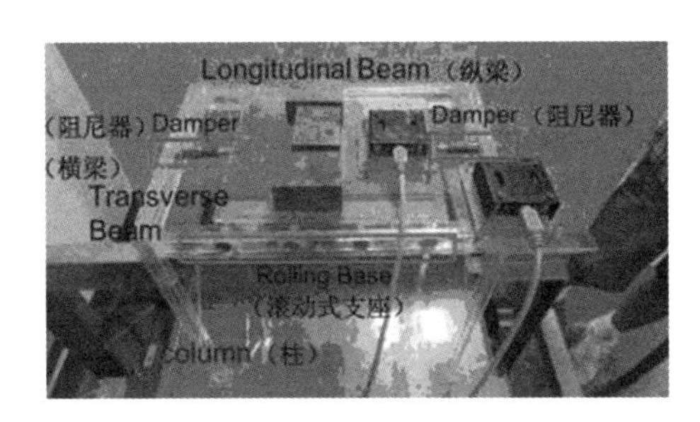

图2　模型整体图

动台上。为了避免模型在振动台的作用下发生横向振动和扭转振动，在模型宽度方向的柱间添加 X 型交叉拉索，增加横向刚度，保证模型只发生一维振动。楼面施加配重为 3×0.667 kg=2.001 kg。

考虑到本试验为一维振动，滚动支座将采用轮轴进行模拟（图3）。轮轴数为 2×4=8 个。阻尼器采用奥地利 BLUM 公司生产的门阻尼（图4）。

图3　滚动支座　　　图4　实验用阻尼器

楼板采用两种不同的尺寸，厚度均为 5 mm。第一种尺寸为 0.24 m×0.19 m，这样做的目的是留出一定的间隙，使得模型在采用高层建筑局部楼层多阶段隔震技术的情况下能够实现第二阶段的工作状态。为了测定结构楼面的加速度反应及整体结构的自振频率，将两个加速度传感器分别安装于楼板及横梁上（图5）。

图5　加速度传感器

3.3　阻尼器

为了合理模拟本试验，阻尼器应满足以下几点原则：① 当模型在振动台的作用下进入第三阶段时，阻尼器应发挥作用，产生一定阻尼；② 阻尼器应能实现反复使用；③ 阻尼器应能调整阻尼系数。本试验采用的阻尼器本身的特性满足以上第一、二点原则。对于第三点原则，将通过采用不同型号的阻尼器来实现阻尼系数的调节。

3.4　滚动支座

为了合理模拟本试验，滚动支座应满足以下两点原则：① 滚动支座应具有一定的竖向承载力，保证楼板添加配重的情况下不出现过大的竖向变形；② 滚动支座应保证楼板在长度方向自由滑动，但需具备一定的初始静摩擦力。对于第一点原则，模型采用轮轴套在固定于纵梁的螺栓上的方式，将楼板荷载通过螺栓传递到纵梁上，进而传递到柱底基础。由于螺栓与纵梁的固定具有足够的刚度，能保证滚动支座在楼面荷载作用下不出现过大竖向变形。对于第二点原则，采用在楼板与滚动支座的接触面上贴双面胶带的方法，使接触面具有一定的黏结力，以满足滚动支座具备初始静摩擦力的要求。

3.5　振动台参数

本试验在 Quanser Shake Table II 一维振动台上进行（图6、图7）。该振动台的主要技术参数见表1。

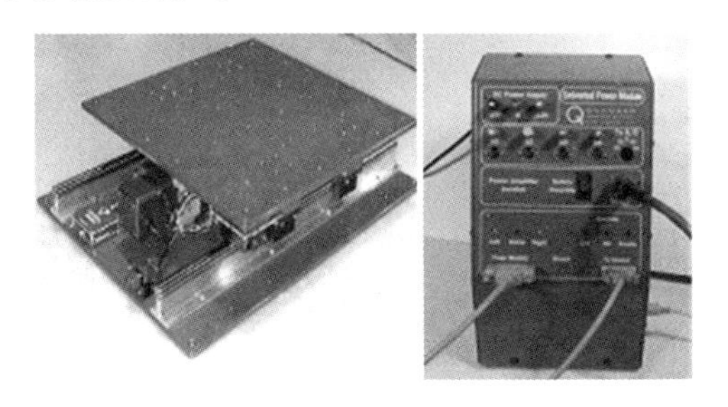

图6　振动台　　　图7　UPM 控制器

表1 振动台参数

振动台尺寸	最大有效荷载	频率范围
45 cm×45 cm	15 kg	0 ~ 20 Hz
最大速度	最大作用力	最大加速度
84 cm/s	700 N	2.5 g

4 试验过程

(1)将应用了局部楼层多阶段隔震系统的结构和传统结构在地震波下的反应作对比,验证采用了局部楼层多阶段隔震技术的结构在地震作用下的隔震减震效果。

(2) 试验中振动台输入波形为正弦波,对一个特定的输入加速度值 ai,通过改变输入频率以及振幅,来取得加速度放大系数 K(楼板响应加速度与振动台输入加速度的比值) 与输入频率 t 的关系曲线。同样,调整输入加速度 ai,重复上述实验步骤,就能够得到一组输入加速度 $a1$, $a2$,$a3$… 下的 $K-t$ 关系曲线,取得结构的特征频率,并通过对比采用局部楼层多阶段隔震技术的结构其楼板与主体结构的反应加速度来分析该技术的隔震机理及效果。

(3) 通过改变模型结构的输入加速度以及楼板与阻尼器的间距等影响因素来对局部楼层多阶段隔震技术的三阶段工作原理进行研究,为局部楼层多阶段隔震技术的性能化设计提供可靠的最优化参数分析。

5 实验结果及分析

以下内容中出现的 K 代表加速度放大系数,t 代表输入加速度的频率,f 代表滚动支座的摩擦系数,d 代表楼板与阻尼器间的间隙大小,c 代表阻尼器的阻尼系数。

如未经特殊说明,f 取 0.02,c 取 0.03。

5.1 楼层隔震的减震效果分析

对比安装了隔震装置的楼板的 $K-t$ 曲线与未安装隔震装置的楼板的 $K-t$ 曲线,可以发现前者的变化要较后者平稳,且前者在大部分频率区段内加速度放大系数都小于后者,峰值也小得多。仅在 $t=2$ Hz 附近安装了楼层隔震装置的楼板的加速度放大系数 K 要大一些,这是由于结构处于楼层隔震的第三阶段,楼板在接触阻尼器的瞬间阻尼力较大,产生了较大的加速度(图8、图9)。

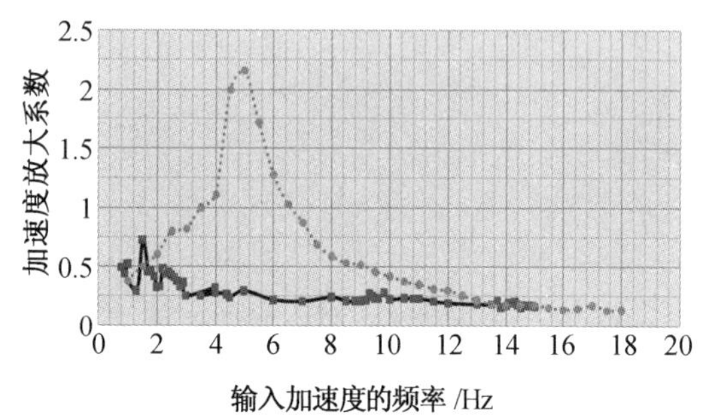

图8 有无隔震装置下的楼板 $K-t$ 曲线

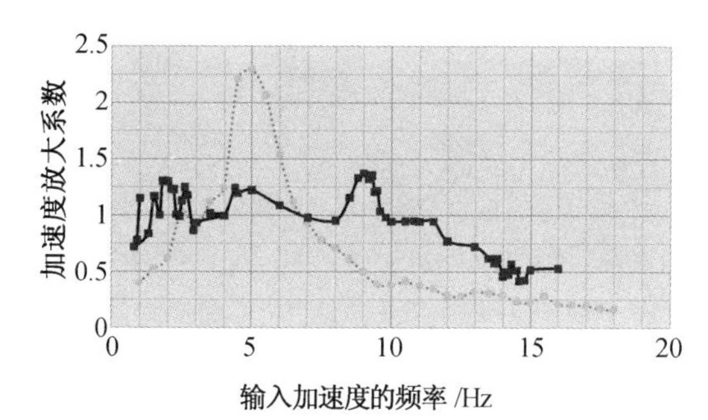

图9 有无隔震装置下的梁柱主体的 $K-t$ 曲线

5.2 楼板与梁柱主体结构的加速度放大系数对比

通过对比在 $f=0.02$,$d=20$ mm,$c=0.03$ 的条件下楼板与梁柱主体结构的加速度放大系数可以探究本技术的隔震效果。以输入加速度 $ai=0.4$ g为例,改变输入加速度的频率,可以观察到梁柱主体结构的响应加速度随着输入加速度频率的增大而逐渐减小,但是在 $T=9$ Hz 附近有一波峰,说明主体结构的自振频率应在9 Hz附近。楼板的响应加速度远小于主体结构的响应加速度,受主体结构响应加速度的影响较小,具有良好的隔震效果;当 $T<6$ Hz时,楼板的响应加速度随着 t 的增加呈抛物线状下降,直至 $T=6$ Hz 后,K 稳定在0.2上下;楼板的 K 在 $T=4\sim5$ Hz之间有一个小波峰,这是由于该区段是隔震楼板第二工作区间与第三工作区间的转换频率区域;楼板的响应加速度及 K 值在高频区段较平稳,在主体结构的自振频率附近也没有大的增长,表现出良好的隔震效果。

调整输入加速度,分别输入 $ai=0.2$ g, $ai=0.4$ g, $ai=0.6$ g以及 $ai=0.8$ g,发现楼板的加速度都要明显小于主体结构的加速度,而不受主体结构自振频率的影响,在主体结构 $K-t$ 曲线波峰对应的频率附近楼板的 $K-t$ 曲线没有出现明显的峰值。随着输入加速度 ai 增长,楼板的 $K-t$ 曲线下降段更加靠近低频区段,下降的趋势也更加强烈,在高频区段的稳定值也更加低,说明局部楼层多阶段隔震装置对高频波有良好的隔震效果,对于低频波,位移较大,阻尼器工作,相应 K 值也会较大一些。总体上看,楼板的加速度要远小于梁柱主体结构的反应加速度,这使得在振动作用下,人体舒适度以及精密仪器的安全性有了很好的保证(图10 ~ 13)。

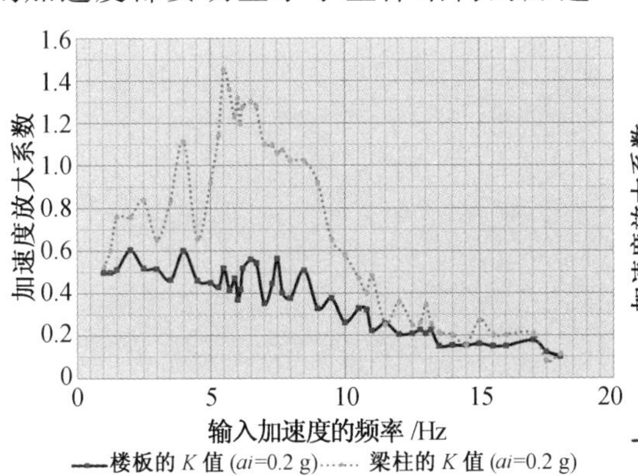

图10 $K-t$ 曲线(输入加速度 $ai=0.2$ g)

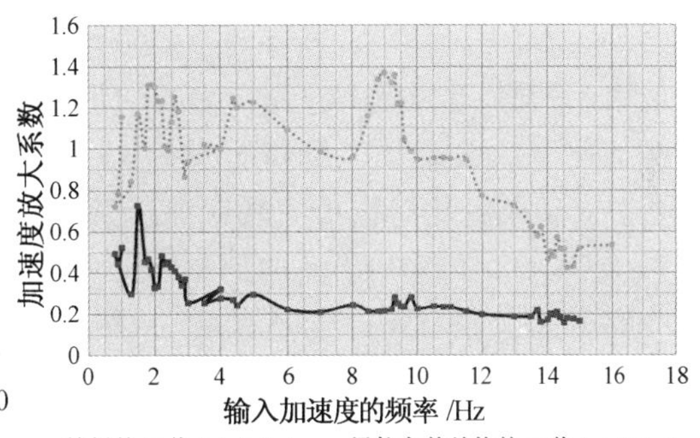

图11 $K-t$ 曲线(输入加速度 $ai=0.4$ g)

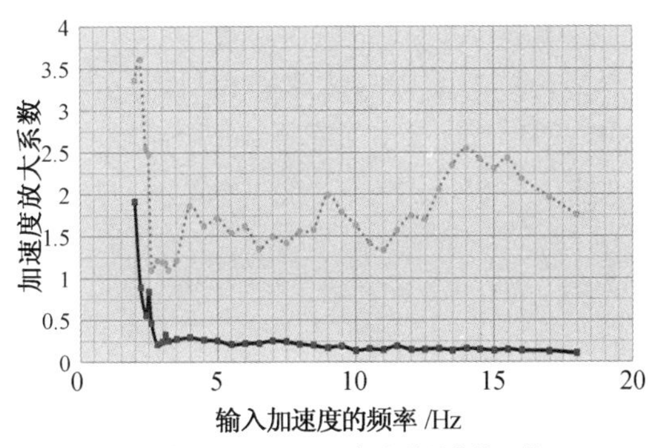

图12 $K-t$ 曲线(输入加速度 $ai=0.6$ g)

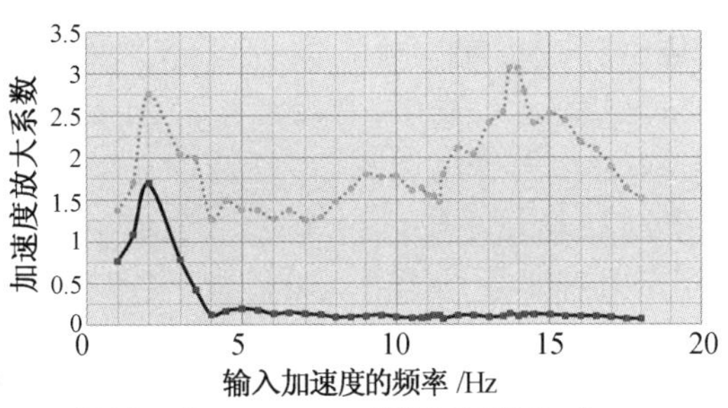

图13 $K-t$ 曲线(输入加速度 $ai=0.8$ g)

5.3 楼层隔震技术的三阶段工作状态分析

5.3.1 输入加速度的影响

在 $f=0.02$, $d=20$ mm, $c=0.03$ 的条件下,随着输入加速度的增大,第二阶段和第三阶段的临界频率也跟着增大,这意味着楼板的反应加速度的峰值区段的频率范围越大。当输入加速度较大时,K 的峰值高,但很快就进入稳定区段。例如 $a=0.8$ g,峰值 K 达到1.6,但当 $t=4$ Hz 后,K 将至0.2左右并维持稳定(图14)。

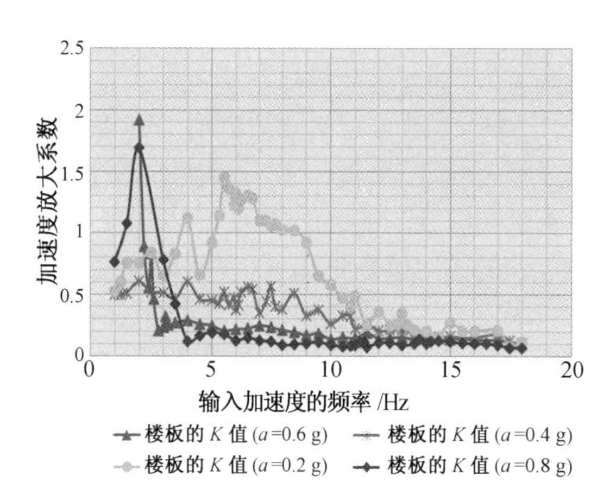

图 14　不同加速度下的楼板 $K-t$ 曲线

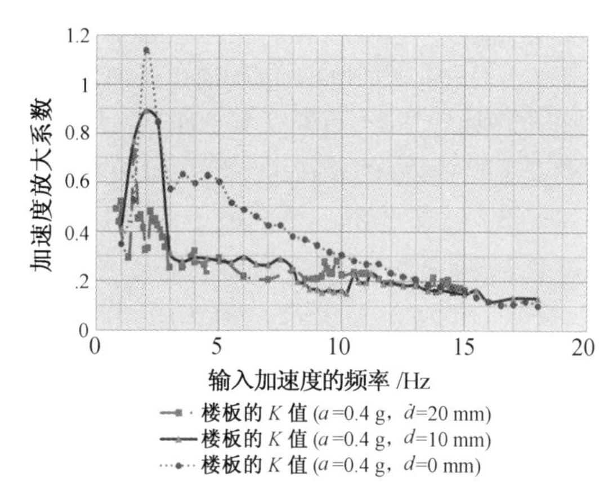

图 15　不同 d 值条件件下的楼板 $K-t$ 曲线

5.3.2　间距 d 的影响

在 $a=0.4$ g,$c=0.03$ 的条件下,调整间隙 d 的值,分别为 0 mm、10 mm、20 mm,得到楼板的加速度放大系数。分析可得,当 $t>$ 10 Hz 时,d 值的变化对楼板的反应加速度影响不大,但当 $t<10$ Hz 时,d 值的影响随着 t 的减小而增大。在高频区段,d 值越小,楼板的加速度放大系数就越大,峰值高且持续的频率范围大。事实上,只要 d 值不为 0,当 $t>$ 3 Hz 时楼板的反应加速度就变化不大。因此,d 值对于高频区段的减震效果影响不大,但对相对低频的区段有显著影响(图 15)。

5.3.3　阻尼力 c 的影响

在模型设计过程中,曾经选用经加工的医用玻璃注射器作为阻尼器,但玻璃注射器的刚度过大,阻尼系数过小,楼板接触玻璃注射器产生很大的反作用力。另外由于玻璃注射器强度不满足要求,可能发生脆性破坏,致使结构损坏,无法起到很好的隔震作用。

经过比较,奥地利 BLUM 公司生产的黏滞阻尼器的刚度、强度和阻尼系数较为合适,使用奥地利 BLUM 公司生产的黏滞阻尼器后,楼板在进入第三工作阶段时受到的阻尼力较为持久且稳定,避免了楼板加速度急剧变化,从而有效地吸收了地震波的能量,且有效限制了结构位移。

6　结　论

(1)局部楼层多阶段隔震技术对减小楼板在地震作用下的反应加速度有良好的作用,一般可将之减少至 1/3 左右;特别是对高频波,隔震效果尤其明显,可将之减少至 1/8。

(2)本技术还能减小梁柱主体结构的反应加速度。

(3)局部楼层多阶段隔震系统的各个参数对结构的震动响应有一定的影响,实际应用过程中需要结合结构的特点和所处的震区,调整参数,确定最优配置。

(4)需要特别注意楼板与阻尼器的接触能够有一定的弹性缓冲,避免在进入第三阶段的一瞬间产生很大的加速度。

致　谢

本项目在进行过程中得到了同济大学土木工程学院在场地和仪器方面的支持,振动台由同济大学土木工程教学创新基地提供,项目经费来自上海市大学生科技创新实践计划。在此表示由衷的感谢!

参考文献

[1] “5·12”汶川特大地震全记录[M]. 成都:四川文艺出版社,2009.
[2] 翁大根,蒋通,施卫星,等.楼面滑动隔震装置设计与试验研究[J].地震工程,2001,17(3):109-115.

新型墙板与钢管混凝土框架结构抗震性能研究

赵亚运　程鸿伟　郑修娟　耿　琳　韩清宇　王　波
（合肥工业大学 土木与水利工程学院，安徽 合肥 230009）

摘　要　随着经济的不断发展，建筑的高度和结构复杂程度不断增加，高层建筑越来越普遍。目前高层建筑墙体多采用砌块和复合墙板，现有墙板在环保、强度和抗震等方面有较大不足，高层建筑墙板应具有节能保温、绿色环保、轻质高强和抗震优越等显著特点。为了研究新型墙板与钢管混凝土框架的协同工作性能，本文进行了带内嵌轻质复合墙板钢管混凝土框架、带摇摆墙板钢管混凝土框架在低周反复荷载作用下抗震性能试验，并与传统带 ALC 板钢管混凝土框架试验进行比较。深入研究了不同类型墙板与钢管混凝土框架之间的抗震性能、破坏模式、强度和刚度退化、延性和耗能能力。研究表明，轻质复合墙板和摇摆墙板与钢管混凝土框架具有良好的抗震性能；带摇摆墙板钢管混凝土框架的耗能能力更明显，能够较好改善建筑结构的整体抗震性能。两种类型墙板均适合用于高层建筑。

关键词　节能复合墙板；摇摆墙板；钢管混凝土框架；抗震性能；耗能能力

1　引　言

随着建筑高度和结构复杂程度的不断增加，高层建筑的广泛普及，对建筑结构和材料的强度、环保等性能的要求越来越高，对建筑结构的抗震设防要求也不断提高。

钢管混凝土（CFST）框架结构的竖向承载力高、变形能力好、施工速度快、综合效益好，近年来在我国高层建筑中得到了广泛的应用。在 CFST 框架结构中由于墙板材质的不同，对框架结构的强度、刚度、抗震等性能造成了较大的影响，并且不同材质的墙板自身性能也有所不同：实心轻质复合墙板（以下简称“复合墙板”，本试验采用 WKP 板）具有质轻高强、良好的隔音、防潮性、吊挂力强以及施工方便等性能；摇摆墙是一种特殊结构的墙，它相对于框架有一定的旋转能力，可以使每一层的位移趋于均匀，有效地控制层间变形；蒸压轻质加气混凝土墙板（以下简称“ALC 板”）具有较高的强重比、良好的保温性、可预制性以及施工方便等特点。因此，有必要通过对轻质复合墙板钢管混凝土框架、带摇摆墙钢管混凝土框架进行试验分析，并与传统带 ALC 板钢管混凝土框架试验比较，得出三种墙板结构综合性能的优劣，以指导其在工程实践中的应用。

2　试验研究

2.1　试验模型

本试验模型为单层单跨平面钢框架结构体系，钢框架结构的柱脚通过螺栓和地脚连接在一起，各钢框架的梁柱连接方式均为栓焊连接。所有的钢框架的材料均选取 Q345B，混凝土为 C40 自密实混凝土，螺栓为 10.9 级 $\Phi22$ 高强螺栓。通过外挂式、内嵌式和摇摆式进行试验墙板的安装。试件相关参数见表 1。

表1 试件相关参数

试件	厚度/mm	墙板类型	连接方式	柱截面/(mm×mm)	梁截面(mm×mm×mm)
FW1	120	WKP	内嵌式	203×10	300×150×6.5×9
FW2	150	ALC	外挂式	203×10	300×150×6.5×9
FW3	150	ALC	摇摆式	203×10	300×150×6.5×9

2.2 材料特性

钢材取样测试结果见表2。自密实混凝土(SCC)28 d的立方体抗压强度设计值为40 MPa。混凝土块的平均抗压强度和弹性模量分别为40.7 N/mm^2和3.11×10^4 N/mm^2；ALC板的平均抗压强度和弹性模量为4.0 N/mm^2和1.75×10^3 N/mm^2。

表2 钢材材料特性

样本	F_y /(N·mm^{-2})	f_u /(N·mm^{-2})	E /(N·mm^{-2})	δ/%
钢梁	352	420	2.03×10^5	22.4
钢管	361	415	2.05×10^5	23.0
钢板	351	420	2.03×10^5	22.3
环板	353	420	2.03×10^5	22.5
连接件	267.2	368.3	1.86×10^5	23.0

2.3 加载方案

本试验主要是研究带不同墙板钢管混凝土框架在低周反复荷载下的受力性能。对结构体系进行竖向和水平两个方向施加荷载，通过分布梁上100 t的千斤顶将荷载通过钢结构反力架传递给墙体试件，以此来模拟竖向荷载；通过美国MTS液压伺服作动器对墙体左侧施加水平推力并自动采集墙体层高处水平荷载(P)-水平位移(Δ)关系曲线；通过墙板上分布的位移计和应变片，采用日本TDS-303型数据采集仪进行试件的应变和位移等数据的采集。加载模型示意图如图1所示，加载制度如图2所示。

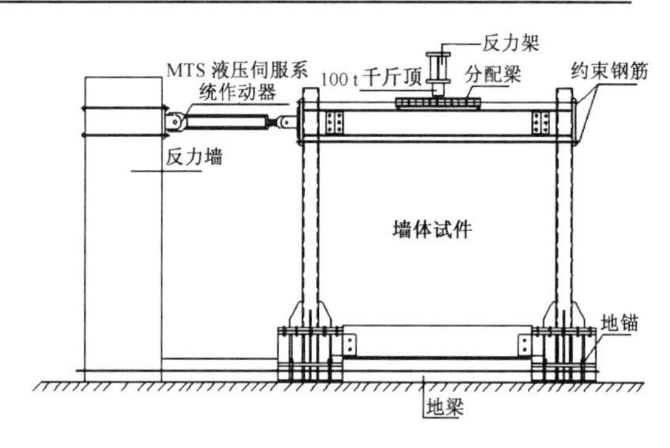

图1 加载模型示意图

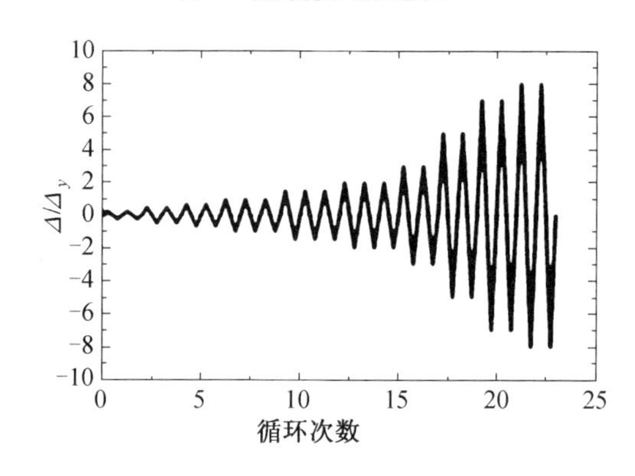

图2 加载制度

3 试验现象

试件FW1：当梁的位移达到10 mm时墙体中间与砂浆分离，东边砂浆大量剥落；当梁的位移达到45 mm时墙板出现45°斜裂缝和反方向斜裂缝；当梁的位移达到67 mm时墙体开裂露出内芯；当梁的位移达到70 mm时，东部梁柱焊缝断裂。

试件FW2：当梁的位移达到15 mm时，第三道ALC墙板上出现微小裂缝，当位移达到20 mm时，第二道ALC墙板上出现微小裂缝，当位移达到65 mm时，发出巨大的撕裂声，梁腹板与上翼缘焊缝被撕裂，当梁位移达到70 mm时，再次发出巨大撕裂声，梁腹板与下翼缘焊缝被撕裂。

试件FW3：当梁的位移达到20 mm时，第三道ALC墙板上出现微小裂缝，当位移达到25 mm时，第二道ALC墙板上出现微小裂缝，当位移达到47 mm时,发出巨大的撕裂声,梁腹板与上翼缘焊缝被撕裂,当梁位移达到67.2 mm时,再次发出巨大撕裂声,梁腹板与下翼缘焊缝被撕裂。试验现象如图3所示。

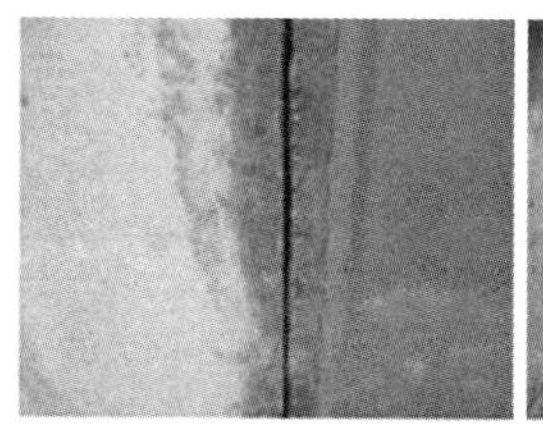
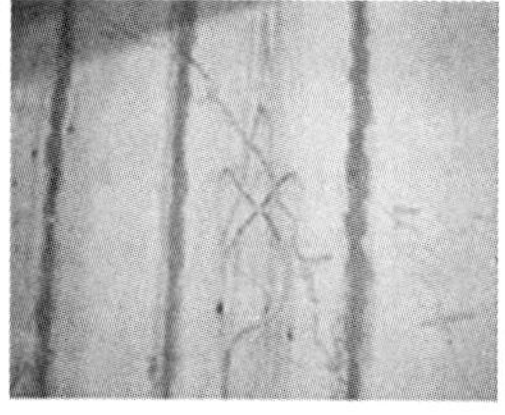
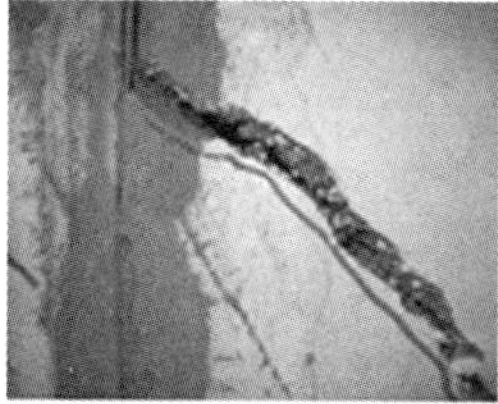

(a) 试件 FW1 破坏模式

(b) 试件 FW2 破坏模式

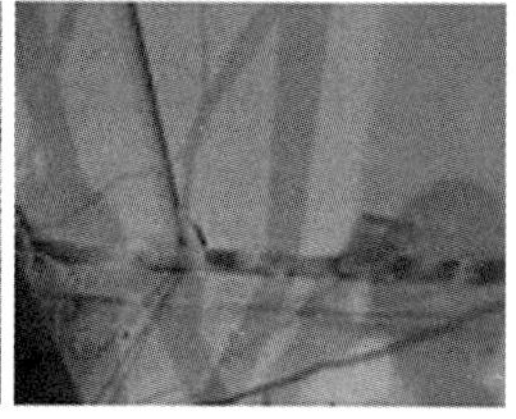
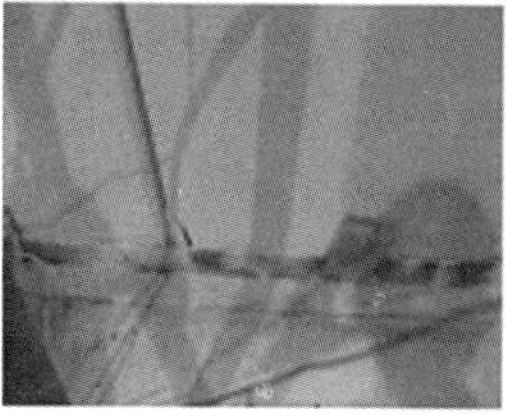

(c) 试件 FW3 破坏模式

图3　试件破坏模式

4　实验结果分析

4.1　荷载-位移(P-Δ)关系滞回曲线

试件荷载-位移滞回曲线如图4中(a)、(b)、(c)所示。根据滞回曲线关系可到:反复荷载作用下结构体系的刚度退化,残余变形累积增加;随着位移的增大,模型的抗侧移刚度逐渐发生退化;试件FW1比试FW2初始刚度大,试件FW2比试件FW3的初始刚度大。

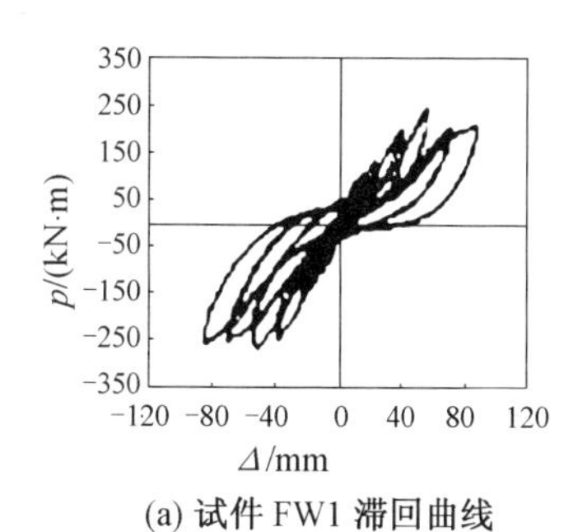

(a) 试件 FW1 滞回曲线

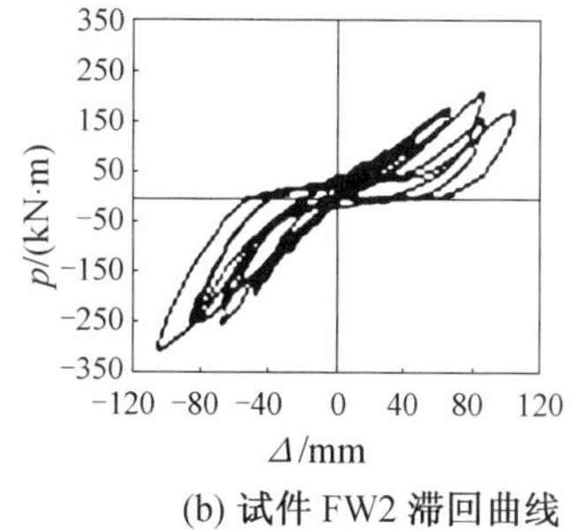

(b) 试件 FW2 滞回曲线

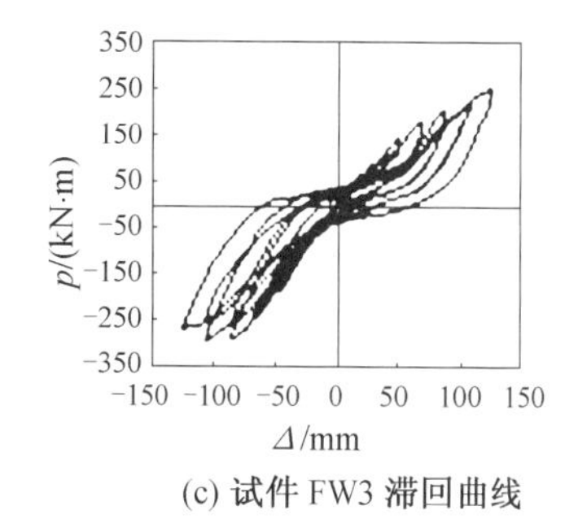

(c) 试件 FW3 滞回曲线

图4　试件滞回曲线

4.2　骨架曲线及其特征点

在滞回曲线上,将同方向各次加载的峰值点依次相连即得到骨架曲线,如图5所示。骨架曲线可以用来定性的比较和衡量结构试验的抗震性能。

试验表明:内嵌式墙板框架结构的极限荷载要比外挂式墙板框架的极限荷载略高;外挂式墙板钢框架的抗侧承载力比内嵌式小。

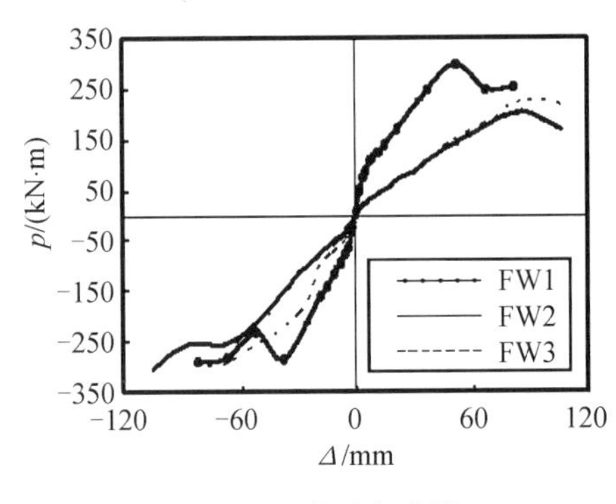

图 5　试件骨架曲线

4.3　强度退化

《建筑抗震试验方法规程》(JGJ101—96)建议试验中构件的强度退化可用同级荷载强度退化系数 λi 来表示。如图 6 所示,给出了三种试件的同级荷载退化系数。

试验表明:对于 FW1,同级荷载强度退化并不明显,甚至略有提高,总体荷载退化系数也是不断增加,焊缝断裂后,结构承载力下降;试件 FW2 和 FW3 两个试件的同级荷载强度退化也不明显。

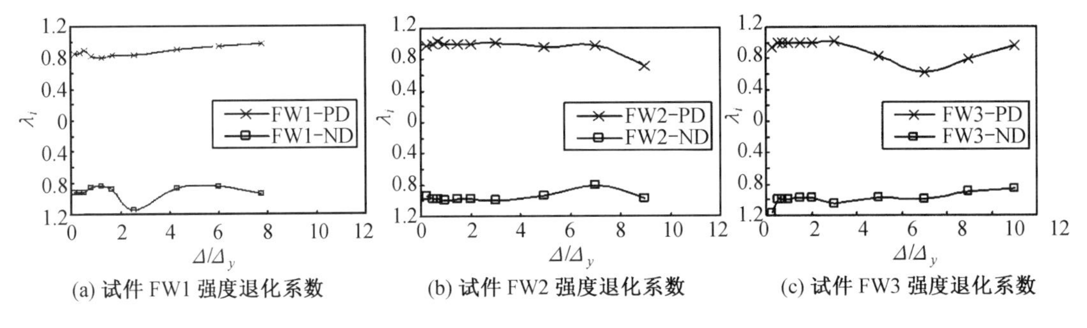

(a) 试件 FW1 强度退化系数　(b) 试件 FW2 强度退化系数　(c) 试件 FW3 强度退化系数

图 6　同级荷载试件强度退化系数

4.4　刚度退化

本文采用环线刚度 K_j 来评价刚度退化。如图 7 所示,给出了试件环线刚度随加载位移的变化情况。

试验表明:随着荷载的增加,结构的抗侧刚度逐渐减小。试件 FW2 和 FW3 对比显示,墙的连接类型影响钢管混凝土框架的刚性:在相同的位移和框架条件下,外挂式连接的刚度退化速度比内嵌式的慢,而内嵌式连接的刚度退化速度比摇摆式慢。

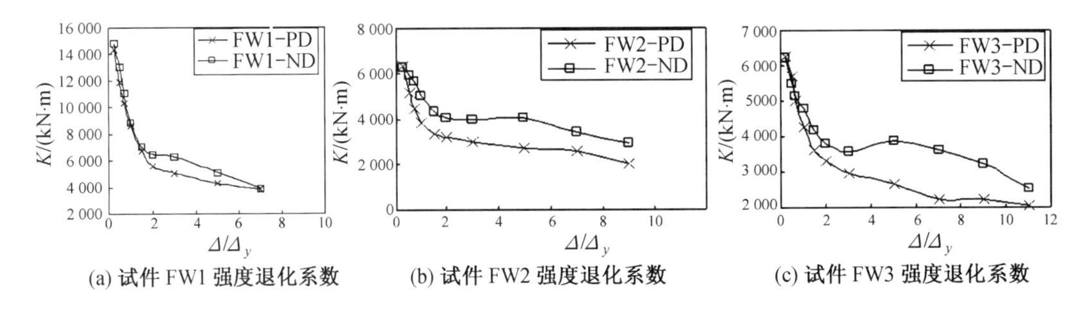

(a) 试件 FW1 强度退化系数　(b) 试件 FW2 强度退化系数　(c) 试件 FW3 强度退化系数

图 7　刚度退化系数

4.5　延性系数

延性是指结构或构件在破坏之前,当其承载力无显著降低的条件下承受弹塑性变形的能力,是组合结构抗震设计中一个重要特征。本文采用位移延性系数 μ 和转角延性系数 μ_θ 来研究结构的延性特性。位移延性系数 μ 定义为破坏位移 Δ_u 与屈服位移 Δ_y 之间的比值，表达式为：

$$\mu = \Delta_u / \Delta_y \tag{1}$$

角位移延性系数定义为破坏角位移 θ_u 与屈服位移角 θ_y 的比值，表达式为

$$\mu_\theta = \theta_u / \theta_y \tag{2}$$

根据骨架曲线及以上公式的计算，得到了试件的延性系数，见表3。

表3　试件延性系数

试件	Δ_y/mm	Δ_u /mm	θ_y /mrad	θ_u /mrad	μ	μ_θ
FW1(+)	16.8	81.3	10.2	48.9	4.8	4.8
FW1(-)	-30.1	-95.8	-16.9	53.8	3.2	3.2
FW2(+)	28.5	104.9	11.4	41.9	3.7	3.7
FW2(-)	-42.9	-118.9	-17.2	-47.5	2.8	2.8
FW3(+)	35.1	102.2	11.7	34.1	2.9	2.9
FW3(-)	-44.2	-117.8	-18.1	-48.2	2.7	2.7

试验数据表明：在不同的连接方式下三种墙板与钢框架结构均具有良好的延展性，并能满足结构抗震设计的要求。

4.6　耗能能力

耗能能力是研究结构抗震性能的一个重要指标。结构构件的耗能能力以其荷载-位移滞回曲线所包围的面积来衡量，如图8所示。一般来说，滞回环越饱满，包围面积越大，则认为结构的耗能性能越好，结构破坏的可能性越小。

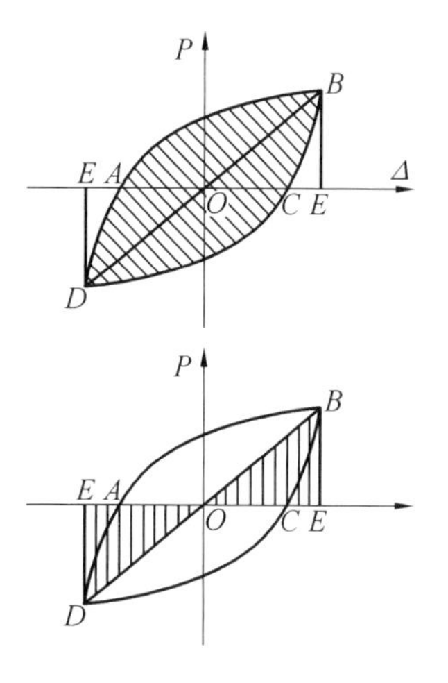

图8　荷载-位移曲线滞回环

本试验采用等效黏滞阻尼系数 ζ_e 和能量耗散系数 E 来评价结构的耗散能力。由图8可得，等效黏滞阻尼系数 ζ_e 表达式为

$$\zeta_e = \frac{1}{2\pi} \frac{S_{ABC} + S_{CDA}}{S_{OBE} + S_{ODF}} \tag{3}$$

能量耗散系数 E 定义为构件在一个滞回环的总能量与构件弹性能的比值，表达式为

$$E = \frac{S_{ABC} + S_{CDA}}{S_{OBE} + S_{ODF}} = 2\pi \cdot \zeta_e \tag{4}$$

由以上二式可计算得到结构在极限状态和破坏状态时的总耗能、滞回环的等效黏滞阻尼系数 ζ_e 和能量耗散系数 E，见表4。

表4　能量消耗参数

试件	状态	加载位移	总耗能/(kN·mm)	等效黏滞系数	能量耗散系数
FW1	极限状态	5	10 629.1	0.085	0.534
FW1	破坏状态	9	35 048.2	0.107	0.672
FW2	极限状态	2	255.2	0.015	0.096
FW2	破坏状态	7	5 610.4	0.031	0.195
FW3	极限状态	2	275.6	0.017	0.105
FW3	破坏状态	7	5 535.9	0.031	0.195

数据表明：①在极限状态下，试件FW1的总耗能、等效黏滞阻尼系数 ζ_e 和能量耗散系数 E 均为最大值；②在极限状态下，试件FW2的能量耗散能力 Ee 与等效黏滞阻尼系数 ζ_e 比试件FW3小；③在失效状态下，试件FW2的能量耗散能力和总耗能比试件FW3要大；④无论哪种状态下，内嵌式框架的总耗能、等效黏滞阻尼系数 ζ_e 和能量耗散系数 E 总是比外挂式墙板框架大许多。

5 结 论

本试验就不同类型墙板钢管混凝土框架的单层单跨平面结构体系进行加载试验设计、分析,得到以下结论:

(1)内嵌式轻质复合墙板裂缝分布在整个墙板,该框架的破坏形式是因墙板的整体开裂而破坏;外挂式墙板裂缝出现在连接点的周围,该框架的破坏形式是因梁柱连接处的断裂而破坏;摇摆式墙板裂缝出现在两个ALC板的接合处,摇摆式墙板框架的破坏形式是因板间连接破坏而破坏。

(2)反复荷载作用下结构体系的强度、抗侧移刚度逐渐退化,残余变形累积增加;传统带ALC板钢管混凝土框架的弹性刚度比带摇摆墙钢管混凝土框架的大;摇摆墙钢管混凝土框架的强度退化不明显。

(3)轻质复合墙板的耗能能力较传统ALC板要大;带摇摆墙钢管混凝土框架的耗能能力较其他形式更明显,能较好的改善建筑结构的整体抗震性能;轻质复合墙板和摇摆墙与钢管混凝土框架结构具有良好的延性,并能满足抗震设计的要求,具有良好的抗震性能。

参考文献

[1] 张家广, 吴斌. 防屈曲支撑加固钢筋混凝土框架拟静力试验设计[J]. 结构工程师, 2011,27: 134-139.

[2] 任凤鸣, 周云, 林绍明,等. 钢管混凝土减震框架与钢管混凝土框架-剪力墙结构的对比试验研究[J]. 土木工程学报, 2012, 45(4): 91-99.

[3] 曲哲, 和田章, 叶列平. 摇摆墙在框架结构抗震加固中的应用[J]. 建筑结构学报, 2011, 32(9): 10-19.

[4] 曲哲. 摇摆墙-框架结构抗震损伤机制控制及设计方法研究[D]. 北京: 清华大学, 2010.

[5] 王丹, 朱建国. 钢框架结构的地震易损性分析[J]. 科技咨询, 2007, 36: 22-24.

[6] 中华人民共和国行业标准 JGJ101—96. 建筑抗震试验方法规程[S]. 北京: 中国建筑工业出版社, 1997: 9-23.

新型智能化抗震系统设计

朱轶凡　刘　丽　王若宣　高　爽　张翔宇　白建雄
（青岛理工大学 土木工程学院，山东 青岛 266033）

摘　要　本文将介绍一种主要应用于框架结构中的新型智能化、多功能的抗震系统的设计思路。它是以含约束屈曲支撑的框架为骨架，充分利用传感器并配以循环流体层和安全气囊来设计的整体系统。传感器能对建筑健康进行实时监测并将结果发送至中央控制室。附加的流体循环层，能加快能量耗散，并在正常使用过程中起到一定的保温、隔热及防火的作用。安全气囊在一定程度上可以提供有效的防护措施，保证人们的生命财产安全。中央控制室将与社区或城市检测系统联网，以随时更新信息，为人群提供安全保障。经过研究分析，该系统可主要用于大型公共建筑。

关键词　抗震系统；健康监测；概念设计；智能化；预警系统

1　背　景

地震给人类造成了巨大损失，带来了巨大的灾难，惨烈的震害给社会经济和人们的心理造成了巨大的负面效应。全世界破坏性强震平均每年发生约18起，每次遭遇强震袭击时，都会伴随有房屋破坏倒塌、交通通讯、供水供电等生命线中断以及引发火灾、海啸、疾病等次生灾害的发生。据不完全统计，各级地震平均每年发生500万次左右，每年大约有一万人死于地震，50万人因地震而无家可归。同时调查和现有数据表明，遭遇强震时建筑物倒塌是造成人员伤亡，设备损失和经济损失的主要根源之一。

强震给建筑物造成相当大的损害，尤其是处于地震高发区，对建筑物抗震的设计要求也相应提高。因此提高建筑物的整体抗震能力，减少地震发生时带来的危害已成为建筑界研究发展的一个重要方向之一。

目前人类关于减轻地震灾害的研究主要集中在三方面：一是控制地震对策。这种方法目前仍处于探索阶段，其经济投入和实用价值尚待研究。二是地震预报对策。由于地震孕育过程的复杂性，使得地震预报目前仍处于探索阶段，但由于目前的认识水平和技术水平限制，仅是偶有成功。三是抗震防灾对策。这是目前较为现实可行的途径并且也是人类减轻地震灾害对策中最积极和最有效的对策。

传统的抗震设计，以钢结构或钢与混凝土组合结构应用最为普遍。在这些建筑结构系统中，大多采用抗弯框架体系、支撑框架体系以及双重结构体系，特别是以抗弯框架体系最为常用。但是对于应用抗弯框架体系的高层建筑物而言，由于框架的负荷很大，结构的变形往往超过规范规定的极限值，因此需要提高整体结构的刚度以抵抗地震作用，或合理的布置结构的刚度，使结构部件在地震时不同步地进入非弹性状态，具有较大的延性，消耗地震能量。另外，在地震等外力的作用下，结构会产生过大的变形，造成震后结构修复困难或修复成本过高，因而不符合经济性要求。

近三十年来兴起的各种减震及控震技术能较好地克服传统抗震设计的这些缺点，其基本思想是在工程结构的特定部位装设某种装置、机构、子结构或施加外力、外部能量输入,以改变或调整结构的动力特性或动力作用,使得工程结构在地震作用下的动力反应(加速度、速度、位移)得到合理控制,确保结构本身及结构物中的人、仪器、设备、装修等的安全和正常使用。

2　国内研究

所谓智能化建筑,是将建筑、通信、计算机网络和监控等先进技术相互融合,并进行优化配置以适应信息化社会发展需要的现代化新型建筑。智能化建筑使用灵活方便、环境安全舒适,为人们提供了一个高效的工作条件。兴建智能化建筑,综合体现了科学技术尤其是通信、信息技术的进步和经济的高度发展,也是城市现代化水平的一个象征。近几年来,在许多大都市相继兴建了一些不同的智能化水平建筑。不过,这些已兴建的智能化建筑虽然按现行国家和地区标准对建筑结构的本身进行设防,但是对地震中不能中断的智能化设备以及智能化系统,全然未考虑设防问题。智能化抗震设计基于建筑系统这个平台,即建筑是智能化系统的载体。按现行抗震规范规定,载体建筑按三水准二阶段进行抗震设计,即小震不坏,中震可修,大震不倒,在小震作用下按弹性设计,在大震作用下按弹塑性设计,控制层间位移以防止倒塌。

3　新型智能化抗震系统设计

3.1　设计目的

该项目的设计目的旨在框架结构中含屈曲约束支撑抗震构件的模型上,通过传感器把约束支撑因外界震动或是因结构自身产生的变形信息传输到中央控制室,对建筑物的受损情况进行及时的检测,在地震发生的情况下对变形的严重程度进行分析整合,为更好地研究地震提供信息服务。把耗能杆件部分因变形、断裂及摩擦而产生的热量,利用在每层、层与层之间的特殊循环流体将其吸收。

循环流体也带有防火、保温等附加功能。安全气囊接受到传感器发送的信号后,借助汽车安全气囊的工作原理在地震强度不大的情况下发挥作用,一定程度上将会起到保护人的生命财产安全的作用,并给人预留一定的躲避、逃生时间。

3.2　设计思路与理念

对于支撑构件,考虑全钢结构具有制作简单、重量小等特性,同时考虑经济方面,我们采用全钢结构和填充固体图阻尼材料约束结构交替连接方式,并保证使其与流体循环层接触的部分为全钢结构。有关研究显示,与已有一字形支撑界限约束比取值相对比,可以看出十字形内芯支撑的界限约束比取值较小,说明十字形支撑内芯的稳定性能优于一字形支撑,可以在外围套管相对较小的条件下而达到稳定条件,鉴于此,在该设计中,我们采用十字形内芯支撑构件。在屈曲约束的基础上加强钢材的抗腐化程度。在墙体内部设置有流体循环层。流体循环层设置于墙体中,并在整个平层或者整体建筑的多数墙面中实现循环。在实际状况下,可以考虑在流体层经过部分增添防腐层,流体在循环过程中吸收构件由于变形、断裂及摩擦而产生的热量,从而加快能量耗散。同时,流体循环层中的流体在一定程度上也可起到保温、隔热以及防火的作用。在屈曲约束支撑之中的非流体部分设置传感器,在支撑发生严重变形甚至断裂的时候利用传感器发送信号至中央控制室,并发送地震信号给控制系统,控制系统发出指令,处于安全气囊中的接收器接受信息指令之后,立即发生类似微小型爆炸的快速化学反应产生大量无害气体。这样新型结构设计就可起到抗震设防的作用,进一步加大整个建筑的实用程度。该系统设计倾向的是智能、多功能的设计理念,是结合多专业的技术,设计出的抗震系统。

3.3　新型智能化抗震系统介绍

3.3.1　系统的主要组成

核心构件多为承受轴向力的钢板,选取屈曲较低的钢材,钢板的两端设有连接件,外围约束采用全钢结构和填充混凝土约束结构的交替连接的方式如图,约束构件中间留有流体循环层,所有与流体层接触的部分都要在外层涂抹抗腐化层,防止钢板腐蚀。在核心构件中安装传感器,传感器能接受屈曲信号并迅速发送变形信息给中央控制室,通过控制系统传递信息指令给装有化学试剂的装置,该装置放置于处在墙体中的安全气囊中如图1.3所示,整个装置在密闭的状态下存在。该系统可设置于大框架结构中,安全气囊的上部可设置从墙内外伸出的厚板,无特殊情况,可用做办公桌等,突发事件发生时,配合安全气囊起到安全保护作用。

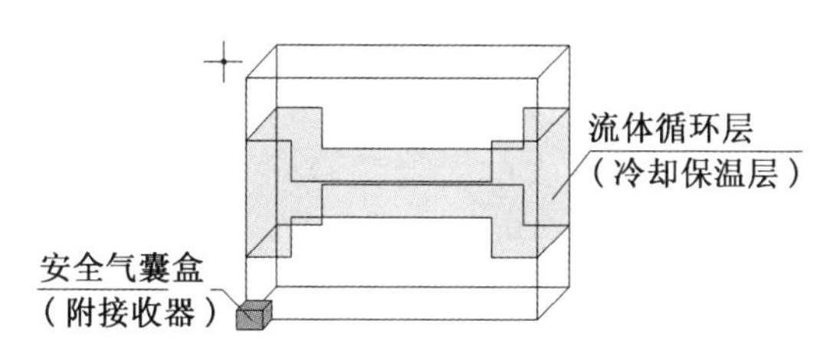

图1　流体循环层及安全气囊位置示意图

3.3.2　系统基本的工作原理

该系统的设计的工作原理为,在压力达到一定程度时,支撑构件部位首先会发生屈曲甚至断裂,而整个墙体的框架结构是基本完好的,该变形信息将由传感器立即接收并进行信息传送,由中央控制室进行信息整合处理,一方面控制气囊及其他报警系统,另一方面继续传至市区或城市监测系统,为检测部门提供信息服务。同时当发生屈曲,耗能杆件部分会产生大量热量,流体循环层会吸收、带走一部分热量,加快能量耗散,同时,在建筑物的正常使用过程中,该流体循环层也可达到保温、隔热以及防火的作用。

破坏性地震从人感觉振动到建筑物被破坏平均只有12 s,所以本设计在支撑中部设置传感器,当传感器接收到强烈震动导致耗能支撑断裂的信息之后,即可发送信号,使气囊发生器中放出化学物质与气囊内的化学物质发生反应,二者反应后迅速放出大量气体充起气囊,气囊将会立即从气囊盒中冲出,气囊的存放位置可以在大型公用建筑的安全区处(如坚固的、跨度小的地方,或是桌子等下面并给人留够躲避空间),并在附近设有必要的文字提示标志如“安全气囊存放点”等等,气囊充气后的大小大于等于成人蜷缩后的平均高度(约600 mm),当楼板上的碎物掉落下来时,在气囊的帮助下,人体可在一定的空间进行躲避,这就要求气囊要有较强的抗压能力而且具备抗老化能力,便于储存,设置于墙内靠近于墙面外侧,便于充气后迅速膨胀到达墙外。

3.3.3　系统模型展示

本文介绍了按照设计思路制作的模型如图2~6所示。通过模型的制作感受新型智能、多功能的设计系统带给我们的新的体验与构思。为该系统的继续发展研究提供一个良好平台。

图2　十字形支撑模型详图

3.3.4　创新点

(1)传感器的应用将更快更好地接受信息,传送信息,通过最经济简单的方法达到效果。一方面为监测中心提供信息,另一方面

图3　在外部设置循环层交换区

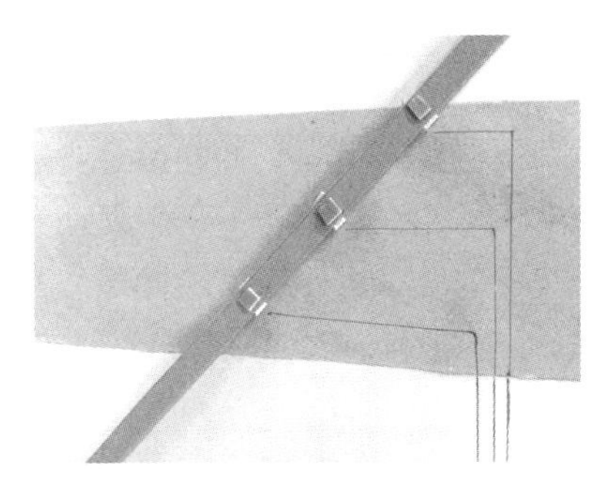

图4　传感器模型详图

图5　安全气囊存放及避震区模型示意

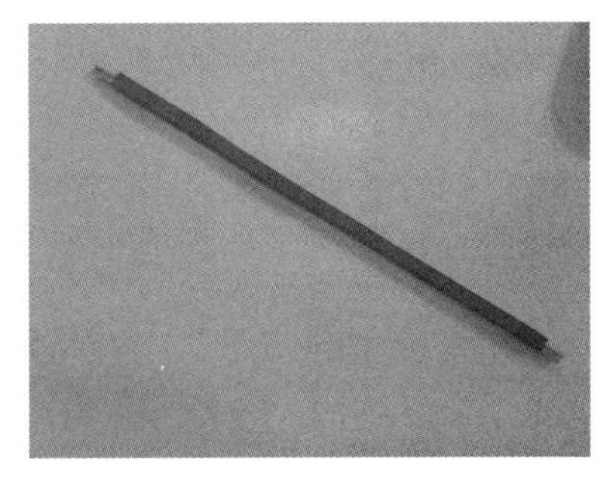

图6　十字形约束屈曲支撑模型

危险时段可控制避震装置的工作，在整个系统中可行性最高，已经拟使用在某体育场馆监测系统中。

(2)流体循环层的设置，将加快耗能支撑部分的能量耗散，一定程度上可以起到保温、隔热以及防火的作用。

(3)屈曲约束支撑的加强体采用全钢约束和钢筋混凝土约束交替连接方式，在保证中间易发生屈曲的部分为全钢结构的基础上，减少了用钢量，以求得经济上的节省。约束部分的制作采用先将钢结构部分定型，再采用标准模具塑形，混凝土浇筑成型后除去模具的方法。可以提高模具循环利用效率。

(4)增加安全气囊，并按照人体大小比例设置气囊的大小、反应物的多少和气囊个数，为遇险人员提供暂时躲避的空间。

4　可行性分析

理论分析证明，屈曲约束支撑具有良好的耗能性能，且该支撑在受拉和受压时都可屈服。在该系统中传感器能获取支撑的变形信息，及时发送和接收信号也是可行的，流体循环层在目前的建筑中尚未使用，但是与地暖、墙内管道和暖气等室内设备类似模拟与比较，理论上说是可行的。当屈曲约束支撑核心构件受到大的变形甚至断裂的时候，传感器同时将信号传递给安全气囊是模拟汽车在行驶中遇到危险安全气囊打开的初级阶段，但是后期安全气囊并不像汽车安全气囊一样会收缩，而是以一个较长久的时间保持膨胀状态。我们用实物模型类似模拟了大块板材从高处跌落的情景，取得了较为良好的结果。这证明，在现实条件情况下，地震发生时采取安全点躲避也是一种较为经济的保护人民生命财产安全的方法。

经过以上分析，我们不难看出：传感器的获取和发送信息，构件耗能及附加功能的充分利用这个构想是可行的。在正常情况下，该抗震系统具有对建筑物质量检测以及防火、保温等多项功能。在地震发生时，从理论上在烈度范围内，保证墙体结构完整，在建筑严重破坏时,从一定程度上起到保证人民生命财产安全的作用。

5 结 论

新型智能化抗震系统加强体采用全钢结构和混凝土结构交替连接,减少用钢量。充分利用传感器来接收和发送信息,提供建筑物结构健康质量信息,以及地震信息。增设流体层,加快了能量的耗散,带有较强的附加功能如保温、隔热、防火等。在安全区增设安全气囊,在危急时刻可以弹出,给人以救护屏障,可以广泛应用于大型公共建筑,可以有效提高建筑的抗震安全性能,保证人们的生命财产安全。

当然此抗震墙体构想只是一个雏形,并没有进行系统的理论分析和科学实验,仍然存在一系列的问题:

(1)目前国内对屈曲约束支撑以及抗震的研究较多,但实际应用工程应用较少,主要原因是其构造复杂。因此开发研究制作简单,施工方便的屈曲约束支撑成为当务之急。

(2)此墙体结构设计的可行性,以及应用过程中可能遇到的问题都需要进一步深入研究。

(3)新型智能化抗震系统在较强震发生后,可以方便地更换损坏的支撑,因此在抗震加固中具有非常好的优越性,制定相应的有效检验和更换受损屈曲约束支撑的方案将很有必要。

(4)总体来说,我国的抗震设计规范虽然已经进入隔震和消能减震设计阶段,但还有许多相关准则没有制定,使得一些研究无章可循。因此它的进一步推广使用,需要建立起一套完整的理论体系和设计方法,所以需不断深入研究。

参考文献

[1] 李晓东. 屈曲约束支撑的动力性能研究及其在钢拱结构中的应用[D]. 兰州:兰州理工大学,2008.

[2] 严万翔. 智能化建筑抗震设计初探[J]. 结构工程师, 2004(3):43- 48.

[3] 王秀丽. 开孔核心管约束屈曲支撑滞回性能分析[J]. 兰州理工大学学报, 2011,37(3):57-64.

[4] 赵培. 关于地震监测预报建设的思考[J]. 城市建设(下旬), 2010(4):7-12.

[5] 吴跃东. 智能建筑中的系统及其集成研究[D]. 西安:西北工业大学, 2005.

[6] 温伯银. 智能化办公空间[J]. 室内设计与装修, 1998 (3):32-36.

[7] 刘宏. 智能建筑中可持续性技术的设计与应用[D]. 西安:西安建筑科技大学, 2006.

[8] 李铁. 智能建筑技术[J]. 辽宁建筑, 1997(6):13-17.

[9] 李德锋. 建筑电气工程中的智能化系统设计[J]. 经济技术协作信息, 2009(13):21-25.

桥梁抗震加固分析及应急预案研究

秦志源　任志行　宋启明
(北京建筑工程学院 土木与交通工程系,北京 100044)

摘　要　桥梁作为交通生命线的枢纽工程，一旦遭受地震破坏，将会导致巨大的经济损失，并影响震后灾区的救援和重建工作,对桥梁的抗震加固以及震后采取应急措施成为震后桥梁的处理关键所在。本文结合具体实例通过对桥梁在地震中破坏机理和破坏形式的总结分析,详细介绍了主要针对于桥梁上部和下部结构的加固方法,并结合桥梁抗震实例进行了 MIDAS 有限元分析得出减隔震技术优于一般延性抗震技术。最后,针对性的对桥梁震后的紧急预案进行了研究和总结,归纳出较为可持续运用并合理的应急预案方法,具有实效意义。

关键词　桥梁震害;抗震加固;MIDAS 有限元分析;震后应急预案;可持续运用

1　引　言

近些年来国内外发生了很多中,高震级地震,由于桥梁是震后交通生命线的重要组成部分,震区桥梁的破坏,不仅直接阻碍了及时的救援行动,使次生灾害加重,导致生命财产以及间接经济损失巨大,而且给灾后的恢复与重建带来了一定的困难。例如,2008 年 5 月 12 日四川汶川发生 8 级强烈地震,据不完全统计,受损桥梁达 3 053 座,作为灾后救援的生命线工程——桥梁工程遭到全面破坏,使救援部队不能按时到达灾区第一线,给国家、社会和人民的生命财产带来了巨大损失。桥梁工程的安全及抗灾能力,直接关系到人民生命和财产的安全,建设者必须重视。因此,对桥梁的抗震加固以及震后紧急预案的研究势在必行。

对于抗震加固,其一般可分为两种策略:一是增加桥的抗震能力;二是降低地震对桥梁结构的地震反应。在形式上可分为上部加固结构加固和下部结构加固,对于上部结构加固包括传统的使用缆索约束装置,粘接钢板加固法,加大截面加固法以及结构体系转换法,对于下部结构的加固主要有,加固支座等。在加固支座中可以用隔振支座替换钢支座,通过运用 MIDAS 有限元软件分析验证了 MIDAS 有限元分析说明了减隔震加固技术的效果的优越性。

在地震之后,桥梁受到破坏,给交通带来很大的阻碍,其严重影响救援工作的快速展开,结果将会增加经济损失和人员伤亡,如何对震后桥梁采取快速,安全,有效的紧急应急措施,使得桥梁在一定时间内的功能快速恢复,是本文研究和总结的特色。

2　桥梁抗震加固

2.1　桥梁抗震加固的意义

研究桥梁的抗震加固的意义主要存在于以下三个方面。第一,国内目前在役的桥梁由于诸多原因或多或少存在着安全隐患,我们国家又是地震多发国家,而如果将这些桥梁推倒了再重建,对于经济和生活的影响不可估量,显然不大可能。因此,我们只能够通过对桥梁进行加固来保证桥梁在震后使用的功能;第二,研究桥梁的抗震加固对于地震后遭到破坏的桥梁的修复工作将具有指导性的重大意义;第三,对于在建或日后建设的桥梁结合桥梁加固技术将有效地减少或避免这些桥梁在地震中的破坏,从而减少经济的损失。

2.2 桥梁抗震加固的方法

2.2.1 地震中桥梁的破坏机理和破坏形式

我们知道地震引起的震动以波的形式从震源向各个方向传播并释放能量,这就是地震波。它主要由两种传播形式,体波和面波。体波根据介质质点传播方向又可分为横波和纵波。一般认为,地震动在地表面引起的破坏力主要是横波和面波的水平和竖向振动。桥梁在地震作用下引起的振动主要包括桥梁的内力、变形、速度、加速度和位移等。而如果桥梁的设计存在缺陷或是施工质量没有达到要求,桥梁在地震波的作用下就会发生破坏。

我们可以桥梁的破坏分为上部结构、下部结构和软弱地基失效。①对于上部结构主要表现为支承连接件失效。由于上下部结构产生了支承连接件不能承受的相对位移,使支承连接件失效,上部与下部结构脱开,导致梁体坠毁。由于落梁产生强烈冲击力,下部结构将遭受严重破坏;②下部结构失效主要是指桥墩和桥台失效。桥墩和桥台如果不能抵抗自身的惯性力和由支座传递来的上部结构的地震力,就会开裂甚至发生折断,其支承的上部结构也将遭受严重的破坏;③软弱地基失效。如果下部结构周围的地基易受地震震动而变弱,下部结构就可能发生沉降和水平移动。如砂土的液化和断层等,在地震中都可能引起墩台的毁坏。

2.2.2 地震中桥梁加固原理及方法详述

一般来说,在桥梁加固中有两种策略。一是增加桥的抗震能力,使结构有足够的强度去抵抗地震力;二是降低地震对桥梁结构的地震反应,使现有结构的强度能够抵抗地震作用,比如增加隔震支座。美日两国的抗震加固准则都包含了这两种方法,其加固方法也基本相似。原理一相对而言比较容易实现,下面详细介绍。

具体结合上述分析的桥梁破坏的形式而言:①支承连接件失效的原因,主要是设计低估了相邻跨之间的相对位移。为解决这个问题,目前国内外的通常做法是增加支承面的宽度和在简支的相邻梁之间安装约束纵向变形的装置;②钢筋混凝土柱式桥墩大量遭受严重损坏,是近期桥梁震害的一个特点。其原因主要是横向约束箍筋数量不足和间距过大,因而不足以约束混凝土和防止纵向受压钢筋屈曲。目前的解决办法是通过能力设计和延性设计,使桥梁的屈服只发生在预期的塑性铰部位,其余结构保持弹性;③地基失效引起的桥梁结构破坏,有时是人力所不能避免的,因此在桥梁选址时就应该重视,并设法加以避免。如果无法避免时,则应考虑对地基进行处理或采用深基础(本文不着重讨论基础加固问题)。因而,形式上分为上部加固和下部加固,见表1和表2。

表1　上部结构加固

说明及特点 方法种类	使用缆索约束装置	粘贴钢板加固法	加大截面加固法	结构体系转换法
说明	设计缆索时应注意尽可能少地占用梁下竖向净空	以树脂粘接钢板与混凝土的结构加固法,被用于建筑、工厂、桥梁等土木工程中	增大截面加固法是在原结构基础上再浇筑一定厚度的钢筋混凝土,这是对钢筋混凝土桥加固的一种常用的改造技术	要指将可承受负弯矩的钢筋设置在简支梁的梁端,使相邻两主梁连起来就可形成多跨连续梁,进而达到提高桥梁承载力的目的

续表 1

说明及特点 方法种类	使用缆索约束装置	粘贴钢板加固法	加大截面加固法	结构体系转换法
特点	最常用的、也是最传统的方法	该法施工快速、现场无湿作业或仅有抹灰等少量湿作业，对生产和生活影响小，且加固后对原结构外观和原有净空无显著影响	该法有明显的缺点，比如混凝土构件的体积增大、自重增加、施工周期加长、施工空间大等	具有适用的特殊性

表 2　下部结构加固

说明及特点 方法种类	柱罩	填充墙	高级复合材料罩	加固支座
说明	所依据的理论是提高现有钢筋混凝土桥墩的延性、抗剪和抗弯能力	对于多柱桥梁来说，填充墙是个较好的方法	最有发展前景的一种技术	支座加固，一般是用弹性橡胶垫支座取代钢滚轴式支座来实现。在一些使用性能水准要求较高的情况中，可用底部隔震支座替换钢支座。用隔震支座加固桥梁，已经越来越得到人们的认可，这项技术目前得到了广泛的应用
特点	在一些情况下，限制塑性铰区域的径向膨胀应变	不仅提高了柱的横向能力，而且限制了柱的横向位移。并且费用较小	这种加固方法提高了现有桥墩的约束和抗剪能力，并且不改变桥墩的几何形状	这是一项花费少，但是效果比较显著的抗震加固措施。铅芯橡胶支座或者缆索和弹性支座配套使用来代替弹性支座可减少位移

2.3　桥梁加固实例

(1)1971 年至今加利福尼亚州多次发生 7 级左右的地震,地震中桥梁的破坏暴露了加利福尼亚州桥梁设计的缺陷。自圣费尔南多(San Fernando)地震后,对加利福尼亚州运输部对新建桥梁进行抗震设计外,同时还实施了一项桥梁抗震加固计划。该计划始于 1971 年圣・费尔南多地震,并在加利福尼亚州的伯克利、圣地亚哥、埃温和戴维斯大学进行加固技术的实验研究。它包括三个阶段。第一阶段包括在铰和伸缩缝处安装阻尼装置,以防止落梁震害。这一阶段的主要工作是加强上部结构和下部结构的联系,以抵抗竖向加速度,以及防止上部结构构件从支承上滑落。第二阶段是加固独柱式墩。第三阶段是加固多柱式墩。这两个阶段几乎同时进行,这两个阶段主要是提高柱的抗剪强度、弯曲延性、盖梁的承载能力和延性。

(2)1995 年 1 月,神户兵库县南部发生了 7.2 级的大地震,对日本影响很大,震区沿海岸线的阪神高速公路遭到严重破坏,导致交通中断。道路和桥梁损坏很重,全长 200 km的 13 条路线都遭到破坏;有 26 万幢房屋损坏,7 万人无家可归,6 400 人丧生,直接和间接经济损失达 1 000 亿美元。地震过后,阪神高速公路公团立即着手处理灾害事务及恢复工作。从地震发生起 3 个月内确定修复方案,原计划用两年时间实际只用了 1 年零 8 个月,主要干线道路全部修复通车。修复的办法有:①对钢筋砼墩柱,使主筋直通墩顶,加密加粗箍筋或用钢板外包;②对钢制墩柱,在钢管中填砼及增加纵向筋;③增加防落梁措施是增强梁与柱、梁与梁之间的联系,并设置双重防落(水平和垂直方向)梁;④减轻上部结构重量,将上部砼桥面板改为钢桥面板;⑤简支梁改为连续或多跨梁支梁梁体连接。桥梁基础的震灾检查方法有四种,即直接法(挖土、肉眼看)、间接法(钻孔、照相)、反应波速法和作荷载试验法,用柱身压浆、灌浆及加柱增强基础等办法进行加固。

2.4　MIDAS 有限元模拟分析

(1)工程概况:该地区某一四跨混凝土连续梁桥,跨径组合 19 m+24 m+24 m+19 m。上部结构为预应力混凝土单箱三室连续箱梁,宽16.8 m,高 1.4 m。主梁采用 C50 混凝土,采用 10 cm 厚沥青混凝土的桥面铺装,防撞栏每道为 9.5 kN/m,共设三道。无盖梁,采用双柱式桥墩,桥墩为 1.2 m×1.35 m 的实心钢筋混凝土截面,横向间距 4.05 m,采用 C30 混凝土。采用扩大基础形式。墩的钢筋布置为长边 8 根直径 25 mm 的 HRB335 钢筋,短边 7 根直径 25 mm 的 HRB335 钢筋。箍筋为12 mm的钢筋,箍筋间距:墩底塑性铰区域为0.1 m,其他为 0.2 m。该区域的抗震烈度为 8 级,结构重要性系数为 1.3,地震加速度峰值为 0.2 g,特征周期为 0.35 s,为 II 类场地,阻尼比为 0.05,此桥为 B 类桥梁。

(2)建模介绍:主梁用梁,单元模拟,2 ~3 m 单元,墩采用梁单元模拟,1 m 左右一单元,延性抗震模型中的塑性铰出现在每墩的墩底,长度采用 08 细则里的公式计算;中间墩左设一固定支座,桥右设横桥活动盆式支座,其他桥墩上支座为桥左纵向活动盆式支座,桥右为双向活动盆式支座;针对该桥基础特点,减隔震模型里采用普通板式橡胶支座(中墩采用 GYZd800 × 148,边墩采用 GJZ400×500×84),基础采用墩底固结模拟。

(3)地震动的输入:根据实际场地的反应谱进行人工合成地震波,最终地震反应结果取人工合成的 7 条波的平均值,图 1 为 7 条人工波的一条。

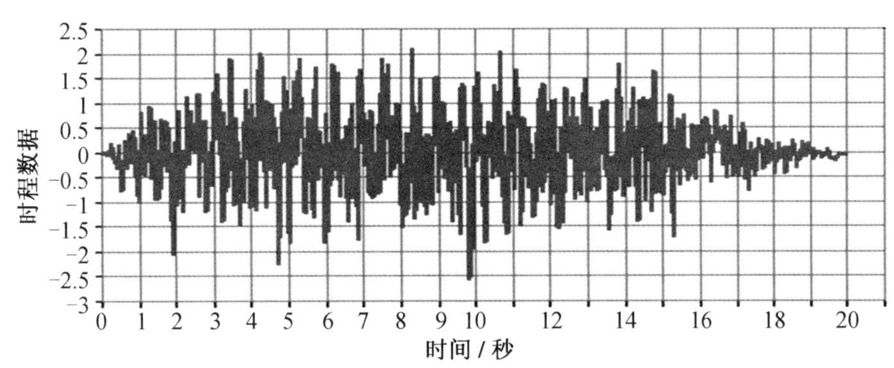

图1　人工波

(4)计算本桥梁的抗震容许值。

①根据《公路钢筋混凝土及预应力混凝土桥涵设计规范》的计算公式,该桥墩截面在 4 555 kN 的轴力作用下,所能承受的弯矩为 M=3 538 kN · m。

②能力保护设计方法下的基础弯矩:通过截面的弯矩-曲率分析,这里借助于程序 UCFyber 分析。

(5)延性抗震加固分析模型(注:支座顶和主梁的连接采用弹性连接里的刚性连接;支座底与墩的连接采用弹性连接里的弹性模量为 $10×10^{11}$ kN/m 的一般连接),延性抗震的地震响应见表 3。

表3 延性抗震的地震响应

构件	需 求	延性设计的地震响应
中墩墩柱	设计弯矩	6 661.1
	设计剪力/kN	1 037.9
中墩支座	水平地震力/kN	1 034.9
	竖向力/kN	9 108.2
中墩基础	水平力/kN	2 076.8
	弯矩	16 280.1
桥梁整体结构	工作特性	弹塑性

(6)减隔震加固分析模型(注:支座顶和主梁的连接采用弹性连接里的刚性连接;支座底与墩的连接采用弹性连接里的一般连接,其中弹性模量用厂家提供的实际数据),减隔震地震响应见表4。

表4 减隔震地震响应表

构件	需 求	减隔震设计的地震响应
中墩墩柱	设计弯矩	2 651.9
	设计剪力/kN	407.3
中墩支座	水平地震力/kN	402.7
	竖向力/kN	9 103.1
中墩基础	水平力/kN	817.5
	弯矩	5 300.6
桥梁整体结构	工作特性	弹性

(7)延性抗震与减隔震抗震加固效果对比可见:采用能力保护构件设计方法进行延性设计,以及采用减隔震的概念进行设计,两种抗震对策的设计原理不同,所得的结果也有很大的差别。针对本文中四跨混凝土连续梁桥的抗震加固,表5给出了两种方法的对比。

表5 延性加固与减隔震的地震响应对比

构件	需 求	延性加固的地震响应	减隔震加固的地震响应
中墩墩柱	设计弯矩	6 661.1	2 651.9
	设计剪力/kN	1 037.9	407.3
中墩支座	水平地震力/kN	1 034.9	402.7
	竖向力/kN	9 108.2	9 103.1
中墩基础	水平力/kN	2 076.8	817.5
	弯矩	16 280.1	5 300.6
桥梁整体结构	工作特性	弹塑性	弹性

从表5可见,进行“抗震”加固时中墩墩柱的设计弯矩超过了墩柱的抗弯强度,主筋用量要翻倍。且地震时,墩柱将发生较大的塑性变形,结构损伤不可避免。但如果采用减隔震进行加固,中墩墩柱的地震反应大大减小,小于墩柱的抗弯强度,且有较大安全系数,因此,墩柱在弹性范围内工作,没有任何损伤。

总体来说,采用减隔震加固比一般延性加固要好。

3 桥梁震后应急方案的研究

3.1 计划组织部分

震后公路桥梁的快速修复,高效的组织实施对于提高抢修效率、缩短抢修时限极其重要。一般可采用如下的步骤:

重点检查桥梁的毁伤程度,采取相应的管制措施→掌握桥梁毁伤程度及进一步发展的情况→提出抢修加固或改建方案,并进行多方案分析与比较→尽量选取设备简单、技术可靠、便于施工并能取得明显效果的抢修加固方法。

重要的是,在平时做我们要加强演练,为以后减少和避免组织指挥上的差错,保证震后抢修的快速高效。而在实际中我们很少看到抗震桥梁修复演练,也导致桥梁在震后,组织进度较慢而延缓了救援活动。

3.2　技术部分

地震后桥梁在经过详细检测评估并确定合理加固维修方案之前,一般都需要在短时间内采用快速、安全、有效的应急措施,首先保障路段的安全畅通,才能争取到较多时间对震后桥梁进行全面细致的检测评估,进而合理的加固维修工程。

一般情况,将震后桥梁破坏情况分为三类:轻微破坏,是指只是辅助结构发生破坏,或者是主体结构仅仅出现表面破坏而不影响桥梁承载能力;中等破坏,指主要受力构件遭受较大破坏,必须做大的修复处理才能使用;严重破坏,指主要受力构件遭受严重破坏,不能再承受任何载荷,认为结构已经发生整体损毁。针对不同的破坏模式,分别有不同的紧急处理措施。

表6就结构破坏类型和应对方法做以系统性的总结。

表6　不同破坏模式下的处理措施

破坏类型	桥梁结构整体损毁（严重破坏）	桥墩中等损伤	主梁的中等损伤	局部破坏为主要特征的轻微破坏	受打击部位的局部破坏为主要特征的轻微破坏
方法	一为封闭桥梁,另觅替代道路;二为快速重建,即另辟便道、便桥,以恢复原有交通功能	在设计之前我们会在桥下设置临时墩和临时钢架,震断后立即运用这些材料来加固,提高速度	具体抢修方法是在被震断支座处设置钢支架将主梁边跨顶起,再接拢边跨,设置支座	喷锚混凝土,粘贴碳纤维布及粘贴钢板等方法进行加固	采用装配式的钢构件加固

在设计桥梁时,我们会设置桥下抗震储备室,将临时钢(支)架和临时钢片和纤维布料,钢构件,体外索等安置于储备室内,一旦发生地震我们可以立即调动人力进行加固,节约了时间加快了修复进度。

在应急之后,需进行全面长期加固和修复时,拆除钢架和钢板,进行简单维修,并安全 储存于抗震储备室中,达到了可持续的多次运用材料效果,大大地节省了材料。

在中等破坏中,应急措施分为桥面应急和桥下应急措施,具体见表7。

表7　应急措施分类

措施分类	桥面应急措施	桥下应急措施
方法	采用桥面搭设临时支架的方式,需保证支点设置在墩台顶,来保证路面运营畅通。	采取桥下增设支架等支撑;按照支撑形式可分为满堂支撑和点式支撑
特点	设计施工简便快捷,能短时间内有效保证运营畅通;配合的桥下临时支架为施工过程中的安全保障措施,可以有效预防施工期间出现落梁等意外情况	这是传统的加固方法,且施工均简便、可靠、快捷、易拆,非常适用于抢修工程;该方法可有效改善结构受力状态,满足运营要求

3.3　应急措施注意事项

(1)支架,钢架等安装完毕后,应该适时对桥梁挠度检测,一旦运营中发生大的变化,及时分析原因,采取有效措施。

(2)应适时对桥梁进行病害进行监控,一旦病害有进一步发展,应及时上报处理。

(3)对安装的支撑结构进行检测,以保证其安全可靠。

(4)临时通车阶段应避开病害严重部位。

参考文献

[1] 于荣国. 日本桥梁耐震防固技术介绍[J]. Science & Technology information, 2010(13): 322.

[2] 司炳军. 钢筋混凝土桥墩地震弯剪破坏机理与震后快速修复技术研究[J]. 土木工程学报, 2011, 44(7):89.

[3] 李龙安. 地震灾害对铁路桥梁的影响及其抗震设计与减隔震控制研究[R]. 武汉: 交通基础设施抗震减灾技术研讨会, 2010.

[4] 张伟林. 混凝土桥梁加固技术的现状[J]. 安徽建筑工业学院学报(自然科学版), 2004, 12(3): 1- 4.

[5] 王利辉, 杜修力, 韩强, 等. 桥梁抗震加固方法评述[J]. 工程抗震与加固改造, 2009, 31(6): 79-83.

[6] 陈彦江, 袁振友, 刘贵. 美国加利福尼亚州桥梁震害及其抗震加固原则和方法[J]. 东北公路, 2001, 24(1): 70-73.

[7] 范立础. 桥梁延性抗震设计[M]. 北京: 人民交通出版社, 2001.

[8] 蔡新江, 田石柱, 王大鹏, 等. FRP 加固桥梁 RC 短柱拟静力及网络拟动力试验[J]. 建筑结构学报, 2009, 30(12): 125-135.

[9] 肖岩. 套管钢筋混凝土结构的发展与展望[J]. 土木工程学报, 2004, 37(4): 8-12.

[10] 孙治国, 司炳君, 王东升, 等. 钢筋混凝土桥墩震后修复技术研究综述[J]. 地震工程与工程振动, 2009, 29(5): 128-132.

[11] 孙治国, 司炳君, 王东升, 等. 高强箍筋高强混凝土柱抗震性能研究[J]. 工程力学, 2010, 27(5): 128-136.

[12] 司炳君, 孙治国, 王东升, 等. 高强箍筋约束高强混凝土柱抗震性能研究综述[J]. 土木工程学报, 2009, 42(4): 1-9.

[13] BUDEK A M, PRIESTLEY M J N, LEE C O. Seismic design of columns with high-strength wire and strand as spiral reinforcement [J]. ACI Structural Journal, 2002, 99(5): 660-670.

[14] 王旭阳. 绵竹市回澜匝道桥抗震分析[D]. 成都: 西南交通大学, 2010.

[15] 李晓莉, 孙治国, 王东升. 高地震烈度区含矮墩桥梁抗震设计[J]. 公路交通科技, 2012(4): 67-71.

预应力筋混凝土构件抗震性能试验研究

张泳清　刘东锋　夏　婧

（武汉大学 土木建筑工程学院，湖北 武汉 430000）

摘　要　进行了4种根混凝土构件在低周反复荷载下的拟静力试验，分别为无预应力筋、预应力筋位于梁中间、预应力筋位于受拉侧以及受拉受压侧均布置预应力筋，对其受力过程、破坏特征、滞回特性、骨架曲线、延性、刚度退化、等抗震性能进行分析比较，研究不同预应力筋位置对预应力梁抗震性能的影响。试验结果表明，预应力筋提高了预应力梁的刚度，但刚度提高过多将导致抗震性能的下降。同时统计出各构件加载过程中的滞回曲线，分析其延性指标。

关键词　预应力筋位置；预应力混凝土梁；低周反复荷载；抗震性能

1　实验设计

1.1　试件规格

试验共设计了4个混凝土试件，其各自尺寸及布筋如图1所示。

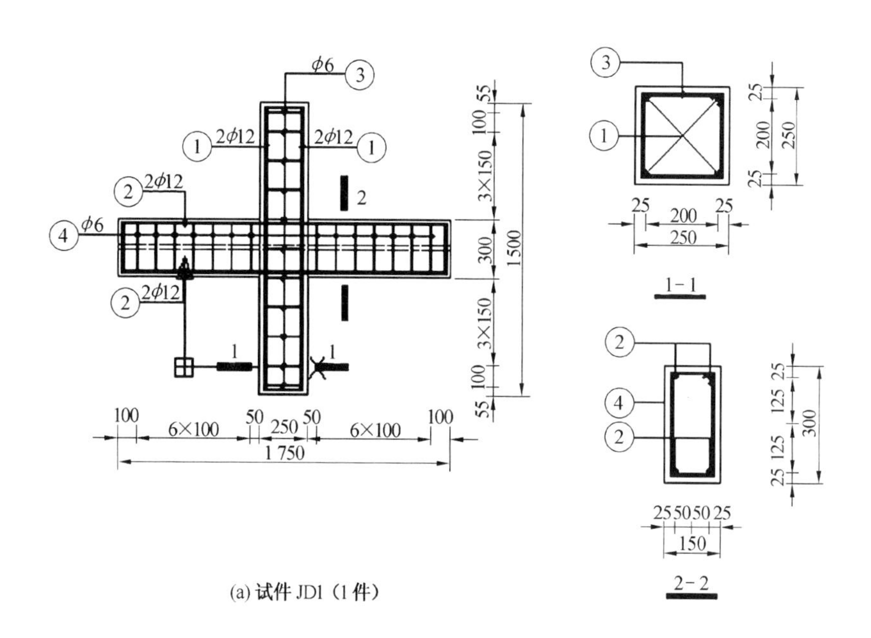

(a) 试件JD1（1件）

JD1

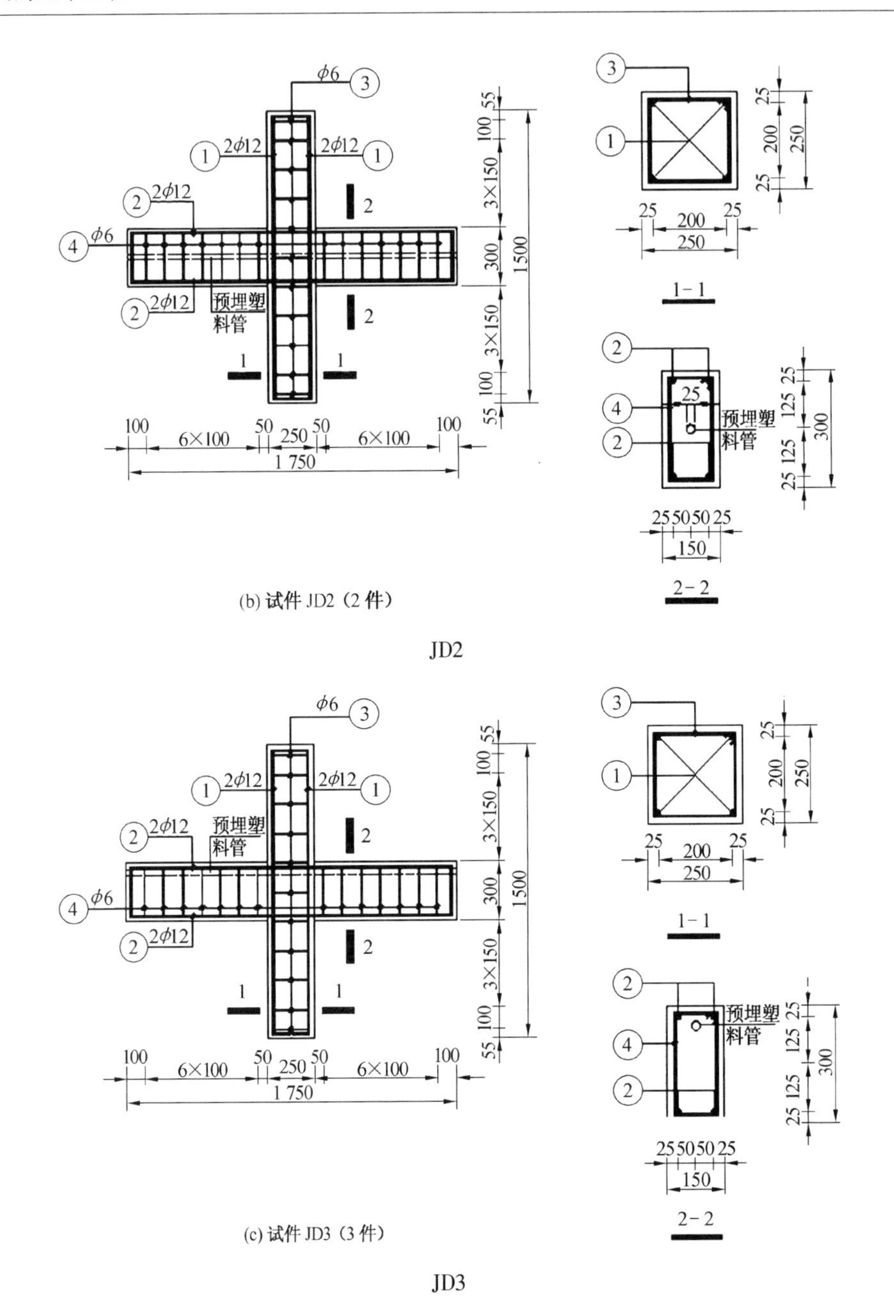

(b) 试件 JD2（2 件）

JD2

(c) 试件 JD3（3 件）

JD3

1.2 试验的加载及测试方案

1.2.1 加载装置

试验加载方式为两点上下反复加载，按荷载位移混合控制的模式实施加载。加载方案和加载示意图分别如图 2 和图 3 所示。试验数据采用自动采集系统进行采集。

1.2.2 测量方案

在梁与柱交汇处梁和柱上均布置了应变片，以测量其在试验过程中的应变变化。另外还在试件梁顶部跨中位置布置了位移计，加载千斤顶的端部连接了力的传感器，然后将所有测点连接到数据采集系统上进行采集，试验测点布置如图 4 所示。

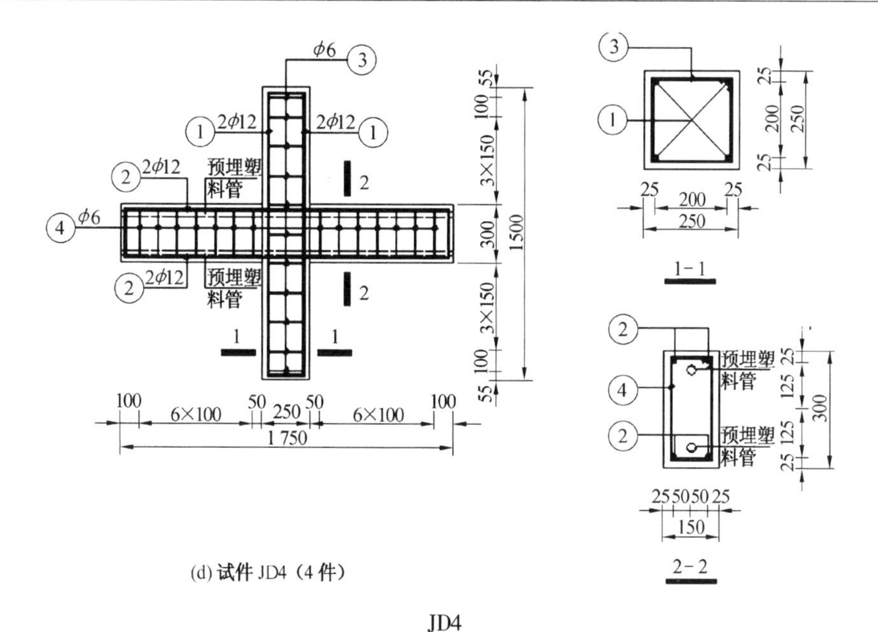

(d) 试件 JD4（4 件）

JD4

图 1　试验试件图

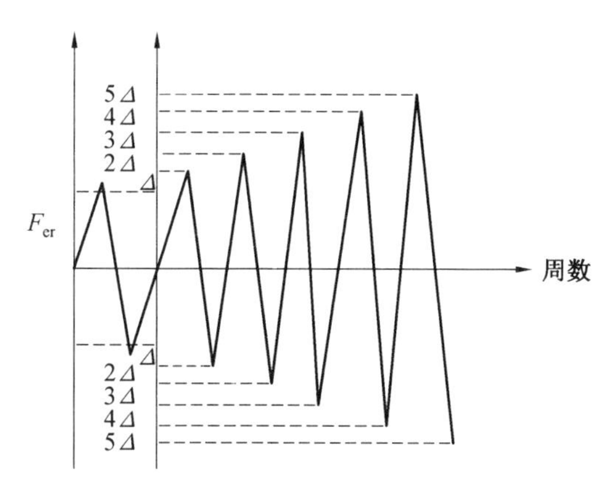

图 2　加载方案图

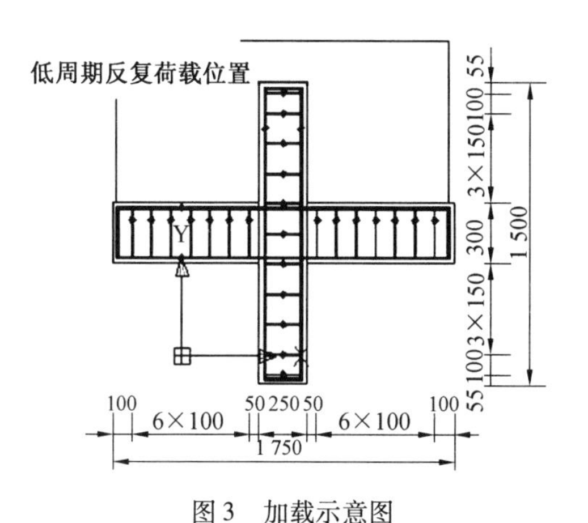

图 3　加载示意图

图 4　试验测点布置图

2　试验结果与分析

2.1　试验现象及实验结果

试件梁的破坏过程可分为以下 3 个阶段：

(1)试验开始加载后最早在纯弯曲段出现弯曲裂缝，弯曲裂缝发展到一定数目后，才在弯剪区出现斜裂缝。

(2)裂缝发展到一定程度后，混凝土梁中的普通钢筋发生屈服，新的裂缝不再产生，但原有裂缝的长度和宽度逐渐增加，并且上下裂缝基本贯通。

(3)预应力 CFRP 筋混凝土梁的破坏形态表现为两种:一种是预应力筋被拉断,另一种是混凝土被压碎。预应力筋被拉断后,由于能量迅速释放,混凝土也立即被压碎。

与普通混凝土梁相比,预应力混凝土梁的初裂明显晚一些,裂缝较细。另外,在反向卸载阶段,预应力混凝土梁的下部裂缝基本闭合,且残余变形很小,而上部的裂缝宽度明显比下部的裂缝宽度要宽很多,这表明预应力混凝土梁具有较好的裂缝闭合能力和变形恢复能力。

2.2 滞回曲线

滞回曲线是结构抗震性能的综合体现,试件的荷载-挠度(P-Δ)滞回曲线如图 5 所示。

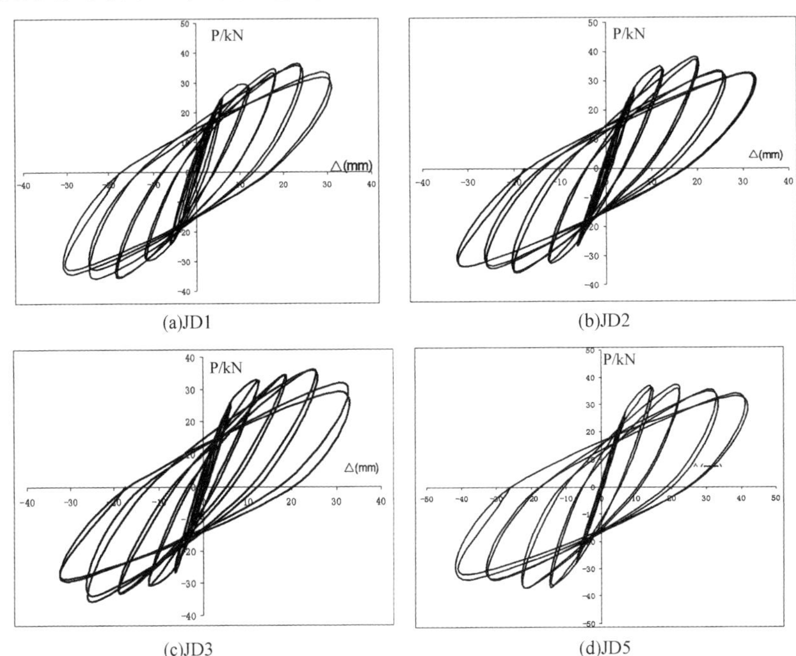

图 5 试件的滞回曲线

从图 5 可见:

(1)普通混凝土试件(DJ1)的滞回曲线呈梭形,较丰满,表现出良好的延性和耗能能力。

(2)预应力筋混凝土试件的滞回曲线在正向卸载和反向加载阶段表现出明显的捏拢效应,但滞回曲线总体较为丰满,抗震性能较好。

(3)在 JD2、JD3、JD4 三个均有预应力筋的试件中,由于预应力筋所在位置不同导致其刚度依次增加,滞回曲线饱满程度逐渐降低,说明抗震性能逐渐减小。

2.3 骨架曲线

骨架曲线能够明确反映结构的承载力、变形等性能,各试验梁的骨架曲线如图 6 所示。

由图 6 可以看出:

(1)试件在低周反复荷载下都经历了弹性阶段、屈服阶段和破坏阶段。

(2)普通混凝土梁屈服后,承载力基本不变,预应力混凝土梁屈服后,承载力还略有增加,并且屈服荷载要比普通梁的高。

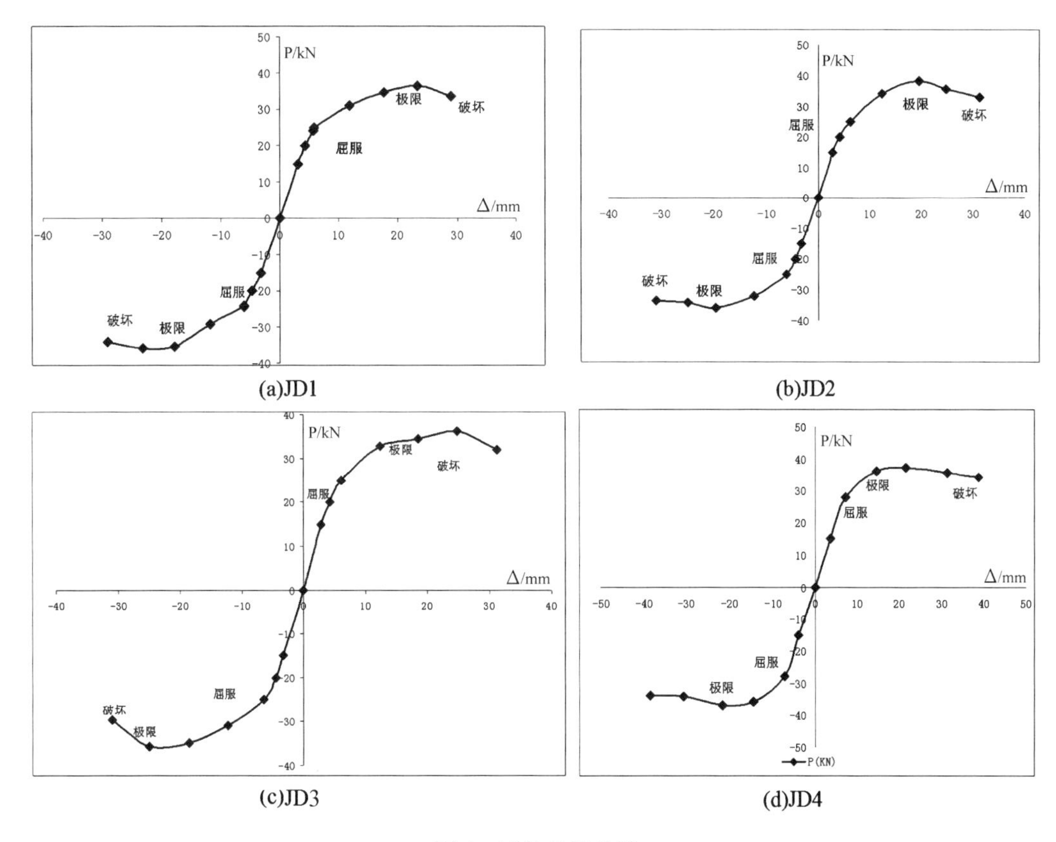

图6　试件骨架曲线

(3)随着梁试件的正向加载刚度增大,承载力也逐渐加大,但增加到一定程度后,承载力在破坏阶段反而还略有下降;预应力混凝土梁的反向加卸载刚度与普通混凝土梁的差别不大。

2.4　刚度退化

结构的退化性质反映了结构累积损伤的影响,是结构动力性能的重要特点之一。试验梁的刚度退化如图7所示。由图7可见:

(1)试件梁在整个加载过程中刚度退化明显,而且刚度退化主要发生在试件开裂至屈服这一阶段。

(2)预应力的施加对梁的正向刚度退化有一定的抑制作用,对反向的刚度退化基本没有影响。

(3)试件梁的刚度退化和试件梁的预应力度有一定关系,预应力度越大的试件梁,刚度退化越小。即JD1刚度退化最大,JD4刚度退化最小。

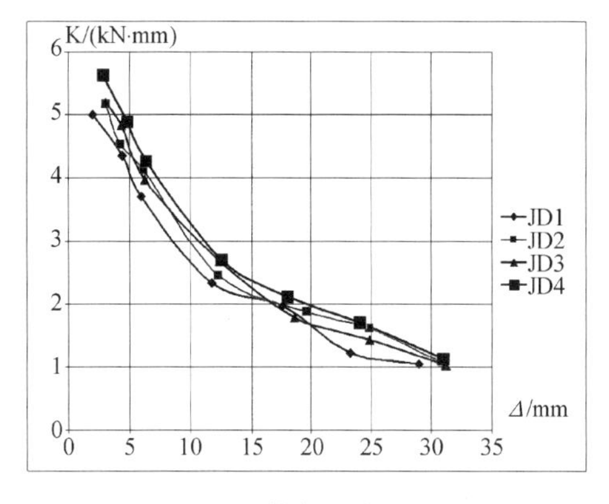

图7　试验构件刚度退化曲线

通过试验对预应力筋混凝土梁的抗震性能进行了研究和分析,可以得出以下结论:

(1)低周反复荷载下预应力混凝土梁的破坏形态为弯曲破坏,一般都是发生混凝土压碎的破坏现象。

(2)普通混凝土梁的滞回曲线呈梭形,较丰满,表现出良好的延性;预应力混凝土梁的滞回曲线在正向卸载和反向加载阶段表现出明显的捏拢效应,但滞回曲线总体较为丰满,抗震性能较好。

(3)由于预应力筋位置不同而引起梁的预应力度JD2、JD3、JD4三种构件预应力度依次增加,预应力梁的滞回曲线的饱满程度逐渐降低,抗震性能随着预应力度的增加而降低。

(4)实际工程中有抗震要求的建筑一般不采用预应力度很大构件,即是考虑到预应力构件的抗震性局限,这与试验分析结果相吻合。

参考文献

[1] TAERWE L R, LAMBOTTE H, MIESSELER H J. Loading tests on concrete beams prestressed with glass fiber tendons [J]. PCI Journal, 1992, 37(4): 84-97.

[2] Stoll F, SALIBA J E, CASPER L E. Experimental study of CFRP-prestressed high-strength concrete bridge beams [J]. Composite Structures, 2000, 49(2):191-200.

[3] BURKE C R, CHARLES W D. Flexural design of prestressed concrete beams using FRP tendons [J]. PCI Journal, 2001, 46(2) : 76-87.

桥墩结构加装高效能阻尼的地震耐震技术探讨

金若羲
（哈尔滨工业大学 土木工程学院，黑龙江 哈尔滨 150090）

摘　要　本研究分析与探讨桥墩结构物加装高效能阻尼机构的地震工程耐震技术。桥梁为交通枢纽，地震发生时，应防止桥梁因落桥而发生破坏，在不改变桥梁本身频率下，装设阻尼消能机构，以减少地震对桥梁所产生的位移。增加系统的阻尼比，则其最大位移就会减少，结构本身阻尼加上含液态黏性阻尼器所产生的阻尼所形成结构系统，能大量减少桥梁的振动量以确保人员与结构的安全，进而可减缓地震的灾害。

本研究是利用结构本身阻尼加上含液态黏性阻尼器所产生的阻尼所形成的单自由度结构系统来进行分析，针对桥墩柱结构物装设阻尼消能机构的地震工程耐震技术进行分析。

关键词　消能减震结构；桥墩柱结构物；结构控制；阻尼器；消能组件；抗震结构

1　引　言

本研究主要是探讨桥墩柱结构物上部与桥面板之间加装高效能阻尼消能机构对桥梁的减震效益。因为桥梁为交通枢纽，是重要的人车行走要道，地震发生时，桥梁若遭受破坏则影响严重，故为防止桥梁于地震时因落桥而发生破坏更为重要，在不改变桥梁本身频率下，装设阻尼消能机构，以减少地震对桥梁所产生的位移。

近年来全球地壳震动频繁，世界各地皆发生许多大地震，历年来多次地震事件皆造成结构安全损坏与人民生命安全及财产损失，这些地震均造成桥梁的损坏，部分桥梁因桥墩受损，导致落桥事件，因而交通中断。因为地震发生的时间不确定，以及大地震发生的频率越来越高，故桥梁的耐震与补强已是当前刻不容缓的课题。

地震后损坏的桥梁需耗费大量人力及费用来进行修复及补强，若能事先将桥梁的耐震性能提高，在地震时桥梁损坏将会减少许多，同时也能省下大量的人力及费用进行修复。桥梁在地震中最为常见的是落桥破坏，为了有效保障生命的安全，学者提出了众多方法来增加桥梁抗震能力。例如除了强化桥梁本身的架构韧性外，还可以使用“隔震”与“消能”等减震消散地震能的方法来提升桥梁的耐震性，灾难发生时桥梁仍然维持结构的韧性，或是延迟桥梁坍塌的时间，将生命财产损失降到最低。

桥梁在平时为重要的交通枢纽，在地震发生后则是紧急救援行动的重要通道。结构物在耐震设计工程领域里，较为常用的设计方法为韧性设计与隔减震设计。在韧性设计理论中，是以桥梁墩柱的塑性铰的韧性来消散地震所释放的能量，然而地震后塑性铰区的钢筋降伏与混凝土的变形均造成桥梁构件严重损坏。而隔减震原理乃利用延长结构系统的运动周期以隔离地震能量，再将传入地震能量用消能组件吸收，以降低主结构的耐震需求。

在地震作用下，桥梁每跨之间轴向相对运动，若大于桥墩顶纵向上的支撑长度，桥面板因为无支承而掉落发生落桥即为落桥现象。在多跨桥梁或高墩柱的桥梁尤其容易发生在滚支承端。另外因地震力方向的不确定性,将使桥梁产生纵向与横向位移反应叠加,导致支承接触面附近发生相对旋转,造成桥面板接触不确实进而引起落桥,抑或是断层直接穿过桥梁,而造成落桥。为解决此问题,通常在桥墩顶上装设隔震设施于支承处。

所谓"隔震" 主要是降低地震力的传递及减少结构物内部的梁、柱构件受地震力传递影响所产生的剪力,但此模式有个缺点,即结构物件由隔震后,消能效果仍显不足,此会导致结构物内的变位过大,而造成结构物的损害。然而一般结构物本身内含阻尼比只有3% ,即便是混凝土结构内部构件发生非弹性的变形也只能提高至3% ~5% 左右,若是钢结构当其内部构件降伏时,也只能增加至5% ~7% ,由此可见结构体本身所能提供的阻尼比非常少,以至于消能的效果有限,所以强烈地震发生时,难保结构体本身不会毁损,相对于传统 PCI 型梁桥梁结构采用较具刚性的端隔梁,例如钢板式,则 I 型钢梁的弯矩应力将大为降低。从瞬时输入能量历时图中能看出每一时间区间的能量输入,不因隔震垫提供的消能而受影响。

桥梁纵向支撑形式为简支梁。桥梁在大地震中可能产生相当大的位移反应,而采用防止落桥装置可避免桥面板发生落桥灾害的发生,或采用阻尼装置降低隔震桥梁的位移反应。桥梁结构加装调谐质量阻尼器,对桥梁的自然频率产生调谐现象,而阻尼可有效降低结构的动力反应。桥梁虽以延长结构振动周期降低所引致的地震力,但上部结构桥面板的变位却因此反而增大,增加落桥的可能性。虽然桥梁以延长振动周期降低地震时所引致的地震力,然而于强震中,桥梁上部结构的桥面板与大梁却可能产生相当大的位移反应,过大的位移可能引起桥面板发生碰撞、桥墩产生二次弯矩等效应。因此常搭配减震消能装置(如阻尼器) 提高系统消能能力,如此可降低结构位移反应。

由耐震设计可知,在较小地震层级时结构物仍处于弹性阶段,面对较大规模地震时结构物产生塑性变形,以良好韧性来消散地震输入的能量,为兼具安全与经济,设计允许结构物小震不坏、中震可修、大震不倒的设计理念。桥墩柱抵御外力并非只有各种耐震技术,近十年来美、日两国将结构控制技术应用在结构物设计上已有许多成功案例。就结构控制发展而言,可分为主动控制、半主动控制和被动控制。被动控制较常被使用,其中液流阻尼器是一种被动的消能组件,阻抗力是根据它受到的相对速度的大小而决定的。借助阻尼力的作用,减少相对速度、消除能量、降低结构反应。

被动控制分为隔震和减震这两类,隔震设计利用隔震装置降低从结构物地基传至上部结构的地震力减少地震力的传入。减震设计利用阻尼器提高结构物吸收地震能量的能力,消能装置可消减部分传导到结构体的地震能量,或是利用杆件与特殊的消能装置来增加结构阻尼比以降低地震对结构物所产生的反应。若遭受强震作用下,破坏位置只在消能组件上,而不会破坏结构物本身,震后只需更换受损的消能组件。而国内外隔震相关研究如:铅心橡胶支承垫(LRB) 与液态黏性阻尼器(FVD) 隔震系统的动力分析结果得知,非线性黏性阻尼器的非线性系数($\alpha < 1$)其值越大,在相同设计阻尼比下其上部结构位移和加速度及基底剪力都会比较低。国外目前对于隔震设计已有完整的规范,但国内对于减震设计中消能组件的相关规范,并未详细解说。

学者 Constantinou 等人于2001 年提出肘型斜撑理论与其放大倍率关系,利用手肘杆件系统的斜撑装置将阻尼器的位移量予以放大,此一系统可将阻尼器的位移量放大至层间位移的2 ~5 倍。在等效阻尼比方面,高效能阻尼消能机构的等效阻尼比,采用美国联邦灾变处理局(FEMA, Federal Emergency

Management Agency）于1997年10月公布的FEMA273、274的NEHRP(National Earthquake Hazard Reduction Program)规范。而本研究所采用的高消能阻尼消能机构由学者邵可镛等人所提出,并已有许多相关研究。

2　研究动机

由耐震设计可知,在较小地震层级时结构物仍处于弹性阶段,面对较大规模地震时结构物产生塑性变形,以良好韧性来消散地震输入的能量。桥梁其耐震能力差异很大,若地震发生在附近所造成人员损伤也无可计数,那造成既有桥梁其耐震能力差异原因可分为:

(1)桥梁设计的时间不同所用的规范版本不同,也造成设计地震力也不同。

(2)桥梁的韧性设计不同;桥梁的材料设计强度不同。

(3)材料老化的程度不同。

(4)结构系统规则不同。

因此对现有桥梁的耐震能力分析,需透过结构补强,提升现有桥梁结构的耐震能力。对于新造的桥梁结构设计虽已符合高耐震能力但还有各种不确定因素如施工质量、设计不良造成桥梁耐震能力受到影响。

桥墩柱结构物加装高效能阻尼机构对减震效益,进行理论分析与验证,来探讨其用于结构控制,作为新建、补强及修复等桥梁工程的消能组件。在耐震上的效果,期能有利于液态阻尼器、黏弹性阻尼器及金属加劲消能器的效能增进及其阻尼器的实用化,以提升新建、补强及修复等结构的耐震能力,将桥梁结构在地震力作用下的振动位移量大幅降低至可容许的范围内,以确保人员与结构的安全,进而减缓地震的灾害。

拟修订建筑物隔震设计规范,重点在于特别针对强地动特性、微震区的划分、近断层特性以及地盘特性等加以考虑,同时考虑PGA与反应谱的衰减率,将既有规范中的ZC值合并成为 S_aD 来计算最小设计水平总横力;该规范同时考虑二个不同等级的地震区,并以最大设计基底剪力需求作为控制设计地震力进行设计。

3　研究方法

3.1　有限元素法

有限元素法(Finite element method,FEM)为一种有效率数值分析之方法,相关的应用工具软件例如NASTRAN、ABAQUS、ANSYS、SAP 2000、ALGOR等。以结构问题为例,有限元素法的基本理论是将连体(整个结构)视为次区域(有限元素)的组合,作为结构分析的仿真。在每一个子区域内的结构行为,可以用一个假设函数来表示该区域的应力或应变。此外,假如结构行为可以用一个微分方程式来表示其结构动力行为,则有限元素法仍然可直接应用。

利用有限元素分析软件(SAP2000)来仿真结构物受到外力时,桥墩系统装设高效能阻尼消能机构的系统,让桥梁系统在不影响整体劲度的前提下,可提升其减震的效果,减少地震产生的位移量。有限元素法软件常被应用于分析结构问题,一般求解结构问题大都以线性方式来作为其假设条件,但是并非在任何状况下结构都是呈线性的状态,所以利用线性的方式来求解结构非线性问题时就会造成误差,为了达到其正确性,若改以推导方式计算非线性问题则会较为繁琐且容易出错,分析模型受力下若材料产生非线性行为时,则将其产生迟滞循环计算转换成阻尼比后再加入至结构固有阻尼比中进行分析,材料非线性是利用等效阻尼比观念更改分析模型的阻尼比。

首先探讨桥梁单自由振动的反应,之后为多自由度振动反应,再来讨论阻尼的自由振动反应,利用直接积分法并进行其理论验证，得到静力分析的相关数据及图表，最后探讨多自由度结构的自由振动及有效阻尼比，并利用有限元素软件建立模型，输入相关参数，将阻尼消能机构装设在其模型上，并以不同方向、角度装设于桥墩上部与桥面板之间，输入不同的地震力，对所建立的桥梁模型进行动力分析，另外，并装设支承设施在所建立的模型上，进行静力与动力分析，与装设阻尼消能机构相比较，探讨在地震时桥梁的减震效益，画出其历时曲线及反应谱等数据来进行研究，防止桥梁在地震时发生落桥现象。

3.2 含阻尼单自由度结构系统

若一桥墩结构物加装高效能阻尼机构系统可简化为一单自由度结构系统，因为材料的迟滞性行为（弹塑性材料的迟滞循环）而产生能量耗损，则称为结构阻尼或迟滞阻尼，其能量耗损与位能振幅平方成正比，与振动频率无关。

阻尼的作用是吸收系统的动能，再转换成热能而消散，因此在强迫振动时，载重作用的时间要够久，需远大于系统周期，阻尼消散动能才会有明显的效果。如果增加系统的阻尼比，其最大位移就会减少，但若比较作用时间长的地震（机械扰动），与作用时间短的脉冲载重（设作用时间与系统周期差不多），其系统的最大位移减小，以作用长时间的载重的减小效果最为显著。

由于实际结构的质量都是连续分布的，因此，任何一个实际结构都可以被认为是具有无限个自由度的体系，如果所有结构都按照无限个自由度来分析计算，其过程会十分困难。因此，通常对其所计算的模型加以简化，一般称为结构的离散化。离散化方法也就是把无限自由度问题转化为有限自由度问题的过程，动力分析中常用的结构离散方法有集中质量法、广义坐标法。

3.2.1 集中质量法

所谓集中质量法，是将结构的分布质量集中到结构的某些位置上，成为一系列离散的质点，其余结构不再存在质量，进而将无限自由度体系简化成有限自由度体系。

3.2.2 广义坐标法

广义坐标法是透过结构运动的位移形态从数学的角度施加一定的约束，进而使结构的振动因无限自由度转化为有限自由度。

3.2.3 含阻尼单自由度结构

规范 ATC-40 中提到钢筋混凝土结构物受外力作用下产生非线性行为及材料达降伏时，结构物利用固有黏滞阻尼与迟滞阻尼来进行在受外力过程能量的消散反应。含有结构本身阻尼加上含液态黏性阻尼器所产生的阻尼所形成的单自由度结构系统，其表达式为

$$m\ddot{u}(t)+(C+C_{\mathrm{D}})\dot{u}(t)+Ku(t)=F(t) \tag{1}$$

式中 m—— 质量；

C——阻尼系数含材料产生黏滞阻尼 C_1 与迟滞阻尼 C_2；

K—— 劲度；

C_{D}—— 阻尼器的阻尼系数；

$\dot{u}_{\mathrm{D}}$—— 系统的速度；

$F(t)$—— 系统所受外力。

考虑一单自由度结构系统，受简谐运动的轴向位移与受力，如图 1 所示。

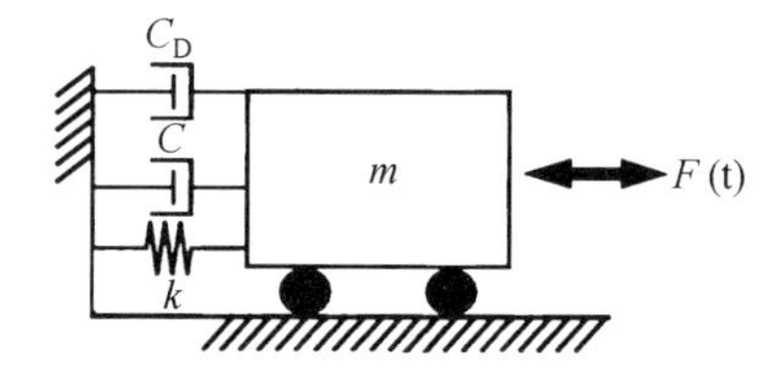

图 1 质量 — 弹簧 — 阻尼系统示意图

4　桥墩结构物加装高效能阻尼机构系统之理论

4.1　直接积分法 Newmark

在 Excel 内建立一直接积分法运算来进行理论分析的部分，其计算方式是在时间域内直接计算位移的历时曲线。动力运动方程式由劲度、阻尼与质量所建立，故运动方程式为反应的动态惯性力、黏滞力、弹簧力、与外力之动力平衡方程式可写为式(2)：

$$m\ddot{u}_i + C\dot{u}_i + Ku_i = -m\ddot{u}_G$$

式中　u_i——第 i 段时间的位移；

$\dot{u}$——第 i 段时间的速度；

$\ddot{u}$——第 i 段时间的加速度。

下面以一个实例例题来说明。

假设系统质量 m 为 $0.021\ 44\ \text{kN}\cdot\text{s}^2/\text{mm}$，劲度 K 为 9.191 kN/mm，阻尼系数为 0.05，总分析时间为 6 s，时间增加量 Δt 为 0.1 s，$\alpha = 0.957\ 6$，$\beta = 0.042\ 88$。其中 $\alpha = \frac{4}{\Delta t}m + 2c$，$\beta = 2$ m。外力如图 2 所示，外力最大时为 10 kN，外力作用时间为 0.6 s，其余时间为系统自由振动；其位移、速度与加速度如图所示。

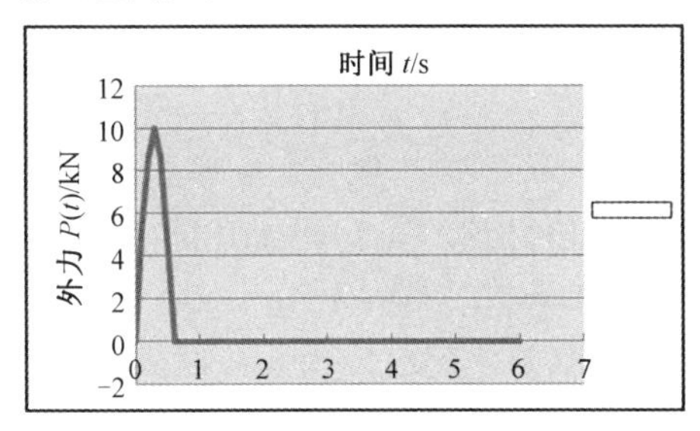

图 2　直接积分法范例之作用于系统外力（t = 0.6 s）示意图

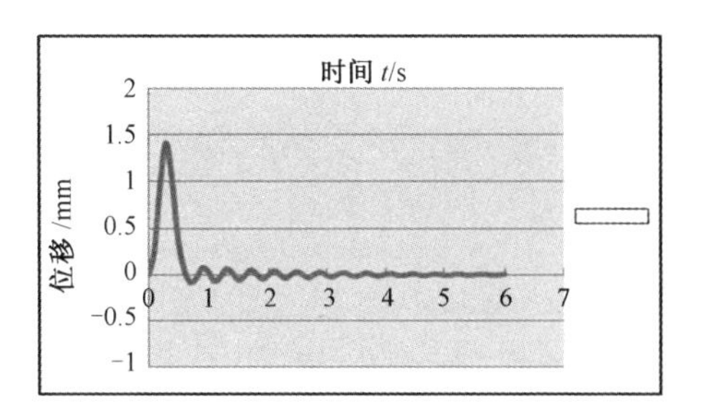

图 3　直接积分法范例之位移与时间之关系图

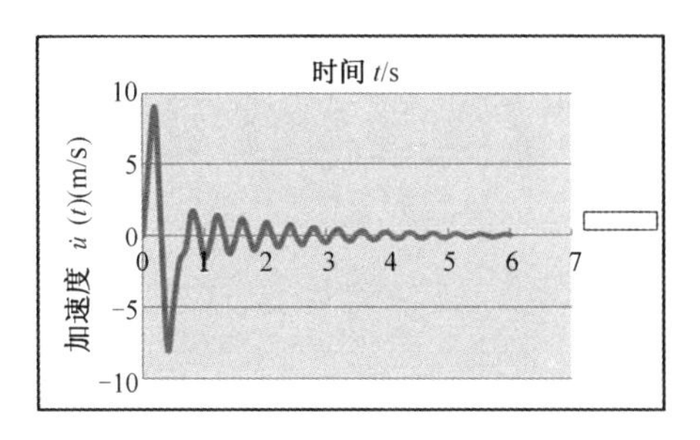

图 4　直接积分法范例之速度与时间之关系图

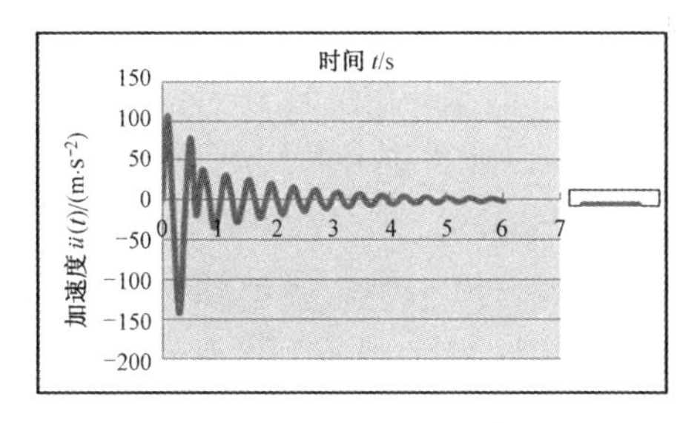

图 5　直接积分法范例的加速度与时间之关系图

4.2　外力为 SIN 之振动波时的理论分析

先在 Excel 内建立一单自由度微分方程式理论解的运算来进行理论分析的部分，计算方式是直接以结构的劲度、阻尼与质量建立其运动方程式进行计算，其运动方程式建立在时间的状态上。

假设系统的质量 m 为 $0.021\ 44\ \text{kN}\cdot\text{S}^2/\text{mm}$，劲度 K 为 9.191 kN/mm，总分析时间为 6 s，时间增加量 Δt 为 0.05 s。外力如图 6 所示，外力为 SIN 波，外力作用时间为 6 s，$p(t) = p_0 \sin(\overline{\omega}t) = \sin(2\pi t)$，其中 $p_0 = 1.0$ kN，($\overline{\omega} = 2\pi$)。图 7 为阻尼比分别为 1%、2%、5%、10%、15%、20% 的位移比较图，并比较其中的关系。从图 7 可显示出阻尼比越大位移越小。

4.3　矩形冲击荷重的理论分析

假设系统的质量 m 为 $0.021\ 44\ \text{kN}\cdot\text{S}^2/\text{mm}$，

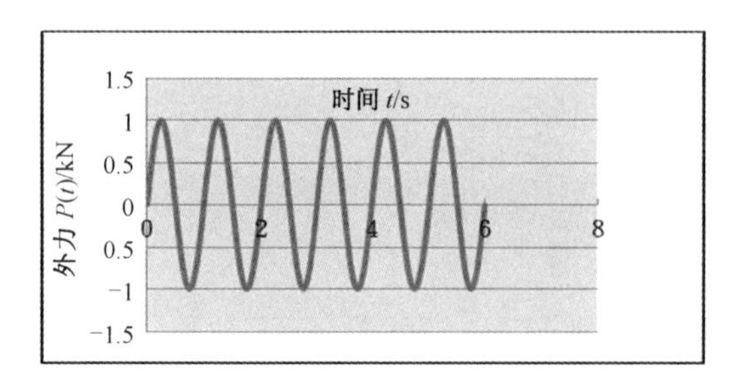

图6　外力 = SIN 振动波的示意图

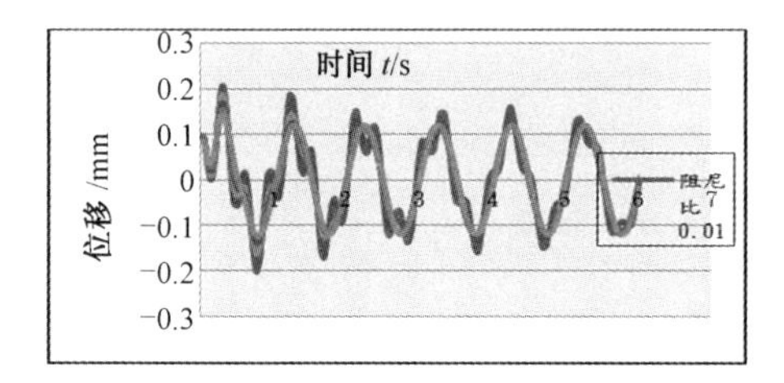

图7　外力为SIN时位移与阻尼比的关系图

劲度 K 为 9.191 kN/mm，假设系统质量 m 为0.021 44 kN·S^2/mm，　劲度 K 为 9.191 kN/mm，总分析时间为6 s，时间增加量 Δt 为0.05 s。外力如图8所示，外力为矩形冲击荷重(t = 0.6 s)，外力大小为 P_0 = 1.0 kN，外力作用时间为 0.6 s，阻尼比分别为 1%、2%、5%、10%、15%、20%，并比较其中的关系；图9外力为矩形冲击荷重时位移与阻尼比的关系图。

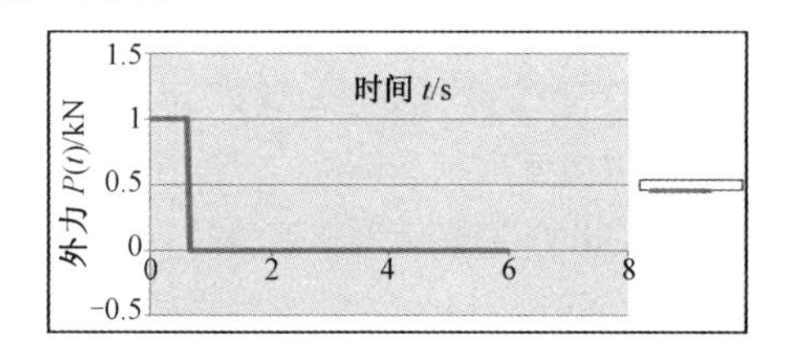

图8　外力为矩形冲击荷重(t = 0.6 s) 的示意图

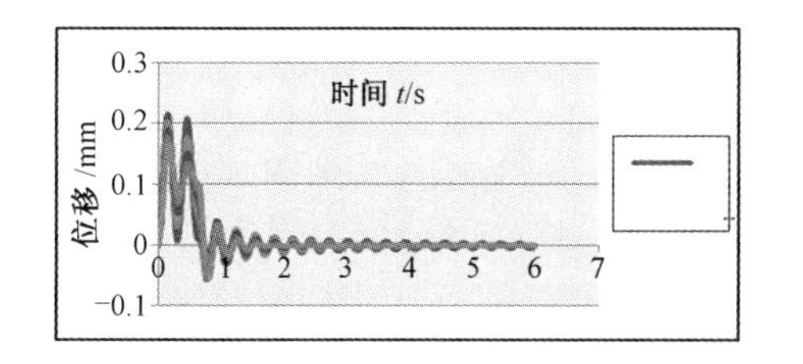

图9　外力为矩形冲击荷重时位移与阻尼比的关系图

4.4　半正弦冲击荷重的理论分析

假设系统的质量 m 为 0.021 44 kN·S^2/mm，　劲度 K 为 9.191 kN/mm，总分析时间为6 s，时间增加量 Δt 为0.05 s。外力如图10所示，外力为半正弦冲击荷重(t = 0.6 s)，外力作用时间为0.6 s，图17为阻尼比分别为1%、2%、5%、10%、15%、20%的位移比较图，并比较其中的关系。

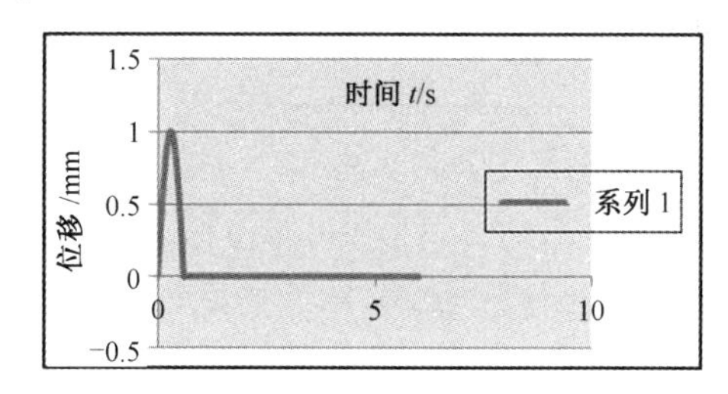

图10　外力为半正弦冲击荷重(t = 0.6 s) 的示意图

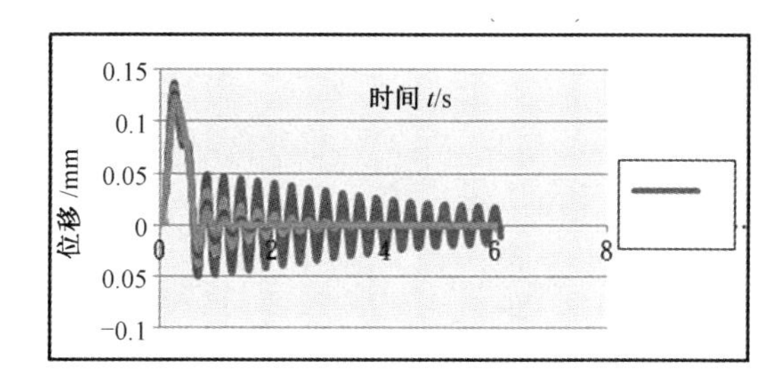

图11　外力为半正弦冲击荷重时位移与阻尼的关系图

4.5　谐和力例题的理论解分析

假设有一无阻尼单自由度系统，其质量 m 为38.6 lb，劲度 k 为40 lb/in，于静止状态下受一谐和力 $p(t) = 10\sin(10\,t)$ lb 激振，并求其位移 $u(t)$。其解如下

假设其总作用时间为 6 s，时间增加量为 Δt = 0.05 s

$$\sum t = 5, \Delta t = 0.05$$

其系统之自然频率 ω_n 与 β 为

$$\omega_n = \sqrt{\frac{K}{m}} = \sqrt{\frac{40}{38.6/386}} = 20 \text{ rad/sec}$$

$$\beta = \frac{\omega_d}{\omega_n} = \frac{10}{20} = 0.5$$

因系统为静止状态故，$u(0)=0,\dot{u}(0)=0$，其位移 $u(t)$ 为

$$u(t)=\left(\frac{P_0}{k}\right)\times\left(\frac{1}{1-b^2}\right)\times[\sin\omega_\alpha t-\beta\times\sin(\omega_n t)]$$

谐和力的理解位移与时间的关系如图12所示。

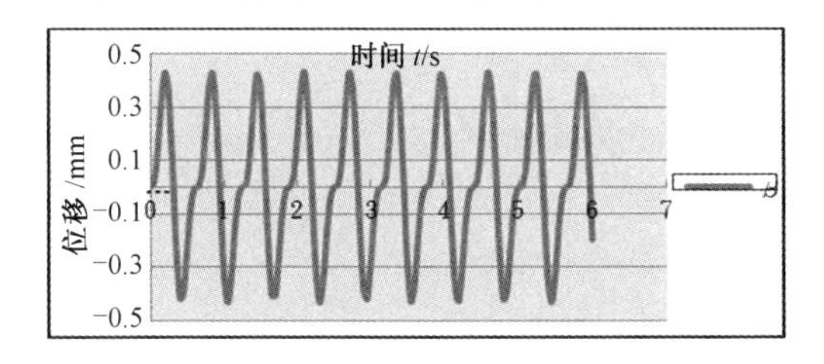

图12　谐和力的理论解位移与时间关系图

由于系统为无阻尼的单自由度系统，可从图12中发现，谐和力作用后的位移，因阻尼 β 为0，所以在外力作用后会自由振动。

以上题为例，其系统质量与系统劲度皆不更改且输入外力皆相同，原始题目的 w_d 与 w_n 的比值，也就是 β 值为0.5，故在此以例题讨论 β 的关系。假设当 β 值越趋近于1时，其位移将被放大，以下为例 $\beta=0.969$、$\beta=0.989$、$\beta=0.999$ 进行说明，如图13～15所示。

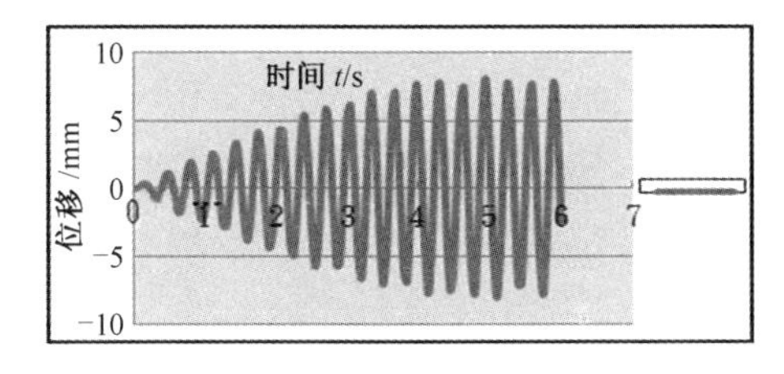

图13　β 为0.969位移与时间关系

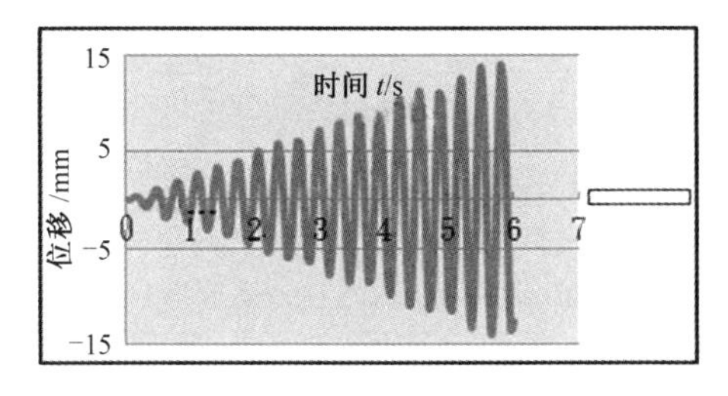

图14　β 为0.989位移与时间关系

从图13～15中可看出，当 β 越趋近于1时，其位移将会被无限放大，此为共振现象。一般结构设计中，工程师一定会避免共振现象发生，但如果在补强时，在原有的建筑物上

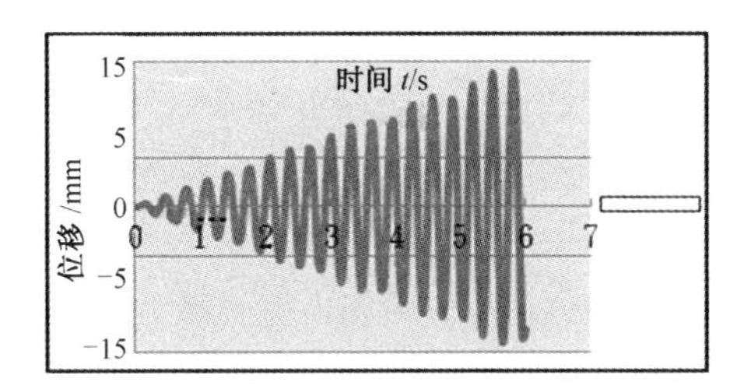

图15　β 为0.999位移与时间关系

加装了一些具有高劲度的补强组件，若发生影响其结构物的频率，使之造成共振现象，那在发生地震时其伤害会非常巨大，故本研究提出加装高效能阻尼消能机构，在不影响其结构物的频率前提下，又可提高结构物的减震能力。

4.6　桥墩结构物实例的单自由度理论分析

桥墩柱尺寸为墩顶宽为3.0 m，深为5.5 m，墩柱截面长为3.0 m，宽为3.0 m，桥墩柱高为8.0 m，柱顶加深部分高为4.0 m，其余4.0 m，截面积不变。其材料性质参数如下所示：混凝土弹性模数 $E_C=22.3\ \mathrm{kN/mm^2}$，压应变常数为0.002，混凝土强度为22.5 MPa。依据理论解可求出当载重 $P_0=1$ kN，其位移 $\Delta_{st}=0.001\ 133$ mm，若载重 $P_0=100$ kN，则位移 $\Delta_{st}=0.113\ 3$ m，载重与位移为线性关系。

此桥墩结构物简化为单自由度，质量 $m=0.012\ 447\ 706\ 4\ \mathrm{kN\cdot s^2/mm}$，劲度 $K=881.982$ kN/mm，振动频率 $\omega=265.872\ 647\ 1$ rad/s。动力载重时，输入的外力为：(1) 周期力 $P_0\sin\omega t$，即输入值为外力 $P_0=100$ kN，外力振动频率 $\omega=265.0$ rad/s，如图16所示为周期力时 $P(t)=P_0\sin\omega t$ 的周期力输出位移如图17所示；(2) 冲击载重阻尼比 = 0.01%、外力 $P_0=1$ kN，外力振动频率 $\omega=5.236$ rad/s，外力冲击时间为0.6 s，矩形冲击载重阻尼比为0.01、0.05、0.10、0.20时的位移，如图18所示；(3) 半正弦冲击载重阻尼比 = 0.01、外力 $P_0=1$ kN，外力振动频率 $\omega=5.236$ rad/s，外力的冲击时间为0.6 s。半正弦

冲击载重的输入外力、速度、位移、加速度，如图 19 所示。周期力阻尼比 β = 0.02、0.05、0.10、0.15、0.2、0.3 的位移图，如图 20 所示。表 1 为动力作用下频率比β = 0.996 718 周期力作用动力位移反应的动力放大系数值。

由表1中可知，不同阻尼比所计算的动力反应最大位移 $U_{max}(t)$ 值与静力变形 U_{st} 计算所得的动力放大系数 D 与动力放大系数理论解非常接近，最大误差为 0.54%。

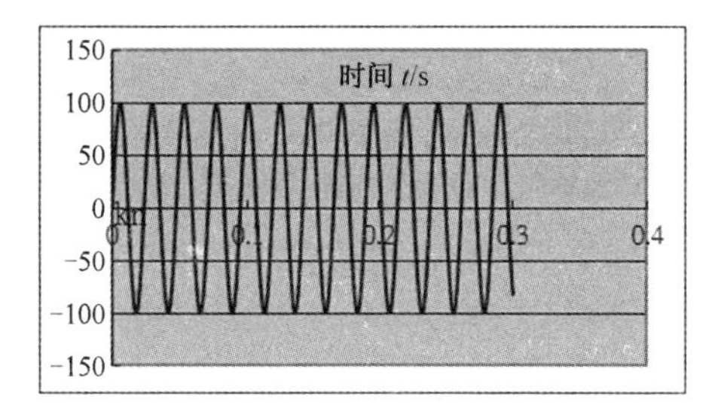

图 16 $P(t) = P_0 \sin \omega t$ 的周期力

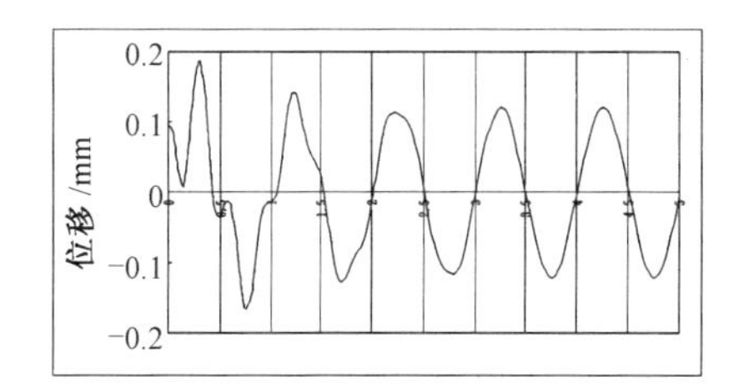

图 17 $P(t) = P_0 \sin \omega t$ 的周期力输出位移

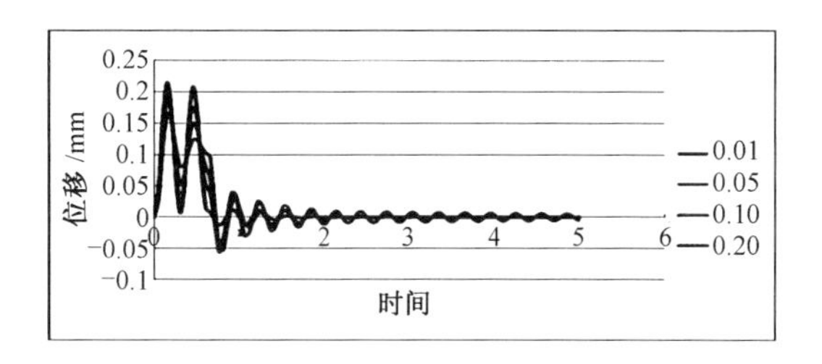

图 18 矩形冲击载重阻尼比 = 0.01、0.05、0.10、0.20 的位移图

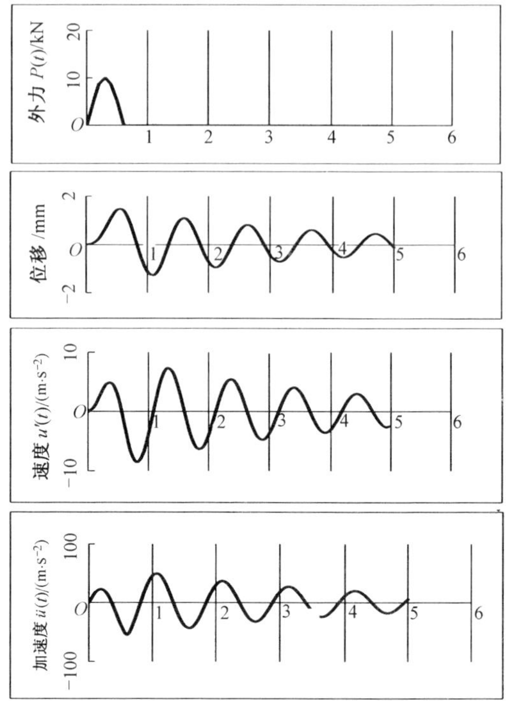

图 19 半正弦冲击载重的输入外力、位移、速度、加速度分析图

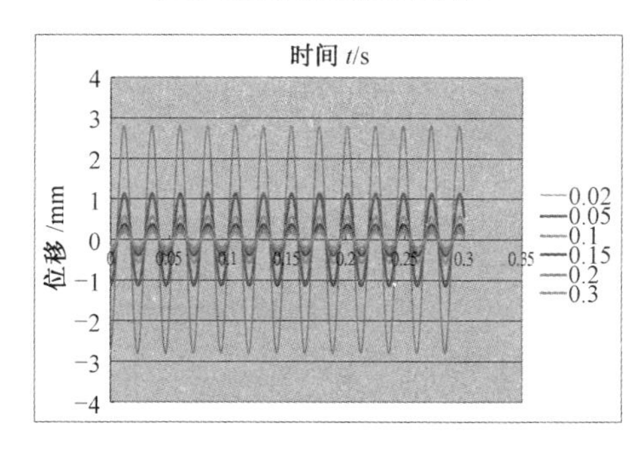

图 20 周期力阻尼比 β = 0.02、0.05、0.10、0.15、0.2、0.3 的位移图

表 1 动力作用下频率比 β = 0.996 718 周期力作用动力位移反应之动力放大系数值

阻尼比	静力 $u_{st} = \frac{P_0}{k}$	动力位移 $u_{max}(t)$	动力放大系数 $D = \frac{u_{max}(t)}{u_{st}}$	动力放大系数 D 理论解
0.00	0.113 38	17.297 3	152.560 0	152.587 0
0.01	0.113 38	5.038 08	47.458 5	47.655 3
0.02	0.113 38	2.800 51	24.700 2	24.750 2
0.05	0.113 38	1.128 95	9.957 24	10.011 3

续表 1

阻尼比	静力 $u_{st}=\frac{P_0}{k}$	动力位移 $u_{max}(t)$	动力放大系数 $D=\frac{u_{max}(t)}{u_{st}}$	动力放大系数 D 理论解
0.10	0.113 38	0.567 02	5.001 07	5.013 76
0.15	0.113 38	0.378 40	3.337 46	3.343 51
0.20	0.113 38	0.283 92	2.504 15	2.507 89
0.30	0.113 38	0.189 35	1.670 03	1.672 05
0.40	0.113 38	0.142 03	1.252 72	1.254 07
0.50	0.113 38	0.113 64	1.002 27	1.003 27

5 结　论

(1) 桥墩结构物装设消能系统受装设空间限制,于是限制阻尼器所能置放的位置导致消能效率变差,使用高效能阻尼机构便能解决受安装角度限制与阻尼器效能的问题,经由理论推导所提出的高效能阻尼机构能够提升阻尼器消能效果,也能不受空间限制,并且不会改变原结构物的基本性能,包含静态的位移量及动态的基本自然震动频率。

(2) 装设高效能消能机构后能够降低桥墩受外力的损伤。阻尼比提高后,其位移的动力放大倍数大幅度降低。例如阻尼比系数由0.02提高到0.10,其位移动力放大系数D,由24.750 2 降为5.053 76。

(3) 经由不同阻尼对同样结构装设消能系统的分析结果可得知阻尼比越大则衰减率越快,例如阻尼比为10%,经过5个周期,其位移即衰减至1/10以下。

参考文献

[1] ANIL K. Chopra. Dynamics of structures: theory and applications to Earthquake Engineering[M]. New Jersey:Prentice-Hall, 2000.

[2] 张国镇, 黄震兴, 苏晴茂, 等. 结构消能减震控制及隔震设计[M]. 台北:全华科技图书股份有限公司, 2004.

Dynamic Elastic-plastic Invalidation Analysis of Gymnasium Practice Hall of Flat Grid Structure System Supported by Steel Frame under the Strong Earthquake

Zhao Xi, Li Haiwang, Liu Jing

(1. Department of architecture and civil engineering, Taiyuan University of Technology, Shanxi Taiyuan 030024)

Abstract This paper presents a calculation investigation on the Elastic-plastic incremental dynamic response analysis of gymnasium practice hall built in Taiyuan City under the loads of EL-Centro earthquake. In this research the theory of plastic hinge is applied and the material nonlinearity is considered in the structure of the geometry nonlinear effect. The results show that: Along with the growth of the seismic wave peak acceleration, structure developed from elastic into the elastic-plastic. When it reached the limit of structure bearing capacity, the plastic development had a higher rate, much of members had reached its strength bearing capacity limit. The complete failure is due to the local instability produced by part of net rack members reversed.

Key words strong earthquake; elastic-plastic time history analysis; plastic hinge; invalidation; flat rack

1 Introductions

All previous catastrophic earthquake show that the network structure of public buildings often work as seismic refuge and the field of disaster relief command. If we consider routine conditions of structure system only, rarely analysis the earthquake intensity against strong earthquake, even it is out of standard fortification intensity. This phenomenon would cause serious security hidden danger when we use it as a seismic refuge . So the study of elastic-plastic failure mode of this type of structure has the important disaster prevention and reduction meaning to design collapse performance under strong earthquake. Taking the sports practice hall structure model (roof structure square is 30 m×60 m, four cones grid structure, and the lower structure is steel frame structure) as the research object. The plastic hinge theory and the SAP2000 analysis software is applied to research the elastic-plastic time history analysis of the whole structure, and study the damage pattern and mechanism, the ultimate bearing capacity and ductility performance under the action of earthquake.

2 Structural design

The sports practice museum is going to be built in Taiyuan, Shanxi Province; the structure plane view size is 30 m×60 m, bearing place elevation is 12 m. Roof structure with four cones rack more point supporting in the lower frame structure. It has four slopes which is made by roof structure itself, 5% slope, grid size for 3 m×3 m, grid minimum height is 2.0 m. The lower frame structure is H steel column frame structure with columns. Structure layout is as shown in figure1.

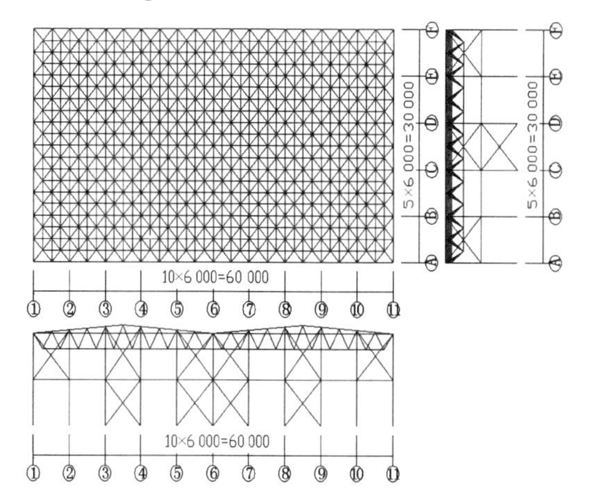

Fig. 1 Structure layout

Structure loads determination standard are: ①structure weight calculated by program automatically; ②the roof live load: 0.3 kN/m^2; Live load value = Max {roofing live load, snow load standard values}; ③the dead load take 0.65 roof kN/m^2 totally (roof board with colored steel roof 0.15 kN/m^2, support and continuous span purlin heavy take 0.15 kN/m^2, roof solar panels load 0.35 kN/m^2); ④Basic wind pressure 0.4 kN/m^2 support and continuous span purlin heavy take 0.15 kN/m^2, roof solar panels load 0.35 kN/m$^{2)}$; ⑤Basic wind pressure 0.4 kN/m^2.

The structure is designed firstly according to the official seismic fortification levels [8 degree (0.2 g)], Structure design standards of 50 years . Feature period value is 0.45 s. The damp is taken as Rayleigh with the damping ratio ζ=0.02. Elastic-plastic time takes 0.05.

The material adopts bilinear elastic-plastic material model, with density 7 850 kg/m; elasticity modulus 2.06 GPa; the Poisson ratio 0.3, and the yield strength 235 MPa.

Firstly structure design is made in SAP2000 according to the current national standard. All the rods which is part of network are designed as Axis force component and are considered as Bar element; columns are designed as Hydraulic components and are considered as Beam-column unit. The stress ratio of main stem is controlled in less than 1.0. The cross section sizes of top chords are ϕ140×6, ϕ89×4, ϕ76×4 and ϕ60×3.5; the lower chords are ϕ140×6, ϕ89×4, ϕ76×4 and ϕ60×3.5; the web members are ϕ89×4; Connecting rods are ϕ159×8; columns are H 500×400×12×18; and column bracing are ϕ159×8.

3 Dynamic elastic-plastic time history analyses

3.1 Initial conditions of time history analysis

Software SAP2000 is used in the this paper, and we choose a group of strong earthquake records EL-Centro wave, which is suitable for the Ⅲ kind of site, to research on the structure of elastic-plastic incremental dynamic time history analysis (IDA), duration for 19 seconds. The internal force and deformation status under the load of the constant load calculation and 0.5 times more snow are regarded as the initial conditions for analysis. The input of the seismic wave direction considers the combination of the input of X, Y and Z. One of the most unfavorable combinations is: 1.0 constant load⇒0.5 snow load⇒0.85 horizontal earthquake (X) + 1.0 horizontal earthquake (Y) +0.65 vertical earthquake(Z).

3.2 The definition of plastic hinge

In order to ensure the precision and computational efficiency, top chords, lower chords , web members , column bracing , and Connecting rods defined axial force hinge in the middle of them, it's number is 1 822; columns are all set of bending moment hinge in its terminals, it's number is 120.

This article uses the "yield force and the yield displacement" normalization method to define the "Generalized force-generalized displacement" curve of Axial force hinge Bending moment hinge adopts the coupling PMM hinge, considering axial force and bending moment of interaction, and that happened in the biggest plastic bending moment of point, hinge specified type elected bending moment curvature, hinge length default to 1, it is defined according to FEMA356.

3.3 The elastic-plastic dynamic response analysis under the action of EL-Centro wave

3.3.1 Plastic development and failure form

Dynamic incremental method is used to approach time history analysis of structure. When shock peak acceleration is lesser, structure has small elastic deformation; When peak acceleration reaches to 502 gal, structure enters into the elastic-plastic state and in top chord of ④axis found the first plastic hinge. The degree of structure plastic development reflected by quantity and distribution of all kinds of plastic hinge, with the increase of the peak-acceleration, the proportion of all kinds of plastic hinge is shown in table 1; we can see that: Fortified peak for 818 gal the dynamic response has convergence results, When it developed to 819 gal, the structural response was in divergent state (failure state), so the 818 gal can be the failure of seismic wave boundaries acceleration peak; fortified peak for 818 gal, the ratio of plasticity hinge appeared is 9.8%, at this time the proportion of plastic hinge appeared in all kinds of members is as shown in table 2; it shows that: bent stem and plastic hinge appeared much more in top chords and lower chords, plastic developed more fully . Acceleration up to failure boundary the distribution of all kinds of plastic hinge and deformation form of the stem is shown in figure 2–figure 5; Structure deformation forms of the failure is as shown in figure 6.

Table 1 The number of plastic hinge and ratio in EL-Centro wave

Plastic hinge stage	500 gal	502 gal	520 gal	600 gal	700 gal	760 gal	780 gal	818 gal
B–IO	—	1	2	2	9	18	28	34
IO–LS	—	—	—	4	5	10	19	35
LS–CP	—	—	—	—	—	—	—	—
CP–C	—	—	—	—	—	—	—	—
C–E	—	—	—	10	18	47	72	109
Overall scale/%	—	0.1	0.1	0.9	1.8	4.1	6.5	9.8

Notes: "—" said no plastic hinge; the number in the brackets said plastic hinge percentage of the structure.

Table 2 The number of plastic hinge and ratio in 818 gal

Plastic hinge stage	top chord	lower chord	web members	pillars	Between the columns support and tie
B-IO	10	13	—	11	—
IO-LS	9	26	—	—	—
LS-CP	—	—	—	—	—
CP-C	—	—	—	—	—
C-E	54	55	—	—	—
Overall scale/%	41	53	—	6	—

Notes: "—" said no plastic hinge; the number in the brackets said plastic hinge percentage in 818 gal.

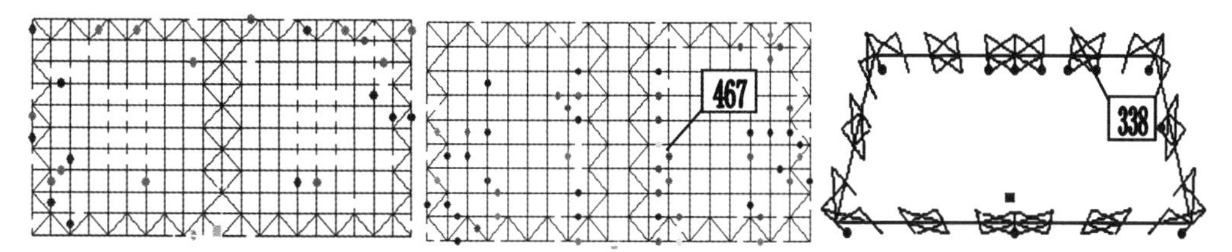

Fig. 2 Top chord's plastic hinge Fig. 3 Lower chord's plastic hinge Fig. 4 Pillars' plastic hinge

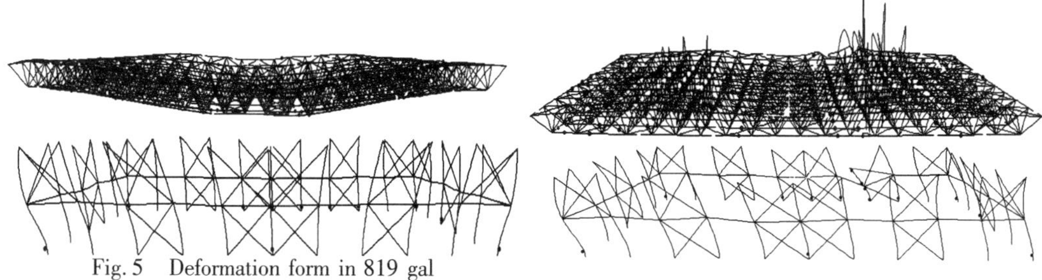

Fig. 5 Deformation form in 819 gal (enlarge 5 times+ 100 times)

Fig. 6 Deformation form in 819 gal (enlarge 5 times+100 times)

Table 3 Max node displacements of upper and bottom in the structure

Peak acceleration/gal	0	502	760	818
upper rack node's max displacement $U3$/mm	42	65	89	229
Bottom structure node's max displacement U3/mm	4	35	114	208
U3/L	1/7 500	1/462	1/337	1/34
U1/H	1/3 000	1/343	1/263	1/105

Table 4 The node's yield displacement ratio under the action of EL-Centro wave

seismic wave type	X+0. 85Y+0. 65Z		
	Peak acceleration/gal	absolute displacement value/mm	yield displacement ratio
EL wave	502	75	1.000
	760	112	1.493
	818	225	3.000

3.3.2 Dynamic failure type analysis

Along with the increase of the peak acceleration, nodes' maximum displacement of the network the lower supporting structure are shown in table 3 and figure 7 – figure 10, it shows that: The largest node displacement point of network is 467; the maximum displacement point of lower supporting structure is 338, and with the increase of peak acceleration and basic linear growth, local instability boundary is 760 gal; and failure boundaries is 819 gal; the overall destruction caused by local instability.

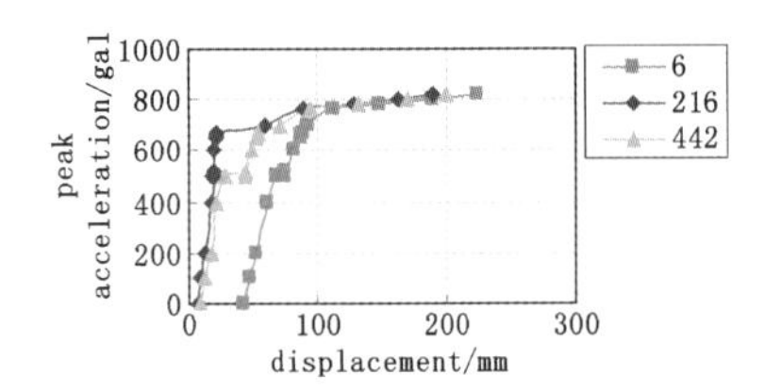

Fig. 7 Feature node's displacement-peak acceleration curve

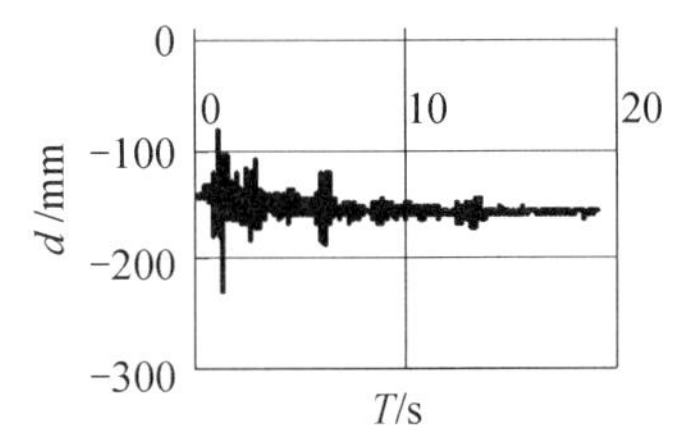

Fig. 8 467 node displacement-schedule curve at 818 gal wave

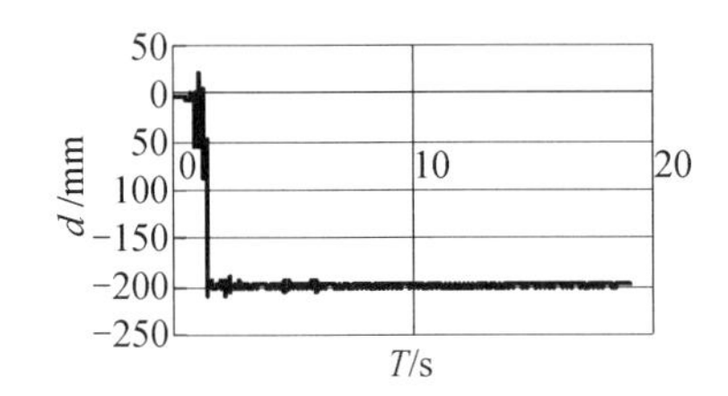

Fig. 9 338 node displacement-schedule curve at 818 gal

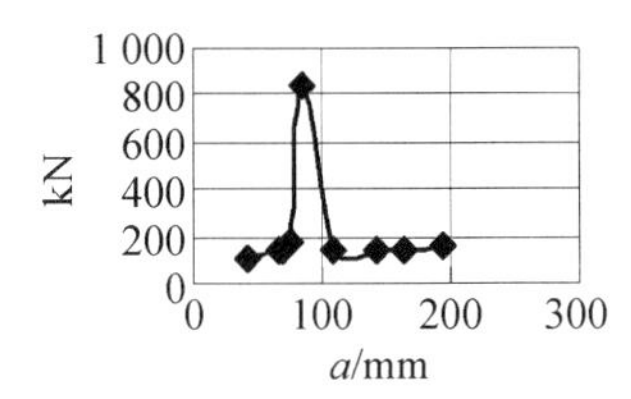

Fig. 10 Strength degradation curve

For the network structure in the strong earthquake, generally will have two failure modes: a continuous collapse (with the obvious brittle fracture characteristics), that is, due to the destruction of a small number of rods, resulting in the overall structure of a sudden failure at earthquake, characterized by displacement development is not obvious overall structure destroyed, its destruction, component of plastic deformation is not sufficient, the collapse of structural instability rather sudden, not give full play to the overall bearing capacity of structural element before the damage of the earthquake, and show a shorter duration; Another is ductile failure, the failure is due to most of the components of the overall network structure reaches the strength bearing capacity limit, plasticity and displacement full development has led to the weakening of the whole structure stiffness, eventually leading to structural failure, the failure characteristics of the overall structure apparent displacement of development before the damage, as well as most of the components went in plastic deformation, give full play to destroy the overall structural capacity, the corresponding strain, corresponding experienced the quake lasted a long time; but also the destruction of many network structure between consecutive collapse and ductile failure, is a result of structural decline in the overall structural stiffness because of plastic deformation development and second-order deformation after the destruction of a few bars combined result to geometric nonlinear together.

So based on the above analysis, the structure belongs to the destruction between progressive collapse and ductile failure, plastic development is more fully; a lot of components have reached the limit of their carrying strength when failure, failure position is rear column in axis; the overall structural failure is due to torsion failure of part of the network poles arising local instability.

3.3.3 Ductility performance

"The node's yield displacement ratio" represents the structure ductility under the action of earthquake; it is an index of earthquake energy dissipation capacity and the plastic levels of development of structure. "The biggest node's yield displacement ratio" refers to the ratio between the biggest node's displacement response value at different peak acceleration and the maximum node displacement when the first root pole pieces went into the plastic form, the bigger the node's yield displacement ratio is, the stronger ability of deformation is before destroying, the further plastic development is, and the structure under earthquake can absorb more energy. Conversely, the smaller the bigger the node's yield displacement ratio is, the weaker ability of deformation is.

Through calculation and statistical analysis, we can conclude that the node's yield displacement ratio of structure under the action of EL-Centro wave is as table 4shown: the structure yield displacement ratio in the combinations of three directions is 3.000, and the structure has certain consume earthquake ability.

4 Conclusions

(1) Node's maximum space displacement and vector height ratio is 1/34 when the structure is destructive under EL-Centro Wave in three directions. It shows that rods can play its plastic role in the time of structural damage. And the final destruction form is due to overall strength of the structure caused by part of network frame instability at the place of cross part of the chord and the ventral poles connected with them.

(2) The elastic plastic time peak acceleration is 502 gal, Local instability boundaries peak acceleration is 760 gal, strength failure acceleration peak is 819 gal. Structure yield displacement ratio is 1.493 and plastic hinge ratio is 3.9% when in local instability boundaries; while Structure yield displacement ratio is 3.000 and plastic hinge ratio is 9.2% when in local instability boundaries; it shows that structure has a certain plastic development; during the time the number and range of the plastic hinge is increasing, indicating that the structure has ability of consume earthquake energy.

(3) The identifying method of dynamic stability according to B-R standards and document shows that structure response characteristics Changes greatly when the load amplitude has small incremental lead to when great changes, structure can be regarded as instability failure, at this time the corresponding load is defined as the structure dynamic stability critical load; According to figure 7 "feature node's displacement-peak acceleration curvel, the structure is belong to instability failure, so we have to strengthen the structure stability and give full play to the strength of steel structure in design.

Acknowledgements

This project is financially sponsored by National Natural Science Foundation of China (50878137), Key Project Foundation of Shanxi Province (20080321086) and Shanxi Province Foundation for Scholar Returned From Abroad (2009-26).

References

[1] Li Haiwang, Zhao Hongsheng, Zhao Yanjing. Study on Planning for the indoor-earthquake-shelter in city and town[J]. Advanced Science Letters, USA, 2011(4): 2654-2665.

[2] GB5009—2001 Code for seismic design of buildings [S]. Beijing: China architecture & building press, 2006.

[3] GB50017—2003 Code for seismic design of buildings [S]. Beijing: China architecture & building press, 2003.

[4] GB50011—2010 Code for seismic design of buildings [S]. Beijing: China architecture & building press, 2008.

[5] Li Haiwang, Li Jianxian. The study on dynamic response of Steel truss arch under earthquake [J]. Science and Technology Information Development and Economic, 2007, 8: 4-146.

四、建筑节能与绿色建筑

新型生土建筑结构体系的改进及应用研究

赵晓霞　王孟琨　张佳睿
（北京建筑工程学院 土木与交通工程学院，北京 100044）

摘　要　生土建筑是一种古老的建筑形式，至今仍受到国内外关注。在能源危机、生态危机、可持续发展的大背景下，生态文明与地域文化给生土建筑提供了广阔的发展空间。但随着人类生活水平的提高，传统生土建筑因其存在的一些缺陷逐渐被人们遗忘。本文从生土建筑结构改造及合理化布局两方面进行分析，提出相应的解决措施，在提高生土建筑安全性的基础上，进一步改善人类居住的舒适性，为生土建筑能够重新广泛利用奠定了基础。同时本文针对新型生土住宅作为实体项目在中国西部的开发应用做出了相应的市场分析和可行性研究，这对生土建筑在我国西部及新农村建设中的推广具有积极的指导作用。

关键词　低碳节能；新型生土建筑；结构体系；可行性分析

1　引　言

当前，建筑业是能源极大的消耗者，并且随着城市化进程的不断加快，建筑垃圾产生也不断加快。在现有的建筑理念中寻求建筑业的可持续发展已成为了一个刻不容缓的课题。新型生土建筑结构体系是在传统生土建筑对地方性气候和环境条件的适应性的基础上结合近年来科研成果、改进结构设计、提高结构强度后提出的能满足农村城市化的需求并与自然环境和谐共生的新型生态建筑结构体系。

我们的研究旨在最大限度的保护当地原有自然和人文现状的前提下利用有限的自然资源和生存空间解决农村居民对生活方式和建筑形式的需求。解决西部经济发展较落后地区住房问题并为新农村住房改革提供新参考。解决现阶段乡村——特别是低收入农民的住房设计和建造过程中面临的重困难；让农民在安居的同时最大限度的保护生态环境，避免单一的城市化带来的负面影响。

2　生土建筑复兴推广的前景

20世纪后半期，随着全球认识到可持续发展和生态保护的重要，建筑同样要纳入可持续发展进程当中，生土建筑就是符合可持续发展的建筑结构形式之一。首先，生土建筑从产生到现在，发展出多种形式，与当地环境气候相适应，且经过历代人的演变，每一种建筑形式都带有本地浓郁的乡土气息，它即是生态的，也是本土的；其次，生土建筑材料基本取自当地，不含对人体健康有害的物质，生土建筑在建造和使用过程中不污染环境，房屋废弃后可将墙体拆除作为建筑材料再循环利用,这些符合生态环境良性循环;最后,生土材料热工性能好,隔声性能好,冬暖夏凉等特征提供了舒适的居住环境,以现代的建筑技术和材料科学为平台,进一步改进完善生土建筑的结构体系和物理性能,将会进一步提高人民的居住质量。

2.1　生土建筑在新农村住宅改造中的适用性

目前中国在大力推动新农村运动,随着农村经济的发展和农民生活水平的提高,农村每年会兴建、改建大量农村住宅,但由于缺乏合理的规划设计,布局分散、平面功能关系混乱、相关设施不配套,与农民现代化生活需求不相适应。而且,农村居民对过去老旧住宅改建的期望日渐提高,各种现代形式的房屋建造方式进入农村。其中不乏对环境造成污染,或所选用材料高排碳高耗能,单纯以较低的建造成本为竞争手段的建造形式。这些房屋在建造使用过程中所造成的污染,以及废弃后对土地、生态造成的负担十分令人担忧!

反观这么一个例子,中国西安建筑科技大学在陕北黄土高原所设计建造的现代化生土窑洞,使采暖能源节约 60% 以上。而且由于技术简单,成本低廉使得一般百姓争相模仿学习而广为流传。在社会主义新农村的住宅改建的部分,在部分地区其条件适合的情况下可积极推广新型生土住宅。例如交通偏远运输不易的地区、居民劳动力充足,且劳动成本较低的地区、当地原生材料丰富的地区,甚而是具有发展当地人文景观等特殊条件的地区等等,都极适合发展此种具有建筑与环境紧密关联的建筑形式。

2.2　生土建筑在西部大开发中的适用性

在西部大开发“十二五”时期的奋斗目标中特别提出要加大农业农村建设投入力度,切实改善农民生产生活条件,建设农民幸福生活美好家园。西部大开发战略的实施将对西部地区发展带来巨大的经济活力与发展动力,随着西部大开发的实施,西部地区退耕还林,移民搬迁,改善居住条件,解决农村建房已成为生态环境建设中亟待解决的内容。

新型生土建筑扎根于西部原有的建筑体系,秉承环保,廉价,促进区域发展的准则,来改善西部住房现状。以新的居住理念、新的建造技术、新的生土建筑体系来引导西部地区农村建房,从而走向人居环境的可持续发展。新型生土住宅规避了传统建筑行业给当地带来的种种环境破坏,在保护当地生态环境的基础上给居民创建一个更便利,舒适的家。从生态文明的角度,以对土地的尊重、对自然的尊重、对社会的尊重进行村镇规划,重构西部地区乡土建筑文化.在现有基础上发掘、整理、研究西部地区各民族的地域建筑精华,与生土建筑相融合,保护性地开发一批乡土建筑群落,为西部地区独具特色的旅游业增加产业附加值,具有广阔的市场前景。

2.3　生土建筑在灾后重建中的优越性

我国地震频发的地方大都为山区,由于地域限制,当地经济基础本身就十分薄弱,人民生活水平较低,震害加剧了当地人民的生产生活负担。生土建筑由于便于就地取材,可充分利用地方建筑材料,劳动强度低,劳动力投入少等,每平方米造价比砖混结构低 2 ~ 3 倍,较适合当地经济状况。震后人民积极投入抗震自救中,抢回震毁房屋可回收利用材料,低造价使灾后重建甚至灾后自救成为可能,且建造时工期短,可使灾民尽快恢复正常的生活和生产。故生土建筑以生态保护为基础,以提高居住环境和居住质量为目的,符合可持续发展内涵,在灾后重建中的村镇有很大的发展潜力。

3 生土建筑复兴推广的措施

3.1 生土建筑自身改进措施

为了能使生土建筑重新回到人们的视野中来，克服传统生土建筑材料强度低、抗震性能差、体量小、采光通风不佳等天然缺陷。我们从生土材料入手，改善配合比，加强材料自身强度，并在基础、墙体、圈梁、屋盖系统等处采取更安全的构造措施，来保证抗震性能。同时针对传统生土建筑舒适度较低的弊端，从建筑体量、通风、采光几个方面做出改进。从源头扭转人们认为生土建筑不再适应现在住房需求的观念。

3.1.1 新型生土建筑体系对于结构强度的改进

生土建筑在人们的印象中通常显得非常脆弱，强度较低。我们在分析了地震后生土建筑的破坏形式后发现，生土建筑出现的问题主要是由生土材料的抗弯、抗剪抗折强度很低、整体性差以及结构设计不合理、施工不规范造成的，因此我们在新型结构体系中对于生土材料进行了研究改良，在传统生土房土料的基础上根据当地土壤特性添加沙石、黏土、秸秆、稻草、熟石灰、动物粪便等掺合料制成复合型生土材料。

改型生土材料还在很大程度上克服了收缩变形大，与木材难以紧密结合的缺点，使生土建筑与木框架建筑相结合。生土墙体材料在提高土地力学性质、增加密实度、提高抗风化能力的基础上，协调生土墙体材料力学性质、热湿性、耐久性三者之间的关系，使生土材料的缺陷尽可能的在力学指标上得到了改善。通过生土材料的复合型改造，其力学性能和物理性能可以保证生土建筑长期稳定使用而不破坏。改性后生土墙体材料的耐久性达到国家标准要求，不但有利于改善室内居住环境、节约能源，还降低建筑物的使用成本。

3.1.2 新型生土建筑体系对于结构抗震的改进

为了提高房屋抗震性能，生土建筑应当避免建在陡坡前、黄土边坡前缘及不稳定岩石与倒石堆前等危险区或不利区建造。其次，重视地基处理。我们基于对于西部大部分地区地质条件的考察数据，推荐在生土建筑中使用毛石条形地基，这样可以在很大程度上减小地震作用中地表不均匀沉降对房屋造成的破坏。最后在保持传统建筑风格的同时，注意采取有效的抗震设计措施，加强承重木架各接点的联结强度及牢固程度，改善承重墙体受力条件，增强土坯墙以及土坯拱窑拱顶强度和稳定性。结构平立面设计时应尽量使承重系统各节点受力合理、均匀，外形匀称规则，尽量避免局部性突变，横隔墙强度分布要均匀合理，避免地震过程中局部地震力集中或强度降低过快而造成破坏。

下面列举出重要几点，需要特别注意。

(1)基础。由于生土墙遇水软化，强度降低，因此，生土墙的基础宜使用平毛石、毛料石、凿开的卵石、黏土实心砖等材料，采用混合砂浆或水泥砂浆砌筑，也可采用灰土墙基础；同时基于对于西部大部分地区地质条件的考察数据，推荐在生土建筑中使用条形地基，这样可以在很大程度上减小地震作用中地表不均匀沉降对房屋造成的破坏。

(2)墙体。在墙体砌筑中应使用施工简单，整体性好、结构强度大、抗震性能高的夯土墙。土和掺合料要求干态拌和，然后加水浸润，加水量的大小应视原始含水量确定，土料的最优含水率可通过土工试验的击实试验确定，当无试验条件时，可按经验确定，方法是用手抓取土料，手握能成团，松手让成团的土料自由落地，土团落地散开即可。

夯土墙使用“板筑法”进行施工。夯土墙竖向和水平交接处，都是受力薄弱环节，应分层交错夯筑，均匀密实，不应出现竖向通缝。纵横墙应同时咬槎夯筑，否则应留踏步槎。

且宜沿墙高每隔500 mm左右放置一层竹筋、木条、荆条等编织的拉结网片，每边伸入墙体应不小于1 000 mm或至门窗洞边，拉结网片在相交处应绑扎；或采取其他加强整体性的措施。

(3)室外散水。在室外做散水便于迅速排干雨水，避免雨水积聚导致墙角受潮剥落，削弱墙体截面，降低了墙体的承载力。同时应在墙体从基础顶面至室外地面以上500 mm及室内地面以上200 mm应采用混合砂浆砌筑的毛石、片石或砖砌体，并应采取防潮隔碱措施，墙面应用草泥抹灰作面层。

(4)圈梁。在墙的适当位置设置木圈梁或较高强度砂浆砌筑的砖圈梁，可以加强房屋的整体性和稳定性，还可把上部荷重较均匀地传递到墙上去，减少和抑制生土墙体的干缩裂缝，以及由干缩引起的不均匀沉降，从而提高房屋的抗震能力，是抗震的有效措施。

与墙体用钢筋连接牢固，可以有效地约束墙体，使开裂后的墙体不致倒塌，从而提高房屋的整体变形能力。钢筋砖圈梁与砖构造柱可以提高墙体平面内刚度和变形能力。

(5)屋盖系统。生土结构房屋宜优先采用双坡屋顶，不宜采用单坡屋面。因为单坡屋面结构不对称，地震时前后墙的惯性力相差较大，易破坏。

当生土结构房屋采用木屋架时，在屋架下弦应设不少于三道水平系杆，加强屋架间的联系。若为硬山搁檩屋盖，应在屋檐高度处设置不少于三道的纵向通常水平系杆，加强横墙之间的拉结，增强房屋纵向的稳定性；水平系杆与横墙、山墙应通过墙揽连接牢固，屋架下弦、木、木梁也宜用墙揽与墙体拉结，

生土房屋的振动台试验表明，山尖墙之间或山尖墙和木屋架之间的竖向剪刀撑具有很好的抗震效果，有效地提高了房屋的整体刚度，加强了端屋架与内屋架或山墙与内横墙之间的联系，并且在水平地震力作用下，使整个屋盖体系共同工作。

3.1.3　新型结构体系对于建筑舒适度的改进

我们通过对传统生土建筑的综合性分析，结合国内外优秀生态建筑生土建筑的范例，对于生土建筑物的居住环境进行了一定程度的改良，使其能在满足人们的生活舒适性要求的同时继续发扬生土建筑在节能减排、环境保护上的特点。下面从建筑体量、采光和通风三个方面进行分析。

(1)建筑体量。在传统的生土建筑结构体系中，由于土体的抗弯、抗剪强度较弱，所以造成建筑体量受到限制，层高较低、开间进深较小，外观直接受到影响，给人以低矮、狭窄、简陋的直观印象。在我们改进的建筑结构体系中，通过改良土体材料的特性，增强其抗弯、剪强度，使其能够将各单元的面积扩大，增加建筑高度，再加以现代化的外部装饰设计手法，使其从建筑体量上能够符合人们对现代化建筑的要求。

(2)采光。我们通过对于同一个面上采光口位置的移动、大小的变化及多个采光口有规则地组合的方式来影响室内空间效果、增加空间秩序感其次，增加室内采光量，使室内外空间的分割变弱，做到建筑与环境的统一，进而改善传统生土建筑在人们心目中阴暗、潮湿的视觉感观。

(3)通风。将热压通风与风压通风相结合(图1)。当热压和风压共同作用时，在下层迎风侧进风量增加了，下层的背风侧进风量减少了，甚至可能出现排风；上层的迎风侧排风量减少了，甚至可能出现进风，上层的背风侧排风量加大了；在中和面附近迎风面进风、背风面排风。通过这样的改造，生土建筑的通风得到了明显的改善，以往的潮湿和污浊感可以说是不复存在。

3.2　生土建筑市场开发措施

目前，新型生土建筑应用尚在襁褓，如何推广到市场中去是首要问题。为增强新型生土建筑的市场认可度，首先从相关资格认定

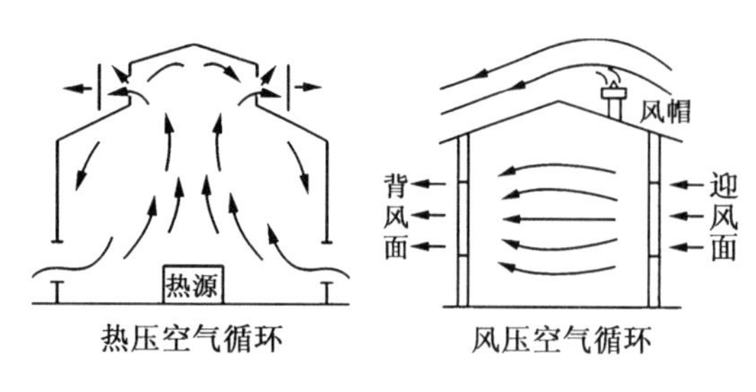

图1　热压与风压空气循环

单位获得生土住宅质量保证书。再通过对夯土配合比与生土建筑结构设计软件两项技术申请专利，增强持有技术的可靠性。在当前我国大力发展中西部，建设新农村的前提下，应借着这股东风，与西部农村适合发展生土住宅的村镇地区政府合作，在合理的情况下将建设生土住宅融入村镇发展远景规划中去，借助政府的力量减小开拓市场的阻力，降低一部分市场发展的风险。相信在这些前提下，初期市场开拓阶段后，新型生土建筑能够得到消费者的信任，拥有一部分市场。

销售：除了传统的端对端直销模式，还要与当地政府接洽，争取与当地政府达成合作，建造一个"生土住宅"示范村。以点到面，向更大范围推广生土住宅。建议在第一年及后期建立试点村时，可以采用价格优惠政策，在原有价格的基础上优惠20%。每套生土房的建造成本约为两万元，原价按三万价格向外售出，优惠后以两万多的价格售出，保本扩大经营。

在销售过程中与业主紧密联系，随时关注客户对生土住宅的需要，提供免费服务。从销售对象中，寻找潜在客户。建立完善的信息交流反馈渠道，做好质量、服务的反馈信息处理，根据客户需要不断调整和生产相应产品；与顾客建立长期服务业务，保持长期良好的合作关系。

宣传：基于目前国内广告费用偏高，而且对于建造技术类广告一般不予报道。所以采取的宣传方式以实体工程建造案例为主，公关人员负责联系村长、村支书等有关人员，对于需要改造的工程本公司以价格优惠作为吸引亮点。通过完成后的成品向社会各界展示生土建筑的优势，让人们逐渐接受节能环保的新型生土建筑。

网络作为现代交流通讯的第一平台，应当被合理应用，通过建设网站。全面展示公司理念、公司现状、公司战略、公司产品等。建立与客户的双向交流板块，在线解决客户问题，并接受网上订单等。在中国建筑网、建筑论坛做广告宣传，并交换链接。同时可以在网络上进行生土技术的宣传与推广，促进生土技术发展，从而使更多的人了解到生土技术。

多参与院校学术性发展论坛，在业内取得更广泛的认同。定期以生土住宅知识形式制作彩印、宣传手册，内容涉及生土技术业相关知识、权威部门认证、最新的产品动态及建筑行业低碳环保新理念。并免费的发放给相关建筑公司。

4　生土建筑复兴推广可行性探究

据考量试点村住户总数约为300户，其中30%的住户，即90户有盖房意愿，20户选择了新型生土木结构住宅。以此为基础进行生土公司财务分析。预计第一年在试点村建20套新型生土住宅，按优惠价格两万元每套售出。第二年在试点村内部及周边继续推广，计划建30套，恢复原价三万元售出。第三年扩大范围在周边地区建立新的试点村，预计建50套，继续优惠政策。从第四年开始，预计每年建200套，以原价出售。预计五年资产负债表见表1。

从利润与利润分配表可知，公司前三年将处于负盈利阶段，不过每年进账能够保证资金流持续，亏损较低可以承受，在没有其他冲击的前提下公司可以正常运转。从第四年开始，公司进入良性循环阶段。

表1　预计五年资产负债表（单位:万元）

项目	第1年	第2年	第3年	第4年	第5年
资产					
流动资产	240	240	240	210	210
固定资产	10	10	10	20	20
减:累计折旧	1.9	1.9	1.9	1.9	1.9
固定资产净值	8.1	6.2	4.3	18.1	16.2
无形资产	50	50	50	80	80
减:无形资产摊销	4.75	4.75	4.75	4.75	4.75
无形资产净值	45.25	45.25	45.25	75.25	75.25
资产总计	293.35	291.45	289.55	303.35	301.45
负债					
流动负债	75.00	90.00	115.00	251.40	251.40
所有者权益					
实收资本	300	300	300	300	300
未分配利润	(35.00)	(6.73)	(20.80)	102.01	102.01
所有者权益合计	265.00	293.27	279.20	402.01	402.01

运营能力如图2所示。可以看出公司进入第四年后,总资产周转率和流动资产周转率均达到较高的水平。

流动资产周转率反映流动资产的周转速度。周转速度快,会相对节约流动资产,等于相对扩大资产投入,增强企业盈利能力。总资产周转率反映资产总额的周转速度,周转越快,反映销售能力越强。

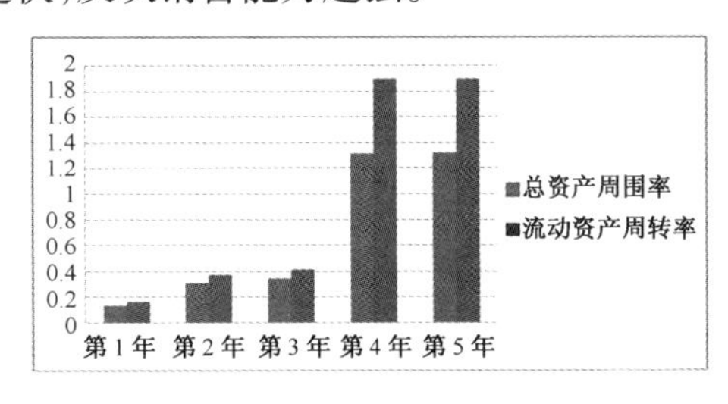

图2

盈利能力如图3所示。公司进入第四年后各项盈利能力指标均达标,且能保持稳定。

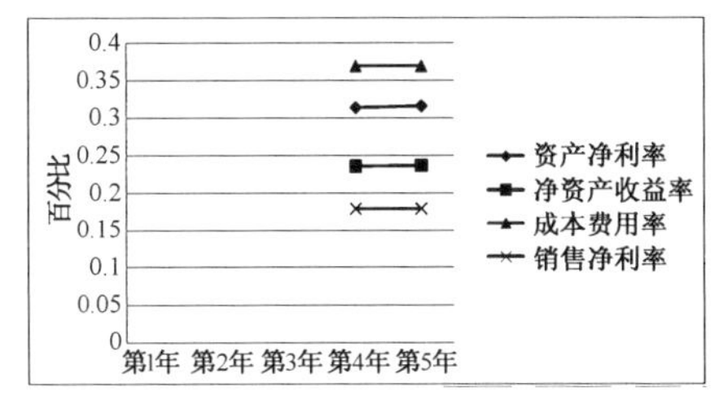

图3

5　结　论

生土建筑在生态平衡、自然景观、合理取材、构筑工艺、节约能源等方面有着其他民居不可比拟的优势。在今后相当长的时间内,仍将是国内外备受关注且广为采用的一种建筑形式。本文简要归纳了生土建筑的优点和缺点,并提出相关改良意见。在保留特有生态优势的基础上使其适应现代生活需求,同时本文探讨了新型生土建筑重新推广中会遇到的问题,并提出解决措施,相信将来生土建筑会继续广泛使用,成为富有地域特色的建筑而长盛不衰。

参考文献

[1] 王军, 吕东军. 走向生土建筑的未来[J]. 西安建筑科技大学学报(自然科学版), 2001(7):31-36.

[2] 王沛钦, 郑山锁, 柴俊, 等. 走向生土建筑结构[J]. 工业建筑, 2008, 38 (3): 5.

[3] 王毅红, 苏东君, 刘伯权, 等. 生土结构房屋的承重夯土墙体抗震性能试验研究[J]. 西安建筑科技大学学报(自然科学版), 2007, 39 (4): 6.

[4] 冯薇, 刘燕德. 生土结构农房抗震设计[J]. 安徽农业科学, 2008, 36 (32): 2.

[5] 王毅红, 王春英, 李先顺, 等. 生土结构的土料受压及受剪性能试验研究[J]. 西安科技大学学报, 2006, 26 (4): 5.

[6] 李文霞. 浅谈生土住宅——农村夯土住宅 [J]. 中国对外贸易(英文版), 2010(24):12-16.

[7] 刘军, 褚俊英, 赵金波, 等. 掺和料对生土墙体材料力学性能的影响[J]. 建筑材料学报, 2010,13(4):108.

[8] 王赟, 张波. 生土建筑在灾后重建中的应用研究[J]. 世界地震工程, 2009, 25 (3): 3.

[9] 张方, 杨青. 浅析中国生土建筑[J]. 山西建筑, 2007, 33 (34): 2.

[10] 刘正虎, 熊海贝, 陈迪. 轻型木结构建筑中组合木构件研究进展 [J]. 结构工程师, 2010, 26(6):11-16.

[11] 李硕, 何敏娟. 轻型木楼盖抗水平力研究进展[J]. 结构工程师, 2010, 26(3):21-26.

[12] 康加华, 熊海贝, 何敏娟. 都江堰向峨小学木结构校舍结构设计简介[J]. 结构工程师, 2010, 26(3):12-17.

用绿色施工技术促进土木工程可持续发展

杨　洋[1,2]　徐天妮[1,2]

(1. 兰州理工大学 防震减灾研究所,甘肃 兰州 730050;

2. 兰州理工大学 西部土木工程防灾减灾教育部工程研究中心,甘肃 兰州 730050)

摘　要　土木工程与人们的生活息息相关,在社会发展历程中,土木工程扮演了一个很重要的角色,它在很大程度上促进了一个时代的进步。本文从土木工程与可持续发展的关系入手,分析了土木工程建设中实施绿色施工的重要性,总结了我国工程施工阶段实施可持续发展的现状,提出了土木工程绿色施工和可持续发展的对策思考,以及对未来土木工程施工的期盼,目的在于推动建筑行业的绿色施工,为建立资源节约型环境环境友好型社会做出应有的贡献。

关键词　土木工程;绿色施工;可持续发展

1　引　言

我国真正意义上的现代土木工程建设从20世纪50年代开始起步以来,发展迅速,尤其在改革开放以后,各种大型工程犹如雨后春笋般涌现在中国大地的每个角落。但是施工建设也不可避免地给环境带来了不利影响,如施工和拆除产生的废弃物在填埋废物中占较大比重;在建设过程中产生的灰尘、微粒和空气污染会引起健康问题等,由此引发的一系列社会问题也摆在了土木工程建设者的面前。可庆幸的是,在经济建设飞速发展的同时,建设工程项目管理的理念也在不断发生变化,如可持续的发展观寻求经济发展、环境保护和社会公平等三种关系的平衡,体现在建筑业中,强调要用环保的、清洁的技术,以及更高效的管理来取代或革新传统的生产方式。这就意味着要减少对不可再生材料和能源的大量使用;意味着要创造新材料、发明新技术,以便更有效地使用可再生和不可再生资源等。2003年11月,北京奥运组委环境部门起草了《奥运工程绿色施工指南》有效地推动了绿色施工,随着奥运会建设项目绿色施工的实施,在建设领域也掀起了一股绿色施工的浪潮。胡锦涛总书记在十七大报告中指出,要促进国民经济又好又快发展,加强能源资源的节约和生态保护,增强可持续发展的能力。对于土木工程建设者而言,可持续发展之路也迎来了一套全新的机遇和挑战,建设者们在组织施工时,在保证质量、安全等基本要求的前提下,已经开始考虑如何通过科学管理和技术进步,最大限度地节约资源并减少对环境负面影响的施工活动,实现节能、节地、节水、节材和环境保护。作为21世纪土木工程建设者的接班人,我们更应该理解绿色施工的内涵,树立绿色施工的意识,促进土木工程建设的可持续发展。

2　绿色施工的现状

绿色施工是可持续发展在工程中的应用体现,是绿色施工技术的具体用运。现在的施工单位为了满足政府和大众对绿色施工,保护环境、减小噪音、节约能源的要求,提高自身现象,一般均会采取相应的措施,尤其在政府要求严格、大众环保意识较强的城市，施工单位采取的措施还是比较可行和有效的。但是大多数施工商在实施绿色施工时是比较被动和消极的，还不能积极主动的采用适当的技术、规范的方式从事绿色施工。例如2008年汶川大地震后，大多数房屋倒塌或严重损坏，给人们的生命安全和社会财富造成了严重的损害，也造成的大量的建筑废弃物，施工单位并没有积极采取建筑废物再利用的措施，没有以规范的方式从事绿色施工并且造成了大量资源的浪费。

另外大多数承包商没有用运成熟的技术和高新技术充分考虑施工的可持续发展和，绿色施工技术并没有随着科技的进步而得到充分的应用，施工企业并没有把“绿色施工”施工能力作为企业综合竞争后来的体现，并未用运科学的管理方法做到资源和环境的保护。作为新一代建设接班人，我们要积极倡导绿色施工的可持续发展理念，如何在施工中真正意义上做到可持续发展将是我们一直探索的问题。

3 绿色施工的主要途径

3.1 提高全社会绿色施工意识

为规范建筑行业现行施工方式转向绿色施工，应进行广泛的教育、宣传，引导建筑行企业和社会公众提高绿色施工的认识，增强社会责任感。目前人们对绿色建筑的认识仍然不足，缺乏系统科学的绿色施工知识体系在项目施工中的运用，对施工过程的可持续发展不够重视。应进一步加强全社会的绿色施工意识，使其充分认识到绿色施工的重要意义。所以，应对工程技术人员强化专业素质，尽可能在施工中采用绿色施工技术，将所学、所思、所悟应用到工程建设中，争做施工过程中可持续发展的领跑者。对于建筑一线工人，要重视对他们进行绿色施工技术的培训，保证绿色施工的实施。而承包商也应建立和健全企业绿色施工管理体系，形成一个自上而下的绿色施工机制。

3.2 绿色施工以质量为核心

当查阅了大量相关学术资料后，发现对于绿色施工并没有提及施工的质量问题。工程质量关系着人民生命财产安全，是国计民生的大事，建设放心工程才是施工的一切目的和核心，才是一条绿色的、可持续的发展道路。施工质量的关键环节是施工过程，为提高绿色施工过程，首先应做到提前准备充分，土木工程施工规模大、投资多、生产周期及使用周期长，在前期统筹规划，科学布局尤为重要，不能因为前期准备不足而带来不必要资金和资源浪费。其次，项目管理要合理，管理者要严格把守质量关，恪守职业道德，坚持原则，严格按照设计要求和国家规划施工。另外，不能盲目赶工，如果违反正常施工规律，盲目提前工期，给工程控制带来很大困难，甚至出现质量事故。

4 节约资源

4.1 节约土地

施工现场临时设施建设禁止使用黏土砖；土方开挖是要采用先进的技术措施，减小土方开挖量，最大限度减小对土的扰动。

4.2 节 能

建设项目通常要大量能源，减少资源消耗，节约能源，提高效益是可持续发展好的基本观点。节约能源主要有以下几方面内容：

(1)优先使用国家、行业推荐的节能、环保、高效的施工设备、机器。

(2)节约电能。用电电源处设置明显的节约用电标志，同时施工现场要建立用电维护和管理制度；充分利用太阳能，现场淋浴可以太阳能淋浴，减少电能的利用；利用声光传感器照明灯具。

4.3 节 水

(1)提高用水效率:施工现场水路官网布置合理、简洁,设置计量装置,选用节水型水龙头,避免长流等浪费现象。

(2)循环水利用:工地设置循环用水装置,在可能的场所重新利用雨水或回收废水,沉淀后用于喷洒路面或是养护施工设施,实现废水的循环利用,减少水的利用。

4.4 节约用材

(1)使用绿色材料,积极推广新材料、新工艺、促进材料的合理使用,节省实际使用材料的用量。

(2)可回收资源的利用是节约资源的主要方法。主要体现在两个方面,一是使用有可再生成分的产品和材料,这有助于将可回收部分从废弃物中分离出来,同时减少了原始材料的使用,即减少了自然资源的消耗;二是加大资源和材料的回收利用、循环利用,如每施工一万 m^2,产生建筑垃圾 500 ~600 t,而这些垃圾都可以通过填埋铺路等方式回收重利用,废砖石经过回收加工,可以做要求不高的地面材料和填充材料,也可筑路或重新制砖等。

(3)根据施工进度、材料周转时间、库存情况等制定采购计划,并合理制定采购数量,避免采购过多或造成剩余浪费。

5 保护环境、减少场地干扰

绿色施工强调绿色环保意识,采用先进的工艺技术和设备,在保证建筑工程质量、成本、功能的前提下,最大限度地减少施工废弃物。另外施工过程中会产生大量灰尘、噪音、有害气体等,对环境造成严重的影响,也将有损于场地工作人员和周围公众的健康,因此施工过程中减小对环境污染是绿色施工的基本原则,要强调对灰尘、噪音、有害气体的控制,以及对周围环境的保护;合理安排施工时间,实施封闭式施工,以防止施工扰民,形成一个“绿色方式”的施工环境。

6 绿色施工的展望

在土木工程领域,以绿色施工实施可持续发展战略,既是机遇又是挑战。自上世纪80年代以来发达国家进入循环经济时代,其施工企业也相应实施绿色施工。为了促进企业实施绿色施工,日、美、德等发达国家,都制定了相应的法律法规,对具有绿色施工能力的企业进行奖励。随着可持续发展理念成为全世界的共识,绿色施工技术也随之成为世界施工技术发展的必然趋势。随着我国建筑业的发展和人们对环境保护意识的日益增强,施工过程中的资源浪费现象和施工活动造成环境污染问题也越来越为人们所重视。21世纪是生态建设的世纪,企业的竞争不仅是质量、成本、进度等方面的竞争,而且是生态环境保护方面的竞争,积极主动的把绿色施工能力作为企业竞争里予以培养和完善,降低能源消耗、提高资源利用率,创造良好的使用环境,做好土木工程健康监测加强结构的维护和保养,对拆除废物进行综合再利用,对土木工程可持续发展来说具有明显而深远的意义。在第十二个五年规划的机遇期,我们能够将绿色施工不断推进,在努力在可持续发展综合国力上占优势,为自身生存和国家长远发展奠定更为您牢靠的基础和保障,为提高我国国际地位和人类发展做出重要贡献。

7 结 语

实施绿色施工是可持续发展思想在工程施工阶段的应用,对促进建筑业可持续发展具有重要意义。绿色施工涉及到与可持续发展密切相关的生态与环境保护、资源与能源利用、社会与经济发展问题，是绿色施工技术的综合运用。作为未来的土木工作者，我们应该看到我国土木工程事业与世界一流水平还有一定差距，为建设资源节约型、环境友好型社会作贡献，要秉持可持续发展的原则，推行可持续发展的绿色施工技术，实现建筑行业的良性循环，使绿色施工真正进入我们生活，实现土木工程的建设与生态环境和谐发展。

我们将不断提升能力，鼓足干劲，与其他同学一道，走出一条自主创新、可持续发展的有中国特色的土木工程发展之路，共同将我国的土木工程事业推向新的高潮！

致　谢

本文的研究得到了西部土木工程防灾减灾新技术新人才基金（“双新”基金）本科生课外创新研究项目的资助，基金项目编号为WF2012_U3_01。指导教师杜永峰教授在选题给予细心引导，并在研究过程中给予鼓励；杨林峰老师整个过程中做了精心指导并且提出了宝贵意见，在此一并表示衷心感谢。

参考文献

[1] 朋改非. 土木工程材料[M]. 武汉：华中科技大学出版社, 2008.

[2] 周敬宣. 环境与可持续发展[M]. 北京：化学工业出版社, 2005.

[3] 庄惟敏. 建筑的可持续发展应用实践探讨[J]. 建筑学报, 2008(6):77-79.

[4] 叶志明. 土木工程概论[M]. 北京：高等教育出版社, 2008.

[5] 王利平. 土木工程概论[M]. 北京：科学出版社.

[6] 王有为. 中国绿色施工解析[J]. 施工技术, 2008,37(6):1-6.

绿色施工技术在高层建筑工程当中的应用

杨富龙

（中南大学 土木工程学院，湖南 长沙 410075）

摘　要　当今社会，结合土木工程环境的保护，工程资源的合理分配，工程施工的“绿色化”，才会有效的推进我国土木工程可持续发展。21世纪，土木工程的绿色施工和持续发展成为时代对其的要求，且责无旁贷。目前，高层建筑以投入少、产出多的优势，已成为世界土木建筑发展的主要趋势。因此，重视和研究高层建筑物的施工问题已成为今后土木建筑可持续发展的当务之急！在高层建筑施工中应采用绿色施工手段，实现工程的绿色发展和持续发展。从绿色施工和高层建筑持续发展的现实意义上看，是相辅相成的，只有实现了绿色施工才能达到高层建筑持续发展的目的。

关键词　土木工程；绿色施工技术；高层建筑；可持续发展

1　引　言

作为跨世纪的一代，这一大好形势为我们提供了空前难得的施展才干、向国际水平冲击的良好机遇。同时，我们也深深感到，现在是一个“机遇”与“挑战”并存、“合作”与“竞争”交织、“创新”与“循旧”相争的时代，如何把握世纪之交时土木工程学科的发展趋势，开创具有中国特色、具有国际一流水平的土木工程学科的新纪元，是对我们跨世纪一代人的严峻挑战，在土木工程的各项专业活动中都应考虑可持续发展这些专业活动。近些年城市建高层建筑已成风气，施工者往往贪大求高，大部分精力放在追求立面形式和使用功能上，而往往忽略高层建筑工程绿色施工的理念，在项目建设的全过程中，对施工阶段的可持续发展缺乏重视，造成高能耗、高污染、低效益的负面影响。因此，从某些方面看，绿色和持续是统一的。

21世纪是生态建设的世纪，企业的竞争不仅是质量、成本、进度、服务等方面的竞争，而且是生态环境保护的竞争、企业绿色形象的竞争。积极主动地把绿色施工能力作为企业的竞争力予以培养和完善，充分运用科学的管理方法，采取切实可行的行动做到保护环境、节约能源，将成为建筑施工企业的必然选择。2008年北京奥组委为加强和规范奥运工程的施工管理，贯彻“绿色奥运”的理念，依据国家和本市的有关法规、标准，以及申办奥运时的承诺，特制定《奥运工程绿色施工指南》。随后建设部发布《绿色施工导则》，对全国建筑施工单位提出和要求，北京市政府随后也出台了北京市绿色施工办法，这样就为中国其他省份开了好头。所谓高层建筑工程绿色施工是将施工中的各个环节规范化管理起来，利用环保的思想使之实现“绿色环保”同时增加建筑物的使用周期。绿色施工的核心思想包括了：施工管理环保化、施工过程环保化、节约材料、节约资源、节约水资源、降低能耗等环节。绿色施工是一项系统化的工程管理实践，其目标就是将每个管理岗位都统一到绿色施工的管理思想下，并以此杜绝施工中各种“高耗能、高耗材、高废弃”现象的出现，单单从降低消耗、节约成本的角度看，绿色施工对未来高层建筑工程的发展也是有十分巨大的影响。因此,高层建筑的绿色施工必须受土木施工者的重视,并且应努力树立可持续发展的建筑观和施工观,推行有效利用自然资源,如太阳能、自然通风、节能技术、材料循环利用等的设计和施工技术,降低施工流程中的各种能耗和对环境的污染,提高技术水平和管理水平,实现现代高层建筑的绿色施工以保障生态系统的良性循环为原则,真正使绿色高层走进人们的生活,让人们享受“绿色”所带来的不一般感觉。

本文以高层建筑工程与可持续发展的关系为依托,分析了当今社会高层建筑工程的可持续发展现状。从高层建筑工程绿色施工原则,施工要求,施工的措施和路径,绿色工程的实现和绿色建筑案例方面,提出了推进高层建筑工程的绿色施工与可持续发展的对策思考。

2　高层建筑绿色施工的原则

2.1　施工结合气候

承包商在选择施工方法、施工机械,安排施工顺序,布置施工场地时应结合气候特征。这样可以减少因为气候原因而带来施工措施的增加,资源和能源用量的增加,有效的降低施工成本;可以减少因为额外措施对施工现场及环境的干扰;有利于施工现场环境质量品质的改善和工程质量的提高。承包商要想做到施工结合气候,首先要了解现场所在地区的气象资料及特征,主要包括降雨、降雪资料,如:全年降雨量、降雪量、雨季起止日期、一日最大降雨量等;气温资料,如年平均气温、最高、最低气温及持续时间等;风的资料,如风速、风向和风的频率等。施工结合气候的主要体现有:

(1)承包商应尽可能合理的安排施工顺序,使会受到不利气候影响的施工工序能够在不利气候来临时完成。如在雨季来临之前,完成土方工程、基础工程的施工,以减少地下水位上升对施工的影响,减少其他需要增加的额外雨季施工保证措施。

(2)安排好全场性排水、防洪,减少对现场及周边环境的影响。

(3)施工场地布置应结合气候,符合劳动保护、安全、防火的要求。产生有害气体和污染环境的加工厂(如沥青熬制、石灰熟化)及易燃的设施(如木工棚、易燃物品仓库)应布置在下风向,且不危害当地居民;起重设施的布置应考虑风、雷电的影响。

(4)在冬季、雨季、风季、炎热夏季施工中,应针对工程特点,尤其是对混凝土工程、土方工程、深基础工程、水下工程和高空作业等,选择适合的季节性施工方法或有效措施。

2.2　减少场地干扰、尊重基地环境

工程施工过程会严重扰乱场地环境,这一点对于未开发区域的新建项目尤其严重。场地平整、土方开挖、施工降水、永久及临时设施建造、场地废物处理等均会对场地上现存的动植物资源、地形地貌、地下水位等造成影响;还会对场地内现存的文物、地方特色资源等带来破坏,影响当地文脉的继承和发扬。因此,施工中减少场地干扰、尊重基地环境对于保护生态环境,维持地方文脉具有重要的意义。业主、设计单位和承包商应当识别场地内现有的自然、文化和构筑物特征,并通过合理的设计、施工和管理工作将这些特征保存下来。可持续的场地设计对于减少这种干扰具有重要的作用。就工程施工而言,承包商应结合业主、设计单位对承包商使用场地的要求,制订满足这些要求的、能尽量减少场地干扰的场地使用计划。计划中应明确:

(1)场地内被保护植物的种类,明确保护的方法。

(2)如何让在满足施工、设计和经济方面要求的前提下,尽量减少清理和扰动的区域面积,减少临时设施和施工用管线。

(3)场地内哪些区域将被用于仓储和临时设施建设,如何合理安排承包商、分包商及各工种对施工场地的使用,减少材料和设备

的搬动。

(4)各工种为了运送、安装和其他目的对场地通道的要求。

(5)废物将如何处理和消除,如有废物回填或填埋,应分析其对场地生态、环境的影响。

(6)怎样将场地与公众隔离。

2.3　减少环境污染,提高环境品质

工程施工中产生的大量灰尘、噪音、有毒有害气体、废物等会对环境品质造成严重的影响,也将有损于现场工作人员、使用者以及公众的健康。因此,减少环境污染,提高环境品质也是绿色施工的基本原则,提高与施工有关的室内外空气品质是该原则的最主要内容。施工过程中,扰动建筑材料和系统所产生的灰尘,从材料、产品、施工设备或施工过程中散发出来的挥发性有机化合物或微粒均会引起室内外空气品质问题。许多这些挥发性有机化合物或微粒会对健康构成潜在的威胁和损害,需要特殊的安全防护。这些威胁和损伤有些是长期的,甚至是致命的。而且在建造过程中,这些空气污染物也可能渗入邻近的建筑物,并在施工结束后继续留在建筑物内。这种影响尤其对那些需要在房屋使用者在场的情况下进行施工的改建项目更需引起重视。常用的提高施工场地空气品质的绿色施工技术措施可能有:

(1)制定有关室内外空气品质的施工管理计划。

(2)使用低挥发性的材料或产品。

(3)安装局部临时排风或局部净化和过滤设备。

(4)进行必要的绿化,经常洒水清扫,防止建筑垃圾堆积在建筑物内,贮存好可能造成污染的材料。

(5)采用更安全、健康的建筑机械或生产方式,如用商品混凝土代替现场混凝土搅拌,可大幅度地消除粉尘污染。

(6)合理安排施工顺序,尽量减少一些建筑材料,如地毯、顶棚饰面等对污染物的吸收。

(7)对于施工时仍在使用的建筑物而言,应将有毒的工作安排在非工作时间进行,并与通风措施相结合,在进行有毒工作时以及工作完成以后,用室外新鲜空气对现场通风。

(8)对于施工时仍在使用的建筑物而言,将施工区域保持负压或升高使用区域的气压会有助于防止空气污染物污染使用区域。

(9)对于噪音的控制也是防止环境污染,提高环境品质的一个方面。当前中国已经出台了一些相应的规定对施工噪音进行限制。绿色施工也强调对施工噪音的控制,以防止施工扰民。合理安排施工时间,实施封闭式施工,采用现代化的隔离防护设备,采用低噪音、低振动的建筑机械如无声振捣设备等是控制施工噪音的有效手段。

2.4　高层建筑绿色施工要求节水节电环保

节约资源(能源)建设项目通常要使用大量的材料、能源和水资源。减少资源的消耗,节约能源,提高效益,保护水资源是可持续发展的基本观点。施工中资源(能源)的节约主要有以下几方面内容:

(1)水资源的节约利用。通过监测水资源的使用,安装小流量的设备和器具,在可能的场所重新利用雨水或施工废水等措施来减少施工期间的用水量,降低用水费用。

(2)节约电能。通过监测利用率,安装节能灯具和设备、利用声光传感器控制照明灯具,采用节电型施工机械,合理安排施工时间等降低用电量,节约电能。

(3)减少材料的损耗。通过更仔细的采购,合理的现场保管,减少材料的搬运次数,减少包装,完善操作工艺,增加摊销材料的周转次数等降低材料在使用中的消耗,提高材料的使用效率。

(4)可回收资源的利用。可回收资源的利用是节约资源的主要手段,也是当前应加

强的方向。主要体现在两个方面,一是使用可再生的或含有可再生成分的产品和材料,这有助于将可回收部分从废弃物中分离出来,同时减少了原始材料的使用,即减少了自然资源的消耗;二是加大资源和材料的回收利用、循环利用,如在施工现场建立废物回收系统,再回收或重复利用在拆除时得到的材料,这可减少施工中材料的消耗量或通过销售来增加企业的收入,也可降低企业运输或填埋垃圾的费用。

2.5　实施科学管理、保证施工质量

实施绿色施工,必须要实施科学管理,提高企业管理水平,使企业从被动地适应转变为主动的响应,使企业实施绿色施工制度化、规范化。这将充分发挥绿色施工对促进可持续发展的作用,增加绿色施工的经济性效果,增加承包商采用绿色施工的积极性。企业通过 ISO14001 认证是提高企业管理水平,实施科学管理的有效途径。实施绿色施工,要尽可能减少场地干扰,提高资源和材料利用效率,增加材料的回收利用等,但采用这些手段的前提是要确保工程质量。好的工程质量,可延长项目寿命,降低项目日常运行费用,利于使用者的健康和安全,促进社会经济发展,而且其本身就是可持续发展的体现。

3　高层建筑绿色施工的要求

(1)在临时设施建设方面,现场搭建活动房屋之前应按规划部门的要求取得相关手续。建设单位和施工单位应选用高效保温隔热、可拆卸循环使用的材料搭建施工现场临时设施,并取得产品合格证后方可投入使用。工程竣工后一个月内,选择有合法资质的拆除公司将临时设施拆除。

(2)在限制施工降水方面,建设单位或者施工单位应当采取相应方法,隔断地下水进入施工区域。因地下结构、地层及地下水、施工条件和技术等原因,使得采用帷幕隔水方法很难实施或者虽能实施,但增加的工程投资明显不合理的,施工降水方案经过专家评审并通过后,可以采用管井、井点等方法进行施工降水。

(3)在控制施工扬尘方面,工程土方开挖前施工单位应按《绿色施工规程》的要求,做好洗车池和冲洗设施、建筑垃圾和生活垃圾分类密闭存放装置、沙土覆盖、工地路面硬化和生活区绿化美化等工作。

(4)在渣土绿色运输方面,施工单位应按照的要求,选用已办理"散装货物运输车辆准证"的车辆,持"渣土消纳许可证"从事渣土运输作业。

(5)在降低声、光排放方面,建设单位、施工单位在签订合同时,注意施工工期安排及已签合同施工延长工期的调整,应尽量避免夜间施工。因特殊原因确需夜间施工的,必须到工程所在地区县建委办理夜间施工许可证,施工时要采取封闭措施降低施工噪声并尽可能减少强光对居民生活的干扰。

4　高层建筑绿色施工的措施与途径

4.1　施工方案的绿色化

在高层建筑绿色施工中,施工方案的合理选择对施工组织的现场管理和缩短施工工期都有很大的提升作用,是施工组织设计的核心。要对施工方案进行优化创新,一方面是进行定性分析,利用科学的手段对施工方案的好坏进行判断,主要包括:整个高层建筑施工的复杂程度、施工过程中的安全性、施工技术上的可行性、施工设备的配置以及施工人员的安排和施工工期是否合理等。要保证每一个环节的有序进行,充分发挥施工设备的作用,合理地安排施工人员,保证施工场地的合理利用;另一方面是进行定量分析,主要包括对施工的成本、投资的额度、工期的控制进行定量分析。在选择施工方案时,要对各个方案进行比较,筛选出既能保证施工质量又能按时完成施工任务,同时还具有相当成

本优势的施工方案。

(1)高层建筑最基本的就是建筑结构,对于高层建筑施工的特点来说,埋置的深度、土石方和地下水的处理以及周边其他基础设施的保护都应该是施工方案考虑的问题。

(2)在施工机械设备的选择上,要根据高层建筑的具体施工环境、施工的进度以及建筑的结构类型,选择最经济、最合理的施工设备。比如:高层建筑都是以现浇铸混凝土为主,施工浇铸模板需求量大,为了节省人力、物力,在方案的选择中一定要选择垂直运输设备,以减少不必要的开销。

(3)高层建筑施工的质量和安全也是施工方案必须考虑的重要问题。钢筋的绑扎、焊接的强度以及混凝土的初凝时间和其他一些项目的质量都将对整体的施工质量产生重大的影响。

4.2 施工内容的绿色化

在市场经济体制下,高层建筑施工组织设计的编制不仅要考虑到施工的方案、施工的进度、施工的质量和安全,还要考虑到履行合同的需求,施工组织设计应编制集管理、经济、技术、合同为一体的高层建筑施工管理的规划性文件,同时也是合同履行的指导性文件以及工程结算和索赔的依据性文件。

(1)引入施工质量管理体系。在高层建筑施工中合理地利用质量管理体系,有利于施工质量的监督,保证整个施工过程保质保量地完成。

(2)完善施工的管理组织。在施工组织设计的编制中列出具体的管理组织,有利于取得施工工程的承包权,也有利于施工管理组织的内部管理,以更好地完成施工任务。

(3)施工任务的分包。高层建筑的施工任务量较大,由一个企业来完成可能会有许多问题,在这时可以实行施工项目分包,这种分包分为承包商分包和业主分包两种。承包商分包必须在业主允许的情况下在投标书中做出声明,同时对所分包的施工任务承担相应的责任。业主分包在招标文件中声明,承包商在具体的施工组织设计中不需要对这部分施工任务做施工组织设计,但必须对分包的施工任务的出场时间、验收时间做具体的说明,防止施工交接产生不必要的麻烦。

4.3 施工进度的绿色化

在高层建筑施工组织设计中,施工进度可优化创新的地方比较少,最大的优化参数是时间,可以通过时间参数计算出施工的最早时间、最早结束时间,找出关键施工工作,明确施工工作的重点,向非关键施工工作要时间,达到优化施工进度的目的。

(1)高层建筑施工进度优化应根据施工的总工期、分部分项施工的工期等要求,进行合理的施工流向、顺序的安排,穿插流水作业,保证施工的连续性。

(2)在组织设计编制时,要充分考虑到高层建筑的特点,把空间、时间进行合理的穿插,保证施工关键工序的如期完成。

4.4 施工布置的绿色化

(1)施工机械设备的布置。在高层建筑施工中会涉及钢筋的运输车辆、混凝土运输车辆、大型吊车等车辆的回旋问题,为了防止车辆的堵塞造成施工不便,要对混凝土输送管道进行合理的布置,另外还有塔吊在布置时也要认真分析建筑物和场地,使之设置在最合适的位置。同时施工设备的布置与建筑材料的堆场和运输道路的布置也要注意先后顺序,一切都以保证施工的顺利进行为前提。

(2)临时设施的布置。临时设施的布置主要应考虑到少占地,能不建的临时设施尽量不建,对临时设施、临时用电、临时用水以及各类消防设施进行统一规划,本着节约成本的原则,合理布置管线的走向,同时还要注意排水系统的畅通和施工的安全,不要为施工留下安全隐患。

(3)加强环保意识。高层建筑一般建在城市人流量较大的地段,一定要加强环保意识,对具体施工场所的散装水泥尽量放在下风处,减少污染,保证施工人员的人身安全,其他一些像石棉制品类似的有毒物质,尽量避免堆集在工地上。同时在使用空压机、发电机等设备上尽量选择噪声较小的设备,必要时可以进行隔离,以减少噪音污染。另外施工现场要设立专门的垃圾箱,以便对垃圾进行分类处理,减少对城市的污染。

5　高层建筑工程施工过程中绿色施工的实现

5.1　实现绿色化管理目标

在施工中要实现绿色施工主要可以从以下几个方面做起:

(1)将管理目标绿色化,即在工程的建设中将管理的重点放在绿色化的标准上,在施工中设计强制性的标准,实现绿色施工。具体可以结合环保标准,对影响环境的重点因素,如:水、声、渣、尘等,采取合理的措施加以控制,从施工目标上绿色化。

(2)从奖惩上建立绿色意识。在施工中可以利用日常的奖惩制度对达标和超标的工程环境进行激励,建立工程中物资消耗、能源消耗、环保控制等方面的管理制度,并使之与奖惩制度挂钩。在此目标的基础上,将各种能耗做详细记录,并实行责任制,将节约材料、节约能耗、节约用水、控制污染等落实到施工管理中,提高绿色施工的实施效果。

5.2　实现绿色施工组织

(1)完善施工组织的绿色职能。

在施工中应当按照绿色管理的目标对整个施工组织结构进行调整,针对工程的实际情况,在原有的企业的施工管理组织结构上增加绿色施工管理内容,并使之融入日常管理中,做到统筹规划,使得绿色管理职能实现岗位责任制。具体的组织体系为,工程项目经理为绿色施工的第一责任人,项目的副经理负责绿色施工方案和技术实施层面的管理和协调,项目的总工程师则需要对绿色施工的工作流程、施工工艺等进行审核,同时确保绿色施工的实施效果。

(2)施工组织中绿色施工方案的优化。

在施工中对绿色施工的整体要求应当有一个完整的认识和了解,并以此为基础从项目的实际情况出发,进行具体的绿色施工方案和技术措施的设计,并对形成的方案进行优化选择,即保证质量、效益、绿色三者的统一和和谐。在这一过程突出的考虑重点就是工程的客观因素与绿色施工之间的契合,最大限度的实现节能、节材、节水、环保是优化的最终目的。

(3)实现施工现场和流程管理绿色化。

土木工程的施工应当根据现场作业的条件对整个施工区域进行合理的划分,将作业、办公、生活等区域安装施工的工艺流程进行合理的划分,保证施工工艺的顺利进行,降低对施工的干扰。同时安装施工工艺要求对整个施工节奏施工作业顺序等进行合理的设计,以期望达到施工作业的合理性,使得施工工艺即满足质量要求,也符合低耗能的目标。

6　高层建筑工程绿色施工成果的案例分析

中国高层绿色绿色施工案例:世界第一楼——上海环球金融中心。

发展节能、绿色施工,修建绿色建筑是国内外土木建筑领域的大趋势。绿色施工希望消耗最少的能源和资源,给环境和生态带来最小的影响,同时为居住和使用者提供健康舒适的建筑环境。为此,“上海环球金融中心”作为中国建筑领域的标杆,从设计阶段开始就把各项建筑标准订得比国家标准还严苛许多。暖通空调系统是整个建筑的能耗大户,暖通空调的节能是建筑节能工作的重点。同时,绿色的室内环境(温湿度、新风效率等)也依赖于暖通空调来实现,业主和承建商不仅仅把暖通空调系统当作设备来关心,更把它当作建筑物的“肺”来爱护。

中建三局作为“上海环球金融中心”的承建商,必须保证暖通空调的安装和运行达到设计标准的节能、绿色的要求。暖通空调在组装完成之后必须进行调试,来检验施工的效果。德图的便携式测量仪器为其提供了暖通空调检测从风速、风量、压力到温湿度的一站式测量解决方案。

对中建三局第一安装公司低区空调部的朱斐工程师来说,当初选用德图 testo 435 多功能风速仪,就是看中了该仪器智能化的功能和菜单操作,可以帮助他们大大简化测量程序。只需轻松按键操作,即可得到准确、可靠的测量数据。同时,仪器配备不同的插拔式探头,应用灵活,可以满足温度、湿度、风速的不同测量要求。德国人精细化的设计理念,更是体现在仪器的一些延伸功能上,如仪器既可以通过红外打印机现场打印,又可以连接电脑分析数据,极好地解决了他们保存和管理数据的问题。而这,也应当是未来土木工程师要学习和发展的方向。

当然,高层建筑的绿色施工,绝不是一味地追求节省,而是要寻求一种最合理的中间状态,既要保证建筑有足够的创意,也要追求完美的技术经济指标,以最少的投入获得最大的效益。我们依旧还是要创造经典,但是绝不能建立在挥霍金钱,建立在耗费更多的资源、能源的基础之上。现今,土木建筑世界已经进入到生态美学的时代,注重文化、生态、工程与环境之间的关系,注重人性化、节能与可持续发展,才是当代土木工程师的着眼方向。

7 结 论

本文就高层建筑工程与可持续发展的关系分析入手,分析了当今社会土木工程的可持续发展现状,得出以下结论:

绿色施工是当今高层建筑持续发展的重要手段,只有实现绿色施工的目标才能达成持续发展的战略需求。绿色施工其目的就是要通过各种管理和技术手段降低土木工程对环境的不良影响,从而实现消除不利于环保的负面影响。持续发展的目的也是需要土木工程施工做到能源消耗最小化,以此提高整个施工环节的技术水平,进而推动土木工程施工向着持续的方向发展。因此二者的契合点是一致的,都是环保、节能。在这个大前提之下,将高层建筑绿色施工作为突破口,从施工环节中引入各种绿色措施,已达到实现环保的目标,这时也就达成了持续发展的目标。

总之,高层建筑工程绿色施工是一个复杂的系统工程,如何真正发挥施工组织设计的指导作用,适应市场经济发展的需求,我们还需对高层建筑工程绿色施工进一步的探索。

参考文献

[1] 王亮. 建筑中持续发展与绿色施工探讨[J]. 现代商贸工业, 2010(2):7-12.
[2] 王有为. 中国绿色施工解析[J]. 施工技术, 2008(4):23-28.
[3] 卓刚. 我国高层建筑应追求健康发展[J]. 建筑, 2001(7):53-58.
[4] 于广红. 优化施工组织设计的侧重点[J]. 内蒙古石油化工, 2005(11):72-77.
[5] 陈晓红, 李惠强, 李华. 实现可持续建筑的几点思考[J]. 工业建筑, 2006, 36(4): 30-33.
[6] 戴复东, 戴维平. 欲与天公试比高——高层建筑的现状及未来[J]. 世界建筑, 1997(2).
[7] 竹限生, 任宏. 可持续发展与绿色施工[J]. 基建优化, 2002,23(4): 33-35.

浅析绿色建筑的几项“新支撑”

姚　丽

（哈尔滨工业大学 土木工程学院，黑龙江 哈尔滨 150090）

摘　要　随着“可持续发展”战略日益成为人类共识，人们对绿色建筑的认识与理解也不断深化。绿色建筑遵循“节约能源、节省资源、保护环境、以人为本”的基本原理，是最能体现可持续发展能力的建筑模式。本文具体从建筑设计中的自然通风、自然采光、遮阳等几方面探讨了如何建造绿色建筑。建筑能耗占我国总能耗的1/4，随着我国经济的持续发展和城乡建设的加快，这以比重还将逐步上升。建筑垃圾的减量化和提高回收率是绿色建筑链条上的重要一环，对于保护环境，实现建筑业的可持续发展有着十分重要的意义。

关键词　绿色建筑；节约能源；建筑垃圾；保护环境

1　引　言

当今全球生态恶化、环境破坏、资源危机、人口膨胀、物种灭绝等外部环境灾难越来越多，走可持续发展道路成为当今人类社会应对生态环境危机挑战和反省自身行为和结果的重要修正。走可持续发展道路是中国土木行业发展的必由之路。随着我国改革开放的不断深入和经济的迅速发展，中国将面临一个更大规模的建设高潮。可以说，我们正面临着一个伴随着国民经济飞跃的土木工程大发展的大好时期。而且这样一个优良的发展环境已经受到并将继续受到西方国家的急切关注。作为跨世纪的一代，这一大好形势为我们提供了空前难得的施展才干、向国际水平冲击的良好机遇。中国作为一个资源有限，人口众多且经济增长与社会发展存在着深刻矛盾的发展中国家，“中国是世界上人口最多的国家，一项大资源被13亿一除即变得微不足道，而一个小问题乘以13亿就成了大问题”，刘西拉教授此语切实道出了我国的困难之所在。我国的煤、石油、天然气、水、森林总量均居于世界前列，而人均占有量却全部低于世界平均水平。同时人口、能源、教育、污染问题已经成为我国所面临的四大严酷问题。土地资源的浪费、化石资源的匮乏、能源的低效率利用和森林资源的破坏，对社会整体发展的危害与制约日益突显。走可持续发展迫在眉睫。而土木工程，也必当立足长远，走出一条可持续发展之路。

推行有效利用自然资源，如太阳能、自然通风、节能技术、材料循环利用等的设计技术，实现现代建筑的建设以保障生态系统的良性循环为原则，真正使绿色建筑走人们的生活。绿色建筑作为自然系统、建筑实体与人构成的运行使用体，它的标准是符合人与自然、人与建筑、建筑与环境的客观关系，达到并符合绿色建筑的定义和要求。节约能源，降低建筑能耗，在决定建筑能量性能的各种因素中，建筑的体型、方位及围护结构形式起着决定性作用，直接影响建筑物与外环境的换热量、自然通风状况和采光水平，对建筑的能量性能起着主导作用。

2　新设计

2.1　自然通风、幕墙设计

南向是冬季太阳辐射量最多而夏季日照减少的方向,并且我国大部分地区夏季主导风向为东南向,所以从改善夏季自然通风房间热环境和减少冬季的房间采暖空调负荷来讲,南向是建筑物最好的选择。住宅楼的进深以 10 m 至 13 m 为宜,太浅或太深都不利于室内空气流动。建筑高度对建筑物自然通风也有很大影响,一般高层建筑对其自身的室内自然通风有利,而在不同高度的房屋组合时,高低建筑错列布置有利于低层建筑的通风。

在冬天,温室效应使间层空气温度升高,通过开口和室内空气进行热循环,夏季,通道内部温度很高,打开热通道上下两端的进、排风口,气流带走通道内部热量,降低内幕墙的外表面温度。上下通风口的高度越大,热压通风的效果越好。从气流的组织和室内的关系来说,幕墙又可以分为内循环式和外循环式。从气流组织的高度来说,可以为多层串联式和单层循环式。

2.2　自然采光的设计

自然采光需要建筑维护结构上的开口或者洞口的位置准确。为了控制多余的亮度和反差,窗户上往往会设置一些附加件,如遮阳、百叶和格栅,如有可能,采用自动控制装置。在缓冲空间提供一个保护空间用以安置遮阳设施,比内遮阳有更加的效果。比外置遮阳易维护、免受直接的风雨和日晒的侵袭。

过渡季节自然通风模式见图 1。

其中 T_0 为室外温度,$T_{0\text{-dp}}$ 为室外露点温度,v_0 为室外平均风速,监测时,按 20 min 的平均值计算,测试数据可以从同地址的节能气象楼气象站获得。

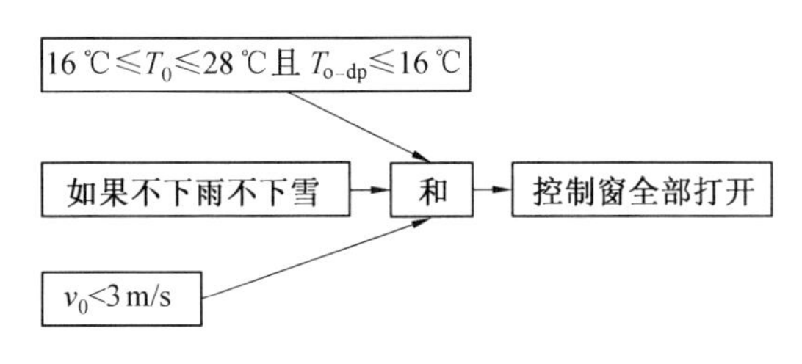

图 1　过渡季节自然通风模式

2.3　围护结构设计

围护结构各部分的传热系数见表 1。

表 1　围护结构各部分的传热系数

屋顶	外墙	外窗	分户墙和楼板	底部自然通风的架空楼板	户门
$K\leqslant1.0$ $D\geqslant3.0$ $K\leqslant0.8$ $D\geqslant2.5$	$K\leqslant1.5$ $D\geqslant3.0$ $K\leqslant1.0$ $D\geqslant2.5$	按规定	$K\leqslant2.0$	$K\leqslant1.5$	$K\leqslant3.0$

围护结构必须平衡通风和日光的需求,并提供适合于建筑地点的气候条件的热湿保护。确定建筑物的位置和朝向,尽量减少气候因素对围护结构的影响。确定合理的体形系数:

$$\text{建筑物的体形系数}=\frac{\text{建筑物与室外大气接触的维护结构面积 } F}{\text{上述外围结构所包围的体积 } V_0}$$

在其他条件相同情况下,建筑物耗热量指标,随体形系数的增长而增长。

考虑气候类型,使用不同的维护结构材料,以减少热损失和达到保温隔热效果。

这就要求:

在干热气候中采用高热容量材料;

在湿热气候中采用低热容量材料;

在温和的气候中,根据建筑位置和采用的供热策略选择材料;

在寒冷的气候中采用密封和保温很好的围护结构。

2.4　窗墙面积比设计

门窗是建筑保温、隔热、隔声的薄弱环

节,通过辐射传递、对流传递等形式导致建筑物能量损失。应该设法增强门窗的保温隔热性能,减少门窗的能耗。由于玻璃的热传导系数大,应该严格控制窗墙的面积比,具体见表2。

表2　窗墙面积比

朝向	窗墙面积比
北	0.25
东、西	0.30
南	0.30

3　新能源

目前,能源问题已被列为人类面临的四大生存问题之一。据统计,在全世界的能源消耗中,建筑能源消耗在人类总能源量中所占的比例甚高,达到了30% ~40%。而且随着人们对建筑物各方面要求的不断提高,建筑能耗还在不断地增加。因此,推行建筑节能已成为我国发展绿色建筑、实现可持续发展的一项重要举措(图2)。中国是一个城市密集、人口众多、城市化快速发展的国家,但技术水平、建筑物能耗、建筑居住的舒适度却一直与发达国家存在很大的差距,对新能源的开发和利用就显得尤为重要。在建筑选材方面,在合适之处应用自然的可再生资源,节约开支的同时,也实现了生态与建筑的和谐可持续发展,何乐而不为呢?

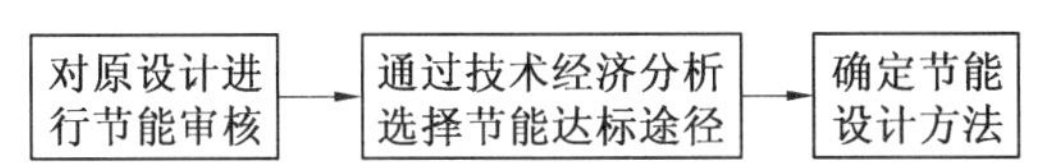

图2　节能设计流程

太阳能是一种可再生能源,对它的利用主要有光热转换、光电转换、光化转换三种方式。在建筑中主要利用的是光热和光电转换。采用太阳能建筑一体化,这就意味着把传统的建筑围护结构从能量散失的部分转换成能量吸收部分,是将太阳能技术元件与建筑构建的一体化,但这并非简单地在建筑上安装一些太阳能元件,而是将他们与建筑物本身一体化成建筑的组分。

风能、波浪能和潮汐能,这些也都是可再生能源。其中风能最为丰富、有效而且开发成本低廉。波浪能很有潜力,特别是在边远的海岸地区,那里还没有主流的能源供应。在现阶段,人们也觉得潮汐能没有风能或者水能所发的电成本效率高。

除此之外生物能,地下热能甚至污水污泥的能量也开始被列入新能源的行列。可持续发展的绿色建筑在设计上更加追随自然,提倡应用可促进生态系统良性循环,不污染环境,高效、节能。

“可持续发展”是在不牺牲后代并满足其需要能力的条件下,满足当前的需要。合理利用自然资源,则要在土木工程的建设、使用和维护过程中,土木工程师主动做到节能节地。当然,可持续发展,绝不是一味地追求节省,而是要寻求一种最合理的中间状态,既要保证建筑有足够的创意,也要追求完美的技术经济指标,以最少的投入获得最大的效益。我们依旧还是要创造经典,但是绝不能建立在挥霍金钱,建立在耗费更多的资源、能源的基础之上。现今,建筑世界已经进入到生态美学的时代,注重文化、生态、工程与环境之间的关系,注重人性化、节能与可持续发展,才是当代工程师的着眼方向。

4　新模式

只有不断提高建筑节能技术水平,才能推动建筑行业走资源节约型的发展道路。世界上每年拆除的废旧混凝土,工程建设产生的废旧混凝土等均会产生巨量的建筑垃圾。我国每年的施工建设产生的建筑垃圾达4 000万 t,产生的废混凝土就有1 360万 t,清运处理工作量大,环境污染严重。此外,我国是20年来世界水泥生产的第一大国,而这本身是一项高耗资源、高耗能、污染环境的行业。当前,中国正按照全面落实科学发展观的要求,加快推进科技进步,大力发展节能省地型住宅,注意对垃圾、污水和油烟的无害化处理或再回收。

4.1 材料的选择及革新措施

(1)通过各种建筑材料的部件在生产时所消耗的能量做出合适的选择。

①石头结构和木质地板优于混凝土结构和地板。

②砌外墙时,混凝土优于灰砖,但很不美观。

③与单层玻璃和木质边框相比,双层玻璃所消耗的额外能量大约一年时间即可回收。

④盖瓦片的倾斜木质屋顶消耗的能量,低于钢筋结构或预制板和沥青。

⑤从新闻纸回收来的纤维素,是比矿物纤维、玻璃纤维和塑料泡沫更好的保温材料。

⑥空调和机械通风设备在生产时消耗的能量,显然比简易的电力或者燃气取暖设备消耗的能量多。

(2)建筑使用的其他绿色革新措施还有:

①利用热质来平衡室内温度。

②使用高效的保温和隔声材料。

③水资源的循环利用。

④回收利用垃圾。

⑤使用可再生的木材。

⑥不适用含有含氢氯氟和泡沫聚乙烯的保温材料,因为它们的能耗太高。

4.2 减少建筑垃圾

垃圾处理程序如图3所示。

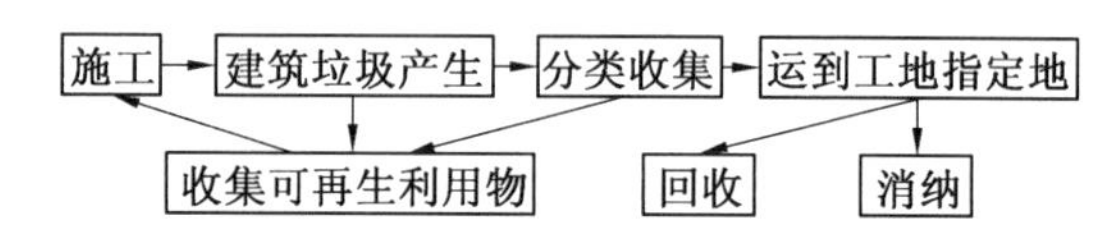

图3 垃圾处理程序

(1)在减少建筑垃圾方面应该注意以下问题:

通过良好的设计或者施工来减少建筑垃圾。使用一个工序中的垃圾作为另一个工序中的原料。设计中考虑回收和再利用。

在建设工作中应重视变废为宝,如:粉煤灰利用、用废橡胶筑路、碎玻璃制砖……

(2)工地建筑垃圾一般按规定分为四类,即有害可回收、有毒有害不可回收、无毒无害可回收、无毒无害不可回收。这些分类中的典型物品如表3。

表3 建筑垃圾分类

分类名	有毒有害		无毒无害	
	可回收	不可回收	可回收	不可回收
典型品名	墨盒、电池、油漆桶	聚苯板、聚酯板、废油漆涂料、保温材料	木材、钢材、空材料储存罐、废密目网、包装纸、塑料类等	碎砖瓦、碎混凝土块、碎石材、过期散装水泥、石膏板

可以回收的主要建筑材料有:

(1)碾碎的混凝土产生的堆积物。

(2)结构性材料,例如钢梁、木梁和托梁以及铝合金框架。

(3)小的元件,例如砖头、屋顶瓦片、石板和混凝土石块。

(4)装饰性成分,例如窗户框、门上的板隔、百叶窗等等。

4.3 减少建筑用水量

(1)减少建筑中的用水量,具有以下一些优点:

①消费者为水支付的费用减少。

②可以为后代保留大量的水资源。

③减轻现有供水设施的紧张状况。

④减轻建设新的蓄水设施和输水管线的压力。

⑤减少了用于水处理,输水和过滤水的

能耗。

(2)可以采用如下技术来减少建筑中的用水:减少各种卫生器具用水量;中水处理措施;水资源管理。

比如在厕所冲刷过程中,浪费的水量很大。可以在水塔中放入置换水的东西,例如橡皮块。这样,每冲刷一次厕所,就可以省下与橡皮块体积相当的水。另一个做法是,在水塔中插入一个控制器,隔开水塔中的部分水,使它们在冲刷厕所时不流出去。在进行上述两种操作时,一定得注意,要保证有足够的水流,以便把便池冲刷干净。

4.4 废热回收技术

将大量被排放到建筑物外的热量重新回收利用到对生活热水的加热中,充分挖掘其最大能耗设备的节能潜力,必将会有非常可观的节能效益和良好的环保效果。废热回收技术应用于水冷机组,还可降低原冷凝器的工作温度,使其制冷效率更高;应用于风冷机组,经过废热回收改造后,其工作效率都会显著提高,同时机组故障减少,运行寿命延长。

5 结 语

可持续的土木工程要实现绿色建筑,新的设计,新的能源,新的模式让绿色建筑的实现提供有利的技术支撑。在这样的支撑下,诸多建筑技术体系都可以亮相,并且诸多的建筑技术体系有待我们取发掘、研究和应用。从以上各项“新支撑”的分析中我们看到绿色建筑不但有利于人类建设节约型、生态型和宜居型社会,真正实现可持续发展的人类共同理念。

参考文献

[1] PETER F S. Architecture in a Chinese of change [M]. Oxford:Architecture Press, 2001.

[2] 辛和. 传播绿色建筑知识,领航绿色建筑发展[N]. 中国建设报, 2010-4-16(8).

[3] 宋德萱. 建筑自然通风设计导则初探[J]. 21世纪建筑新技术论丛, 2007(4):32-36.

[4] 胡吉士. 建筑节能与设计方法[M]. 北京: 中国计划出版社, 2005.

[5] 常素莉. 绿色建筑,发展提速[N]. 河北经济日报, 2012-8-5(12).

废弃混凝土回收方式与应用

郭　宏
（东北林业大学 土木工程学院，黑龙江 哈尔滨 150040）

摘　要　基于可持续发展的思想，本文对国内混凝土现状进行了分析，从废弃混凝土在道路垫层中的应用、经过处理得到再生骨料两个方面对废弃混凝土的三种再利用方法进行了归纳。文献研究发现，结构较为完整、力学性能未受严重破坏的废弃混凝体土块可作为道路垫层材料；配制强度较高的混凝土废弃后经破碎、清洗、筛分等物理手段可获得再生混凝土骨料；废弃混凝土还可在 750 ℃环境下煅烧 1 h 获得再生骨料和重新拥有水活化性的水泥砂浆。文章结论指导了废弃混凝土的循环利用，对减小资源消耗、保护生态环境有着重要的意义。

关键词　废弃混凝土；再利用；再生骨料；可持续发展

1　引　言

建筑垃圾是指施工单位或个人对各类建筑物、构筑物、管网等进行建设、铺设或拆除、修缮过程中所产生的渣土、弃土、弃料、淤泥及其他废弃物，废弃混凝土独占其总量的 30% ~50% 。

为了保证环保施工，迎合“可持续发展土木工程”的工程建设理念，响应国家“节能减排”的发展要求，我们必须从原始落后的、以消耗大量资源、能源为代价的粗放生产经营方式，向节约资源、能源、减轻地球负荷及维护生态平衡的具有更新、更高技术水平的生产经营方式发展，走可持续发展的道路。

本文以东北林业大学土木工程学院为依托，以文献研究为主要研究方法，从废弃混凝土在道路垫层中的应用、经过处理得到再生骨料两个方面对废弃混凝土的三种再利用方式进行了讨论。

2　我国废弃混凝土现状

2011 年是我国“十二五规划”的第一年，在这一年里我国水利工程建设投资落实资金 3 452 亿元，同时，1 000 万套保障性住房如期开工，工程的顺利开展为混凝土市场的繁荣奠定了基础，同年，四川华西绿舍、北京建工新材、重庆建工新材、塔牌水泥等十家企业混凝土产量突破 300 万方，其中华润水泥和冀东混凝土不断在各自不同区域内开展合并收购活动，提高了商品混凝土的集中度，促进了其产量增长的步伐。2010 年，北京和广州等发达城市率先拉开了商品混搅拌站整合的序幕，提出：制定确实可行的管理方法和处理措施，进一步规范管理预拌混凝土市场，有效解决存在的问题，促进混凝土企业和行业的健康发展。根据国外水泥及相关产业发展模式和经验，水泥及预拌混凝土、骨料及相关建材产品属于关联度非常高的产业链，对水泥的依赖性相当高，借助在水泥领域的优势向下游产业链延伸从经济学的角度来讲是最能够体现企业核心竞争力的商业模式，并且更加有利于行业运营效率的提高，有利于资源节约与再利用，必然成为未来中国水泥、预拌混凝土、骨料及相关建材产品发展的模板。

据初步统计，2011 年我国商品混凝土总产量达到 14. 2 亿 m^3，较 2010 年增长约

20%。建筑业的发展带动了混凝土市场的繁荣,随着大量混凝土投入到工程建设中,废弃混凝土的产生量也与日俱增。我国大多数废弃混凝土来源如下:①拆除因达到使用年限或老化的旧建筑物;②因意外原因如地震、台风、洪水等造成建筑物倒塌;③政府拆迁丢弃;④商品混凝土工厂产生的废品。

国内废弃混凝土大量产生,但废弃混凝土的再利用大多处于试验、谨慎使用状态,缺乏系统的应用基础研究,技术上也缺少较完善的再生骨料和再生混凝土技术规程和标准。绝大多数混凝土废弃后被弃置在露天环境中,占用了大量土地,加速了土地盐碱化,绿地资源受到影响。2012 年 6 月,贵州、河南等多地居民反应:露天堆放的废弃混凝土遭受分化作用、酸雨腐蚀等自然破换后破碎成粉末状物质,迎风而起的细小颗粒致使空气质量降低,严重影响到了当地居民的正常生活。

我国废弃混凝土现状可总结为:市场对混凝土需求量大,商品砼产量在经济水平相对较落后的城市迅速发展,废弃混凝土日益增加。

3　废弃混凝土在道路垫层中的应用

3.1　材料选取

废弃混凝土相较于整体性完整混凝土,与外界接触面积增大,更容易受到外界环境的影响,但是无论在人为拆迁还是在自然灾害中产生的废弃混凝土,它们都依然会有一部分破碎程度不高、形状较为完整、力学性能未受严重破坏的混凝土构件或制品,可以经过初步破碎后直接应用于道路垫层中。

3.2　应用可行性分析

道路垫层的主要功能是隔水、排水、防冻及改善基层和土基的工作条件。垫层对材料强度要求不高,但对材料的水稳定性和隔热性能有较高要求。常用的垫层材料有:砂、砾、炉渣或片石组成的透水性垫层和石灰土或炉渣石灰土等。选取的混凝土基本保持了结构的完整性,因此废弃混凝土完全继承了原生混凝土耐水性好的特性,所以能够满足水稳定性的要求;废弃混凝土块应用于道路垫层时需经过破碎,而破碎后产生的混凝土碎块有很高孔隙率,因此能够满足垫层的隔热性要求。综上所述,形状较为完整、力学性能未受到严重破坏的混凝土构件破碎后完全可以用作道路垫层的原材料。

3.3　再利用流程

用规定大小的方孔筛筛分破碎后的废弃混凝土块,选择合适的粒径范围和级配的筛分物料即可用作道路垫层材料。《建筑地基处理技术规范》第 4.2.5 条指出,道路垫层材料粒径不宜大于 50 mm。

具体流程如图 1 所示。

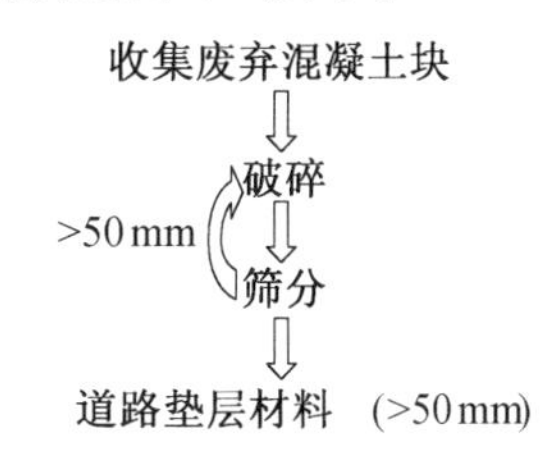

图 1　处理得到垫层材料流程图

4　处理得到再生骨料

4.1　破碎、分级得到再生骨料

4.1.1　方法分析

本文采用的废弃物为教学使用的 C50 无筋混凝土,其粗骨料粒径范围为 4.75 ~ 31.5 mm,细骨料细度模数为 2.5。再生骨料粒径选取也以 C50 混凝土为例进行讲述。

将废弃混凝土块进行破碎、清洗、分级后,然后按一定比例混合而得到的骨料称为再生骨料。按粒径大小可分为再生粗骨料(粒径>4.75 mm)和再生细骨料(粒径<4.75 mm),粒径过小的细小颗粒则为灰粉物质。

4.1.2　实现流程

首先收集废弃混凝土,初步破碎后以10 mm为界限对废弃物进行进一步破碎,然后用9.50 mm、4.75 mm、2.36 mm、1.18 mm、0.6 mm、0.3 mm、0.15 mm 的标准方孔筛和2.36 mm、4.75 mm、9.50 mm、16.0 mm、19.0 mm、26.5 mm、31.5 mm、37.5 mm、53.0 mm、63.0 mm、75.0 mm、90 mm 的标准方孔筛进行筛分分别得到细骨料和粗骨料,取一定的细度模数和配合比,与天然骨料掺混便可配制再生混凝土(使用了再生骨料的混凝土),粒径<0.15 mm 的细小颗粒被视为灰粉状物质,它可以用于砌块砖的烧制,实现废弃混凝土的直接在利用。

具体生产流程图如图2所示。

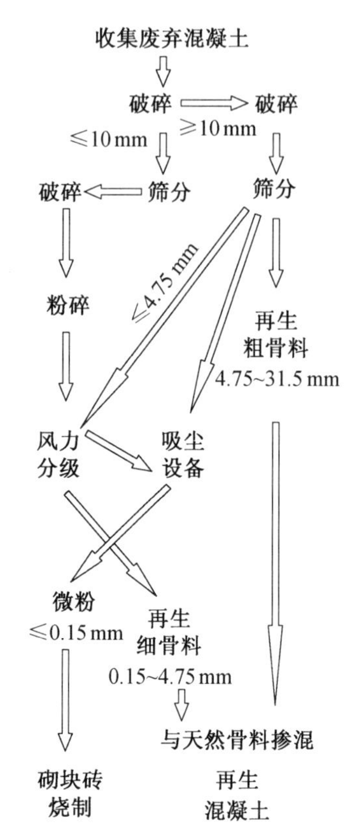

图2　破碎、分级得到再生骨料流程图

4.2　煅烧处理得到再生骨料

综合考虑水泥水化产物脱水温度和碎石分解温度,将废弃混凝土置于熔融炉中,在750 ℃环境下煅烧处理1 h后,实现骨料与水泥浆的分离。经过分离的骨料重新应用于新拌混凝土中,脱水水泥浆经充分磨细后又重新具有水活化性。

4.2.1　方法分析

废弃混凝土本身整体性已被破坏,表面往往包裹着水泥砂浆。由于长时间堆积在露天环境下,致使其具有孔隙大、裂纹多、强度低、抵抗外界环境影响能力差等特点。

低温煅烧废弃混凝土工艺,是先将废弃混凝土块破碎成40 mm 左右的块状,再将破碎后的废弃混凝土块在焙烧设备中,于750 ℃温度下煅烧1 h。让粒料相互摩擦,使骨料外包裹的水泥砂浆变成粉末完全剥离,实现骨料与水泥浆的分离。经过分离的骨料可以在新拌混凝土中重新应用,而脱水水泥浆经充分磨细后又重新具有水活化性能。把脱水水泥浆与水泥熟料或硅酸盐水泥掺和,可以得到一种新型的水硬性胶凝材料,这种胶凝材料可以满足较低强度通用硅酸盐水泥的要求。

4.2.2　实现流程

收集废弃混凝土,第一,对其进行破碎处理;第二,在750 ℃条件下煅烧;第三,将煅烧后的废弃混凝土块状物料经机械加工后分离砂石材料与水泥浆;第四,将步骤三分离得到砂石材料经筛分后得到石子和沙子,得到再生骨料;第五,将步骤三分离得到的水泥浆与硅酸盐水泥熟料和调凝剂混合,再研磨得到再生水泥。

具体流程如图3所示。

5　结果分析与讨论

废弃混凝土再利用于道路垫层时,虽然

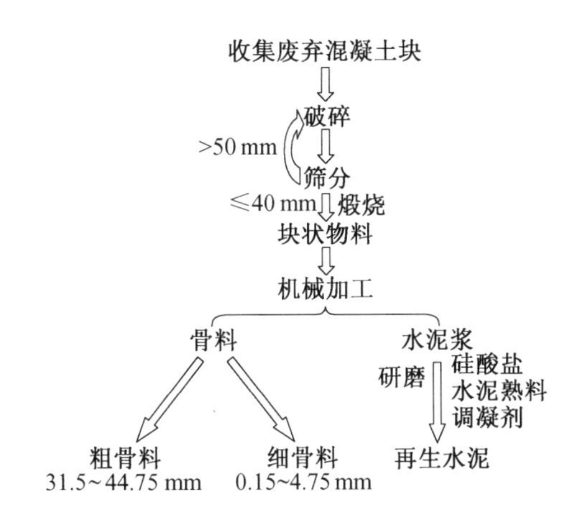

图3 低温煅烧处理得到再生骨料流程图

道路垫层对材料要求不是很高,但为了保证垫层材料的水稳定性、隔热性和强度要求,用作道路垫层的废弃混凝土最好是结构较为完整的、力学性能未受到严重破坏的混凝土块。

破碎废弃混凝土得到的再生骨料颗粒绝大部分为表面附着部分废弃砂浆的次生颗粒,少部分为与废旧砂浆完全脱离的原状颗粒,还有很少一部分为废旧砂浆颗粒。由于再生骨料表面附着砂浆的存在,其表面粗糙度高,吸水率大。破碎后的混凝土在分级过程中在残留的针片状有害物质含量较大,同时,还有一些其他杂质黏附在骨料表面,妨碍水泥与再生细骨料的粘接,降低了混凝土强度。与相同粒径天然骨料相比,再生骨料实密度和堆积密度小、吸水率大。因此,配制强度较高的原体混凝土(未被废弃前正常使用的混凝土)在废弃后适合于经过破碎、清洗、分级等过程后得到再生骨料的再利用过程。

在750 ℃环境下煅烧经破碎的废弃混凝土块1 h后,经过充分机械摩擦,将废弃混凝土中骨料和水泥浆分离,骨料表面不再附着水泥浆,再生骨料表面粗糙度下将,吸水率有所提高。骨料中针片状有害物质减少,黏附在骨料表面的有害杂质含量降低,相对于未处理前强度和和易性均有所提高。而且,当分离后的水泥浆中有害物质含量在允许范围为内时,水泥浆与硅酸盐水泥熟料、调凝剂等混合后充分研磨,又可以作为再生水泥。而且该方法得到的骨料以与废旧砂浆完全脱离的原状颗粒为主,对混凝土本身强度、破坏程度等要求都较为宽松,不如前两种方法苛刻,性价比明显更强。

6 结 论

(1)结构完整性、力学性能未严重破坏的废弃混凝土可经破碎后直接用作道路垫层的原材料。

(2)废弃混凝土经破碎、清洗、分级等处理后得到再生骨料和灰粉物质的再利用实现过程简单,但它的再利用对象更偏向于配制强度较高的混凝土。

(3)低温煅烧获得骨料和水泥浆的再利用方法对废弃混凝土的选择范围广,实际可行性强。

参考文献

[1] 祝海燕,鞠凤森,曹宝贵.废弃混凝土在道路工程中的运用[J].吉林建筑工程学院学报,2006,23(3):72.

[2] 张虹,熊学忠.废弃混凝土再生骨料的特性研究[J].武汉理工大学学报,2006(7):18-19.

[3] 马新伟.废弃混凝土再生新技术探索[J].低温建筑技术,2009(5):55-56.

绿色校园节能驱动战略探索

支　萍　房久鑫
（南京工业大学 土木工程学院，江苏 南京 210000）

摘　要　近几年来住建部的文件指出，建筑耗能已与工业耗能、交通耗能并列，成为我国能源消耗的三大“耗能大户”。本课题组从身边出发，选择我校一幢教学楼作为研究对象。该楼建于2001年，为六层砖混结构。自2011年3月配备了空调，但提升舒适度的同时亦造成了能耗偏大的问题。本课题以将教学楼改造成满足人体正常舒适度的节能建筑为目标，采用了 *PMV－PPD* 指标以及计算机模拟的方法，对该楼的教室舒适度以及能耗等级进行研究，提出了一些建议与措施，研究成果可以推动建筑节能减排的实施，特别是可以为发展绿色节能校园提供一定的参考。

关键词　*PMV－PPD* 指标；节能措施；节能校园

1　引　言

节能减排是我国面临的最为艰巨的发展任务之一，随着近几十年来中国经济的高速发展，建筑耗能已与工业耗能、交通耗能并列，成为我国能源消耗的三大“耗能大户”。本课题组从身边出发，对南京工业大学江浦校区厚学楼的教室舒适度以及能耗等级进行研究，针对厚学楼教室阴冷的现象，寻找教学楼的节能路径。

厚学楼建于2001年，为六层砖混结构，是南京工业大学江浦校区的主教学楼，自2011年3月开始配备空调，提升舒适度的同时亦造成了能耗偏大的问题。本课题以将厚学楼改造成满足人体正常舒适度的节能建筑为目标，采用了夏热冬冷地区通用的 *PMV－PPD* 指标以及专业的能耗分析软件，对厚学楼进行研究，先整体后局部，层层深入，提出了众多有建设性的看法与建议，希望能够推动建筑节能减排的实施，为发展绿色节能校园提供重要参考。

2　标准能耗的模拟

为了找到满足广大师生使用舒适度的节能方案，本文采用了适用于冬冷夏热地区的舒适度指标：*PMV－PPD* 室内热环境指标。该指标由六个参数组成，将测得的参数数据输入到用DEST软件建立的厚学楼三维立体模型中，即可得出在标准状况下的厚学楼的采暖能耗值。模型数据来源于校档案馆的设计图纸及施工图的材料说明。

2.1　*PMV－PPD* 指标

2.1.1　*PMV－PPD* 指标的基本内涵

PMV 指标是将反应人体对人平衡偏离程度的人体热负荷引入得到的，该指标综合了室内环境温度、空气流速、湿度、辐射温度、人体新陈代谢和服装热阻六个因素。具体表达式为：

$$PMV = [0.303\exp(-0.036M) + 0.0275] \times \{M - W - 3.05[5.733 - 0.007(M - W) - Pa] - 0.42(M - W - 58.15) - 1.73 \times 10^{-2}M(5.867 - Pa) -$$

$0.0014M(34-t_a)-$

$3.96\times10^{-8}f_{cl}[(t_{cl}+273)4-$

$(\bar{t}_r+273)4-f_{cl}h_c(t_{cl}-t_a)]$

式中　M—— 人体新陈代谢率，W/m^2；

W—— 人体所做的机械功，W/m^2；

f_{cl}—— 服装的面积系数；

$\bar{t}_r$—— 平均辐射温度，℃；

t_a—— 空气温度，℃；

t_{cl}—— 服装表面温度，℃；

Pa—— 水蒸气分压力，Pa。

PPD 为预测不满意百分比，可对于热不满意的人数给出定量的预计值，可预计群体中感觉过暖或过凉［根据 7 级热感觉投票表示热（+3），温暖（+2），凉（−2）或冷（−3）］的人的百分数。当确定 *PMV* 值后，*PPD* 可从下式得出：

$$PPD=100-95\exp[-(0.03353PMV^4+0.2179PMV^2)]$$

2.1.2　*PMV*−*PPD* 指标所需数据的测量

运用踩点测量法，选择冬季最冷的季节 12 月进行测量，每周一、周三、周五采取空调教室的数据，并加以记录整理。

（1）服装的面积系数 f_{cl} 可由下式求得：

$$f_{cl}=\begin{cases}1.00+1.290I_{cl} & (I_{cl}\leqslant 0.078\ m^2\cdot ℃/W)\\ 1.05+0.645I_{cl} & (I_{cl}>0.078\ m^2\cdot ℃/W)\end{cases}$$

其中 I_{cl} 为服装热阻（$m^2\cdot$℃/W），可查表获得。

（2）服装表面温度 t_{cl} 可由下式求得：

$$t_{cl}=35.7-0.028(M-W)-I_{cl}\{3.96\times10^{-8}f_{cl}\times[(t_{cl}+273)^4-(\bar{t}_r+273)^4]+f_{cl}h_c(t_{cl}-t_a)\}$$

（3）人体新陈代谢率 M 与人体所做的机械功 W 由表 1 获得。

表 1　不同活动的代谢率

活　　动	代谢率		
	W/m^2	met	$kcal/(min\cdot m^2)$
斜倚	46.52	0.8	0.67
坐姿，放松	58.15	1.0	0.83
坐姿活动（办公室、居所、学校、实验室）	69.78	1.2	1.00
立姿，轻度活动（购物、实验室工作、轻体力作业）	93.04	1.6	1.33
立姿，中度活动（商店售货、家务劳动、机械工作）	116.30	2.0	1.66
平地步行：			
2 km/h	110.49	1.9	1.58
3 km/h	139.56	2.4	2.00
4 km/h	162.82	2.8	2.33
5 km/h	197.71	3.4	2.83

注：1 cal 相当于 1.164 5 W

（4）室内空气温度 t_a：采集方法参照《公共场所空气温度测定方法》，使用数显式温度计测量得到。

（5）水蒸气分压 P_a：采集方法参照《公共场所空气水蒸气测定方法》，使用湿度计测量得到。

（6）平均辐射温度 t_r：采集方法参照《黑球温度计的使用方法》，使用黑球温度计测量得到。

（7）空气流速 V_r：采集方法参照《公共场所空气流速测定方法》，使用热球式风速计测量得到。

2.1.3　测量成果展示及结果输出

表 2 为我小组成员某一天所测得的部分数据，以及处理分析后的舒适度值。

表 2　厚学楼空调教室 *PMV* 部分数据

时间:2011 - 12 - 23 上午					
地点:厚学 102			地点:厚学 201		
编号	温度/℃	湿度	编号	温度/℃	湿度
1	11.4	41.5	1	11.4	43.6
2	11.5	41	2	11.7	43.6
3	11.6	40.8	3	11.8	43.3
4	11.6	41.2	4	11.9	42.5
5	11.7	41.5	5	12	42.2
6	12.2	41	6	12.1	41.1
7	12.3	40.5	7	12.2	40.5
8	12.4	40.7	8	12.2	40.2
9	12.4	40.8	9	12.3	40
10	12.5	40.4	10	12.3	39.4
前门	13.3	41.2	前门	13.1	37.4
后门	13.5	41.3	后门	13.4	36.7
中心	13.5	39.9	中心	13	37.2
黑球温度		11.5	风速	0.0	

由于数据较多而且繁杂,我小组成员运用 VB 编写了代码。图 1 分别为我小组成员编写的代码界面及结果输出界面。

由数据所得的 *PMV - PPD* 值分析可知,冬季厚学楼的正常舒适度值为 0.6 ~ 0.7,人体感觉阴冷。厚学楼舒适度指标为预测不满意百分比为 13% ~ 14%。

2.2　建筑标准能耗的模拟

2.2.1　研究步骤

(1) 建立模型:根据校档案馆提供的建筑尺寸资料及施工图的材料说明,运用 DEST 建立厚学楼的模型。围护结构的热工性能满足国家规定的标准节能建筑的性能。

(2) 针对某一具体空调教室,设定标准舒适度:将空调温度定为 18 ℃ 到 26 ℃,时间为每天 8∶00 ~ 21∶00(对于南京这样的夏热冬冷地区,仅考虑夏季和冬季),室外温度可根据南京以往的气温来定(冬天零下 2 ℃ 到零下 4 ℃,夏天 35 ℃ 左右),墙体、屋面厚度取图纸设计值,用软件模拟并计算所需能耗。

(3) 将上述能耗相加取平均值,可得到在理想情况下的建筑能耗值。

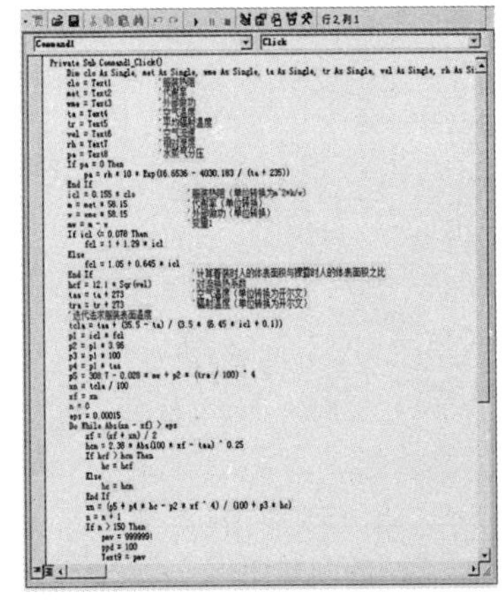

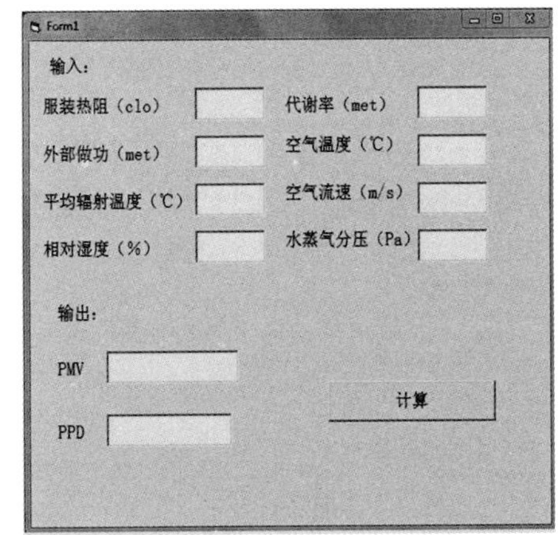

图 1　*PMV - PPD* 值计算的 VB 代码及运行界面

2.2.2　模拟能耗的结果输出

将上述舒适度 *PMV* 值输入到模型中,得出标准能耗值。

3　厚学楼实测采暖能耗值

计算空调使用的能耗:将空调温度定在 18 ℃ 到 32 ℃ 之间,时间与理想情况相同,均为每天 8∶00 ~ 21∶00,计算出实际情况下的能耗。

表 3　DEST 软件模拟出的标准能耗值

房间名称	房间功能	房间面积	房间全年最大/kW	加湿量/(kg·h^{-1})	室内显热负荷/kW	新风显热负荷/kW	室内发热量/kW	采暖季累计/(kW·h·m^{-2})	采暖季平均/(W·m^{-2})
102	教室	177	33.58	4.98	17.21	17.37	4.6	18.14	15.3
101	教室	177	33.39	4.98	16.32	17.07	4.6	14.99	12.49
200	教室	229.68	35.15	5.62	15.87	19.28	4.6	11.9	9.92
201	教室	177	32.75	4.91	15.93	16.82	4.6	12.9	10.75
202	教室	177	33.05	4.91	16.23	16.82	4.6	16.29	13.57

表 4　实测取暖能耗值

教室	房间面积	空调输入功率/W	运行时间/h	能耗值/(kW·h^{-1})	采暖季累计/(W·m^{-2})	采暖季平均/(W·m^{-2})
102	177.00	3 974	13	51.662	14.59	22.45
101	177.00	3 974	13	51.662	14.59	22.45
200	229.68	3 974	13	51.662	14.59	17.3
201	177.00	3 974	13	51.662	14.59	22.45
202	177.00	3 974	13	51.662	14.59	22.45

4　建筑能耗等级的评定

4.1　建筑能耗等级的评定标准

将上述建筑能耗分别处理成理想情况下的建筑能耗(L)与实际情况下的建筑能耗(S)。

能耗等级划分:

若 $S \leqslant L$,则属于节能建筑,令 $\eta=(S-L)/L\times100(\%)$

(1) $-100\leqslant\eta<-80$,则属于节能一级;

(2) $-80\leqslant\eta<-60$,则属于节能二级;

(3) $-60\leqslant\eta<-40$,则属于节能三级;

(4) $-40\leqslant\eta<-20$,则属于节能四级;

(5) $-20\leqslant\eta<0$,则属于节能五级。

若 $S>L$,则属于耗能建筑,令 $\mu=(S-L)/L\times100(\%)$

(1) $0<\mu<50$,则属于耗能 Ⅰ 级;

(2) $50\leqslant\mu<100$,则属于耗能 Ⅱ 级;

(3) $100\leqslant\mu<150$,则属于耗能 Ⅲ 级;

(4) $150\leqslant\mu<200$,则属于耗能 Ⅳ 级;

(5) $200\leqslant\mu<+\infty$,则属于耗能 Ⅴ 级。

4.2　标准能耗和实际能耗的对比分析

根据图2的数据,将取暖季平均能耗值取加权平均数 - 21.42 W/m^2,和 DEST 软件模拟出的标准能耗值 12.41 W/m^2 相比,实测值大于标准值,所以厚学楼为耗能建筑。耗能约为(21.42 - 12.41)/12.41 = 72.6%。由于 50 < 72.6 < 100,故根据我们的既定标准,厚学楼属于耗能 Ⅱ 级建筑。

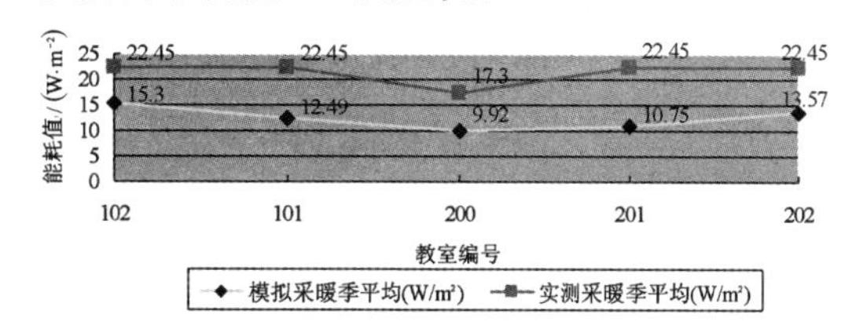

图 2　标准能耗与实测能耗值对比

5　节能路径研究

5.1　采暖能耗节能研究

通过调查现有的文献资料以及常用的节能路径,本文针对教室面积、窗户传热系数以及墙体传热系数这三个影响因素进行深入探讨,并引入控制变量法进行能耗模拟。根据 DEST 软件模拟出的结果,比较不同因素对能耗值的影响程度。表5具体说明了针对不同影响因素,所采取的研究思路及解决方案。

表5 影响因素

影响因素	研究方法	解决方案
① 教室面积	选择两个面积不等的教室,设定相等的舒适度,其他影响因素均保持一致,用计算机模拟出两间教室的能耗 S1、S2	比较两间教室的 S1、S2,用单位面积能耗值的差值除以面积差,观察影响程度,提出参考建议
② 窗户传热系数	选择一间教室,设定某个舒适度值,得出此时的 S。保持其他影响因素不变,改变窗户传热系数值,得到 ΔS。$A = \Delta S/S$	采用双层玻璃或采用 low-e 的玻璃
③ 墙体传热系数	选择一间教室,设定某个舒适度值,得出此时的 S。保持其他影响因素不变,改变墙体传热系数值,得到 ΔS。$B = \Delta S/S$	墙体的节能改造措施可以采用规程推荐的 EPS 墙体外保温技术,该技术不需要对外墙进行复杂的表面处理,只是在外墙的外表面用聚合物砂浆粘贴一定厚度的可发性阻燃型聚苯乙烯泡沫板,然后在其表面用耐碱玻璃纤维网格布和聚合物砂浆做保护层,再做饰面层

S:单位面积能耗值

5.2 软件模拟比较节能效果

根据之前测得的舒适度值,我们利用 DEST 建模,得出了一些系列数据,分别说明不同因素对能耗的影响程度。

表6 各特定条件下的房间能耗值(W/m²)

	102	101	200	201	202
实测采暖季平均值	22.45	22.45	17.3	22.45	22.45
镀 low - e 膜的采暖季平均值	21.33	18.79	13.94	16.35	19.15
采用聚苯板保温墙的采暖季平均值	17.45	13.85	11.88	11.94	15.02

因素一 教室面积:通过对比200教室(面积229.68 m²,耗能17.3 W/m²)与201教室(面积177.00 m²,耗能22.45 W/m²),得到200教室比201教室节省能耗约为(22.45 - 17.3)/22.45 = 22.9%。

因素二 窗户镀 low-e 膜:通过加权取平均数,得到实测采暖季平均能耗为21.42 W/m²,镀 low - e 膜时为17.91 W/m²,达到节能约(21.42 -17.91)/21.42 = 16.4%。

因素三 采用聚苯板保温墙:通过加权取平均数,得到实测采暖季平均能耗为21.42 W/m²,采用聚苯板保温墙时为14.03 W/m²,达到节能约(21.42 - 14.03)/21.42 = 34.5%。(数据来源参见图3)

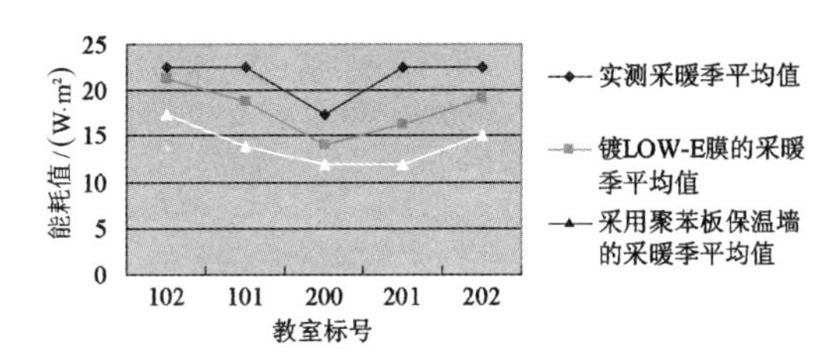

图3 各特定条件下的房间能耗值

5.3 分析数据确定节能方案

(1)教室面积对节能的影响为22.9%。说明在满足使用功能的前提下,可以尽量选取面积较大的教室,以减少能源损耗。

(2)窗户的 low-e 膜对节能影响为16.4%。对于冬季取暖来说,low-e 玻璃虽然节能,但是不经济。因为 low-e 玻璃降低了日照强度,不利于取暖,因而造成能耗值偏大,不宜采用。倘若在夏天则另当别论,low-e 玻璃可以阻挡部分阳光,使得室内温度降低,利于节能。

(3) 采用聚苯板保温墙对节能的影响是34.5%。而且聚苯板是现在市面上比较常见的一种保温隔热板,价格适中,且节能效果明显,是性价比较高的节能措施。

综上所述,墙体导热系数是对建筑物能耗影响最大的因素,采用保温墙是较为经济的一种节能措施。其不仅在冬季保住室内温度,减少热量散失,而且在夏季能起到降低空调冷负荷的作用。在保温墙的布置上应考虑夏季日光照射情况:在夏热冬冷地区夏季太阳辐射强烈,西墙及屋顶的外表面温度能达到60 ℃ 以上。建筑物外墙及屋顶对室外温度的反应是一样的,但受太阳辐射的影响却不同。因此加强建筑物西墙和屋顶的保温尤其重要,不仅要有足够的隔热能力,且保温材料的衰减系数要足够大(比如屋顶最好能够达到衰减时间为10 h,西墙要达到8 h),以最大化降低对室内热环境的影响。故较合理的保温方案是采取不均匀分布保温板的原则以达到更好的效果。

参考文献

[1] 李芳艳, 裴清清. 热舒适评价指标应用分析[J]. 节能,2011(9):15.

[2] 李晓军, 党孟远, 党孟林. 浅谈建筑节能技术[J]. 能源与节能. 2011(09):33-37.

[3] 罗涛, 燕达, 赵建平,等. 天然光光环境模拟软件的对比研究[J]. 建筑科学,2011(10):10-13.

[4] 张艳, 冉茂宇. 双层玻璃夹帘窗的阻热原理及稳态传热实验研究[J]. 建筑科学,2011(10):15-18.

五、基础设施系统与地下空间结构

麦秸秆加筋土挡墙抗滚石冲击性能研究

仇含笑　李　正　丁月明　赖志超　陈建峰

（同济大学 土木工程学院，上海 200092）

摘　要　在挡土墙的设计中，挡土墙的材料至关重要。目前，挡土墙更多地采用混凝土和钢筋作为主材。但是，在欠发达地区，麦秸秆加筋土挡墙会是一个更好的选择。这种挡墙力学性能好，抗滚石冲击性能显著，并且施工方便，成本低的优点，非常适合偏远欠发达地区。本文对麦秸秆加筋土挡墙的抗滚石冲击下的力学性能进行了试验研究，并利用有限元软件进行了麦秸秆加筋挡土墙在冲击荷载下的应力与应变响应，证实了麦秸秆加筋挡土墙在抗滚石冲击下的可靠性。本文为受滚石灾害地区的麦秸秆加筋挡土墙的设计提供了参考。

关键词　挡土墙；滚石冲击；麦秸秆；加筋土

1　引　言

在我国，有很多村镇位于山区，经常有崩塌、滑坡和泥石流灾害，一些块石会以很大的势能向下冲击道路、房屋等基础设施，造成很大的隐患和损失。而且村镇区域通常住宅居住分散、选址和建造随意、无统一规划、缺少基础设施建设和财力支持，通常不具备防治此种地质灾害的能力。若能就地取材，利用麦秸秆和黏性的残、坡积土和在一起，夯实后成为具有一定抗冲击能力的挡土墙，将有效减少滚石对人民生命财产的侵害，且有造价低、施工方便的优势。

2　研究方法

2.1　麦秸秆加筋土力学性质研究

首先，将不同配比的麦秸秆和残、坡积土在重型击实筒中击实，通过 Matlab 作图得到击实曲线并获取相应的最优含水率和最大干密度。其次，制备最优含水率下压实度为90%的不同配比麦秸秆加筋土试样，进行单轴压缩强度和直剪试验，获得不同配比麦秸秆加筋土试样力学性质指标。

2.2　麦秸秆加筋土挡墙抗冲击的模型试验研究

本试验研究对象原型为一软土地基上，墙体高约3 m，而地面以下3 m范围内的土质为饱和的高压缩性、低承载力的软土（即考虑地基深度为3 m ）。

鉴于设备和其他的限制，我们制作了0.5 m×0.25 m×0.125 m（长×宽×高）的麦秸秆加筋土挡墙模型，地基采用在土挡墙周围覆盖黏土并加以适当压实来进行模拟，分别采用素土挡土墙和先前得到的最佳麦秸秆配合比进行模型制作。拍摄两类墙体冲击前后的破坏状态，加以分析。

3 试件设计和制作

3.1 麦秸秆加筋土力学性质研究

3.1.1 重型击实实验

本实验需要土的含水率从小到大依此来测定其干密度，将土晒干后，利用重型击实试验机控制压实程度在90%左右，将不同配比的麦秸秆和残、坡积土在重型击实筒中击实，确定了土的干密度与含水率的关系，从而确定了土的最大干密度与最优含水率。数据见表1。

表1 土的最大干密度与最优含水率

组号	筒重+土重/g	盒重/g	+湿土/g	+干土/g	干密度/(g·cm^{-3})	含水率/%	湿密度/(g·cm^{-3})	含水率/%	备注
1	2 464.5	12.72	23.72	23.42	1.628	2.804	1.675	2.909	加水50 g
		12.70	26.39	25.99		3.014			
2	2 558.8	12.77	29.00	28.15	1.675	5.509	1.769	5.640	加水50 g
		12.72	28.85	27.97		5.770			
3	2 666.9	12.80	28.20	27.13	1.748	7.467	1.878	7.447	加水50 g
		12.72	28.63	27.53		7.427			
4	2 756.3	12.69	22.37	21.46	1.786	10.376	1.967	10.164	加水50 g
		12.76	26.13	24.92		9.951			
5	2 830.4	12.66	31.68	29.63	1.823	12.080	2.042	12.028	加水69 g
		12.70	31.68	29.65		11.976			
6	2 847.4	12.74	29.27	27.09	1.791	15.191	2.059	14.992	加水50 g
		12.73	22.12	20.91		14.792			
7	2 876.0	12.72	29.25	26.93	1.794	16.327	2.087	16.316	加水50 g
		12.73	23.43	21.93		16.304			
8	2 813.2	12.71	28.14	25.74	1.710	18.419	2.024	18.377	加水50 g
		12.61	28.10	25.70		18.335			
9	2 767.3	12.69	29.06	26.22	1.638	20.990	1.978	20.762	加水50 g
		12.70	23.09	21.32		20.534			

含水率湿密度关系图如图1所示。

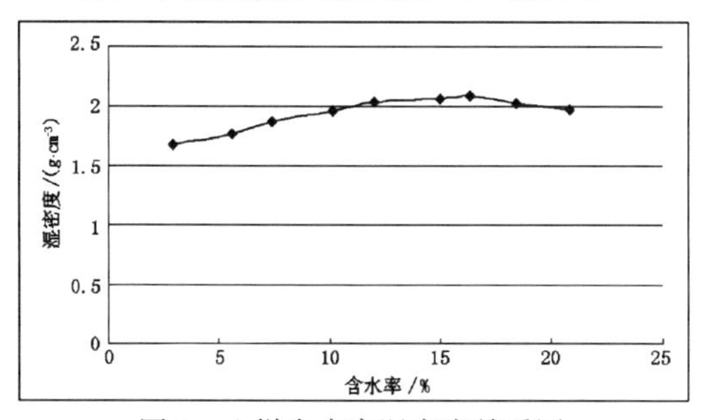

图1 土样含水率湿密度关系图

本曲线依据实验数据5组点，在第一组与最后一组线性外插两点（小点），在CAD采用3阶样条曲线绘制得出，由于无法直接取得精确量出最高点，故而采用CAD VBA语言以0.000 1步长去试探曲线最高点，故而求得x值为12.286 99，y值为1.823 988 9。故取含水率为12.287%，干密度为1.824 g/cm^3。

3.2.2 单轴压缩强度试验

以单轴抗压试验来获得不同配比的麦秸秆加筋土试样的力学性质指标。制备最优含水率下压实度为90%的不同配比麦秸秆加筋土试样，在单向受压的条件下观测记录了破坏荷载和加载过程中出现的现象，得到了试件单轴抗压强度，见表2，麦秸秆比重与抗压强度关系如图2所示。

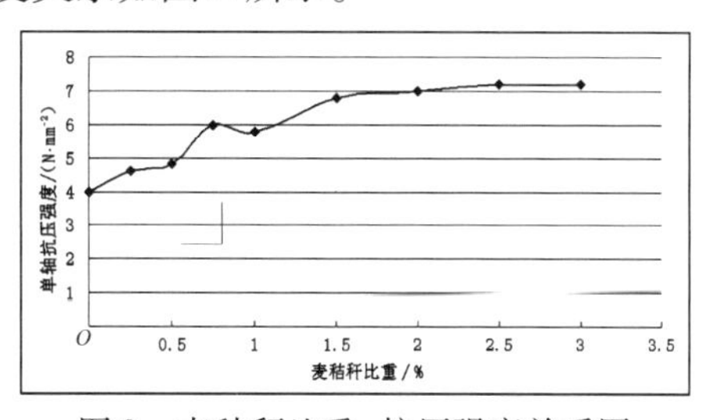

图2 麦秸秆比重-抗压强度关系图

表 2　麦秸秆比重与抗压强度关系图

组号	麦秸秆比重/%	单轴抗压强度/($N \cdot mm^{-2}$)
1	0	4.0
2	0.25	4.6
3	0.5	4.8
4	0.75	6.0
5	1.0	5.8
6	1.5	6.8
7	2.0	7.0
8	2.5	7.2
9	3.0	7.2

在实验过程中,我们发现,当麦秸秆在土中的比重超过 1% 时,由于麦秸秆密度较小,导致其实际所占体积非常大,在受压破坏时,不像前面几组一样土体中产生斜裂缝而破坏,而是在土体已经发生极大形变后,图中的麦秸秆由于材质疏松,压缩性大的原因,仍然可以承受一部分的变形。而且实验进行到比重为 2% 时,土体中麦秸秆由于数量太多,导致了分层现象,当一层土体已经产生斜裂缝并破坏后,另一层的麦秸秆体积明显减少,土体剥离,麦秆裸露在外,形成了各向异性的体系,已经不具备结构的功能。所以,我们认为,虽然单轴抗压强度到后期有所增加,但是是以结构功能性为代价,并产生了极大的变形,我们决定将麦秸秆比率取为 0.75%,依此进行后期的实验。

4　有限元软件模型分析

利用 ANSYS 软件建立模型得到挡土墙在冲击荷载下的应力及应变响应。为之后的模型试验提供荷载设计参考。

计算模型采用 2 m×1 m×0.5 m 尺寸,弹性模量通过实际制备的土样测得,荷载采用集中点荷载,在挡土墙可承受的最大变形以内选取荷载进行有限元分析。

图 3 为麦秸秆加筋挡土墙在冲击荷载下应力响应情况。

图 4 为麦秸秆加筋挡土墙在冲击荷载下应力响应情况。

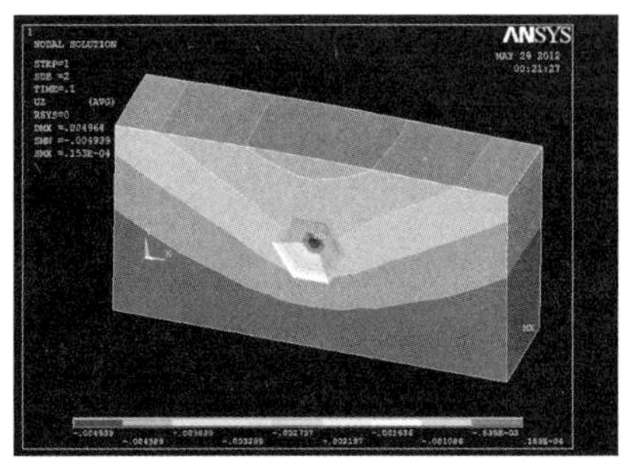

图 3　麦秸秆加筋挡土墙在冲击荷载下应力响应情况

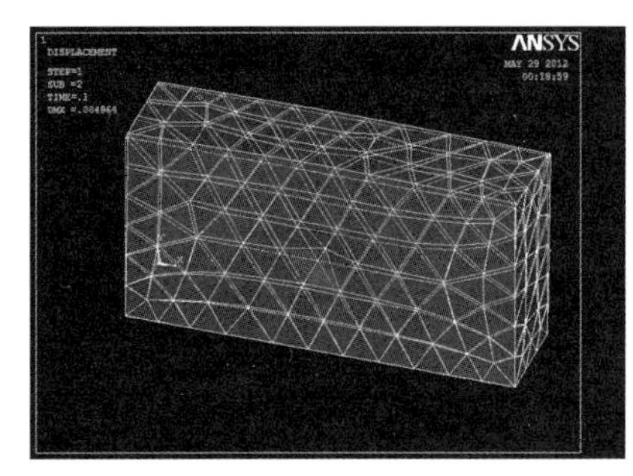

图 4　麦秸秆加筋挡土墙在冲击荷载下应变响应情况

5　模型试验

5.1　麦秸秆加筋土挡墙抗冲击的相似比例模型试验研究

制作 0.5 m×0.25 m×0.125 m(长×高×厚)的麦秸秆加筋土挡墙模型,即原型的 1/4 缩尺比例模型,地基取 0.1 m,分别采用素土挡土墙和先前得到的最佳麦秸秆配合比进行模型制作。拍摄两类墙体冲击前后的破坏状态,加以分析。

以下为具体试验过程,试验装置图如图 5 所示。

图 5　试验装置图

(1)素土墙体试验如图6~9所示。

图6　第一次撞击后,事先做好的一个标记已经发生明显的位移,说明一次冲击即使墙体内部产生变形裂缝。并由上部墙体向墙下扩展。上部墙体已经产生了较大的裂缝。边沿部分的墙体有一定程度的脱落

图7　第二次撞击后,受拉面裂缝进一步发展,取出标记。从图中可以发现裂缝从中间形成一条主竖向裂缝。而在墙体下部,由于地基的约束,裂缝并没有继续竖直发展,而是斜向墙体的两侧扩展。微裂缝贯通

图8　第三次撞击后,裂缝进一步发展,墙体上部产生缺口,大块土体滑落,认定破坏,不适于继续施加冲击

图9　而在墙体的冲击面,球体冲击点处周边出现多道水平裂缝。冲击点上方仅靠土体自身的黏聚力不足以抵抗动荷载产生的影响,发生严重的土体滑落

(2)加筋麦秸秆墙体实验如图10~17所示。

图10　加麦秸秆的墙体原始图

图11　第一次撞击后,墙体变形较小,墙体上出现了一些微裂缝,大多是由靠近表面的麦秸秆的崩离产生,但相比于素土墙体,抗单次冲击的性能大幅提升,结构整体性良好

图 12 第二次撞击后，微裂缝有了一定程度的发展，由于有麦秸秆的拉结作用，裂缝发展较缓慢，且多为水平裂缝或斜裂缝，并没有出现竖直裂缝。结构的整体性依然较高

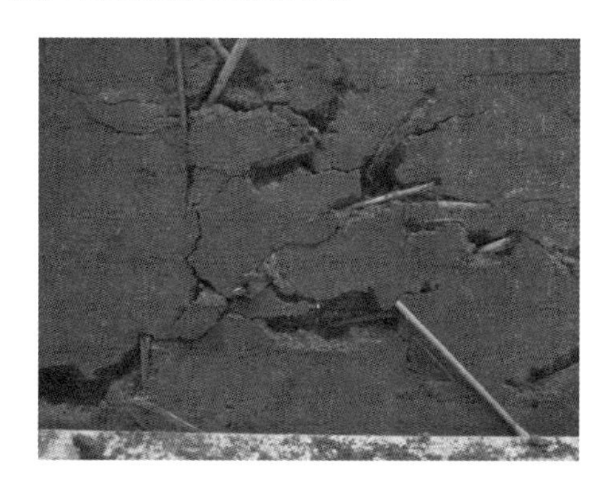

图 13 第三次撞击后，微裂缝已经有部分贯通成为较大的裂缝，且出现了竖向裂缝，但缝隙相对较小

图 14 第四次撞击后，上部墙体已经有一条主裂缝前后贯通，但在受拉面没有显示出明显的竖向裂缝，且结构的整体位移依然较小，没有出现土体滑落现象

图 15 第五次撞击后，裂缝扩展较快，主裂缝相交处的墙体开始脱落，但脱落处位于墙体中下部

图 16 第六次撞击后，墙体中间的贯穿裂缝越发明显，但侧向位移依旧不大

图 17 第七次撞击后，土体分成一块块区域，但依靠麦秸秆依靠麦秸秆的牵拉，并没有整体崩塌。但从正面看大面积的土体滑落，已不适于继续受冲击荷载，认定达到了破坏的极限。但不难看出，即使达到破坏，结构并没有发生较大的整体位移

6 结 论

经过本文的实验及分析,总结出下列几点关于麦秸秆土挡墙的性能优点:

(1)经麦秸秆加筋处理的土的抗剪能力和抗变形性能相对于未处理土均有提高。

(2)麦秸秆的筋土摩擦作用和空间交织作用延缓裂缝的发展,结构整体性大幅提高,即使发生破坏,依旧保持一定的整体连接。

(3)麦秸秆具有一定的抗拉力和延伸率等良好的物理力学性能可以很好地适应了土体的变形,使挡土墙的破坏具有更好的延性。

(4)麦秸秆的柔性在受冲击时有一定的阻尼作用,大大地吸收了冲击动荷载,而这是钢筋混凝土挡墙等刚性挡墙所不具备的,使得结构得以在破坏之前反复承受多次冲击荷载,能较好适应山地滚石大面积,多次连续冲击的实际情况。

(5)麦秸秆土挡墙施工制作简便。

(6)麦秸秆加筋土挡墙在山地取材方便,成本低廉,适合欠发达地区的大范围应用。同时也适用于城市的临时性支护结构,无需像混凝土材料那样需较长时间的养护时间。

致 谢

同济大学大学生创新实践训练计划(SITP)为本次研究提供了资金支持。

另外,感谢指导老师陈建峰对本次研究的关心和支持,特别是在在我们项目及论文完成过程中给我们提供的帮助和建议。

参考文献

[1] 周颖,王士川,赵志宏,等. 土钉支护边坡临界高度的上下限解[J]. 结构工程师,2004(1):49-52,34.

[2] 席永慧,项宝. 基于强度折减的有限差分法分析加筋土桥台的稳定性[J]. 结构工程师,2009,25(3):47-51.

[3] 贾福源,吕凤梧,孙坚,等. 圆形内衬支护结构刚度二维计算对比分析[J]. 结构工程师,2005,21(6):33-37,42.

[4] 傅华,凌华,蔡正银. 加筋土强度影响因素的实验研究[J]. 岩土力学,2008,28(增):481-484.

[5] 陈昌富,刘怀星,李亚平. 草根加筋土的室内三轴实验研究[J]. 岩土力学,2007,28(10):2041-2045.

[6] Chen Changfu, Liu Huaixing, Li Yaping. Study on grassroots-reinforced soil by laboratory triaxial test [J]. Rock and Soil Mechanics, 2007, 28(10): 2041-2045.

[7] 周琦,邓安,韩文峰,等. 固化滨海盐渍土耐久性实验研究[J]. 岩土力学,2007,28(6):1129-1132.

[8] Zhou Qi, Deng An, Han Wenfeng, et al. Durability of stabilized coastal saline soils: water stability and freeze-thaw resistance[J]. Rock and Soil Mechanics, 2007, 28(6): 1129-1132.

加筋土挡墙设计及模型试验研究

袁茂林　王新科
（青岛理工大学 土木工程学院，山东 青岛 266033）

摘　要　本文旨在根据自嵌式加筋土挡墙设计规范，确定合理的加筋布置方案。依据规范初步计算了加筋土挡墙的理论加筋方案，进而采用数值模拟和模型试验相结合的方法，对加筋方案进行优化。通过比较不同加筋布置方案对挡墙性能的影响，探讨了加筋土挡墙模型的工作特性。试验结果表明，本模型加筋布置宜遵循"上部稀、长，下部密、短"和"中间长，两边短"的原则。筋带拉伸和回填砂土密实度会影响筋带和填土的相互作用，对试验结果有极大地影响。通过研究，确定了较为合理的加筋布置最终方案，为工程实践提供了依据。

关键词　加筋土挡墙；模型实验；加筋布置；数值模拟

1　研究背景

1.1　模型箱尺寸、加筋材料和填料的选择

（1）沙箱：沙箱尺寸为 75 cm×50 cm×50 cm，由有 1 个底板和 3 个固定立面构成，第 4 个立面板是可移动板，沙箱材料为15 mm胶合板，可移动立板通过螺钉或螺丝与沙箱暂时固定，用于挡墙构筑时提供临时的支撑力。当可移动面板移走时，两侧平行直立面板由 1 根杆件连接（连杆直径不得超过 1 cm），以固定两侧立面板的位置。连杆轴心在箱顶之下 1 cm 处，距沙箱前表面 3 cm。沙箱及其尺寸如图 1 所示。

（2）填土：挡土墙所用填料为干燥的洁净中粗砂，使用时不添加水和其他任何材料。

（3）挡墙面板：为标准等级纸板，尺寸为 50 cm×50 cm。

（4）加筋材料：为无纹 100 g 信封用牛皮纸。

（5）面板与加筋材料的连接材料：包装用胶带，标准等级，宽 48 mm。胶带仅作为连接面板用，不用作加筋材料，且不与模型箱侧壁接触。

1.2　加筋土挡墙的建造过程

（1）准备阶段。参照图 2 剪裁标准等级纸板作为挡墙面板，使得折叠后的面板适合各自的沙箱尺寸。折叠的两侧和底部伸向沙箱内，以防止砂土漏失。同时对加筋（牛皮纸）进行剪裁，将加筋在面板适当位置与面板黏结。最后把面板安放在沙箱外表面以内 2 cm位置，紧靠可移动模型箱壁。

（2）建造阶段。使用标准装沙桶（底面直径 15 cm）进行挡墙建造，该桶也作为施加附加荷载的加载桶。沙箱内砂土填充完毕后，砂土表面平整，砂表面至箱顶距离小于 2 cm。把空桶放在距离挡墙面板 7 cm 的中间位置，建造阶段结束。

（3）附加荷载施加。把试验箱的可移动板拿掉，稳定 1 min 后，向墙顶的加载桶中倒入砂土作为附加荷载。按规定的步骤逐步施加荷载，如果在施加荷载过程中，挡墙发生破坏或失效，则记录当时的实际荷载，取整数，最大加载量为 20 kg。挡墙发生明显的整体或局部垮塌，则视为挡墙破坏；挡墙在没有发

生明显破坏情况下，面板上任何一点碰到试验箱的前表面，即视为变形失效；挡墙在施加附加荷载过程中，如果加载桶因挡墙变形而倾斜，且与模型箱连杆接触，也被判为变形失效。

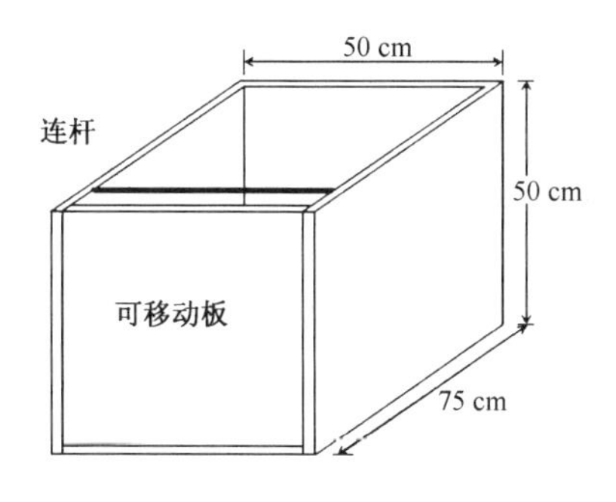

图 1　沙箱及其尺寸

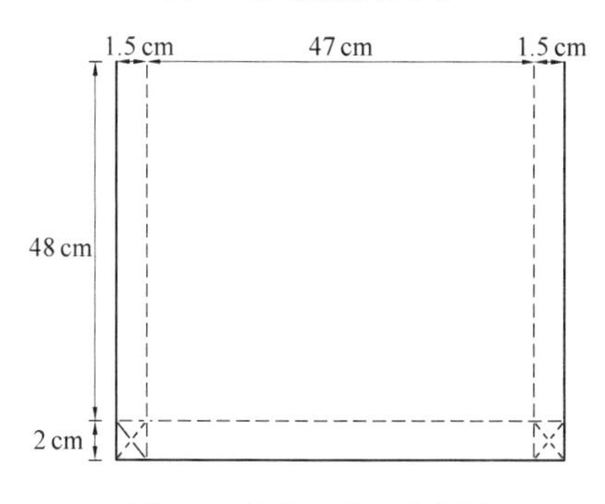

图 2　面板及折叠示意图

2　加筋长度理论计算

2.1　材料及参数确定

(1)回填材料：洁净干砂(用 2 mm 和 5 mm孔径的筛子筛得粒径为 2～5 mm 中粗砂)，重度 $\gamma=18\ \mathrm{kN/m^3}$，内摩擦角 $\varphi=35°$(近似取为砂堆在沙箱静止时的坡角)。

(2)加筋材料：无纹 100 g 信封用牛皮纸，拉筋宽为 0.8 cm。

(3)其他材料用具：50 cm×50 cm 标准等级纸板、48 mm 宽胶带、沙箱、装沙桶、剪裁工具、护角、护边等。

2.2　计算基本假定

(1)在面板背面作用的是主动土压力，主动土压力系数

$$K_a=\tan^2(45°-\varphi/2)=0.271$$

(2)按外荷载为 3 kg 进行计算，作用面为直径为 0.15 m 的圆形，换算土柱高度为 0.092 m。

(3)加筋土挡墙内部分为锚固区和非锚固区，两区的分界面即为主动土压力的破裂面，无效长度 L_a 采用 $0.3H$ 折线法确定，假定破裂面如图 3 所示，计算简图如图 4 所示。

(4)拉筋有效长度(锚固区内)产生有效摩阻力抵抗拉拔，不考虑拉筋无效长度产生的摩阻力。

(5)拉筋和填料之间的摩擦系数，在拉筋长度范围内任意位置都是定值，本次试验取 $f=0.4$。

(6)加筋与侧面板摩擦不计，面板内部光滑。

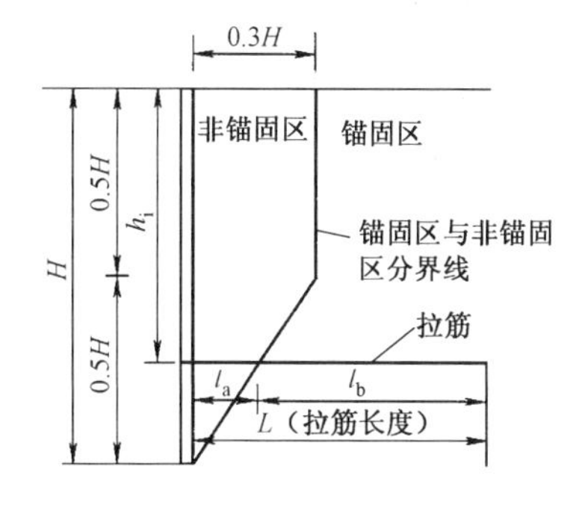

图 3　破裂面假定图

2.3　加筋长度理论计算

拉筋所受拉力计算：

$$T_i=k(\gamma Z_i+q_i)S_xS_y \tag{1}$$

式中　土压力系数 K 取主动土压力系数 K_a。

无效长度：根据图 3 所示假定破裂面，有

$$L_{ai}=\begin{cases}0.3H & h_i\leqslant H/2\\ 0.6(H-h_i) & h_i>H/2\end{cases} \tag{2}$$

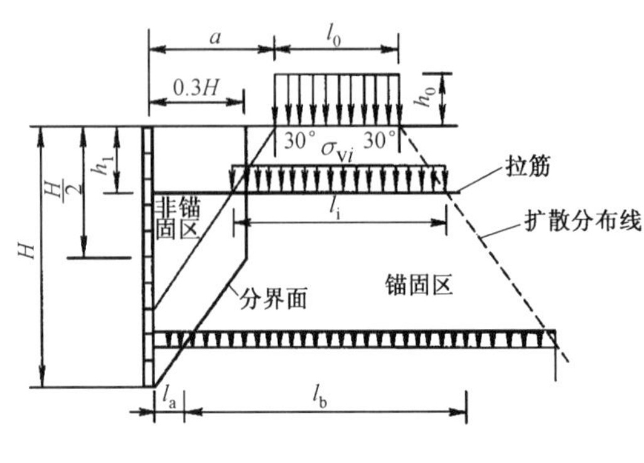

图4 计算简图

有效长度:

$$L_{bi}=\frac{[K_f].T_i}{2f'b(\gamma Z_i+q_i)}=\frac{[K_f]\cdot K(\gamma Z_i+q_i)S_xS_y}{2f'b(\gamma Z_i+q_i)}=\frac{[K_f]KS_xS_y}{2f'b} \tag{3}$$

其中,$[K_f]$为加筋土挡墙抗拔安全系数,本次计算取$[K_f]=1.0$,b为筋材宽度。

表1 加筋长度计算表

层数 i	深度 h_i/mm	筋材拉力 T_i/N	无效长度 L_{ai}/mm	有效长度 L_{bi}/mm	筋材长度 L_i/mm
1	58.125	10.00	139.5	462	601.5
2	174.375	17.75	139.5	462	601.5
3	290.625	25.49	90.7	462	552.7
4	406.875	33.24	30.2	462	402.2

加筋长度理论计算时拟采用从上到下4545排列的4层、每层5条筋带的均布方式布筋,$S_x=117.5$ mm,$S_y=116.25$ mm,$b=8$ mm。假定从上到下分别为1、2、3、4层,筋材所受拉力及长度计算结果见表1。采用上述方法计算时,无效长度整体分布规律为沿深度方向从上往下逐渐减少,有效长度沿深度方向不变,每条筋带的有效长度均相等。筋材拉力最大为33.24 N,满足筋材的抗拉要求。

3 现场模型试验方案研究

3.1 模型试验准备工作

(1)沙箱制作。对胶合板进行组装,在沙箱底部的端点处加金属护角,并用螺丝钉固定,在两个面交界处(可移动板除外)用2~4个两面金属护边固定,并用螺丝钉固定。在距离箱顶之下1 cm处,距沙箱前表面3 cm处,穿小孔,用钢丝连杆将沙箱两侧面连接,以固定两侧胶合板。沙箱示意图如图5所示。制作完成后沙箱如图6所示。挡墙面板按图2所示定位、折叠即可。

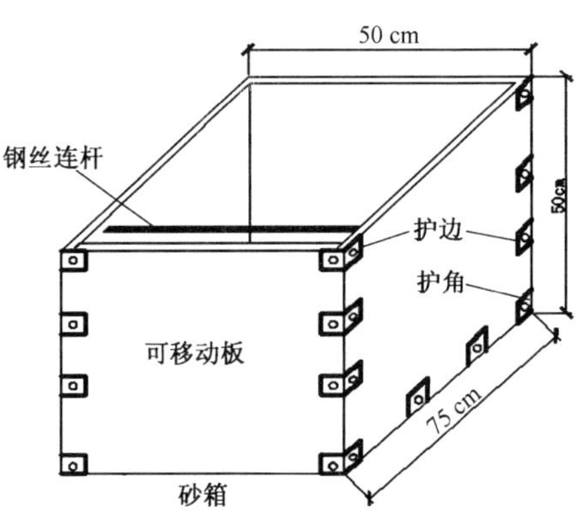

图5 沙箱示意图

(2)牛皮纸、纸板剪裁。拟采用宽度$b=8$ mm的长方形筋带,在纸板上定位后用标准等级胶带固定在面板上。

3.2 加筋优化布置分析

采用国际通用的MIDAS/GTS软件对沙箱进行无荷载条件下数值模拟,土体单元采用Mohr-Coulomb屈服准则。施加相应的约束,得到沙箱在无荷载条件下应力应变和位移的近似分布规律,边坡X方向(水平向外)位移分布如图7(a)、总位移分布如图7(b)所示。

从图中可以看出，砂箱中沙土的位移大体呈现从上到下逐渐降低的趋势，且有中间大、两边小的规律。结合上部筋带无效长度较长的特点，我们得出在实际布筋过程中应遵循“上部筋带比下部筋带长，中间筋带比两侧筋带长”的原则。

3.3　不同加筋方案对比分析

经过对不同方案的尝试性试验，得到如下结论：

图 6　制作完成的沙箱

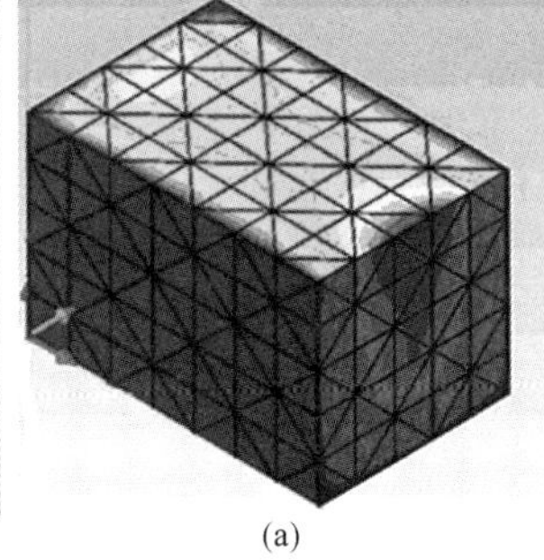

(a)

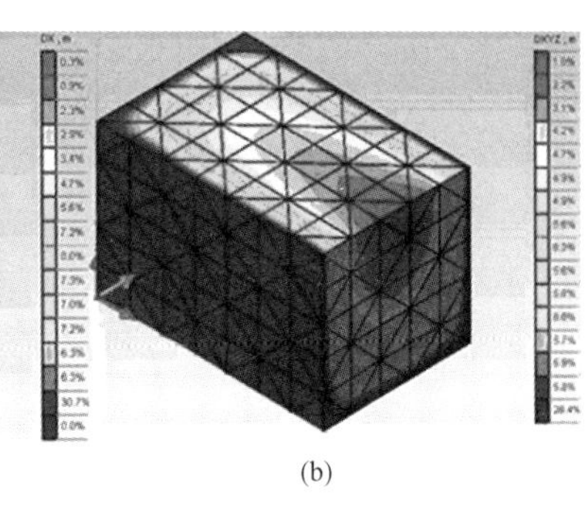

(b)

图 7　沙箱位移分布示意图

(1)由于对标准等级纸板的界定不清楚，试验过程中分别采用不同厚度纸板进行试验。结果表明，纸板对挡墙结构的稳定性有重要的影响。当使用普通图纸时，筋带层间砂土会产生较大的临空侧变形，此时需要多层(10 层左右)筋带才能满足挡墙结构的变形要求，反之当使用厚约 1 mm 的纸板时即使不加筋结构也能保持稳定。本次试验采用厚度约为 0.3 mm 的普通纸板作为挡墙面板，在约束局部变形的同时可充分发挥筋带的作用。

(2)将筋带拉紧并将端部嵌入下部砂土约 15 mm，可有效地减小可移动面板移除后的初始变形，并提高结构承载力。分层回填后使用橡皮锤敲击箱面可以增加回填材料的密实度，减小结构的变形。与此同时，挡墙结构建造阶段的不严谨可能会造成砂土泄露或可移动挡板移除后初始变形过大。

(3)可移动挡板移除后以及加载过程中，面板外表面分布着有规律的“小凹陷”，其位置正是筋材所在位置。这说明回填材料与筋材之间有相对位移，筋材与回填材料的摩擦作用限制了土体的变形。这与文献 2 所得结论基本一致。

(4)加筋土挡墙的变形主要由筋材的拉伸变形、筋材与回填材料之间的相对位移控制。试验过程中，通过观察可以看出面板变形是随着时间和加载的进行不断发展，最大变形位于面板的中下部距地面约 15 cm 处，该位置面板两侧易发生弯折，故在中下部应减小加筋的间距，扩大加筋的宽度。

(5)在既定加筋方案的基础上适当减少靠侧面板加筋与侧面板的距离，可有效减少砂土从面板边缘流出，减小试验失败几率。

图 8　逐步加载

图 9　加载完成后面板变形示意图

图 10　距地面约 15 cm 处面板出现弯折

3.4　最终方案

综合上述试验研究可知,加筋宜遵循“上部稀、长,下部密、短”和“中间长,两边短”的原则。最终方案加筋布置采用从上到下 4455 分布的布置方式,试验照片见图 8 至图 10,加筋布置如图 11 所示。经试验,沙箱在承受 20 kg的附加荷载情况下位移约为 1 cm,仍能保持稳定且满足比赛对变形的要求。继续加载沙箱将会发生整体破坏,破坏后筋带如图 12 所示,可以看出,大多数筋带仍保持完整,推测破坏的原因是随着加载的进行摩擦力不足造成筋带的整体拔出。

加筋面积 S = 总长度 × 宽度 = 455 × 0.8 =364 cm^2。

4　结　论

加筋土挡墙在我国正取得越来越广泛的

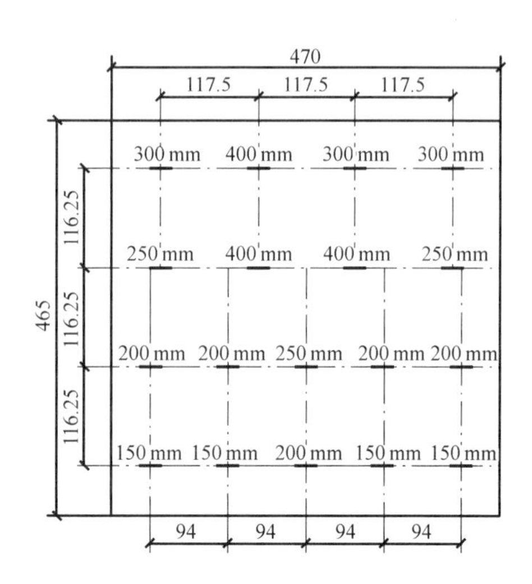

图 11　最终方案加筋布置图

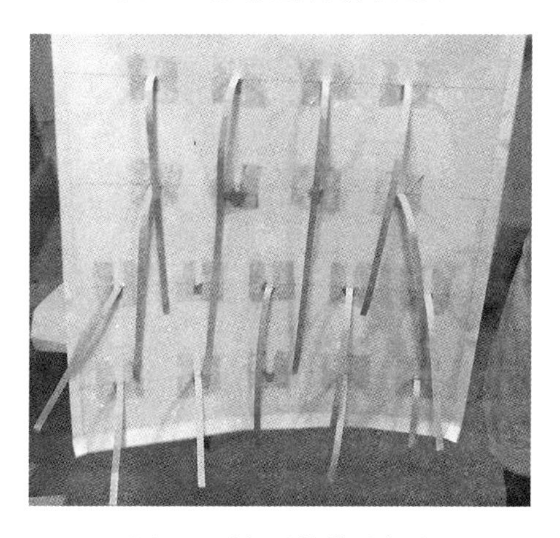

图 12　破坏后筋带示意图

应用,本文根据自嵌式加筋土挡墙设计比赛规则,依据公路加筋土工程设计规范初步计算了加筋土挡墙的理论加筋方案,并根据数值模拟结果提出了加筋布置方案优化措施,进而通过不同加筋方案的模型试验获得了加筋土挡墙模型的工作特性。可以看出,本模型加筋布置理论计算结果和实际模型试验之间存在一定的差别,通过数值模拟分析和模型试验探索可以使加筋方案更好的适应实际情况,最终确定了较为合理的加筋布置最终方案。同时,由于试验过程中偶然因素影响的不确定性和加筋土挡墙作用机理的复杂性,模型与实际工程之间关系的研究还有待进一步深化。

参考文献

[1] 叶观宝，张振，徐超. 加筋土挡墙模型试验研究[J]. 勘察科学技术，2010(2)：3-5.

[2] 杨广庆，吕鹏，庞巍. 返包式土工格栅加筋土高挡墙现场试验研究[J]. 岩土力学，2008，29(2)：517-522.

[3] 徐俊，王钊. 上限法分析加筋土挡墙破裂面及临界高度[J]. 武汉大学学报(工学版)，2006，39(1)：63-66.

[4] 王祥，周顺华，顾湘生. 路堤式加筋土挡墙的试验研究[J]. 土木工程学报，2005，38(10)：119-125.

[5] YANG Z. Strength and deformation characteristics of reinforce sand[D]. USA: University of California at Los Angles, 1972.

[6] 雷胜友，惠会清. 加筋土挡墙压力计算方法[J]. 交通运输工程学报，2005(2)：67-69.

[7] 李海光. 新型支挡结构设计与工程实例[M]. 北京：人民交通出版社，2004.

[8] 何光春. 加筋土工程设计与施工[M]. 北京：人民交通出版社，2000.

武汉市垃圾土的物理力学性质试验研究

段　超　丁占华　李晓锋　许家婧

（武汉大学 土木建筑工程学院，湖北 武汉 430072）

摘　要　随着国民经济的发展城市人口迅速增长，垃圾排放量急剧增加，卫生填埋场已成为我国目前城市固体废弃物处理的主要方式之一。垃圾土作为特殊土体的一种，有着土体的一般性质，又有不同于一般土体的性质。由于环境因素和能源结构等的差异，垃圾土的成分存在很大差异，再加上取样方法、仪器装置和试验方法的不同，垃圾土性质指标的范围值很大。因此，必须针对本土垃圾进行试验，获取符合当地情况的垃圾土参数。本文从武汉市现有的垃圾填埋场取土样，在室内进行了垃圾土的物理性质和力学性质试验。

关键词　垃圾土；物理性质；力学性质

1　引　言

对填埋场进行设计与审批时均需进行广泛的岩土工程分析以论证所有填埋系统均已设计成符合长期运行的要求。填埋场的安全和造价对垃圾土性质变化反应十分灵敏，因此在分析中正确选用垃圾土的性质非常重要。

除了影响对填埋场性能的估价外，由于垃圾土的流动通常用入场重量来计算，而填埋场的容量则用体积来计算，在现场要将垃圾土压实，还要堆土覆盖。因此垃圾土的重度和压缩性对填埋场的经济利用评价有很大影响。垃圾土的物理力学性质的选用会对填埋场建设费用、垃圾倾倒费用、填埋单元的寿命和建设周期等问题产生很大影响。

2　垃圾土的组成

垃圾土一般由很多成分组成，这些成分时常是非饱和的。通过对多种废弃物的分析和查阅有关文献，可将废弃物大致分为：a）食品垃圾；b）园林垃圾；c）各种纸制品；d）塑料、橡胶和皮革制品；e）纺织品；f）木材；g）金属制品；h）玻璃和陶瓷制品；i）灰尘、碎砖、乱石及淤泥等。各种成分的数量随不同垃圾土类型而改变，见表1。

表1　城市生活垃圾物理成分分析　%

采样点	金属	玻璃	塑胶	纸类	布匹	植物	厨余	灰分	水分
商场	2.4	5.6	16.2	34.4	1.8	0.4	11.7	0.0	27.5
饭店	3.6	17.4	20.9	24.4	2.7	1.3	5.2	1.8	22.7
车站	2.0	9.4	13.8	9.3	1.6	2.8	13.4	0.8	46.9
医院	3.1	12.9	10.7	19.0	5.4	3.8	10.1	0.0	35.0
双气区	0.7	4.8	10.4	7.5	2.2	2.0	19.0	1.6	51.8
事业区	2.1	10.9	10.0	9.4	1.7	4.0	13.1	0.0	48.8
平房区	0.5	4.2	5.0	7.8	0.6	3.8	9.6	27.5	41.0
转运站	4.9	7.6	12.5	20.2	3.4	1.8	11.4	3.0	35.2
清扫区	2.2	5.3	10.0	9.9	0.2	8.6	8.1	30.8	24.9

3　垃圾土的物理性质

3.1　垃圾土的重度

垃圾土的重度变化幅度很大，由于它是自然形成的，成分复杂多变，且受生活方式和环境条件的影响。一般来说，正确估计垃圾土重度的主要困难是：a）如何将每天覆盖的土与垃圾隔开；b）如何估计重度随时间和深度的变化；c）如何正确获取垃圾含水量的数据。因此，在确定垃圾土重度之前，必须首先弄清楚某些条件，包括：a）垃圾土的组成，每天覆土情况和含水量；b）压实方法和密实度；c）测定重度试验点所处深度；d）垃圾土的填埋时间。

垃圾土的重度可以通过多种途径量测，如可在现场用大尺寸试样盒、试坑或用勺钻取样在实验室测定；也可测出填埋体积和进场垃圾及覆盖土料的重量，算出重度；可以应用地球物理方法用 γ 射线在原位测井中测定；还可以测出垃圾土各组成成分的重度，然后按其所占百分比估计整个垃圾土的重度。在现场或实验室直接测试的结果比较可靠，如果实验条件控制得好，试样尺寸较大，则其实验结果可能是最可靠的。垃圾土的重度与渗透系数综合资料见表2。

表2　垃圾土的重度与渗透系数的综合资料

资料来源	重度/($KN \cdot m^{-3}$)	渗透系数/($cm \cdot s^{-1}$)	测定方法
Fungaroll et al. (1979)	1.1～4.1	1×10^{-3}～2×10^{-2}	渗透仪
Oweis et al. (1986)	6.4	10^{-3}	现场试验资料估算
Landva et al. (1990)	10～14.4	1×10^{-3}～4×10^{-2}	试坑
Oweis et al. (1990)	9.4～14.1	1.5×10^{-4}	变水头现场试验
钱学德(1994)	-	9.2×10^{-4}～1.1×10^{-3}	现场试验资料估算
杭州天子岭	8～16.8	2×10^{-4}～4×10^{-3}	原状土室内试验
武汉二妃山	7.6～17.2	5.2×10^{-5}～4.6×10^{-4}	原状土室内试验

3.2　垃圾土的含水量

在填埋场设计中，废弃物含水量有两种不同定义方法，一为废弃物中水的重量与废弃物干重之比，常用于土工分析，即

$$w = (W_w / W_s) \times 100 \qquad (1)$$

式中　w—— 用重量比表示的固体废弃物含水量，%；

W_w—— 固体废弃物中水的重量；

W_s—— 固体废弃物的干重。

另一定义为固体废弃物中水的体积和废弃物总体积之比，常用于水文和环境工程分析，即

$$\theta = (V_w / V) \times 100 \qquad (2)$$

式中　θ—— 用体积比表示的固体废弃物含水量，%；

V_w—— 固体废弃物中水的体积；

V—— 固体废弃物的总体积。

影响垃圾土的天然含水量的主要因素有：

（1）垃圾土的原始成分；

（2）当地气候条件；

（3）垃圾填埋场的运作方式（如是否每天往填埋垃圾土上覆土）；

（4）淋滤液收集和排放系统的有效程度；

（5）填埋场内生物分解过程中产生的水分数量；

（6）从填埋气体中脱出的水分数量。

垃圾土的天然含水量的变化很大，例如杭州天子岭垃圾土的含水量最大可达188%，最小为41.6%，一般分布在60%～110%之间，并随埋深的增大，含水量减小，这是由于随深度增大及埋藏时间的增加，垃圾中有机质降解产生的渗滤液由渗滤层排走，从而使含水量降低。浅层垃圾土受气候条件影响较大，因而含水量较大且不稳定。多雨潮湿地区的垃圾土的含水量一般比较高，而且雨季明显高于其他季节时的含水量。

表3给出了垃圾土的某些工程性质的原始资料，其中的含水量是用体积比表示的。

表 3 垃圾土工程性质指标

资料来源	重度/(kN · m^{-3})	含水量/%	孔隙率/%	孔隙比
Rovers et al. (1973)	9.2	16	—	—
Fungaroll et al. (1979)	9.9	5	—	—
Wigh(1979)	11.4	8	—	—
Walsh et al. (1979)	14.1	17	—	—
Walsh et al. (1979)	16.9	17	—	—
Schroder et al. (1984)	—	—	52	1.08
Oweis et al. (1990)	6.3 ~ 14.1	10 ~ 20	40 ~ 50	0.67 ~ 1.0
杭州天子岭	8 ~ 16.8	20 ~ 30	30 ~ 40	1.02
武汉二妃山	7.6 ~ 17.2	20 ~ 30	25 ~ 45	0.8 ~ 1.56

3.3 垃圾土的有机质含量

可以采用两种方法测定土中有机质的含量,一种是重铬酸钾容量法—稀释热法。这是比较严格的有机质含量测定方法,但在岩土工程领域中使用得比较少,不便于同其他工程中的问题进行比较分析。另一种是灼烧法。这是一种在土工实验中常用的方法。在550 ℃高温下烧灼至恒重时的烧灼失重与烘干土重的比值,即为有机质含量。对废物堆填土而言,烧灼失重包括有机、塑料、纸以及易挥发物等一些不稳定的物质,除了塑料在废物堆填土中的作用类似加筋土中的筋外,其他物质均对废弃物堆填土的强度和稳定有消极作用。所以,测定灼烧失重对于研究废物堆填土的工程性质是有一定意义的。

3.4 垃圾土的液塑限

液限是区分土类的可塑状态和流动状态的界限含水量;塑限是土的可塑状态与半固体状态的界限含水量。它们是计算土的塑性指数和液性指数的基本指标,也是进行土质分类和估算地基承载力的一个重要依据。

采用液、塑限联合锥式测定仪。在试验前剔除废物堆填土中尺寸大于 0.5 cm 的颗粒,如塑料、玻璃、金属和树枝等杂物。测定的液、塑限值见图 1 所示,液限值的分布比较离散,散布在 50% ~130% 的区间内;塑限值的变化范围比较小,大约在 13% ~35% 之间。这要比武汉市的灰黄色可塑黏土(48.3%)和灰色淤泥(46.9%)的液限大,说明废物堆填土和它们相比,更不易从可塑状态转为流动状态,可塑态的含水能力要高。武汉市黏土的塑限在 19.4% ~24.2% 之间,在废物堆填土塑性的变化范围内,说明废物堆填土由半固体态转化为可塑状态的临界含水量值变化幅度大,吸附水性能的变异性明显。另外,随着深度的增加,废物堆填土的液、塑限有减小的趋势。反映出外部压力对废物堆填土对废物堆填土界限含水量有一定的影响作用。试验中还发现,废物堆填土的成分对液塑限有明显的影响。土样中含有较多的纸、丝织物等溶水性强的物质时,液、塑限值的增幅较大,其含水能力明显提高,如图 1 所示。

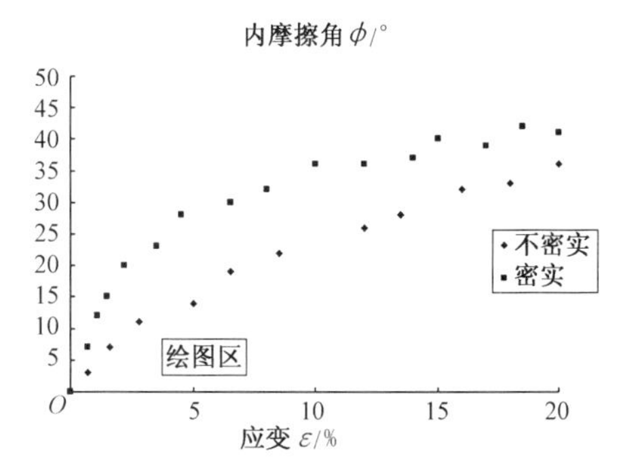

图 1 废物堆填土的液塑限含水量分布图

3.5 垃圾土的孔隙比

孔隙比定义为垃圾土孔隙体积与干物质体积之比。孔隙率为垃圾土孔隙体积与总体积之比。空隙比 e 与孔隙率 n 之间有以下关系:

$$n = \frac{e}{1 + e} \tag{3}$$

$$e = \frac{n}{1 - n} \tag{4}$$

与普通土类相比,垃圾土由于形成时间比较短,没有形成一定的致密结构,其组成颗粒尺寸大小不一,孔隙比较大,土中水的渗透速度较快。

从填埋深度上看,浅部垃圾土属新近填埋,其生化降解反应进行的不彻底,使得垃圾土的组成颗粒和孔隙都比较大;深部垃圾土填埋时间较长,其生化降解反应进行得比较彻底,并在上部自重压力下形成了比较密实的内部结构,因而孔隙比变小。

4 垃圾土的力学性质

4.1 垃圾土的透水性

一般情况下,与通常土相比,城市废物堆填土的形成时间比较短,没有形成一定的致密结构。组成颗粒的大小尺寸不一,孔隙比较大,土样的渗透速度比较快。

塑料对于废物堆填土的渗透系数影响很大,它的存在大幅度降低室内试验土样的渗透系数。大块的石子、金属和玻璃等杂物则会提高土样的渗透系数。针对不同深度和堆积时间的废物堆填土进行了大量的渗透试验,发现废物堆填土的渗透系数变化范围较大,但基本保持在 2×10^{-4} ~4×10^{-3} cm/s 的范围之间。总体的规律是随着填埋的深度和时间增大,垃圾土变得更致密,渗透系数逐渐减小。

由于我国经济发展水平的限制,许多填埋场采用附近地表的黏土进行填埋。黏土中夹杂的石子以及进场废物中的碎石,在很大程度上增加了废物堆填土的渗透性能。严格地进行黏土(渗透系数 $<10^{-7}$ cm/s)分层填埋,可以有效减小渗透系数。

武汉市区生活垃圾的渗透系数 k 值,以二妃山垃圾填埋场取样在室内进行原状渗透试验,得出其 k 值为 5.2×10^{-5} ~4.6×10^{-4}。

4.2 垃圾土的压缩性

垃圾土的压缩性指标包括压缩系数、压缩模量、压缩指数和固结系数等。

表4 为武汉二妃山垃圾土的基本力学性质。

表4 武汉二妃山垃圾土的基本力学性质

压缩系数 /(MPa^{-1})	压缩模量 /(Mpa)	压缩指数	固结系数 /($cm\cdot s^{-1}$)
0.48 ~2.15	1.26 ~4.81	0.20 ~0.50	2.15 ~6.02×10^{-3}

垃圾土由于不断发生多种物理、化学和生化反应,使得其固结压缩性质与普通土类相比不尽相同。在外力作用下,垃圾土中的水和气体逐渐被排出,颗粒骨架之间被压密。封闭气体体积被压缩,宏观上表现为土层的压缩变形,这与普通土类是一致的。而垃圾土中的有机物在微生物的作用下发生降解,又不断地产生水和气体。这样,垃圾土中的有机质在被压缩的同时发生生物降解,而垃圾土中的液体和气体存在一定的补给源,这种补给一直持续到物理、化学和生化反应结束为止。

垃圾土的沉降过程可以分为固结、收缩和密实三个阶段。固结阶段是指随着时间的推移,新近堆积的垃圾土逐渐失去水分,有效应力值慢慢增大;收缩阶段是指垃圾土内部的有机质发生腐烂分解,转化为二氧化碳和甲烷等物质,矿化作用完成后,总体积量缩小;密实阶段是指由于蠕变和有机质的生化降解反应,垃圾土的孔隙比变小,结构变得更为密实。采用常规的一维固结理论进行计算时,将垃圾土的固结和收缩阶段合称为主压缩,主要计算参数为主压指数 C_c 及修正主压指数 C'_c;而把密实阶段称为次压缩,计算参数为次压缩指数 C_a 及修正次压缩指数 C'_a。C_c 和 C_a 均与初始孔隙比 e_0 及垃圾土内部的微生物活动条件有关。初步估算表明,$C_c = 0.15 \sim 0.55e_0$,$C_a = 0.03 \sim 0.09e_0$。垃圾土的沉降在填埋完成后 1 ~2 个月内最大,以后在很长时间内又有较大的次压缩,总压缩量随时间和填埋深度而变化。在自重作用下,垃圾土沉降的典型值约为其层厚的15% ~30%,大多发生在填埋后的第一年或第二年。

主压缩指数 C_c:

$$C_c = \frac{\Delta e}{\log(\sigma_1/\sigma_0)} \tag{5}$$

式中 Δe—— 孔隙比的改变;

e_0—— 初始孔隙比；

σ_0—— 初始竖向有效应力(kPa)；

σ_1—— 最终竖向有效应力(kPa)。

修正主压缩指数 C'_c 为

$$C'_c = \frac{\Delta H}{H_0 \log(\sigma_1/\sigma_0)} = \frac{C_c}{1 + e_0} \quad (6)$$

式中　H_0—— 垃圾土初始层厚(m)；

ΔH—— 受力后层厚的变化(m)。

4.3　垃圾土的直剪强度指标

通过大量快剪实验,得到废物堆填土的摩尔强度包线,如图2所示。废物堆填土的内聚力 C = 4.6 ~ 31.4 kPa,内摩擦角 φ = 40.4° ~ 49.6°。和黏土相比,废物堆填土的内摩擦角比较大。也就是说,废物堆填土的抗剪强度对破裂面上法向应力比较敏感。疏松废物堆填土的抗剪强度较小,而经过压密后的废物堆填土抗剪强度可以得到很大幅度的提高。因此,在废物填埋过程中严格地进行压实操作,对提高废物堆填土体的强度有着非常重要的作用。

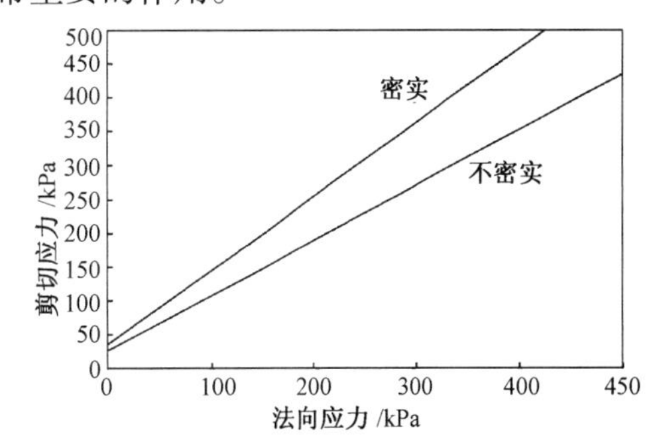

图2　废物堆填土的抗剪强度包线

为了研究含水量变化对城市废物堆填土直剪强度指标的影响作用,针对20%和30%两种含水量的重塑试样做快剪试验,得到强度包线如图3、4所示。

含水量为20%试样的内聚力为6.6 ~ 25.8 kPa,而取自5 m深试样的内聚力达到47.8 kPa。对试样组成进行研究,发现试样比较疏松,其中含有大块抗拉性能好的纤维、塑料等杂物,所以,即使当作用比较小的正应力时,废物堆填土仍然具有很高的抗剪强度。

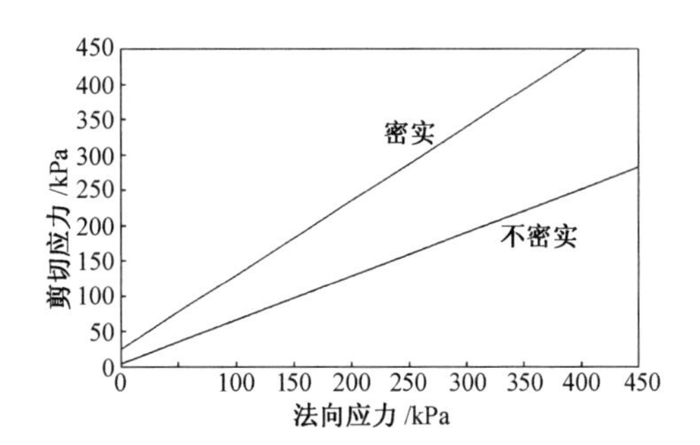

图3　含水量为20%时的抗剪强度包线

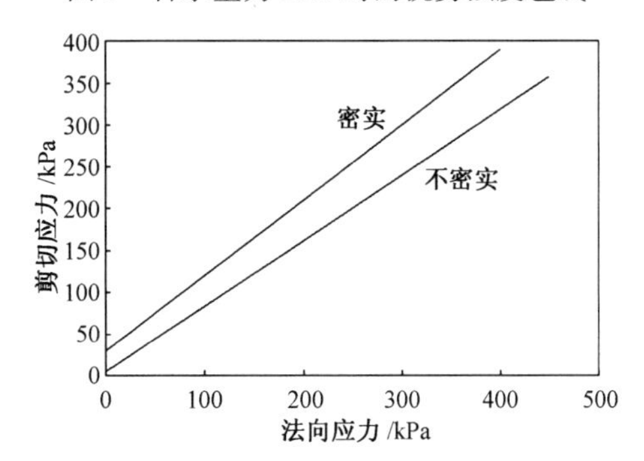

图4　含水量为30%时的抗剪强度包线

20%含水量的试样摩擦角一般为31.3° ~ 42.9°,深25 m处试样产生突变,达到46.8°。含水量为30%试样的内聚力为14 ~ 31.7 kPa,内摩擦角为36.6° ~41°。相对而言,废物堆填土的内聚力随含水量的增加有一定程度的提高,但内摩擦角的变化不明显。

5　结　论

抗剪强度随固结压力的增大而增大;填埋体随填埋深度的增加,抗剪强度大体呈增加趋势;填埋时间对垃圾土的抗剪强度有积极的促进作用。

参考文献

[1] 谢强, 张永兴, 张建华. 生活垃圾卫生填埋场沉降特性研究的意义及现状[J]. 重庆大学学报, 2003(8):35-40.

[2] 张振营, 陈云敏. 城市垃圾填埋场有机物降解沉降模型的研究[J]. 岩土工程学报, 2004(2):16-22.

[3] 柯瀚, 陈云敏. 填埋场封场后的次沉降计算[J]. 岩土工程学报, 2003(11):56-61.

城市给排水管道检测新技术

祝　赫　甄丹丹　张　伟　薛志佳　谢经宇

（中国地质大学 工程学院，武汉 430074）

摘　要　随着城市年龄的增加和地下管道的老化，我国各大城市给排水管道爆裂事故频发，给城镇居民的正常生活带来了严重干扰。武汉暴雨后，“到武汉来看海”一时成网络流行语，这更使江城排水系统的尴尬显露无遗，造成社会影响是不言而喻的。本技术在软硬件方面进行大胆创新，关键技术在于：将传统管道摄像系统和GIS技术、物联网技术巧妙的结合在一起，实现数字管道的思维，开发出三套适用于给排水管道检测的功能软件，适应于用户要求。设备技术出于国内一流，还具有环保节能的特点，可以提高经济效益。

关键词　城市；给排水管道；检测；新技术

1　引　言

随着城市年龄的增加和地下管道的老化，我国各大城市给排水管道爆裂事故频发，给城镇居民的正常生活带来了严重干扰。到2011年底，全国有城市污水处理厂1 018座，排水管道长度31.5万多km，约有60%以上的排水管道存在泄漏的风险。截止2010年底我国供水管道总长度达到388 820 km，约有50%以上的管道需要更新改造，因管道腐蚀破裂问题带来的水质下降困扰了供水行业，影响城市的社会公共安全以及老百姓的健康状况。

2　设计思路

（1）通过高像素的摄像头在爬行器的带动下，在给排水管道内部采集其内壁和内部的视频检测数据，得到第一手直观、准确的视频资料。解决了间接检测所产生的精度低的问题。

（2）采用先进的图形处理算法对视频检测数据进行处理，避免由于视频处理粗糙而造成决策失误。

（3）将传统的管道视频检测系统与GIS技术和物联网技术紧密地结合起来，将检测视频数据实时上传便于工程管理和视频检测数据的管理。大大提高了工作效率。

3　工作原理

本产品集成了传统的管道视频检测系统、GIS技术和新兴的物联网技术以及图形处理技术等，通过操纵人员根据排水管道内部情况和工程要求进行操纵，采集视频检测数据，软件系统进行视频处理，将各类管道检测数据实时上报至管道检测数据服务器进行分类保存。以及通过分析视频检测数据所得的结果（判读报告、3D管道内壁图）并结合物联网进行任务指派等工程决策。使得该系统不仅能实现对给排水管道进行直观视频检测的功能，而且能对视频检测数据进行精准分析判读，同时兼有对检测成果进行管理提高工作效率的功能。

机器人硬件部分下放到管道内部后，地面操纵人员通过工程要求控制爬行器的移动，而爬行器搭载的镜头通过照明等在管壁上投射的光圈进行成像,同时通过爬行器上的传感器感知爬行器在管道中的情况。得到视频检测数据及爬行器情况数据后通过电缆盘或无线传输传到主控制器上,主控制器通过接口将得到的视频检测数据储存在相应的存储设备中,而主控制器的屏幕上可显示管道内部情况。将得到的数据可以进行如下处理:将各类管道检测数据实时上报至管道检测数据服务器进行分类保存。通过各类分析软件进行分析处理后的检测结论(如判读分析报告)工程成果数据(管道内壁3D视图,管道内壁倾斜情况缺陷),可按照接口定义的规范进行录入和上传。

下面就系统主要部分进行介绍。

3.1 主控制器部分

(1)标配高清晰度10″彩色监视器,实时监控管道内部情况。监视器屏幕可同步显示作业时间、爬行器状态、显示管道简单缺陷等信息功能。并可通过文本发生器利用键盘输入和更改用户所需信息(如:路名、管径、缺陷标注等),可连接DVD播放器和数码打印机。

(2)控制按钮用于控制摄像头、照明灯、电缆绞盘和车架,并有视频输出接口,RS232PC接口,以及视频输入接口,键盘接口等。

3.2 爬行器部分

(1)双90瓦直流电机6个轮子由两部马达驱动,电动离合器,拖力200磅。可以确保本单元可以到达传统设备很难达到的表面。

(2)纵轴和横轴的交角上以及爬行器和摄像头的内部压力和温度感应处都有传感器监视器。在在屏幕上实时显示压力变化,在压力过低,显示警报提示信息。防水防震,10 bar防水压力,防护等级IP68。

(3)速度可根据要求调节0~10 m/min,可自由转弯,并将位置显示于显示器上。

(4)加装镜头和提升装置,对牵引爬行器和摄像机的整体高度进行自动的上下调节,机电一体化遥控。满足从内径为480 mm的检查井或最小边长为480 mm的方井进入管道。根据管道状况不同,最大爬坡能力45°;具备自动巡航功能。500 mm以上管道可以通过90°的弯,800 mm以上管道可以实现管道内掉头操作。

3.3 物联网部分

本系统物联网部分由以下三种实现方式:

(1)外业接口:外业可凭借计算机或各类移动设备(如普通手机、智能手机、掌上电脑、平板电脑、笔记本电脑、甚至是带有上网功能的电纸书和MP5等)通过互联网、手机短信等多种方式,经由外业接口接收工程派单,或是在现场将各类管道检测数据实时上报至管道检测数据服务器进行分类保存。

(2)内业接口:通过互联网访问内业接口,可查阅、下载外业实时发回的各类管道检测数据,也可为外业代劳,进行管道检测数据的录入、上报。通过各类分析软件进行分析处理后的检测结论、工程成果数据,可按照接口定义的规范进行录入和上传。

(3)管理接口:通过互联网访问管理接口,可进行任务指派、工程监管,也可查阅、下载外业实时发回的各类管道检测数据,或内业上报的检测结论、工程成果数据。

具体的物联网系统工作流程图如图1所示。

3.4 管道检测视频判读报告软件部分

PipeSight分为单机版和联机版。PipeSight单机版需要在检测过程中自行记录作业点的坐标位置、检测井号、被检管道属性等检测信息,然后手工录入到PipeSight中,作为指定检测视频的关联检测信息。软件效果图如图2所示。PipeSight联机版需要配套使用管道检测数据采集手簿(PipePAD)(图3)在作

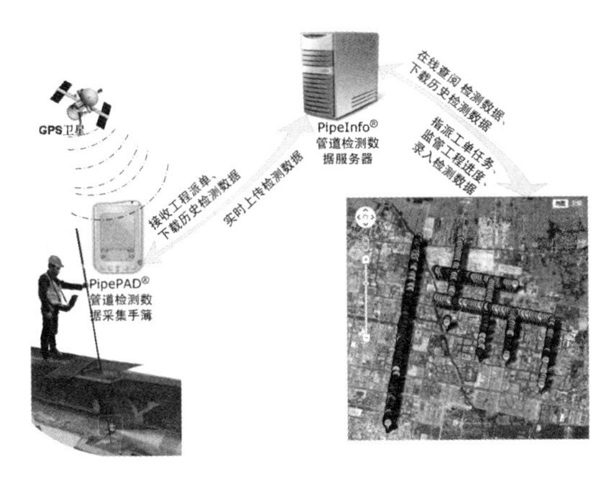

图 1　物联网系统工作流程图

业现场纪录并实时上传检测信息。PipeSight 可直接从服务器下载检测信息并自动与导入的检测视频进行关联。

(1)适用于对管道检测机器人所生成的检测视频进行播放预览、添加检测信息、截取缺陷图像、添加判读描述等。

(2)可将判读结果数据生成为图文并茂的检测报告,或导出为 GIS 平台通用的 ShapeFile 接口数据。

(3)提供电子地图查阅功能,可在电子地图中标注检测作业点的位置,查看作业点对应的检测数据、判读信息、缺陷图片和检测视频。

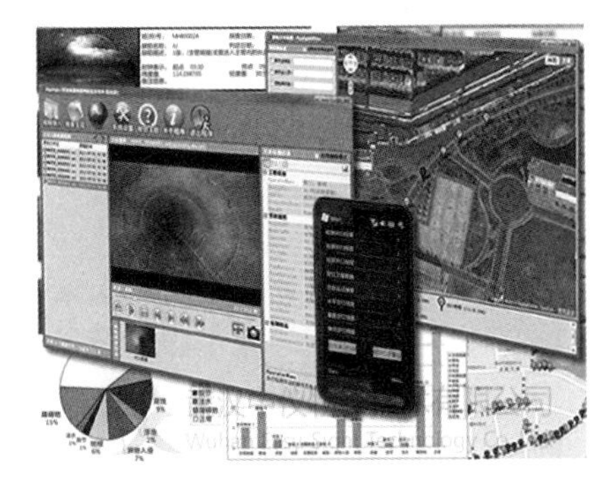

图 2　管道检测视频判断软件效果图

3.5　管道全景检测视频分析软件部分

管道全景检测视频分析软件(PipePano)(图 4),主要用于采集管道检测机器人使用鱼眼镜头获得的全景管壁检测视频,在录制

图 3　管道检测数据采集簿

全景影像的过程中可实时展开、拼接为 2D 剖面图,并可创建 3D(三维立体)管壁模型,其内部三维图如图 5 所示。在 2D 剖面图上轻点鼠标,执行可自动量化的缺陷判读后,还可输出检测报告。

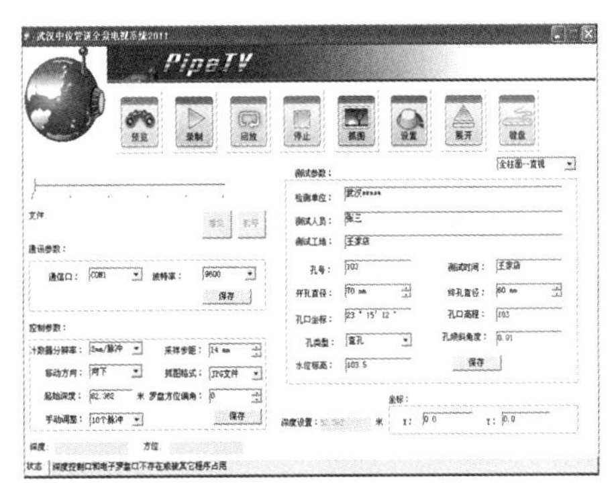

图 4　管道全景检测视频分析软件图

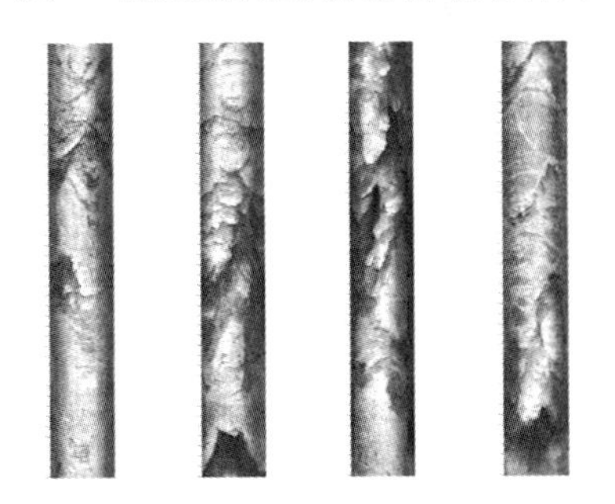

图 5　管道内部三维图

3.6　管道倾斜趋势分析软件部分

管道倾斜趋势分析软件(PipeInclination)主要用于在管道 CCTV 检测中对爬行器倾角数据进行采集存储与分析成图。

采集存储:软件可实时采集爬行器倾角数据并存储为特定格式专用数据(*.inc)。数据文件可通过软件导出为多种通用文件格式。

分析成图：在采集倾角数据或打开已有的倾角数据文件时，软件将利用管底高程（管道埋深）与爬行器倾角进行管底水平高度的计算，最终将以曲线图的方式呈现爬行器倾角与管底水平高度。生成的曲线图可以保存为多种图片格式或直接打印输出。

4 设备概述

设备外形如图6所示。

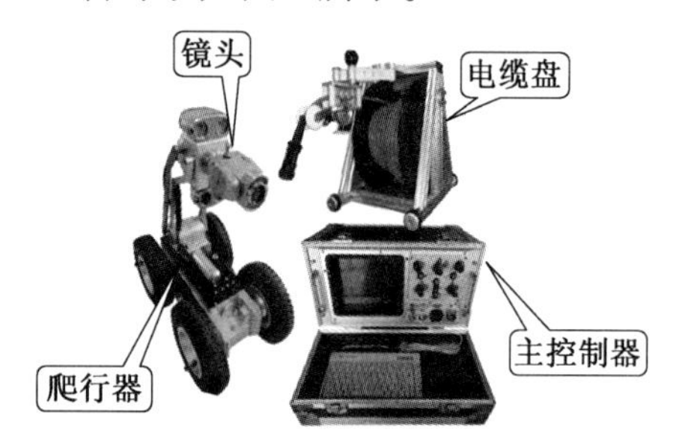

图6 设备外形图

机器人系统硬件部分由爬行器、镜头、电缆盘和主控制器四部分组成。其中，爬行器可根据功能需求搭载不同规格型号的镜头，并通过电缆盘与主控制器连接后，受控于主控制器的操作命令，如：爬行器的前进、后退、转向、停止、速度调节；镜头座的抬升、下降、灯光调节；镜头的水平或垂直旋转、调焦、变倍等、前后视切换等。在检测过程中，主控制器可实时显示、录制镜头传回的画面以及爬行器的状态信息（如：气压、倾角、行走距离、日期时间），并可通过键盘录入备注信息。通过内置的无线传输模块（可选），可将画面实时传送到200 m范围内的其他监视器上显示，从而实现远程监视。

5 技术对比

目前国内比较常用的给排水管道检测技术有直接目测、反光镜、传统CCTV法、声呐法等技术，在表1中说明这几种技术各项特点比较。

表1 技术特点比较

项目 方法	直接目测、反光镜	传统CCTV法	声纳法	我们的系统
精度	低10 cm	较高1 mm	较高0.5 mm	高0.1 mm
漏报率	漏报率高23%	漏报率低10%	漏报率高16%	漏报率低5%
检测效率	人工效率低	18 m/min	人工拖拽	18 m/min
适用范围	工程环境好	工程环境干燥、管道内情况简单	金属性管道	局限性小，可用于水下等复杂情况
数据处理	由技术人员凭经验记录	由专业人员根据录像进行分析评价，后处理性能弱	缺陷位置无法分类、评估	后处理性能强，运用专业软件结合物联网技术和GIS进行后处理，生成可读报告
检测成本	人工费	20元/m	30元/m	30元/m

6 工程检测实例

工程实例：黄石大冶有色金属铜绿山铜铁矿工业上水管道检测工程。

工程周期：2011年10月21日

项目背景：黄石大冶有色金属铜绿山铜铁矿工业上水管道存在严重漏水情况，造成供水量不足，影响工业生产的同时造成了较大的水资源浪费和经济损失。按照委托单位的要求，我公司于2011年10月21日开始，使用X5管道机器人对项目范围内管径为

400 mm,长度为 500 m 的工业上水管道进行了检测,并于当天结束了外业工作内容,次日提交了《管道检测报告》和《非开挖修补方案》。

采集检测数据:现场由外业负责人采用填制《管道检测数据纪录表》的方式,详细记录了检测信息(包含:作业点的 GPS 坐标位置,作业人员,作业时间,检测井号,连接井号,被检测管道的类型、材质、管径、特征点、附属设施、埋设深度、建设年代、权属单位,检测文件名称以及初步判定的代表性缺陷等)。

生成检测文件:使用 X5 对项目指定的上水管道进行精细检测,并使用 MP5 将管道内部影像录制保存为视频文件。

综合判读分析:内业人员将《管道检测数据纪录表》中登记的检测信息录入到 PipeSight(管道检测视频判读报告软件)中,并将保存在 MP5 中的检测视频文件导入到软件中进行播放预览、添加检测信息、截取缺陷图像、添加判读描述等操作。

结果数据输出:使用 PipeSight(管道检测视频判读报告软件)软件将分析之后得到的检测结果自动生成为图文并茂的检测报告(包括项目信息、工程概况、缺陷分布示意图、检测设备简介、作业流程示意图、缺陷统计图表、详细缺陷图表等内容);并将判读结果数据导出为 GIS 平台通用的 ShapeFile 接口数据;同时,还提供电子地图查阅功能,可在电子地图中标注出检测作业点的位置,查看作业点对应的检测数据、判读信息、缺陷图片和检测视频,并可将缺陷分布地图导出为网页格式,以供数据上报、分阅。

最终检测结论:此次检测的对管径为 400 mm,长度为 500 m 的工业上水管道中共存在 6 处缺陷,包括:1 处(BX)变形、1 处(FS)腐蚀、3 处(PL)破裂和 1 处(ZW)障碍物。其中,(PL)破裂缺陷占到总体缺陷的 50% 比重,而且是造成漏水的主要原因。

7　结　论

通过操纵人员根据排水管道内部情况和工程要求进行操纵,采集视频检测数据,软件系统进行视频处理,将各类管道检测数据实时上报至管道检测数据服务器进行分类保存。以及通过分析视频检测数据所得的结果(判读报告、3D 管道内壁图)并结合物联网进行任务指派等工程决策。使得该系统不仅能实现对给排水管道进行直观视频检测的功能,而且能对视频检测数据进行精准分析判读,同时兼有对检测成果进行管理提高工作效率的功能。

参考文献

[1] 孙慧修, 郝以琼, 龙腾锐. 排水工程[M]. 北京:中国建筑工业出版社,2009.

[2] 成田爱世. 下水道管渠的再生技术现状和今后的课题[J]. 日本月刊土木技术, 2003(4):125-126.

[3] 时珍宝, 李田, 孙跃平. 高地下水位地区排水管道渗漏的确定[J]. 工业用水与废水,2004(4):61.

一种新型深基坑支护结构的分析

于明鹏[1,2]　靳永强[1,2]
(1. 兰州理工大学 防震减灾研究所,甘肃 兰州 730050;
2. 兰州理工大学 西部土木工程防灾减灾教育部工程研究中心,甘肃 兰州 730050)

摘　要　针对深基坑工程涉及的不确定性因素多,借助计算机建立一套“对支护结构反应实时监测,进而对结构的受力和变形进行动态调谐和纠正”的智能化系统,使主要结构总处于合理的受力状态。同时深基坑支护结构的设计需要克服挡土墙设计的思维定式,考虑自身的空间受力特征,充分利用拱结构受力的优越性,使其满足土木工程可持续发展的要求。

关键词　深基坑;智能化系统;合理受力;调谐纠正;可持续发展

1　引　言

随着城市居住空间的发展,超高层建筑以及地下工程的不断涌现,深基坑支护结构的研究已成为重要课题。在我国,土地资源紧张的矛盾日益突出,向高层、向地下争取建筑空间成为一个发展趋势。然而,当前深基坑支护设计和施工中存在着诸多问题:

(1)深基坑支护结构的设计计算是以极限平衡理论为基础的一种静态设计,而实际上基坑开挖后的土体是一种动态平衡状态,也是一个松弛过程,随着时间的增长,土体强度逐渐下降,并产生一定的变形,致使在实际工程中许多结构发生破坏;

(2)支护结构上的土压力的计算是基坑支护结构计算的关键,但目前要精确计算土压力还十分困难;

(3)变形控制是现有基坑工程强度控制设计理论不够重视的一个方面,传统计算方法对支护结构及基坑周围土体的变形却未能给出相应的解答;

(4)深基坑施工过程中因地质条件的不确定性及其他不可预见因素常会导致各种工程问题。如:悬臂式围护结构过大的内倾位移、内撑或锚杆围护结构失稳发生较大向内变形、边坡失稳、周围地面沉降等,造成重大经济损失和人员伤亡。总之,由于地质的复杂性,受力的多变性等构成了基坑支护工程涉及的不确定性因素多,传统的设计观念已不能满足土木工程可持续发展的需要。而新型深基坑支护结构能够利用计算机监测支护结构的微小变形及受力状态的改变,并对其信息进行运算分析,用伺服设备对结构的受力和变形进行主动控制,使其总处于合理的受力状态。

2　深基坑工程涉及的不确定性因素

2.1　基坑工程力学参数具有很大的不确定性

由于岩土材料本身的空间变异性,以及取样和实验过程中人和环境所造成的误差,使得试验参数具有明显的不确定性和随机性。另外,人们对实际工程中岩土体的分类标准比较笼统,因此在岩土工程中采集到的岩土体参数具有随机性和模糊性。

2.2 基坑的土压力计算理论与实际工程有较大差异

目前的支护结构设计中，一般都以古典的库伦公式或朗肯公式作为计算土压力的基本公式。应用这两个公式进行基坑土压力计算存在以下问题：①库伦－朗肯土压力理论所针对的挡土墙问题是平面问题，而深基坑开挖支护问题实际上是空间问题；②库伦－朗肯土压力理论计算的是极限平衡状态时的土压力，但是在实际的基坑工程中，对基坑位移均有严格的控制要求，位移过大是不容许的；③基坑挡土结构上实际发生的土压力总是介于静止土压力与主动土压力或静止土压力与被动土压力之间。尤其在开挖过程中，土压力随开挖和支护的进行是一个动态变化过程，应用库伦-朗肯土压力理论无法计算出这一动态过程中相应的土压力。

2.3 施工过程中的不确定性

深基坑的施工遵循开挖—支护—开挖—支护这样一个循环过程，直至开挖到坑底。基坑支护结构的受力和变形受众多不确定因素的影响。若是在特殊的施工环境下(基坑周围有河流、建筑物、特殊土体等)，不确定的因素会更多。

3 新型深基坑支护结构

3.1 充分考虑深基坑支护结构空间受力特征

深基坑本身是一个具有长、宽、深尺寸的三维空间结构。在基坑开挖过程中，基坑周边向基坑内发生的水平位移是中间大两边小。在传统设计下，深基坑边坡失稳常常发生于长边的跨中位置，如图1(a)所示。通过利用拱结构受力的优越性，拱的弯矩比跨度、荷载相同的梁的弯矩小得多，并主要是承受轴力。这就使得拱截面上的应力分布较为均匀，因而更能发挥材料的作用，如图1(b)所示。但是拱结构在不对称的荷载下容易丧失稳定，其后果非常严重，如图1(c)所示。

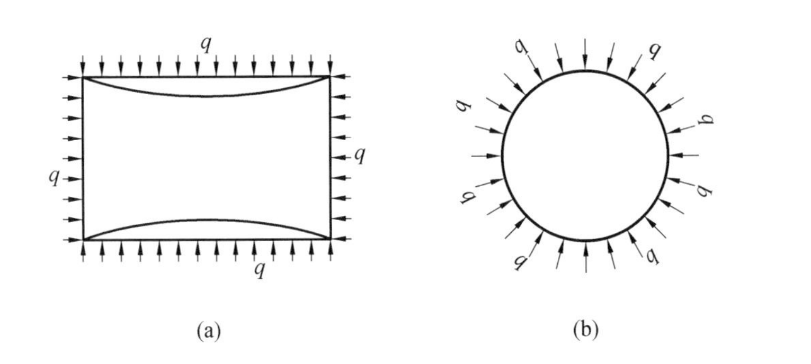

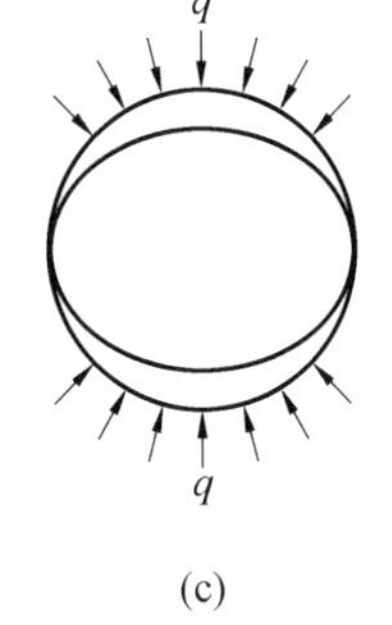

图1　拱结构在轴对称受力状态时的优越性

所以，新型深基坑支护结构的设计需要跳出挡土墙设计的思维定式，考虑自身的空间受力特征，充分利用拱结构受力的优越性。对于预定开挖形状为正方形的深基坑改用单圆环形支护结构，如图2(a)所示。对于狭长形的基坑可以采用双圆环形或多圆环形支护结构，如图2(b)、(c)所示。若基坑周边有其他建筑物或构筑物，可根据具体情况恰当改变支护结构的形状。以上做法会在一定程度上增加基坑开挖的土方量，进而增加造价，但通过进一步优化设计这一缺点会被克服。

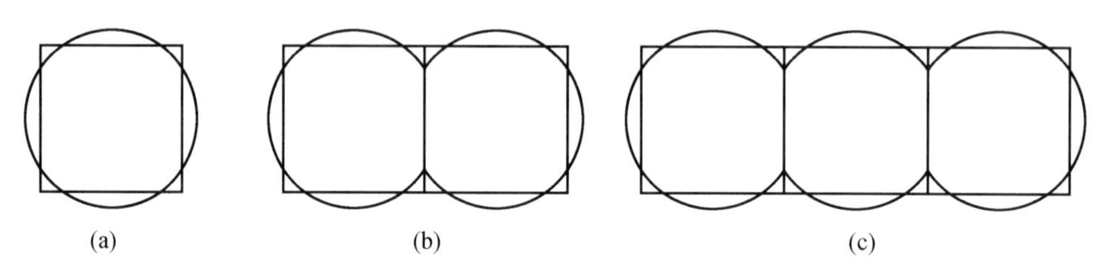

图2 拱形深基坑支护结构形式

3.2 智能化系统主动控制的原理

3.2.1 系统组成

该系统由传感器、计算机、伺服设备、环梁结构四部分组成。根据施加伺服力的方向不同分为两种形式。顶推式系统如图3(a)所示,只能给环梁结构施加推力。为了能够调谐补偿土压力的变化,必须对环梁施加适当大小的预推力。当土压力增大时,通过调小预推力使环梁结构所受合力不变,如图3(b)所示。拉锚式系统如图3(c)所示,可以对环梁结构施加与土压力方向相反的拉力,所以仅在土压力增大时施加相应的拉力使环梁结构受力状态不改变。

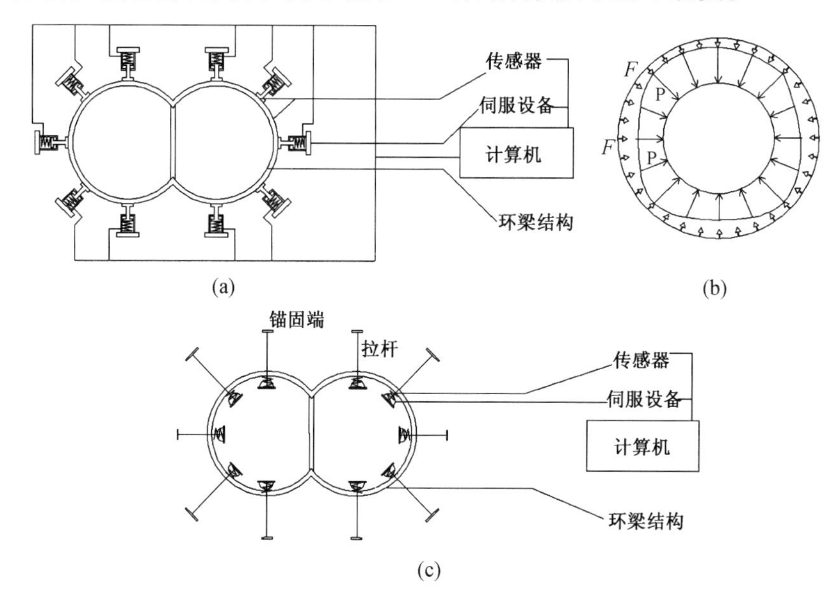

图3 新型深基坑支护体系的系统组成

3.2.2 工作原理

传感器实时监测环梁结构变形和应力状态的变化,将监测的信息送入计算机内,计算机根据给定的算法给出应施加的力的大小,并通过伺服加力装置将相应的力施加到结构上实现自动调节,使主要受力结构总处于合理的受力状态。例如,若Ⅰ区域由于堆载或其他外荷载,该区域土压力会增大,即作用在环梁上的土压力 q 和竖梁对环梁的作用力 P_1、P_2 会增大,如图4(a)所示。传感器将会监测到这一信息并传输到计算机中,系统(以顶推式为例)会对环梁结构作出相应调整,如:使Ⅰ、Ⅱ区的伺服力 F_1、F_2 和 F_3 减小,同时增大Ⅲ、Ⅳ、Ⅶ、Ⅷ区域的伺服力;使其恢复到原来的轴对称受力状态,如图4(b)所示,从而有效地控制了环梁的变形。

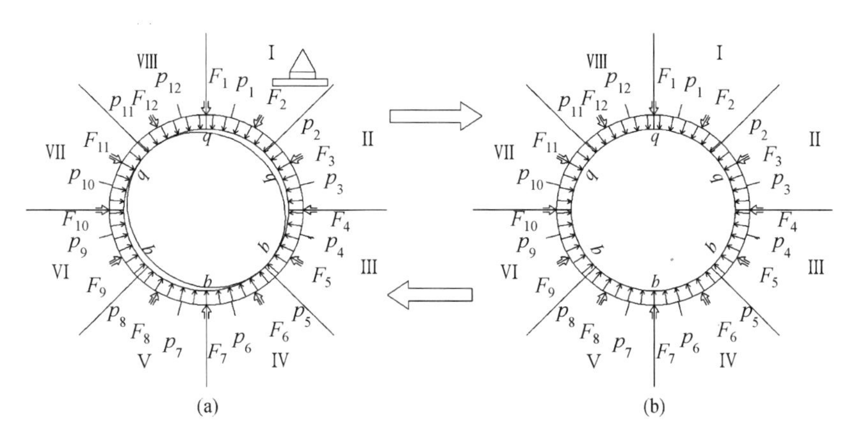

F_i —调谐补偿力(加载到环梁上的伺服力);P_i —竖梁对环梁的集中力;q —环梁上受到的土压力

图4　系统对环梁结构的受力作出调整的示意图

由于智能系统对结构的受力和变形的调谐和纠正是实时进行的,所以仅需要较小的伺服力便能实现对结构的受力状态进行调谐补偿。以理想中心受压杆为例进一步说明该问题,在临界荷载下,压杆会在极短的时间内失稳破坏但仍然可以根据失稳压杆挠度的由小到大将失稳过程分为失稳期、失稳中期和失稳后期。结构若在失稳前期很小的干扰力便能抑制失稳进一步发展;当压杆处于高失稳发展度下即失稳后期,该侧向力已无法抑制失稳发展。工程实践中,有的支护结构按极限平衡理论设计并计入了安全系数,从理论上讲是绝对安全的,但却发生破坏;有的支护结构却恰恰相反,即安全系数虽然比较小,甚至达不到规范的求,但在实际工程中获得成功。其本质原因是:高失稳发展度下,即便使用很大的外干扰力也无法抑制结构的失稳进一步发展。此新型支护结构能从根本上解决该问题,即在低失稳程度下便能及时使用外干扰力抑制其失稳发展。

4　新型深基坑支护结构中环梁的计算模型

4.1　基本假设

(1)由于环梁结构处于智能系统的实时控制之下,所以认为其受力特征为轴对称受力;

(2)环梁结构是理想弹性体;

(3)双圆环形或多圆环环梁受力近似等效为单圆环的受力模型。

4.2　受力分析

环梁结构上受到的力有:竖梁作用在环梁上的力 P_i;伺服设备加载到环梁上的调谐补偿力 F_i;环梁上本身受到的土压力 q。其中 P_i 和 F_i 是集中力,q 是分布力,环梁结构的计算模型如图5所示。将集中力化为均布在环梁周围的分布力,再根据基本假设,该问题可以用弹性力学中的拉密解进行解答:

$$\sigma_{\mathrm{r}}=-\frac{1-\dfrac{a^2}{r^2}}{1-\dfrac{a^2}{b^2}}\left(q+\beta\frac{\sum\limits_{0}^{i=n}F_i+\sum\limits_{0}^{i=m}P_i}{4\pi b}\right)\quad(1)$$

$$\sigma_{\theta}=-\frac{1+\dfrac{a^2}{r^2}}{1-\dfrac{a^2}{b^2}}\left(q+\beta\frac{\sum\limits_{0}^{i=n}F_i+\sum\limits_{0}^{i=m}P_i}{4\pi b}\right)\quad(2)$$

根据控制系统灵敏度的高低可以设置调谐补偿力总和 $\sum F_i$ 和竖梁作用在环梁上的合力 $\sum P_i$ 的比值,用参数 e 表示,系统灵敏度越高,e 的取值越小。将 $e=\sum F_i/\sum P_i$ 代入式(1)、(2)中得到环梁上的轴向应力和径向应力分别为:

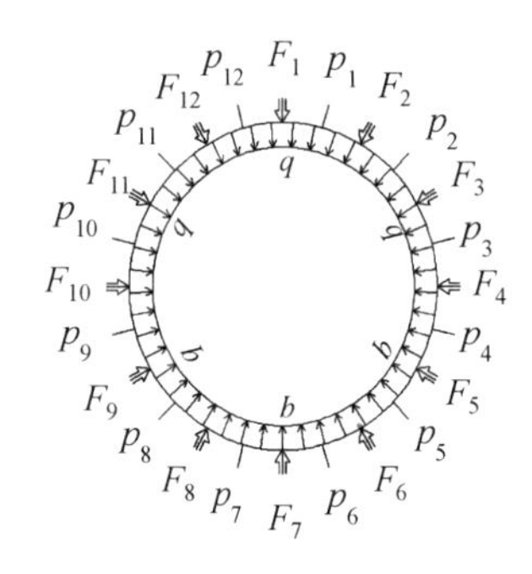

图 5 环梁结构计算模型

$$\sigma_r = -\frac{1-\frac{a^2}{r^2}}{1-\frac{a^2}{b^2}}\left(q+\beta\frac{(e+1)\sum_{0}^{i=m}P_i}{4\pi b}\right) \quad (3)$$

$$\sigma_\theta = -\frac{1+\frac{a^2}{r^2}}{1-\frac{a^2}{b^2}}\left(q+\beta\frac{(e+1)\sum_{0}^{i=m}P_i}{4\pi b}\right) \quad (4)$$

式中 σ_r—— 径向应力；

σ_θ 为轴向应力；

e—— 调谐补偿力所占的比例系数。

$e=\sum_{0}^{i=n}F_i/\sum_{0}^{i=m}P_i$；$\beta$ 为将集中荷载转化为等效均布荷载时的放大系数；F 为调谐补偿力（加载到环梁上的伺服力）；P 为竖梁作用在环梁上的力；q 为环梁上受到的土压力。

5 结 语

该论文提出了一种关新型的深基坑支护结构的形式，只在概念层面上做了部分分析，其价值仅限于激发对未来新型深基坑支护结构思考和创新。若要应用于工程实际，需要进一步通过实验研究和根据工程实际解决的问题还很多，如：

（1）将集中荷载转化为等效均布荷载时的放大系数 β 的取值问题；

（2）调谐补偿力所占比例系数 e 的取值问题；若 e 值过大需要的驱动能量和功率也越大，同时驱动设备所需要的基底反力也会过大，不够经济；若 e 值过小，补偿能力会不足；

（3）该深基坑智能支护结构的设计还停留在简单的概念设计阶段，造价会高于传统支护结构的若干倍，有很大优化设计的潜质未被挖掘；

（4）智能化系统的设计需要借助岩土工程、自动化、软件工程、土木工程设备等领域取得的成果，是一项多学科交叉的工作。

致 谢

本文研究得到了西部土木工程防灾减灾新技术新人才基金（“双新”基金）本科生课外创新研究项目的资助，基金项目编号为WF2012 - U4 - 01。指导教师杜永峰教授、周勇副教授对本文的建模与分析给予精心指导，并在其研究过程中给予鼓励，在此一并表示衷心感谢。

参考文献

[1] 朱彦鹏. 特种结构 [M]. 3 版. 武汉：武汉理工大学出版社，2010.

[2] 徐希萍，杨永卿. 深基坑支护技术的现状与发展趋势[J]. 福建建筑，2008(2)：34-36.

[3] 颜桂云，张建勋，叶建峰. 土木工程结构减震控制技术的研究动态[J]. 福建工程学院学报，2009，7(1)：1-8，15.

[4] 李廉锟. 结构力学 [M]. 3 版. 北京：高等教育出版社，2010.

[5] 程选生，杜永峰，李慧. 工程弹性力学[M]. 北京：中国电力出版社，2009.

[6] 石德新，江世媛，张淑拄. 潜艇加肋圆柱壳壳板轴对称破坏模式的极限状态分析[J]. 哈尔滨工程大学学报，1995，16(4)：14-20.

六、结构设计与现代实验技术

可展开张拉式空间网壳结构模型的设计与数值分析

张天昊　郭冬明　陈竞翔
（同济大学 土木工程学院，上海 200092）

摘　要　空间网壳结构可以以较少的材料提供大跨度、作为屋盖等结构使用。如果能将空间网壳结构进一步优化，使之在保留原有优势的前提下赋予展开折叠性，并进一步优化杆件使用效率与受力性能，使之成为张拉式结构，会对网壳结构有很大的改进。本文阐明了针对这个创新点，一种新型可折叠张拉式空间网壳结构的设计思路、结构原理与工作机理，详细说明节点等具体设计细节，并结合 ANSYS 数据分析验证了它的合理性，对结构模型的不足加以改进，证明了改进措施的正确性。最后，关于本结构的可拓展方向进行设想，并进行了讨论。

关键词　张拉式空间网壳结构；可折叠；几何原理；数值分析与优化

1　引　言

空间网壳结构因其跨度大、材料省、力学使用效率高等特点越来越多地被应用于大跨度结构的设计与生产中。特别是在新建的体育场馆、飞机场等需要大跨度的空间结构中得到广泛的应用。现有该结构的建设以钢结构为主，在工厂中预制钢构件，搬运到现场进行组装。在这里如果能使之在保留原有优势的前提下赋予折叠性，并进一步优化杆件使用效率与受力性能，使之成为张拉式结构，会对网壳结构有很大的改进。

首先，结构的可折叠性将大大简化安装步骤，减少施工量，在工厂将产品制作好后在现场展开即可；其次，将结构优化为张拉式结构，受拉杆件用钢索代替原有刚性杆件，达到进一步减小结构自重的目的，提高杆件力学性能，提高其使用效率。对拉索施加预应力后将进一步改善其受理性能，加大结构跨度。针对这个课题，设计出了一种新型可折叠张拉式空间网壳结构。它将在保有原来空间网壳结构有点的前提下，具有张拉性与可折叠性。本文讲述了该结构的设计过程，理论分析，以及模型的制作，数值分析与优化。

2　理论分析

2.1　设计思路

设计思路来源于弹性 C240 与足球烯的空间模型，如图 1、图 2 所示。C240 由变化的正六边形组成，足球烯则由 12 个正五边形与 20 个正六边形组成。从中取出正六边形作为一个结构单元，将一个个单元连接，形成网架结构。

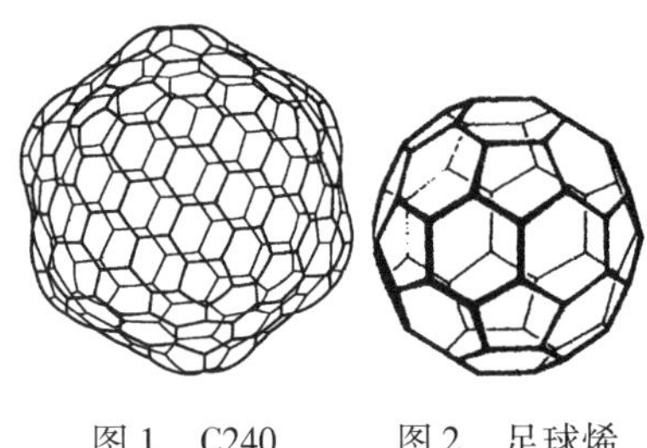

图1　C240　　　图2　足球烯

该空间网壳可以在铰接的条件下保持结构的稳定性，但是仍然是需要现场组装的结构。在这里，主要有以下问题亟待解决。如何使之成为可折叠的结构呢？哪些杆件是受拉的，是否可以用钢索代替刚性杆件受力达到减轻重量的作用？在进行调整后结构是否稳定、可靠？这些问题将在下文逐一进行解释。

2.2　几何分析

经试算与分析，初步将结构模型定性如图3所示。结构由刚性杆件与柔性钢索相连，假设模型横向由三个单元组成，纵向可以延伸。杆件红色线条代表刚性杆件，蓝色线条代表柔性拉索。

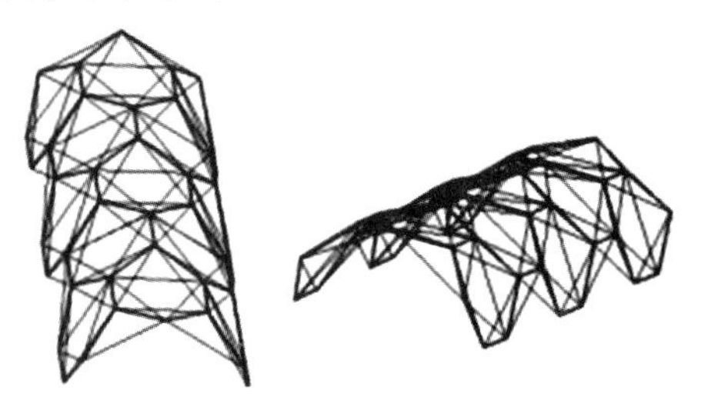

图3　模型

可折叠式结构的展开折叠性，归功于它的几何特性。由图4可以看出要保证这类结构的展开折叠性能必须满足下式才能保证它的稳定性。

$$n < \sqrt{2}s \tag{1}$$

$$\cos(2\alpha)r < n < n\frac{1}{\cos(2\alpha)}r \tag{2}$$

$$\frac{\sqrt{2}}{2}r < s < \frac{\sqrt{1+\cos^2(2\alpha)}}{2\cos(2\alpha)}r \tag{3}$$

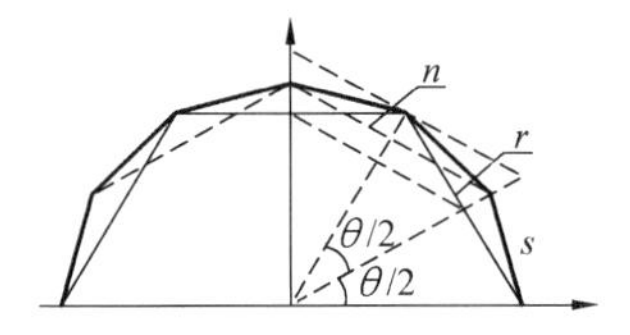

图4　结构正视图

$$\alpha = \frac{\pi}{2k} = \frac{\theta}{4}$$

式中 n,r 分别为中心连接线与六边形顶点边连线的长度，s 为杆件的长度。式(1)(2)(3)共同保证了拉索有足够的长度，能够形成结构的条件下又不至于过长成为变形机构。在本结构中有假设 $n = r$，所以可以得到下式(4)：

$$s = \frac{\sqrt{1+\cos^2\alpha}}{2\cos\alpha}r \tag{4}$$

即理论上在符合这种条件的交接结构中，既可以保证结构可以展开与折叠，又可以维持结构的几何稳定性。

2.3　力学分析

将结构想横向简，化做平面受力分析，当存在压力 F 时，受拉单元AB张紧，结构稳定。在这里可以假定AB在所有状态下均受拉，无需考虑杆件受压稳定性，细索代替杆件。将其扩展到空间状态也成立。若能够将这种稳定结构作为单体有效地组合、拓展，也有可以形成一个稳定的结构的可能性。同样也可以说明该结构可以维持稳定的可能性。

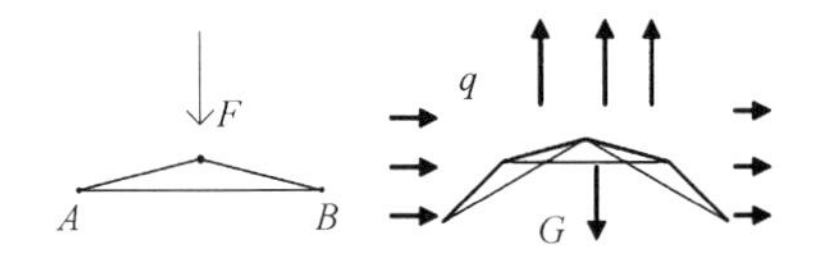

图5　1个单体与2个单体

如图所示，将有限个单体向连接，在受自身重力 G 等竖向力状态下的确可以形成稳定的结构。在受水平荷载 q 使也可以分为各个单体竖直方向的分量，同样也是一个稳定的结构。如果能够将它从平面拓展到空间，形成一个拱形结构，那自然是理想的，但是随着跨度的增加与单体数量的增多,单体的角度将会趋近 180°,由稳定的结构变为小变性机构,此时需要通过增加层数或者施加预应力的方法以保证结构的稳定性。

观察基本的受力单元,不难发现,在承受竖向重力时,只要保证各杆件与索的承载能力与变形量即可。但是竖直向上的力却不利于结构稳定。由于索 AB 不能承受压力,在竖直向上的荷载作用下,结构不复存在,将转变为机构。而且考虑到拉索只在张紧状态下有效工作的受力特性,的确应该在结构的初始状态对其施加一定的应力。对于本结构,可以通过外加绳索锚固的方法达到期望的效果。

具体的空间受力分析将运用 ANSYS 软件在下文予以说明。

3　模型研究

3.1　节点设计

模型试验的关键是节点的设计。在可展开折叠式空间结构中,节点除了与普通网架、网壳一样起着连接杆件以及传递杆件内力和荷载的作用外,它还直接关系到结构的展开折叠性能,这是不同于其他结构中节点的最大特点。即可折叠结构的节点有以下特点:

(1)节点必须保证杆件在展开过程中运动自如,杆件与节点连接处无较大摩擦和弯曲变形。

(2)在结构收纳状态时能保证杆件成紧密捆状,以便储存。

(3)具有足够的强度来承受杆件传来的轴向拉、压及局部抗剪、抗弯、抗挤压等各种荷载并要满足相应构造及其他特殊要求。

很多可展开可折叠式空间结构采用的节点为如图 6 所示的结构,即汇交在同一节点的同一榀上的各根杆件在结构展开折叠过程中绕同一轴转动。这种结构的优点是承载性能和转动、稳定性均较好,但是同时杆件无法向其他方向转动,一定范围内约束了结构的空间形态,结构需参用十字交叉类型单元,对于较大建筑而言,该种结构的杆件需要做的比较长,折叠以后,体积仍然较大。

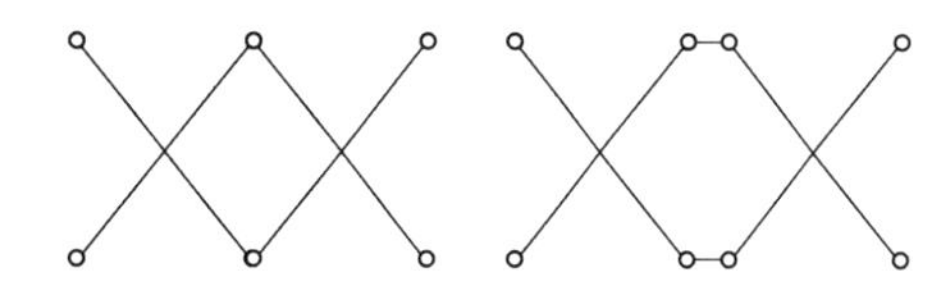

图6　节点示意

本结构节点的具体要求便是需要杆件能够在端部即节点处并起来两两平行,又能够绕着节点旋转,彼此对称地张开成设计所需要的角度。

因此,本结构采用的节点为另外一种节点,即汇交在同一节点的同一榀上的各杆件在结构展开折叠过程中绕不同的转动轴转动。这种节点的缺点主要是节点上两不同轴间距不能过大,杆件的角度也需要控制的比较精确,防止结构变成可变体系。但同时杆件长度比较自由,可以根据不同的建筑求,采用相应的杆件,同时,如果控制好杆件旋转的角度,承载性能和转动、稳定性均会得到很好的保障。本结构理想的节点为关节式节点。这种节点类似人四肢的骨节点,加工后可以绕任意需要的方向转动,连接牢固可靠。

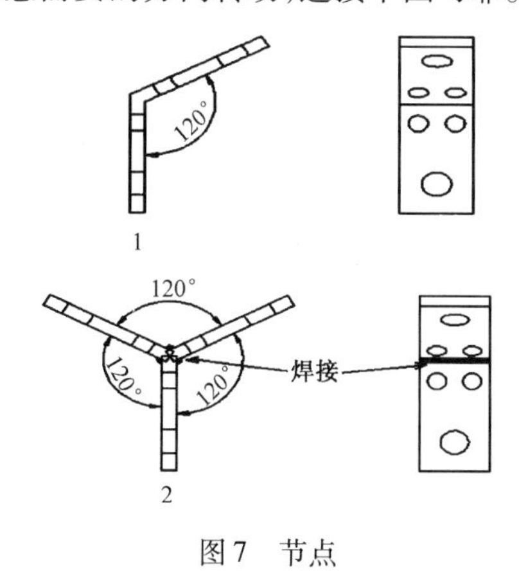

图7　节点

本结构使用的节点如图 7 所示,两叉节点与三叉节点,两者工作原理相似,在节点上留有用于连接杆件及绳索的孔洞,连接杆件后，杆件可以绕着螺杆旋转到所需角度，使绳索张紧，达到预期效果。同时用钢量较小，也比较美观。

3.2 模型制作及主要结构参数

模型中采用的杆件使用长度为 200 mm，直径为 10 mm 的 45 号钢，抗拉强度 600 MPa，屈服强度为 355 MPa。为了便于与节点连接，杆件两端做两个凹槽，并打孔，用于螺栓连接。绳索采用直径 1.5 mm 的包塑钢筋绳，最小破断拉力为 500 N，钢丝绳的连接使用铝套连接。螺栓使用 M6 螺栓，快挂使用 M5 快挂。

模型制作过程包括所有杆件的平面内连接、绳索连接、给绳索施加预应力和测试可折叠性。最终模型的展开效果与过程如图 8 所示。

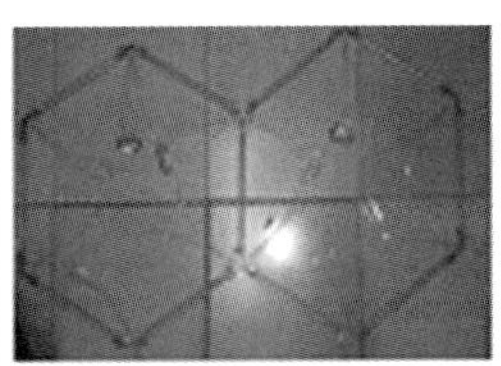

图 8 折叠状态、展开状态与空间结构

4 数值分析

4.1 建立计算模型

ANSYS 软件中建立单体计算模型，这里建立单体与扩展后的两种模型分别进行组合荷载作用下的数值分析。结构落地脚与地面铰接。计算中忽略拉索质量。杆件与拉索材料均取钢材，初步设杆件总长 3×11 = 33 m，截面为外径 40 mm，内径 35 mm 的圆环。欧拉临界力 Fcr = 11 405 N。拉索施加预加力，相应的预应力 $Fp = E\times\varepsilon\times A = 1$ kN。施加结构重力时近似取 $g = 1.6\ g_0 = 1.6\times9.8 = 15.68$ N/kg 而不再考虑上覆层的影响。

4.2 仅受竖向荷载时结构内力及变形

有限元建模使用上述两类杆件，一号单元为杆件，二号单元为索（只可受拉）。四个支点与地面铰接约束。由于索单元的存在，采用非线性运算，迭代求解算出结果。

对于单体模型，节点最大竖向位移为 0.715 mm，在允许范围内。定义单元表，求得单元轴力，所受压力最大的 11 号杆件，为 3 275.3 N，杆件的应力值为 $\sigma = fdQ235 = 215$ MPa，安全度较高；同时 F<Fcr，受压杆件不会失稳。受拉最大的索构件为 24 号单元，拉力为 1 002.7 N，应力为 σ = <335 MPa，安全度较高。类似地，对于扩展后的模型，计算单元轴力，得最大受压杆件压力为 1 840 N，16.6 MPa；受拉力最大的索单元拉力为 998.88 N。可见自重产生的内力远未达到构件承载力极限。

4.3 受横向与纵向荷载共同作用时的结构内力与变形

侧向力主要为风荷载，忽略横风向效应，仅考虑顺风向风力。

对于单体，横向迎风面积 $A_1 = 12$，纵向迎风面积 $A_2 = 9$，风压取 = 0.4 kN，相应的横向风力 $f_1 = 4.8$ kN，侧向风力 $f_2 = 3.6$ kN。为简化计算，风力施加为节点荷载，施加在顶部两节点处。经计算得节点最大位移37.5 mm。因为是趋于保守的取值，风力取值较大，造成节点位移较大，实际可通过增加风缆绳限制节点位移。当单体结构横向扩展后，其纵向刚度也会有一定提高，位移相应会较小。

对于扩展后的结构，模拟自重、地震力、顺风向风力、竖向压强吸力共同作用下结构相应时发现有较大位移。具体分析如下：由于整体结构纵向尺寸很大，具有可靠刚度，故纵向风力效应不进行验算,仅验算横向风作用时的效应。横向迎风面积 $A = 28.6 \times 2 = 57.2$,横向总风力 $F = 0.4 \times 57.2 = 22.88$ kN。取基本地震加速度 $a = 0.15$ g,即对结构沿横向施加 $F = ma$ 的水平惯性力。结构向上吸力取16.2 kN,分18个节点施加,每个900 N。

以此条件计算后发现位移过大已经超过500 mm,且原预应力张拉值已不够用,出现部分拉索松弛造成计算困难,该结果是在增大拉索初应变到0.003后才可以得出,已远远超出实际情况的允许范畴。所以需要调整方案,对结构作以下调整:

(1)杆件尺寸调整为外径为57 mm,壁厚2 mm的薄壁圆钢管,欧拉临界力 $Fcr = 28\,687.7$ N。

(2)增设柔性支撑,并设初应变为0.001v5,其他拉索初应变调整为0.001。

经调整后,重新分析结构受横向与纵向荷载共同作用下的响应,节点最大位移降至30.748 mm,为调整前的6%,由于结构横向尺寸8 m,所以有变形模式有所变化。

由以上结果也可看出,横向风力对结构内力影响远远超过竖向荷载的影响。通过对杆件内力与自振频率的模态分析可以得知,结构基频频率为0.259 99 Hz,与单体结构相比较小。而共振风速远大于一般地区地面风速,故整体结构不会发生风共振。该结构的整体稳定性良好,结构可能的破坏形态是部分压杆失稳破坏,或拉索屈服破坏。

5 结　论

通过有限元软件的数值分析与模型表现,得出以下结论:

(1)模型可以展开、折叠并保持自身形状,承受正常使用荷载。达到正常使用效果。

(2)需要对拉索张拉预应力来保证结构的稳定性。

(3)局部需要增设拉索作为支撑来减小正常使用荷载下的位移量。

以上的数值分析以及模型的出色表现证明这种可展开折叠的张拉式空间网壳结构的确可以承担正常的使用荷载,并可以在短时间内展开与折叠,达到良好的使用效果。它可以作为临时性使用空间,也同样适用于厂房屋顶以及体育场馆等有大跨度要求的建筑结构,特别是对于有折叠与伸展、安装与拆卸要求的房屋的建设将有一定的使用价值。针对这种结构,虽然可能在使用过程中会发现一些新的问题,但是这也是所有结构从概念设计走向成熟的必经之路。希望今后能够在实践中不断探讨、解决问题,对它加以改进与进一步的完善。

致　谢

本课题在研究过程中得到同济大学杨彬老师、吴明儿教授的悉心指导,谨此谢忱。

参考文献

[1] TARNAL T. Geodesic domes: natural and man-made [J]. International Journal of Space Structures. 2011, (3): 62-67.

[2] LI Y, VU K K, LIEW J Y. Deployable cable-chain structures: morphology, structural response and robustness study [J]. Journal of the International Association for Shell and Special Structures, 2011(2): 83-96.

[3] 刘锡良, 朱海涛. 折叠网架结点的设计与构造[J]. 空间结构, 1997 (1): 36-42.

[4] 崔恒忠, 曹资. 可展开折叠式空间结构模型试验研究[J]. 空间结构, 1997(1):43-47.

[5] 朱玉华. 土木工程软件应用[M]. 上海:同济大学出版社, 2006.

[6] 李国强, 黄宏伟, 吴迅, 等. 工程结构荷载与可靠度设计原理[M]. 北京: 中国建筑工业出版社, 2005.

非规则可展张拉整体单元:从找形到实现

赵曦蕾　孙宇迪　李兴华　陆金钰

(东南大学 土木工程学院,江苏 南京 210096)

摘　要　张拉整体是一种索受拉、杆受压的自平衡空间结构体系。论文提出了一种新的基于几何坐标的非规则张拉整体结构找形算法。从结构平衡方程的两种不同形式出发,借助平衡矩阵奇异值分解与力密度矩阵特征值分解后得到的正交向量构造自应力及几何坐标。随后给出利用构件自应力与节点坐标非线性迭代来搜索满足特定坐标的张拉整体结构,同时引入节点坐标作为约束条件。明确定义了收敛条件并给出算法流程。论文还提出了非规则可展张拉整体的折叠设计,分三个方面详细讨论了每种折叠方案的优点、缺点及可行性。文末给出了算例,得出具体的非规则张拉整体构形,并提出相应的折叠设计,制作出实物模型,从而验证了算法和折叠方案的有效性。

关键词　张拉整体;非规则;可折叠;找形;实物模型

1　引　言

张拉整体是一种索受拉、杆受压的自平衡空间结构体系。早在半个多世纪以前,美国著名建筑师 R. B. Fuller 首先提出并定义了张拉整体(Tensegrity),该词是张拉(Tense)和整体(Integrity)的缩写形式。后来,由 Pugh 提出了张拉整体更为广泛认可的概念,即张拉整体是一系列不连续的受压构件和连续的受拉构件相互作用,在空间中形成稳定形态的结构体系。在过去近半个世纪对于张拉整体的研究中,对于规则的张拉整体结构的研究已经日趋成熟;然而,在近十年来,非规则张拉整体概念的提出得到了许多学者的关注。此外,可展结构,即那些可使自身的形态发生较大变形的结构,也是近年来研究的热点和难点。受到这些新研究热点的启发,我们把非规则张拉整体结构和可展结构有机结合,致力于研究这些新型结构的找型、折叠控制和实现。

非规则可展张拉整体结构在地球和宇宙中存在许多潜在的应用可能。首先,在土木工程领域,类似的可展结构在临时和紧急结构中已经得到了广泛应用;此外,张拉整体在大型空间结构中也得到了一些应用,例如大型体育馆的可展屋顶,超大跨度的索穹顶,利用张拉整体建成的斜拉桥等。其次,在航空航天、生物、机械、自动控制等领域,非规则可展张拉整体作为新型结构,具有良好的发展前景。

本文首先详细介绍了一种有效的张拉整体找形算法,在前人的研究基础上,引入节点坐标约束条件,借助构件自应力与节点坐标非线性迭代的求解技术,形成面向几何坐标的张拉整体找形算法。其次,本文全面讨论了对于非规则张拉整体的折叠研究,包括折叠方式的分析,折叠步骤的模拟,折叠方案的比较与最优方案的确定。最后,以一个算例验证了该找形算法的有效性及稳定性,并通过比较分析得出适合该非规则可展张拉整体的折叠方案。同时,展望了本算法在满足特定几何外形张拉整体结构或新型非规则张拉整体找形中的应用前景并提出了现有折叠分析方法的优势和缺陷。

2 找型算法

张拉整体是一种形态敏感的结构,其优越的力学性能来自合理的几何构形,只有在一定的几何外形及预张力条件下张拉整体才能成为稳定的结构。为此,找形算法的研究对它至关重要。在张拉整体概念提出的半个多世纪以来,张拉整体的找形方法已经由很多学者研究过,最近的几种方法是由 Connelly 和 Terrell, Vassart, Motro, Sultan 等提出的,这些方法大致可以分为两类:运动学法和静力学法。

运动学法的核心在于在其余杆件长度不变的情况下求解压杆的最大长度或拉杆的最小长度,主要有三种经典方法:

(1)解析解法。该方法基于对称规则的多面体结构,写出拉杆和压杆长度的之间的关系,从而求解压杆最小值。主要缺点是应用的局限性大。

(2)非线性程序找形法。该方法用有约束的优化原理方法,在确定了拉杆长度的情况下求解压杆长度的最小值。主要缺点是对于大型体系,计算过程十分繁琐复杂,计算效率很低。

(3)动态松弛法。把张拉整体的运动类比成有阻尼自由振动,采用数值方法求解。主要缺点是随着节点数增加收敛速度慢,计算效率低。

静力学法即在给定预应力的条件下找到张拉整体的平衡状态,主要有四种经典方法:

(1)解析解法。该方法与运动学法原理类似,缺点相同。

(2)力密度法。在给定的力密度因子的条件下,求解结构的成形状态。主要缺点是力密度因子的给定需基于经验,找形结果对杆件的长度控制不好,在把力和形状结合起来的方面还做得不够好。

(3)能量法。从能量的角度来诠释找形问题,核心思想与力密度法一致,故存在相似的缺点。

(4)坐标缩减法。从几何坐标出发找形,能够较好地控制结构的形状,主要缺点是随着结构地复杂化,节点数目增多,符号处理量增加,不利于计算机的程序实现。

这些经典的找形算法更注重合理拓扑关系的研究,找到的通常是规则张拉整体结构,对于非规则张拉整体研究较少。近年来,随着研究的不断深入,相关学者在经典算法的基础上做了一定的改进,形成一些新的找形算法,并开始逐渐关注非规则张拉整体以及结构外形。同时,进化理念也被运用到张拉整体的找形优化中,基于智能算法的找形得到了一定发展,主要包括遗传算法、模拟退火法、Monte Carlos 随机搜索法。基于随机思想的智能算法能够解决解空间较大以及目标和变量之间关系复杂的优化问题,具有较好的适应性,但通常需要较多的搜寻步,程序效率比较低。需要指出的是,在文献中均提出利用力密度与坐标相互迭代进行找形,算法只需给定索杆连接关系,无需借助目标自应力值及初始节点坐标,具有较大的找形自由度,且算法收敛较快。但此算法中并未对坐标加以约束,也就是说无法控制找形后张拉整体结构的节点坐标或形状。

2.1 平衡方程

对张拉整体结构的找形研究通常可以从结构的可动性、力平衡关系以及能量的稳定三个角度出发。本文将基于力平衡关系对非规则张拉整体进行找形。设节点 i 处连有构件 g、h,自内力分别为 t_g、t_h。在节点 i 处还受外荷载 p_{ix}、p_{iy}、p_{iz} 作用,如图 1 所示。设 $\zeta = t/l$,即为力密度,表示构件单位长度受力,则节点 i 的平衡方程可写成:

$$(x_j - x_i)\zeta_h + (x_k - x_i)\zeta_g = p_{ix} \quad (1.1)$$

$$(y_j - y_i)\zeta_h + (y_k - y_i)\zeta_g = p_{iy} \quad (1.2)$$

$$(z_j - z_i)\zeta_h + (z_k - z_i)\zeta_g = p_{iz} \quad (1.3)$$

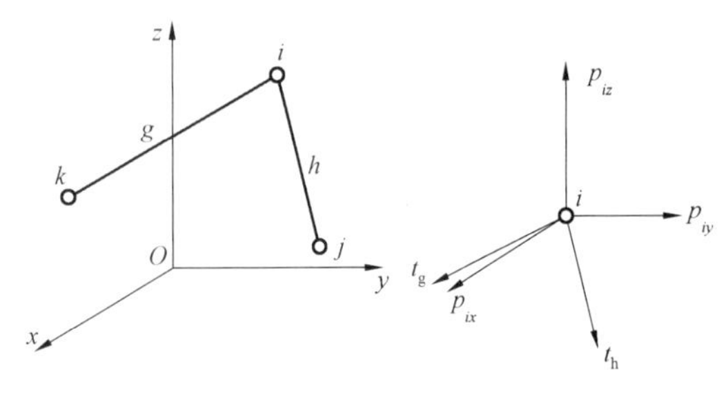

图1 杆系构型与节点受力分析

设张拉整体结构包含 n 个节点, b 个构件,结构总体平衡方程可由各个节点组装而成。记力密度向量为 $\boldsymbol{\zeta} = (\zeta_1 \quad \zeta_2 \quad \cdots \quad \zeta_b)^{\mathrm{T}}$,节点荷载向量为

$$\boldsymbol{P}_x = (p_{1x} \quad p_{2x} \quad \cdots \quad p_{nx})^{\mathrm{T}} \quad (2.1)$$

$$\boldsymbol{P}_y = (p_{1y} \quad p_{2y} \quad \cdots \quad p_{ny})^{\mathrm{T}} \quad (2.2)$$

$$\boldsymbol{P}_z = (p_{1z} \quad p_{2z} \quad \cdots \quad p_{nz})^{\mathrm{T}} \quad (2.3)$$

将平衡方程(1.1) ~ (1.3) 写成矩阵形式为

$$\begin{pmatrix} \boldsymbol{A}_x \\ \boldsymbol{A}_y \\ \boldsymbol{A}_z \end{pmatrix} \boldsymbol{\zeta} = \begin{pmatrix} \boldsymbol{P}_x \\ \boldsymbol{P}_y \\ \boldsymbol{P}_z \end{pmatrix} \quad (3)$$

可以看出,平衡矩阵建立了节点外荷载与单元内力的关系。以 X 自由度为例,平衡矩阵可表示为

$$\boldsymbol{A}_x = \boldsymbol{\Gamma}^{\mathrm{T}} \mathrm{diag}(\boldsymbol{\Gamma x}) \quad (4)$$

其中,节点坐标向量 $\boldsymbol{x} = (x_1 \quad x_2 \quad \cdots \quad x_n)^{\mathrm{T}}$。关联矩阵 $\boldsymbol{\Gamma}$ 表示结构拓扑连接关系,维数为 $b \times n$,图1所示子结构,构件 h 的起始和终止节点分别为 i、j,关联矩阵元素满足 $\boldsymbol{\Gamma}_{hi} = 1$, $\boldsymbol{\Gamma}_{hj=-1}$, 其余构件以此类推。 记 $\boldsymbol{P} = (\boldsymbol{P}_x \quad \boldsymbol{P}_y \quad \boldsymbol{P}_z)^{\mathrm{T}}$,方程(3) 可简化为

$$\boldsymbol{A\zeta} = \boldsymbol{P} \quad (5)$$

公式(5) 可看成以构件力密度 $\boldsymbol{\zeta}$ 作为未知量的平衡方程。若以节点坐标为未知量,可将结构平衡方程重写为

$$\boldsymbol{DX} = \boldsymbol{P} \quad (6)$$

其中 $\boldsymbol{X}$ 表示节点坐标向量 $(x \quad y \quad z)^{\mathrm{T}}$。矩阵 $\boldsymbol{D}$ 为力密度矩阵,可表示为

$$\boldsymbol{D} = \boldsymbol{\Gamma}^{\mathrm{T}} \mathrm{diag}(\zeta)\, \boldsymbol{\Gamma} \quad (7)$$

由于张拉整体为自平衡体系,结构依靠自内力实现节点平衡。因此找形的节点外荷载 $\boldsymbol{P} = 0$,力平衡关系满足:

$$\boldsymbol{A\zeta} = 0 \quad (8)$$

$$\boldsymbol{DX} = 0 \quad (9)$$

平衡矩阵的秩 $\mathrm{rank}(\boldsymbol{A}) < b$ 时,结构至少包含1个自应力模态,这是结构成为张拉整体的必要条件。

2.2 面向几何坐标的张拉整体结构找形算法流程

方程(8) 和(9) 分别以力密度向量与节点坐标向量为未知量建立了结构力平衡关系。下面阐述面向几何坐标的张拉整体结构找形算法及流程(图2),保证找形后结构满足给定节点坐标要求。分别介绍自应力和坐标的求解方法,特别地,在求解节点坐标过程中引入了已知节点坐标作为约束条件。

(1) 单元自应力求解。对平衡矩阵 $\boldsymbol{A}$ 进行 SVD 分解:

$$\boldsymbol{A} = \boldsymbol{USV}^{\mathrm{T}} \quad (10)$$

得到正交矩阵

$$\boldsymbol{V} = (\boldsymbol{v}_1 \quad \boldsymbol{v}_2 \quad \cdots \quad \boldsymbol{v}_b) \quad (11)$$

若结构存在 s 个自应力模态,则满足下述关系

$$\boldsymbol{AV}_s = 0 \quad (12)$$

$$\boldsymbol{V}_s = (\boldsymbol{v}_{b-s+1} \quad \cdots \quad \boldsymbol{v}_b) \quad (13)$$

因此,张拉整体的自应力 $\boldsymbol{\zeta}$ 可由向量 $\boldsymbol{v}_i$ 来构造。

对于单自应力模态($s = 1$) 张拉整体的找形,则可通过向量 $\boldsymbol{v}_b$ 构造力密度向量 $\boldsymbol{\zeta}$。另外,由于张拉整体结构需满足杆单元受压、索单元受拉的原则,因此若 $\boldsymbol{v}_b$ 向量的拉压符号不满足要求,则需增列正交向量以重新构造力密度 $\boldsymbol{\zeta}$。

(2) 节点坐标求解。张拉整体结构的节点坐标值对应方程(9)的非零解。力密度矩阵是正方阵,现对方阵 $\boldsymbol{D}$ 特征值分解:

$$\boldsymbol{D}=\boldsymbol{W}\boldsymbol{Y}\boldsymbol{W}^{\mathrm{T}} \tag{14}$$

正交矩阵 $\boldsymbol{W}$ 为

$$\boldsymbol{W}=(\boldsymbol{w}_1 \quad \boldsymbol{w}_2 \quad \cdots \quad \boldsymbol{w}_n) \tag{15}$$

张拉整体的节点坐标 $\boldsymbol{X}$ 可由向量 $\boldsymbol{w}_i$ 来构造。对于已知部分节点坐标的张拉整体结构找形,则需确定待定组合系数 $\boldsymbol{\alpha}$。设已知坐标的节点数为 n_0,坐标值为 $\boldsymbol{X}_0$,剩余节点的坐标值为 $\boldsymbol{X}^*$。在正交矩阵 $\boldsymbol{W}$ 中选取 n_0 个向量 $\overline{\boldsymbol{W}}=(\boldsymbol{w}_1 \quad \cdots \quad \boldsymbol{w}_{n_0})$,有

$$\overline{\boldsymbol{W}}\boldsymbol{\alpha}=\boldsymbol{X} \tag{16}$$

将方程(16)写成分块矩阵形式:

$$\begin{pmatrix}\boldsymbol{W}_0\\ \boldsymbol{W}^*\end{pmatrix}\boldsymbol{\alpha}=\begin{pmatrix}\boldsymbol{X}_0\\ \boldsymbol{X}^*\end{pmatrix} \tag{17}$$

因此,需求的节点坐标值可表示为

$$\boldsymbol{X}^*=\boldsymbol{W}^*\boldsymbol{W}_0^{-1}\boldsymbol{X}_0 \tag{18}$$

(3) 迭代算法。张拉整体的节点坐标和自应力均可分别通过上述方法求解得到。但由公式(4)可知,求得的节点坐标值 $\boldsymbol{X}$ 将改变平衡矩阵 $\boldsymbol{A}$,并影响自应力 $\boldsymbol{\zeta}$ 的值;同样公式(7)表明自应力 $\boldsymbol{\zeta}$ 会改变力密度矩阵 $\boldsymbol{D}$,并影响坐标值 $\boldsymbol{X}$。因此该自平衡体系坐标与内力的求解是相互影响的,整个找形算法需要采用非线性算法迭代求解。下面给出完整的找形算法流程。

① 给定需要找形的张拉整体结构拓扑关系,计算关联矩阵 $\boldsymbol{\Gamma}$,列出已知节点坐标值 $\boldsymbol{X}_0$。初始化力密度向量 $\boldsymbol{\zeta}_0$,其中杆单元对应的分量为 -1,索单元对应的分量为 +1;

② 利用公式(7)集成力密度矩阵 $\boldsymbol{D}$,并进行特征值分解。根据2.2节构造节点坐标 $\boldsymbol{X}$,在坐标 $\boldsymbol{X}$ 下修正力密度向量 $\boldsymbol{\zeta}$;

③ 依据公式(4)集成平衡矩阵 $\boldsymbol{A}$,并SVD分解,由2.1节构造新的力密度向量 $\boldsymbol{\zeta}$。

④ 求解收敛指标,不平衡力 $\Delta\boldsymbol{P}=\boldsymbol{A}\boldsymbol{\zeta}$ 及平衡矩阵 $\boldsymbol{A}$ 的最小非零奇异值 $\boldsymbol{S}_{rr}$。若同时满足 $\|\Delta\boldsymbol{P}\|_2<\xi_P$ 与 $\boldsymbol{S}_{rr}<\xi_P$,终止算法;否则返回第2步。这里 $\boldsymbol{\xi}_P$ 为小量,可取 10^{-10}。

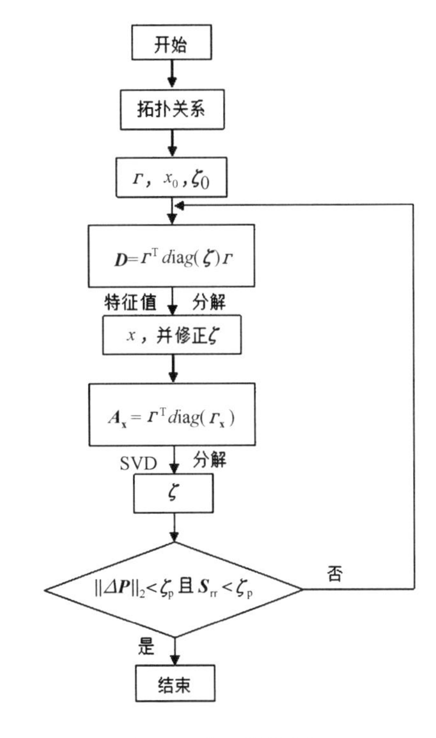

图2 算法流程图

3 折叠研究

把轻型的张拉整体结构应用到可展结构,是这个超过六十年的概念自然发展的结果,全世界现在有不少学者致力于该项研究,主要包括Fest,Motro,Pellegrino,Skelton和de Oliveira。Furuya从几何的角度仔细研究了张拉整体杆件的折叠问题。Hanaor运用伸缩杆实现了基于简单张拉整体单元网格结构的可展。Bouderbala和Motro实现了可展经典八面体组合单元,并且指出"拉锁方式"进行折叠比"压杆方式"折叠过程更加简单,但是"压杆方式"可以把结构压缩得体积更小。Sultan和Skelton提出了基于存在多平衡模态的索控制折叠方法。Pinaud等实现了包含两个张拉整体单元的小型张拉整体组合的索控制折

叠,并研究了张拉整体结构在展开过程中的非规则重组新构型。Smaili 和 Motro 运用作用有限机构来实现了张拉整体结构的折叠。索控制方法后来被应用到双层张拉整体网格结构。这个方法后来又被拓展到可展张拉整体曲面网格结构。同样,Sultan 提出了张拉整体形状控制方法,用无穷小机制指令控制折叠运动。

总的来说,可展非规则张拉整体的折叠方式可以被分为三种方式:

(1)压杆方式。该方法只改变压杆的长度,而索的长度保持不变。

(2)拉索方式。该方法只改变拉索的长度,而杆的长度保持不变。

(3)混合方式。同时改变压杆和拉索的长度。下面我们将就这三种方式探讨非规则张拉整体的折叠问题。

3.1 压杆方式

使用伸缩杆实现杆件的伸缩。伸缩杆类型可大致分为以下三种:

(1)手调式伸缩杆。优点是杆件伸缩量较大,轻便可行,刚度和强度较好;缺点是不可实现自动化控制。

(2)遥控式伸缩杆。优点是杆件可以实现遥控自动伸缩,能够较好地模拟张拉整体结构展开的过程;缺点是杆件粗重、不适合装入张拉整体结构中。

(3)液压式伸缩杆。优点是杆件轻细,伸缩量较大,强度和刚度较好,能够模拟非规则可展张拉整体的展开过程,即把液压式伸缩杆与自行设计的固定扣件相结合,一旦打开扣件,压缩结构被激发,展开成自平衡的非规则张拉整体模型。

使用可动铰实现杆件的弯折。可动铰类型可按照材料分为以下三种:

(1)温度形状记忆合金(SMA)(见图3)。优点是使用新材料可以通过温度来控制非规则张拉整体的展开;缺点是展开后杆件的刚度较差,不能承受较大的预应力和外荷载。

(2)铝制单向铰。优点是展开后杆件的刚度较大,能够承受较大的外荷载;缺点是需要自行设计符合杆件尺寸的单向铰,难度较大,且不能较好地模拟展开过程。

(3)液压随意停(见图4)。优点是能承受较大轴力,保证构件刚度,且能够很好地模拟非规则张拉整体的展开过程,也易于装入模型中,价格经济。

图3 SMA 可展张拉整体

图4 液压随意停

3.2 拉索方式

断一根索实现结构可展。运用花篮连接一根截断的索,同时可施加预应力,实现非规则可展张拉整体的展开。优点是操作简单易行,价格经济,可以通过调节一根索对整个结构施加预应力,调节其余索杆尺寸误差;缺点是不能够很好地模拟非规则可展张拉整体模型展开的过程,在某些情况下,模型不能够被压缩成一个平面。

断一组索实现结构可展。原理与断一根索实现结构可展的方法类似,一般考虑断相互广义平行的一组索,因此具备前种方法的所有优点,且可以把模型压缩成平面;缺点是在连接最后一根索之前,必须控制之前连接索的长度,从而保证结构能够较好地符合找型结果和自内力模态。

抽一圈索实现结构可展。该方法实现结构可展可类比抽口的布口袋,当抽一圈索的两头就能够把结构从压缩状态激发,展成非规则张拉整体。优点是操作简单易行,可以很好地模拟展开过程,模型也可以被压缩成一个平面;缺点是压缩状态时,模型所占的平面面积较大,此外,一圈索所受拉力是一致的,展开结果可能会与找型结果的形态有一定的差异。

3.3 混合方式

压杆方式共同的优点:可以把非规则张拉整体模型折叠成一捆索杆,故所占的体积较小,便于存放和运输。压杆方式共同的缺点:展开过程中索可能会缠绕从而阻碍模型的展开,此外,有时需要记录杆展开的顺序,操作较繁琐。

拉索方式共同的优点:很好地避免了索与索之间缠绕的问题,操作简单易行。拉索方式共同的缺点:压缩状态时只能收成一个平面,所占平面面积较“压杆方式”大。

基于以上“压杆方式”和“拉索方式”存在的优缺点,有些学者指出可以把两种折叠方式有机结合,从而优势互补,从而得到非规则张拉整体的最优折叠方案,此想法还停留在理论阶段,但是很可能在不久的将来这样的“混合方式”能够得到很好的发展和利用。

4 算　例

4.1 6 杆 18 索张拉整体结构找形

参照经典截顶四面体张拉整体结构(见图5)的拓扑连接关系寻找新的非规则张拉整体结构,节点及构件编号如图 6 所示。现指定节点 1、2、4、5、7、8 的 Z 坐标为 0,且位于圆的六等分点处,圆半径为 1,节点 10 的坐标为(0,0,600)。结构共包含 18 个索单元,6 个杆单元。每个节点均连有 3 个索单元,1 个杆单元。图 7 为依据找形结果制作的张拉整体实物模型,经验证为几何稳定。图 8 是加工模型的索平面布置图。图 9 为该非规则张拉整体实物模型的节点详图。图 10 为张拉预应力并锚固的花篮结构。节点坐标与索杆自内力值见表 1 与表 2,收敛曲线见图 11。

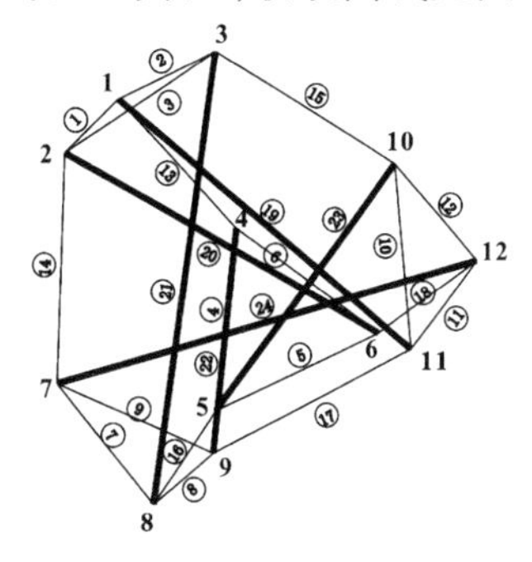

图5　规则截顶四面体张拉整体

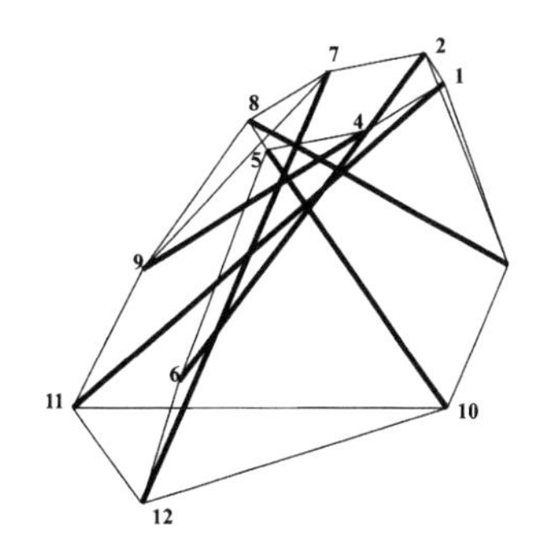

图6　非规则张拉整体找形结果

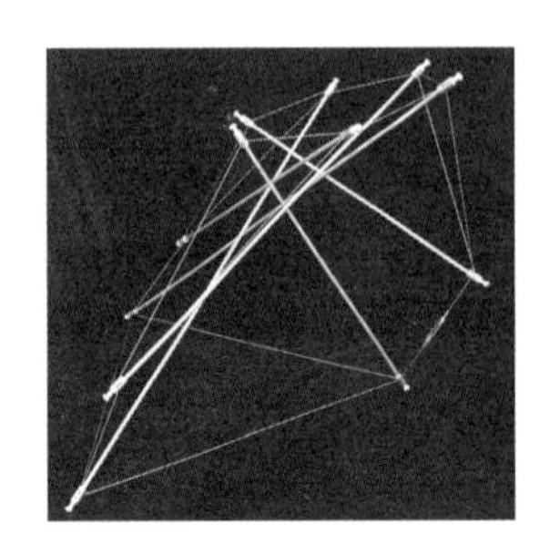

图 7　实物模型

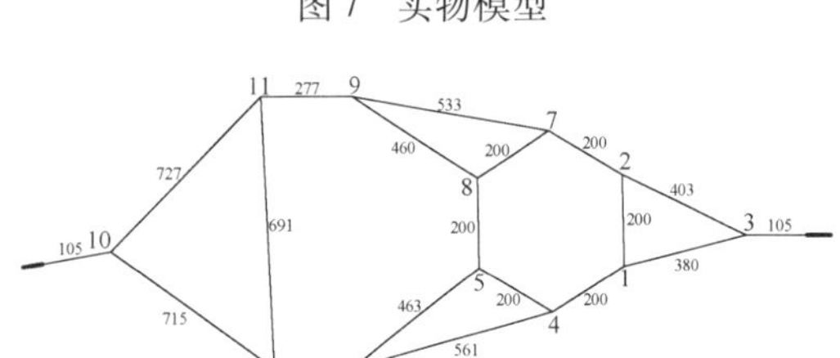

图 8　索平面布置图

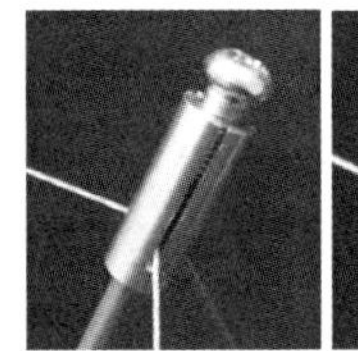 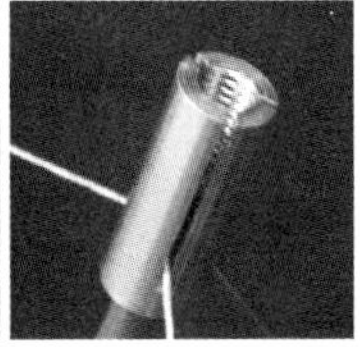

图 9　节点详图

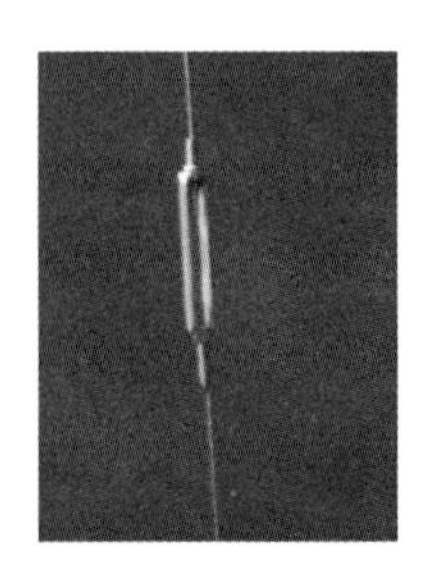

图 10　花篮结构详图

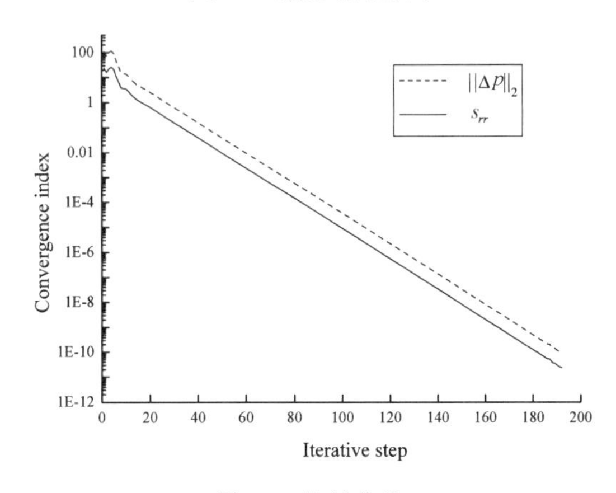

图 11　收敛曲线

表 1　找形结果的节点坐标

节点	1	2	3	4	5	6	7	8	9	10	11	12
X	200.0	100.0	183.0	100.0	-100.0	-251.8	-100.0	-200.0	-511.8	0.0	-714.6	-357.8
Y	0.0	173.2	52.2	-173.2	-173.2	-514.8	173.2	0.0	109.6	0.0	-10.0	-601.4
Z	0.0	0.0	375.4	0.0	0.0	273.2	0.0	0.0	276.0	600.0	465.0	454.6

表 2　索杆自内力

单元	1	2	3	4	5	6	7	8	9	10	11	12
自内力	1.350	0.746	0.572	1.352	1.422	1.163	1.309	1.018	1.487	0.454	0.590	0.463
单元	13	14	15	16	17	18	19	20	21	22	23	24
自内力	1.487	1.478	0.866	1.491	1.191	1.093	-1.629	-1.597	-0.876	-1.563	-0.884	-1.582

4.2　6 杆 18 索张拉整体结构折叠设计

方案选择:

(a)压杆模式:液压杆;液压随意停。

(b)拉索模式:断一根索;抽一圈索。

方案比较:

(1)所有杆件使用液压杆,可以把模型收成一捆索杆,且每根杆的长度为展开结构的一半,但是展开过程中索有时会缠绕到一起,阻碍结构的继续展开。

(2)对于所有杆件使用液压随意停,可以杆件的折叠顺序逆向操作结构展开,很好地避免了索与索之间的缠绕,但是液压随意停的尺寸较大,增大了结构自重和美观性,结构只能折叠成一个平面,所占体积大于一捆索。

(3)断一根索释放结构中的预应力,结构

实现折叠,此方法方便快捷,不会导致索与索之间的缠绕和展开顺序问题等,但是所折叠的张拉整体不能压缩成一个平面,所占体积大于前两种方法。利用图 10 的花篮结构张拉预应力,制成图 7 所示的通过断一根索实现可展的实物模型。

(4)抽一圈索,可以很好地模拟张拉整体结构从折叠状态到展开状态的过程,操作方便易行,且折叠状态可压成一个平面。图 12 ~ 15 为该 6 杆 18 索张拉整体结构展开过程。图 16 是抽一圈索后张拉预应力并锚固钢索的节点设计。

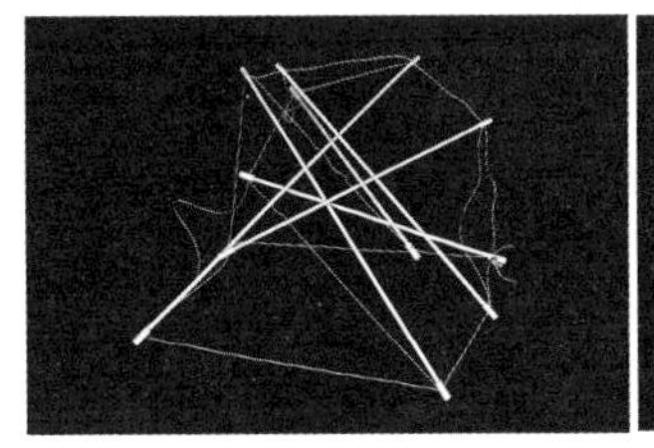

图 12　折叠状态

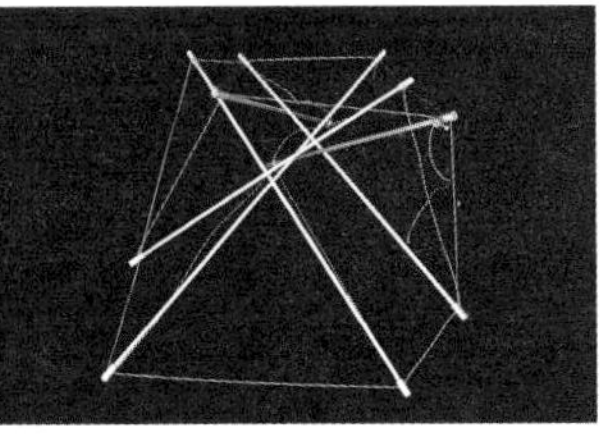

图 13　展开阶段 1

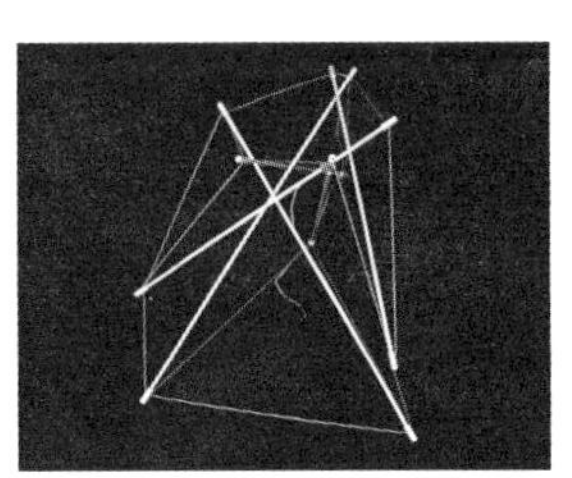

图 14　展开阶段 2

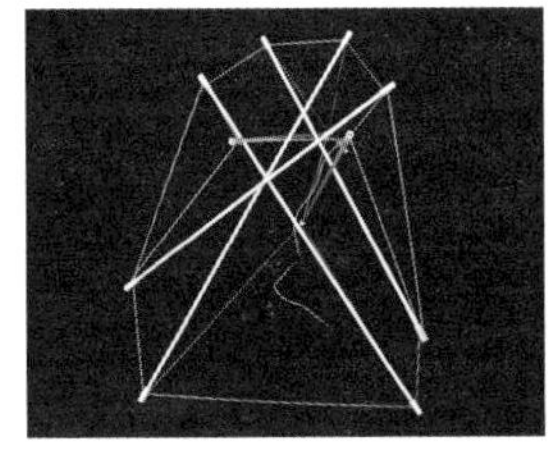

图 15　完全展开状态

图 16　锚固钢索的节点详图

5　结　语

首先,本文提出了一种面向几何坐标的张拉整体结构找形算法,算法解决了部分节点坐标已知的索杆结构自平衡状态找形问题。论文将索杆结构的平衡方程分别写成以索杆力密度和节点坐标为未知量的形式,借助平衡矩阵 SVD 分解与力密度矩阵特征值分解后的正交向量构造自应力及几何坐标,引入指定坐标值作为约束条件,并结合非线性迭代算法寻找满足要求的张拉整体。找形算法只需给出索杆拓扑连接关系及若干已知节点坐标。其次,本文提出了对于非规则张拉整体的折叠方案的设计,从“压杆方法”、“拉索方法”和“混合方法”三方面探讨了非规则可展张拉整体的折叠控制模式。最后,数值算例参照了经典截顶四面体张拉整体的索杆连接关系,给出一个满足给定坐标要求的非规则张拉整体结构,结果表明算法稳定性较好。然后,我们详细讨论了关于该找型结果的折叠设计。

运用本文的方法可以找到一些未知的非规则张拉整体形式,以及满足特定几何外形的自平衡张力结构,成果还可应用于如自由曲面张拉整体结构的找形,对深入研究新型张力结构的形态及受力性能等具有重要意义。此外,本文对于非规则张拉整体的折叠方案的探讨,对未来张拉整体的折叠设计具有一定启发意义。

参考文献

[1] 傅丰. 张拉整体结构——新型的空间结构体系

[J]. 四川建筑科学研究, 2004, 30(3):3-5.
[2] TIBERT G, PELLEGRINO S. Review of form-finding methods for tensegrity structures [J]. International Journal of Space Structures, 2003, 18(4): 209-223.
[3] 许贤. 张拉整体结构的形态理论与控制方法研究[D]. 杭州:浙江大学,2009.
[4] 陈晓光,罗尧治. 张拉整体单元找形问题研究[J]. 空间结构, 2003, 9(1):36-39.
[5] ZHANG L, MAURIN B, MOTRO R. Form-finding of nonregular tensegrity systems [J]. Journal of Structural Engineering, ASCE. 2006, 132(9):1435-1440.
[6] ESTRADA G G, BUNGARTZ H J, MOHRDIECK C. Numerical form finding of tensegrity structure [J]. International Journal of Solids and Structures, 2006, 43: 6855-6868.
[7] TRAN H C, LEE J. Advanced form finding of tensegrity[J]. Computers and Structures, 2009, 88: 236-247.
[8] JUAN S H, TUR. J M M. Tensegrity frameworks: static analysis review [J]. Mechanism and Machine Theory, 2008, 43(7): 859-881.
[9] PELLEGRINO S, CALLIADINE C R. Matrix analysis of statically and kinematically indeterminate frameworks [J]. International Journal of Solids and Structures, 1986, 22(4): 409-428.
[10] TIBERT G. Deployable tensegrity structures for space applications [D]. UK: Royal Institute of Technology, 2002.
[11] DUFFY J, ROONEY J, KNIGHT B, et al. A review of a family of self-deploying tensegrity structures with elastic ties [J]. The Shock and Vibration Digest, 2000, 32(2): 100-106.
[12] FEST E, SHEA K, DOMER B, et al. Adjustable tensegrity structures [J]. Journal of Structural Engineering, 2003, 129(4): 514-526.
[13] PUIG L, BARTON A, RANDO N. A review on large deployable structures for astrophysics missions [J]. Acta Astronautica, 2010, 67: 12-26.
[14] 王洪军,张其林,周骥,等. 张拉整体模型制作[J]. 空间结构,2005,11(2): 53-56.

基于大型有限元计算软件的结构模型内力优化设计

王思启

（安徽建筑工业学院 土木工程学院，安徽 230601 ）

摘　要　有限元软件 ANSYS 结构优化设计是一门集计算力学、数学规划、计算机科学以及其他工程学科于一体的新型学科，发展至今优化理论已经取得了丰富的研究成果。本文针对第五届全国大学生结构竞赛赛题中的模型进行理论分析与内力优化，其中包括基本构件选型、构件细部尺寸优化等，主要涉及静力分析、ansys 结构优化设计。其中结构内力优化是指将部分变量控制在一定范围内寻找最优解。本文是将内力、尺寸、荷载条件控制在一定条件下，然后寻求质量的最优解。通过计算结果对杆件的受力大小进行分析，以确保结构与构件的安全。

关键词　结构；有限元；内力；优化设计

1　引　言

第五届全国大学生结构设计大赛于 2011 年 10 月 22 日在东南大学成功举行，各高校参赛队伍都带来了他们的精心之作，其中涌现了大批的优秀作品，并且结构设计大赛的赛题更是取材新颖且紧密贴合实际得到了各高校老师和同学的一致好评，本届赛题为带屋顶水箱多层竹质框架结构模型的抗震结构设计。本文结合本校及其他高校的参赛设计作品，使用大型有限元软件 ansys 进行内力分析与优化。

有限元分析（FEA，Finite Element Analysis）利用数学近似的方法对真实物理系统（几何和载荷工况）进行模拟。利用相对简单而又相互作用的单元元素，用有限数量的未知量去逼近无限未知量的真实系统。

优化设计是一种寻求确定最优设计方案的技术，最优设计是指一种方案可以满足所有的设计要求，而且所需的支出（如重量、面积、体积、应力、费用等）最小。在这里我们通过 ansys 提供的零阶方法中的子问题近似法和多个求解模型对比，获取最优解。

2　建模求解

2.1　模型几何尺寸

通过 ansys 建模基本条件为：框架结构，总高 1 m ；层高 25 cm；底板 22 cm×22 cm；顶面为 15 cm×15 cm。建模基本图形如图 1 所示。

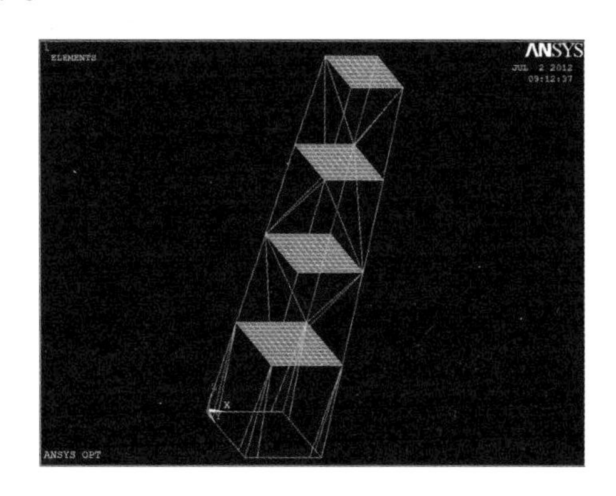

图 1　基本模型

2.2　荷载计算及构件截面尺寸

首先建立模型，将铁块转化成均布荷载

作用在楼面上,同时水箱作为阻尼减震器,在设计优化过程当中将其质量转化为满载作用在顶层楼面上。杆件下部内力达到最大值,为减少应力集中地影响,将铁块荷均匀的布置在下三层楼面上。荷载取值为:水箱荷载 p_0 = 1.78 kPa,第一到三层楼面荷载 p_1 = 2.9 kPa。

模型主体设计为框架结构,主体构件为柱和梁,其中柱承受着上部结构的绝大部分荷载,所以柱的结构选型很重要。通过静力分析来选择截面类型,截面类型有箱型截面、L 形截面及圆形截面。本模型的设计变量为截面的各尺寸。状态变量为最大压应力,目标函数用体积来代替质量。我们将三种截面的设计变量和初始值及变化区间列表如表1(单位:mm)所示。梁和斜撑的截面尺寸取法如表2(单位:mm)所示。

表1　柱截面设计变量及初始值

截面类型	*A*	*B*	*C*
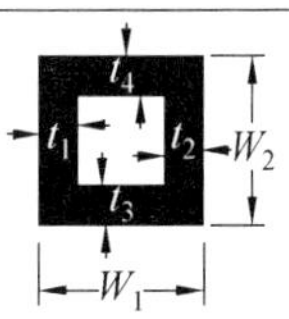	$A = W_2 = 8$ (4 - 10)	$B = W_1 = 6$ (4 - 10)	$C = t_1 = t_2 = t_3 = t_4 = 0.45$ (0.3 - 0.6)
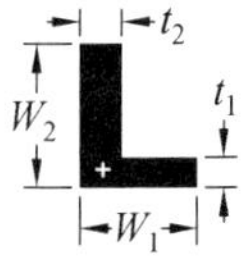	$A = W_1 = 8$ (6 - 12)	$B = W_2 = 8$ (6 - 12)	$C = t_1 = t_2 = 1$ (0.5 - 2)
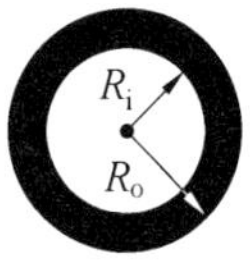	$A = R_o = 3.6$ (3.5 - 6)	$B = R_i = 3.4$ (定值)	$C = R_o - R_i = 0.6$ (0.1 ~ 2.6 不作为变量设计值)

表2　梁与斜撑截面变量及初始值

杆件类型	梁	斜撑	基础梁
宽	$D = 2(1 \sim 3)$	$F = 2(1 \sim 3)$	D
高	$E = 6(4 \sim 8)$	$G = 2(3 \sim 9)$	E

2.3　材料性质定义

ansys 建模中梁取 BEAM188 单元,板取 SHELL63 单元,材料弹性模量 $EI = 1\times10^4$ MPa,泊松比 v=0.3。由于竹皮为各向异性材料,顺纹抗拉和抗压较强,且在 502 胶水的作用下,极限应力有所增强,双层 0.2 mm厚竹皮经 502 胶水处理后的顺纹抗压强度约为30 MPa,抗拉强度约为80 MPa。考虑压杆屈曲问题、制作工艺误差和动力因素等情况,折减后对最大压应力进行折减取为15 MPa。强度要求以第四强度理论下的等强度应力 SEQV 控制,最小质量用总体积控制。为减小板的应力集中的影响,将板厚设置成 3.5 mm,求得的最终体积减去板的体积后乘以密度为模型质量(竹皮的密度取为 1 020 kg/m^3)。

2.4　建模计算

以箱型截面建模为例,步骤如下:

(1)定义工作文件名　ANSYS OPT1;
(2)定义材料单元 BEAM188、SHELL63;
(3)定义实体参数 TK=3.5 mm;
(4)定义材料属性 EI=1e4 MPa、v=0.3;
(5)建立几何模型(点、线、面);
(6)定义参变量 A、B、C 及其初始值;

(7)定义截面尺寸类型；

(8)网格划分及定义截面；

(9)施加约束和荷载；

(10)求解，获取结果；

(11)提取参数，对模型总体积求和，获取最大压应力；

(12)建立优化文件；

(13)定义设计变量 A、B、C、D、E、F、G，状态变量单元最大应力 *SEQV*、目标函数 *VOLU* 的范围及条件；

(14)设定输出、运行次数；

(15)运行求解；

(16)提取结果。

其中第十步求解结果云力图细节如图 2 所示。

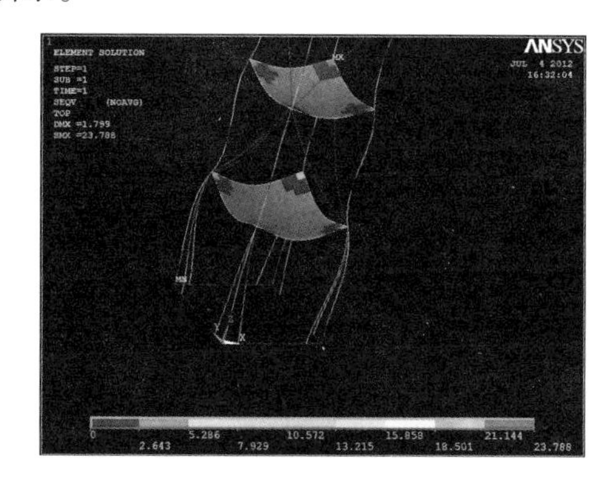

图 2　箱型截面结构内力云图

第(16)步提取最佳截面尺寸及结果如表 3 所示。

表 3　箱型最佳截面计算结果

		SET 31 (FEASIBLE)
SEQU	〈SV〉	15.012
A	〈DV〉	8.532 9
B	〈DV〉	4.016 2
C	〈DV〉	0.594 26
D	〈DV〉	1.332 0
E	〈DV〉	7.980 9
F	〈DV〉	2.734 3
G	〈DV〉	8.302 8
VOLV	〈OBJ〉	0.637 15E+06

各变量与设计值之间的迭代关系曲线如图 3 所示。

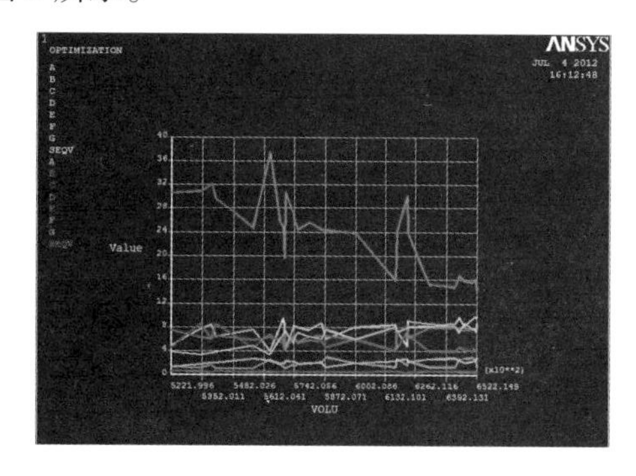

图 3　箱型截面各设计变量与设计值迭代曲线图

2.5　结果提取

根据同样方法对圆截面柱和角钢截面建模优化分析后结果分别如表 4、图 4 和表 5、图 5 所示。

表 4　角钢最佳截面计算结果

		SET 30 〈FEASIBLE〉
SEQV	〈SV〉	14.822
A	〈DV〉	6.153 0
B	〈DV〉	8.254 3
C	〈DV〉	1.903 3
D	〈DV〉	2.715 1
E	〈DV〉	4.013 3
F	〈DV〉	1.149 9
G	〈DV〉	4.145 6
VOLV	〈OBJ〉	0.602 99E+06

表 5　圆型最佳截面计算结果

		SET 17 〈FEASIBLE〉
SEQV	〈SV〉	12.977
A	〈DV〉	4.082 3
D	〈DV〉	2.687 5
E	〈DV〉	4.008 1
F	〈DV〉	1.203 2
G	〈DV〉	3.022 6
VOLV	〈OBJ〉	0.564 98E+06

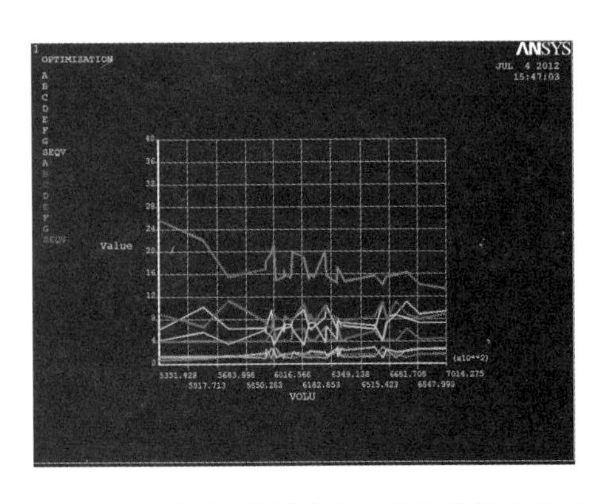

图4 角钢截面各设计变量与体积迭代的关系

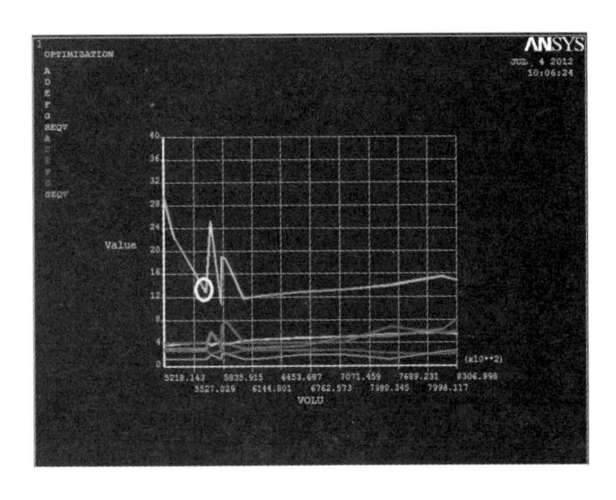

图5 圆形截面各设计变量与体积迭代的关系

3 结果分析

3.1 内力优化效率

3.1.1 效率计算

由于板的厚度未优化，实际值为应为0.2 mm，设计中为减小板对设计的影响，取3.5 mm，计算优化效率时应减去其产生的体积 $V_b = 415.1\ cm^3$。优化效率计算公式 $H = (P_1 - P_2)/P_1 + (V_1 - V_2)/(V_1 - V_b)$

3.1.2 优化计算表

表3 优化设计效率表

选项	箱型截面	角钢截面	圆形截面
初始内力 P_1/Mpa	23.65	19.82	25.29
初始体积 V_1/cm^3	600.1	613.0	570.5
最终内力 P_2/Mpa	15.01	14.82	12.97
最终体积 V_2/cm^3	637.1	603.0	565.0
优化效率 H/%	16.53	30.30	52.25

3.2 变量结果分析

3.2.1 箱型截面

根据 *SEQV* 与 *VOLU* 的关系曲线得知，在 *VOLU* = 617.5 附近时 *SEQV* 取得较小值15.9 MPa，此时斜撑截面各取值为最大，梁的截面宽接近最小值，且 *G* 曲线的上升引起最大应力值的快速减小，故主要受力控制截面在斜撑上。

3.2.2 角钢截面

由设计变量与体积迭代的关系图得知，最佳设计值在 *VOLU* = 575.0 ~ 580.0 之间，其应力值比设计值 15 MPa 稍大，但质量较最佳设计值结果减轻许多。

3.2.3 圆形截面

根据曲线图，两个最大应力较小值处分别处于 *E* 值和 *G* 值最大时，故设计时最大应力单元点是在斜撑和梁上交替出现的。且梁的应力由 *E* 值控制，说明梁上最大应力是弯矩造成的。

4 结 论

经过建模分析，得出如下结论：

(1)模型的设计优化效率可达 15% ~ 55%，若由于上部杆件与下部杆件受力差异较大，若对各层杆件差异化优化设计，效率可以更高，同时若将有限元结构设计优化应用于实际工程当中，必然会有很好的效果。

(2)根据总体云力图，下部斜撑平均内力较大，而上部斜撑平均内力很小，可以考虑取消上部斜杆，或用单层竹皮作为斜拉，且地梁可以舍去以减小质量。在下部结点处有应力集中现象，应作适当处理。

(3)实际模型选型中应选择圆形截面，这也与西南交通大学独家选用圆截面而获取技压群雄的事实相符，其原因：箱型截面较为费材料，且内力较大，实际制作过程中最佳值理论范围较小不好控制，角钢截面中内力值随设计变量起伏较大,亦不好控制。圆形截面当 E 和 G 值达到最大值之前,内力与变量的关系较为平缓,前提条件是 F 值宜大不宜小且在应力值较小,最佳截面位置如图 5 中所示。

(4)根据以上三条结论,最终差异化优化结果体积约为 75.7 cm^3,得到的模型质量为 78 g,与此次比赛特等奖西南交通大学的制作模型结果 76 g 非常接近。

参考文献

[1] 涂振飞. ANSYS 有限元分析工程应用实例教程[M]. 北京: 中国建筑工业出版社, 2010.
[2] 高诚, 陆帅, 李雪蕾. 第五届全国大学生结构模型设计书[Z]. 东南大学, 2011: 6-8.
[3] 施二铁, 杨国峰. ANSYA 在结构设计中的作用[D]. 广州:华南理工大学, 2012.

基于信息扩散理论的古建筑砖材抗压强度评估

陆世锋　顾剑波　张由由
（同济大学 土木工程学院，上海 200092）

摘　要　针对古建筑中材料的物理力学性能参数取样较困难，数据样本为小样本且变化范围较大的情况，引入了信息扩散原理，提出了对古建筑砖材的抗压强度的评估模型，并比较了正态信息扩散理论和最优信息扩散理论所得评估结果。最优信息扩散评估模型从样本数据和信息论的角度出发，更加符合实际数据的分布情况，且在实际工程中是偏于安全的，为古建筑材料参数等小样本数据的概率分布预测提供了另一种可行的路径。

关键词　统计预测学；信息扩散理论；扩散函数；窗宽；概率密度函数；抗压强度

1　引　言

我国拥有数目众多的古建筑（宫殿、庙宇、亭台楼阁），这些古建筑是中国乃至全人类的历史遗产，具有文化、历史、旅游、教育等多方面重要价值。这点决定了保护古建筑的必要性和紧迫性。其年代，结构形式，材料的性能等资料由于取样或实验较困难，都仅仅停留在小样本的研究前提，并没有形成完备的或者说足够的样本空间，使研究往往陷入特殊性、个别化，不具有广泛的应用前景。对比于当代建筑的研究资料的完备程度，以及研究措施的详细具体，古建筑的保护面临着非常严峻的问题，即数据陷入小样本空间而使研究结果不具有广泛意义。尽管信息扩散理论为这些小样本数据的评估提供了可能，然而却未真正应用于工程上，也未得出相应的研究具体方法。另一方面，相比于现代建筑，古建筑的材料性能指标受到更多因素的影响，其物理力学性能变化范围很大，这增加了对其进行评估的难度。

基于此类问题，结合对信息扩散理论的研究，我们通过对古建筑中一批砖材的抗压强度数值反复尝试验证，将信息扩散理论运用到材料参数的评估中，并希望得出能够广泛适用的研究方法。

2　信息扩散原理确定随机变量的概率密度函数

2.1　信息扩散原理

信息扩散理论是假设 A，B 两个点之间有若干个点，设为 $x_1, x_2, ..., x_n$，则在 A 点注入的信息经过一定的衰减传递给 x_1，而 x_1 得到的信息再经过一定的衰减又传递给 x_2，…，最后，B 点总可以得到一定量的信息。同理，B 点注入的信息也可以扩散到 A 点。

而信息扩散理论的数学描述则是：设 $W = \{W_1, W_2, \cdots, W_n\}$ 是知识样本，L 是基础论域，记 W_i 的观测值为 l_i，再设 $x = \varphi(l - l_i)$，则当 W 非完备时，存在函数 $\mu(x)$，使 l_i 点获得量值为 1 的信息可按 $\mu(x)$ 的量值扩散到 l 上去，且扩散的原始信息分布

$$Q(l) = \sum_{j=1}^{n} \mu(x) = \sum_{j=1}^{n} \mu(\varphi(l - l_i)) \quad (1)$$

能更好地反映 W 在总体上的分布。

2.2　扩散估计

根据信息扩散原理对母体概率密度函数

的估计称为扩散估计，设$\mu(x)$为定义在R上的一个波雷尔可测函数，$d > 0$为常数，则称

$$\hat{f}(l) = \frac{1}{nd}\sum_{i=1}^{n}\mu\left[\frac{l - l_i}{d}\right] \tag{2}$$

为概率密度函数$f(l)$的一个扩散估计。式中$\mu(x)$为扩散函数；d为窗宽；$x = (l - l_i)/d$。

2.3　正态扩散函数及其窗宽

在运用信息扩散理论对母体概率密度函数进行估计时，最关键的是如何确定扩散函数$\mu(x)$的具体形式以及窗宽的选取。根据物理学中分子扩散理论导出的正态扩散函数为

$$\mu(x) = \frac{1}{\sigma\sqrt{2\pi}}e^{-\frac{x^2}{2\sigma^2}} \tag{3}$$

将正态扩散函数式(3)代入对母体概率密度函数的估计式(2)中，即可得到母体概率密度函数的正态扩散估计式(4)。

$$\hat{f}(l) = \frac{1}{nd}\sum_{j=1}^{n}\left\{\frac{1}{\sigma\sqrt{2\pi}}e^{-\frac{\left(\frac{l-l_i}{d}\right)^2}{2\sigma^2}}\right\} = \frac{1}{nh\sqrt{2\pi}}\sum_{j=1}^{n}e^{-\frac{(l-l_i)^2}{2h^2}} \tag{4}$$

式中　$h = \sigma d$即标准正态扩散的窗宽，而标准正态扩散的窗宽h则可根据式(5)确定，即

$$h = \alpha(b - a)/(n - 1) \tag{5}$$

式中　$a = \min(l_i)$，$b = \max(l_i)$，$i = 1,2,\cdots,n$；$d = (b - a)/(n - 1)$，α是n的函数，n与α的关系由文献知如表1所示。

表1　n取不同值时的α

n	3	4	5
α	0.849 321 80	1.273 982 78	1.698 643 67
n	6	7	8
α	1.336 252 56	1.445 461 20	1.395 189 81
n	9	10	11
α	1.422 962 34	1.416 278 78	1.420 835 44
n	12	13	14
α	1.420 269 57	1.420 698 79	1.420 669 67
n	15	16	17
α	1.420 693 32	1.420 692 22	1.420 693 10
n	18	19	20
α	1.420 693 10	1.420 693 10	1.420 693 10

当$n \geq 17$时，$\alpha \equiv 1.420\ 693\ 101$

2.4　最优扩散函数及其窗宽

正态信息扩散估计理论假定认为观测值出现的概率是服从正态分布的，虽然适用于大多数的观测值，但缺乏了一般性。而文献提出了最优信息扩散估计理论，根据母体概率密度函数的均方误差最小，可得出最优扩散函数$\mu(x)$为

$$\mu(x) = \begin{cases}\frac{3}{20\sqrt{5}}(5 - x^2) & |x| \leq \sqrt{5} \\ 0 & |x| \geq \sqrt{5}\end{cases} \tag{6}$$

而相应的最优窗宽d需要以下的迭代公式来求解：

$$\begin{cases} d^0 = [\max(l) - \min(l)]/(n - 1) \\ d_i^{j+1} = \left\{\frac{0.268\ 33 f^j(l_i)(d^j)^4}{n[f^j(l_i + d^j) - 2f^j(l_i) + f^j(l_i - d^j)]^2}\right\}^{0.2} \\ d^{j+1} = \mathrm{median}(d_i^{j+1}) \\ f^j(l) = \frac{1}{nd^j}\sum_i \mu\left[\frac{l - l_i}{d^j}\right] \end{cases} \tag{7}$$

式中max( )为取极大值；min( )为取极小值；median( )为取中位数。

由上述的最优扩散函数和最优窗宽，就可以确定最优母体概率密度函数。

3　砖材的抗压强度实例分析

下面对上海市嘉定区某乡村中一批旧砖总体的抗压强度性能进行分析（由于受到年代、含水率、杂质含量等不确定因素的影响，分组实验可比性意义不大），运用压力试验机测得的该批砖同方向的抗压强度值见表2。

表2 砖材的抗压强度值 kPa

抗压强度	抗压强度	抗压强度	抗压强度
4.910 1	10.133 3	15.496 7	18.894 6
17.141 7	22.943 4	17.439 8	15.783 9
20.003 8	22.815 9	13.150 2	16.393 8
21.578 8	7.015 9	14.155 5	9.889 4
13.846 9	11.258 5	16.787 9	19.382 6
5.429 1	20.871 8	14.739 6	8.696 5
2.997 4	22.399 3	9.799 9	12.288 1
17.862 6	23.932 5	8.898 5	12.789 5
17.014 1	5.412 0	5.885 7	14.062 6
7.833 3	23.810 3	17.419 8	14.530 5
16.282 0	11.443 8	17.406 5	10.097 6
23.211 4	12.259 4	10.097 6	18.226 9
4.749 6	14.792 7	21.340 4	7.814 8
6.237 0	17.115 9	14.169 5	10.578 9
20.956 8			

从表中可以看出，砖的抗压强度总体上位于0 ~ 24 kPa范围内，但是由于这些受到各种环境因素的影响，其强度值波动较大，不能运用传统的概率统计方法对其进行较好的评估。而上述的信息扩散理论则为其评估提供了一种相对较好的方法。

3.1 运用概率密度函数评估

3.1.1 评估理论

将砖的抗压强度值划分为以下几段，运用信息扩散原理得到的概率密度函数对各个抗压强度范围内的概率进行预测。以下分别是根据观测值出现的频数以及运用正态信息扩散理论和最优信息扩散理论得到的结果。

运用观测值在某一区间上出现的频数求出其在该区间上的频率，代替其概率，计算结果见表3。

表3 砖抗压强度在不同的区间范围内的频率

f_c 范围/kPa	0 ~ 3	3 ~ 6	6 ~ 9	9 ~ 12
概　率	0.017 5	0.087 7	0.105 3	0.140 4
f_c 范围/kPa	12 ~ 15	15 ~ 18	18 ~ 21	21 ~ 24
概　率	0.193 0	0.210 5	0.105 3	0.140 4

注：表中 f_c 代表砖的抗压强度，下同。

3.1.2 正态信息扩散理论评估结果

由上述的该批砖的抗压强度数据可以得出 f_{max} = 23.932 5 kPa，f_{min} = 2.997 4 kPa，因为数据明显多于17个，取 α = 1.420 693 10，由式(5)可得到窗框 h = 0.531 1，由正态信息扩散函数得到其概率密度函数，再运用得到的概率密度函数对砖材的抗压强度值出现的概率进行预估，结果见表4。

表4 正态扩散函数下得到的砖抗压强度值的概率

f_c 范围/kPa	0 ~ 3	3 ~ 6	6 ~ 9	9 ~ 12
概　率	0.008 8	0.090 1	0.101 7	0.158 3
f_c 范围/kPa	12 ~ 15	15 ~ 18	18 ~ 21	21 ~ 24
概　率	0.171 6	0.213 8	0.106 5	0.133 1

若使该批砖的抗压强度值具有95%的保证率，可得出其抗压强度代表值为4.990 3 kPa，也可求出该批砖抗压强度值的期望值为14.966 7 kPa。

3.1.3 最优信息扩散理论结果

下面运用最优信息扩散理论对其评估，由理论知识以及已知的观测点数据，由式(7)迭代计算可得到最优窗宽 h = 3.652 8，运用最优信息扩散函数得到抗压强度值的取值概率结果见表5。

表5 最优扩散函数下得到的砖抗压强度值的概率

f_c 范围/kPa	0 ~ 3	3 ~ 6	6 ~ 9	9 ~ 12
概　率	0.036 1	0.071 6	0.109 3	0.144 7
f_c 范围/kPa	12 ~ 15	15 ~ 18	18 ~ 21	21 ~ 24
概　率	0.160 6	0.160 0	0.137 1	0.094 9

如果需要该批砖的抗压强度值具有95%的保证率，可得出其抗压强度代表值为3.100 kPa，而该批砖抗压强度值的期望值为14.254 0 kPa。

通过表3与表4、表5的对比，发现运用频率代替概率得到的结果，在观测值样本较少或变化范围较大的情况下会散失其随机性，与实际情况不符。无论是正态信息扩散得到的结果还是最优信息扩散理论得到的结果都明显优于运用抗压强度出现的频数得到的结果。

但相比于正态信息扩散理论，最优信息扩散理论所得到的概率更加稳定，特别是边界周围，正态扩散得到的概率明显比最优扩散得到的概率小，与砖材抗压强度值实际情况的分布更加接近。而且最优信息扩散理论得到的砖材的抗压强度代表值是偏于安全的，这在实际工程中具有很重要的意义。图1是这三种理论下得到的砖材抗压强度的概率密度函数图像。

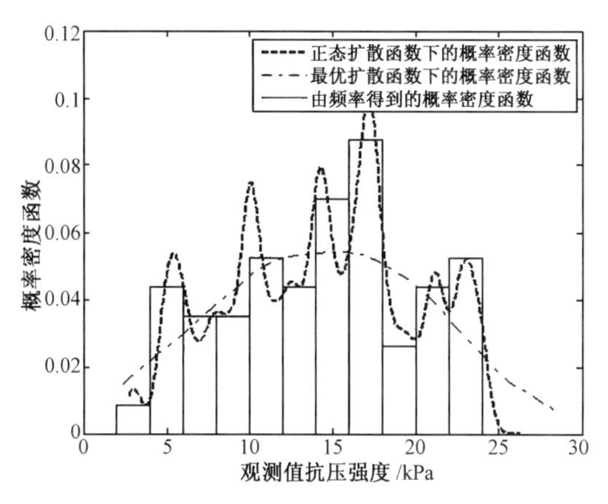

图1　三种方法下得到的砖抗压强度的概率密度函数

从图1上可以看出，最优信息扩散的概率密度函数曲线较平缓，基本服从正态分布，更加符合砖材抗压强度实际分布情况。

3.2　运用观测值论域对其评估

3.2.1　评估理论

在一般情况下，材料的强度指标可能只取某些固定的代表值，故也可以运用信息扩散理论求出这些代表值出现的概率，对材料强度的性能进行评估。设该批砖的抗压强度性能指标只能取 U = [1.5,4.5,7.5,10.5,13.5,16.5,19.5,22.5] kPa 范围内的某一代表值（也即该批砖的抗压强度的论域为这些值的集合）。现将观测得到的砖的抗压强度值记为 $Y_i(i=1,2,\cdots,57)$。记 Y_i 扩散给 $U_j(j=1,2,\cdots,8)$ 的信息为 $q_0(i,j)$，为保证 Y_i 扩散出的信息总量为1，取

$$q(i,j)=q_0(i,j)/\sum_{j=1}^{n}q_0(i,j) \tag{8}$$

为 Y_i 扩散给 U_j 的信息量，U_j 最后得到的信息总量为

$$U_j=\sum_{i=1}^{n}q(i,j) \tag{9}$$

故 U_j 处的概率值

$$P_j=U_j/\sum_{j=1}^{n}U_j \tag{10}$$

下面分别应用正态信息扩散理论和最优信息扩散理论对这些砖抗压强度性能指标的取值概率进行预估。

3.2.2　正态信息扩散理论评估

运用正态信息扩散理论对该批砖特征抗压强度值出现的概率进行评估，扩散函数为式(3)，窗宽 $h=\alpha d=\alpha(b-a)/(n-1)=0.5311$。运用式(8)，得到的结果见表6。

表6　正态扩散函数下得到的砖抗压强度代表值的概率

f_c 代表值(kPa)	1.5	4.5	7.5	10.5
概　率	0.008 9	0.093 6	0.102 9	0.147 2
f_c 代表值(kPa)	13.5	16.5	19.5	22.5
概　率	0.188 4	0.211 4	0.097 4	0.150 2

3.2.3　最优信息扩散理论评估

运用最优信息扩散理论对该批砖特征抗压强度值出现的概率进行评估，扩散函数为式(6)，窗宽 $h=3.6528$。运用(8)式，得到的结果如表7所示。

表7　最优扩散函数下得到的砖抗压强度代表值的概率

f_c 代表值(kPa)	1.5	4.5	7.5	10.5
概　率	0.008 8	0.090 3	0.097 8	0.163 3
f_c 代表值(kPa)	13.5	16.5	19.5	22.5
概　率	0.170 3	0.215 5	0.105 5	0.148 4

对于以上评估的结果，发现两种不同的扩散理论下得到的结果相差不大，但因为该方法考虑了每个样本对其周围的强度范围的影响，使得结果比非信息扩散估计得到的结果更加合理。

3.3　结果对比

通过以上的研究分析，信息扩散理论不

仅可以直接得到抗压强度值的概率密度函数,评估各抗压强度出现的概率,还可以评估抗压强度论域出现在概率,并且最优信息扩散理论和正态信息扩散理论都考虑了观测值对周围点的影响,充分利用了样本数据提供的信息量,这是传统概率统计方法不可替代的。

通过信息扩散理论得到的概率密度函数和观测值论域的概率值都可以较好的对小样本数据和波动较大的样本数据进行评估预测,两种方法各有优劣。运用概率密度函数得到的结果更加合理,而运用观测值论域求概率的算法则相对更简单。

对比两种概率密度函数估计,可得最优信息扩散理论比正态信息扩散理论更加优越,体现在其测得概率密度函数更加平缓,与实际情况更贴切,是偏于安全的。但也有其不足,就是最优信息扩散理论信息不能容易得出观测值在某一区间上的概率,需要分段积分,而且求最优窗宽的算法比较复杂,这使其很难推广运用。

4 结 论

针对测数据是小样本的情况,运用信息扩散理论提出了评估小样本数据的方法,为工程中研究小样本数据提供了一个新途径。该方法弥补了样本信息量不足的问题,充分考虑了现有样本对其其周围样本的影响,使得得到的结果更加符合实际情况。虽然文中只涉及了砖材抗压强度值的评估,但该方法对于绝大多数小样本数据或波动较大的样本数据的评估都是适用的。

应用最优信息扩散理论对样本参数的评估结果更加符合样本实际分布情况,得到的概率密度函数波动较小,趋于平缓。同时由最优信息扩散理论得到的样本参数在一定保证率情况下的代表值是偏于安全的,这在实际工程中具有重要意义。

致 谢

上海大学生创新活动计划项目为本次研究提供了资金支持。

另外,感谢指导老师汤永净对本次研究的关心和支持,特别是在在我们项目及论文完成过程中给我们提供的帮助和建议。

参考文献

[1] 黄崇福. 非完备样本知识优化处理[J]. 北京师范大学学报(自然科学版), 1992, 28(2).

[2] 王新洲, 游扬声, 汤永净. 最优信息扩散估计理论及其应用[J]. 地理空间信息, 2003, 01(1): 10-21.

[3] 王新洲. 基于信息扩散原理的估计理论、方法及其抗差性[J]. 武汉测绘科技大学学报, 1999, 24(3): 240-244.

[4] 宫凤强, 李夕兵, 邓建. 小样本岩土参数概率分布的正态信息扩散法推断[J]. 岩土力学与工程学报, 2006, 25(12): 2559-2564.

[5] 杨旭, 李春晨. 基于信息扩散理论的火灾风险评估模型研究及其应用[J]. 工业安全与环保, 2010, 36(1): 42-43.

[6] 张亦飞, 康建华, 王忠, 等. 小样本条件下混凝土强度代表值的确定[J]. 公路交通科技, 2007, 24(5): 39-42.

Experimental Study of Mechanical Properties of Bamboo's Joints under Tension and Compression Load

Fu Yuguang, Wang Mingyuan, Ge Haibo, Li Lu
(College of Civil Engineering Tongji University, Shanghai 200092)

Abstract The sleeve-bolt connection and the groove-plate connection are two major forms of bamboo's joints under tension and compression load, and the strength of these two connections is normally governed by the brittle failure mode of shearing-split. A new configuration of sleeve-cement bamboo joint is designed. Comparative loading tests were carried out to study the static tensile and compressive performances of the bamboo joints. It is found that the joint with sleeve-cement connection behaves more ductile under tension and possesses higher strength under compression than those with the sleeve-bolt and groove-plate connections. The sleeve-cement connection ensures effective transition of the axial load in the bamboo joint, and there are more to be optimized in its design.

Key words bamboo's joint; sleeve-cement connection; tension and compression; ductility failure

1 Introduction

Possessing excellent mechanical properties, bamboo has been nowadays recognized as one of the most green, low-carbon and sustainable potential structural materials. Being capable of a bamboo structure, efficient joints of individual structural bamboo elements are important and crucial. For years, the sleeve-bolt and the groove-plate are the two major types of connections and have been used in the bamboo's joints whenever the joints are under tension or under compression load. The sleeve-bolt type is a joint where a steel sleeve is embedded into the bamboo ports, being fixed to the bamboo using a bolt, which is put through the predrilled holes in the sleeve and in the bamboo panel. The groove-plate is a joint in which the end of bamboo tube is slotted and embedded with a steel plate, connected by bolts. The obvious weakness of these two joints is that in most cases, the brittle shearing-split failure will dominate the strength of the joints, restricting and influencing the overall performance of a bamboo structure. A bamboo joint with cement to fasten bolts connection invented by Simon Velez, a Columbian architect, was found possessing a much higher bearing capacity; however, the failure pattern of the joint is still governed by the brittle shearing-split collapse.

A new joint bamboo connection titled as sleeve-cement joint is proposed and designed. It is a joint in which the prefabrication steel connections are embedded in the bamboo tube where the bamboo's inner wall is notched and roughened. Then cement is filled into cavity, with two steel ring strapped outside the wall.

The anchorage force is provided by the friction shear and the mechanical interlock force between cement mortar and bamboo's inner wall. Static tests were carried out to compare the mechanical properties and performance of the three types of bamboo joints. And experimental study of the sleeve-cement is conducted. The joint with sleeve-cement connection was found behaves more ductile and possesses higher strength than those with the sleeve-bolt and groove-plate connections.

2 Specimens and test program

Fig. 1 shows shapes and notation for dimensions of the bamboo joints with sleeve-bolt, groove-plate and sleeve-cement connections respectively. Three groups of specimens are designed, each group including four specimens, two for tensile test and two for compression test. Numbering of specimens and corresponding dimensions for each type of joint are given in Table 1. Moso original bamboos with appearance of green, bought in the Anji Bamboo Wholesale Market inShanghai were used for structural components. Two ends of each Bamboos member are open, 160mm in depth, 80 mm in outside diameter and 60 mm in inner diameter (Fig. 2). Each bamboo member consists of an entire internode and two intact nodes. Connection sleeves and plates as well as the accessories were all made of steel Q235, and dimensions of the connection accessories are also listed in Table 1.

Tensile and compression loading tests were carried out on each type of the bamboo joints. All specimens were tested in a computer control electro-hydraulic servo universal testing machine (WAW-200). The exerted axial load and the deformation of each joint were recorded during the whole process of test. The failure patterns were captured using a digital camera for different bamboo joints. Fig. 3 shows the test setups adopted in tensile and compression loading tests respectively. In boldface capital and lowercase letters. Second level headings are typed as part of the succeeding paragraph (like the subsection heading of this paragraph).

Table 1 Member groups and connection details

Number	Types of joints	Sleeve		Plate		Pin/bolt		Ring
		D/mm	L/mm	D/mm	L/mm	D/mm	L/mm	L/mm
A1t	sleeve-cement	30×5	180	—	—	8	60	10
A2t	sleeve-cement	30×5	180	—	—	8	60	10
B1t	sleeve-bolt	50×5	180	—	—	4	100	—
B2t	sleeve-bolt	50×5	180	—	—	4	100	—
C1t	groove-plate	—	—	100×10	180	4	100	—
C2t	groove-plate	—	—	100×10	180	4	100	—
A1c	sleeve-cement	30×5	180	—	—	8	60	10
A2c	sleeve-cement	30×5	180	—	—	8	60	10
B1c	sleeve-bolt	50×5	180	—	—	4	100	—
B2c	sleeve-bolt	50×5	180	—	—	4	100	—
C1c	sleeve-cement	—	—	100×10	180	4	100	—
C2c	sleeve-cement	—	—	100×10	180	4	100	—

Notes: A stands for the sleeve-cement; B stands for the sleeve-bolt; C stands for the groove-plate.
T stands for tension; C stands for compression; D stands for section dimension; L stands for length.
The rings' diameters are flexible.

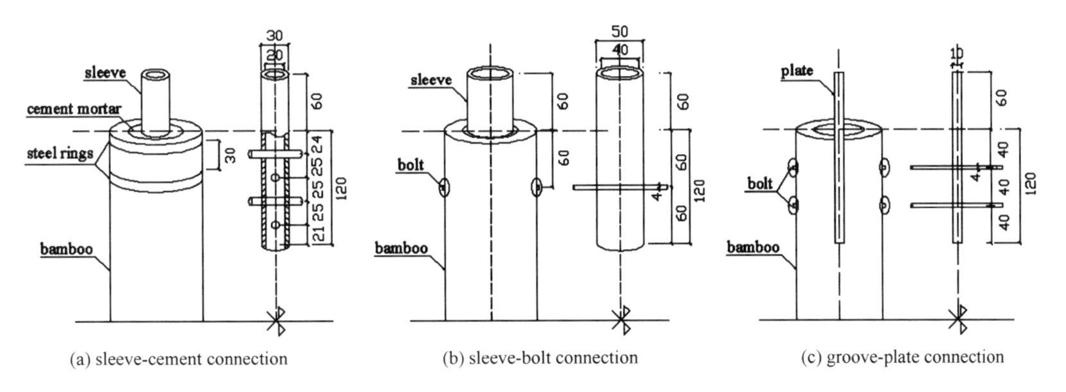

(a) sleeve-cement connection (b) sleeve-bolt connection (c) groove-plate connection

Fig. 1 Bamboo joints and connection dimensions

Prior to each test, preloading and calibration were conducted. Loading rate was controlled at 0. 2 mm/min, and all electric digital data were collected using a data logger, controlled by a PC computer. Full range of test loading was recorded for each specimen.

3 Test result analysis

Values of the ultimate loads of three types of bamboo joints under tensile loading are close. While under compression load, magnitude of the ultimate load of joints with sleeve-cement connection is nearly 3 times as those of joints with sleeve-bolt connection and groove-plate connection. Deformation capacity of the joints with sleeve-cement connection is 1. 5 times larger than those of the other two types of joints under tension loading, but under compression loading, the deformation is much less. The brittle fracture failures were observed in the joints with the sleeve-bolt and the groove-plate connections whenever in tension and compression loading, companying by yielding in the steel bolts and shearing-split of bamboo. However, failure pattern of the sleeve-cement connection is ductile under tension loading characterizing with cement and connection pulling out, but under compression loading, the joints havefailure in expanding split.

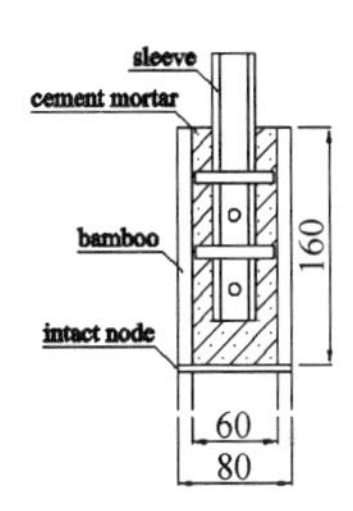

Fig. 2 Section of sleeve-cement connection

Qualitative comparisons have been made on load and deformation data. System error and accidental error were reduced by calculating the means of two repeated tests. Definite analysis is briefed as below:

(1) The ultimate load ofspecimen A1t is only 2. 19 kN, and its deformation is less than 15 mm. The reason is probably lack of experience for manufacturers making such kind of bamboo joint for the first time. Since curing conditions and time were not sufficiently strict, there were cracks and slide between bamboo and cement mortar before loading tests. Therefore the data of specimen A1t were not adopted in

the analysis.

(2) The failure mode of member C2t was found fracture of auxiliary plate. The reason is the severe defects in welding zone of the connection plate. The data of C2t was also not used in the following analysis.

(3) All other test data were used in performance evaluation of the bamboo joints. Differences between the repeated tests for other specimens were within 1% ~2% , thus weighted average can be made to reduce errors.

Fig. 4 gives the load-displacement curves of three types of joints under tension loading. It appears that deformation of specimen is much greater than those of specimens Bt andCt. The ultimate load of specimen Ct is 5.2 kN, being the largest magnitude in the bearing capacity among three types of the bamboo joints. The ultimate load of specimen At is 3.87 kN, being the least magnitude of the bearing capacity. Referring to Table 2, the ultimate load of the sleeve-cement joint (P_u) is about 92% in magnitude of the sleeve-bolt joint and 75% that of the groove-plate joint. Deformation capacity of the sleeve-cement joint (Δ_u) is 2.85 times as much as that of the sleeve-bolt connection and 2.31 times that of the groove-plate connection.

(a) In tension load

(b) In compression load

Fig. 3 Test setup

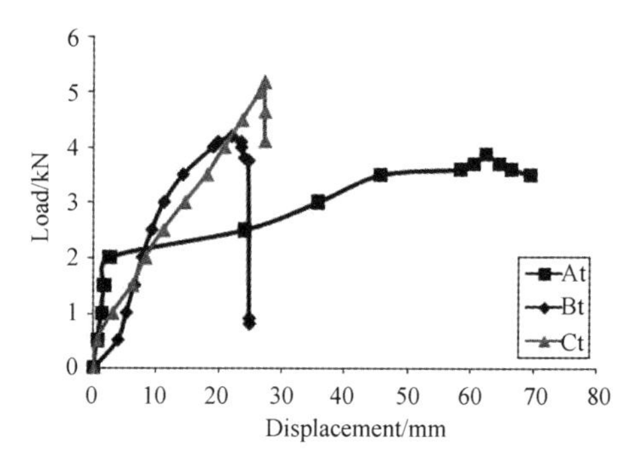

Fig. 4 Load-displacement curves of bamboo joints under tensile load

From Fig. 5, one can find that deformation of specimen Ac is less than that of specimens Bc and Cc. The ultimate load capacity of specimen Ac is far more than that of specimens Bc and Cc. As illustrated in Table 2, the load capacity of the sleeve-cement joint is 16 kN, more than three times as compared to the bearing capacity of the other two types of joints under compression loading, while deformation of the sleeve-cement joints is only 20% that of the other types of bamboo joints.

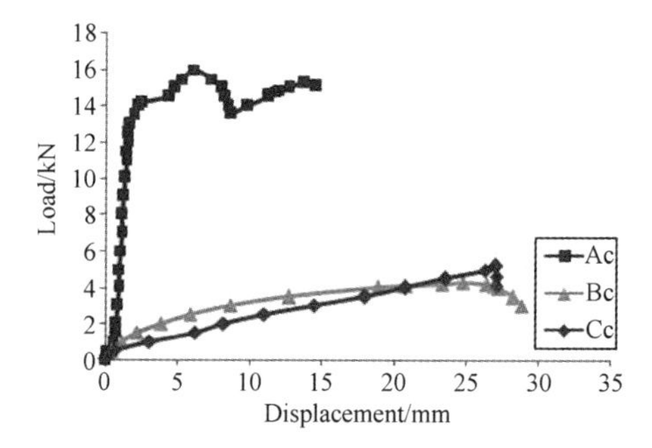

Fig. 5 Load-displacement curves of bamboo joints under compression load

Table 2 Test results /mm

Number	P_e /kN	Δ_e /mm	P_u /kN	Δ_u /mm	P_d /kN	Δ_d /mm
At	1.50	1.59	3.87	62.5	14.1	2.49
Bt	3.00	11.1	4.20	21.9	4.00	18.9
Ct	4.84	25.5	5.19	27.0	4.84	25.5
Ac	14.1	2.49	16.0	6.11	15.1	14.5
Bc	4.00	18.9	4.27	24.8	2.67	30.7
Cc	4.84	25.5	5.23	28.5	5.23	28.5

Notes: data listed in the table is weighted mean of two repeated tests respectively.

Table 2 shows the test results of three types of joints under tension and compression loadings. In the table, P_e stands for the proportional limit load, and the corresponding displacement is notated as Δ_e, P_u stands for the ultimate load, and its corresponding displacement is Δ_u, and P_d stands for the load at failure point, and its corresponding displacement is Δ_d.

Based on the data collected from Fig. 4, Fig. 5, and Table 2, conclusions can be drawn that the load capacity of the sleeve-cement joint is quite close to that of the other two types of joints under tension. Deformation capacity of the sleeve-cement joint is over twice as much as that of the other types of bamboo joints. The load capacity of the sleeve-cement connection is over three times as much as that of other two types of joints under compression and deformation capacity of the sleeve-cement joint is one-fifth that of the other types of bamboo joints.

Bamboo material has excellent mechanical properties, with lightweight and high strength. It is strong in both tension and compression, while rather weak in shear resistance and splitting strength. The failure mode of both the sleeve-bolt and the groove-plate joints is found shearing-split pattern, it suggests that for full strength of the bamboos are not developed in these bamboo joints.

Force transmission mode of the sleeve-bolt and the groove-plate under tension and compression can be simplified as bamboo and bolt in shearing, considering reduction in bamboo performance under slotting. Specifically, the sleeve-bolt has just one bolt under shear; while the groove-plate has two bolts, in which reduction factor of two bolts should be considered.

No formula was given in assessing the bearing capacity for bamboo joints in tension and compression loading. It appears reasonable to analyze bamboo connections in according with "National design specification for wood construction (NDS-2005)". Codification for the steel-bolted wood joints in NDS suggests the yield model proposed by Johansen in 1949 can be used to evaluate the strength of steel-bolted wood connections. Based on this model, the proportional limit load is determined by fitting a linear line to match the initial linear portion of the load-displacement curve. While yield load is determined by 5 percent of bolt diameter, offset from the linear line. In 2008, Fei adopted this method and predicted the load capacity of a joint consisting of laminated bamboo lumber. Based on 5 percent match method, the load capacity of the sleeve-bolt joint is 2.9 kN. It appears that the offset line and the curve meet near yield point and indicates the method can be also used to predict the strength of the bamboo joints either in tension or in compression loading. In according with "Standard for methods testing of timber structures (GB/T 50329—2002)", (load capacity of connection is acquired when deformation of reaches 10 mm.), the load bearing capacity of the sleeve-bolt joint is 2.8 kN. Similarly, the load bearing capacity of the groove-bolt joint is 5.2 kN, with reduction factor of 0.90.

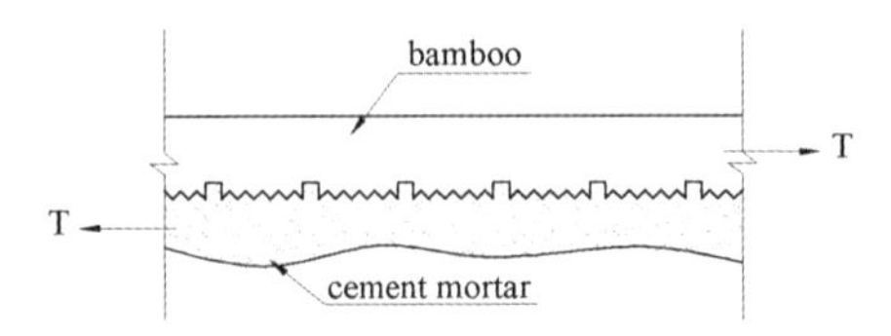

Fig. 6 Simplified model at the sleeve-cement interface

The load capacity of a sleeve-cement connection can be analyzed using the adhesive mechanism of reinforcement concrete. Fig. 6 shows the simplified diagram for calculation. Load bearing capacity of the sleeve-cement connection depends on friction and interlock forces at the interface between the bamboo and the cement mortar. Friction force exists along the interface between the inner wall of bamboo and the cement, while interlock force mainly occurs in slotting zones. Suppose the slotting zone is 2 mm in width, and 2 mm in depth; the space between these zones is 10 mm. Along the 160 mm depth, there are at least 10 slotting zones. If the inclination of rib is 45°, the axial component of load on ribs is equal to the radial component.

Calculation formula for the adhesive force is expressed as:

$$T = nb\pi df + \mu(1 - nd/l)P \qquad (1)$$

$$P = T \qquad (2)$$

wherein is number of slotting zones, b in mm is width of slotting zones, d in mm is inner diameter of bamboo, f in Mpa is flexural strength of cement mortar, μ is coefficient of friction between bamboo and cement mortar, l in mm is depth of end internode of bamboo, and P in N is the load resisted by the radial component.

Accordingly, load should reach to 3.7 kN ideally. Referring to "Standard for methods testing of timber structures (GB/T 50329—2002)", the calculated load is 2.2 kN. Difference between the two calculations might owe to the width and depth of slotting zones, which were not exact 2 mm. Let d be 1.5 mm, T will then be 2.7 kN.

In compression loading, due to the participating of nodes, the load bearing capacity is quite large. In this case, it is the optimization of load pattern that leads to excellent mechanical properties of the joint under compression. Based on the analysis, conclusions can be made that the sleeve-cement connection has a greater load bearing capacity under compression loading.

Based on the test results, it is found that deformation of the sleeve-bolt joint and deformation of the groove-plate joint are mainly caused by bending of steel bolts. In the tests, the deflection of bolts is about 15 mm either under tension or compression, which takes up almost 60 percent of overall deformation of these two types of bamboo joints. In contrast, relative displacement between cement mortar and bamboo is mainly the deformation of the sleeve-cement under axial load. When strengthened, cement mortar, together with steel connection, was even pulled out 30 mm without the decrease of bearing capacity.

As a rule, areas bonded by load-displacement curves and horizontal axis indicateductility of bamboo joints, respectively. Referring to Fig. 4 and Fig. 5, conclusion can be reached that ductility of the sleeve-cement is far better than the other two joints either under tension or compression. The intrinsic reason is that loads pattern of chemical cementation gives the sleeve-cement excellent ductility.

Fig. 7 gives load-displacement curves of the sleeve-cement connections under repeated load. It appears that yielding load increases from 1.28 kN to 3.55 kN and the ultimate load decreases from 4.7 kN to 3.87 kN, with the ultimate displacement increasing from 35.15 mm to 62.49 mm.

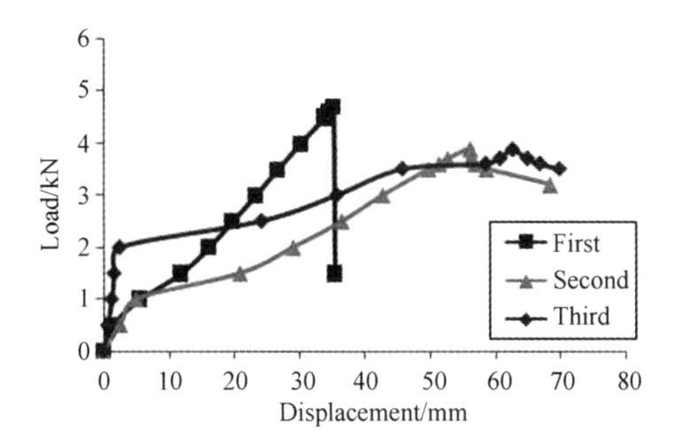

Fig. 7 load–displacement currves of the joints with sleeve–cement

In general, the sleeve – cement under repeated loading tends to increase the yield load and the ductility of the joint, whereas the ultimate load will decrease slightly. The reason is that during process of load infliction, cement mortar is crushed along the inner wall of bamboo, thus roughness is larger, leading to increase of friction and yielding load. Meanwhile, cement mortar in slotting zones will be damaged and steel rings have residual deformation. As a result, interlock force is reduced, the ultimate load decreases, whereas deformation ability increases.

Failure mode of the joint with sleeve – cement connection in tension loading is the relative slip between cement mortar and bamboo, accompanying by rattle sound. Typical ductility failure, as shown in Fig. 8 is pulling out of mortar from bamboo. Still in tension loading test, failure modes of the sleeve–bolt connection and the groove – plate connection are brittle failure characterizing by yielding of steel bolt and splitting of bamboo as show in Fig. 9.

In compression loading test, failure mode of the sleeve – cement connection is bamboo cracks of joints, accompanying by relative displacement between cement mortar and bamboo. Failure patterns of the sleeve – bolt and the groove – plate joints are similar to those when they are subjected to the tension loading.

Fig. 8 failure mode of the sleeve–cement

Fig. 9 failure mode of the sleeve–bolt

4 Conclusions

Comparative loading tests were carried out to study the static tensile and compressive performances of the bamboo joints. The following conclusions can be drawn:

Failure mode of the joints with sleeve–bolt connection and the groove – plate connection is governed by shearing – split, and the performances of these two bamboo joints are rather brittle under axial load. Failure mode of the sleeve –cement is relative slip between bamboo and cement mortar and this joint has good ductility.

Under tension loading, deformation capacity of the sleeve-cement is over twice than that of the other types of bamboo joints; while under compression loading, the load capacity of the sleeve-cement is over three times than that of the other two types of bamboo joints.

Evaluation of the load bearing capacity of the bamboo joints with sleeve-bolt connection and groove-plate connection can be conducted in accordance with "National design specification for wood construction (NDS-2005)". Adhesive mechanism can be adopted in analysis of load capacity of the sleeve-cement joint.

Adhesive of the sleeve-cement connection is provided by cement mortar. This type of bamboo joint has much room to be optimized. It is predicted that if applied with stronger adhesive, such as expansive cement, the load capacity of the joint will increase.

Acknowledgement

This study is sponsored by theundergraduates' Students Innovation Training Program and supported by College of Civil Engineering, Tongji University. Sincere thanks to our mentor, Professor Shiming Chen and all the assistance and the fund provided.

References

[1] Yang Ruizhen. Research and application of glubam mechanical property and property of bolted joints [D]. Changsha: University of Hunan, 2009.

[2] National Standard of the People's Republic of China: Standard for methods testing of timber structures (GB/T 50329—2002). Beijing: China Architecture & Building Press, 2002.

[3] Gu Xianglin. The basic principle of concrete structures[M]. Shanghai: Tongji University Press, 2004.

“共振法”建筑物拆除新技术

吕宁宁　关子香　贺　翟　谢　丽

（1. 兰州理工大学 防震减灾研究所，甘肃 兰州 730050；

2. 兰州理工大学 西部土木工程防灾减灾教育部工程研究中心，甘肃 兰州 730050）

摘　要　随着我国城市升级改造的展开，每年都有大量的旧建筑需要拆除。目前大多采用机械式强力拆除的方式，噪声和振动除了对附近居民的造成干扰外，也对精密加工企业的生产带来很大的影响。本文针对建筑物拆除过程中传统方法的不足，提出了利用的“共振法”拆除旧建筑的新技术，即利用驱动装置给墙体施加周期外荷载使其发生共振，达到墙体破损，混凝土破碎钢筋外露的目的。这种拆除方式投入少，共振频率避开地面振动的卓越周期，主要振动只限于在结构局部发生，经济、环保、安全，并且装置可循环使用。

关键词　共振法；自振频率；环保；可持续

1　引　言

人类生活离不开建筑，各个时代的人们对建筑有着不同的要求。随着社会的发展，建筑物在不断的更新。建于上世纪五六十年代的古老房屋，建筑年代久远，使用期限已达到设计使用年限或远远超过了设计使用年限，强度、刚度及房屋整体稳定性不能满足要求；使用期限未达到设计使用年限或使用期限未达到建筑物本身的耐久期限的一类建筑，由于国家规范的变动引起已有房屋不能继续使用；或者在城市发展过程中，规划、政策方面的变动使得已存建筑不得不拆除。随着城市化的进程加快和旧城改造和新区建设的需要，房屋拆迁在当今时代以及未来，必然是一个永恒的话题。如何合理的实施建筑物拆除，实现建筑物拆除过程中做到经济、环保，安全，走可持续发展之路，是值得我们去探索、研究。

2　正　文

2.1　传统方法存在的问题

如今，国内最常用的技术有爆破法、人工拆除法、小型挖掘机拆除法、切割拆除法、静力破碎法等，但由于技术的不完善，建筑物拆除过程中发生过很多危险事故。这里以爆破法为例具体分析。

在爆破过程中，除了极少数采用原地垂直塌落爆破外，基本上都倾向于采用建筑物整体或分解成几个局部定向倾倒的爆破方式，这也是我们熟知的砍树工作原理，但当前我国在爆破拆除行业中却存在着以下问题：

（1）考虑到拆除楼房的高度及倾倒的前冲作用，必须在楼房倾倒方向留足够的塌落空间，而在现今国内日显拥挤的大中城市中允许倒塌的空间范围往往明显不足。

（2）如果拆除高层较坚固的框架或框剪结构，由于楼房整体性好，往往倒塌后解体较差，竖立的长方体结构倒地后常会成为横躺的长方体结构或错位了的逐层堆积体。

(3)高层建筑高度的增加导致建筑物的初始位能大大提高,从消除、减弱爆破拆除对周边环境的主要消极影响,特别是塌落振动这一点来看,定向倾倒爆破拆除方式的能量转化分配比例是不甚理想的。

另外,在爆破工程中还存在诸如拆除爆破工程设计不严密、爆破前预处理施工质量差、安全防护措施不到位、爆破器材管理等各环节存在漏洞、拆除爆破工程学的基础理论研究欠缺、拆除爆破工程从业人员技术水平不高等问题。

鉴于上述原因,在建筑物拆除工作中寻求一种更为理想的拆除方式成为必要。本文提出了在建筑物拆迁过程中应用“受迫共振”原理的“共振法”。

2.2 共振法运用于拆除技术的优点

在我们的生活中,共振充当着重要的角色,本文提出了在建筑物拆除过程中应用“受迫共振”原理的共振法,它给我们的建筑拆除带来了比以往拆除技术更多的也更为有用的优势,这种方法具有如下特点:

(1)利用激振器给墙体施加同频率的外荷载,使墙体达到共振以致破坏,从而可以充分利用共振时产生的最大能量,使得中间环节的能量转换减少,能量利用率较高。

(2)对周围环境的影响及污染比以往拆除技术更小。例如可以有效控制并防止爆破时的扬尘污染大气环境;同时也可以减少爆破对建筑物产生的最大影响,即爆破震动强度对结构的破坏。

(3)可以充分利用混凝土材料易脆性破坏这一属性,从而使得混凝土在共振过程中的破坏更容易,且在回收建筑垃圾时对钢筋的回收更方便。

(4)共振激振器等设备可以循环多次利用,这不但能够大大降低拆迁工程造价预算,提高资源利用效率,而且降低物耗能耗水平,在未来会成为拆迁技术应用的主流,发挥重大作用。

(5)和平与发展以成为世界的两大主题,随着人们对环保意识的增强,走可持续发展道路已成为大势所趋,本文利用这种共振技术来使能量充分发挥,可以使墙体有目的性的拆除,这既符合现在社会发展的需求,也将成为一种全新的革命,并且未来将在各种领域中更为广泛利用。

2.3 “受迫共振”原理应用(用墙体做具体分析)

2.3.1 整体模型图(图1)

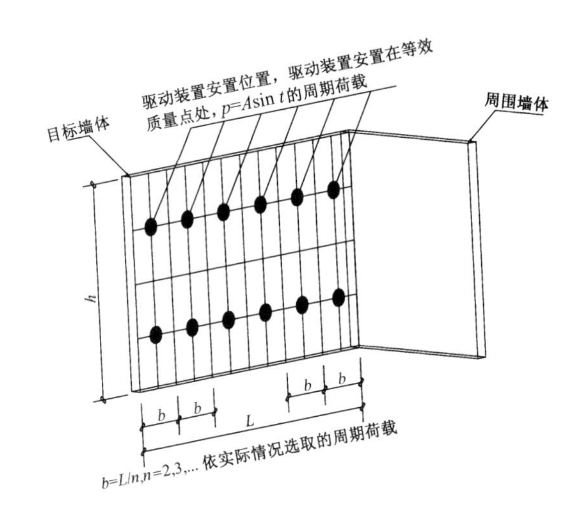

图1 整体模型图

2.3.2 简化计算

(1) 原理。

将墙体进行简化处理,简化后的模型为结构动力学中“双自由度体系”中两端固定的杆件,计算得到墙体的自振频率 ω 后,在墙体上已经选定好的位置通过驱动装置给墙体施加频率等于 ω 的周期荷载,使墙体在外荷载作用下发生共振,利用共振时破坏最大的特性达到墙体内混凝土自动脱离钢筋直接显露的目的。

(2) 计算模型。

目标墙体可简化为如图2所示的 n 段等

截面直杆，两端为固定约束且仅受自重的竖向压杆模型，现取出其中一段来研究，其简化模型如图3所示，相邻段墙体对刚度的影响可用刚度放大系数来调整。

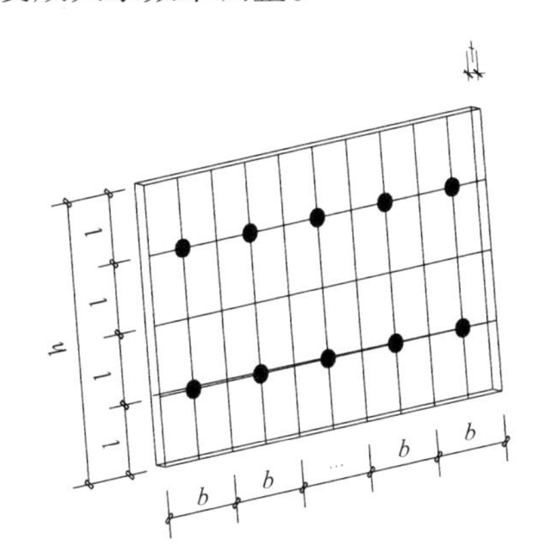

图2

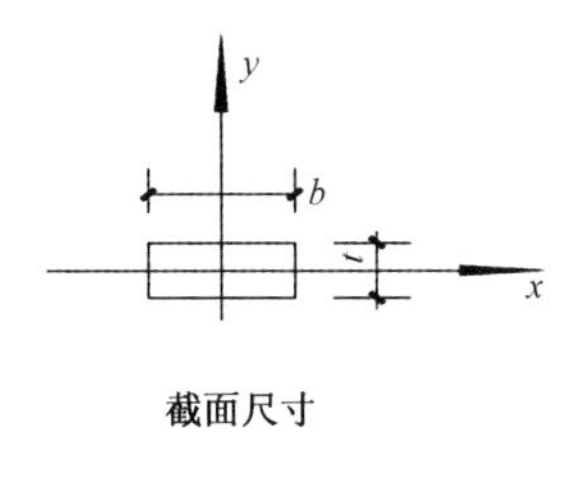

图3

(3) 计算假定。

① 假定该段墙体质量分布均匀；

② 假定该段墙体质量分别集中在上段形心和下段形心处，即该段墙体等效为两个集中质量为 m_1 和 m_2 且分别位于距离上下端为 l 的直杆，且 $m_1 = m_2 = m/2$（m 为该段墙体的质量），如图3所示。

(4) 已知资料。墙体的密度为 ρ，截面尺寸为 $b \times t$，墙体高度为 $h(h = 4l)$，混凝土的弹性模量为

$$EI = \frac{bt^3}{12}$$

因此 $i_{AB} = \frac{EI}{l}, i_{BC} = \frac{EI}{2l}, i_{CD} = \frac{EI}{l}$，令 $i_{BC} = i = \frac{EI}{l}$，得

$$i_{AB} = i_{CD} = 2i_{BC} = 2i$$

(5) 自振频率的计算。刚度系数的计算如图4所示。

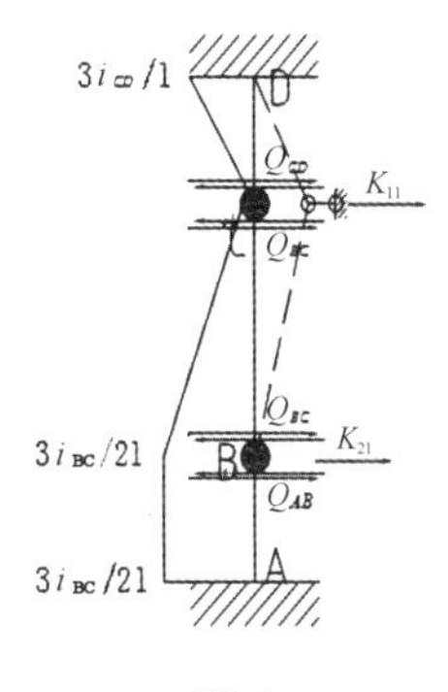

图4

$$K_{11} = Q_{BC} + Q_{CD} = \frac{3i_{BC}}{(2l)^2} + \frac{3i_{CD}}{l^2} = \frac{27i}{4l^2}$$

$$K_{12} = K_{21} = Q_{AB} + Q_{BC} = 0 + (-\frac{3i_{BC}}{4l^2}) = -\frac{3i}{4l^2}$$

同理可得　$K_{22} = \frac{27i}{4l^2} = K_{11}$

因此，由公式

$$\omega^2 = \frac{1}{2}[(\frac{K_{11}}{m_1} + \frac{K_{22}}{m_2}) \pm \sqrt{(\frac{K_{11}}{m_1} + \frac{K_{22}}{m_2})^2 - \frac{4(K_{11}K_{22} - K_{12}K_{21})}{m_1 m_2}}]$$

其中 $m = \rho bth$，解得 $\omega_1 = \sqrt{\frac{15i}{ml^2}}, \omega_2 = \sqrt{\frac{12i}{ml^2}}$。

3 结　语

本文提出了一种基于“受迫共振”原理的拆迁方法，以“结构动力学”中“双自由度体系”为简化计算模型，计算出墙体的自振频率，以此作为驱动荷载的频率，使结构共振自行破损。该技术相比于传统的爆破拆迁技术，首先不会产生严重的粉尘，噪音等环境污染，拆迁过程为友好型；其次拆迁设备可以循环使用，但本技术还存在几点不足，第一该技术未得到实验验证，只是一个假想理论；第二墙体的破坏模式多样有待实验进一步检验；再者，相关理论的计算还不是足够精确而且目前仅局限应用于墙体，以上方面还有待于

继续研究。但在将来,随着研究地深入,相关理论的计算会更加精确,墙体的破坏模式会按照预定设计进行,同时该技术也会得到普遍推广与应用。

致　谢

在本论文完成过程中,杜永峰教授,张贵文副教授,周勇副教授,给予了我们很多的指导和帮助,在此表示衷心的感谢。同时得到了我院研究生王光环,王晓燕学姐的帮忙,在此表示由衷的谢意。

参考文献

[1] 张旭, 石玲莉, 张奔牛. 短命建筑的成因与预防对策[J]. 重庆建筑, 2011(1): 18-21.

[2] 王金花, 宁平. 最新爆破设计施工控制新技术评价应用与爆破作业安全技术标准实务全书[M]. 北京: 中国科学技术出版社, 2005.

[3] 贾永胜, 谢先启, 罗启军, 等. 外滩花园8栋楼房爆破拆除总体方案设计[J]. 工程爆破, 2002,8(4): 32-35.

[4] 何军, 于亚伦, 李彤华, 等. 城市建(构)筑物控制爆破拆除的国内外现状[J]. 工程爆破, 1999(4):26-32.

[5] 包世华. 结构力学[M]. 3版. 武汉: 武汉理工大学出版社, 2010.

现代矮塔斜拉桥关键构造特点及发展趋势分析

高金桥　董　军　许文渊

（北京建筑工程学院 土木与交通工程学院，北京 100044）

摘　要　桥梁是公路交通的咽喉，在国民经济和人民生活中占有重要地位。我国目前处在建造起步阶段的矮塔斜拉桥中主梁、斜拉索、索鞍等关键构造的设计、施工及存在一定问题。近些年来，连续刚构桥梁墩固结处应力复杂，对地基承载力的要求非常高，连续刚构桥及连续梁桥跨中挠度过大一直成为这两类桥梁正常使用过程中的一种弊病，也是限制跨径的主要因素。矮塔斜拉桥属于高次超静定结构，具有很强的稳定性，因索力的牵引可以降低跨中挠度，增加了主梁刚度，从而降低了主梁的厚度，减轻了主梁的整体重量，跨径也同时获得提高。从矮塔斜拉桥的构造特点入手，对该类桥梁进行构造受力分析，确定关键构造的优势及不足，并将结果与连续刚构桥、传统斜拉桥进行对比分析，明确该类桥型的应用发展趋势。矮塔斜拉桥桥型新颖、优美，在结构上介于连续钢构（梁）桥和普通斜拉桥之间，是一种近些年来新发展起来的先进桥型。目前已建成该类桥梁主要集中在日本及部分欧美国家，我国该类桥梁仍处于起步阶段，对该类桥梁关键构造特点的深入分析与研究可为我国此类桥梁的修建提供一定的理论基础和相关建议，并对此类桥型未来的发展趋势明确方向。

关键词　自然科学；矮塔斜拉桥；构造特点；发展趋势

1　引　言

通常在中小跨径桥梁中主要采用预应力混凝土梁桥，大跨度桥梁主要考虑斜拉桥和悬索桥。近年来，在预应力混凝土梁桥与斜拉桥之间兴起了一种新的桥梁结构形式——矮塔斜拉桥（也称部分斜拉桥），并在日本、菲律宾、瑞士、韩国得以应用。在我国，矮塔斜拉桥将成为中小跨径桥梁中的主流桥型之一。

2　矮塔斜拉桥的发展概况

矮塔斜拉桥是 1988 年法国工程师 JacguesMathivat 在设计位于法国西南的阿勒特·达雷高架桥的比较方案时提出的，并将之命名为“Extra－dosed PC bridge”，直译为“超剂量预应力混凝土桥梁”。1990 年德国的 AntonieNaama 提出了一种组合体外预应力索桥，体外索的一部分伸出主梁，锚固在墩顶处主梁的钢柱上，这种体系与 JMathivat 的方案十分相似。日本第一座矮塔斜拉桥是 1994 年建成的小田原港桥（图 1），以后 10 年间，日本建成的矮塔斜拉桥有 20 多座，桥梁跨度从初期的 122 m 发展至 275 m，桥宽从 13 m 发展到 33 m。如果从正式建造来判定，可以说矮塔斜拉桥起源于日本。

我国第一座矮塔斜拉桥是 2000 年 9 月建成的芜湖长江大桥（图 2），主跨 312 m，主梁采用钢桁梁。2001 年建成的漳州战备大桥是国内第一座预应力矮塔斜拉桥，主桥的孔跨布置为 80.8 m+132 m+80.8 m。继而矮塔斜拉桥在中国发展迅猛，先后建成通车的 PC 矮塔斜拉桥有厦门银湖大桥、兰州小西湖黄河大桥和山西离石高架桥。迄今，国内已建

或在建的主跨 $L \geqslant 100$ m 的矮塔斜拉桥有十几座，其中主跨超过 200 m 的有惠青黄河大桥和珠海荷麻溪大桥。实际上，关于这种桥型的名称在国内外至今未能得到统一。桥梁专家严国敏认为这种桥型受力特性介于斜拉桥和连续梁之间，桥的刚度主要由梁体提供，斜拉索起到体外预应力的作用，相当部分的荷载由梁的受弯、受剪来承受，因此称之为部分斜拉桥；王伯惠、顾安邦等学者认为应称之为矮塔斜拉桥。矮塔斜拉桥的界定成为学者关心的问题。

图 1　小田原港桥（日本）

图 2　芜湖长江大桥（中国）

3　矮塔斜拉桥的特点

部分斜拉桥是介于连续梁桥和斜拉桥之间的半柔性桥梁，因而它兼有连续梁桥与斜拉桥的优点。与连续梁桥相比，它有如下优点：①跨越能力较连续梁桥大；当中支点梁高相同时，部分斜拉桥的跨度可比连续梁桥大 1 倍以上；②对于大跨度梁而言，相同跨度的部分斜拉桥比连续梁桥经济。与斜拉桥相比，它有如下优点：①塔高较矮，塔身结构简单，施工方便；②斜拉索应力变化幅度小，可采用较高的应力，一般情况下，斜拉桥拉索的应力为标准强度的 0.4 ~ 0.45 倍，而部分斜拉桥可用至 0.5 ~ 0.6 倍，从而减少钢材用量；③主梁抗弯刚度大，可采用梁式桥施工方法，无需像斜拉桥那样采用大型牵索挂篮，极大地方便了施工；④整体刚度大，变形小，尤其适用于荷载大、标准高的铁路桥梁。由于部分斜拉桥的这些优点，就决定了其有独特的特点。

3.1　外形特征

（1）加劲梁的高度由于有斜拉索的帮助而比一般梁桥低，但又比常规斜拉桥的柔性梁高大；

（2）塔高比常规斜拉桥塔高小，因为斜拉索只起体外索作用，1/9 ~ 1/11 的梁高已可使体外索具有相当大的偏心距；

（3）由于加劲梁已具有一定刚度，因此作为体外索之间的斜拉索不需像常规斜拉桥那样有端锚索，对塔顶水平位移进行约束，布索区段也无需覆盖全部加劲梁；

（4）由于其受力更接近梁式桥，因此边中跨比更接近于梁式桥的 0.5 ~ 0.6，而不是常规斜拉桥的 0.4 左右。

3.2　受力特征

部分斜拉桥中的拉索应力幅比常规斜拉桥中的拉索应力幅小，因此其拉索的允许应力是采用体外预应力索的允许应力，即极限应力的 60% ~ 70%，安全系数 17；而常规斜拉桥中的拉索允许应力仅 40%，安全系数 25。也就是说，部分斜拉桥中的拉索从受力特征上讲更接近于一般 PC 梁桥的体外预应力索。

3.3　构造特征

部分斜拉桥中的拉索在构造上与常规斜拉桥中的拉索不同之处在于塔上的锚固形式。常规斜拉桥中的拉索在塔顶上锚固或张拉,而部分斜拉桥则基本采用鞍座式,斜拉索在塔顶连续通过,但由于摩擦力存在及设有固定装置,实际上拉索在塔顶是不能滑动的。一般采用圆弧形双套管形式,斜拉索从内钢管穿过,施工完成后在内钢管内压入高强度环氧水泥浆。双套管形式可以使换索工作易于进行。

3.4　适应场合

(1)跨度超过梁式桥而建斜拉桥不经济时。

(2)对刚度要求较大,常规斜拉桥不能满足要求,如多跨斜拉桥或铁路斜拉桥。

(3)塔高受限制的地方,如飞机场附近。

4　典型矮塔斜拉桥——瑞士 Klosters 镇 Sunniberg 桥

位 Klost 镇的 Sunnibe 堪桥长 526 m,高约 60 m,是瑞士阿尔卑斯山上最大的桥梁之一(图 3)。然而,即使考虑到极其复杂的地形地质条件公路的曲线线形,就目前桥梁施工的现状来说,这种构造物的施工并不存在特别的困难。另一方面,因桥梁处于引人注目的位置,能否将结构物型式与景观融为一体对设计者来说确是一个挑战。在主要是农村的山谷中,大桥是唯一主要的人工构造物,从远处看非常显眼且是连接度假胜地的 Klosters 镇的道路上的一个标志。虽然该桥在引人注目的高度上穿越山谷,但其设计在整体景色中并不显得突兀。为体现对当地人民的考虑,这座桥设计成与这片颇具田园风味的地域相融合,不突出却又能给人一定的美感。但对于经公路或铁路而来的观光者来说,该桥应能表现出一种现代技术的成就感从而留下一次难忘的回忆。由于设计对美学方面的要求非常高,因而提出了一个独创的斜拉桥方案。该方案由四个大的塔架构成三个大的主跨及两个稍小一点的边跨。因平面线形为曲线,故桥面在两端可与桥台整体连接而不设伸缩缝。这使得桥墩在与桥面连接处纵横向几乎都是全约束的,意味着桥墩中由于梁上局部荷载引起的弯矩沿桥墩向下线性降低。桥墩形式的选择反映了这种状态(图 4)。为满足曲线形的行车道的净空要求,塔架轻微地向外倾斜。因为从桥上驾车通过时视线是连续变化的,所以拉索布置为竖琴式,以给予尽可能明确而又空旷的形式。大梁的横截面由两边带有较细长加劲部件的板组成。建设这座桥的投资比最便宜的方案:悬臂施工的梁桥要高出约 14%。但考虑到新颖的设计给这座位于风景区的桥梁赋予了明显的美感,增加的费用是值得的。

对于桥墩,在桥的纵向,桥墩呈抛物线形锥体,且宽度是改变的。在桥的横向,桥墩的宽度从基底处的 8.8 m 变为桥面处的 13.4 m,结果形成了一个三维尊状(中空如杯的)结构。由横隔梁定型的塔架高出桥面 15 m。在纵向,塔架的横隔梁承受局部交通荷载引起的弯矩。在横向,由于行车道是曲线形的,它们要承受由于缆索的偏离力产生的横向弯矩,的固定锚头布置在钢嵌板里的横隔梁中央部分。紧贴桥面下方的主横隔梁将巨大的横向弯矩传递成为不同大小的法向力给两根墩曲线内侧约 60%,外侧约 40%。

5　矮塔斜拉桥动力特性及地震反应分析

5.1　动力特性分析

根据文献,对比分析矮塔斜拉桥与连续刚构及普通斜拉桥在动力特性方面的区别可以得出三者之间在动力特性方面的区别。表

图 3 瑞士 Klosters 镇 Sunniberg 桥

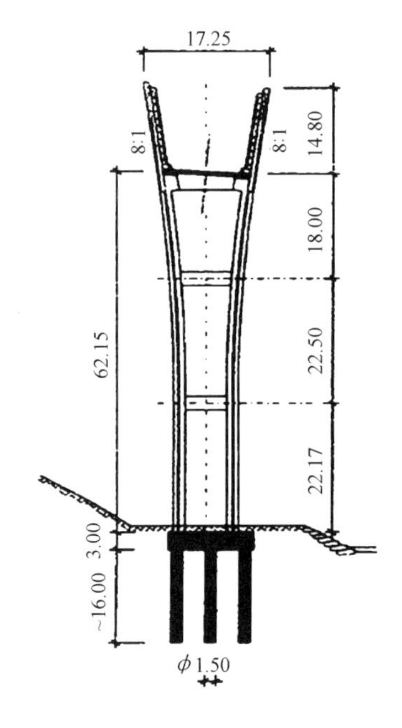

图 4 Sunniberg 桥桥墩

1 为文献所提供的矮塔斜拉桥自振频率及振型特性。

表 1 结构自振频率及振型特征

阶次	频率/Hz	振型特征
1	0.333 3	主梁反对称横弯
2	0.350 9	全桥纵漂
3	0.367 2	主梁边跨对称横弯
4	0.367 3	右边墩纵弯
5	0.398 6	主梁对称竖弯
6	2.033 1	主梁扭转

从表 1 中可见,本文献计算的采用塔、梁、墩固结体系的斜拉桥,结构自振基本周期约为 3 s(有桩),小于同等跨径的漂浮体系或半漂浮体系斜拉桥的自振基本周期,表明这种体系的斜拉桥的整体刚度较大。此外,由于塔、梁、墩连接方式采用固结的方式,大大增加了结构纵桥向的刚度,使得结构的一阶振型并非漂浮体系或半漂浮体系斜拉桥常见的纵飘振型,而是以主梁一阶反对称横弯为主的振型。

5.2 地震反应分析

桥梁结构的整体抗震性能一般从两个方面进行评价:内力和位移。文献计算结果分析表明,由于塔、梁、墩固结体系矮塔斜拉桥结构的整体刚度较大,使全桥的地震反应有所增大。塔墩墩底的最大地震内力均远大于边墩墩底的最大地震内力,表明对于塔、梁、墩固结体系矮塔斜桥地震力主要集中在中间塔墩上,边墩承担的地震力的比例较小;此外,塔、梁、墩固结节点的最大地震内力与塔墩墩底的最大地震内力具有同样的数量级大小,表明对于塔、梁、墩固结体系矮塔斜拉桥,塔、梁、墩固结节点截面与塔墩墩底截面均为结构设计控制截面,塔、梁、墩固结节点附近的主梁截面会出现较大的地震内力,因此,应对固结节点附近的主梁的强度设计予以足够的重视。

6 结 语

矮塔斜拉桥是近期桥梁向轻型化、复合化发展的过程中出现的介于预应力混凝土梁桥与斜拉桥之间的过渡桥型,它的特点是塔矮、梁刚、索集中布置。与梁桥相比,这种桥型造型美观,结构的表现内容丰富,而且具有良好的经济指标,越来越显示出巨大的发展潜力。矮塔斜拉桥的跨径在 100 m ~ 300 m 之间,若采用主梁采用混凝土与钢的混合结构,跨径可增加到 400 m。国内外已建和在建矮塔斜拉桥约 40 余座,可见这种桥型在世界上已经得到广泛认同与应用,在日本,矮塔斜拉桥作为中、大跨径桥梁中的主流桥型被广泛采用。通过设计经验的不断借鉴和积累，相信在今后我国大规模的桥梁建设中将会有更多更美的矮塔斜拉桥屹立于大江大河之上。

参考文献

[1] 李晓龙. 矮塔斜拉桥结构特点及动力特性分析[J]. 工程结构，2010(6)：13-18.

[2] 李晓莉，肖汝诚. 矮塔斜拉桥的力学行为分析与设计实践[J]. 结构工程师，2005，21(4)：32-37.

[3] 王俊义. 国内第一座部分斜拉桥——漳州战备大桥设计[J]. 华东公路，2003(1)：25-31.

[4] 严国敏. 试谈"部分斜拉桥"——日本屋代南桥、屋代北桥、小田原港桥[J]. 国外桥梁，1996(1)：44-49.

[5] 陈从春，周海智，肖汝诚. 矮塔斜拉桥研究的新进展[J]. 世界桥梁，2006(1)：70-74.

[6] 刘凤奎，蔺鹏臻，陈权，等. 矮塔斜拉桥特征参数研究[J]. 工程力学，2004，21(2)：7-12.

[7] 蔡晓明，张立明，何欢. 矮塔斜拉桥索鞍受力分析[J]. 公路交通科技，2006，23(03)：57-59.

BIM技术在土木工程毕业设计中的探索与应用

董 静 赵 钦 刘云贺
（西安理工大学 土木建筑工程学院，陕西 西安 710048）

摘 要 工程建设行业正在经历向建筑信息模型（Building Information Modeling，简称BIM）的变革，三维可视化设计已成为必然趋势。在全球范围内，BIM理念被奉为是应对表现个性化和实现建筑创新的风向标。本文采用基于BIM技术的Autodesk Revit软件，结合土木工程专业毕业设计任务，针对来源于工程实际的某高校教学综合楼，进行了全面的建筑设计、结构构件布置，尝试了Revit软件与PKPM软件进行对接，并建成了可视化的三维建筑模型。由此可见，BIM技术在土木工程毕业设计中应用是可行的，可显著加强我们学生理论学习与实践创新之间联系的能力，快速缩短与未来职业对接的距离。

关键词 BIM；土木工程；毕业设计

1 前 言

工程建设行业正在经历向建筑信息模型的变革，三维可视化设计已成为必然趋势。大学生作为新世纪的领军人物，更不应该与时代脱节，应当引领时代的步伐。在全球范围内，BIM理念被奉为应对表现个性化和实现建筑创新的风向标。在发达国家，基于BIM技术的Autodesk Revit软件已经逐步开始普及应用，相关调查结果显示：目前北美的建筑行业有一半的机构都已经使用建筑信息模型或者与之相关的软件工具。在欧洲、日本以及我国香港地区，BIM技术已广泛应用于建筑开发、建立模型等相关工作。近些年，内地北京、上海等地区也在涉及BIM的一些领域，慢慢与国际接轨。

所以，我们本着学习与实践并进的心态，在土木工程毕业设计中对BIM技术的应用进行了探索。BIM作为一个新的理念，新的思维，不能仅仅停留在宣传阶段、辅助设计阶段，而要将其真真正正地投入到学习与实践中。

2 建筑信息模型（BIM）

根据我们在教学和学习土木工程相关专业知识的情况来看，BIM技术的诸多优点更有利于我们专业知识的理解与加深。而我们土木工程毕业设计就是对整个专业知识的大串联，其中涉及内容之广、难度之深也是对BIM技术及相关软件的考验。

建筑信息模型，是以三维数字技术为基础，集成了建筑工程项目各种相关信息的工程数据模型，是对工程项目设施实体与功能特性的数字化表达。BIM建筑信息模型是一个用于建筑行业的建模和信息整理的系统，能够更为直观、精确地表现建筑的设计意图和施工做法。BIM模型整合了所有设计参数和资料，能够使该模型更便于成本估算、建筑模拟、工程计划、能源分析、结构设计、地理信息集成、建造、采购管理和设备管理等专业服务和过程,而且 BIM 的设计理念更易于建筑师的概念设计。简单地说就是,BIM 技术在毕业设计中的应用可以简洁明了地让我们学生理解工程设计、施工的具体做法。

总之,建筑信息化模型在我们的毕业设计中应用,能够让我们一目了然的掌握专业知识,不仅满足了我们高校一般的教学要求,更是将土木工程专业的未来发展趋势传播给未来的设计者。

3　应用实例

BIM 由理论到实践的桥梁是 Autodesk Revit,在本次毕业设计中主要应用的是 Revit Architecture 和 Revit Structure 软件,其他相关 BIM 理念的软件在具体部分应用时,将进行单独标注。

本文采用毕业设计为某高校教学综合楼,该设计的工程概况见表 1。

本设计综合考虑建筑的周围环境、整体规划、功能使用要求、建筑防火、日照要求、主干道之间的关系,建筑造型力求简洁适用,平面基本采用矩形,尽可能紧凑、完整。为了方便、快速地疏散人流,将主楼出入口设置为 5 个,建筑物中部南北面共设有 3 个,主楼东西侧有小出入口 2 个。副楼有正面出入口一个,西侧有一个小出入口。教学楼包括大教室 18 间、小教室 30 间、阶梯教室 5 间、计算机教室 4 间、教师休息室 6 间、办公室 28 间,及教研室、会议室、资料室和卫生间等。这种结构造型符合简单、对称、规则的原则。与附近的其他建筑有很好的一致性,使场地规划整齐美观。

根据以上设计资料,通过 Revit Architecture 2012 进行建筑设计,完成我们对 BIM 应用的"三能"目标:

一是能看,要求 BIM 模型能够完成效果图、实时漫游。

二是能画,要求 BIM 模型能够完成二维图纸形成。

三是能用,要求 BIM 模型能够完成性能分析、施工模拟、运行控制。

表 1　工程概况

工程名称	某高校教学综合楼
工程地点	陕西省西安市
总建筑面积	15 013.44 m^2
建筑高度	42.3 m
建筑层数	10 层
结构类型	主体框剪、副体框架
建筑类别	一类
结构设防分类	乙类
结构安全等级	二级
建筑耐火等级	二级
抗震设防烈度	8 度
设计地震分组	第一组
建筑场地类别	Ⅲ类场地
基本风压	0.35 kN/m^2
基本雪压	0.25 kN/m^2
地面粗糙度	B 类
地基承载力	120 kPa

三维效果图、三维剖面图、建筑施工图纸、漫游如图 1 ~ 6 所示。

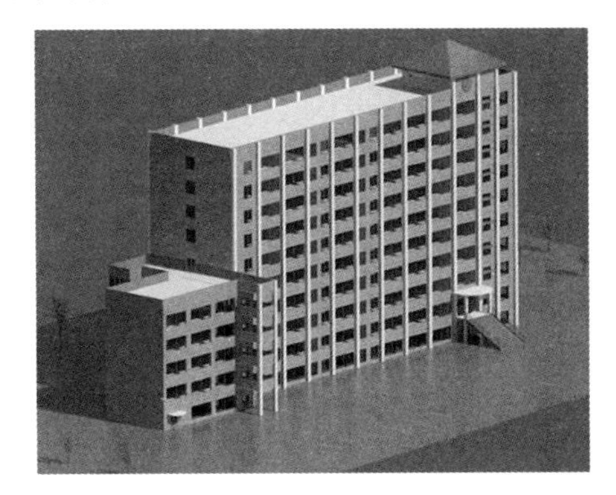

图 1　正面三维效果图

4　Revit 软件与 PKPM 对接尝试

Revit Architecture 与 Revit Structure 模型数据是可以互换使用的,这里我们将之前的 Architecture 数据直接导入 Structure 中,删选出结构柱并添加梁如图 7 所示。因为现有的

图 2 背面三维效果图

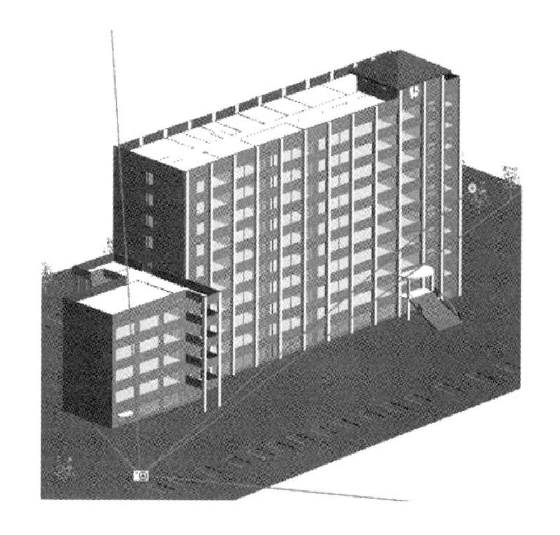

图 3 漫游视角

图 4 实时漫游图

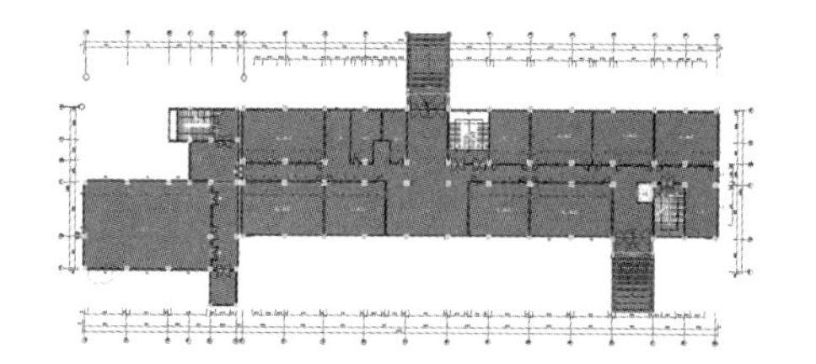

图 5 二层建筑施工图

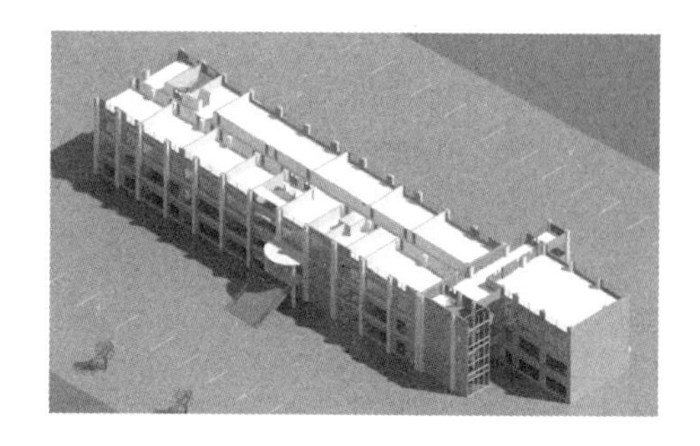

图 6 楼层三维横剖图

Revit Structure 软件不具备计算分析功能，为了弥补这样的缺失，我们在毕业设计中尝试与 2010 版 PKPM 软件进行对接数据传导。数据对接后可以实现双向关联更新功能，支持在 PKPM 和 Revit 之间的对象删除、添加和修改的双向更新。

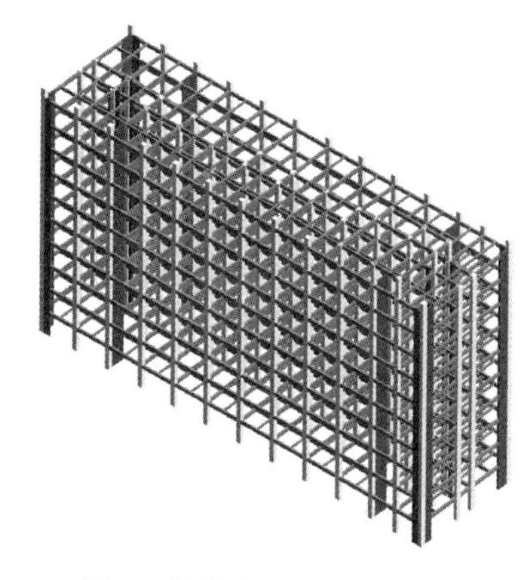

图 7 结构布置图(主楼部分)

然而，我们在实际数据对接时发现数据交换并非理想，数据丢失现象相当严重，图 7 是在 Revit Structure 中的截图，对接到 PKPM 中形成 PMCAD 数据时，仅留下轴网及部分剪力墙构件，这是我们此次的简单尝试。

下面将根据我们此次的对接尝试经验具体说明对接方法。首先，我们需要安装 R－StarCAD2012 正式版(支持 Revit 2012 与 PKPM2010 对接)，安装好后再次运行 Revit Structure 点击“数据转换”标签，如图 8 所示，继续点“导出 STARCAD”出现如图 9 对话框，我们需要对导出文件存放地址和导出高级选项设置(图 10)进行相应的调整。导出“.sc”格式文件在 R－

StarCAD2012 中打开,点“文件”继续如图 11 所示操作导出 PMCAD 建模数据文件。此时,得到的数据方可直接在 PKPM 中应用,我们这里提供 Revit 2012 与 PKPM 2010 数据对接方法仅为教学实验要求,未进行必要的可靠度测试,不可进行工程应用。

图 8　导出页面指南

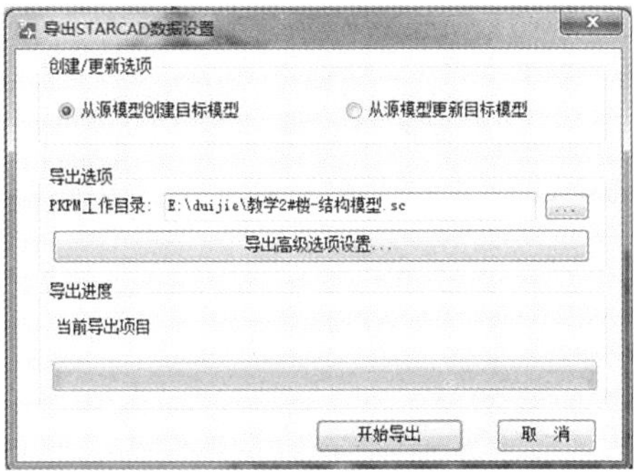

导出STARCAD数据设置
创建/更新选项
从源模型创建目标模型　　从源模型更新目标模型
导出选项
PKPM工作目录: E:\duijie\教学2#楼-结构模型.sc
导出高级选项设置...
导出进度
当前导出项目
开始导出　　取 消

图 9　导出 STARCAD 对话框

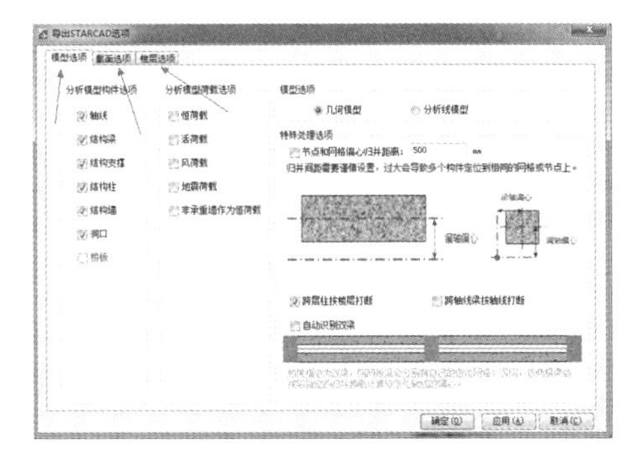

图 10　导出 STARCAD 选项卡

5　待改进问题

在本次土木工程毕业设计中对基于 BIM 技术下的 Revit 软件的应用情况分析,我们发现如下商榷之处:

(1)部分构件不太完全符合中国建筑标准,如智能生成楼梯经过后期手动细部修改才可使用等。

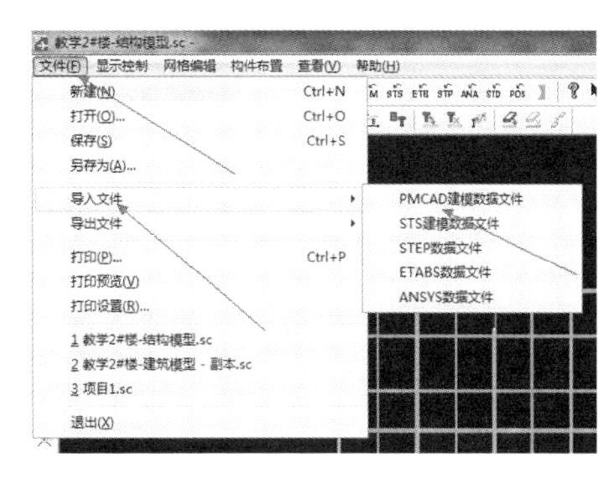

图 11　导出 PMCAD 建模数据

(2)就目前来看 Revit Structure 软件的计算分析功能开发不完全,相关结构构件有待进一步完善开发。

(3)出图不太完美,导出后需要手动修改,注释类型较少,与实际使用差距较大。Revit 二维功能比较0 弱,无法满足出图要求,图象输出分辨率不能满足要求。

(4)Revit 模型数据在与 PKPM 对接时,接口标准化有待进一步开发。

6　结束语

经过此次土木工程毕业设计中对 BIM 技术的探索与应用,我们深深地感觉到 BIM 技术在未来设计中的主导地位将不可避免。虽然目前 Revit 软件还不是很成熟,但已经把 BIM 理念与技术思想完全体现出来了。尤其现在对 BIM 应用最广泛的方案设计和三维可视化表现。

这次 BIM 技术在毕业设计中的应用实践证明:BIM 技术在土木工程毕业设计中是可行的,可显著加强我们学生理论学习与实践创新之间的联系能力,快速缩短与未来职业对接的距离。

参考文献

[1] 黄亚斌. BIM 技术在设计中的应用实现[J]. 土木建筑工程信息技术, 2010(4): 71-78.

[2] 刘爽. 建筑信息模型(BIM)技术的应用[J]. 建筑学报, 2008(2): 100-101.

[3] 张建平, 余芳强, 李丁. 面向建筑全生命期的集成 BIM 建模技术研究[J]. 土木建筑工程信息技术, 2012(1): 7-13.

七、城市发展与城镇化建设理念

甘肃水窖现状分析与改进思路

尚继英[1,2]　金盟道[1,2]　郑文智[1,2]　靳永强[1,2]

（1. 兰州理工大学 防震减灾研究所，甘肃 兰州 730050；

2. 兰州理工大学 西部土木工程防灾减灾教育部工程研究中心，甘肃 兰州 730050 ）

摘　要　甘肃省气候干燥，干旱出现频率高，给工农业生产和经济发展带来很大影响。在甘肃广大农村地区，集雨水窖随处可见，在人畜饮水，农业灌溉等方面发挥着巨大作用，但是在这些水窖的施工及使用过程中还存在许多问题。本文通过实地调查，理论研究，模型制作对甘肃境内的水窖结构形式，施工方法，储水途径，水质等方面进行分析研究并提出改进思路。

关键词　水窖；结构形式；改进思路

1　引　言

在甘肃干旱山区，经常可见成片的集雨水窖，每家每户都有 1 眼甚至 10 多眼，有时人们将一座山顶削平，建成蔚为壮观的集雨窖阵。集雨技术已经成为甘肃省的一大创举，它为解决干旱地区的农业用水，开辟了“投资省、见效快”的新途径。在干旱地区，春季播种时降雨量少，而秋季雨水较丰富，雨水通过集雨窖等有效措施得以汇集和储存，实现了时空转移，极大地缓解了春播缺水问题。目前，甘肃有 320 万亩多的干旱土地依靠集雨水窖得到补充灌溉，可见水窖集雨对缓解农业用水具有重要的实际意义。但集雨水窖还存在一下问题：修建水窖过程中，劳动力投入多，机械化程度低，安全性差且建成后雨水过滤不到位水质差等问题。所以对于集雨水窖技术的改进对工农业生产和经济发展具有重要的价值。

2　水窖现状分析

2.1　结构形式

水窖的主体，按形式可分为瓶形（缸扣缸式）、圆柱形、球形、盖碗式、窑式水窖、茶杯式。在甘肃主要以瓶形、圆柱形为主，最大直径在 3 ~ 5 m，窖口井台高度在 40 cm 左右，井深 5 ~ 8 m。

2.2　水窖窖址的选择

水窖选址要综合考虑集流、灌溉和建窖土质三个方面，一般应注意以下问题：①窖址要选择在有较大来水面积或靠近引水渠、溪沟、道路边沟等便于引水拦蓄的地方；②蓄积地面径流水窖的窖址应选在地势较低处，以便控制较大的集水面积，尽量多蓄积雨水；③饮用水水窖应远离厕所和畜圈等污染源；④山区可充分利用实际地形，多建自流灌溉窖，节省费用；⑤水窖应尽量靠近农田或农户，方便灌溉和饮用;⑥避免在泥石流和山洪易发处修建水窖,并尽量避开滑坡体地段,地基要求均匀密实,大体一致。

2.3 施工

2.3.1 瓶形水窖

掏挖时沿着窖口外圆线垂直向下掏挖,在窖址处按 80 cm 直径先从地面向下挖至 1 m深,再呈圆锥体状向四周扩展开挖高度为 1.5 ~ 3 m 的拱形窖颈,矢跨比控制在 1∶1.5 ~1∶2.0。开挖时注意由上而下按水窖尺寸逐渐扩大开挖直径,不能超挖。同时,始终保持中心线的位置准确。开挖出来的圆周直径要比设计的尺寸小 6 ~8 cm,欠挖部分要用木锤把周边的土砸实,达到设计尺寸后再进行砂浆或胶泥的衬砌。窖颈下缘处最大直径为3.5 ~4.5 m,然后向下开挖圆柱形窖体,窖体深一般为 4.5 ~ 5.5 m,底部直径 2.5 ~3.5 m。如图 1 所示。

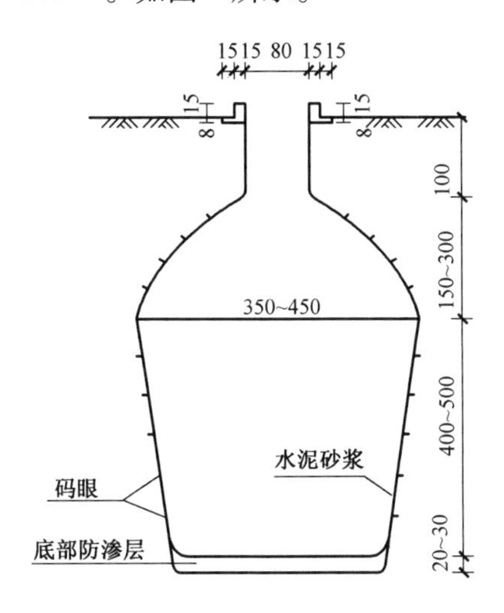

图 1　瓶形水窖

2.3.2 盖碗式水窖

(1)钢筋混凝土窖盖的施工。在窖址处向下开挖制作直径 3.5 ~4.5 m 的球冠形状的土模,矢跨比取 1∶3,顶部做成直径80 cm、高 6 cm 的土盘。再在球冠状土模下部外沿向下开挖深 20 cm、宽 20 cm 的环状圈梁土模槽。将土模拍实抹光,抹一层水泥砂浆,砂浆凝固后布钢筋或铁丝网。然后用 C20 混凝土连续浇筑好圈梁和厚 6 cm 的窖盖,洒水养护三周后,回填湿土并夯实。

(2)窖体施工。从窖口处挖去土模,向下开挖窖体至需要深度(一般为 4 ~9 m)。窖体呈上大下小的圆柱体,上口直径 3.5 ~ 4.5 m,上缘深入窖盖圈梁内缘 4 cm 即可,底部直径 2.5 ~3.5 m。

2.4 防渗处理

窑体挖好以后进行防渗处理,具体为在窑壁上开挖直径 10 cm、深 10 cm、间距 30 cm 品字形分布的码眼,拍实窑壁,扫去浮土,用 C20 混凝土将码眼、圈带和肋槽填实。填实步骤:①在窑壁上抹 1 cm 厚的草泥,用水泥浆刷面;②用 C20 水泥砂浆分两次各抹面 1.5 cm(砂浆与码眼、圈带及肋槽的联结密实);③用水泥浆刷面 1 ~2 次,窑底用充分拌和的胶泥(厚度为 20 cm)压实整平后,抹 C20 水泥砂浆(厚度为 3 cm)或浇筑 C20 混凝土(厚度为 10 ~20 cm),窑壁与窑底结合的拐角处,以 15 cm×15 cm 抹角,抗渗剂用量按砂浆中水泥重量的 5% 掺入。水泥砂浆防渗性能好,质量高,不易损坏,管理方便,如图 2 所示。

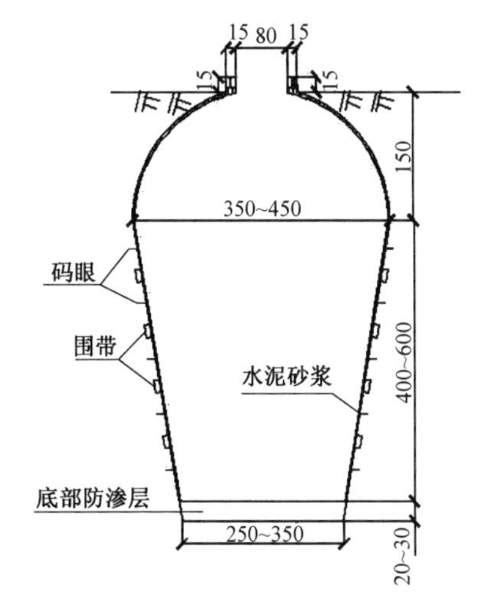

图 2　盖碗式水窖

2.5 施工出现的问题

无论是瓶形水窖还是盖碗式水窖在施工过程中都存在许多问题。首先施工难度大,从开挖、衬砌、材料运输等都存在危险性和复杂性,并要耗费大量的人力;其次由于防渗处理不当,存在不同程度的渗漏现象,有的渗漏严重以致报废。

2.6 水 质

水质的好坏将关系到人民群众的身体健康以及庭院集雨工程能否可持续大范围推广。据有关研究发现,刚修的混凝土集流面和蓄水窖第一次收集蓄存的雨水,用其洗手时像加了洗衣粉似的光滑,水味微咸。经测定新建混凝土水窖的 pH 值偏高,总硬度指标及铁元素、氟化物指标夏季高于冬季;对于混凝土窖和混凝土集流面而言,新建的铁元素、氟化物指标高于早期建造的;细菌总数、总大肠菌群两种指标超标。

3 关于窖体施工及雨水过滤的改进

3.1 窖体施工的改进思路

目前,甘肃水窖需求量大并集中在东南地区,可以通过"预制混凝土水窖构件—机械开挖基坑—安装构件—素土回填—窖体防渗—修建窖台及规划集水途径"的流程进行。该过程中预制混凝土水窖构件可以在工厂进行,当地农民只需购买构件,雇用专门的基坑开挖和吊装设备进行施工。考虑到水窖的建造成本,建议多户人家甚至整个村集中修建,这样就可以大大减少人力的投入。而且该流程降低了施工中的安全隐患并缩短了工期。

3.2 集水途径及雨水净化的改进思路

经调查,当地雨水收集后几乎没有任何过滤就存入了水窖,这样收集的雨水不仅水质较差,并且一段时间后会在窖底沉淀很厚的淤泥。因此,在雨水进入窖体前进行必要的过滤显得尤为重要。就雨水过滤进行如下改进:如图 3 所示,当雨水刚开始汇集后由于杂质较多,水体浑浊有出口 1 排出庭院,当庭院内杂物冲洗的差不多后将出口 1 堵上,打开出水口 2 让雨水进入过滤池。雨水进入过滤池后经过卵石、碎石子将一些较大颗粒杂质过滤,此时雨水中还有颗粒较小的有机杂质,在流经麦粒石与活性炭混合物时,由于活性炭的吸附性将大部分的有机杂质也吸附,进入水窖的雨水就比较干净了。最后由于甘肃空气污染严重,空气中的有毒物质会溶到雨水中,所以需在水窖中加入液氯对水体消毒,这样得到的水就可以放心饮用了。雨水具体净化过程如图 4 所示。

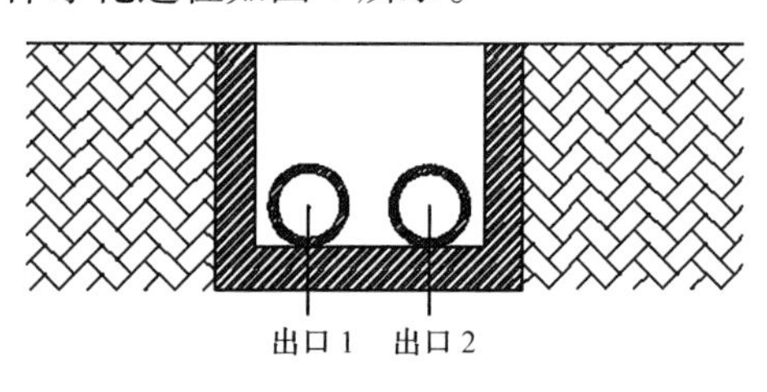

图 3 出水口

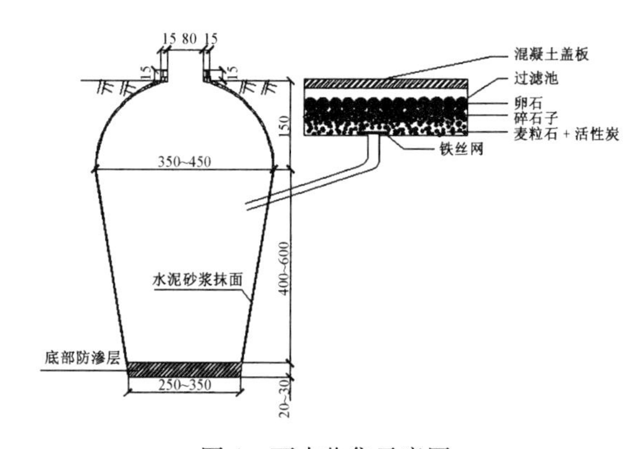

图 4 雨水收集示意图

4 结 语

本文对水窖施工及雨水净化方法进行了初步探讨并提出了一些改进思路和方法。文中提出的施工方法可以大大减少人力的投入,增加机械化生产的投入,并且其最大优点就是可以缩短工期。提出的雨水净化方法,其处理方式简单可行,具有广泛推行条件。然而对于甘肃地区水窖最合理结构形式有待进一步研究。

致　谢

本文的调查与分析工作得到了西部土木工程防灾减灾新技术新人才基金(“双新”基金)本科生课外创新研究项目的资助,基金项目编号为WF2012-U5-02。指导教师杜永峰教授在对水窖的调查阶段给予精心指导,并在其分析过程中给予鼓励。在此一并表示衷心感谢。

参考文献

[1] 武福学. 庭院雨水集蓄工程的水质化验与评价[J]. 甘肃省水利科学研究院, 1999(2): 53-56.

[2] 牟仁武, 聂美珍. 水窖技术在贫困缺水山区的应用[J]. 湖北省利川市水利局, 2002(4): 27-28.

独立式居民建筑组合结构的分析与改进

侯福川
（重庆交通大学 土木建筑学院，重庆 400074）

摘　要　现浇式钢筋混凝土框架结构的整体性、可模性较好、承受竖向荷载能力强，虽侧向刚度较小，但经合理的设计处理也能达到较理想的抗震效果；木材作为绿色环保的建筑材料，同时还是可再生资源，具有重量轻、强度高、美观、加工性能好等特点。钢筋混凝土框架结构与木结构的组合型房屋结构是一种集两者优点于一体的结构形式，既符合绿色建筑发展要求，又符合土木工程的可持续发展要求。本文以我国西南地区大部分农村居民建筑结构为背景，选取钢筋混凝土结构与木结构组合的建筑结构设计方案作为分析的对象，主要探讨了组合结构的优点、可施工性以及如何处理建筑美学等方面的问题，旨在推广独立式组合结构房屋。

关键词　组合结构；独立式居民建筑；现浇式钢筋混凝土框架结构；木结构

1　引　言

随着经济的发展，很多农村地区摆脱了过去贫穷的旧貌，生活水平逐日提高。因此农民在生活行为、生活消费等方面都有了很大的改变。住宅作为人们生活的载体，也就随之得到新建。过去的农村房屋多采用砖木结构，而科技的进步、经济的发展使得农村居民建筑结构形式的改变应运而生，以致砖混结构、钢筋混凝土框架结构进军新农村建设得以真正地实现。

目前很多农村地区的居民住宅修建多采取砖混结构，少部分采取钢筋混凝土框架结构。而这些结构方案的施工工期较长，造价也较高，因此在房屋建设期间给户主生活带来了很大不便，同时又给户主造成了较大的经济负担。

在我国西南农村地区，因受到山区公路条件限制，造成房屋新建过程中部分建筑材料的运输不便，所以一些户主就地取材依旧采取全木结构。双层全木结构住宅的修建对木材尺寸、质量以及施工技术要求都远远高于单层住宅，优质木材的短缺和施工技术要求的限制，让很多想拥有双层住宅的户主无奈的选择修建传统的单层全木结构或者砖木结构住宅。

为了尽量避免这些状况，在能满足空间不同功能使用要求的前提下，实现在较短工期内修建既经济，又美观的农村居民住宅，可以采取底层钢筋混凝土框架结构和上层木结构组合型房屋结构。

本文以西南方地区部分农村居民建筑结构为依托背景，以现代钢筋混凝土的应用技术和传统木建筑的营造方法为基础，选取钢筋混凝土框架结构与木结构组合的建筑结构设计方案作为分析的对象，对组合结构的优点、可施工性以及如何处理建筑美学等方面进行分析。旨在探讨独立式居民建筑组合结构的优势，并推广组合结构房屋。

2　设计方案概况介绍

现在以一农村独立式半开放庭院居民建筑（图 1）的结构设计方案为例展开分析和讨论。

图1　整体效果图

该房屋设计使用年限为50年，环境类别二类，根据《混凝土结构设计规范》（GB 50010—2010）要求，方案中采用强度等级为C25的混凝土。房屋分为上下两层，高9.43 m，长18.3 m，最宽处10.6 m，最窄处8.0 m。面朝南偏西约10°。周围环境优美，有良好的采光条件。底层钢筋混凝土框架结构布置如图2所示，采用矩形截300 mm×300 mm的钢筋混凝土柱22根，半径150 mm的构造柱2根，以上柱高均为3 000 mm。跨度为4 m的开间横梁及楼梯间横梁截面均为270 mm×180 mm的矩形截面，跨度为5 m的开间横梁截面为300 mm×200 mm的矩形截面，其余纵梁截面尺寸均为270 mm×180 mm。第二层木柱截面均为200 mm×200 mm，柱间纵梁、横梁和楼梯间纵梁、横梁均采用200 mm×140 mm的矩形截面。以9排檩子及附属檩条、椽子承载上面的琉璃瓦传来的竖向荷载。一、二层框架结构装配效果图如图3所示。

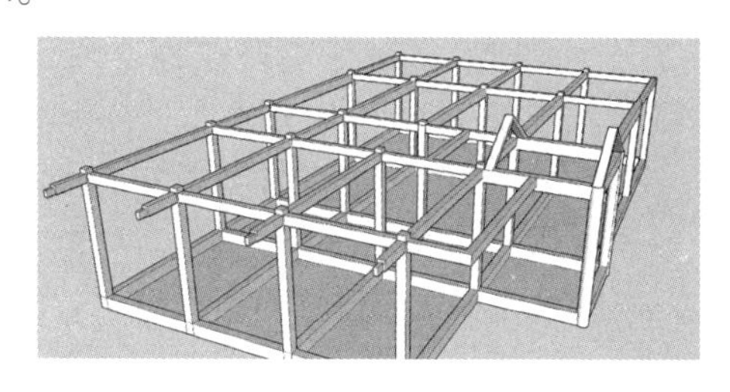

图2　底层框架结构

图3　框架结构装配效果图

3　组合结构的优点

3.1　底层钢筋混凝土框架结构的优点

现浇式钢筋混凝土框架结构整体性好、可模性、竖向承载能力较强。底层房屋结构采用钢筋混凝土与基础刚性连接，进一步增大了底层结构的整体性。而且从耐久性方面考虑，在一些地方空气比较潮湿，如果直接把木结构放在底层与地基接触容易受潮腐蚀。所以在底层较为潮湿的环境下，底层柱桩及横梁采用现浇式钢筋混凝土结构比采用木结构更耐腐蚀，以致能相对延长房屋的使用年限。

钢筋混凝土结构由于其本身的众多优点，是我国目前土木工程界应用最为广泛的一种建筑结构。其优越性主要体现在结构的安全性、适用性和耐久性三个方面，此处不作过多的介绍

3.2　二层木结构的优点

3.2.1　较好的抗震性能

木结构采用梁、架、柱、檩、穿抖，并通过榫卯结合成柔性节点。由于榫卯的节点不可能完全密实，加上木材本身具有较好的弹性和韧性，使得结构的各节点都具有一定的伸缩余地。这样木结构在地震引起的水平荷载作用下有很大的变形能力，使其能在一定范围内有效地减少地震对建筑造成的危害。底

层是自重较大的钢筋混凝土框架结构，二层是自重较轻的木结构，这样的结构布置对抗震也有利。

3.2.2 承重结构与维护部分分工明确

木结构与现代框架建筑有异曲同工之处，都采用柱和梁传递屋面和楼面的荷载，墙体只起维护和分隔的作用，使得结构平面布置较灵活。这种结构方式还使得建筑更便于适用不同的气候条件，可在广泛的地域内使用。

3.2.3 易于拆迁、利于材料的循环利用

居民必须转移居住地时，木结构房屋易于拆迁，除了付出劳动外，其他损失较小。在历史上许多宫殿曾大规模的拆迁过，例如东魏时迁都邺城，唐朝末年也曾将长安宫殿迁至洛阳。因此在拆迁过程中木结构有利于建筑材料的循环利用，减少材料的浪费。

3.3 综合优点

钢筋混凝土结构相对木结构而言成本高、自重大、工期长，而且不能循环利用。对于一般的二层居民住宅来说，若两层全部都是混凝土结构，将会给户主带来一定的经济压力。而采用全木结构，对木材的尺寸、质量要求较高，而且巨型树木的采伐、运输、加工难度较大。

采用组合结构，既能实现以用于单层木结构住宅的木材建造双层住宅，又能减轻上层房屋结构本身的自重，如此便可降低底层钢筋混凝土强度要求，从而减小构件截面尺寸，最终还能达到降低造价的目的。另外木结构可以做到让屋面造型灵活多变，可以在陡坡施工，还可以组装移动，施工简易。

钢筋混凝土框架结构与木结构组合型结构符合《建筑结构概念设计及案例》中提出的三维构思、功能协调、实际出发、精益求精、减轻自重、空间作用、合理受力和优化选型八项结构概念设计原则。木材是绿色环保的建筑材料、可再生资源。该组合结构运用工业建筑材料和天然建筑材料的相互搭配，既遵循绿色建筑发展理念，又符合土木工程可持续发展的要求。

4 组合结构的可施工性和可防护性

在农村地区新建房屋绝大多数都是修建在原旧房屋的地基上。在工期内，户主一家往往没有适宜自家居住的地方。考虑到尽量在施工期间对农村户主自身生活带来更少不便的影响，所以现在农村居民修建房屋可以选择钢筋混凝土结构与木结构的组合搭配的形式。这样不但可以缩短工期，同时还具有较好的可施工性和可维护性。

4.1 可施工性

4.1.1 便于积累和储备材料

大多数农村居民修建房屋都是经过长期准备的，其所需木材往往是从种植树苗开始的。用作梁柱的树约二十年左右，用作椽子的树五六年便可成才；门窗的耗材可以逐步制作备用。虽然从表面上看需要20、30年的准备时间，但很多地方从父辈甚至更早就已经开始为子女们栽种树苗。所以建造单层木结构所需木材绝大部分都可以在自己的林地里采伐收集。

4.1.2 一定程度的预制装配

相对全钢筋混凝土框架结构和砖混结构而言，木结构更容易实现预制装配。木材构件加工比较方便，木材在运输过程中受损的危险性较小。该组合结构方案，户主可以在拆掉旧房屋之前有更多的时间来准备前期工作。该段时间内可进行二层木结构木材的收集、采购工作，然后按照设计尺寸预制实木构件(图4)。

当前期准备工作完成到一定阶段，户主便可以拆除旧房屋，可将拆除下来的部分石材用作新修房屋的基础材料。混凝土梁、柱

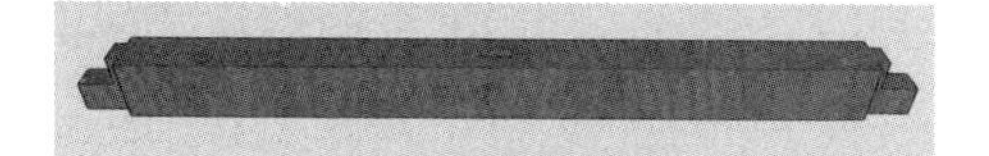

图 4　部分实木构件示意图

的配筋要求按 GB 50010—2010《混凝土结构设计规范》计算。在现浇钢筋混凝土养护期间,可进行二层木质结构的装配组合(图 5)。

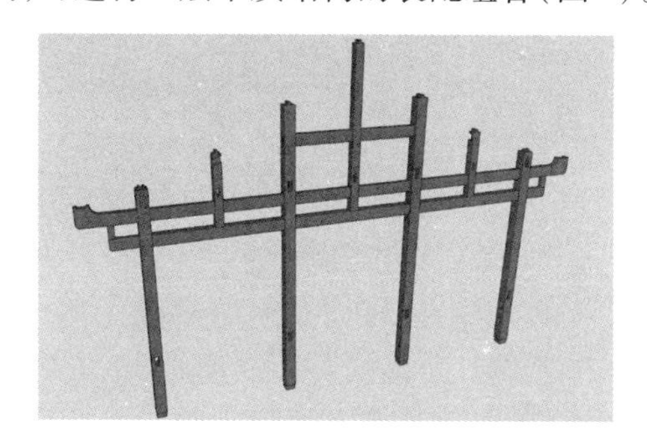

图 5　一榀木制框架

当钢筋混凝土过了养护期后,对柱顶预留段进行钻孔以及对尺寸有误差的地方进行打磨。然后用起重机械完成房屋一、二层结构的整体装配,其连接处用螺栓和 Q235 低碳结构钢(含碳量<0.25%)连接构件(图 6)对钢筋混凝土柱预留段和上层木结构进行连接。图 7(a)、(b)分别为钢筋混凝土柱与木柱连接节点剖面轴测图和连接示意图。

4.2　可防护性

在建筑材料和结构中,钢筋混凝土耐久性较好,在理想环境下,能够达到长期使用的目的。然而在腐蚀的环境中,钢筋混凝土却会过早的破坏,这些破坏多数都是由于钢筋锈蚀引起的。在腐蚀环境中结构物不能耐久,出现未老先衰的现象。

钢筋混凝土结构的腐蚀主要表现在钢筋的电化学腐蚀和混凝土碳化、侵蚀气体和介质的侵入。当保护层破坏或保护层厚度不足时,钢筋在一定条件下将产生腐蚀。针对这些因素,当前防止钢筋腐蚀的技术措施种类较多,大致可分为两类:第一类是内部措施,主要是提高混凝土及其钢筋自身的防护能

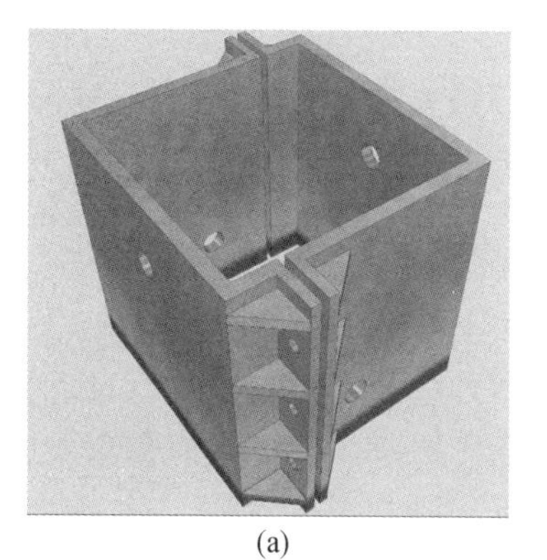

(a)

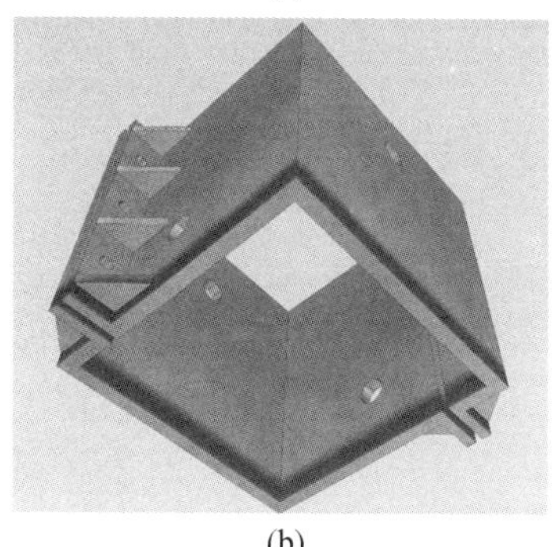

(b)

图 6　带孔钢制连接构件

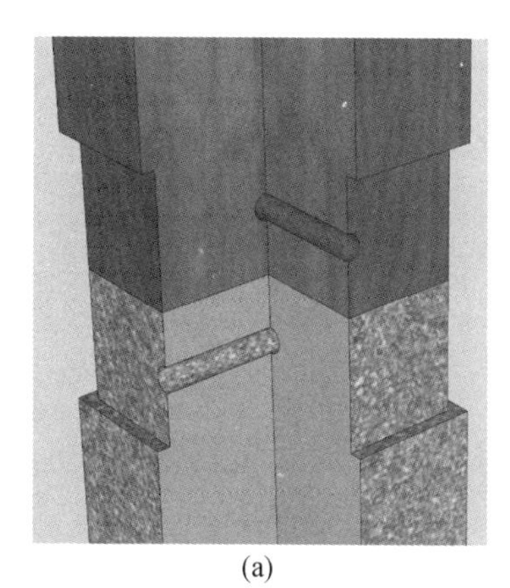

(a)

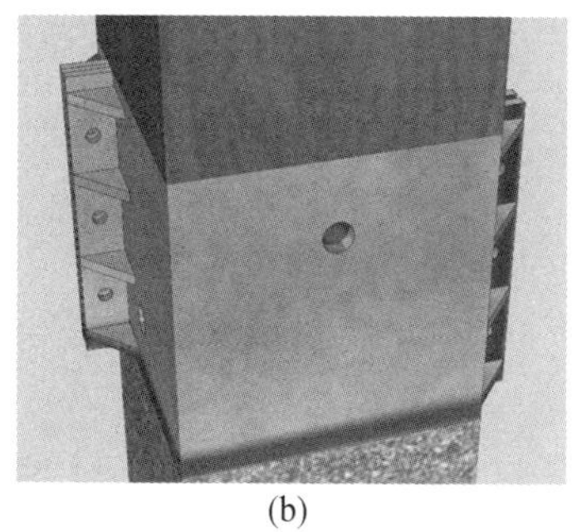

(b)

图 7　混凝土柱与木柱连接节点

力，如采用高性能混凝土和特种钢筋（如不锈钢钢筋）；第二类是外部措施，主要包括混凝土外涂层、钢筋涂层、阴极保护及钢筋缓蚀剂。在农村地区现多采用混凝土外涂层或渗透性涂层。

由于木材本身的可降解性，是某些微生物、昆虫赖以生存的条件；木材具有易燃性，因此木结构建筑的防护主要是防腐、防虫和防火。其处理措施可依照《木结构设计规范》GB 50005—2003 执行。

5 界定和处理美学问题

建筑学不只是一门自然科学，更是一门艺术。“建筑物是社会的物质和文化财富，它在满足使用要求的同时，还需要考虑人们对建筑物在美观方面的要求，考虑建筑物所赋予人们在精神上的享受。建筑设计要努力创造具有我国时代精神的建筑空间组合与建筑形象。历史上创造的具有时代印记和特色的各种建筑形象，往往是一个国家，一个名族文化传统宝库中的重要组成部分。”建筑形式是一个有机的整体，它的创造与建筑的物质和精神的双重要求密不可分，相互依托，彼此关联，共同成就一个完美的外部空间形式。建筑的形象离不开整体意识。它应具有鲜明简洁的形体，严谨的比例推敲，精细的细部处理以及形式与功能的完善统一。根据当前建筑美学的发展趋势，重点是研究建筑美与城乡环境的关系、建筑美的审美效应、建筑美与山水园林的关系等。所以不难得出，建筑美不仅要从建筑本身的功能、造型以及装饰等方面切入，还要看建筑物与周围环境的对应关系。

该方案采用现代钢筋混凝土与传统木结构的组合，实现流行元素和传统元素的结合。二层采用穿斗式木结构，该结构由柱、穿枋、斗枋、檩子五种构件组成，沿房屋进深方向立柱，一檩一柱，柱间以横梁（穿枋）相互串联，组成屋架（图8）。此屋架继续传承了西南地区居民建筑普遍应用的木结构构架形式，符合该地区居民的审美观。

图8 穿斗式屋架

与传统的全木结构相比，该方案没有延续传统的九柱九脊，而是采用四柱九脊的形式。在造型上显得相对简易明了，不失古典韵味的同时，又节省了用材。四柱九脊扩大了单元的空间，有利于房屋后期装修时能较为自由分配空间布局。在空间布置上，摒弃了传统的左右对称形式，而是在原“堂屋”左侧设计入一楼梯间，并在该开间立面设置一入口作为主要进出住宅的通道。屋顶部分，秉承了带有一定曲率的“人”字形屋盖的营造方法。在檩子方向上，屋檐的斗枋充分利用木材在施工制作上灵活多变的特点，在近檐口端采用圆角的斗枋和中部穿枋（图9）共同抵抗弯矩，在合理受力的原则下给人简洁、大方的感受……总之，在满足承载力的前提下，以简单、科学的结构形式诠释了现代乡村住宅独有的建筑美学，让结构功能和建筑美学同时得以体现。

图9 斗枋和中部穿枋

为与周围环境协调，选择琉璃瓦颜色为棕黄色（图10）。这样可以避免建筑物在周围环境的衬托下显得格格不入。屋檐边和屋脊采用草绿色使其与环境的颜色相互呼应，房屋周边的砌筑体用当地石材修砌，让场地显得更加亲近自然。从整体上看，该方案做到了建筑物自身美学在结构造型、配色与环境协调等方面的凸显。

图 10　房屋整体效果图

6　结　论

现浇式钢筋混凝土框架结构整体性好、可模性好、竖向承载能力较强；木结构质量轻、强度高、美观、加工性能好，而且具有较好的弹性和韧性，有利于抗震。钢筋混凝土框架结构与木结构组合，是一种集两者优点于一体的结构形式。组合结构运用工业建筑材料和绿色环保建筑材料的相互搭配，实现独立式居民建筑在结构功能和造型要求上的目标，能够满足多数农村地区居民对新建住宅的要求。组合结构运用了就地取材的方式，避免了山区公路条件限制对部分建筑材料运输的不利影响，相比全混凝土结构造价更低；木结构可实现一定程度的预制装配，使施工效率得到提高，使得工期缩短。所以组合结构是一种既遵循绿色建筑发展理念，又符合土木工程的可持续发展道路的结构形式。

参考文献

[1] 赵西平，霍小平，万杰. 房屋建筑学[M]. 北京：中国建筑工业出版社，2006.

[2] 罗福午，张慧英，杨军. 建筑结构概念设计及案例[M]. 北京：清华大学出版社，2003.

[3] 戴起勋. 金属材料学[M]. 北京：化学工业出版社，2005.

[4] 肖光宏，郭建，刘小渝. 钢结构[M]. 重庆：重庆大学出版社，2011.

[5] 于伸. 现代木结构房屋的设计探讨[D]. 哈尔滨：东北林业大学，2004.

吊轨式立体停车成套系统的设计

孙启力　章友浩　汪家继　关　奥　花幼星　令狐珺竹　叶桢翔

（清华大学 土木工程系，北京 100084）

摘　要　随着我国城市化进程的推进，私家车的拥有量逐年增多，在城市中心地区不可避免地产生了“车多地少”的尴尬现象。而已有的立体停车设备却由于成本过高、取车效率偏低等因素未能在我国广泛建设。本文着重探讨了一种解决此问题的方法：吊轨式立体停车成套系统。本文讨论设计了该套系统的目标、作用、涉及的机械传动系统的设计理念、控制技术以及管理规则。此外，在文章的末尾将该设备的停取车效率与建设成本与已有各种立体车库以及传统多层自走式地下车库相比较，在此基础上讨论该设备的可行性与创新性。

关键词　立体车库；吊轨；动力系统；控制系统

1　引　言

随着我国城市化进程的推进，私家车的拥有量逐年增多，不可避免地产生了“车多地少”的尴尬局面。为解决该问题，立体停车库应运而生。其中又以机械式立体停车库发展得最为完善，是解决城市停车难最有效的手段，也是停车产业发展的必由之路。

目前国内外机械式停车设备可分为升降横移式、垂直升降式、水平循环式、多层循环式、平面移动式、巷道堆垛式、垂直循环式和简易升降式八大类。其中巷道堆垛式与升降横移式最为常见。

笔者走访了两种北京城市中心地区的立体停车设备，分别是北京魏公村口腔医院的升降横移式地下停车场，以及北京安贞医院的巷道堆垛式立体停车场，总结起来，两者都存在以下致命问题：

（1）机构故障多。由于每一个车位必须有自动化控制车辆升降的传动机构，这样自动化的设备往往采用链条或传动的杆件，在使用中非常容易出现机构的损坏以及控制系统自身受损的现象，导致系统崩溃。

（2）成本高昂。这些已有设备造价、安装以及维修费高昂（每个车位机械造价 1.3 万元至 4 万元）使得其无法在当今北京的市场中盈利，实地调研的结果也证明了这一点。

（3）取车时间长。安贞医院的堆垛机设备自身只能允许三个车辆同时升降。因而在上下班的高峰时期，往往会有几十辆私家车同时等待的情况发生。这就使得这一设备在高峰期根本无法满足人们的需求。

2　设计原理

在充分考虑到已有停车设备优缺点的基础上，我们融合不同立体式停车场的优点，设计出新型的停车系统——吊轨式立体停车成套技术系统，旨在通过合适的机械装置以及高效的平面布局实现车辆的快速出入库，同时大大降低其建造以及运营成本。

3　概念设计

本作品设计了一种全新的停车库体系。我们将停车场的空间分隔为三层，底层实行传统的自走式存取车，而上层采取机械式存取,通过各层车位层高的合理选择(底层 2.2 m,二层 1.7 m,顶层 2.3 m),最大程度地避免上层与底层车位存取车的相互干扰,从而实现自走式与机械式存取车的结合,大大地提高了存取的效率。该停车场可由多个独立单元组成,每个单元由一个吊轨服务。

对于该停车场的平面布置,我们采用了出入口分离式的设计,从而使得存取车之间互不干扰,再次提高了效率。

我们采用桥式起重机,剪叉式液压升降机以及我们自行设计的齿轮横移装置来实现车辆的出入库。其中通过剪叉式液压升降机实现载车板以及车辆的升降,桥式起重机完成搭载着车辆沿固定路径的一维运动,通过齿轮横移装置实现载车板的横移,结合自动化控制装置保证运动的精度。装置效果如图 1 所示。

图 1　装置效果图

车辆入库:

车辆若停在底层车位,则车主自行驱车入库;若停在上层车位,车主只需根据电子指示牌的引导将车辆驶上已在指定位置等候的吊轨装置下方的载车板上,即可离开。系统将根据车位的具体情况,通过机械装置将车辆送到合适的车位。

车辆出库:

车主希望取车时,可以提前以短信或电话方式告知取车的确切时间,工作人员提前通过机械装置将车辆取出,停放在出口侧车道,车主到达车库直接可开走。

4　系统组成

4.1　机械装置概述

为了实现车辆的水平横移,我们提出了齿轮、齿条装置的构想。

我们采用图 2 所示的机构实现升降平台与固定车位齿轮的相互啮合。其中每一个停车位处有四对齿轮、每一个升降平台有四对齿轮。升降平台载车板的下方的左右两侧各自固连一个齿条装置。齿轮与齿条并非主要承重构件,可以在齿轮的外侧安放相应的橡胶承重轮作为承重作用,齿轮自身仅仅作为传动构件。完成存取车操作。

图 2　齿轮机构啮合工作示意图

取车动作:首先让电机驱动升降平台左右两侧的齿轮绕着升降平台下方的一根固定轴转动,当该齿轮与固定车位处的载车板相碰撞时,位于载车板处的压力传感器(或行程开关)可以发送信号,控制该齿轮不再运动,达到齿轮互相啮合的状态。此后,由另一个电机驱动该组齿轮转动,将载车板及其上的车辆从停车位上取出。

存车动作:液压升降装置将升降平台升至精确的高度、由电机驱动使可动齿轮转动与载车板底部啮合,在啮合后通过压力传感器停止这一电机的工作。改用另一电路使得齿轮转动,完成存车操作。

为实现车辆随升降装置在轨道上的一维水平运动,我们采用 LD 型单梁桥式起重机。

其中我们选择运行速度为 60 m/min 的起重机运行机构，速比为 19.37，电动机采用锥形绕线式，功率为 ZDR100—42×1.5，转速为 1 380 r/min。

为实现升降平台的升降功能，我们选用液压传动，与其他传动方式相比，液压传动机构有高精度、操作方便、工作安全性高等优点。我们对于其构件尺寸给出了详细设计，并给出了液压缸功率、行程、运行速率等信息。同时我们给出了剪叉升降系统机构的详细尺寸与液压升降设备的控制系统。

4.2 控制系统

控制系统的主要控制对象是动力系统：吊轨的驱动电机，升降电机以及横移电机，根据存取车需求利用按钮或触屏操作，实现我们所需的运动；

其次是控制车库内的各种辅助装置，如各种安全装置。为了保证载车板的横移运动，吊轨的一维运动以及升降运动能够到达指定位置，采用了行程控制开关定位。为了判断载车板上有无车辆采用了光电开关。

控制系统的核心部分采用 PLC(可编程控制器)，具有抗干扰能力强、稳定性强、系统可靠、结构模块化等特点，是目前在机械式停车库中适用的控制系统。而且全是开关量输入输出的电路简单，对环境要求不高，凭 PLC 本身的抗干扰能力和隔离变压器就能够满足要求，因此可不必在另外增加其他抗干扰措施，车库系统就能够有条不紊的准确工作。具体流程如下：

(1)车辆入库后，根据各车位光电开关的光电信号判断出空车位的分布，然后根据现有算法计算出到各车位的广义距离，求出全局最优解，反馈给管理人员；

(2)车主在电子指示牌的引导下驾驶车辆到达指定平台，即可离开，接下来操作由机械装置完成；

(3)装置根据计算得到的最优解，将车辆运送到指定车位，在运送过程中为保证程序的安全可靠，顺畅运行，可以采用令牌传递的方式，当一段程序执行并满足条件才将令牌交给下一段程序，下一段程序才可以运行，例如在吊轨横移的过程中，只有系统的检测装置检测吊轨已准确到达目标车位，才进行下一步的车辆横移操作；

(4)取车时，车主可以提前几分钟以短信等方式告知管理人员，管理人员可以根据车库情况将车辆提前取出，放置在出口双车道的靠墙一侧，车主到达车库直接开走即可，从而大大方便车主。

系统在计算广义距离时有以下几个原则：

(1)在计算广义距离的同时要考虑车主的预估停车时间，若预估停车时间较短，则优先采用下层车位，以方便车主的自行存取；若较长则采用上层车位；

(2) 预估停车时间的考虑可采用给定影响系数等方法实现。

4.3 安全措施

吊轨装置行进中的防滑措施：

为保证车辆在吊轨装置的行进过程中，不会因为速度过大，在惯性作用下发生滑动，脱离载车板，我们采取了图 3 所示载车板。

图 3 载车板

(1)载车板面为波纹状，增大车辆与载车板之间的摩擦力，防止侧滑；

(2)在载车板的两侧，设有如图所示的凹槽，以限定车辆的侧向移动(车辆在吊轨带动下的运动是沿着车辆侧向移动的，该方向是最容易发生滑动的)；

载车板进入车位中的防碰撞措施：

由于本吊轨装置只进行一维运动，故离各车位的距离是定值，载车板进入车位所需的时间是一个在很小的范围内波动的数值，我们只需要在设定载车板的最终停止位置时与墙空出一小段距离就可以有效地避免碰撞；同时我们可以在车位的靠墙一端设置行程控制开关，通过实验测出车辆在失去驱动力后仍然可以行进的距离，从而将行程控制开关放置在合理的位置，使得车辆在进入车位触动形成控制开关后，失去驱动力继续行进一段距离而不碰撞墙壁。

突然停电的安全措施：

本装置采用剪叉式液压升降机作为升降运动的动力、传动机构，剪叉液压升降机能够在车库停电时依靠液压系统止回阀实现紧急制动，此后，在需要将正在运行中的车辆取下时可以通过人工控制升降机构阀门，使液压油回流，实现装置平稳下降至地面。由此可见，在此类装置遇到停电、地震等紧急灾变状况时会较好地保护正在运行中的车辆，不会造成运行中的车辆坠落伤人的情形。

此外，本装置中的液压系统还在油缸油口出安装上限速阀，这样既可以避免限速油路的系统问题所造成的油缸失速等破坏性事故造成的问题。

其他安全措施：

(1)超行程极限限位开关。载车板升降时，除定位开关外，同时设置超行程极限限位开关，防止超越极限位置运行；

(2)设置防护罩。由于使用了链条传动机构，在使用人员能够到达的部位和能够对人员安全产生危险的部位均要设置防护罩，确保人员安全；

(3)运行超时保护。当1个载车板得到指令开始运行，未在规定时间内到达下一个位置，应当发出故障信号，并锁定停车库使之不能运行；

(4)自锁式急停按钮。在使用、管理及维修人员经常出人的地方，合理的位置要设置自锁式急停按钮，以便于操作；

(5)车辆定位装置。

5 效率及成本核算

我们考虑在42 m×52 m的地下场地建设216个车位的停车库的停车时间及建设总成本(包含土建费用与机械设备费用)。并与已有停车库相比较，结果见表1、表2。

表1　各停车库存取车效率核算

	本停车场	升降横移	巷道堆垛
单车最大进时间	83.0 s	90 s	61 s
单车最大出时间	95.8 s		118 s
满负荷运行时全部车辆出(入)库时间	1.686 h	/	/
满负荷运行时的出入库作业时间	1.890 h	/	/
平均存取车时间	84.32 s	116-118 s	61-64 s

表2　总成本核算对照表

项目	机械成本/万元	总成本/万元	车位面积/m²	车位机械造价/万元
吊轨式立体车库	101.33	962.93	10～12	0.469
传统停车库	0	2 034	30～40	\
三层升降横移车库	324	1 182.7	20～25	1.3～1.6
巷道堆垛立体车库	648	1 448	10～15	3～4

6 结　论

从以上的论述我们可以看到，本停车场相对于现有的使用较广泛的升降横移式以及巷道堆垛式的停车场而言，主要有以下四大优势：

(1)通过集中搬运模式有效降低设备成本：本系统每36～60个车位由一辆升降机服务，在效率略微降低的同时将成本大幅度降低。

(2)不需要倒车，转弯：通过合理的存取车规划使得司机仅需笔直驶入、驶出车库，减少了人车交接时间,也降低了对司机技术的要求。

(3)兼容性高:本车库基于占地面积为2 260 m^2的框架结构建筑的附建式地下车库给出了设计流程,但这一成套设备系统的运用前景并不局限于框架结构。对于其他各种附建式地下空间或是地上停车空间,可以通过合适的平面布置或是适当改进机械装置来实现此类吊轨式停车库的建设。

(4)降低人员费用:本装置通过合理的控制系统与运动模式避免了升降横移车库中保安人员人工指引车辆停入、取出车位的操作,从而降低了保安人员的费用。

参考文献

[1] 袁壮. 城市中心区立体停车库设计研究[D]. 湖南:湖南大学, 2010.

[2] 王辉. 机械式立体车库的特点研究及其应用[D]. 湖南:湖南大学, 2008.

[3] 肖清. 商业建筑停车配建指标研究[D]. 北京:北京工业大学, 2010.

[4] 刘振全, 龚海峰, 杜桂荣. 两种实用的提升型式在机械式立体车库中的应用[J]. 机械研究与应用, 2003(03):78.

[5] 王芳卿. 立体停车库及其控制[J]. 电气传动, 1998(06):55-56.

[6] 付翠玉,关景泰. 立体车库发展的现状与挑战[J]. 机械设计与制造, 2005(09):115-116.

[7] 付丽华, 宋华. 立体车库:城市静态交通发展之必然[J]. 交通科技与经济, 2002(03):98-99.

[8] 贺玲芳. 液压升降横移式全自动立体车库运动控制系统[J]. 机械科学与技术, 2002(04):60-62.

[9] 甘锐, 胡英英. 液压升降机设计论述[J]. 液压与气动, 2003(07):120-121.

[10] 李海龙, 唐汉, 米伯林. 一种新型地下车库液压升降机的设计[J]. 辽宁科技大学学报, 2010(02):105-106.

[11] 李芳龙. 电动单梁起重机的强度和刚度分析[J]. 中国高新技术企业, 2012(01):34-36.

[12] 李娟. 巷道堆垛式自动化立体车库存取策略研究[D]. 兰州:兰州交通大学.

[13] 李丽, 刘正. 升降横移式与巷道堆垛式立体停车设备的比较与探讨[J]. 建筑机械, 2009(21):42-43.

[14] 张宇深, 赵继云, 卢宁,等. 剪叉式液压升降台[J]. 液压与气动, 2011(05):31-33.

[15] 曾午平, 卫良保. 剪叉式液压升降台的设计计算[J]. 起重运输机械, 2010(01):102-104.

八、土木工程可持续发展理论与经济管理策略

浅析土木工程中的可持续发展

朱　琳
（沈阳建筑大学 土木工程学院，辽宁 沈阳 110168）

摘　要　土木工程是人类历史上年代最久远的“技术科学”，作为一种系统的产业活动，土木工程的实质是生产的过程，是一种技术过程。土木工程也是建造各类工程设施的科学技术的统称，它既指工程建设的对象，即建在地上、地下、水中的各种工程设施，也指所应用的材料、设备和所进行的勘测设计、施工、保 养、维修等技术。土木工程涵盖的广泛，我们不能沉浸于现已取得的辉煌成就，止步不前。我们还应当与时俱进，去挖掘，去发现，去思考，去想象，去创新。而可持续发展是目前社会发展的一个主旋律，土木工程活动是人类作用于自然生态环境最重要的生产活动之一，同样也要考虑可持续发展。

关键词　土木工程；可持续发展

1　引　言

现代土木工程不断地为人类社会创造崭新的物质环境，成为人类社会现代文明的重要组成部分。在我国的现代化建设中，土木工程业已成为国民经济发展的基础产业和支柱产业之一。在土木工程的各项专业活动中，如建筑物、公路、铁路、桥梁、水利工程、机场等工程的设计、建设和使用，可持续发展思想的纳入将促进人与自然的和谐，实现经济与人口、资源、环境相协调发展。

2　土木工程的概述

古代土木工程具有很长的时间跨度，它大致从公元前 5 000 年的新石器时代到 17 世纪中叶，前后约 7 000 年。在房屋建筑、桥梁工程、水利工程、高塔工程等方面都取得了辉煌的成就。

近代土木工程的时间跨度从 17 世纪中叶到 20 世纪中叶，前后约 300 年时间。在此期间，建筑材料从以天然材料为主转向以人造材料为主，建造理论也从主要以总结长期建造经验向重视科学兼顾经验转变。建造技术方面，一些性能优异的大型机械伴随着各种极为有效的施工方法的出现，使得人们开始能建造结构复杂或所处环境恶劣的土木工程。期间建成的埃菲尔铁塔、帝国大厦和金门悬索桥，至今仍不失为伟大的土木工程建筑。

现代土木工程起始于 20 世纪中叶。发展至今，土木工程在建筑材料、结构理论和建造技术方面都取得了极其巨大的进步。建筑材料方面，高强度混凝土、高强低合金钢、高分子材料、钢化玻璃越来越多地出现在建筑上。结构理论方面，利用电子计算机强大的运算和绘图能力，力学分析和计算的结果更

加符合结果的实际情况，使得结构设计更为可靠。对于建筑技术，已经发展到机—电—计算机的一体化，施工过程中，不论是上天、入地还是翻山、下海，都已不是施工的障碍了；而焊接技术的普遍使用，也使得钢结构的发展进入了一个新的阶段。现代土木工程造就的举世瞩目的建筑有：我国台北的国际金融中心，上海金茂大厦，马来西亚吉隆坡的石油大厦双塔楼，法国的诺曼底斜拉桥等。

3 土木工程可持续发展的概念

自"可持续发展"概念提出后，可持续发展思想得到不断地深化和拓展。现代可持续发展的理论源于人们对环境问题的逐渐认识和热切关注，其产生背景是因为人类赖以生存和发展的环境和资源遭到越来越严重的破坏，人类已不同程度地尝到了破坏环境的苦果。

土木工程从古延续至今，随时代的进步这个古老的专业的发展也取得了很大的成绩。从以前的木质材料发展到现在的钢筋混凝土材料，使得建筑可高向发展，以至于现在的摩天大楼一座座拔地而起成为城市的象征。然而，土木工程促进社会进步、经济发展的同时也造成了环境的破坏、资源的浪费，制约了社会和经济的可持续发展。因此，在兴修土木时应该注意到把土木工程中阶段可能出现的各种工程环境问题诸多灾害消灭或减轻在萌芽之中，使建设工程造福于人类，使生活环境得以持续发展和改善。

4 我国可持续发展在土木工程中的现状

对土木工程的现状的认识是现今的土木工程，正日益同它的使用功能或生产工艺紧密结合。公共和住宅建筑物要求的建筑、结构、给水排水、采暖、通风、供燃气、供电等现代技术设备日益结合成为整体。

工业建筑物则要求恒温、恒湿、防微振、防腐蚀、防辐射、防火、防爆、防磁、防尘、防高（低）温、耐高（低）湿，并向大跨度、超重型、灵活空间方向发展。另外，高层建筑大量兴起，地下工程高速发展，城市高架公路、立交桥大量出现，并逐步实现交通运输高速化、水利工程大型化。值得一提的是我国实行改革开放以后，综合国力有了很大提高，已具备更大规模开发和利用水资源的条件，如三峡水利枢纽，南水北调工程等都是世界一流的大型水利工程。

随着我国改革开放的不断深入和经济的迅速发展，中国将面临一个更大规模的建设高潮。可以说，我们正面临着一个伴随着国民经济飞跃的土木工程大发展的好时期。而且这样一个优良的发展环境已经受到并将继续受到西方国家的关注。作为跨世纪的一代，这一大好形势为我们提供了空前难得的施展才干、向国际水平冲击的良好机遇。同时，我们也深深感到，这是一个"机遇"与"挑战"并存、"合作"与"竞争"交织、"创新"与"循旧"相争的时代，如何把握世纪之交时土木工程学科的发展趋势，开创具有中国 特色、具有国际一流水平的土木工程学科的新纪元，是对我们跨世纪一代人的严峻挑战。

我国的土木工程有自己的特殊性。"中国是世界上人口最多的国家，一项大资源被13 亿一除即变得微不足道，而一个小问题乘以 13 亿就成了大问题"。刘西拉教授此语切实道出了我国的困难之所在。我国的煤、石油、天然气、森林总量均居于世界前列，而水的人均占有量却低于世界平均水平。人口、能源、教育、污染问题已经成为我国所面临的四大严酷问题。可持续发展迫在眉睫，而土木工程，也必当立足长远，走出一条可持续发展之路。放眼世界，美国的现代化进程可谓先进，而现今资料表明：未来美国要投入 16 000 亿美元来解决已建工程的不安全状态，譬如，氯离子所引发的建筑锈蚀等等。作为当代土木工程师,在传承前人辉煌成就的同时,也必须多多吸取已出事故的教训,在今后的工作中进行创新改良,实现可持续发展。

5　土木工程中可持续发展的实现

5.1　设计阶段的可持续发展

土木工程设计环节的可持续发展土木工程设计是对工程项目所需的技术、经济、资源和环境等进行综合分析和论证,编制工程项目设计文件的活动。设计在技术上是否可行、工艺是否先进、经济是否合理、设备是否配套、结构是否安全可靠等,都将决定工程项目建成后的功能和使用价值,同时,其设计方案对环境的关注程度直接影响到工程实体在施工、运行与最终拆除和循环利用的各阶段对环境的影响。因此,研究土木工程设计阶段的可持续发展,对今后的设计工作具有极大的指导作用。

设计方案的选择要充分考虑可持续发展因素,设计方案的合理性和先进性是设计质量的基础。专业设计方案的选择,在确保设计参数、设计标准、设备和结构选型、功能和使用价值以及满足使用、经济、美观、安全、可靠等要求的基础上,还应充分考虑工程所在地的生态、地理、人文环境特征,在设计的各个环节引入环境概念。选择有利于可持续发展的场址、场地规划设计、建筑节能设计和利用可再生能源等。力求做到工程与周围生态、人文环境的有机结合,增加人居环境的舒适和健康,最大限度地提高能源和材料的使用效率,做到开发利用与保护环境并重,达到可持续发展。

以建筑工程为例,可持续发展的绿色建筑在设计上更加追求与自然和谐,提倡使用可促进生态系统良性循环,不污染环境,高效、节能、节水的建筑技术和建筑材料。可持续发展的绿色建筑是节能环保型的,注意对垃圾、污水和油烟的无害化处理或再回收,充分考虑对周边环境的保护。

重视设计中各专业间的技术衔接对可持续发展的影响一项大的土木工程,一般要经过初步设计、技术设计和施工图设计三个阶段。在这三个设计阶段中会存在建筑、结构、设备等各专业间的相互衔接。设计过程中若各专业的技术人员对材料、规范、新技术和设计经验等的熟悉度和尺度把握不统一,在利用资源和环境保护方面的认识和经验存在差异,将会对整体工程项目的质量和可持续发展产生影响,工程项目投入使用后的可持续发展将不能得到充分体现。

为了使设计过程中设计部门及设计各专业间能做到协调和统一,内部各专业间应加强沟通、交流与学习,对设计项目所涉及的各个方面进行全面的调查研究,对可持续发展的工程实际运用进行探讨和实施。同时,协调好各种功能的要求,在一定的投资数额范围内将设计做得更好,使新研究成果得到充分利用。

5.2　土木工程材料的可持续发展

材料是土木工程建造施工的物质基础,在土木工程技术的快速发展中具有极其重要的作用,对可持续利用具有重大的意义。

传统的土木材料有木材、钢材、砌体材料、气硬性无机胶凝材料、水泥、砂浆、混凝土、高分子材料、沥青与沥青混合料等,给人类带来了物质文明并推动了人类文明的进步,但其生产、使用和回收过程,不仅消耗了大量的资源和能源,并且带来环境污染等负面影响。

高科技材料的发展推动建筑材料的可持续发展时代的发展对建筑材料提出了更高要求。以2008年北京奥运会游泳主赛馆的国家游泳中心——“水立方”为例,“水立方”的建筑方案采用了多面体空间钢架结构和双层ETFE(乙烯-四氟乙烯共聚物)薄膜围护结构体系。主体结构是多面体空间钢架结构,其内外立面与屋顶分别覆盖着充气的 ETFE 薄膜。它是一种无色透明的颗粒状结晶体,由 ETFE 生料挤压成型的膜材是一种典型的非织物类膜材,为目前国际上最先进的薄膜材料。“水立方”的双层 ETFE 膜结构由 3 097 个气枕组成,覆盖面积达 10.5 万 m^2展开面积达 26 万 m^2,是世界上规模最大的 ETFE 膜结构工程;ETFE 膜材具备可回收性、耐久性、自洁性、防火性、气候适应性、抗撕裂性能、柔韧性和可加工性等优点,在满足其建筑功能的同时,还能起到改善环境和资源的循环再利用的作用。同时,“水立方”是世界上首次采用不规则多面体空间钢架结构,该结构填补了世界空白,令世人惊叹。

目前,混凝土和钢材是土木工程中使用范围最广的两种建筑材料,其中高强度抗震钢材、不锈钢钢材、塑料钢材等的研发,为结构节省了钢材用量,同时为结构抗震、抗腐蚀提供了保障,是理想的高性能环保型建筑材料。高性能混凝土、绿色高性能混凝土和智能型混凝土的出现,为创造新的结构和构件开辟了新的途径。例如,智能混凝土材料是具有自诊断、自修复和自调节等特点的新型功能材料,根据这些特性可以有效地预报混凝土材料内部的损伤,满足结构自我安全检测的需要,防止混凝土结构潜在脆性破坏,并能根据检测结果自动进行修复,显著提高混凝土结构的安全性和耐久性。

而生态建材的出现又让人们眼前一亮。生态建材与传统建材明显不同之处在于,生态建材赋予传统建材特别优异的生态环境协调性,或者说是那些直接具有净化环境、修复环境等功能的建筑材料。生态建材是一个指导性的原则,其目的是防止对生态环境的损害,促进人类活动对自然资源和环境的保护,保证建筑材料具有更好的性能等。目前的生态建材有防霉、防远红外、可调湿的无机内墙涂料,无毒高效黏结剂,不散发有机挥发物的水性涂料等。

同时,设计和施工时,在最大范围内使用可再生的地方性建筑材料,避免使用高蕴能量,破坏环境产生废物以及带有放射性的建筑材料,争取重新利用旧的建筑材料和构件。

5.3 土木工程施工管理阶段的可持续发展

土木工程施工与管理阶段的可持续发展土木工程施工从施工准备、施工实施至竣工验收的整个过程除遵循相应的规范、法规合理施工外,同时涉及可持续发展的方方面面,如对生态、人居、环境、资源和能源等的保护。因此,在施工过程中要做到以下几方面。

首先,高效利用建筑场地资源,保护环境,减少污染。

对古建筑、植被和场地周边的重要设施设备等要制订明确的保护方案。在保证质量的前提下降低对人工和设备的投入,减少建造过程中对环境的损害,避免破坏环境、资源浪费以及建筑材料的浪费。制订有关保护室内外空气、噪音污染的施工管理办法和执行方案。

其次,要节约资源(能源)和材料。可持续发展的最有效的手段是减少能源的消耗和建筑垃圾和废料的产生。

能源的 40% 消耗在建筑物中,30% 用在交通上。因此,在设计建筑物及使用过程中,应尽量寻求节约能源的方案,多利用风能、太阳能和可再生能源;在建设工作中重视“变废为宝”,减少材料的损耗。可将废混凝土、废砖石经回收加工,当作要求不高的地面材料或填充材料,也可用于筑路或重新制砖等。

再次,形成科学的管理与监督机制。除制订施工项目管理目标,规划实施项目目标的组织、程序和落实责任外,在项目管理过程中贯彻执行:施工过程中尽可能减少场地干扰;提高资源和材料的利用效率,增加材料的回收和再利用;人员和设备的合理统筹等。

但采用这些措施的前提是要确保工程质量。好的工程项目质量,可以延长项目寿命,降低项目日常运行费用,有利于使用者的健康和安全,促进和带动社会经济发展,本身就是可持续发展的体现。

5.4　建筑使用阶段的可持续发展

土木工程运行和维护环节的可持续发展工程项目在经历了立项、设计、施工之后即可投入使用。在使用阶段,结构将消耗大量的能量,产生大量的废弃物,外界人为和自然因素对结构的性能不断产生影响,结构的使用年限呈逐步衰减趋势,最后达到结构生命的终结。因此,运行和维护环节,可以积极地采取对土木工程建筑物的监测、保养与维护,在经费允许的情况下可对建筑进行长期的结构监测,定期(如5~10年)对外界人为损坏、地震、火灾等各种因素造成的建筑和结构的破坏进行修缮和维护。同时,提高能源利用效率,积极开发和利用可再生能源,尽量采用自然通风和天然采光,节约和循环用水,利用风能发电等。

拆除阶段的可持续发展:土木工程拆除与再循环利用环节的可持续发展土木工程结构在达到了设计正常使用年限之后将面临淘汰和拆除,在拆除过程中势必会造成环境污染,产生大量建筑垃圾和废弃物。建筑垃圾占用土地,降低土壤质量,影响空气质量,造成水域的污染等等。

对建筑物的拆除应进行严格控制和论证,对能维护使用的、新规划能避免拆除的,尽量不拆除,也可通过建筑移位或改变建筑使用用途来延长建筑的寿命。建筑物寿命终结时,将会变成废弃物。这些建筑垃圾和废弃物完全可转化为再生资源和再生产品。例如,将含杂质的废弃混凝土块,经手工法除去大块钢筋等杂质后,进行初次筛分,将粒径小于10 mm的颗粒作为杂质除去,再进行初次破碎,利用电磁分离去除镁质杂质;二次筛分后,利用重力分离除去木块、塑料等杂质,冲洗、分级后,即可组成所需品质再生骨料,以"5·12汶川地震"的重建为例,重建过程中混凝土的建筑用量是最大的,混凝土的几种原材料中骨料用量居首位。因此,将废弃混凝土作为再生骨料生产再生骨料混凝土是处理建筑废弃物过程中一个十分重要的环节。利用废弃建筑混凝土和废弃砖块生产粗细骨料,可用于生产相应强度等级的混凝土、砂浆或制备诸如砌块、墙板、地砖等建材制品。粗细骨料添加固化类材料后,也可用于公路路面基层。废旧的砖瓦可制成免烧砌筑水泥、再生免烧砖瓦等。

6　未来土木工程可持续发展的战略

(1)加强可持续发展的宣传与教育。土木工程技术人员是基础设施、工农业生产建筑、交通运输工程、人民生活建筑的主要参与者与建设者,所以在土木工程建设中贯彻可持续发展原则有义不容辞的责任。因此,要加强可持续发展的公众教育,将可持续发展纳入土木工程实践和教育教学中去,让从业的技术人员和学生在工作、学习阶段就对可持续发展形成一定的认识,为后续工作奠定坚实的基础。

(2)加快新技术的研发和应用。努力加快土木工程设计、施工、材料、运行、维护和循环利用等各方面新技术的研究,同时对土木工程材料合成与生产、结构监测、设计软件、施工与拆除等已有的先进技术应广泛加以应用和普及,对资源进行合理、充分的利用,达到可持续发展的目标。

(3)优化管理制度。对新技术、新材料的采用和研究方法的革新等,导致现有规范落后于时代的发展;现行管理制度和规范不能达到对环境的保护和资源的可再生利用等。促使我们及时对现行规范和制度进行统筹和修订,以确保工程与环境的和谐共存,达到可持续发展的目的。

7 结 论

可持续发展观念是一个永远不变的话题,在各个领域进行可持续发展的研究探索是一个长期的过程。由于各个行业的差异,研究可持续发展不光是针对自然环境还有对社会、人文方面。在实施可持续发展战略首先要提高人们的思想意识、观念,把可持续发展融入人们的心中。

土木工程是我国重要的支柱产业,我们需要大力发展的同时也要注重环境的保护。土木工程建设与自然环境是一个矛盾体,我们需要找到它们之间的平衡点,又有利于社会经济的发展又不损坏自然环境,达到它们之间的和谐发展。在土木工程建设中从设计阶段开始,对选材、施工以及最终拆除阶段需要在总体上把握,统筹规划,在各个阶段体现可持续发展的思想,对于土木工程行业执行可持续的战略是有很重大的意义。

参考文献

[1] [英]斯科特. 土木工程[M]. 北京:中国建筑工业出版社,1982.
[2] 肖友瑟. 土木建筑文献检索与利用[M]. 大连:大连理工大学出版社,1999.
[3] 丁大钧,蒋永生. 土木工程总论[M]. 北京:中国建筑工业出版社,1997.
[4] 王继明. 土木建筑工程概论[M]. 北京:高等教育出版社,1993.

延长结构的使用寿命与土木工程的可持续发展

吴　斌　高　峰　张媚柱
（内蒙古科技大学，内蒙古 包头 014010）

摘　要　延长土木工程结构使用寿命课题是一条节约资源、减轻地球环境负荷及维护生态平衡的可持续发展道路，因此土木工程遵循可持续发展、和谐发展的原则势必会在整个人类活动的可延续性及形成良性的循环系统发挥重要作用。本文通过探讨土木工程中新技术、新材料、新结构、新工艺等现代手段的运用，从而延长土木工程结构使用寿命，以达到节约资源，缓解不可再生资源的利用压力，从长远的角度来实现土木工程的可持续发展，同时对建筑材料、结构形式、设计理论等方面提出了可行的建议。

关键词　土木工程；延长寿命；可持续发展

1　土木工程与可持续发展

土木工程建设在人类文明史上占有举足轻重的地位，并在自然斗争中不断地前进和发展。在我国的现代化建设中，土木工程业是已成为我国国民经济发展的基础产业和支柱性产业之一。

我国的土木工程建设从20世纪50年代开始一直处于快速发展中，随着改革开放的深入和经济建设不断发展，我们正面临着一个土木工程飞速发展的时期，几乎整个中国成了一个大的建设工地，然而随着土木工程事业的迅猛发展和壮大也产生了一系列问题，例如土木工程建设项目在开发的过程中通常会造成水污染、空气污染以及噪声污染，对自然生态环境造成严重的破坏，同时在土木工程建设项目施工过程中还存在严重的浪费问题，施工过程中产生大量的固体废弃物。如今可持续发展问题已经跃升为当今时代发展的重要主题。

可持续发展主要是指一种力求长远发展的经济增长理念，即指在满足当代人发展需要的同时又不损害后代人满足其发展需要的能力。现代可持续发展的理论源于人们对环境问题的逐渐认识和热切关注，其产生背景是因为人类赖以生存和发展的环境和资源遭到越来越严重的破坏，人类已不同程度地尝到了破坏环境的苦果。土木工程事业作为市场经济发展的支柱性产业之一，同时又对自然生态环境影响重大，为此在我国土木工程事业中谋求可持续发展势在必行，只有坚持走可持续发展道路，才能够实现土木工程事业经济效益与社会效益的双赢，实现我国土木工程事业与资源节约事业、环境保护事业的共同发展。如何在土木工程建设发展的同时，保护生态环境，节约土地，并处理好同社会、经济的关系，进而实现可持续发展，是一个值得我们仔细研究的课题。

2　延长结构使用寿命与可持续发展的土木工程

当今社会，资源的开发和利用已经成为影响可持续发展事业的关键因素，环境问题也变得越来越迫切，高速发展与资源储备、生存环境、生态平衡等多方面的可持续矛盾也越演越烈，一方面，资源对经济发展有重要的支撑作用,没有必要的资源保证,经济难以持续健康快速发展。然而,另一个问题又摆在发展面前,许多资源的供给能力不是无限的,资源的承载能力反过来要制约经济增长的速度、结构和方式。经济的高速发展,资源的过度开发和利用,也带来了很多负面影响,在土木工程方面,确保在满足施工、设计和经济方面要求的前提下,做到合理使用新材料,新工艺,新的结构形式,来延长结构的使用寿命,提高建筑物的使用年限,延缓已有建筑物的破坏,延长建筑物更替周期,节约资源,避免资源不必要的开采和浪费,对土木工程的可持续发展很有必要。所谓资源,正因为其可被利用,才称之为资源,在资源紧缺的今天,可持续发展势在必行,节约资源,并不是不用资源,而是在使用的过程中,做到优化利用,多次利用,循环利用。通过延长结构或构件的使用寿命,从而减少资源开发的压力,延长不可再生资源的使用年限,对于土木工程的可持续发展则具有非常重大的意义。

3　结构或构件使用寿命的延长

3.1　新型结构体系的应用

随着科学技术的进步,结构设计理论、高强材料的迅速发展,为结构形式的进步提供了有利条件。近年来,通过对不同结构构件以及体系之间的相互组合,形成了一系列新型而高效的结构体系,其中,钢-混凝土组合框架结构、框架-核心筒混合结构等都是其中的代表。组合结构体系兼有钢结构施工速度快和混凝土结构刚度大、造价低的优点,整体刚度高,抗震能力强,能够有效延长结构工作年限,被认为是一种符合我国国情的超高层建筑结构形式。

除此之外索张拉整体结构、膜结构、索穹顶结构折叠结构等新型空间结构得到了更广泛的应用,结构形式将更趋于合理和安全。由于理论知识的不断完备,新理论不断提出,建筑在结构上有了巨大的飞跃,改变了以往单调,低性能的建筑结构模式,在使用、安全性能方面有了较大提高,结构或构件能够更好并更充分发挥其特性,与原有结构形式相比,同种条件下,能够长期正常工作,延长整个建筑物的使用寿命,节约资源,有利于可持续发展事业实施。

近几年出现的装配可持续建筑是新型装配式建造技术与可持续技术相结合的新型建筑。这种建筑采用流水线生产的方式预制建筑构配件,运抵现场后像搭积木一样进行装配,并且具有可持续性的特点。其与传统建筑相比具有模式化、多样化设计;标准化、工厂化生产;机械化、装配化施工及制造使用可持续性的特点。

装配可持续建筑主体采用钢框架—斜支撑体系,主要由主板、立柱、斜撑组成,连接均采用高强螺栓;其他部品体系体系则包括围护结构体系、管线系统、厨卫系统和其他部品体系。在这些系统中主体体系是主要支撑体系,寿命与建筑寿命相当,而部品体系一般寿命低于主体,在一般建筑中则会影响整个建筑的使用寿命,而在装配可持续建筑中,部品体系均为标准化、通用化、模数化的装配体系,达到寿命时可进行更换,这样就大大延长了建筑的寿命周期,从而在可持续性上具有传统建筑无法比拟的优势。

3.2　新型建筑材料的发展

材料的利用在土木工程事业中起着举足轻重的作用,与以往传统的建筑材料相比,新型建筑材料的兴起,在结构空间,安全性能,使用寿命等方面打破了原始建筑结构形式,开辟了土木工程发展的新方向。与此同时,新型材料的应用,也大大增强了结构的工作性能,提高了建筑物抗风,抗震,抗腐,抗拉压能力,也延长结构的使用寿命,既满足了当代人的生活需求,同时也节约了资源,不损害后代人生存发展的能力。到目前为止,普通建筑物的寿命一般设定在 50 ~ 100 年。现代社会基础设施的建设日趋大型化、综合化,例如超高层建筑,大型水利设施、海底隧道等大型工程,耗资巨大、建设周期长、维修困难,因此对其耐久性的要求越来越高。此外,随着人类对地下、海洋等苛刻环境的开发,也要求高耐久性的材料。

3.2.1　高性能材料的使用

高性能混凝土、绿色高性能混凝土和智能型混凝土的出现,为创造新的结构和构件开辟了新的途径。例如,智能混凝土材料是具有自诊断、自修复和自调节等特点的新型功能材料,根据这些特性可以有效地预报混凝土材料内部的损伤,满足结构自我安全检测的需要,防止混凝土结构潜在脆性破坏,并能根据检测结果自动进行修复,显著提高混凝土结构的安全性和耐久性,从而提高了结构的使用寿命。

建筑结构用钢材正向高强度化 极厚化 低屈服比 低屈服点和专用化方向发展,其中高强度抗震钢材、不锈钢钢材、塑料钢材、耐候钢、耐火钢等的研发,为结构节省了钢材用量,同时为结构抗震、抗腐蚀提供了保障,是理想的高性能环保型建筑材料。高性能材料的应用为结构有效使用寿命的延长奠定了良好的基础。

3.2.2　建筑结构胶的运用

建筑结构胶起步较晚,发展较快,产品质量参差不齐,随着高分子合成材料的发展,至 20 世纪 60 年代,建筑结构胶已广泛应用于一些国外发达国家的公路、机场跑道、水利工程及军事设施的加固中。20 世纪 70 年代后,建筑结构胶的应用领域扩大到现场施工时构件的黏结、钢筋快速锚固等。澳大利亚悉尼市著名歌剧院就曾使用建筑结构胶对屋盖进行拼装黏结。其屋盖是由许多变截面扇形预制混凝土构件制成,采用瑞士 Ciba 公司的环氧型建筑结构胶将重达 10 t 的预制件黏结起来并通过预应力钢筋压紧而黏结成一整体,从而既保证了质量又节省了时间。高强建筑结构胶的运用,改变了传统的焊接、铆接及螺栓连接形式,同时能够使构件紧密连接,延长了构件的使用年限,节约钢材。

3.2.3　钢筋阻锈剂

钢筋阻锈剂的研究有明显进展,早期的钢筋阻锈剂产品主要包括各种亚硝酸盐、铬酸盐和苯甲酸钠等。典型的代表产品亚硝酸钙曾作为主流阻锈产品在美国和日本得到广泛应用。但由于亚硝酸盐类阻锈剂对人体健康有害(致癌性) ,亚硝酸盐类阻锈剂在欧洲没有得到广泛应用,瑞士和德国等国家已明令禁止使用亚硝酸盐类阻锈剂。随之研发出阻锈性能优异的新型阻锈剂如有机类阻锈剂。施工便捷,可涂于混凝土或砂浆表面,能自行渗透到钢筋周围对钢筋进行保护的迁移型(又称外涂型或渗透型) 钢筋阻锈剂成为近年来的研究热点。中国建筑科学研究院建筑材料研究已经成功研制了迁移型钢筋阻锈剂,并于 2007 年底通过原建设部部级鉴定。新型钢筋阻锈剂的成功研制,无疑提高了钢筋的使用寿命,进而提高了构件正常条件下的使用年限,节约钢材,保护了矿产资源,是土木工程可持续发展的有力措施。

3.3　对原有结构的修复与补强

随着社会的发展,新建房屋不断增加,人们对结构的安全性,使用性和耐久性要求不断提高,对现有房屋结构的工程检测及补强加固也成为土木工程界广泛关注的问题。通过修复补强可以大大延长现有建筑结构的使用寿命。

传统的常规补强加固方法有粘钢加固法、预应力加固法、外包钢加固法、置换加固法和间接加固法等,随着技术的进步与发展,出现了很多新型加固方法如绕丝加固法、粘贴钢筋加固技术、纤维复合材料加固法等。

伴随着纤维类材料研究的日益广泛,应用于混凝土结构加固的高科技纤维材料也日益增多。高科技纤维材料具有极好的强度、刚度、几乎无腐蚀性和磁性、同时具有较好的耐热性,并可以与其他结构加固的方法同时使用。结构加固工程中常用的纤维品种有:玻璃纤维(GFRP)、碳纤维(CFRP)和芳纶纤维(AFRP)。其中碳纤维材料是应用于工程最早、技术最成熟、用量也最大的一种高科技材料。由于碳纤维具有优异的物理力学性能,良好的黏合性、耐热陛及抗腐蚀性等特点,并且不会增加构件的自重及体积,因而广泛地适用于各种结构类型、结构形状和结构中的各种部位,且不会改变结构形状及不影响结构外观,同时施工方便,工效很高。由于碳纤维补强技术具有以上的优越性,现已广泛应用于桥梁、工业与民用建筑以及特种结构、涵洞等的修复补强工程中,大大延长了已有建、构筑物的使用寿命,是延长结构使用寿命中非常有效的措施。

3.4 对旧有建筑物进行适应性改造

适应性改造即指在保留旧建筑历史特色的前提下使其适应新用途的过程。其目的在于延长建筑的生命周期,或者说给予一建筑多个设计生命周期,以应对建筑承载的社会、文化、经济、技术等方面的需求。国内外旧建筑适应性改造再利用的研究与实践综述对于历史建筑的适应性改造在世界较发达国家和地区已开展了相当长时间,积累了丰富的经验,相关的设计和管理规范和导则也在不断完善。例如美国的室内管理局(The Secretary of the Interior)于 1977 年拟订了指导历史建筑修复和适应性改造的修复标准(The Standards for Rehabilitation),在 1990 年和 1995 年进行了修订。香港的市区重建局(Urban Renewal Authority)旨在通过旧城区重建创造高品质、充满活力的都市生活环境,提出了其工作的 4R 原则(Redevelopment, Rehabilitation, Revitalization, Reservation),即重建、复原、复兴、保存。通过保存历史建筑,修复尚可使用的旧建筑,和在旧城区合理地段与当地社区、商业机构合作,改善基础设施和商业娱乐休闲设施,以及室外环境,以恢复或提升城区活力,延长旧有建筑的生命周期,减少建筑成本,同时节约资源,顺应了可持续发展的主题。

伴随经济的腾飞,国内城市,尤其是大城市的新建建筑量快速增长。大量建筑活动除要花费巨额的财力和人力资,还会对环境造成相当大的负面影响,土地资源的过度消耗,森林面积的逐年减少,土地沙漠化日益严重,使一些城市的生存环境逐渐恶化;同时消耗了大量的不可再生能源如石油、天然气等;建造活动还释放出 CO_2,这是温室气体的主要成分。面对这一严峻的形式,中国作为一个占世界总人口 1/4,且正在飞速发展的大国,不能任由这一问题恶化而不采取有效控制措施。而就土木工程行业而言,减少新建筑量而延长现有建筑的使用周期,是一项应对上述问题的有效措施,也是推广绿色建筑的重要途径。

新城市中存在的数量和面积巨大的老、旧建筑是我们实践可持续发展的一个契机:通过提升其环境表现和功能的技术手段改造,延长结构正常使用寿命,减少新建建筑量,从而减少了资源和能源的消耗,以及对环境的不利影响,达到了土木工程的可持续发展。

4 总 结

我国面临的人口问题和资源短缺问题日益严峻。人类与环境和谐共存的可持续发展将是新时期的主旋律。可持续发展的核心包括有效合理的利用现有资源,降低人类活动对环境的负荷,以及在此基础上改善建成环境。我们认为,现阶段通过延长结构使用寿命来促进土木工程的可持续发展的时机已经成熟,而目前最为重要的是以成功的改造项目向公众展示这种措施的功效,以将这项工作向深度和广度推进,为可持续发展的和谐社会作出贡献。目前我国在这方面已取得了一些成绩,积累了一定的经验,但我国土木工程的设计、施工和理论研究方面的总体水平与发达国家相比还有一定的差距。展望未来,不仅要加强新型结构形式、新型建筑材料、新的技术手段的理论探索和应用研究,更要加强土木工程在结构或构件使用寿命方面的研究,以及土木工程资源节约事业的研究。从多个角度出发增大建筑物的翻新周期,延长其正常工作年限,缓解资源开采的压力,有效地减轻不可再生资源的过度开发和无节制、不合理利用,做到土木工程的可持续发展。

参考文献

[1] 沈祖炎, 李元齐. 促进我国建筑钢结构产业发展的几点思考[J]. 建筑构进展, 2009:41- 46.
[2] 杨静. 建筑材料[M]. 北京: 中国水利水电出版社, 2004.
[3] 刘之洋, 王连广. 钢与混凝土组合结构[M]. 沈阳: 东北大学出版社, 2000.
[4] 赵鸿铁. 钢与混凝土组合结构[M]. 北京: 科学出版社, 2001.
[5] 张光磊. 新型建筑材料[M]. 北京: 中国电力出版社, 2008.
[6] 陈福广. 对墙材革新的战路思考[J]. 新型建筑材料, 2010 (1): 24-27.
[7] 白津夫. “十一五”面临的经济难题:高成长与高成本的矛盾[J]. 中国经济周刊, 2005(40): 22-26.
[8] 邓雪娴. 旧建筑的改造和更新——北京城市建设的新课题[J]. 建筑学报, 1996(3):41-45.
[9] 聂建国. 钢结构凝土组合结构: 原理与实际[M]. 北京: 科学出版社, 2009.
[10] 聂建国. 钢结构凝土组合梁结构: 试验、理论与应用[M]. 北京:科学出版社, 2004.

土木工程可持续发展中的环境、工程、社会问题浅议

——试析旧城保护与开发、工程建设及房价

还向州　张绍文　卢玲玉　盛江民
（苏州科技学院 土木工程学院，江苏 苏州 215000）

摘　要　土木工程面临的最大难题就是如何在工程建设中做到可持续发展。当前我国正处于高速城市化阶段，城市既要面临经济结构和产业结构的调整，又要面临对文化古城的保护，因为，旧城改造势在必行，但对其保护亦相当重要，实现城市现代化与历史文化古城的保护产生矛盾时，应做到旧城改造与保护的和谐统一。城市化的推进离不开建设，建设是一项浩大工程，其技术与管理亦有诸多问题值得研究。城市建设—房地产—房价问题已成为关联十分紧密的工程与社会热点问题。基于此，本文主要围绕旧城的保护与开发展开理性的思考，浅析工程建设及房价问题，给出了解决的思路与办法。

关键词　土木工程；可持续发展；城市化；旧城改造；建设；房价

1　引　言

可持续发展作为当代的重要主题，在土木工程领域中拥有举足轻重的地位，古人强调的“以人为本”，“天人合一”，“不可竭泽而渔”等观念便是可持续发展观的体现。当今社会人口急剧增长，经济发展迅速，农村人口向城市转移和聚集，导致了城市的数量及规模在不断地增加和扩大。随着房地产高速发展，各类工程建设以及房价问题也日益突出，成为时代的热点话题，所有这些在很大程度上左右着土木工程的发展。城市化中的旧城改造与保护又成为城市发展亟待解决的研究热点。

2　旧城改造中的保护

2.1　旧城改造的背景

我国正处于高速城市化阶段，城市的发展日新月异，经济结构和产业结构的调整的任务十分迫切，同时我国地少人多，又面临城市既要发展、又要保护耕地的严峻课题。由于开发过热，以及城市固有土地招拍挂制度的设计极不完善，引发了各地地王频现及房价连续上涨等一系列严重问题。一方面，旧城开发改善了居民居住环境，也提高了旧城区景观质量，旧城区的土地利用率也得到了很大的提高，发展了地区的经济，加快了城市化进程。另一方面，在旧城的改造中，速度太快，规划多变，执行不力，管理失控，长官意志等多种因素造成了许多问题。主要表现在改造处理上，由于受地方财力限制，开发商受利益驱使，而地方政府有关部门又易被开发商左右，导致旧城区的过度开发，而保护明显不足，甚至许多完全没保护，大拆大建占绝大比例，弊端显而易见，相当多的大、中、小城市，以及较大规模的城镇已丧失了原有的风貌，较严重的割断了当地的历史和文脉，使人看不到它的过去，城市无法彰显固有的传统及特色。城市的发展有它的基础，离不开它固有的文化、人文、经济特色，特色是城市的根

与魂。旧城中的古建大致分为三类:名胜古迹与名人故居、古旧商业街及典型民居街坊。从可持续的发展眼光来看,旧城改造不可避免,但破坏性改造只能是败笔,可持续发展的准则不可放弃。

2.2　旧城改造的保护措施

2.2.1　充分研究旧城区的文化,新旧统一,因地制宜

中国的历史悠久,许多城市亦历史悠久,这决定了每个城市都有它固有的特色及文化,且具有很好的历史职能。但是,由于对历史文化价值认识不足,随着城市化的发展,社会对于历史文化遗产的保护乏力,屡屡出现在大规模的城市建设中对历史古城无情地摧残,现在除了极少数的古城以外,大多数已经丧失了历史古城的风貌。从这点上看,在现代化建设的同时,全国全民对历史文化遗产的保护观念都亟待加强。必须将城市现代化建设与旧城保护有机的联系,置于同等重要位置,各地方可以聘请既有丰富专业知识又深刻了解该地方历史、文化的专家做规划,并广泛征求这个城市的主人——广大市民的意见(意见未必很专业,但一定很直接)城市是人民的城市,百姓生活在这个城市里,对城市最有感悟和了解。规划应既考虑旧城的可持续发展,又不约束新城的崛起。在做好有价值的文物、建筑及周边历史性建筑环境保护的同时,协调好新城市的发展。每当在交通、商贸方面的重大城建事项与保护有价值的建筑群或街区出现冲突时,应按保护修缮为主、拆除拆建为辅的原则尽可能的协调。此外,当旧城相对稠密且保护意义重大时则可在城市的发展方向上,将人口向郊区以及开发区转移,既推动城市化进程,又使得新城区的建设与旧城区的保护相得益彰。

2.2.2　以保为主,拆建为辅,适当协调

古城保护,既要保护其形式,也要保护其内涵。实现相互借势,形成相得益彰的优势整合,且修旧如旧,最大限度保护古城风貌的原真性和整体性,才能真正反映和保存一个城市的历史、文化与民生特征。所谓原真性,就是保护它原来真实的东西,在改造过程中,能不动就不动,没有破坏或稍有破坏的建筑不作大的改动,以小修为主,大改动必定有损原风貌,会失去原来的文化内涵,改变它原有的建筑艺术和历史文化本质。须知,整旧如新或拆而后仿不是保护古建筑的良策,古建出新反使得城市缺乏特色,这已经成为不少城市招致国内外专家与游客普遍诟病的根源。所谓整体性,就是不光修房子本身,还应包括其周围环境。在这方面许多人认识有误区,他们往往只关注名人故居或年代久远的建筑本身,而忽视了其周围环境,譬如,某名人故居或著名建筑依托旁边的河或街构成了一道人文或历史风景,就不应该视河或路或街道而不见,让孤立的名居淹没在现代化建设中,以至毫无生气,丧失了文化气息和历史文脉。所以必须让拟保护的古城建筑、街景与其周边的历史环境和氛围共生共荣,才是保护的真谛。

2.2.3　保留生气,传承文化,增强可读性

在旧民居的保护上,应保留原有风貌,不要人为的改变,太过统一必显得单调和失真。从发展的眼光来看,保护旧城区不是单单地保护具有代表性的建筑,否则,实际展现在人们眼前的就是孤立而干瘪的古建筑或名人故居,没有了当地的村、地、街名。失去了主人、隔离了环境的建筑,商业气浓了,但缺乏原建筑的灵魂和生活气息,便割断了建筑的文化与历史。一座古城就必须具有可读性,安徽宏村就是遗产保护具有可读性的例子,宏村完好保存明清民居 140 余幢,当地的村民并没有外迁,只是适当稀释,保持了原来的烟火和生气,只在某些建筑功能上进行了适应现代生活的更新,较好的传承了当地的文化和传统,访客、游人可以深入其中,与村民深入接触,了解其人文、历史,对当地历史文化有

全方位的直观、透彻的感悟。

2.2.4　正确认识，合理改造，充分重视

不是旧的都是受保护的对象，也不是破旧的都是要拆建的对象，对于旧的建筑要有正确的认识，像一些棚户区，它虽比较旧，但不等同于旧城区，旧街坊。棚户是某个时代市民居住条件贫困的写照（除了拍影视剧或作为史料图片功能外），这类不能称其为建筑的简易搭建的棚户自然不需受到保护，对它进行拆除改造是正确的。但对旧城区、旧街坊就不能视为棚户区而推倒重建。不少地方将旧街坊与棚户区混为一谈，皆列入拆除之列，实属无知。在文物保护上，有的城市更看重明清以及久远的建筑，而忽略对民国建筑的保护，这属于对古建认识上的局限性。不同时期的历史遗迹能够在不同的程度上演绎城市发展的路线。如果只重视古代的宏大建筑或近现代的名人故居及历史文物，而对普通民居缺乏保护的意识，这是无知的和不正确的。须知，反映城市建筑历史与人文风貌，大量的是民居，而"名居"与重点文物只不过是满天星空中明亮的几颗。应该说，星星点点的建筑支撑不起城市居住文化的框架，点缀不成历史的痕迹，充其量留下些光斑而已。正如南京大学民国史研究中心主任张宪文所说"南京六朝遗存大多因战火飞灰湮灭，在全国独一无二的就剩下民国建筑了，建筑的年限只是保质期，过期只要保护就能使用，因为历史和艺术是没有年限的"。就从苏州民国建筑来看，如苏州大学红楼、东吴大学老教学楼、章太炎故居、苏州五中、三中等教育、医疗、宗教类的老建筑，这些在中国近代史和建筑史上均有重要的历史地位及研究价值。经验与教训告诉我们，古建筑保护要不遗余力，一旦毁坏，就永远消失、不可再生。除了战争或不可抗力，千万不要再办拆毁真古建、复制假文物的蠢事了。

2.2.5　以修为主，更替为辅，满足需求

对于城市规划中涉及旧城区的部分，不仅仅要倾听专家们客观公正的意见。以古城苏州为例，由于其知名度及上上下下的重视，在城市建设与古城保护方面是为数不多的尚佳城市之一（这种并不多见的案例，也反衬了全国大多数城市的保护不力），它在古建筑保护上做法主要有：

（1）在针对民国旧建筑的整修中，通过精细和适度的修缮，恢复和保持建筑外观风貌，对于承载力普遍不足的竖向墙体承受体系进行重点加固，其中外墙内侧以 8～10 mm 厚的水泥混凝土钢筋网或 4～6 mm 的水泥砂浆钢筋网加固，并与墙体植筋锚固，内墙则以新砌墙体代换，并增设型钢或钢筋混凝土构造柱和楼层圈梁来提高建筑的整体性。当屋面荷载较大时，则以增设钢筋混凝土柱或双槽钢管混凝土柱作为竖向承载构件，以保证墙体安全；在使用功能方面，除了保持原建筑主要特征外，可根据现有使用要求进行功能的增建，以满足新的办公与生活需求。

（2）对于古旧商业店铺或普通民居住宅，修缮措施主要以现有的建筑形式或历史记载的图片为蓝本，外观修旧如旧，内部功能增设并适当出新。譬如，外立面墙体或铺门面如可辨识，则依据真实面貌修补毁损和残缺部分，对木结构主体损坏较严重的，则在力保外墙风貌的前提下，将木结构适当落架修整后重装。在功能上，则增设上下水及供电、消防措施，满足现行规范及使用要求。

这样的保护性修缮或改建，既使具有悠久历史的古城焕发生机、赋予并强化了新的功能，又使城市的历史、文化特征得以延续和传承，应该说这是土木工程可持续发展的成功实践。

3　工程建设的现状与发展未来

我国土木工程的建设成就和建筑材料、结构形式、设计理论等方面的研究与应用现状虽令世人瞩目，但并不均衡，每年土木工程的投资额和房屋建筑竣工面积均居世界首位，高速铁

路和高速公路总里程亦位列世界一、二位,大跨桥梁、超高层建筑、超长隧道、大型深水港建设的技术水平与规模均居世界前列,一大批设计精美、结构复杂、体量宏大的知名建筑如鸟巢、水立方、国家剧院、世博中国馆等等频繁诞生,新的土木材料与新的施工工艺亦屡屡创新。这充分证明我国土木工程发展有广阔的市场和巨大的潜能。发展方向的研究主要应涉及结构形式的研究,新材料、新技术开发与应用,基于可靠度的设计理论的研究等方面,同时应加强土木工程各学科间的交流,促进土木工程的真正可持续发展。

3.1　建筑材料的现状与发展方向

我国现阶段正处于土木工程大发展时期,建筑材料的使用加快了资源、能源的消耗以及环境污染。建筑材料目前年消耗矿产资源近 60 亿,造成的环境污染严重。绿色建材产品和相关标准、评价技术和经济政策等整体水平低,地域发展很不平衡,且品种少、配套性能差,满足不了城市发展和建设“节能省地”建筑的要求。一方面,我国建筑原材料主要是铁矿石、石灰石和黏土类,这些都是不可再生的资源,大量地开采对环境质量造成严重的影响。木材的大量使用会减少林木的蓄积量,降低森林覆盖率,并加速土地沙漠化。另一方面,建材生产中产生的废弃物的堆弃或排放造成了环境污染。建筑施工过程中,大型机械或电加工设备的运用也会对周边环境造成噪音、粉尘和光污染等危害。

为了实现可持续发展的目标,将建筑材料对环境造成的负荷控制在最小限度,需要开发和研究环保建筑材料。目前,国内有关部门已经研究了这方面的课题。其中,“节能型复合墙体与结构材料的研究开发”课题建成了烧结装饰砖、轻质高强专用轻集料和自保温木塑墙板 3 条示范生产线,分别年产烧结装饰砖 6 000 万块、专用轻集料 1 万 m^2 及自保温木塑板材 1 万 m^2。还研发了节能型夹心复合墙体,在解决了夹心墙砌体结构关键技术问题的基础上,制定了首部《烧结装饰多孔砖夹心复合墙砌体结构技术规程》。关于吸声功能涂料的研制和开发,填补了我国吸声涂料领域的空白,为解决人居环境噪声污染提供了性能优异、价格低廉、施工方便的方法。功能型环保墙体与结构材料的研究开发,已经成功完成温致可变材料的研究和涂料配方设计,在热带地区开展了示范工程。对废弃建筑材料,我们应该采取变废为宝的措施。例如,慈善大王陈光标先生的黄埔再生资源公司在回收利用废旧混凝土方面做出了很大业绩,节省了资金、能源,减少了污染。

就新型建筑材料未来发展而言,应注重新型建材在建筑应用方面的研究和开发,研究节能、安全、寿命长的建筑材料,譬如,研究可再生能源装置与建筑一体化产品、外窗遮阳一体化技术和产品、门窗保温通风一体化技术和产品、工厂化节能建筑、用于精密建造的建筑部品部件及与之配套的施工装备与技术,并建立相关的检验认证体系等。

3.2　建筑设计方法变革

在建筑技术及其物品的变革中,技术的进步为人类创造了一次次的辉煌。但是,技术的进步仍旧赶不上时代的步伐,不仅建筑技术的变革需要大力推进,而且围绕建筑的社会性、功能性、经济性方面建筑设计方法的变革亦迫在眉睫。

3.2.1　建筑的社会性

首先,建筑的设计应该是解决社会问题的过程。社会问题要基于实际情况分析,客观理性的抓主要矛盾,用建筑手法更科学地解决或创造新的建筑空间。现阶段我国对城市的规划主要由政府主导,然而政府没有健全的规划制度指标和客观、公正的专业化专家委员会。规划管理受人为因素影响大,城市规划虽由专家制定,但对规划执行的管理和对具体建筑设计的审查,皆由政府规划局管理,缺乏专家委员会的公正,且政府官员执法中的弹性操作,尤其因种种原因迁就开发商的现象屡见不鲜。就房地产而言,我国采用拍卖土地给房地产商的制度,在规划审查上主要审查建筑项目的街景立面、建筑密度、容积率以及绿化率、主要景观、公建设施及建筑防火等指标,尚无法律法规来约束建筑物设计中的户型大小,室内空间的厅室划分、厨卫面积分配、采光、通风、晾晒等功能以至常常出现建筑空间失当,无北窗通风,无挡雨雨篷、深色幕墙影响住户生活等怪象屡屡发生。

充分发挥好建筑的社会性,这对走可持续发展、绿色化道路进行理论和实践方面的研究有积极作用,也是建设资源节约型与环境友好型社会的重要一步。所以应运用社会学的一些基本理论和方法,系统的调查和收集与建筑相关的社会因素和社会数据,旨在预测未来城市发展的规模以及产生的社会影响与社会效益,杜绝一味追求建筑的经济效益而忽略其他基本功能指标的怪象。《绿色建筑评价标准》对绿色建筑的定义是“在建筑的全寿命周期内,最大限度地节约资源(节能、节地、节水、节材)、保护环境和减少污染,为人们提供健康、适用和高效的使用空间及与自然和谐共生的建筑”。由此可见,全面的绿色建筑评价应包括社会性评价,但目前我国关于建筑社会性评价的研究几乎没有展开。

我国目前还普遍存在另一个比较严重的问题,就是房屋的实际使用寿命与建筑的设计使用寿命落差很大。大部分房屋的设计使用寿命一般为50~70年,然而随着城市化进程的加速,大规模的改建与拆建工作如火如荼,房屋实际使用寿命仅为20~30年,造成资源严重浪费,与可持续发展背道而驰。故政府在规划城市建设时应多方面考虑,既要顾及目前经济状况,亦要考虑到未来的城市化发展方向,做到实际性、系统性与理论性的统一。当政府土地财政紧缩时,可通过开源节流,暂时放慢一点城市化进程,从而缓解紧缩状况。同时高度重视转变经济增长方式,通过调整金融(如降低存贷差)税收等政策,使各产业逐步协调发展,最终使财政收入的增长与经济、社会及民主发展的指标同步,达到经济与社会可持续发展。

3.2.2 建筑的功能性

建筑的功能即建筑的使用要求,是决定建筑形式的基本因素,建筑各空间、各功能区的划分及相互间联系方式等,都应该满足建筑全部功能要求。简言之,应满足安全性、耐久性、适用性、抗震性要求。在此,本文就与城市建设乃至土木工程关联度极大的商品房设计建造中存在的问题浅议一二。

商品房设计建造中的确存在一系列问题,包括户型扩大化、供需不平衡、使用不当、质量安全无保障。房地产商受利润驱使偏爱大户型,使得小户型稀缺(因为稀缺,而定价又普遍高于同类较大户型),许多购房者心有余而力不足,常在大小户型间面临两难的选择,而已购较大房型者的居室利用率(在一段时间内)明显不足。房屋空间全部或部分闲置明显,既造成置业者浪费,又是社会房产资源分配明显不公。在我国人多地少,住房资源相当长时间内供应必定较为紧缺,商品房理应以居住功能为主,应该严格约束其投资性,对持有多套房者政府可进行适当回购,减少房屋闲置率,促进资源合理分配,缓解房市紧张。

为了城市土木工程可持续发展,房地产作为与土木工程关联度极大的行业应该受到引导和政策法规的强力约束。譬如,其一,规划理念、环境景观与房屋建筑标准在满足建筑规划要求下,宜适度超前。但建筑的房型设计要适当差异化,但忌崇大、崇洋,应限制(至少不鼓励)年轻人住房一次到位,对个人而言不支持过度透支,对社会而言不支持资源闲置,鼓励市民尤其是年轻人适度消费,并随着年龄和收入的增长分次改善和提高建筑居住水平。其二,房产交易法规也应合理引导消费的调整,应鼓励居民在一生中可分几次重置即逐步改善房产(只要最终持有不超过一套,就可只缴交增置面积的税费,而不是像现行政策中,如房产由小—中—大,要缴交三次房税——哪怕实际只持有一套房产)。在房产未市场化前,全国很多城市都有房产互换大会活动,就为了方便住户调剂或更换房屋(当时只是使用权,但对时下的产权房亦可鼓励和借鉴之)。

3.2.3　建筑的经济性

建筑业作为国民经济发展的重要支柱,既受到经济条件的制约又反作用于经济的发展。将经济性理念融于建筑设计的过程之中,可以有效地控制工程造价,既降低置业成本,又使社会资源得到充分合理的利用,不仅可以带来可观的经济效益,还可以促进国民经济的健康发展。通过对建筑设计阶段所存在的经济性问题的分析,尝试探索与可持续发展思路相一致的经济性理念及原则,以服务于当前的建筑实践,我们需要做到土地、水资源、能源集约化。

3.3　工程建设

3.3.1　提高工程建设项目的科技含量

工程建设项目的实施过程既是劳动密集型活动又是技术密集型活动,而要降低工程建设项目的劳动密集性特征,就只能依靠技术含量的增加,这除了设计水准提高之外,便是现场施工作业过程中的技术水平。譬如,大力推进施工机械的研发,鼓励采用质优价好且环保的建筑材料,加大对控制工程质量与进度有显效的先进施工工艺的研究和实践,推广采用节能、节材、低污染的工具器材和施工方法等等。达到既能促进项目质量、工期和造价的有效控制,又能降低职工的劳动强度。

3.3.2　加强工程项目的文明化管理

关于文明施工,除了技术因素外,便是管理问题。其中首先是施工场地的合理布置,即以基坑为核心,运输道路、大型机械、材料堆场及临时办公与生活设施如何合理布置,达到既方便施工,又节省费用。其次是人员的技术素质,生产生活条件及身心健康问题。人员技术素质,依赖施工的组织管理与培训力度,人员技术素质好,施工质量和效益就高,且能降低事故率。生产生活条件,尤其是劳保条件、工棚居住条件、伙食水准对职工的身体与精神状态至关重要。身心健康主要涉及职工是否有合理的作息时间,休息条件如何,人格是否受到应有尊重,家庭有无大的后顾之忧等。

4　房价问题

我国房价增长过于迅猛,许多经济社会问题都受之制约。本文就房价问题探讨如下。其一,应该改善土地招拍制度,无上限拍卖必然会推高地价,从而推高房价。其二,现在许多商品房都是预售,老百姓买房子,实际买的是期房“图纸”,这对开发商融资有利,却不利于社会对拟开发的房屋质量的监控和开发商对自身产品的质量约束。政府应该采取措施,限制房地产商的销售权和定价权,可仿照政府采购招标一样,由政府的非盈利机构代表社会与市民对拟推向市场的房产项目进行售前价格招标,让合理报价者优先进入市场销售,最终使房价及地价在市场面前趋于理性,行业可持续。此外,要真正地让经济发展转型,既要外扩又要拉动内需,并更大程度上依靠内需,才能使经济发展更加可控和平稳,做到真正意义上的可持续发展。

总的来说,高房价已成了国际国内有目共睹的事实,这既妨碍了国民的消费能力,又影响城市建设乃至土木工程的可持续发展,甚至还严重妨碍政府大力倡导的转变经济增长方式,不利国民经济长期平稳、可持续地发展。国家上上下下已认识到此问题的严重性,并采取了主要靠部分大中城市限购房,同时辅以加快建设保障房的措施,这在一定程度上缓解房价过快上涨和低收入者买房无望的尴尬局面,但冰冻三尺非一日之寒,仅靠此举是不可能彻底解决此难题。要控制房价,又要保持经济不受大的波动。必须全面审视房地产发展中各种失策和失误。本文建议:

(1)控制现有房价。使其逐步平稳缓慢回归到与市民购买力相称且符合国际通行标准的价格水平。

(2)限房价拍地价。规定目前各地房屋的均价或最高价(须上报)均不得突破(并应在近年内逐步地按一定百分比有所下降),将其列为各地政府的施政目标之一,通过几年努力,待房价合理回归后,才可以低于 CPI 指标的幅度有所变动。

(3)合理安抚自住型先购房者的房产价值缩水问题。缩水部分从政府地价中做出一定补偿,亦可以行政手段协调原项目的开发商(如未倒闭),从先期利润中按政府补偿的相近幅度匹配、反哺当初的购房者(亦是利润贡献者),这样,既安抚了先购者又稳定了待购者,真正有利于社会的稳定与和谐。

(4)政府必须强有力的控制房地产的利润率。并强制第三方审计,控制房产商不当得利,也避免其他行业因为房市的高利润一哄而上,趋之若鹜,不利于经济的均衡发展。事实证明,房地产不同于其他行业,完全依靠市场是不可能有序发展的,在法规未健全以前必须有强力的多方位的调控,才能使市场逐步完善和成熟。

(5)继续加大限购力度(需区别年龄、户籍、人口、工作状况等),展开商品房持有状况清查。明确商品房只供自住,在一定时期禁止投资,对超量持有商品房者,第二套课税,第三套除课税外,明确告知此类房屋虽产权归己,但不可自行交易,如交易只能向政府的非盈利代理机构合理(可按购买价+适当利息)回购。但操作时只登记,不交易,采用向市场挂牌,待有实际买家时,才按指导价办理交易过户,这样可清理出大量空置房源,且打击了违法官员的腐败和市场投机行为,对稳定房市十分有用。房市稳,则城建稳,才有土木工程发展的可持续。

(6)加快完善政策、法规制定,且征求民意。法规条款可按大中小城市统一拟,量化指标仅给对应城市适量选择空间,绝不能国家定大框,省里定细则,市里、县里再细则,房市证明此法看似灵活,实际效果不佳。

5 结　论

(1)在城市规划与旧城保护的过程中应充分尊重科学与技术,各行业主管部门(从上到下)应严格职业操守,公正执法。既不准政府官员横加干预,更不容开发商肆意游说,严格按规划要求管理建设活动,执法必严,违法必究,并适时接受上级行业管理部门及的督查,切实尊重人大、政协部门的权威。

(2)就土木工程的发展看,国家应加强对建筑科技研发的支持力度,支持产学研联合攻关,加强材料、技术与工艺的研究,加强工程法规与技术规程的制定,加强建设工程市场管理,严把工程质量检查控制关,清理施工单位无证挂靠,层层转包的顽症,从根本上扭转土木工程行业的腐败多发现象。

(3)严格调控房价,采取各种措施逐步将房价调至百姓可接受的合理价位,才能使房市真正稳定,要谨防以防止房价大起大落为借口,阻碍房价调控。房价今朝防大落,当初何不防大起?调控机遇切不能一失再失。只有房市稳,经济稳,人心稳,才有土木工程可持续发展的社会大环境。

参考文献

[1] 耿宏兵. 90 年代中国大城市旧城更新若干特征浅析[J]. 城市规划, 1999 (7): 28-30.

[2] 文国玮. 整治与更新, 净化与进化 谈当前旧城改造[J]. 规划师, 1999(3): 23-25.

[3] 李百战, 何天祺. 绿色建筑概论[M]. 北京: 化学工业出版社, 2007.

浅谈土木工程的可持续发展

王　笑
（哈尔滨工业大学 土木工程学院，黑龙江 哈尔滨 150090）

摘　要　可持续发展的核心是发展，但要求在保持资源和环境永续利用的前提下实现经济和社会的发展。在当前社会经济发展的进程中，环境的不断恶化，资源的不断消耗，让人们越来越意识到可持续发展的重要性和必要性。土木工程作为人类改造自然环境、满足自身生存发展需要的一种方式，随着其不断的发展，已成为现代文明和社会经济发展的重要支柱。在土木工程建设当中，涉及到各个部门，需要处理人与环境、资源的各项关系。因此，处理好上述关系，做到绿色可持续显得尤为重要。要想实现人类社会经济的可持续发展，必须要实现土木工程的可持续发展。

关键词　土木工程；可持续发展；资源；环境

1　引　言

“可持续发展”（Sustainable Development）是指在“不损害未来一代需求的前提下，满足当前一代人的需求”。换句话说，可持续发展就是指经济、社会、资源和环境保护协调发展，既要达到发展经济的目的，又要保护好人类赖以生存的大气、淡水、海洋、土地和森林等自然资源和环境，使子孙后代能够永续发展和安居乐业。可持续发展的核心是发展，但要求在保持资源和环境永续利用的前提下实现经济和社会的发展。在当前社会经济发展的进程中，环境的不断恶化，资源的不断消耗，让人们越来越意识到可持续发展的重要性和必要性。

土木工程作为人类改造自然环境、满足自身生存发展需要的一种方式，随着其不断的发展，已成为现代文明和社会经济发展的重要支柱。在土木工程建设当中，涉及到各个部门，需要处理人与环境、资源的各项关系。因此，处理好上述关系，做到绿色可持续显得尤为重要。

2　土木工程设计阶段可持续发展思想的体现

2.1　环境友好的规划设计

在设计方案的选择过程中，除了要满足基本的技术标准以外，还要充分考虑周围的环境。既要考虑周围的生态、地理、人文环境特征，营造舒适健康的人居环境，又要注意建筑功能与生态系统的良好循环，保证生活垃圾或者工业三废的无害化处理。良好环境的选择与维持，有利于提高建筑工程的使用寿命，增强对周围环境的适应和资源的有效利用。

2.2　经济安全可持续的土木工程结构

结构的可持续性体现在结构的高性能和长寿命两个方面。高性能和长寿命结构具有较好的耐久性、较好的抗灾性能、较好的鲁棒性，可以有效抵御各种灾害和长期环境及荷载作用，延长结构的服役寿命，减少资源的消耗和对环境的不利影响,称之为可持续性的土木工程结构。

对于可能遭受地震的地区,工程中可选择在结构中增设圈梁等措施提高结构的整体性和抗灾性能。对于要承受雨水、冰雪等侵蚀的结构可以考虑使用有较高耐久性能的材料作为结构的主要材料,以延长结构的使用寿命。以及正在研究当中的诸如自恢复抗震结构体系等新型结构体系,都有利于实现土木工程结构体系的可持续。

2.3 环保节能可循环的土木工程材料

土木工程材料是土木工程建设的基石。在高科技推动下诞生的新型的高性能、绿色建材,为土木工程可持续发展提供了可能。

一是广泛利用的混凝土。传统混凝土的制备过程要消耗大量的水泥、沙、石等不可再生资源。而再生混凝土、高性能混凝土的研究开发,为建筑材料的循环利用找到了新的解决方案。二是高性能、高强度为结构节省了钢材用量,同时为结构抗震、抗腐蚀提供了保障。三是其他具有各种优点的功能材料,显著提高了实现结构的耐久可持续的可能。

3 土木工程施工阶段可持续发展措施的实施

3.1 先进的施工工艺

土木工程建设中,传统的施工方法对环境有一定的破坏,材料利用率也不高。如在浇筑工程中需采用木模板等,极大的消耗了资源。在现代土木工程中,选用先进的施工方法。例如,施工中挖掘地面土壤,转运砂、石、水泥等建造材料时产生的扬灰和粉尘,造成大气粉尘污染;设备的安装、运行及转运造成的噪音污染;施工过程中的建造和拆除所产生的废弃物占填埋废弃物总量的较大比重;施工运输会与工地附近或经过工地的交通发生冲突,等等。而具有可持续发展思想的施工过程,将采取积极有效的措施,避免、缓解或减小施工过程中对生态环境的各种影响。

3.2 严格的工程管理

形成科学的管理与监督机制。除制订施工项目管理目标,规划实施项目目标的组织、程序和落实责任外,在项目管理过程中贯彻执行:施工过程中尽可能减少场地干扰;提高资源和材料的利用效率,增加材料的回收和再利用;人员和设备的合理统筹等。

3.3 深入的宣传教育

在项目建设的全过程中,对施工阶段的可持续发展更加缺乏重视,而对绿色施工意识的加强,离不开生态环保意识的加强。在基础教育中,应进一步提高公众的绿色环保意识;在继续教育中使工程建设各方正确全面理解绿色施工,充分认识绿色施工的重要性;强化建筑工人教育,提高建筑企业职工素质,承包商进行有利于可持续的行为方面的教育,并使其从中受益。

4 土木工程维护阶段可持续发展技术的利用

4.1 积极的监测与诊断

土木工程结构在长期服役过程中不可避免地因极端灾害作用和长期载荷与环境作用产生累积损伤。采用监测技术可以时时监测结构上的荷载、环境、响应和性能,评价结构性能,并科学合理地修复其损伤,从而延长结构的服役寿命,降低资源的消耗和维修的成本 ,实现土木工程结构的可持续性。

4.2 及时的保养与修缮

对于一个完整的结构体系,在进行监测的过程中,一旦发现问题,要进行及时的处理。运用一些材料进行修复,延长结构的寿命,达到可持续发展的目的。

4 结　语

土木工程作为人类社会的千秋大业,与人类生活息息相关。要想实现人类社会经济的可持续发展,必须要实现土木工程的可持续发展。在科技不断进步,人们的可持续发展观念不断提升的当下,随着新技术、新材料的出现,土木工程的可持续发展一定会做得越来越好。

参考文献

[1]李惠, 关新春, 郭安薪,等. 可持续土木工程结构的若干科学问题与实现技术途径[J]. 防灾减灾工程学报, 2010(30):22-26.
[2]杨茹, 周波, 秦振涛. 土木工程的可持续发展研究[J]. 生态经济,2010(8):125-128.
[3]王小峰. 浅谈土木工程中的绿色施工和可持续发展[J]. 淮海工学院学报, 2010, 8(6):41-45.

创新成果

住建部高等学校土木工程学科专业指导委员会
本科生优秀创新实践成果一等奖候选项目名单

序号	成果名称	完成人	入学时间	完成单位
1	冯鹏大战混凝土	蔡亚庆	2008.9	清华大学
2	给水管网自动控制监控系统	马腾远	2008.9	河海大学
3	新型绘图仪器	薛荣军	2008.9	河海大学
4	预拌砂浆检测新技术的实验研究	朱磊	2008.9	华南理工大学
5	水利水电工程三维地质建模仿真技术研究	王璐	2009.9	中南大学
6	屋顶与墙体绿化对建筑节能的作用	裴陆杰	2010.9	同济大学
7	一种高耐久性永久性模板的研制	黄博滔	2008.9	浙江大学
8	高层建筑局部楼层多阶段隔震技术及其性能研究	高东奇	2009.9	同济大学
9	粉煤灰加气混凝土砌块作外墙自保温墙体材料系统措施研究	郭江	2008.9	中国矿业大学
10	基于地铁隧道消防设备的绿色活塞风能利用系统	简立	2009.9	清华大学
11	碳纳米管负载型光催化水泥基材料研究	江帆	2008.9	浙江大学
12	低碳节能的新型生土建筑结构体系	杨谦	2009.9	北京建筑工程学院
13	压力分散型锚索承载板后锚固体破坏机制试验研究	黎亮	2008.9	重庆大学
14	基于相变控温设计的梯度功能混凝土路面结构及模型	唐斌璨	2010.9	长沙理工大学
15	薄壁加劲风力发电机塔筒性能分析	唐松	2009.9	哈尔滨工业大学
16	网架结构安装应力对极限承载力试验影响研究	丁占华	2009.9	武汉大学
17	加筋土挡墙设计及模型试验研究	袁茂林	2009.9	青岛理工大学
18	建筑结构抗震振动台模拟试验研究	梁笑天	2008.9	北京交通大学

冯鹏大战混凝土

项目所在单位:清华大学土木工程与建设管理系
项目第一完成人:蔡亚庆
项目组成员:蔡亚庆　陈虹宇　康　历
指导老师:冯　鹏　副教授

1　成果综述

《冯鹏大战混凝土》是同学们在《混凝土结构》课上以授课老师为主角,结合了所学的主要混凝土知识制作的闯关型游戏。

该游戏共分为四关:流沙河,断肠崖,冰火岛,绝情谷。四关分别对应了混凝土四种不同的受力情况:抗弯,抗拉,抗压,偏心压。每一关中,闯关者可以选择 C20 到 C50 四类混凝土,HPB235、HRB335、HRB400 三类钢筋,混凝土的截面以及钢筋的多少和截面等参数。然而,这种选择并不是完全自由的。该游戏以所用材料的成本为约束条件,要求闯关者花费在总成本之内完成所有四关的闯关任务。同时,每一关结束时会对闯关者选择的材料的使用效率进行打分,即对闯关结果,材料使用多少,是否超筋等情况进行评价。视闯关者的完成水平,游戏对应着多种不同结局。

在学习《混凝土结构》这门课程中,学生们被要求利用所学知识完成一个有利于混凝土教学的大作业。

该组同学最初计划制作一个展示混凝土试验的教学软件。但是,在录制完试验视频,开始讨论软件制作时,同学们又觉得这个软件所涉及的混凝土知识内容太少,比较死板,对学生们没有太大吸引力。于是,他们开始思考制作一个能全面概括本学期所学混凝土结构知识的,能主动吸引学生使用并能因此让学生对混凝土知识的掌握有切实提高的软件。

受到网络上流行的过关类小游戏的影响,为了涵盖混凝土课程的主要内容,同学们决定设计一个闯关类游戏,以混凝土的主要受力状态分类。每一关的结果当然只有两个:过关与失败。如果没有约束,尽可能多地使用混凝土与钢筋,一定可以过关。这样,对材料的约束变得极为重要。同学们先是思考了提供混凝土与钢筋的“百宝箱”。“百宝箱”里有各种型号的材料,材料随用随少。这种约束使游戏变成了简单的选择正确答案型游戏,游戏可玩性不高。

考虑到自身的工程管理背景,同学们试图加入结构以外的约束。工程实施中的主要约束不外乎时间、成本与质量。从时间考虑,可以把游戏编程为计时类游戏。但是制作者不想给初玩者施加太大压力,取消了时间约束。接下来是成本,每种类型的材料成本都有所不同。如果像实际工程项目一样,设定一个总成本,那么花费在总成本之内便是一个符合实际的约束条件。最后是质量。是否过关已经对每关的完成质量作出了判断,成本花费多少又对经济性进行了评价。于是,此处的质量,同学们决定利用是否过关,所用材料成本以及是否有超筋情况几个因素进行打分。

至此,该游戏的雏形已经形成。在游戏的制作过程中,同学们先根据混凝土结构知识,写好混凝土各类受力情况下的算法。根据游戏使用者输入的几种参数,进行几次计算和判断,最后得出是否通关,所用成本及得分情况。之后,把算法写成 flash 软件里的脚本。同时,设计游戏的面向使用者的界面,包括闯关地图、每关场景、结局场景等。在确定的游戏主人公的体重后,制作者们自己计算出了一套较优解,并在半成的游戏中试用通过。以此解所需的材料成本再进行一定扩大作为总成本,并以此解计算用户得分。最终,制作者们进行了多次试玩、再优化的过程,游戏最终完成。游戏界面如图 1、图 2 所示。

图 1 游戏界面(Ⅰ)

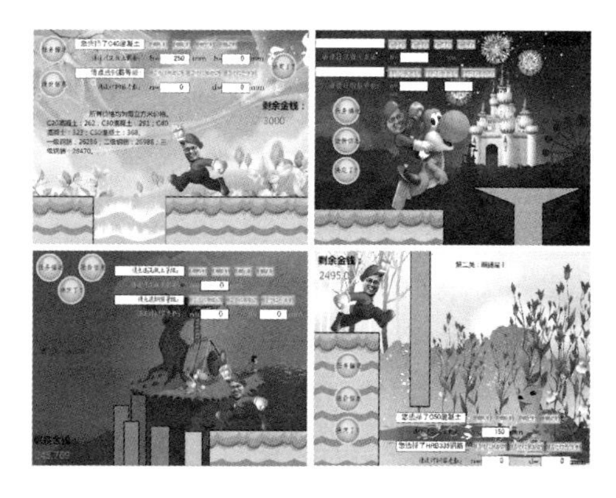

图 2 游戏界面(Ⅱ)

该游戏涵盖了混凝土结构的基础知识,利用闯关游戏激发了学生们的学习兴趣,很快在系内外吸引了同学,甚至校友的积极使用,并赢得了老师们的好评。

游戏的首次推出是在混凝土课程大作业的答辩会上,游戏主人公冯鹏老师两次试玩最终到达了第二关,引起台下一片的笑声和鼓掌声,老师和同学们都跃跃欲试。几天后,游戏在冯老师的主页上进行公布,即刻引起了校内同学的追捧,社交网站上随处可见对游戏的讨论与评论。

孔郁斐 :其实用书上例题的结果就能过第一关
4分钟前 收起回复 | 转发

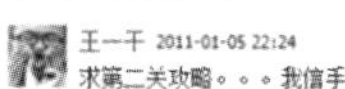
王一千 2011-01-05 22:24
求第二关攻略。。。我信手乱填 钱都要用光了还是摔死了fp。。。我压力大 回复

云达 :打开有点慢。。学弟学妹果然给力。但是貌似有bug,即使高10m的梁配10000根r10的钢筋仍然要摔死冯老师……马萨卡你们在报仇呢???转自蔡亚庆

蔡亚庆 :嘻嘻 1.0beta版 FP大战混凝土~
http://www.fengpeng.net/teaching/game1.0.swf

23分钟前 收起回复 | 转发

金烨 2011-01-05 22:10
超筋了吧~ 回复

云达 2011-01-05 22:16
回复金烨: 反正怎么都要挂的 回复

蔡亚庆 2011-01-05 22:26
超预算了就会挂

孔郁斐 :题里并没有给荷载和跨度啊?~转自蔡亚庆

蔡亚庆 :嘻嘻 1.0beta版 FP大战混凝土~
http://www.fengpeng.net/teaching/game1.0.swf

28分钟前 收起回复 | 转发

孔郁斐 2011-01-05 22:04
给了的,在任务描述里面…… 回复

张文言 2011-01-05 22:07
回复孔郁斐: 菜 回复

张文言 2011-01-05 22:07
回复孔郁斐: 你玩到第几关? 回复

孔郁斐 2011-01-05 22:10
回复张文言: 求第一关参数 回复

张文言 2011-01-05 22:10
回复孔郁斐: 不会 回复

陈荣清 :这个略显犀利了。。转自王一千: 转自邓开来: 强大啊~! 转自蔡亚庆

蔡亚庆 :嘻嘻 1.0beta版 FP大战混凝土~
http://www.fengpeng.net/teaching/game1.0.swf

15分钟前 收起回复 | 转发

张渤钰 :转自宁晓旭: 转自王一千: 转自邓开来: 强大啊~! 转自蔡亚庆

蔡亚庆 :嘻嘻 1.0beta版 FP大战混凝土~
http://www.fengpeng.net/teaching/game1.0.swf

盖靖元 :第一关都过不去……转自邱辰: 转自蔡亚庆

蔡亚庆 :嘻嘻 1.0beta版 FP大战混凝土~
http://www.fengpeng.net/teaching/game1.0.swf

41分钟前 收起回复 | 转发

杨雯莉 2011-01-06 00:04
我第一关过啦~~~~~~~~~ 回复

李傻傻Nathan 2011-01-06 00:04
"你是北大的吧?" 回复

王骞 2011-01-06 00:06
回复杨雯莉: 看来你的运气不错…… 回复

盖靖元 2011-01-06 00:08
回复杨雯莉: 你咋蒙的 回复

盖靖元 2011-01-06 00:08
回复李傻傻Nathan: 低调…… 回复

杨雯莉 2011-01-06 00:09
回复盖靖元: 哇哈哈哈哈~~就是猜的呀~~~不过第二关就跪了。。。 回复

盖靖元 2011-01-06 00:09
回复杨雯莉: 钢筋系数是啥都不知道啊……都不知道应该是那个数量级的 回

2 成果意义

该游戏旨在为拥有混凝土结构基础知识的学生们提供复习、巩固的机会。为了顺利闯关并获得较高的分数，同学们要进行不断的计算和判断。由于游戏考虑了材料成本，使得同学们的设计合理而经济，更加切合实际。

广东工业大学研究生课程《高等钢筋混凝土》以该游戏为课外作业，成功地使研究生们温习和回顾了混凝土知识，以便展开更高层次的理论和知识学习，并且激发了研究生们探索混凝土结构相关问题的兴趣。在应用中，同学们认为该游戏形式“时髦”，寓教于乐，重视理论与实践的结合，处处提醒学生们注意结构上的安全与经济的优化问题。

该游戏甚至引起了一些土木工程专业的校友的兴趣。一位工作多年的一级注册结构工程师称，该游戏让他重温了混凝土最基本的理念，同时摆脱了固定思维，进行合理而经济适用的设计。

新型绘图仪器

项目所在单位:河海大学土木与交通学院
项目第一完成人:薛荣军
项目组成员:薛荣军
指导老师:娄保东　高级工程师

1　成果内容

两套新型绘图仪器:

(1)可手工绘制多种工程制图符号的多功能绘图仪器;

(2)结合圆规、平行线绘制器和量角器等多功能的新型手工绘图仪器。

2　技术思路

目前的手工制图人员,特别是大学生在手工绘图时所花大部分的时间往往并非在思考图形的构思上,而是过多地浪费在图形的绘制上。由此出现了绘图时间长、完成作业量少、画平行线精确度不高、描绘制图符号不美观等问题,很可能会导致很大的绘图误差,使得绘制的图形与实际相差很大,进而阻碍了学生绘图的进一步思考,在一定程度上影响了学生的学习效率。

多功能绘图仪器针对现有手工绘图仪器精度和准确度的不足以及效率低等问题,提出一种将量角器、多种工程制图符号和平行线绘制仪器等多种功能集合为一体的新型绘图仪器。

新型手工绘图仪器针对传统手工绘图仪器功能单一,携带不方便等问题,提出了一种将圆规、平行线绘制和量角器等功能结合为一体的新型绘图仪器。

3　实施过程

新型绘图仪器是针对大学生绘图过程中制图时间长、完成作业量少、画平行线精确度不高、描绘制图符号不美观等问题,而试图创作出一种新型绘图仪器,从而解决以上问题。

对于绘图过程中,绘制一些符号不够美观和标准等问题,本人进行了多功能绘图仪器这一新型绘图仪器的创作。多功能绘图仪器的主要功能如图 1 所示,其中仿宋体练习格、涂卡器、尺寸标注格和投影绘图器等直接用铅笔在镂空处绘图即可。量角器为传统量角器,直接用传统方法量取即可。加长尺应用时应以主尺为基准从右方旋转附加尺至水平位置起到加长作用。平行线绘图器绘图时应将底边与所要被平行的线重合,推动滑竿沿滑槽滑动,在需要的地方绘制平行线。

此外,本人还对多功能绘图仪器的材料进行了精心的选择,最终选用了聚丙烯 PP 材料,这种材料材质柔软,绘图完成后使用者可以将多功能绘图仪器卷成筒状,并用两个合适的盖子盖上,里面用来装一些其他绘图工具,例如:铅笔、橡皮等。不仅节约了多功能绘图仪器的占用空间,而且还有效低将其他绘图工具有机地放在了一起,有效地避免了绘图时遗忘绘图工具等现象。

对于现有手工绘图仪器功能单一,携带不方便等问题,本人又进行了手工绘图仪器这一新型绘图仪器的创作。如图 2 所示,多

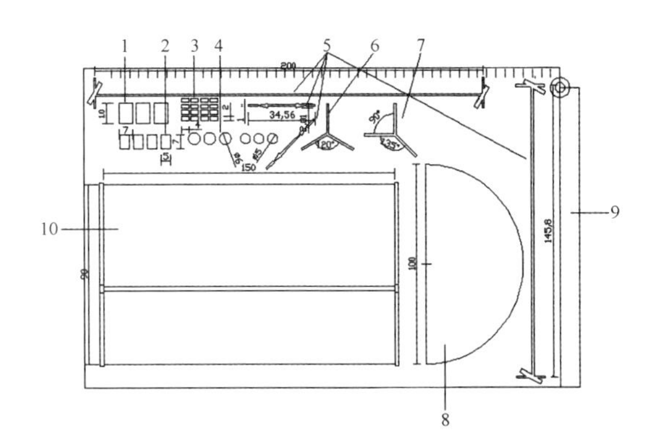

图 1　多功能绘图仪器

1—10 号仿宋体练习格；2—7 号仿宋体练习格；3、4—考试涂卡器；5—尺寸标注格；6—正等侧投影绘图器；7—斜二侧投影绘图器；8—量角器；9—加长尺；10—平行线绘图器

功能绘图仪器主要的功能有：量角器、平行线绘图器、圆规。其中使用量角器时，应将两圆规腿与所要量取的角的两边相互重合，夹角从圆规上直接读取。平行线绘图器绘图时，应将圆规的两个圆规腿旋转到同向位置处，此时两只圆规腿恰好在水平滑槽内滑动，进而绘制平行线。圆规是利用圆规腿在量角器之间时起到圆规的效果，进行画圆与画弧的绘制功能。

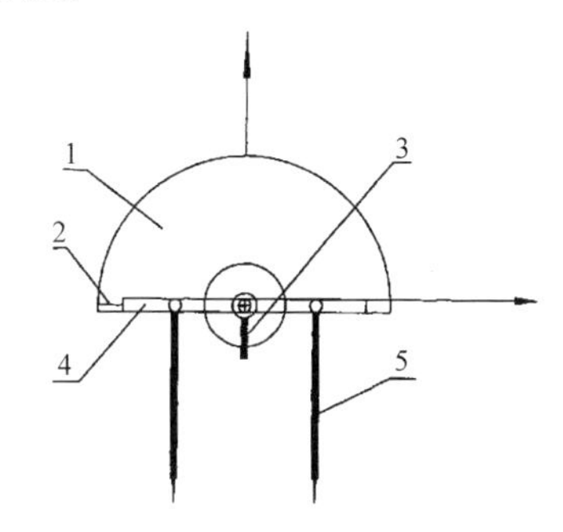

图 2　手工绘图仪器

1—量角器；2—平行线绘图器；3—圆规；4—水平滑槽；5—圆规腿

4　创新之处

多功能绘图仪器可以提高绘图的准确度与精确度。多功能绘图仪器带有 10 号和 7 号仿宋体练习格、考试涂卡器、尺寸标注格、正等侧投影绘图器、斜二侧投影绘图器、量角器和加长尺等多种功能，并且还可以绘制以往制图尺所不能完成的平行线的绘制，功能齐全满足工程制图符号的绘制的要求。

手工绘图仪器解决了传统绘图仪器功能单一，携带不方便等问题，提高了该新型仪器的实用性。手工绘图仪器结合了圆规、平行线绘制和量角器等功能，可以很方便地绘制弧线和平行线。

两种新型绘图仪器采用的材料绝大部分采用聚丙烯 PP 材料。该材料是一种高密度，无侧链，高结晶的线性聚合物。还是一种半透明，半结晶的热塑性材料。具有高强度，且绝缘性好，密度小。它的耐疲劳性和润滑性是其他材料无法相比的。这样就去除了传统尺的易磨，易损坏，耐磨性差等问题。新型绘图仪器结构简单实用，成本低，应用性广阔，满足市场的迫切需求。

5　成果意义

本项目研究的新型绘图仪器可提高绘图人员手工制图的工作效率。新型的绘图仪器是多功能的工程制图仪器，把过去多种制图尺的功能合多为一，增强了绘图人员携带和使用的方便性。新型的绘图仪器可以解决绘图员手工绘图效率低，绘图误差大等问题。

手工绘图尺在绘图过程中注重细节，可以精确的表达标注尺寸。由此可以解决制图时间长，完成作业量少，画平行线精确度不高，描绘一些符号不美观等问题，提高制图人员的工作效率。

多功能绘图尺结合了量角器、平行线绘图器、圆规等多种绘图仪器。但是这些绘图器材并不是简单的堆积，它们之间是可以相互转化的。而且使用方便、体积较小、携带轻盈，方便绘图人员手工绘制工程图。

预拌砂浆检测新技术的实验研究

项目所在单位:华南理工大学土木与交通学院
项目第一完成人:朱　磊
项目组成员:朱　磊　陈彬彬　彭程纬　罗　彦　杨　铮　彭启东　巩晓健
王　冠　马乔宇　刘光爽　何宇航　刘烨昊　黎奋辉　林远东
指导老师:郭文瑛　讲师　杨医博　副教授　王恒昌　助理实验师

1　成果综述

1.1　成果内容

砂浆是建筑工程中用量最大、用途最广的建筑材料之一。预拌砂浆具有搅拌均匀、质量稳定、品种多样、节能环保等优点,能满足人们不断提高的施工效率、环境保护及建筑质量的要求,有广阔的应用前景。由于预拌砂浆的生产工艺、掺合料、存放条件等因素均与现场拌制砂浆不同,以及现行规范中预拌砂浆基本性能的检测方法基本沿用了传统砂浆的检测方法,所以完全采用检测现场拌制砂浆的试验标准来检测预拌砂浆的质量显然并不适宜。

针对现行标准不适应预拌砂浆的性能测试问题,参考现行标准中的检测方法,对预拌砂浆粘结强度、抗压强度和抗渗性能的检测方法进行研究。通过大量的实验研究,提出了"8"字模法用于测试砂浆的拉伸粘结强度,方法简单快捷,且数据离散性较小。提出了玻璃管法用于测试抹灰砂浆的抗渗性能,接近砂浆的实际应用环境,得到实验结果可靠。钻孔法可用于现场检测抹灰砂浆粘结强度,方法操作简单,得到实验数据可靠。切片法可用于现场检测砌筑砂浆粘结强度,得到砂浆与墙材间的真实粘结力。并对抗压强度实验和射钉实验数据回归分析得到适用于广东地区预拌砂浆的测强曲线。

1.2　技术思路

在研究过程中,分别针对砂浆的不同性能,同时研究砂浆性能的实验室检测方法和现场检测方法,并在试验过程中不断完善各种检测方法。

对于砂浆粘结强度:现行标准中实验室检测方法是参考瓷砖胶粘剂的方法,但在实验中发现,采用该方法无法得到真实的砂浆粘结强度,借鉴于环氧树脂砂浆的检测方法,提出"8"字模法用于检测砂浆粘结性能。砌筑砂浆粘结强度的现场检测方法同样存在检测方法不易粘结牢固,测效率低等问题,提出采用切片法检测砌筑砂浆的粘结强度。抹灰砂浆粘结强度的现场检测方法同样参考瓷砖胶粘剂的方法,同样存在无法得到真实砂浆粘结强度的问题,通过自行设计的夹具检测抹灰砂浆的粘结强度。

对于砂浆抗压强度:现行规范中的贯入法检测砂浆抗压强度回归曲线是通过对传统砂浆进行试验得到的,它适用于强度在M0.4～M16之间的水泥石灰混合砂浆或水泥砂浆的强度检测,但并不适用于预拌砂浆。通过实验室抗压强度值与贯入深度的回归分析,得到适用于广东地区预拌砂浆的测强曲线。

对于砂浆抗渗性能：现行标准中检测砂浆的抗渗性是在压力水的条件下进行的，但在实际使用中水是在无压力的情况下渗透的，该方法不适用于评价砂浆的抗渗性能，提出玻璃管法检测砂浆抗渗性。

1.3 实施过程

1.3.1 实验方案

本研究所用砂浆有两类，一类是自行设计配合比配置的砂浆，另一种是从市场上购买的砂浆。

(1)成型方法

砂浆搅拌采用砂浆搅拌机进行，搅拌4 min，停5 min，再搅拌1 min。

砂浆试块抗压强度成型用70.7 mm×70.7 mm×70.7 mm的钢模。试件带模室温养护1 d后拆模，再分别进行标准养护和室温同条件养护。

实体试块的成型参照实际工程中的砂浆抹灰工艺，并根据实验室的基本条件设计。实体试验分为灰砂砖和加气混凝土两类。

加气混凝土砌筑试件成型方法(图1)：将三块100 mm厚加气混凝土砌块并排放好，四周设置高出砌块10 mm多一点的围护，将拌好的砂浆均匀地抹在砌块表面并刮平整，砂浆厚度与四周围护平齐。然后将三块加气混凝土分开，分别在砂浆上面再放上一块100 mm厚的加气混凝土砌块，轻轻敲击表面至砂浆厚度为1 cm，刮除溢出的砂浆后再移至养护地点，再压重一块200 mm厚的加气混凝土砌块。为模拟不同砌筑高度的影响，还进行了不同压重(分别为0、1、3、5块砌块)的试验。灰砂砖砌体试件砌筑方法相似，压重为4块灰砂砖。

加气混凝土抹灰试件成型方法(图2)：前期取4块标准加气混凝土块，在其一条长边边缘抹厚度为10 mm，宽为40～50 mm的长条(类似于实际抹灰工程中的标筋)，待其凝结硬化作为模具。抹灰时将加气混凝土及模板置于水平地板上，将加气混凝土置于4块模具中间，有长条砂浆的边靠向加气混凝土，然后夹紧，形成一个厚度为10 mm的边框，然后将拌好的砂浆均匀抹于加气混凝土上，沿框架边缘刮平、搓毛，完成后置于室温养护。灰砂砖的抹灰方法与其类似。

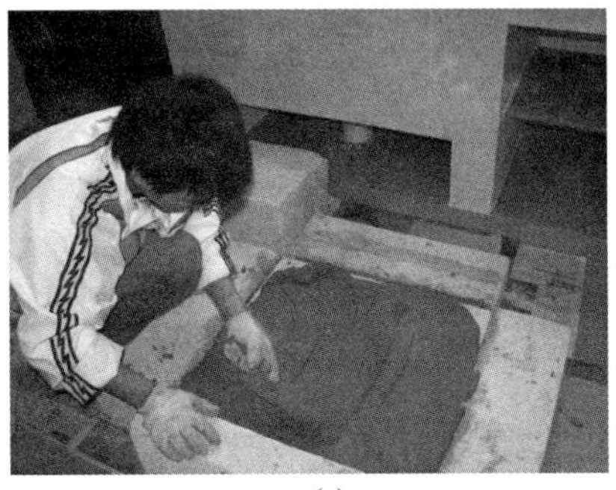

(a)

(b)

图1 砌筑试件制备

(2) 养护方法

考虑到实际工程的施工条件，本试验中的立方体标准试件分为两部分，一半置于养护箱进行标准养护，另一半置于室温环境养护。

本试验中的全部实体试件置于室温环境养护，灰砂砖与加气混凝土砌块在抹灰前不浇水，养护过程中也不洒水，进行无水养护，实体试件的成型与养护条件比实际施工条件更为苛刻。

(3) 稠度

根据普通抹灰砂浆的实际应用中所需稠度，确定预拌砂浆的稠度要求为90～100 mm。

(a)

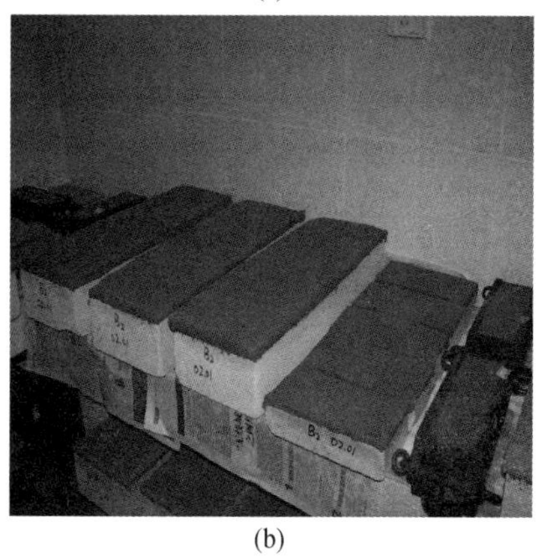

(b)

图 2　实体试件成型及养护

(4) 测试项目

自制或购买不同种类的砂浆,共 110 多种,对砂浆的稠度、表观密度、保水率等基本性能进行测试,并按标准方法和自行设计方法检测砂浆的粘结强度、抗压强度和抗渗性能。

1.3.2　"8"字模法检测拉伸粘结强度

(1)实验步骤

按下列步骤进行拉伸粘结强度测试:

①基底水泥砂浆制备;

②当水泥砂浆强度试件达到一定值后,将试件从中间截断;

③将半个水泥砂浆块放入"8"字模具中,另一半填入待检测砂浆,在室温下养护;

④养护至规定龄期后进行拉伸粘结强度测试。

(2)实验结果

对 42 组砂浆分别按标准方法和"8"字模法进行拉伸粘结强度测试,两种方法下的试件破坏情况如图 3 所示。

(a)

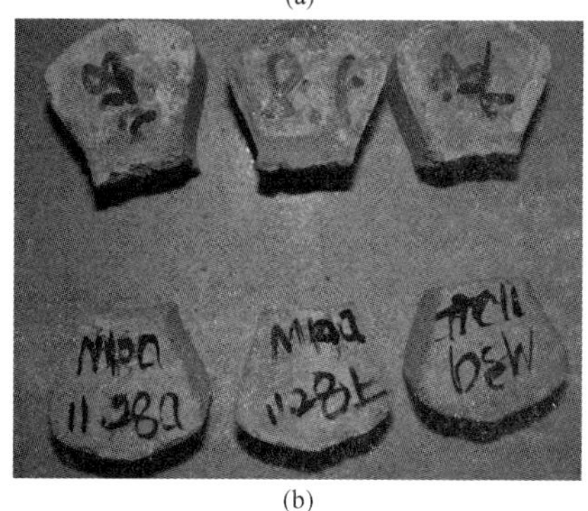

(b)

图 3　两种拉伸粘结强度实验方法检测时砂浆破坏情况对比

采用现有方法进行拉伸粘结强度试验时,大多数试件是在预拌砂浆与环氧树脂黏合剂的界面处拉开[如图 3(a)所示,试验数据 380 个,其中该类型的数据 371 个,占全部数据的 97.63%],而不是在预拌砂浆与基底砂浆的粘结界面处拉开,因而实际测得数据是预拌砂浆与环氧树脂黏合剂之间的粘结强度,并非预拌砂浆与基底砂浆的真实拉伸粘结强度。

采用"8"字模法进行拉伸粘结强度时,大多数试件在预拌砂浆与基底砂浆的粘结面处拉开[如图 3(b)所示,试验数据 194 个,其中该类型数据 184 个,占全部数据的 94.85%],所得数据为预拌砂浆与基底砂浆的真实拉伸粘结强度。说明"8"字模法更能准确得到砂浆的拉伸粘结强度。

采用"8"字模法检测砂浆拉伸粘结强度结果见表格1。

表1　拉伸粘结强度检测结果

编号	拉伸粘结强度/MPa	编号	拉伸粘结强度/MPa
A1	0.43	B1	0.23
A2	0.48	B2	0.30
A3	0.34	B3	0.23
A4	0.54	B4	0.25
A5	0.36	B5	0.32
A6	0.52	B6	0.30
A7	0.45	B7	0.31
A8	0.41	B8	0.29
A9	0.37	B9	0.11
A10	0.34	B10	0.22
A11	0.27	B11	0.35
A12	0.36	B12	0.18
A13	0.36	B13	0.14
A14	0.41	B14	0.26
A15	0.34	B15	0.20
A16	0.40	B16	0.23
A17	0.43	B17	0.17
A18	0.31	B18	0.20
A19	0.24	B19	0.18
A20	0.22	B20	0.24
A21	0.35		
A22	0.20		

参考《预拌砂浆》(JG/T 230—2007)标准的规定,提出如下的8字模法拉伸粘结强度指标:M2.5、M5、M7.5、M10、M15砂浆的"8"字模14 d拉伸粘结强度分别应不小于0.15 MPa、0.20 MPa、0.25 MPa、0.30 MPa、0.35 MPa。

(3) 小　结

"8"字模法比标准方法更适合用于预拌砂浆的粘结强度性能检测。且其操作简单、无需额外的胶粘剂,能更准确的反映预拌砂浆的真实拉伸粘结强度,数据波动也较小。参考《预拌砂浆》(JG/T 230—2007)标准的规定,提出如下的"8"字模法拉伸粘结强度指标:M2.5、M5、M7.5、M10、M15砂浆的"8"字模14 d拉伸粘结强度分别应不小于0.15 MPa、0.20 MPa、0.25 MPa、0.30 MPa、0.35 MPa。

1.3.3　贯入法检测抗压强度的测强曲线

(1) 实验步骤

砂浆试验采用国家行业标准《建筑砂浆基本性能试验方法标准》(JGJ/T70—2009)规定的方法。每种砂浆成型12个试件。其中6块进行标准养护,6块进行自然养护。试验时间为秋季,实验室温度为15～20 ℃。

7 d后取两块标准养护试件检测7 d抗压强度。28 d后取4块标准养护试件和3块自然养护试件进行立方体抗压强度实验,对另3块自然养护试件进行贯入实验。

参照JGJ/T136—2001附录E中专用测强曲线的制定方法,采用SJY800B型贯入式砂浆强度检测仪进行贯入实验。

(2)实验结果

按照JGJ/T136—2001中提供的水泥砂浆和水泥混合砂浆两种回归方程换算得到的砂浆抗压强度与砂浆标准养护条件和自然养护条件下的28 d抗压强度均有较大差异(图4);其中按水泥砂浆和水泥混合砂浆换算所得数据与自然养护28 d强度的平均相对误差分别为41.99%和49.30%,远大于规程中相对误差不应大于18%的要求。这就表明,现有标准中回归曲线不适用于预拌砂浆;对于预拌砂浆,需要建立专用回归曲线。

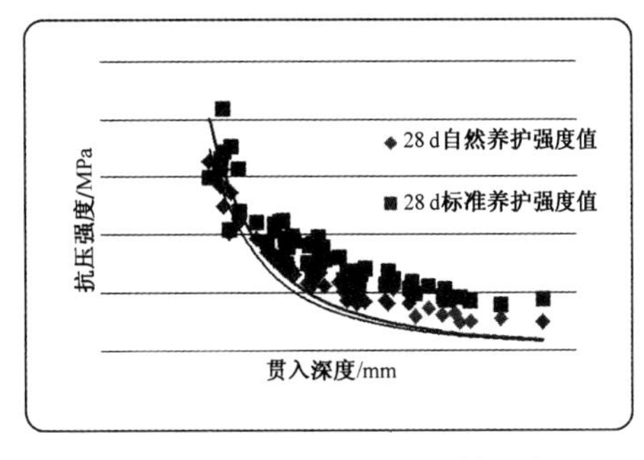

图4　标准试件抗压强度与换算强度对比

参照JGJ/T136—2001中制定专用测强曲线的方法,对有效试验数据进行拟合,得到

回归方程为

$$f_2^c = 81.545\,5 m_d^{-1.3554}$$

按照回归方程得到的砂浆抗压强度换算值与自然条件下养护 28 d 立方体抗压强度关系如图 5 所示。

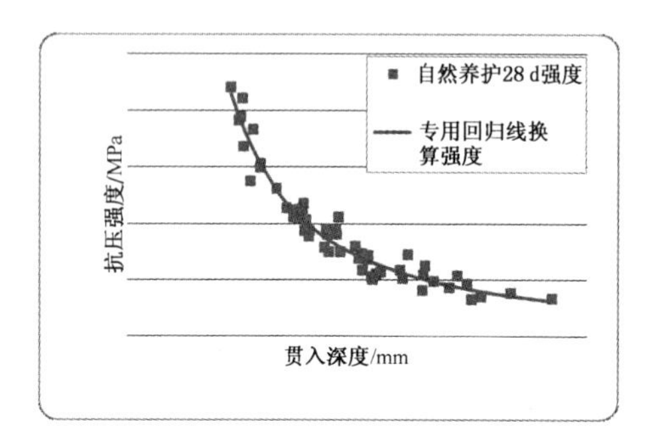

图 5　自然养护立方体抗压强度与专用回归曲线换算强度对比

由图 5 可见，数据点均匀分布在回归曲线两侧，说明回归方程能够较好的换算出预拌砂浆的抗压强度。回归方程适用于砂浆强度等级为 4 ~ 24 MPa，对应贯入深度为 3 ~ 11 mm的预拌砂浆。

为了对比回归方程 1 与 JGJ/T136—2001 中所提供的水泥砂浆和水泥混合砂浆两种回归方程对于预拌砂浆抗压强度换算值准确度，以砂浆的贯入深度为横坐标，以换算强度与自然条件下养护 28 d 抗压强度的相对误差为纵坐标绘制了图 6。

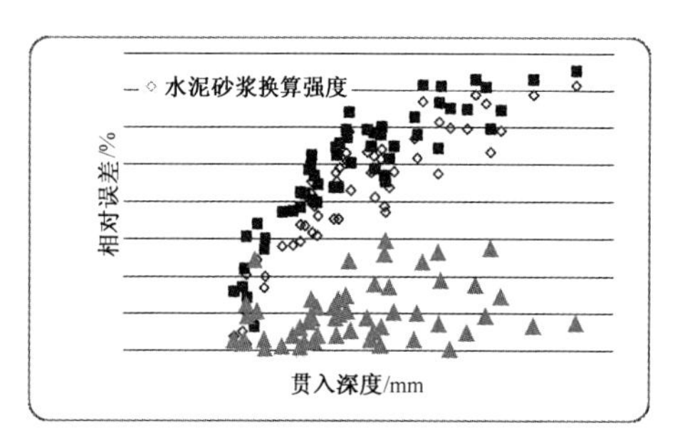

图 6　三种换算强度的相对误差对比

由图 6 中可知，按照 JGJ/T136—2001 中的水泥砂浆和混合砂浆两种回归方程所得的砂浆强度换算值具有很大的相对误差值，平均相对误差分别为 42.0% 和 49.3%。而按专用回归方程所得的砂浆抗压强度推定值相对误差较小，绝大多数组的相对误差均小于 20%。

54 组数据中专用回归曲线换算强度与自然养护强度的相关系数为 0.974，平均相对误差为 10.0%，相对标准差为 11.6%，均满足 JGJ/T136—2001 中平均相对误差不应大于 18%、相对标准差不应大于 20% 的要求。这说明回归方程能够较好地预测预拌砂浆的抗压强度，适用于预拌砂浆抗压强度的检测。

(3)小　结

①对于预拌砂浆抗压强度的贯入法检测，采用 JGJ/T 136—2001 规程中的给定的水泥砂浆和水泥混合砂浆统一曲线会带来较大的误差，需重新制定回归曲线。

②通过回归分析，得到了适用于广东地区预拌砂浆的回归方程 $f_2^c = 81.545\,5 m_d^{-1.355\,4}$。方程所得到的贯入法检测砂浆抗压强度换算值的平均相对误差为 10.0%，相对标准差为 11.7%，符合 JGJ/T 136—2001 规程中相对误差不应大于 18% 与相对标准差不应大于 20% 的要求。方程适用于砂浆抗压强度在 4 ~ 24 MPa、贯入深度为 3 ~ 11 mm 之间的预拌砂浆贯入法抗压强度检测。

1.3.4　玻璃管法检测抗渗性能

(1)实验步骤

样品成型后，在室温下养护至规定龄期，按以下步骤进行抗渗性能检测：

①在玻璃圆管底部涂抹黄油进行密封；

②将玻璃圆管竖立在砂浆表面，然后用热熔的蜡固定；

③在管内加入 45 g 水，每隔 1 h 记录一次液面的刻度，测试过程不少于 6 h。

有关步骤如图 7 所示。

(2)实验结果

按上述方法对多种砂浆进行了抗渗性能检测。得到砂浆的各小时液面读数，计算出每小时的累积下降高度，进行线性拟合得到累积下降高度与时间的关系线，用该直线的斜率反应砂浆的渗透速率。其中，砂浆 M3 的

图7　玻璃管法检测抗渗性能

实验数据见表2,其拟合结果如图8所示。

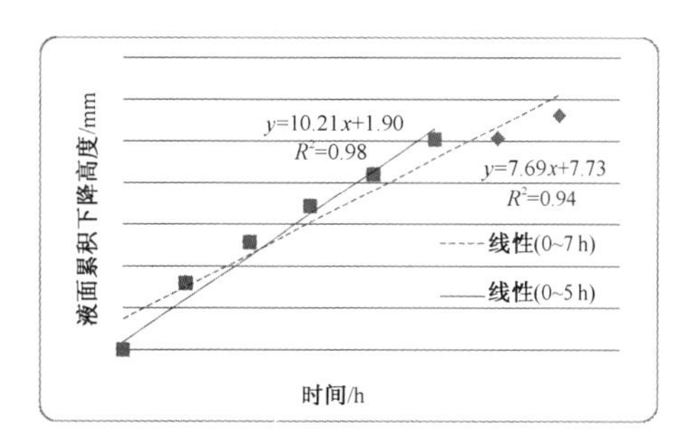

图8　液面累积下降高度

由上图可知,砂浆M3的0~5 h和0~7 h渗透速率分别为为9.67 mm/h和7.69 mm/h。由于6~7 h中只有两支玻璃管能测得数据,使得0~7 h的数据相关性(R^2=0.94)比0~5 h的相关性(R^2=0.98)差,故取砂浆M3的渗透速率为9.67 mm/h。

表2　砂浆M3的各时刻玻璃管读数　　cm

玻璃管编号	0 h	1 h	2 h	3 h	4 h	5 h	6 h	7 h
①	15.2	13.0	11.9	10.8	9.8	8.8	/	/
②	49.2	48.0	47.2	46.5	45.9	45.2	44.5	44.0
③	96.2	94.8	93.8	93.0	92.3	91.5	90.8	90.2

(3)小结

玻璃管法以加气混凝土砌块为基底材料,检测了水在无压力作用下通过砂浆的渗透速率,更加接近砂浆的实际应用情况,所得结果能更准确地反映砂浆的抗渗性能。

1.3.5　*切片法检测砌筑砂浆的粘结强度*

(1)实验步骤

砌体试件成型后,在室温下养护至规定龄期,按以下步骤进行粘结强度检测:

①用钻头直径为80 mm的抽芯机在试件上每隔一定距离抽取芯样;

②用切割机将芯样切割成25~30 mm左右的薄片,放置到干燥通风环境下养护;

③待薄片试件干燥后,用压力机进行粘结强度测试;

④抽取芯样和拉拔测试见图9。

(2)实验结果

分别以加气混凝土砌块和灰砂砖为砌体材料,检测了多种砂浆的粘结强度。部分种类的砂浆的检测结果与“8”字模法检测结果的对比见表3。

表 3 砌筑砂浆粘结强度

编号		X6	X10	H	T1	T2	R1	R2	R3	Y1	Y2
“8”字模法		0.71	0.45	0.68	0.28	0.28	0.08	0.14	0.12	0.13	0.19
砂浆等级		M15	M15	M15	M7.5	M7.5	不合格	不合格	不合格	不合格	M2.5
砌体材料	加气砼	0.07	0.06	0.15	0.05	0.05	0.03	0.09	0.15	/	0.01
	灰砂砖	0.24	0.20	0.18	0.25	0.35	0.06	/	0.08	/	/

图 9 抽取芯样及拉拔测试

由表 3 可知，以灰砂砖为砌筑材料测得的砂浆粘结强度值与“8”字模法测得的数值上有较大差异，主要是由于试件制备工艺的不均衡性造成，包括砂浆涂抹不均匀、试件切割加工的扰动不同等，但两者测得的粘结性能基本一致。而以加气混凝土为砌体材料测得的砂浆粘结强度与前两者测得的出入较大，故加气混凝土不适宜作为该检测方法的砌体材料。

借鉴《抹灰砂浆技术规程》JGJT 220—2010 中对预拌抹灰试件粘结强度的规定，以灰砂砖作为砌体材料时，取预拌砌筑试件的粘结强度的规定值为 0.20 MPa。

(3)小结

当砌体材料为加气混凝土砌块时，测得的粘结强度值较低且离散型较大；当砌体材料为灰砂砖时，切片法能较方便、准确地得到砌筑砂浆的粘结强度。以灰砂砖作为砌体材料时，取预拌砌筑试件的粘结强度的规定值为 0.20 MPa。砌筑高度对砂浆粘结强度的影响可以忽略。

1.3.6 钻孔法检测抹灰砂浆的粘结强度

(1)实验步骤

抹灰试件成型后，在室温下养护至规定龄期，按以下步骤进行粘结强度检测：

①用钻头直径为 80 mm 的抽芯机在试件上每隔一定距离钻孔，钻孔深度以超过砂浆层 2 ~4 mm 为宜；

②钻孔后将试件放置到干燥通风环境下养护；

③待试件干燥后，用自行设计的夹具连接砂浆层与拉拔仪，进行粘结强度测试。

有关过程如图 10 所示。

(2)实验结果

分别以加气混凝土砌块和灰砂砖为基底材料，对多种抹灰砂浆进行了粘结强度测试。两种基底材料的检测结果对比如图 11 所示。

由图 11 可知，对于同一砂浆，均在钻孔后 4 h 进行检测，以加气混凝土作为抹灰基底的粘结强度值一般低于以灰砂砖作为抹灰基底的粘结强度值，且在实验中发现，前者更容易出现基底被拉断而得不到有效数据的情况。因为相对于灰砂砖，加气混凝土吸水性较强，在钻孔过程中会吸收很多水分，降低了其与砂浆层间的粘结力以及材料自身强度。故前者钻孔至检测的间隔时间应较后者的长一点，加气混凝土的取为 3 d，灰砂砖的取为 4 h。

(3)小结

图10 钻孔法检测粘结强度

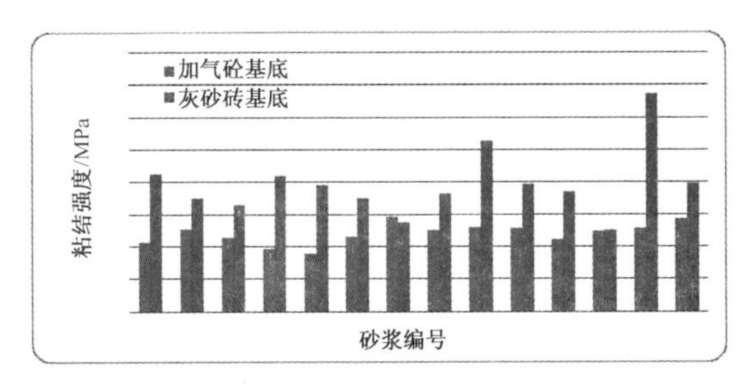

图11 两种基底材料的检测结果对比

钻孔法无需胶黏剂，操作简单，实验结果能较真实地反映抹灰砂浆的粘结强度。钻孔过程对砂浆的粘结强度有一定影响，钻孔后应将试件放置在干燥通风环境下一段时间后再进行强度测试，以加气混凝土为基底时可放置3 d，以灰砂砖为基底时可放置4 h。

1.3.7 结论

通过上述研究，得到以下结论：

(1)与现有的拉伸粘结强度试验方法相比，“8”字模法操作简单，能更准确地反映预拌砂浆的真实拉伸粘结强度，且数据的离散性较小；

(2)通过回归分析，得到了适用于广东地区预拌砂浆的回归方程 $f_2^c = 81.545\ 5 m_d^{-1.355\ 4}$，该方程适用于砂浆抗压强度在4～24 MPa、贯入深度为3～11 mm之间的预拌砂浆贯入法抗压强度检测；

(3)玻璃管法检测了水在无压力作用下通过砂浆的渗透速率，更加接近砂浆的实际应用情况，其结果能更准确地反映砂浆的抗渗性能；

(4)切片法能较方便、准确地得到砌筑砂浆的粘结强度；

(5)钻孔法无需胶黏剂，操作简单，能准确得到抹灰砂浆的粘结强度。

1.4 创新点

(1)提出的“8”字模法用于检测预拌砂浆的拉伸粘结强度，无需用胶黏剂，环保、方便；

(2)拟合得到适用于广东地区预拌砂浆抗压强度的测强曲线方程 $f_2^c = 81.545\ 5m_d^{-1.355\ 4}$；

(3)提出的玻璃管法用于检测抹灰砂浆的抗渗性能，检测了水在无压力作用下通过砂浆的渗透速率，更加接近砂浆的实际应用情况；

(4)提出的切片法用于砌筑砂浆粘结强度的现场检测，能较方便、准确地得到砌筑砂浆的粘结强度；

(5)提出的钻孔法用于抹灰砂浆粘结强度的现场检测，无需胶黏剂，操作简单，数据准确。

2 成果意义

由于预拌砂浆具有搅拌均匀、质量稳定、品种多样、节能环保等优点，满足人们对砂浆施工效率、环境保护及建筑质量的要求，具有广阔的应用前景。但现行规范中预拌砂浆基本性能的检测方法不适用于预拌砂浆，无法准确、便捷的检测预拌砂浆的性能，制约着预拌砂浆的发展,也影响建筑物的质量和安全。

针对预拌砂浆粘结性能、抗压强度检测和抗渗性能提出了预拌砂浆检测新方法。采用本研究中所提出的室内检测新方法,能得到预拌砂浆性能指标,从而正确的评定预拌砂浆的品质,促进预拌砂浆产业健康发展。采用本研究报告中提出的现场检测方法,弥补预拌砂浆工程现场检测的不足,使预拌砂浆现场质量检测变得简便和准确,确保建筑物的质量与安全。同时避免了预拌砂浆性能检测过程中环氧树脂等高强度胶黏剂的使用,使检测过程更加绿色环保。

通过上述研究,能够促进预拌砂浆的健康发展,有利于提高建筑物质量,对建设节约型社会具有重要的意义。

水利水电工程三维地质建模仿真技术研究

项目所在单位:中南大学土木工程学院
项目第一完成人:王　璐
项目组成员:王　璐　王梦琦
指导老师:乔世范　副教授

1　项目简介

水利水电工程地质三维可视化技术是一个基于广域网的工程地质信息管理系统,使地质信息数据数字化、标准化,实现测量、地质、勘探、物探、试验等信息的存储、传输和管理。信息系统的建立为三维地质建模提供准确的基础数据,依此建立三维可视化地质模型,实现地质及工程信息的集成,并与有限元软件接口,使工程地质制图实现系统化、专业化、标准化,为施工过程及工程运营过程提供指导。

在不同的工程领域,相关的地质勘探与分析是其中最复杂、最艰巨的一项任务,尤其是水利水电工程。在水利水电工程地质勘察勘探的各个阶段,可以从野外获得各种地质信息,包括地表地形、地层界面、断层、地下水位、风化层厚度分布以及各种物探资料等。但这些信息都是离散不连续的数据,地质工作者很难直接利用它们分析其在地质体中的分布规律,必然会面临如何利用这些实测资料来推断地质信息在研究区域内的分布规律及其复杂关系的问题。即使能够预测各种信息在所研究地质区域中的分布值,面对大量的输出数据,地质工作者仍然会感到很难分析,而且他们往往习惯于用图件来反映地质信息,自然会希望能利用计算机自动显示这些信息在地质体内的分布规律。因此,利用计算机技术进行三维地质建模与可视化分析是众多工程地质信息分析管理的一个必然趋势。

然而,传统的工程地质资料的分析和解释一般局限于二维、静态的表达方式,它描述空间地质构造的起伏变化直观性差,往往不能充分揭示其空间变化规律,难以使人们直接、完整、准确地理解和感受地下的地质情况,越来越不能满足实际分析的需求。因此,充分利用工程地质勘察的基本资料,运用计算机软件技术,实现工程地质的三维建模和可视化分析不仅有利于提高地质工作的效率,更重要的是它能借助所建立的适时快速反映工程地质信息集成化的三维地质模型,帮助地质工作者及设计人员更加全面、科学地认识客观存在的地质现象及其分布规律,提高其分析判断的准确性与可靠性,并能根据设计方案的不断深化与调整,适时提供数字化成果,有效提高了设计效率。

建立恰当的水利水电工程三维地质模型并使相应的空间可视化分析具有可操作性,是水利水电工程科学、工程地质学、数学地质学和计算机科学等多学科交叉领域研究的一项重要应用基础性课题。

工程地质是工程建设的基本载体,工程地质分析需要从两个方面入手:一是工程意图,即工程设计人员对建筑物的结构和规模的设计;二是工程地质条件,哪些因素是有利的,哪些是不利的,深刻认识客观情况。进而分析工程建筑与工程地质条件之间的相互制约、相互作用的机制与过程,给出客观的评价结论,提供设计和施工参考。由此可见,水利水电工程地质信息建模与分析的重点在于工程对象和地质对象的统一结合,三维地质模型是基础,而为水利水电工程建筑物选址、布置、设计和施工等各方面提供多方面可行的地质分析手段才是所要达到的目标。

2 项目研究主要内容

2.1 工程地质三维空间属性数据库的设计

以标准化为基础,采用多种数据采集方式,从数据采集到数据储存、数据管理、数据处理、数据查询等。对于多源数据转化为标准的数据结构,为三维地质建模提供信息来源。

(1)信息输入。数据输入与编辑模块主要包括工程概况、测量、勘探、物探、地质、施工地质、取样、试验长期观测信息。用户可以将已经整理过的勘察资料输入数据库。

(2)数据的输出。按工程汇总地质基本信息数据,提供导航目录按类别显示和打印各项数据;对地质参数属性提供按图件属性(包含工程部位、图件类型)查询。

2.2 三维地质建模的方法研究

(1)从尺度方面,采用宏观建模和微观建模方法的综合运用。

(2)从对地质体内部属性的处理分析,进行结构建模和属性建模方法研究。

(3)根据建模所使用的数据源,可分为基于野外数据、基于剖面(Catia 进行的二次开发,依据所输入的钻孔地质数据、剖面图和地表地形图等地质资料构建三维地质模型,并对三维模型剖切,输出二维地质图)、基于离散点、基于钻井数据、基于多源数据等,对多源数据进行标准化数据结构研究。

2.3 三维地质建模系统开发

利用已有工程勘测资料、环境地质资料、野外地质采集系统及三维可视化地表扫描系统所提供的数据,开发工程地质信息数据库管理系统。基于 CATIA 软件为研发平台进行二次开发,从数据库中抽取能够用于三维地质建模的资料和数据,建立水利水电工程中对工程安全起控制作用的区域地质构造的三维模型。

遵循健壮性、应用性、可视性、交互性以及可扩充性等原则,在充分考虑地质数据多源性、复杂性及不确定性等特点的前提下,用计算机来展现地质体的真实面貌,为解决地学领域许多理论和应用问题提供一个开发研究的崭新环境和科学手段。

2.4 三维地质模型与工程模型的耦合研究

在已构建的三维地质模型和工程建筑物模型基础上,通过三维图形运算操作获得工程建设区域内耦合工程建筑与地质环境的三维统一模型,提供工程勘测、设计、施工所需的地质信息,分析解决各种工程地质问题。例如,在水利水电工程领域,一个完整的工程地质三维统一模型主要包括工程布置区域(一定纵深)的三维地质模型,与地质条件密切相关的大坝、导流洞、泄洪洞、地下厂房等水工建筑物模型,以及两者的耦合运算。

2.5 开发三维地质模型与常用大型有限元接口技术

所建立的三维地质模型可以直接为有限元软件的前处理所采用,可以实现水利水电工程动态仿真,可模拟水利水电工程的施工及运营过程。

三维地质建模技术总路线如图 1 所示。

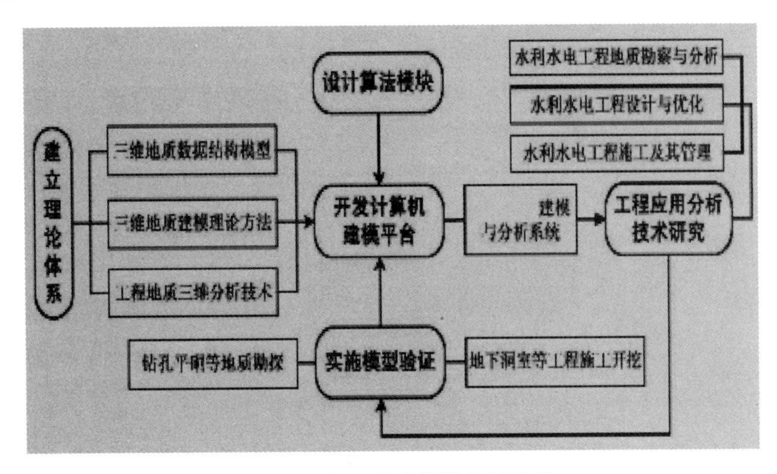

图1　三维地质建模技术总路线

3　本项目的特色与创新之处

(1)从多源数据融合角度出发,通过融合原始钻孔勘探资料、物探解译剖面资料和专家知识,利用空间插值技术构建研究区域地质结构三维空间数据场;

(2)三维地质模型具有强大的可视化功能,可提高对难以想象的复杂地质条件的理解和判别,使不熟悉地质结构和构造的人对地质空间关系有一个十分直观的认识;

(3)三维空间查询可实现属性数据查询空间数据、属性和空间关系的组合查询;

(4)三维地质模型可以实现任意剖切,可以输出传统的 CAD 二维图,包括地质剖面图、平切面图、平面图及等值线图等。

4　研究进展及成果

首先需要对通过地表地质调查、钻孔平硐、遥感、摄影测量等技术手段获得的原始数据,利用地质工程师的知识和经验进行地质解译预处理,得到一系列与工程相关的二维剖面图;然后利用 CAD、GIS 或其他辅助软件针对工程实际需要完成所有可利用数据的耦合工作,并结合地质专家知识对复杂的地层、断层等地质结构进行识别、解释、描述、定位等处理;最后把所有的地质数据通过数据转换接口数字化为地质体建模可接受的输入数据格式,以保证地质体空间几何形状表达的准确性和对各种复杂空间对象间关系描述的一致性,为三维地质建模提供数据支持和基础。

根据地质体及水利水电工程结构物的不同部件的包含关系,对数据库结构进计设计,即 sets(集合)->parts(部件)->Assembles(组件)->groups(群)->body(体),每一部分又包含了地质或工程的几何信息、拓扑关系、属性信息。因此,地质数据库体系结构首先被划分为一个由多个分层子系统构成的垂直架构,垂直架构中的每一分层又划分为由多个模块组成的水平结构,水平结构中的每一模块又由多个组件协作构成,每一个组件实现着一定的数据库功能,将这种多层次、多水平的组合模块应用在水利水电工程地质数据库的研究与系统开发中得到应用。

结合水利水电工程的特点,针对不同的地质复杂程度、不同的工作阶段、不同的资料丰富程度等,提出多方法集成的综合解决方案。该系统包括数据处理及数据库管理模块、三维地质模型显示模块、二维剖面生成模块、数据输出模块、及地质信息分析及工程应用模块。

4.1 Gocad 三维建模方法

GOCAD 使用了空间插值算法 DSI(Discrete Smooth Interpolation)进行三维地质建模。使用 GOCAD 建立三维地质模型一般包括：数据的分析和预处理、插值、建立三维地层界面、建立三维地层实体、剖面图对比等步骤。

(1)建立三维地层界面:利用钻孔数据建立地层界面,GOCAD 提供了两种常用方法:第一种方法是先建立钻孔(Well),利用钻孔模型中的分层数据(marker)直接相连生成层面;第二种方法是利用已划分好层面的钻孔点数据生成网格。

(2)层面光顺处理:需要使用 GOCAD 中的 DSI 插值对地层面进行光顺处理。

(3)建立三维地层实体:地质实体和地质界面一起组成三维地质模型,它的建立过程直接影响模型的精确度。

4.2 数据库结构总体设计

地质信息数据库是实现地质信息三维可视化的数据支撑。对于水电水利工程来说,地质信息庞杂,需要建立不同的数据库进行管理,以适应三维地质建模的需要。

地质信息数据库总体上包括三部分:基本信息库,地质信息库和工程信息库。基本信息库实际上为方便用户的输入建立的;地质信息库是包括地形数据库、平硐和钻孔数据库以及地表露头数据库:工程数据库包括工程的具体信息和设计信息等。

地质信息数据库到地质信息三维可视化中间存在一个分析库,该库是对地质信息库中的数据分析之后得到的,它能为后期三维可视化提供直接、准确的数据支持。

数据库的构成如图 2 所示。

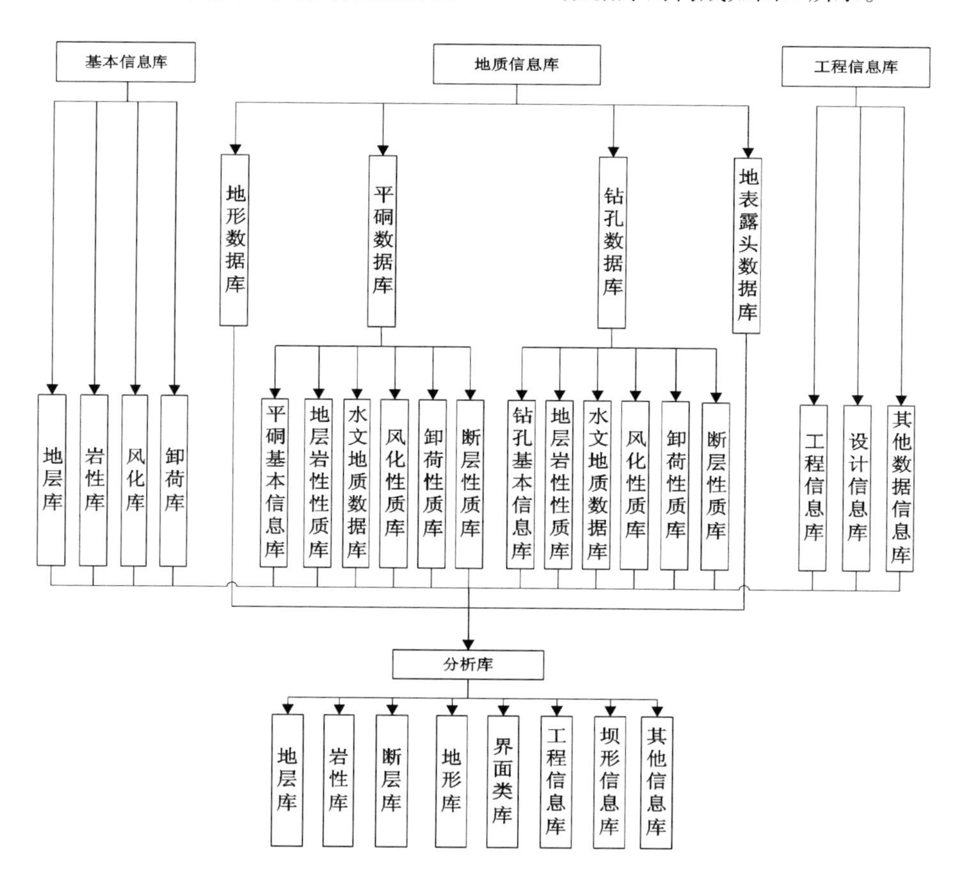

图 2 地质信息数据库组成总览图

4.3 三维地质建模

地质建模体系结构一般可分为地质数据处理、地质体建模和模型分析应用三个阶段，其总体流程可用图3表示。

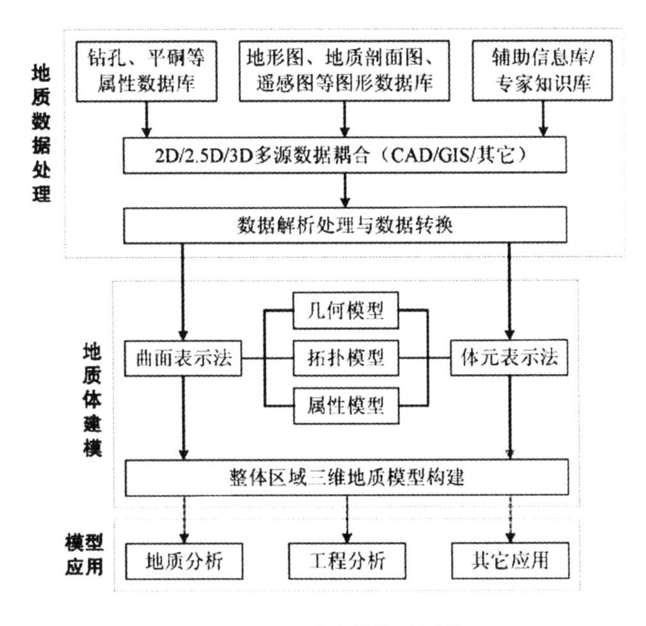

图3　三维地质建模体系结构图

地质体建模的核心技术是关于地质空间对象的三维表示方法，即采用如何的数据结构。主要的表示方法有线框表示法、曲面(边界)表示法和体元表示法，线框表示法一般作为三维建模的骨架模型，需要与其他建模方法集成，而曲面表示法和体元表示法则是目前三维地质建模研究和应用的主流。

地质体建模需要解决的几个主要问题：

(1)关于地质对象空间几何形状的表达，即根据数据的空间分布及变化特征建立空间几何模型。若数据过于密集，则在保持曲率的情况下，应设法降低点的密度；若数据不充足，则需要在离散点之间或两个原始剖面之间进行插值拟合处理，调整地层、断层等不合理的趋势面使模拟效果更加自然、真实。

(2)关于地质对象空间几何关系的描述，即三维拓扑模型的建立，反映地质对象之间的内在关系，包括地层间、构造间、地层与构造间等的各种关系。

(3)关于地质对象属性信息的关联，通过建立属性数据库与图形库间的对应关系，将属性信息值附加关联到几何模型中相应的地质体上，以反映地质体的属性特征，如岩性描述、断层要素、岩体质量级别等。

模型应用这是建立三维地质模型的最终目的。模型应用主要包括地质分析、工程分析、统计与查询及其他方面的应用等。地质分析主要是对建立的三维地质模型作任意方向、任意位置和任意深度的地质剖切分析，以便帮助人们更直观更深刻地理解区域地质环境和地质条件。而工程分析则是主要针对与地质条件密切相关的工程建筑物进行调整、优化设计，进行多方案对比，选择地质条件较好和处理工程量较少的布置方案，为提高工程安全性和降低工程投入提供技术支持。地质数据的多样性和复杂模型库为空间数据统计分析与查询提供了丰富的信息，基于数据挖掘和知识库的思想，设计空间数据查询、数据库查询及统计输出的分层查询结构，能够有效地描述、组织、管理和利用空间地质数据,有助于建立统一、完善的工程地质三维建模与分析系统。

4.4 三维地质建模示例

图4、图5分别为本系统利用已知的地形等高线生成地表模型以及根据三维模型生成地形等高线的示例。

图4 根据用已知的地形等高线生成地表模型

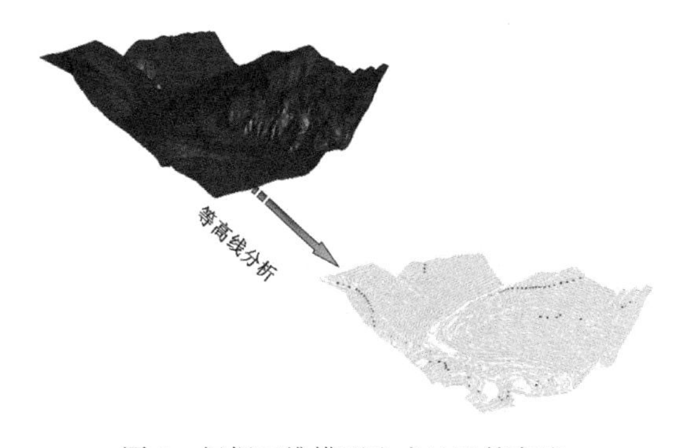

图5 根据三维模型生成地形等高线

下面以本课题组对某砂石系统料场边坡的建模项目说明三维建模过程。

(1)导入地形点云如图6所示。

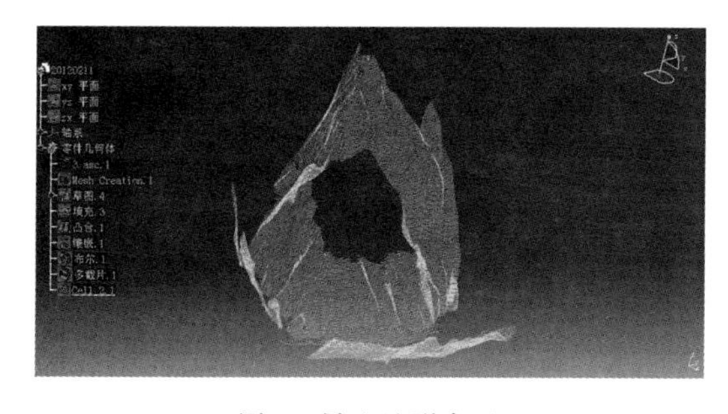

图6 导入地形点云

(2)生成网格面如图7所示。

(3)生成初始地质体如图8所示。

图7 生成网格面

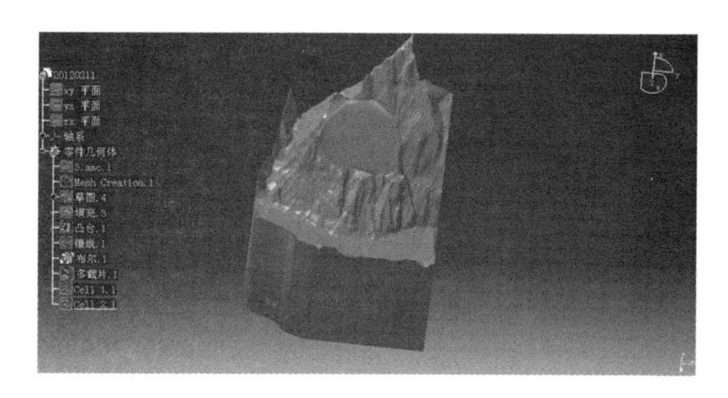

图8 生成初始地质体

(4)导入剖面图如图9所示。

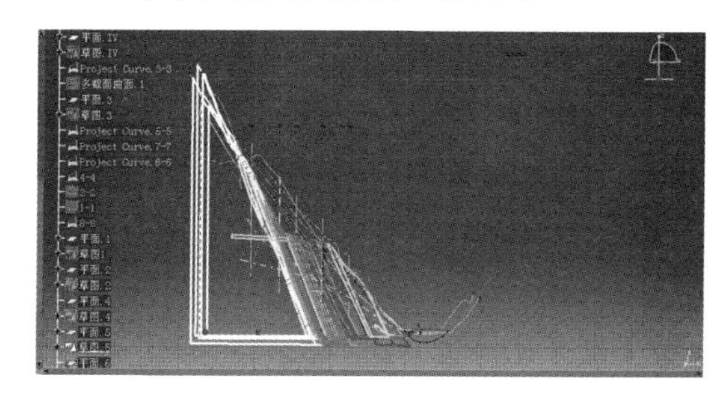

图9 导入剖面图

(5)生成地质分界面如图10所示。

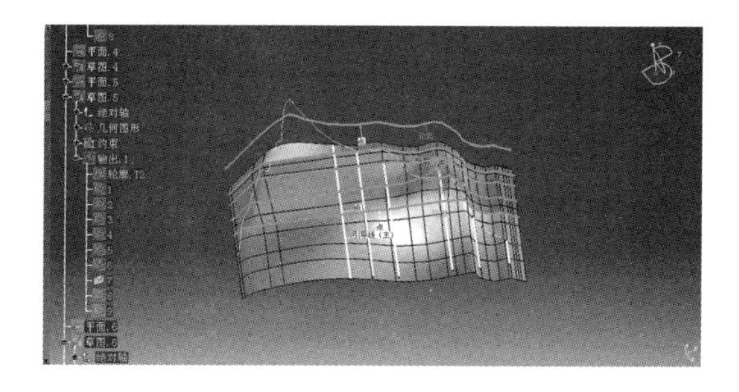

图10 生成地质分界面

(6)切分初始地质体如图11所示。

(7)生成地质体如图12所示。

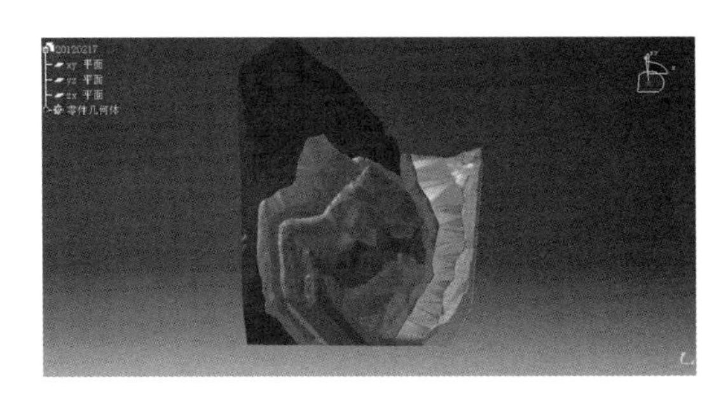

图11　分初始地质体

图12　生成地质体

5　成果意义

水利水电工程地质信息三维建模与分析将会简化规范数据采集与管理的业务流程、加快信息与数据的传输、提高工作效率和质量，对于水利水电工程勘测、设计和施工管理，在不同阶段有三维地质模型支持，将能够实现以下各方面的多种需求：

（1）可以辅助地质人员进行钻孔、平硐优化布置，指导勘探工作，不仅能提高工程地质工作的效率和精度，还有助于地质工程师预测分析地质信息在研究区内的空间位置及关系；

（2）可以对模型进行自动剖切，满足设计方案变更、及时提交数字化成果的需要，使工程地质制图实现系统化、专业化、标准化，且将地质工程师、工程设计人员从繁杂的手工制图工作中解放出来；

（3）可以优化工程设计，提高工程设计水平和效率，缩短设计周期；

（4）可以指导实际施工，辅助施工管理决策，有助于缩短施工工期，减少施工事故。

屋顶与墙体绿化对建筑节能的作用

项目所在单位:同济大学土木工程学院
项目第一完成人:裴陆杰
项目组成员:裴陆杰　张　宇　林星鑫　霍倚捷
指导老师:熊海贝　教授

1　绪论

1.1　研究背景和意义

能源是人类进行生活与生产的最基本要素之一,而随着世界经济的飞速发展,人类对于能源的需求与消耗量也在急剧增加。目前,发达国家的建筑能耗占社会总能耗的30%至45%,我国的建筑能耗占社会总能耗的30%左右,并且此比例正在逐年上升,因此实现建筑物的节能降耗成了当务之急。

有别于传统的建筑节能措施,随着人们对环境品质和可持续发展的要求不断提高,绿色建筑、绿化发展、可持续建筑等生态观极强的新建筑概念被不断提出并付诸实践,建筑绿化成为建筑节能的新的方式。传统的建筑绿化方式主要为屋顶绿化,现已发展成为一项较为完善的技术,伴随着立体绿化新理念的推广,墙体绿化成为城市或建筑绿化的新的重点,不但可以弥补地面绿化的不足,而且在丰富植物景观、提高城市绿化覆盖率、改善生态环境方面都起着重要的作用。但由于我国立体绿化的推广实施较晚,因而对其在建筑节能方面的研究还不成熟,特别是墙体绿化的节能热工评价方法很不完善,因此立体绿化目前主要停留在提高绿化率、美化环境的层面上,其建筑节能作用虽已被公认,但由于缺乏系统化研究还没有得到正式认可。

1.2　国内外研究情况

作为建筑节能的一种形式,建筑的围护绿化越来越受到重视,并已得到初步推广,例如在2010上海世博会中,很多场馆都采取了屋顶及墙体绿化的形式,比如主题馆、加拿大国家馆、法国馆、新西兰馆、印度馆等。当前的这些绿色建筑,在应用绿色植物时,更多是考虑其带来的美观效应,至于其节能效应,只是一个定性的认识,缺少一个定量分析,特别是屋顶及墙体绿化对围护结构本身隔热保温性能的影响。

国内:有关建筑绿化和立体绿化方面的研究很多,但大都只限于绿化的概念、分类、绿化的形式、施工方法和发展趋势等方面,关于建筑节能方面的理论研究很少,在为数不多的文献中,大部分又是对国外研究已较为完善的屋顶绿化的建筑节能研究(例如《屋顶绿化节能热工评价》),只有少数是针对立体绿化中的垂直绿化(墙体绿化)的节能研究,但其理论系统很不完善且多在定性层面之上,以被SCI收录的《浅议建筑垂直绿化》为代表,其中所涉及的垂直绿化节能分析较为浅显,且局限性较大 。"未来30年,城镇化进程还将带来100亿平方米需要立体绿化的屋顶,通过在建筑上进行屋顶绿化、墙体绿化等立体绿化,把它们改造成绿色节能、低碳环保的建筑…从而达到'搞好城市立体绿化,建设绿色低碳城市'的目的"(摘自《中国建设报》2011.9.15),为此我国成立了立体绿化组，许多城市出台了相关规范，例如《上海市屋顶绿化技术规范（试行）》、《绿墙技术手册》，但国家并没有出台立体绿化的建筑节能规范，使立体绿化的建筑节能得不到正式认可，与其实际功效矛盾，在某些程度上阻碍了立体绿化特别是建筑立体绿化的发展，根本原因在于其理论体系的不完备。

国外：对建筑绿化节能的研究比较早，早在 1991 年，日本东京都政府就颁发了城市绿化法律，规定在设计大楼时，必须提出绿化计划书，1992 年又制定了都市建筑物绿化计划指南，目前德国、日本对立体绿化及其相关技术有较为深入的研究，技术理论也相对较为成熟。通过 SCI（科学引文索引）发现国外对建筑立体绿化热工性能的研究较为深入，其中屋顶绿化的热工与节能研究近于完善（例如 Analysis of the green roof thermal properties and investigation of its energy performance 来源出版物：ENERGY AND BUILDINGS 卷：33 期：7 页：719-729 被引频次：71），在垂直绿化方面也取得了很大进展，并提出了植物微环境等相关理论（例如 Vertical greening systems and the effect on air flow and temperature on the building envelope 来源出版物：BUILDING AND ENVIRONMENT 卷：46 期：11 页：2287-2294）。"Applying green facades is not a new concept：However it has not been approved as an energy saving method for the built environment"（引自 Vertical greening systems and the effect on air flow and temperature on the building envelope），可见其立体绿化的建筑节能理论在国外虽然较为深入但也并不完备。大多数立体绿化节能还是主要集中在传统混凝土建筑上，与木建筑结合的研究同国内一样也接近于空白，虽然木结构建筑在日本和西方国家应用广泛。

1.3 围护绿化建筑节能机理

围护绿化对建筑节能作用主要体现在其对围护结构热工性能的改善，提升围护结构隔热、保温性能。原理如下：夏季，植被利用茎叶的遮阳作用以及蒸腾作用，吸收太阳的辐射热，可以有效降低围护结构外部的综合温度，减少围护结构两侧的温差传热量，降低了围护结构的传热系数，起到隔热的效果；冬季，植物叶面覆盖于围护结构上，减小了围护结构表面与外部空气的直接接触面积，增加了围护结构散热热阻。

2 研究思路

采用缩尺模型实验的研究方法，模拟实际混凝土结构建筑和木结构建筑分别制作了两组相应材质的 1∶10 缩尺模型箱共 4 个，以围护结构的绿化作为控制变量分为混凝土实验箱、混凝土对照箱、木结构实验箱、木结构对照箱，对每组中的实验箱进行围护绿化，对照箱围护结构不做处理。采集夏、冬季不同天气状况下两组模型箱的内外温度数据，通过比较实验箱与对照箱的内部温度和围护结构热工参数来定量分析围护绿化对相应模型箱隔热、保温性能的影响，并分析围护绿化在夏、冬季隔热、保温效果的最佳室外温度区间及对混凝土模型箱结构性热桥传热性能的改善，最后以围护绿化的附加当量热阻为依据对建筑原型进行分析，对实际建筑绿化后的节能效果进行评估。

3 实验进行

3.1 模型箱的详细参数

混凝土模型箱的外围尺寸为 1 100 mm×550 mm×90 mm（长×宽×高）（图 1），模型箱内部用隔板分成三层，从下至上分别标记为第一层、第二层、第三层（A、B、C），第三层在中央位置设置纵向的隔板。第一层没有开窗，第二层在南北向各开有 4 扇 100 mm×75 mm（宽×高）的窗（窗地比为 1∶10），第三层在南北向各开有4扇100 mm×150 mm(宽×高)的窗(1∶5)。墙体及楼板、隔板均为预制钢筋混凝土板,混凝土材料为C30,配筋率为0.88%,厚度0.028 m,窗户的材料是厚为1 mm的有机玻璃。模型箱制作完成后所有缝隙均用密封胶处理,使得模型箱内外及每层之间均无热对流。每层南北面各开3个直径8 mm的孔,共计18个,用来放置温度计进行读数。实验选用的植物为攀缘类植物常青藤,屋顶绿化覆盖率为100%,第一层垂直绿化覆盖率为0,第二层垂直绿化覆盖率为50%,第三层垂直绿化覆盖率为100%,对照箱不做任何绿化。

木结构模型箱外形仿常见的三层木结构住宅,分为下部的长方体主体和上部三棱柱形阁楼,近似可以作为实际建筑1∶10的缩尺模型。模型箱下部长方体外围尺寸为1 100 mm×550 mm×90 mm(长×宽×高),模型箱内部使用木隔板等分为上下三层,每层再在中央位置设置纵向的木隔板,从下至上分别标记为第一层、第二层、第三层(A、B、C)。第一层没有开窗,第二层在南北向各开有4扇100mm×75mm(宽×高)的窗(窗地比为1∶10),第三层在南北向各开有4扇100 mm×150 mm(宽×高)的窗(1∶5)。上部阁楼底面尺寸为1 100 mm×550 mm(长×宽),斜面与水平面的倾角为30°。模型箱的外围护结构由两部分组成:10 mm木屑板(外层)和16 mm的聚苯乙烯塑料泡沫(EPS)(内层),内部的木隔板为10 mm木屑板,窗户使用的材料为1 mm厚有机玻璃。模型箱制作完成后用密封胶处理缝隙并在整体表面涂刷防水涂料。模型箱设计制作时南北面每层各开3个直径8 mm的孔,共计18个,以用来放置温度计进行读数。实验选用的植物为攀缘类植物常青藤,实验箱屋顶绿化覆盖率为100%,垂直绿化覆盖率为100%,对照箱不做任何绿化(图2)。

图1 (从左到右)预制钢筋混凝土板内配筋情况、对照箱模型与实验箱模型

3.2 采集温度数据

温度数据采集采用人工读数的方法,每隔半个小时测一次温度,已经采集了从2010年10月17日到2011年9月16日总共8 246个温度数据,天气状况包括晴、阴、雨、雪等,室外温度范围从0~35 ℃。其中混凝土模型箱温度数据已采集了136个时间段(每半小时为一个时间段),共计5 258个;木结构模型箱温度数据已采集了83个时间段,共计2 988个。

图 2　模型箱内部(左)对照模型(中)与实验模型(右)

4　数据分析处理

4.1　围护绿化节能效果定性分析

(1)夏、冬季标准天气下

选取夏、冬季单日标准天气下(指天气晴朗,风速弱)的两组模型箱的实验箱与对照箱温度数据进行对比,定性分析围护绿化对模型箱的隔热、保温性能的影响,并以此反映其对模型箱的节能效果。

1)混凝土模型箱

图 3 给出了 2010.10.31(天气状况:晴,室外平均温度:15.6 ℃)的温度数据,单日中

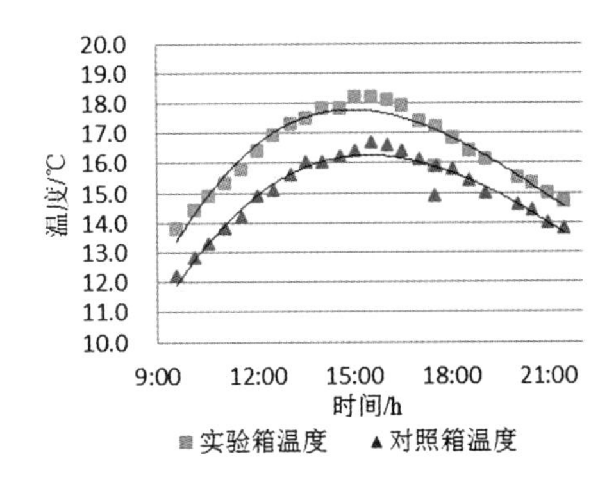

图 3　秋冬季单日混凝土模型箱保温效果图

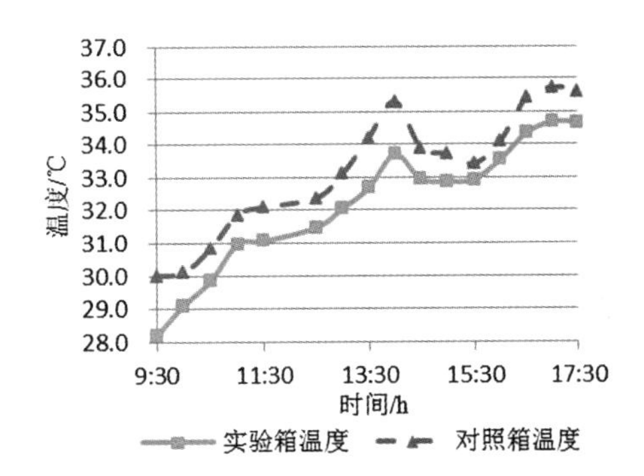

图 4　夏季单日混凝土模型箱保温效果图

各个时间段、不同的室外气温对应下,此时植物起到保温作用,实验模型的平均温度均高于对照模型,每瞬时实验箱温度较对照箱温度平均高 1.1 ℃ 。

图 4 给出了 2011.7.1(天气状况:晴,室外平均温度:35.8 ℃)的温度数据,天气炎热潮湿,单日中各个时间段、不同的室外气温对应下,此时植物主要起到隔热作用,实验模型的平均温度均低于对照模型,每瞬时实验箱温度较对照箱温度平均高 0.8 ℃ 。

2)木结构模型箱

图 5 给出了 2011.9.16(天气状况:晴,室外平均温度:32.8 ℃)的温度数据,在 10∶30 ~15∶30 的时间段内,即单日最为炎热的时间段,是植物起隔热作用的主要时间段。此时间段内,实验箱温度低于对照箱温度,每瞬时实验箱温度较对照箱温度平均低 1.9 ℃。

图 6 给出了 2011.1.18(天气状况:晴,室外平均温度:0.5 ℃)的温度数据,为上海最

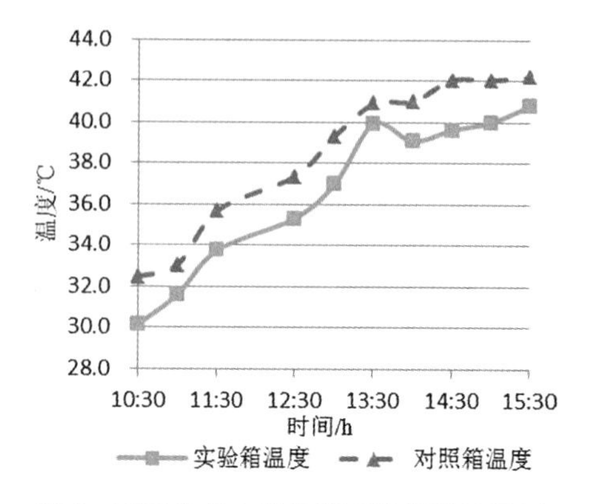

图 5 夏季单日木结构模型箱保温效果图

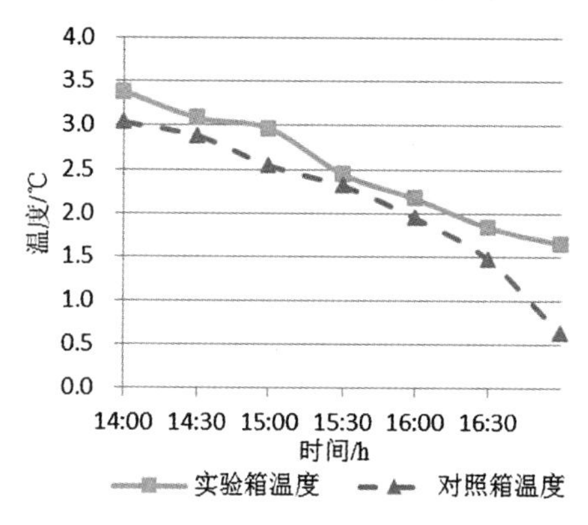

图 6 冬季单日木结构模型箱保温效果图

为寒冷的日期之一,14：00～17：00 时室外温度下降时区,是植物起保温作用的主要时间段 。此段时间内,实验箱温度较对照箱要高0.4 ℃。

结论:无论是混凝土还是木结构模型箱,围护绿化均能提高模型箱夏季的隔热和冬季的保温性能,大大提高了建筑节能的效果,且相比而言围护绿化对模型箱夏季的隔热性能的提升更为显著,原因除了与植物本身隔热、保温的机理差异外,可能也与植物生长状态、代谢水平有关;通过两组模型箱之间横向对比可发现,在冬季混凝土模型箱围护绿化效果优于木结构模型箱,而在夏季木结构模型箱围护绿化效果优于混凝土模型箱,考虑到混凝土模型箱和木结构模型箱本身围护结构热工参数及植被绿化率的差异,有理由认为冬季围护绿化对保温性能的影响主要取决于围护结构本身的热工性能高低 ,围护结构传热系数越大,围护绿化的效果相对越明显,而夏季围护绿化对隔热性能的影响主要取决于绿化率,绿化率越大,围护绿化的效果相对越明显。

(2)夏、冬季非标准天气下

以上分析可知在夏、冬季标准天气下围护绿化可以提高模型箱夏季的隔热和冬季的保温性能,但实际中天气情况是复杂多样的,非标准天气也很常见,像夏季往往阴雨天也较多,冬季常常伴随着风雪,因此上面所得结论具有相当的局限性。围护绿化效果影响因子主要有日照强度、环境温度、环境湿度,天气实际上就是这些影响因素的综合。由于采集到的天气数据有限,这里仅就阴天这一非标准天气进行分析。

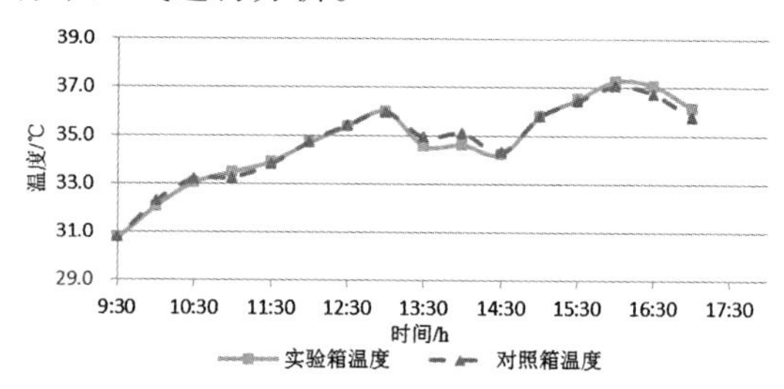

图 7 非标准天气木结构模型箱温度图

图 7 给出了 2011. 7. 1(天气状况:阴,室外平均温度:30. 8 ℃)。虽然室外温度并不低,但围护绿化对木结构建筑隔热的作用不明显,原因可能是由于阳光辐射强度低,模型表面未达到较高温度,且阴天植物代谢减弱,活力低。由此可见阳光辐射强度是影响植物作用效果的重要因素之一,非标准天气下植物作用可能会受到较大限制,此处以围护绿化对木结构模型箱的影响为例,冬季情况及混凝土模型箱情况与此例结果相近,此处不再赘述。

4.2 热工参数分析

围护结构的基本热工参数包括导热系数、比热、质量密度、导温系数、热膨胀系数、表面总热交换系数和太阳辐射吸收系数等,各参数对围护结构温度场有不同程度的影响。本实验中仅就传热系数、导热系数以及热阻进行计算和分析。

根据热力学原理，热量传递有三种基本方式：热传导、热对流和热辐射。由于模型是完全封闭的，内外空气流动有限，假定热对流的影响可以忽略，热辐射在围护结构热量传递过程中所占比例非常小，也可忽略。热传导是本实验中实验模型、对照模型内外部环境之间相互进行热量交换的主要方式。由于模型箱外围护结构均相同，除了有机窗外不存在其他结构热桥，因此本实验中除了模型第一层围护结构（无开窗）的热工参数外，其余均为考虑有机玻璃窗后的综合热工参数。

本实验采集的数据为等精度的每隔半小时的动态温度测量值，通过计算每半小时内实验箱、对照箱内部温度变化得出其热量改变值，结合室外温度变化值继而求出围护结构在半小时内的平均传热系数、导热系数以及热阻。

实验参照《民用建筑热工设计规范 GB 50176-93》进行计算，围护结构厚度相对于长宽的尺寸很小，因此在一维稳态传热的假定下分析围护绿化对模型箱围护结构热工参数的影响。

传热系数计算公式：$K = \dfrac{Q}{\Delta t}$

导热系数计算公式：$\lambda = K \cdot \delta$

热阻计算公式：$R = \dfrac{1}{K}$

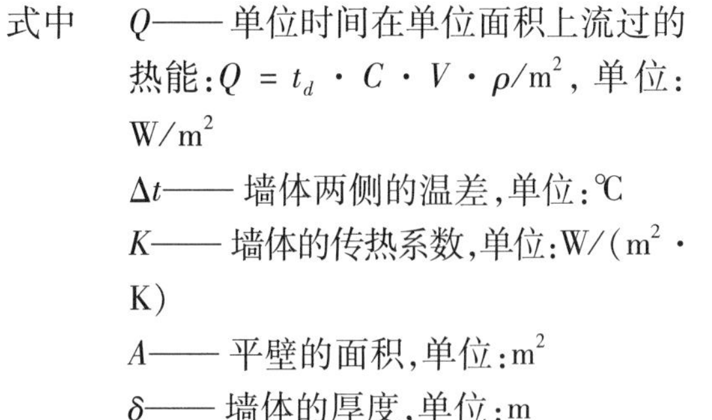
式中 Q—— 单位时间在单位面积上流过的热能：$Q = t_d \cdot C \cdot V \cdot \rho / \mathrm{m}^2$，单位：$\mathrm{W/m^2}$

Δt—— 墙体两侧的温差，单位：℃

K—— 墙体的传热系数，单位：$\mathrm{W/(m^2 \cdot K)}$

A—— 平壁的面积，单位：$\mathrm{m^2}$

δ—— 墙体的厚度，单位：m

注：由于本实验的夏季热工参数的计算受室外强辐射等条件影响不能得出较为可信的围护结构热工参数，此处只针对冬季进行夏季热工参数的计算，但鉴于植物夏季隔热作用明显强于冬季的保温作用，因此夏季时植物对围护结构热工性能的改变应更为显著，可以推算得出。

（1）混凝土模型箱整体热工参数分析

图 8 对 2010.10.31 中 19：30～23：00 这一时间段实验模型与对照模型传热系数、导热系数以及热阻进行具体分析，得到有植被覆盖的实验箱围护结构传热系数和导热系数绝对值仅为无植物覆盖的对照箱围护结构传热系数和导热系数绝对值的 50% 左右；有植被覆盖的围护结构热阻绝对值大约为无植物覆盖的围护结构热阻绝对值的 2 倍。上述分析证明围护绿化能使混凝土模型箱围护结构的传热性能降低，热阻增大，从而提高建筑物的保温性能。

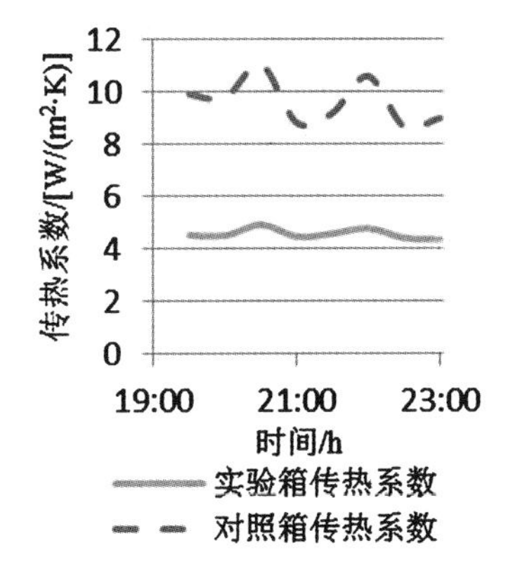

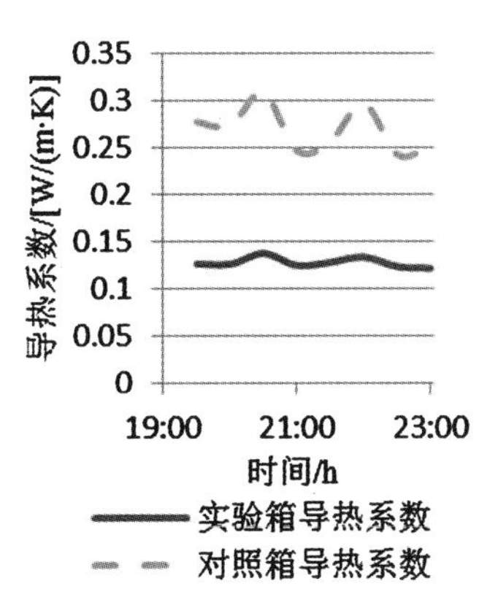

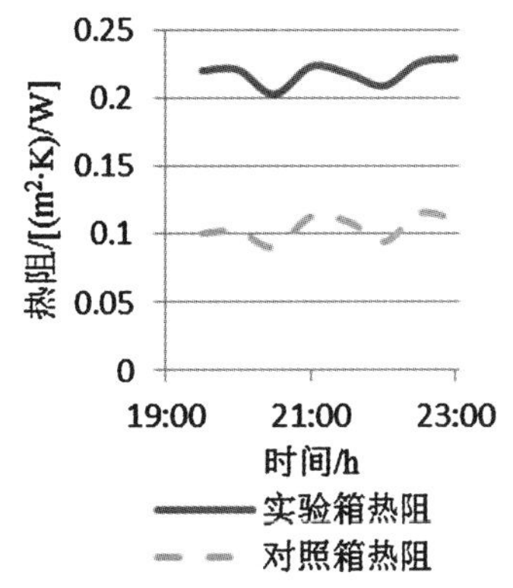

图 8　秋冬季混凝土模型箱热工参数

(2)混凝土模型箱分层传热计算

模型在设计制作时,第一层的墙体绿化覆盖率为 0,第二层的墙体绿化覆盖率为 50%,第三层的墙体绿化覆盖率为 100%,在此通过对第二层与第三层分别进行传热计算得到围护结构在不同墙体绿化覆盖率下的传热性能。分析时取用的计算结果仍通过 2010 年 10 月 31 日 19：30～23：00 采集的温度数据计算所得(图 9)。

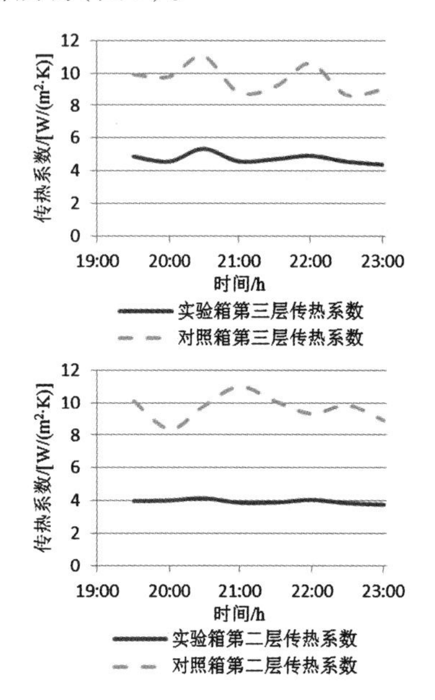

图 9　实验箱与对照箱分层传热系数对比

从图 9 中曲线可以得到,实验箱第三层比对照模型箱第三层的传热系数绝对值小,统计实验数据可得实验模型第三层围护结构传热系数值仅为对照模型第三层围护结构传热系数值的 49.5%;实验模型第二层对照模型第二层的传热系数绝对值小,统计实验数据可得实验模型第二层围护结构传热系数仅为对照模型第二层围护结构传热系数的 52.4%。

(3)木结构模型箱整体与分层的热工参数分析

无论整体还是分层,围护绿化均大大减小了围护结构的传热系数,有植被覆盖的实验箱围护结构传热系数分别仅为无植物覆盖的对照箱围护结构传热系数的 28.3%,20.6%,44.9%,29.1%。第一层由于地面架空(类似于某些建筑的半地下车库),增大了传热表面积,因此对照箱围护结构传热系数较大;第三层对照箱围护结构传热系数大于第二层是因为其窗地比大于第二层且有阁楼。虽然三层情况不相同,但实验箱围护结构传热系数均稳定在 2.5 左右,说明当植物覆盖率达到某一数值时(本实验植物覆盖率为 100% 屋顶绿化、100% 墙体绿化),其对围护结构的热工参数的改变较为稳定(图 10)。

结论:综合看混凝土模型箱和木结构模型箱,围护绿化能降低原围护结构的传热系数,提高围护结构热阻,减少模型内外热量交换,起到隔热保温效果,并且墙体绿化率越高,其保温性能越好。

4.3　热桥效应分析

建筑围护结构中的一些部位,在室内外温差的作用下,形成热流相对密集、内表面温度较低的区域。这些部位成为传热较多的桥梁,故称为热桥(thermal bridges)。热桥往往是由于该部位的传热系数比相邻部位大得多、保温性能差得多所致,在围护结构中这是一种十分常见的现象。寒冷季节外墙角部散热面积比吸热面积为大,墙角内空气流动速度较慢,接受室内热量比邻近的平直部位为少,也是热流密集、内表面温度较低的热桥部位。由于热桥部位内表面温度较低,寒冬期间,该处温度低于露点温度时,水蒸气就会凝结在其表面上,形成结露。此后,空气中的灰尘容易沾上,逐渐变黑,从而长菌发霉。热桥严重的部位,在寒冬时甚至会淌水,对生活和健康影响很大。

对此,我们根据外墙平均传热系数的计算公式分别对实验箱和对照箱的热桥部分楼板和玻璃进行计算。

$$K = \frac{K_p \cdot F_p + K_{B1} \cdot F_{B1} + K_{B2} \cdot F_{B2} + K_{B3} \cdot F_{B3}}{F_P + F_{B1} + F_{B2} + F_{B3}}$$

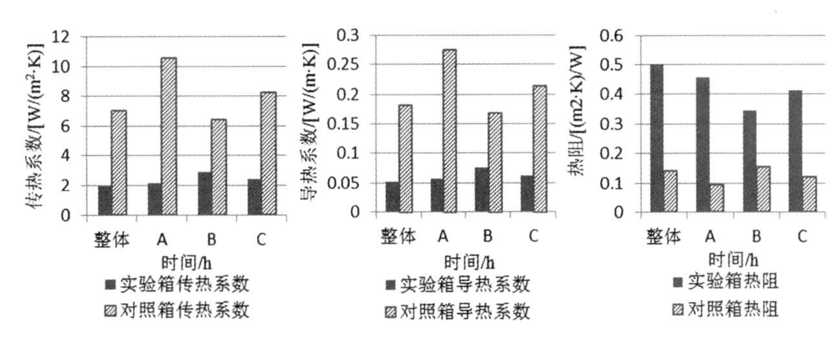

图 10　冬季木结构模型箱热工参数

式中　K—— 外墙平均传热系数,W/(m^2·K);

K_p—— 外墙主墙体的传热系数,W/(m^2·K);

F_p—— 外墙主墙体部位的面积,m^2;

K_{B1}、K_{B2}、K_{B3}—— 外墙各周边热桥部位的传热系数,W/(m^2·K);

F_{B1}、F_{B2}、F_{B3}—— 外墙各周边热桥部位的面积,m^2。

在本项目中,可能存在热桥效应的地方有第一、二层之间和二、三层之间的楼板与屋顶及外墙体构成的热桥,还有第二、三层的单层有机玻璃窗户。我们利用上式和已经测得的外墙平均传热系数,来反推热桥部分的传热系数。

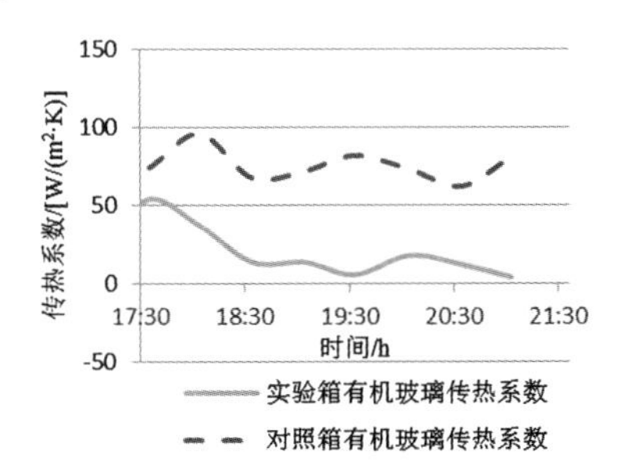

图 11　冬季混凝土模型箱有机玻璃传热系数对比图

图 11 和图 12 给出了以 2010. 10. 31 的温度数据算出的有机玻璃和楼板处的传热系数。从图 11 可以看出,植物对有机玻璃的作用很大,传热系数平均减少 74. 29% ,其根本原因是有机玻璃极薄,热阻极小,其传热系数很容易受到热量传递的影响而发生剧烈的波

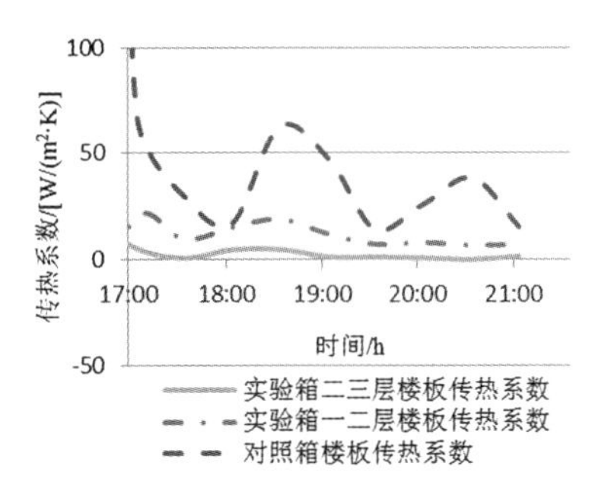

图 12　秋冬季混凝土模型箱楼板传热系数对比图

动,所以植物绿化能很大程度提高了有机玻璃的保温能力。

图 12 中实验箱没有植物覆盖的一二层楼板的传热系数和有植物覆盖的二三层楼板的传热系数小于对照箱楼板的传热系数,并且二三层有绿化的楼板的传热系数小于一二层没有绿化的楼板的传热系数,也符合理论的分析。分析表明,围护绿化能提高有机玻璃的保温性能约 74. 29% ,提高楼板的保温性能约 70. 9% ,可见围护结构绿化对建筑物热桥部分有显著的影响。

5　建筑原型分析

实验所用模型是等比例缩尺模型,为了使本实验的实验数据能应用于实践,这里浅显地进行建筑原型分析,通过热工参数的换算,进而得出屋顶及墙体绿化对实际建筑的节能的作用。

5.1　混凝土建筑

若将实验所用植物覆盖于实体建筑时

（围护结构厚度设为0.24 m），则这样一个在围护结构上覆盖有绿色植被的实体建筑，其围护结构传热系数为

$$K = \frac{1}{R} = \frac{1}{1.083} = 0.923\ \mathrm{W/(m^2 \cdot K)}$$

而无植物覆盖的实体建筑其围护结构传热系数为

$$K_0 = \frac{1}{R} = \frac{1}{0.977} = 1.024\ \mathrm{W/(m^2 \cdot K)}$$

而对于热桥部分，未经围护绿化的实体建筑玻璃窗户的传热系数为

$$K = \frac{1}{R} = 6.25\ \mathrm{W/(m^2 \cdot K)}$$

经过围护绿化的实体建筑玻璃窗户的传热系数为

$$K_0 = \frac{1}{R + R^*} = 4.41\ \mathrm{W/(m^2 \cdot K)}$$

5.2　木结构建筑

实际木结构建筑热阻取为$R=2.50$，此取值满足《民用建筑节能设计标准 JGJ26-95》中所规定的大部分地区围护结构传热系数限值。

未经围护绿化的实体建筑围护结构的传热系数为

$$K = \frac{1}{R} = 0.40\ \mathrm{W/(m^2 \cdot K)}$$

经过围护绿化的实体建筑围护结构的传热系数为

$$K_0 = \frac{1}{R + R^*} = 0.35\ \mathrm{W/(m^2 \cdot K)}$$

5.3　结论

对于实际混凝土建筑，若采用本实验中混凝土模型箱的绿化形式和覆盖率时（围护结构屋顶绿化和墙体绿化率的总和约为60%），其冬季保温性能将提高10%左右，玻璃窗户的保温性能提高29.5%左右，楼板的保温性能提高38.9%左右；实际木结构建筑若采用本实验中木结构模型箱所采用的绿化形式和绿化率时（围护结构屋顶绿化和墙体绿化率的总和约为100%），其冬季节能效果可达12.5%左右，夏季更为显著。

6　成果内容

经过项目小组各成员的共同努力，取得如下成果：

（1）论文《秋冬季围护结构绿化对建筑保温性能的影响》，发表在期刊：建筑节能，2011，(08)：54-59。在2011绿色建筑建材与土木工程国际会议上，该论文被收录到国际期刊：Applied Mechanics and Materials（ISSN：1660-9336），可以被EI和ISTP检索。

（2）论文《围护结构绿化对木结构建筑隔热、保温性能的影响》待发表。

（3）实验报告《植被覆盖的外墙体对建筑节能的作用》。

（4）实验报告《秋冬季围护结构绿化对建筑物玻璃和楼板热桥效应的影响》。

（5）第七届清华大学环境友好科技竞赛。参赛作品：论文《围护结构绿化对木结构建筑隔热、保温性能的影响》，已晋级终审答辩。

（6）同济大学SITP5最佳项目二等奖。

7　创新点

（1）研究思路：采用缩尺模型实验的研究方法并通过变量控制来研究模型箱的综合热工性能，而传统研究大多只针对实体建筑绿化后墙面的降温与湿度进行评估，缺乏整体、严格的对照；模型箱分为混凝土和木结构两组，全面贴合主流建筑形式（钢结构模型箱制作未完成）；根据研究需要将模型箱各层设置为不同的窗地比及绿化率，并分析其对围护绿化效果的影响，使实验结果更全面。

（2）分析内容：既有较为直观的温度变化图用以定性描述，又有围护结构热工参数用来定量分析，构成较为完善的建筑节能评价。

（3）实验数据及分析：模型箱根据分层布有18个测温点，可以同时检测各层温度变化，截至目前，累计采集8 246个温度数据，天气状况包括晴、阴、雨、雪等，室外温度范围从0～35 ℃，使实验分析结更为全面、可信；针对人工读数造成的误差，创造性地提出了偏好误差的概念，并进行修正；在木结构模型箱热工参数分析时采用加以理论值校核的方法，使求得数据更接近真值；在混凝土模型箱热桥计算部分，采用理论公式反推热桥实验真值的方法。

（4）建筑原型分析：为使本实验能应用于实践，以围护结构表面植物的附加当量热阻为依据，对实际建筑绿化后的节能效果进行评估。

8 实验不足与展望

（1）钢结构模型箱制作没有完成，因此本项目缺失了维护绿化对钢结构建筑的节能评估，希望能在后续实验中完成钢结构模型箱的制作并进行实验。

（2）由于经费有限，所用绿化方式单一且植物绿化面积有限。

（3）限于植物数量，两组模型箱没有同步进行绿化节能测试，削弱了维护绿化对不同材料模型箱间的横向对比。

（4）考虑到空气流动所造成的传热复杂性，在模型箱设计方案中将模型箱设计为全密封箱，忽略了建筑通风对维护绿化节能的影响，使模型箱与实体建筑存在一定差异。

（5）室外温度测量方法不正规（选取大树庇荫处空气温度为室外温度），没有采用标准测温方法，致使夏季室外温度比实际值偏低，虽进行过修正，但仍旧存在误差。

（6）没有考虑阳光辐射强度对维护绿化节能效果的影响，在夏季，阳关辐射强度较室外温度的影响更大，导致夏季围护结构热工参数不能算出。在后续测温中，将会以模型箱表面温度代替室外温度，将阳光辐射强度因素考虑在内。

9 成果意义

围护绿化应用越来越广泛但并没有被认可为正式建筑节能措施，原因在于其建筑节能基础理论缺乏，热工评价指标不完善。由于大多数现有研究没有涉及本质的热工机理，缺少详尽的数据及严格、完整的对照，因此说服力与参考价值稍显不足。本项目抓住了这一契机，采用具有完整、严格对照意义的缩尺模型实验法，从围护结构热工性能的角度切入，并考虑建筑形式、窗地比、绿化率、天气状况等诸多因素对围护绿化的影响。本实验研究结果肯定了围护绿化的建筑节能作用，得到部分重要的热工参数，并计算了建筑原型节能比率，丰富了立体绿化节能理论，完善了建筑节能定量评价体系，为立体绿化扩宽了建筑节能的道路。

若围护绿化能作为一项正式的可评价的建筑节能措施应用于建筑初始设计及节能改造，其带来的社会经济效益与环境效益将是非常可观的，希望本项目的研究成果能被相关科研人员引用，并对绿色建筑设计及相关规范的出台有所帮助，为建筑物的节能减排作出贡献。

一种高耐久性永久性模板的研制

项目所在单位:浙江大学建筑工程学院土木工程系
项目第一完成人:黄博滔
项目组成员:黄博滔
指导老师:李庆华　副教授

1　研究目的和内容

目前,国内建筑领域中,水工结构、港海结构、桥涵隧洞等建筑结构通常使用木模板、钢模板等模板,存在消耗量大、拆装不便、周转费用高、利用率低等不利因素。传统情况下的结构中普通混凝土表面自然裸露,耐久性较低。与此同时,以抗裂作为控制条件进行设计是水工结构等有别于其他类型建筑结构的重要特征,普通混凝土易开裂问题不仅会影响水工结构等的正常工作也会影响其耐久性和使用寿命,严重的甚至会影响结构的安全运行。以上几点一直以来是水工结构、港海结构、桥涵隧洞等施工和使用过程中较难解决的问题。

超高韧性水泥基复合材料是使用短纤维增强,且纤维掺量不超过复合材料总体积的2.5%,硬化后的复合材料应具有显著的应变硬化特征,在拉伸荷载作用下可产生多条细密裂缝,极限拉应变可稳定地达到3%以上。考虑到这种材料优异的韧性,同时也为了便于工程应用和结构设计人员对此材料的理解和应用,将符合这一标准的材料称为"超高韧性水泥基复合材料(Ultra High Toughness Cementitious Composite,缩写为UHTCC)"。

对于使用超高韧性水泥基复合材料来制作永久模板,国内外已有学者对此进行了初步研究。Leung Cao、李贺东等进行了使用UHTCC制作梁的模板的初步研究,发现使用UHTCC永久模板制作的梁试件具有更好延性和更高的承载力。基于前文所述UHTCC的几种特性和相关研究,可以预见使用UHTCC制作永久模板是一种切实可行的方法,可以提升结构的耐久性和安全性,在实际施工中有望取代传统的木模板,同时作为结构构件的一部分承受荷载,具有节约劳力,提高施工效率,减少木材消耗等优点。目前,关于UHTCC永久模板的研究仅限于使用UHTCC制作U型或平模板来浇筑混凝土梁,对于更大适用范围和具体使用方式的研究较为有限。因此,本课题拟研制一种可以在高耐久性要求结构中使用的永久模板,研究其破坏模式及模板与混凝土主体之间的共同工作性能,以满足实际工程的需要。

本课题结合超高韧性水泥基复合材料UHTCC的优点,拟开发一种UHTCC高耐久性永久性模板,并对其自身的力学性能、与大体积混凝土的整体力学性能开展研究。提出的新型永久性模板具有优异的变形能力,可有效提高大体积混凝土结构整体的抗剪能力和承载力。UHTCC材料的低渗透性又可以保护普通混凝土主体免于侵蚀性离子的侵入,在有效提高耐久性的同时,造价相对于整体使用也得到大幅度的降低。UHTCC的高韧、抗裂、防渗性能有望进一步大幅提升大体积混凝土结构的耐久性和安全性。该新型永久性模板可工厂化预制,大幅缩短施工工期,在实际施工中有望取代传统的木模板,既可辅助混凝土成型,同时也作为结构构件的一部分承受荷载;除了有效提高混凝土耐久性外,还具有节约劳力,提高施工效率,减少木材消耗等优点。

2 UHTCC 永久性模板设计

2.1 永久性模板连接方式及粘结面处理

根据嵌扣式连接自身特征所设计的连接方式 I 和 II(图 1、图 2),具有安装方便,无需预留孔洞等优点。同时,嵌扣式连接的缺陷也在结构中体现出来,主要是需要使用黏结剂来粘结构件之间的交界面。但一般情况下,嵌扣式连接拼接后留下的粗线部分裂缝长度相对较长,加上黏结剂的作用,在一定程度上可以改善模板的耐久性。

使用永久模板制作混凝土构件时,模板和浇筑的混凝土之间良好的黏结性可以为构件的正常使用提供保证。Leung 等研究发现使用有横向凹槽模板的试件具有最好的延性,结合本文所述永久性模板材料超高韧性水泥基复合材料的自身特征,采用在模板与混凝土接触面带有横向凹槽的表面处理方式来进行模板的表面处理。

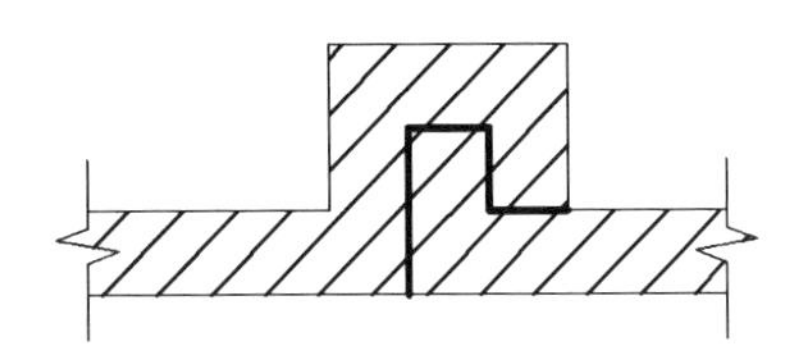

图 1 永久模板嵌扣式连接方式 I

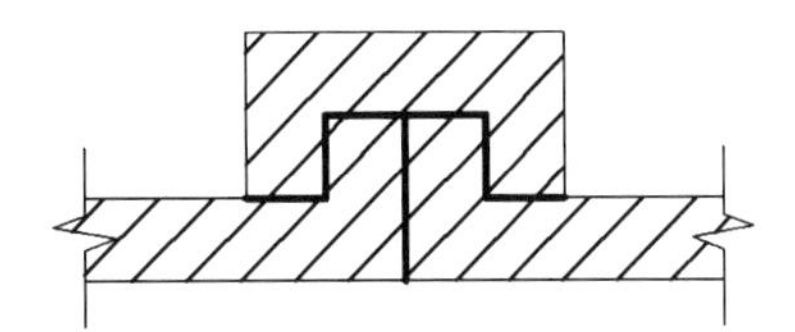

图 2 永久模板嵌扣式连接方式 II

2.2 永久性模板设计方案 I

方案 I 是一种互扣式可拼装防裂防渗永久性模板,它由一列第二面板以及在其一侧依次连接的多列第一面板连接组成,第二面板和第一面板的横截面均为两侧具有壁的凹型,第一面板其中一侧的壁的外侧具有与凹形相反方向开口的连接槽,其尺寸可以与第二面板两侧的壁插接配合以及和第一面板另一侧的壁插接配合。拼装方式如图 3 所示。

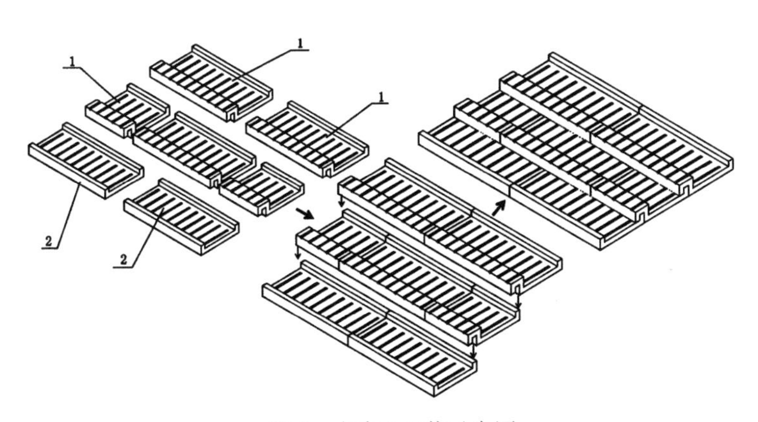

图 3 方案 I 组装示意图

2.3 永久性模板设计方案 II

方案 II 是一种单向龙骨嵌扣式可拼装防裂防渗永久性模板，它由面板(1)和连接件(2)组成模板，面板(1)和连接件(2)的横截面均为凹型，连接件和左右相邻的两块面板扣合。拼装方式如图 4 所示。

2.4 永久性模板设计方案 III

方案 III 是一种双向龙骨嵌扣式可拼装防裂防渗永久性模板，它由矩形面板 1 和第一连接件 2、第二连接件 3、第三连接件 4 组装成模板，面板四周有突起的边框，第一连接件呈十字形，第二连接件呈 T 形，第三连接件呈 L 形，连接件包括相交位和相交位之外的连接臂；第一连接件的相交位对应相邻四个边框的相邻转角位，第一连接件的连接臂的横截面呈凹槽形；第二连接件的相交位对应相邻两个边框的相邻转角位，第二连接件处于 T 形下侧的连接臂的横截面为凹槽形，第二连接件处于相交位两侧的连接臂的横截面为凹槽形的半体；第三连接件的相交位对应一个边框的转角位，第三连接件的连接臂的横截面为凹槽形的半体；凹槽型连接臂和相邻的两块面板上的相邻边框相扣合，横截面呈凹槽形半体的连接臂靠压在一块面板的边框上。拼装方式如图 5 所示。

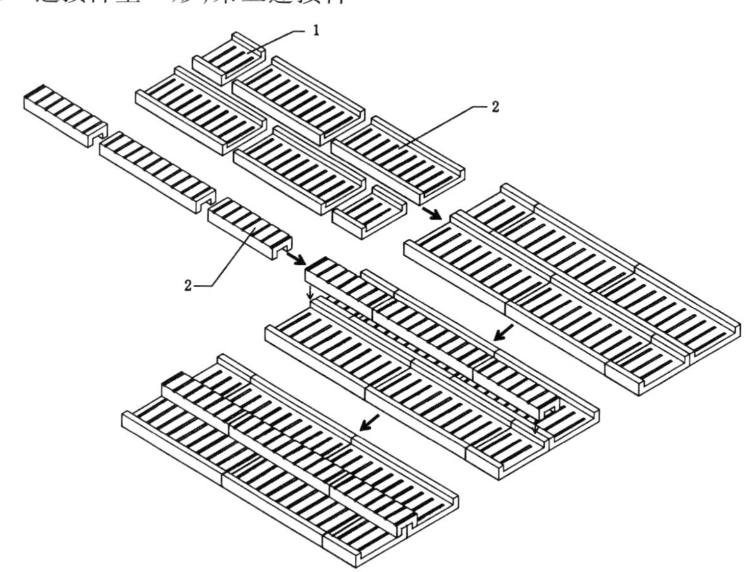

图 4 方案 II 组装示意图

3 UHTCC 永久模板试验研究

3.1 试验方案

选用双向龙骨嵌扣式永久性模板(图 6)作为本文进行试验和着重研究的对象。对双向龙骨嵌扣式永久性模板的力学性能而言，模板拼接处是模板承受荷载过程中相对薄弱的环节，因此对模板节点处进行抗弯承载力的试验研究，研究其承载力以及破坏形式。

根据图 6 中的试验单元选取方式，本文所述试验中所用到的模板单元如图 7 所示，由四块 1/2 模板并接而成，连接处使用一个十字连接扣件以及两个 T 型扣件(1/2 十字扣件)拼接而成。其中，四块 1/2 模板的具体尺寸如图 8 所示，十字连接扣件尺寸如图 9 所示，两个 T 型扣件(1/2 十字扣件)由一个十字扣件从中线切割而成。模板单元试验具体实施方式如图 10 所示。

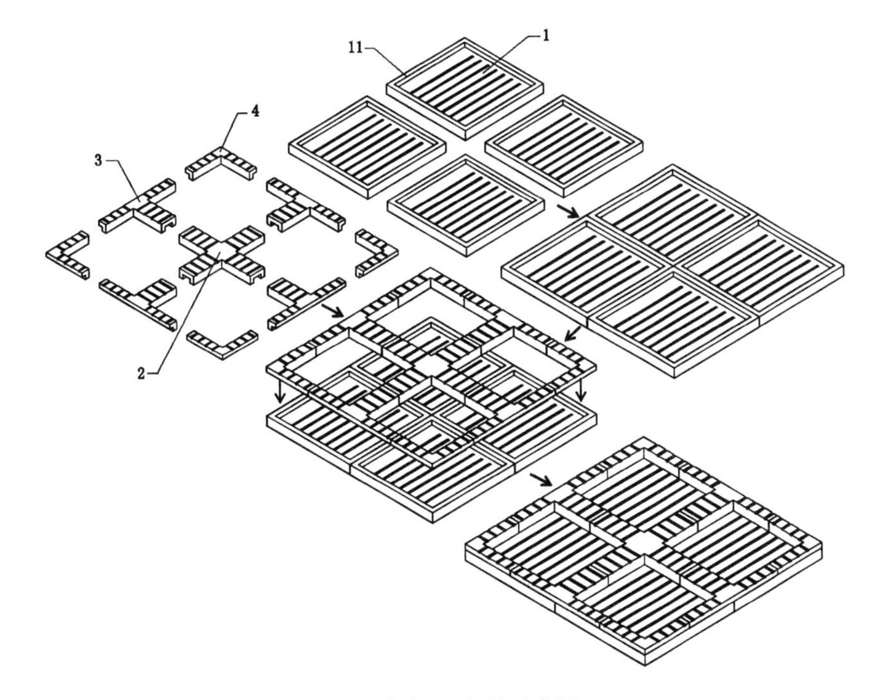

图 5　方案 III 组装示意图

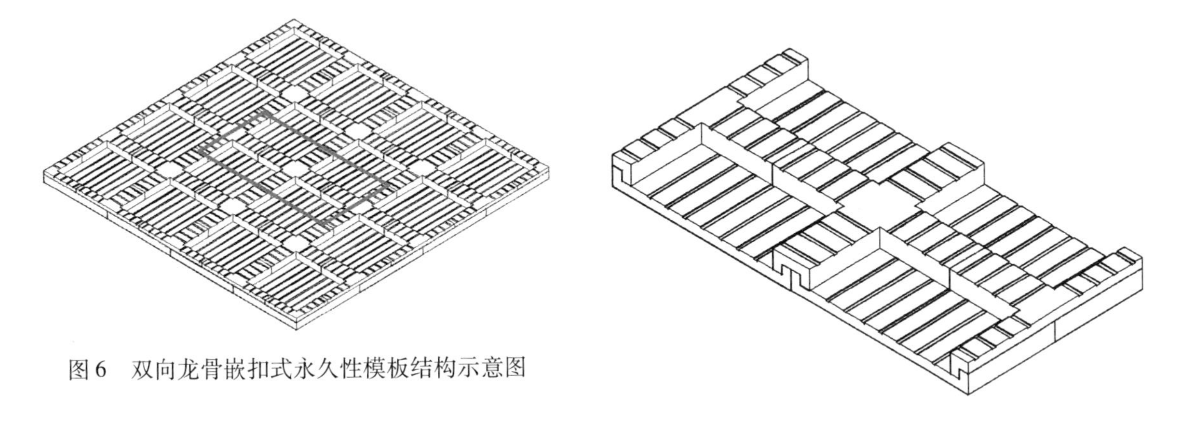

图 6　双向龙骨嵌扣式永久性模板结构示意图

图 7　试验用模板结构示意图

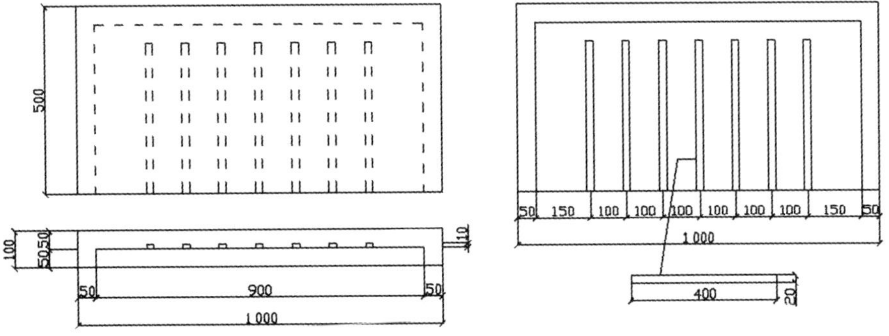

图 8　1/2 模板尺寸示意图

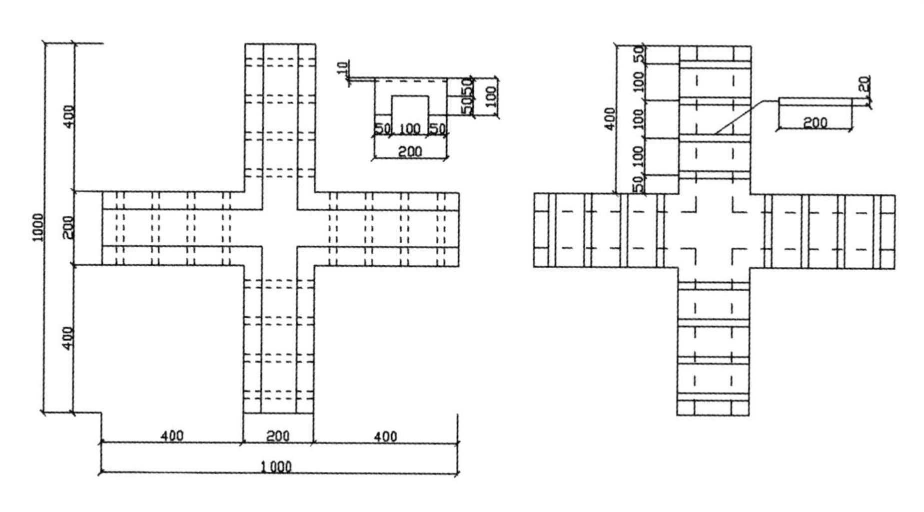

图 9　十字连接扣件尺寸示意图

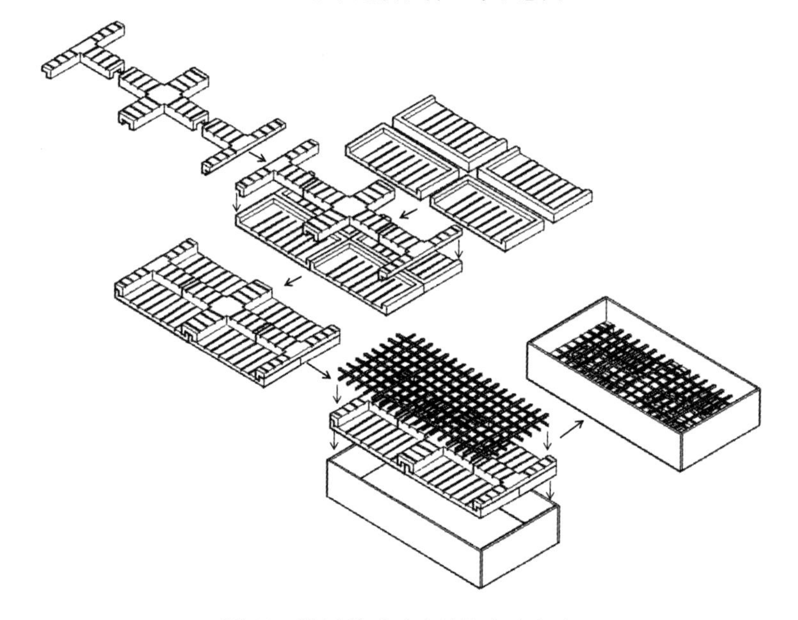

图 10　模板单元试验具体实施方式

根据尺寸制作得到四块 1/2 模板，一个十字连接扣件以及两个 T 型扣件（1/2 十字扣件），之后根据图 10 拼装完成，模板与模板以及模板与连接件之间的界面使用环氧树脂进行粘结，完成模板的制作，此时模板的外廓尺寸为 2 000 mm×1 000 mm×150 mm，将制得模板放入内尺寸为 2 000 mm×1 000 mm×400 mm的木模底部，放入绑扎完成的钢筋网（受力筋 HRB335，8Φ10，分布钢筋 HRB335，16Φ10，满足最小配筋率要求），浇筑 C30 商品混凝土，养护 28 d 后进行四点弯曲试验（图 11），测试其承载力和节点破坏模式。与此同时，对养护 28 d 的 UHTCC 和商品混凝土试件进行基本力学性能的测试。全部试验完成后进行试验结果分析。

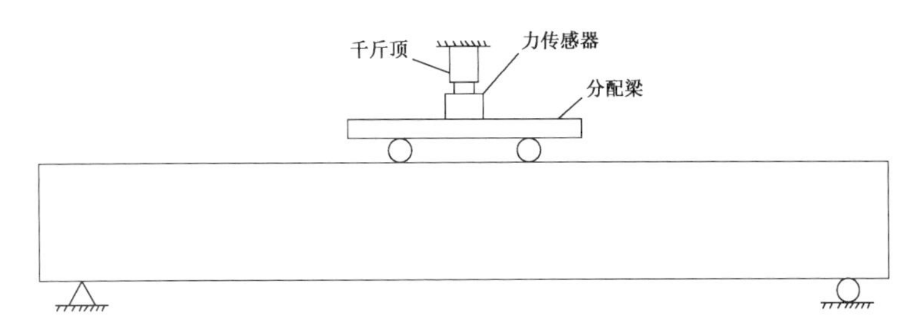

图11 试件加载示意图

3.2 试件浇筑及成型过程

根据前节所述的永久模板尺寸制作永久模板的木模和最终浇筑商品混凝土的木模，图12所示的是1/2模板的木模，图13所示的是十字连接扣件的木模，图14所示的是最终浇筑商品混凝土的木模。其中，T字形的两个连接件由十字连接构件木模中间放入隔板来替代。

图12 1/2模板的木模

图13 十字连接扣件木模

在木模完成之后，首先进行超高韧性水泥基复合材料UHTCC的浇筑，也就是4块1/2模板，一个十字连接扣件以及两个T型扣件的浇筑，浇筑完成后如图15和图16所示。

UHTCC制作的永久模板机器连接件浇

图14 最终浇筑木模

图15 1/2模板浇筑图

筑完成3天后进行拆模，并进行拼装，完成后放上绑扎完成的钢筋网(图17)，形成图18所示的模板初步形状。

之后将初步成型的模板放入内部尺寸为2 000 mm×1 000 mm×400 mm的木模底部，模板与模板以及模板与连接件的界面使用环氧树脂粘结，放入绑扎完成的钢筋网(图19)，浇筑C30商品混凝土，形成最终的试验构件

图 16　1/2T 型扣件的浇筑图

图 17　钢筋网图

图 18　模板初步成型图

图 19　入模图

(图 20)。最终成型的构件由于试验机的调试和场地协调等问题,在养护 56 d 之后进行最终的四点弯曲试验,试验结果将在本章的后半部分进行详细的分析和介绍。

图 20　试验构件图

3.3　UHTCC 永久性模板四点弯曲试验

本试验采用浙江大学建筑工程学院结构实验室 25 t MTS 加载系统进行测试,试件底部使用量程为 30 mm 的 LVDT 测量模板裂缝口张开位移以及跨中挠度,使用 IMC 数据采集系统进行数据采集,具体实施方式如图 21 所示。

试验的具体测试方法及加载细节如图所示,其中,图 22 和 23 分别表示为测量跨中位移的 LVDT 的布置情况,图 24 ~ 26 分别为支座处以及四点弯曲试验传力梁的传力形式,图 27 所示为本次试验的加载装置以及数据采集系统整体情况。试验加载速率为 0.2 mm/min。

3.4　试验结果

试验过程中加载速率为 0.2 mm/min,除去暂停段的荷载-时间曲线如图 28 所示,图中的三处荷载突降点是暂停加载(观察试件裂缝情况)所产生的荷载波动,由于 MTS 加载头量程为 25 t,荷载到达 255.2 kN 时(包括传力梁、试件自重)试验终止。实际荷载-时间曲线如图 29 所示,跨中位移最大值为 2.83 mm(图 30),裂缝口张开位移最大值为 1.24 mm(图 31)。

在本试验中,直至加载到 200 kN,试件的整体变形依旧不是十分显著(见图 32)。这一点从跨中位移也可以看出,即使在

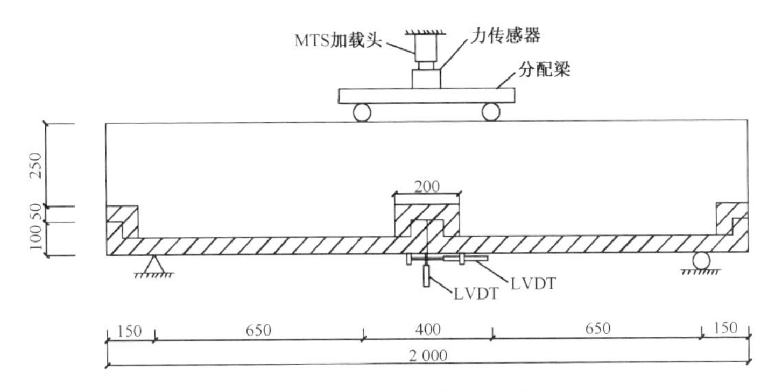

图 21　试件加载示意图

图 22　测量跨中位移 LVDT 布置图

图 25　支座 I 图

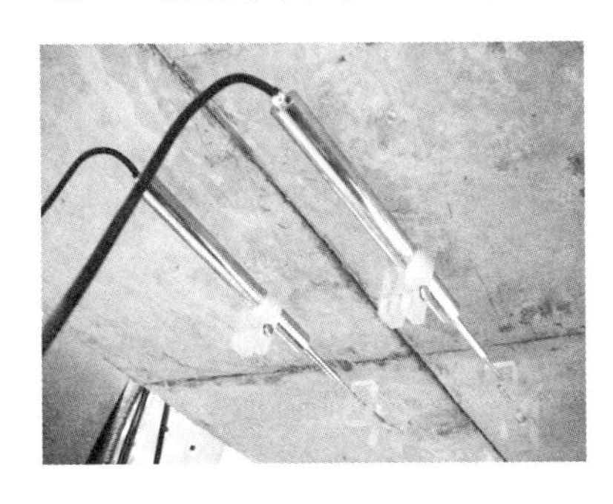

图 23　模板间测量裂缝口张开位移 LVDT 布置图

图 26　支座 II 图

图 24　传力梁图

图 27　试验全貌

255.2 kN的荷载下，挠度仅为跨度的 1/600，此时底部的横向裂缝展张开位移为1.24 mm，并不显著。试件侧面中部外露的模板十字连接扣件附近则有较多裂缝，具体裂缝开展情况如图 33、图 34 所示，构件底部模板边缘有少量裂缝。

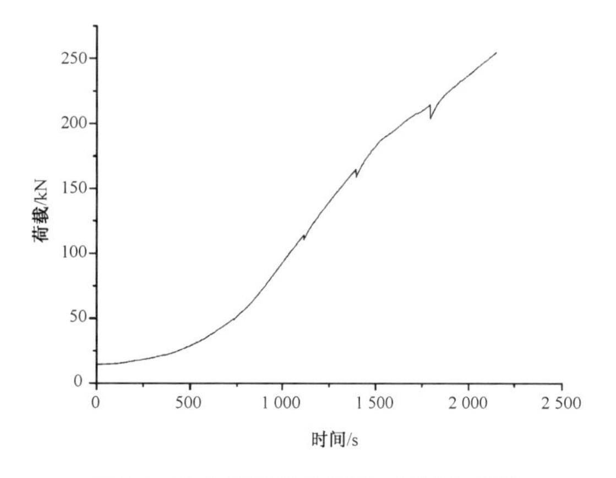

图 28　除去暂停段的荷载-时间曲线图

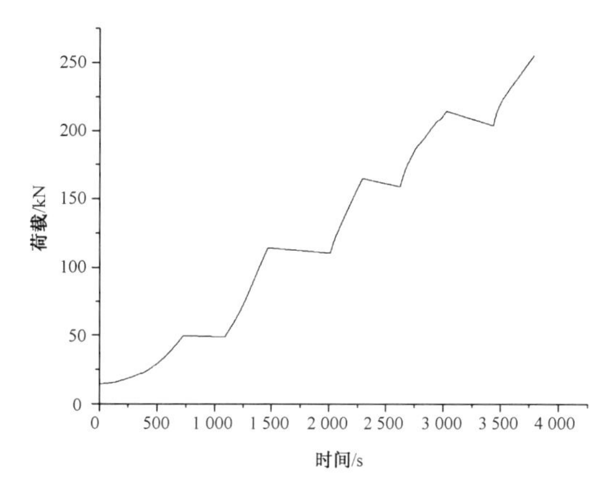

图 29　实际荷载-时间曲线图

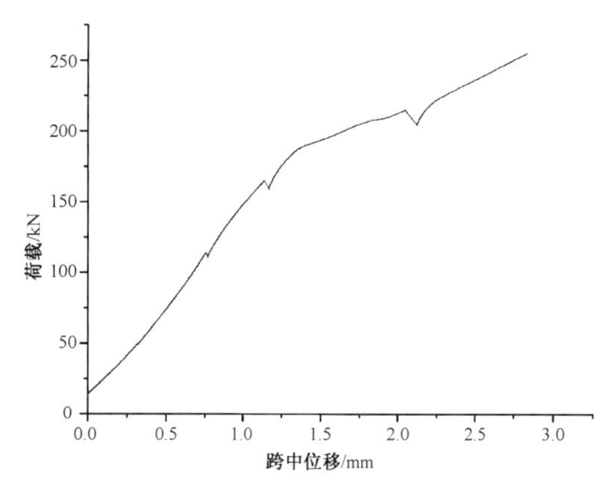

图 30　荷载-跨中位移曲线图

3.5　试验曲线分析

通过试验获得的荷载-跨中位移曲线和荷载-裂缝口张开位移曲线,可以发现在实验的 MTS 加载系统加载范围内,两条曲线除了

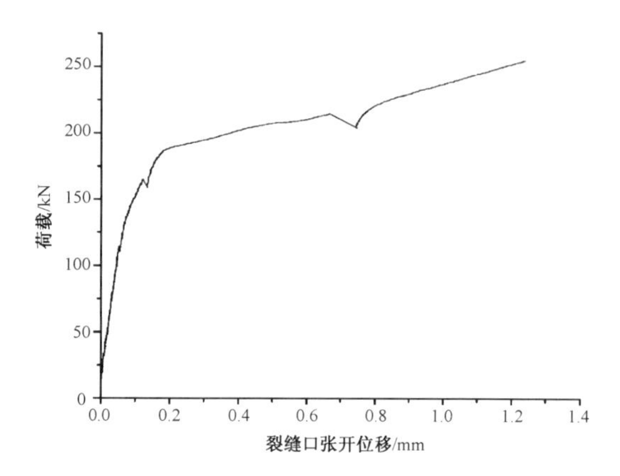

图 31　荷载-裂缝口张开位移曲线图

图 32　200 kN 荷载试件图

图 33　裂缝开展情况 I 图

图 34　裂缝开展情况 II 图

因荷载的不连续加载(观察构件加载情况需

要)而产生的曲线波动外,曲线一直处于上升状态,与此同时,两条曲线的斜率均在上升过程中发生了变化。对此,本文将通过图 35 ~ 37 来进一步分析和说明曲线上升过程中斜率变化这一情况。将对图中的几个特征点进行进一步说明。

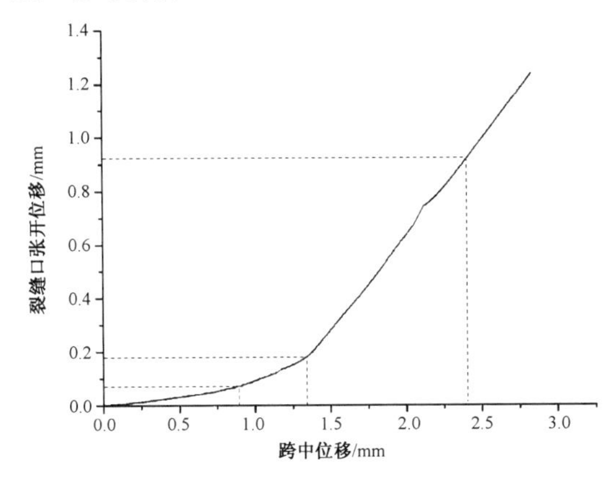

图 35　裂缝口张开位移-跨中位移曲线分析图

从受到荷载波动影响较小的裂缝口张开位移-跨中位移曲线(图 35)中可以发现,实验过程中曲线有三个相对明显的折点,在荷载-裂缝口张开位移曲线以及荷载-跨中位移曲线上也可以较好地观察得到(图 36、图 37)。结合三个曲线图,大致可以判断折点 I 出现在荷载为 140 ~ 150 kN 的范围附近,在此点之前,构件的各曲线保持较好的线性状态,经过此点,曲线斜率发生轻微变化,因此,可以初步断定折点 I 为构件的起裂点。同样结合三个曲线图可以判断折点 II 出现在荷载为 170 ~ 180 kN 的范围附近,经过此点,各曲线斜率均发生较大变化,荷载-跨中位移曲线以及荷载-裂缝口张开位移曲线上升趋势均减缓,基于以上分析此点有可能是钢筋屈服点,也有可能使构件某一部位的开裂点。与此同时,在曲线的三条后半部分还有一个相对不明显的点(折点 III),经过此点之后曲线斜率有轻微变化,荷载-裂缝口张开位移曲线以及荷载-跨中位移曲线均有小幅硬化特征。这一特征在荷载-跨中位移曲线中相对明显,荷载在 220 ~ 24 0 kN 之间,需要进一步的计算来分析这一点附近可能出现的变化。

以下章节将通过理论计算来进一步分析各曲线的变化状况。

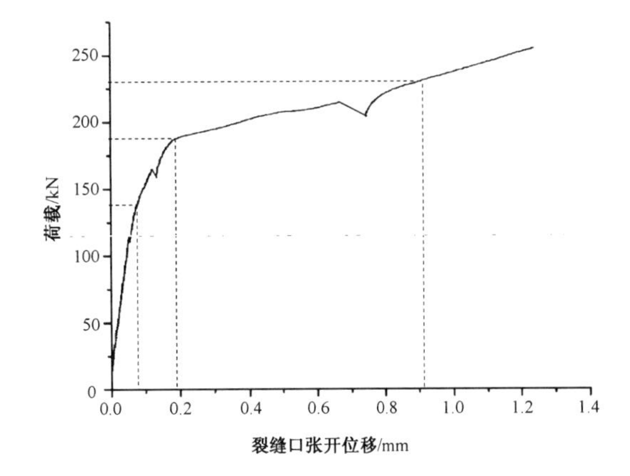

图 36　荷载-裂缝口张开位移曲线分析图

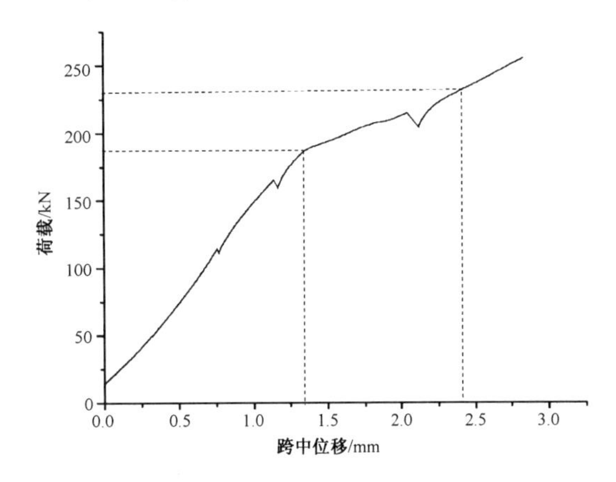

图 37　荷载-跨中位移曲线分析图

3.6　基于超高韧性复合材料控裂功能梯度复合梁计算理论的分析

本构件尺寸是 2 000 mm×1 000 mm×400 mm,考虑到构件两端简支,受到的荷载均沿横向均布,因此可以视为一个复合梁构件,以下将基于超高韧性复合材料控裂功能梯度复合梁计算理论进行计算分析。

超高韧性复合材料控裂功能梯度复合梁正截面受弯整个破坏过程大致可以分为三个阶段:第一阶段为弹性阶段,第二阶段为起裂后至钢筋屈服的带裂缝工作阶段,第三阶段为钢筋开始屈服至截面破坏阶段。根据李庆华、徐世烺的研究，基于上述假定，以及UHTCC功能复合梯度梁的应变分布(图38)，可以求得UHTCC功能复合梯度梁各阶段的承载力。其中截面梁高 h，宽度 b，中和轴高度 c，受拉边缘纤维至受拉钢筋合力点的距离 m，UHTCC层厚度 a，计算点距受拉边缘纤维的距离 x。

计算基本参数情况：UHTCC拉伸初裂强度 $\sigma_{tc}=4$ MPa，拉伸初裂应变 $\varepsilon_{tc}=0.015\%$，极限抗拉强度 $\sigma_{tu}=5.98$ MPa，极限拉应变 $\varepsilon_{tu}=4.2\%$；混凝土 $\varepsilon_0=0.002$，极限压应变 $\varepsilon_u=0.0035$，抗压强度 $f_c=26.7$ MPa，抗压强度 $f_t=2.2$ MPa，极限拉应变 $\varepsilon_{tu\text{-}con}=0.008\%$；钢筋屈服应变 $\varepsilon_y=0.2\%$，钢筋屈服应力 $f_y=380$ MPa。

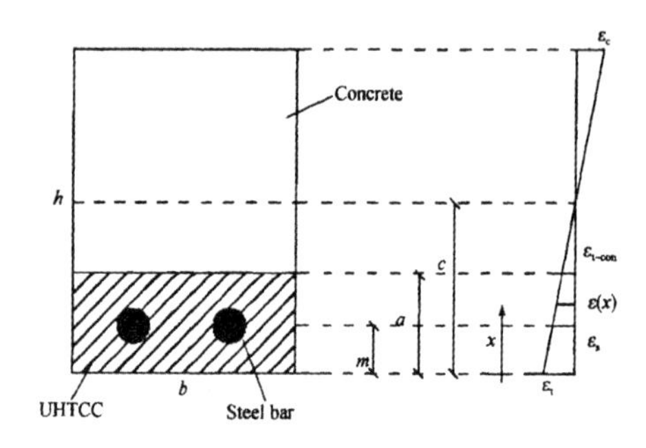

图38 UHTCC功能复合梯度梁的应变分布图

3.6.1 截面理论计算

(1)截面选取

根据不同的假定以及不同阶段计算分析需要，在构件纯弯段(截面弯矩最大)取三种代表性截面进行理论计算分析。

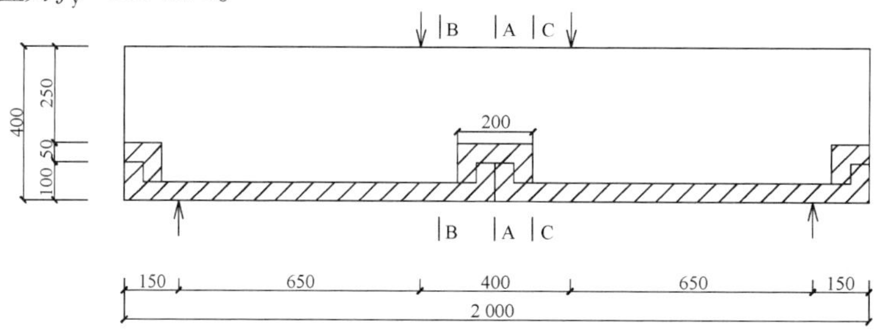

图39 截面选取方式示意图

①截面选取方式A-1

本选取方式A-1假设粘结模板界面的环氧树脂在试件受力过程中将模板界面刚接(图40)，则 $a=150$ mm，$m=150$ mm，$b=1\ 000$ mm，$h=400$ mm。

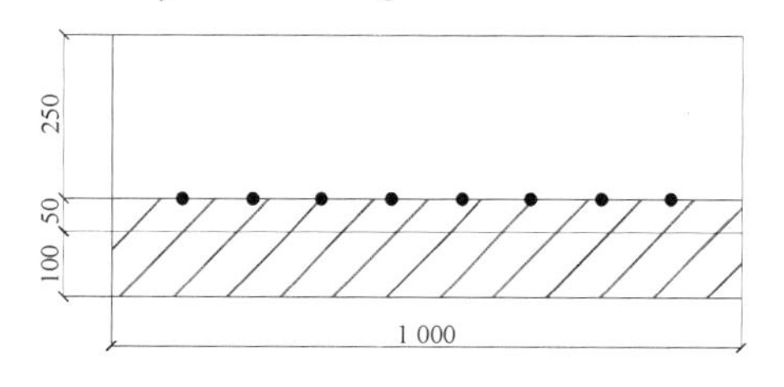

图40 截面选取方式A-1示意图

②截面选取方式A-2

本选取方式假设粘结模板界面的环氧树脂在试件受力过程中的作用可忽略不计(图41)，则 $a=50$ mm，$m=50$ mm，$b=1\ 000$ mm，$h=300$ mm。

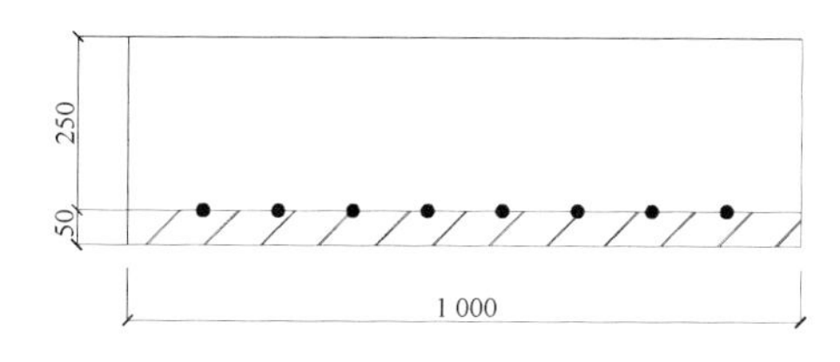

图41 截面选取方式A-2示意图

③截面选取方式B

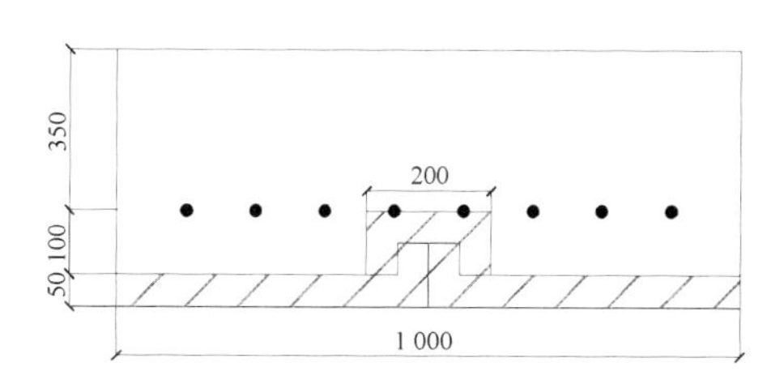

图42 截面选取方式B示意图

本选取方式如图42所示，同样取自构件纯弯段。由于该截面计算截面弯矩较为复杂，因此在计算时进行简化(图43)，则 $a=$

50 mm,m=150 mm,截 b=1 000 mm,h=400 mm。简化后的截面选取方式在计算起裂荷载时由于 UHTCC 和混凝土的拉伸模量十分接近,计算结果偏差较小。在计算钢筋屈服点荷载以及极限荷载时会导致结算结果偏小。

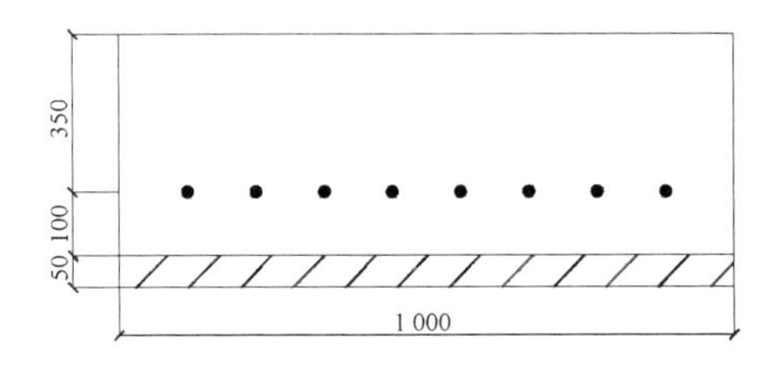

图 43　截面选取方式 B 计算图

④截面选取方式 C

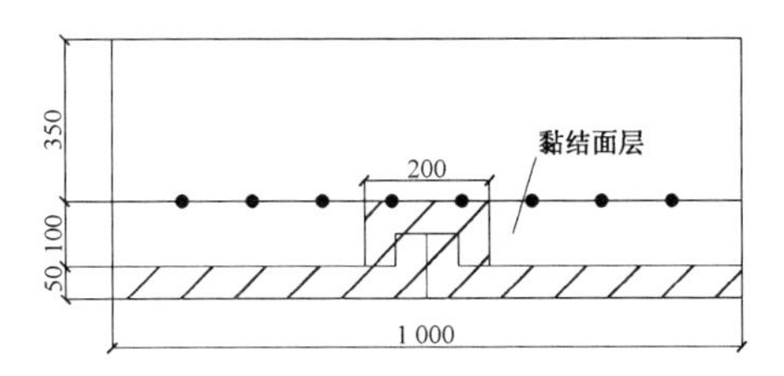

图 44　截面选取方式 C 示意图

本选取方式如图 44 所示,认为 UHTCC 与混凝土的粘结面层相对较为薄弱,取粘结面层处界面的抗拉强度为混凝土抗拉强度的 0.75,由于该截面计算截面弯矩较为复杂,因此在计算时进行简化(图 45),则 a = 50 mm,m = 150 mm,b=1 000 mm,h=400 mm。简化后的截面选取方式在计算起裂荷载时由于 UHTCC 和混凝土的拉伸模量十分接近,计算结果偏差较小。在计算钢筋屈服点荷载以及极限荷载时会导致结算结果偏小。

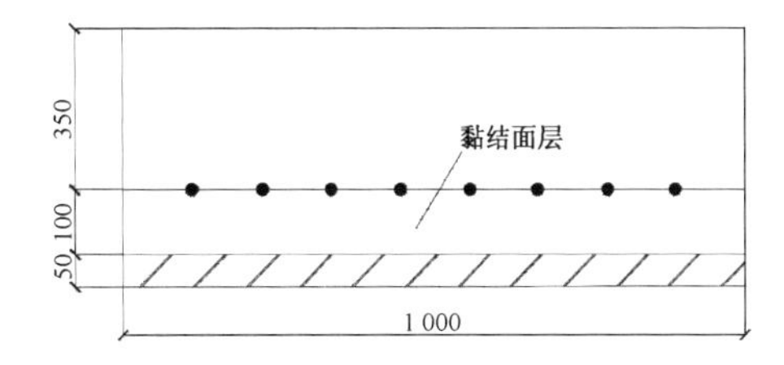

图 45　截面选取方式 C 计算图

3.6.2　计算结果分析

如前小节已完成对构件纯弯段(弯矩最大段)各个不同截面进行了构件起裂荷载、UHTCC 起裂荷载、截面钢筋屈服荷载以及截面极限承载力的计算,计算结果总结见表 1。

表 1　截面理论计算表

截面	起裂荷载 /kN	UHTCC 起裂荷载 /kN	钢筋屈服荷载 /kN	极限荷载 /kN
A-1	327.4	327.4	700.4	879.4
A-2	153.5	131.2	275.7	408.9
B	232.9	183.9	342.0(偏小)	526.7(偏小)
C	171.7	183.9	342.0(偏小)	526.7(偏小)
钢筋混凝土	179.1	-	105.7	179.1

注:截面 B 的荷载以及截面 C 的荷载可能会由于使用简化截面而产生较小的偏差。

(1)折点 I 产生的原因

根据本章的试验曲线分析,主要有三个相对明显的折点,折点 I(140 ~ 150 kN 左右)之前各曲线均保持较好的线性关系,经过折点 I 之后,曲线斜率均有变化,荷载-跨中位移曲线和荷载-裂缝口张开位移曲线均有所下降。经过折点 II(170 ~ 180 kN)之后,两曲线斜率均有明显下降,但仍保持上升状态。

经过折点 III(220 ~ 240 kN)之后,斜率有轻微变化,荷载-跨中位移曲线和荷载-裂缝口张开位移曲线均有进一步硬化的特征。

根据理论计算结果,可以发现在荷载为153.5 kN 时,构件起裂,此点与折点 I 较为接近。此荷载时通过截面 A-2 计算所得,考虑到环氧树脂拉伸强度远大于混凝土和UHTCC,同时弹性模量远小于两者,可以认为环氧树脂对截面 A-2 的起裂荷载影响较小,因此可以认为 153.5 kN 为构件理论起裂值。由于试件进行过预加载,实验所得曲线线性段结束点可能会偏低。综合上述分析,得到结论折点 I 为构件开裂点。

(2)折点 II 产生的原因

构件开裂后根据截面 A-2 计算结果承载力应当下降,但实验曲线依旧上升,这是由于环氧树脂在裂缝口张开过程中逐渐发挥作用使构件抗弯承载力继续上升。继续加载至170 ~ 180 kN 左右时,折点 II 出现,荷载-跨中位移曲线和荷载-裂缝口张开位移曲线斜率明显下降。从计算结果可以发现是截面 C 处混凝土与 UHTCC 粘结面受拉,裂缝开始开展,承载力下降。根据理论计算,由于截面 C 的在裂缝开展后 UHTCC 也会在荷载为183.9 kN左右时开裂,在实验过程中,粘结面延长线方向裂缝开展较快,开展高度也相对较大,因此两条曲线斜率明显下降,构件承载力上升减缓。但同时,UHTCC 的开裂也使得其应变硬化特征得以发挥,使两条曲线继续保持上升状态,从截面 A、B 和 C 的钢筋屈服荷载大于 UHTCC 的开裂荷载这一点也可以说明。

(3)折点 III 产生的原因初探

随着荷载的进一步增加,荷载曲线出现了第三个轻微的折点(220 ~ 240 kN)。经过此折点之后,斜率有轻微变化,荷载-跨中位移曲线和荷载-裂缝口张开位移曲线均有进一步硬化的特征。以下是笔者的初步判断,对于此处折点尚未能作出十分明确的判断,需要荷载进一步施加之后来得到结论。根据计算结果发现荷载在 230 kN 左右时,截面 B 的混凝土层开裂,到达 UHTCC 层开裂之前曲线原本应当出现部分的下降,但实际曲线中经过此处斜率出现了轻微上升的现象,以下分析产生这一情况可能的原因。

加载至此荷载值之前暂停加载进行了一定时间进行实验观察,暂停加载的时间约为7 min,从实际的荷载-时间曲线可以观察到暂停时间内荷载下降,此下降与之前的暂停相比幅度更大,考虑部分的试验机原因之外,可能是构件 B 类截面在荷载作用下裂缝开展从混凝土开裂阶段发展到 UHTCC 开裂阶段,根据理论计算此后直到截面钢筋屈服截面的承载力一直上升,这也有可能是曲线在此之后依旧保持上升状态并且出现轻微的硬化特征的原因。与此同时,截面 B、C 的简化图中所未考虑的模板龙骨的作用,这也有可能是曲线在此处保持上升状态和出现轻微硬化特征的影响因素。以上是根据已有情况作出的分析得到的折点 III 产生的原因,准确的结论需进一步实验来说明。

(4)与钢筋混凝土构件的比较

根据同尺寸、配筋钢筋混凝土构件的极限荷载和屈服荷载,可以发现本实验所使用的复合构件承载力可以达到它的 2 ~ 3 倍,UHTCC 模板具有明显的提升抗弯强度的作用。与此同时,UHTCC 制作的永久性模板改善了原本钢筋混凝土少筋构件的力学性能,使之具有更好的延性。在开裂之后可使得荷载继续上升,有相对明显的硬化特征。

(5)进一步加载情况预测

根据已有实验现象和材料相关特性,跨中截面 A 处的环氧树脂将进一步发挥作用,由于其抗拉强度远大于混凝土和 UHTCC,在跨中底部 UHTCC 受拉破坏前环氧树脂将不会失效,除非发生环氧树脂与 UHTCC 脱粘。

考虑到环氧树脂的粘结性能,以下假设环氧树脂与 UHTCC 不发生脱粘来进行预测分析。此情况下截面 A-2 可视为截面 A-1 情况。随荷载的继续增大,荷载-跨中位移曲线和荷载-裂缝口张开位移曲线继续上升,构件龙骨部分的 UHTCC 随应变增大进一步发挥作用,当荷载达到342 kN 以上时,B 类截面处出现钢筋屈服。但由于 UHTCC 变形能力大于钢筋,因而随着钢筋屈服 UHTCC 层也能进一步发挥作用,此时曲线任上升,但斜率会出现一定程度的下降。到荷载达到526.7 kN 以上时构件混凝土开始压碎,承载力逐步下降,构件逐步失效。

4 结论与展望

本文开展了使用超高韧性水泥基复合材料(UHTCC)制作永久模板的研究,设计了三种不同形式的嵌扣式永久性模板:双向龙骨嵌扣式可拼装防渗永久性模板、单向龙骨嵌扣式可拼装防渗永久性模板和互扣式可拼装防渗永久性模板。通过四点弯曲试验对双向龙骨嵌扣式模板的受弯性能进行了研究,并使用超高韧性复合材料控裂功能梯度梁计算理论分析了试验所得曲线,预测了继续加载情况下构件荷载-裂缝口张开位移曲线和荷载-跨中位移曲线可能的变化趋势和构件极限荷载。与相同尺寸、配筋的钢筋混凝土构件相比,使用本文所述永久性模板的钢筋混凝土复合构件可以延缓钢筋屈服,并具有更高的承载力(3 倍以上)和更好的延性。

5 成果意义

本项目结合超高韧性水泥基复合材料 UHTCC 的优点,开发了一种 UHTCC 高耐久性永久性模板,并对其自身的力学性能、与大体积混凝土的整体力学性能开展研究。提出的新型永久性模板具有优异的变形能力,可有效提高大体积混凝土构件承载力。UHTCC 材料优异的控裂能力和低渗透性可以保护混凝土结构主体免于侵蚀性离子的侵入,其保温隔热性能还可有益于缓解大体积混凝土施工过程中内外温差引起的开裂,造价相对于整体使用也得到大幅度的降低。UHTCC 永久性模板的研制对保证大体积混凝土结构的安全运行和耐久性有着重要的意义。该新型永久性模板可工厂化预制,大幅缩短施工工期,在实际施工中有望取代传统的木模板,既可辅助混凝土成型,同时也作为结构构件的一部分承受荷载;除了有效提高混凝土耐久性外,还具有节约劳力,提高施工效率,减少木材消耗等优点,在基础设施混凝土结构建设中有着广泛的应用前景。

基于地铁隧道消防设备的绿色活塞风能利用系统

项目所在单位:清华大学土木工程及建设管理系
项目第一完成人:简　立
项目组成员:简　立　童精中　申大为　马　贺　刘慧豪
指导老师:陆化普　教授

1　研究背景

1.1　作品背景

我国地铁正处于飞速发展阶段,至2016年,我国将新建城市轨道交通线路89条,总建筑里程2 500 km。地铁惊人的发展速度也使得其能耗成为一个急需解决的问题。

据资料显示,深圳地铁1号线运营1年耗电1亿kWh以上,运营的电费占总运营成本的36%左右。2008年上海轨道交通1号线电费成本高达11 885万元,占总成本的40.2%。

根据目前运营线路的能耗统计数据分析,车辆用电占总用电的50%～60%;车站、基地用电占总用电的40%～50%。车站内动力、照明、通风空调系统占车站用电量的90%以上。以上海城市轨道交通9号线的车站为例:对上海轨道交通9号线7个地下车站(宜山路站至中春路站)降压所和跟随所的照明负荷统计结果见表1。

由表1可知,照明系统虽然只占整个车站平均设备负荷的14.2%～16.1%,但每个车站照明总负荷已经达到197 kW和207 kW,并且具有长期持续运行的特点。当前车站照明系统能源浪费较为严重,怎样节省照明系统供电能源已成为一个刻不容缓的课题。

表1　上海轨道交通9号线7个地下车站降压所和跟随所照明负荷表

每个站平均设备负荷/kW	负荷级别	设备名称	平均负荷/kW	各所照明总负荷/kW	占车站平均设备负荷比例/%
降压所:285.4	一、二级负荷	照明系统	114.4	205	16.1
	三级负荷	广告照明	92.6		
跟随所:386.9	一、二级负荷	照明系统	109.6	197	14.2
	三级负荷	广告照明	87.4		

因此,本课题设想通过回收利用地铁列车运行产生的活塞风为照明设备供电,从而更好地解决地铁耗能问题。

1.2　现有研究

北京建设技术公司有个团队提出了在隧道两边放置细长的风力发电装置的设想。

根据初步测试,地铁最高车速约70公里,折合成风速约为14～15 m/s,因此这一项目设计的风轮预计最少能承受20 m/s的风速。

按照初步设计,每隔5 m在隧道双侧安装风轮。这样一个站点之间将安装约320个风轮,一年总发电量可达到96 000 kW时,基本可以满足一座小型地铁站的照明用电。

然而,这个方案没有考虑到320个风机运转后会所产生的乱流对列车行驶造成影响会进一步增大列车运行的阻力,使之得不偿失。这也是该方案无法被广泛推广的主要原因。

1.3 利用消防风扇节能发电方案

吸取了以上方案的教训后,本课题小组通过调研,对地铁隧道的设计有了更为深入的分析。

我们走访了中铁第四勘察设计集团有限公司,该公司是郑州市轨道交通1号线一期工程的设计单位,对于地铁隧道的细节设计有比较准确的认识。在设计图纸中,我们发现地铁隧道内有直径1米的大型风扇(图1)。由于这些风扇是消防应急风扇,在平时保持空转状态。因而其转动过程中产生的动能没有得到有效的利用。如果我们重新设计隧道中的大型风扇,在平时利用风力发电,在发生火灾时切换到消防通风模式。由此可以更为合理经济地利用风能,同时也不会发生由地铁通风系统中加入多余设备而产生更大风阻或者影响通风等情况。

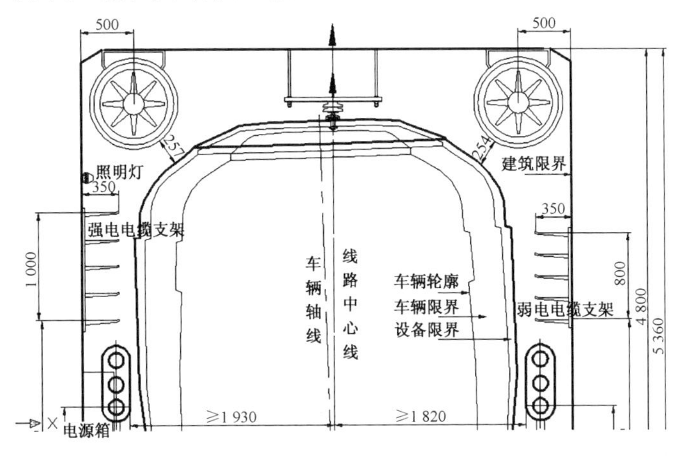

图1 地铁消防风扇布置图

总的来说,利用消防安全排风扇进行风力发电有以下优势:

(1)风扇直径可达1 m,能将更多风能转化为电能。并且利用了原有地铁设备,不会对列车行驶造成附加阻力;

(2)在设计电路过程中,可以在发电同时检测风扇运行情况,更利于防火系统的及时检修;

(3)设计简单,便于实际操作与推广。

2 设计原理

2.1 设计思路

设计思路如图2所示。

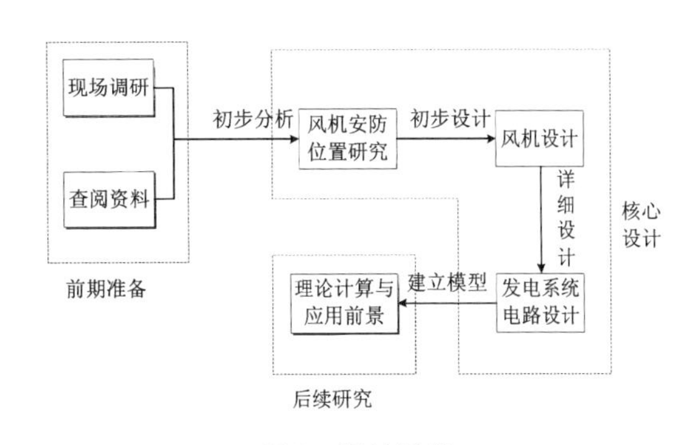

图2 设计思路

2.2 模型设计

本模型主要是由以下3部分组成:

(1)发电装置位置选取:本课题小组经过大量的调研和走访,已经在第一部分找到了一个比较合适的安装位置。不仅收集了地铁消防风扇在列车正常运行过程中产生的电能,并且不会对隧道中的空气流动造成太大影响。使得本课题有了更高的可行性。

(2)风力发电装置设计部分:风力发电装置的设计是这个模型的主体部分。整个风力发电装置由电能装换装置、电能储存装置和电能利用装置组成。

(3)电能再利用:这一部分的设计主要是通过电路图来实现电能的重复利用和收集工作。地铁的运行是个周期过程,地铁带来的风能也具有周期性。在地铁浅区和过渡区,主要是提供地铁广告牌发电;地铁深区,主要是提供深区段照明设备用电问题,其次储存一部分电能以备不时之需。

2.3 风力发电装置设计

风力发电装置如图 3 所示。

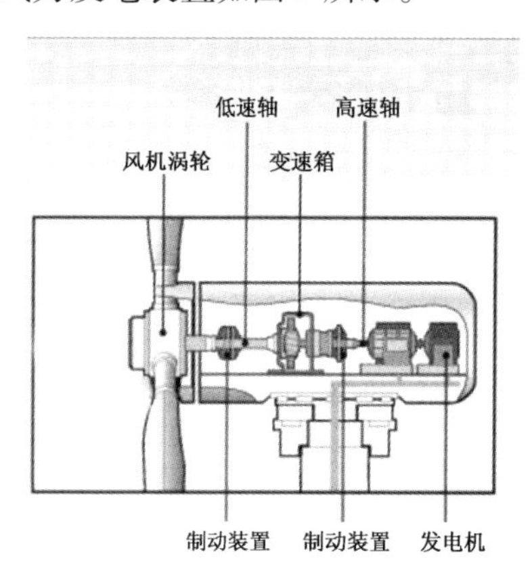

图 3　风扇设计图

2.4 电路设计

电路设计图如图 4 所示。

电路图有以下 4 部分组成:

(1)设备检测电路;

(2)双向智能切换装置;

(3)储能电路;

(4)供能电路。

这个装置在转动时能产生 25 V 电压,转速较慢时,由蓄电池为负载供电。因此不管转速大小均能产生稳定的电压输出。

2.5 列车风速模型建立

列车运行过程中的风速主要来源于 3 个部分:

(1)由于车侧表和顶部表面的黏滞力所带动的与行车同向的黏滞风;

(2)车头前方的部分空气通过车的两侧和上部绕流到车的后方所形成的与行车反向的绕流风;

(3)车头前方的另一部分空气受到行车的挤压推力形成的与行车同向的活塞风。

地铁在管状狭窄的地铁隧道当中运行时,由于周围隧道壁的阻碍空气无法得到很好的向后绕流。同时,由于列车与隧道之间的空间非常小而因而车前方的空气几乎全部以活塞风的形式排放,占到了隧道风中的最主要成分。

模型主要做以下假设:

(1)将空气视为密度恒定的不可压缩流体;

(2)列车全程速度恒定;

(3)将隧道视作截面形状恒定的筒。

从而,按照列车行驶在隧道中的不同位置分为四种情况计算出各阶段的微分方程:

①列车部分进入隧道

$$\frac{dv}{dt} = A(v_0 - v)^2 - Bv^2 \qquad (1)$$

② 列车全部进入隧道

$$\frac{dv}{dt} = C - Dv + Ev^2 \qquad (2)$$

③ 列车部分驶出隧道

$$\frac{dv}{dt} = F(v_0 - v)^2 - Gv^2 \qquad (3)$$

④ 列车全部驶出后风速的衰减

$$v = \frac{2Lv_3}{2L + \xi v_3\left(t - \frac{L + L_0}{v_0}\right)}$$

之后我们采用五阶 Runge-Kutta 方法求解(1)(2)(3)三个微分方程,通过 Matlab 求

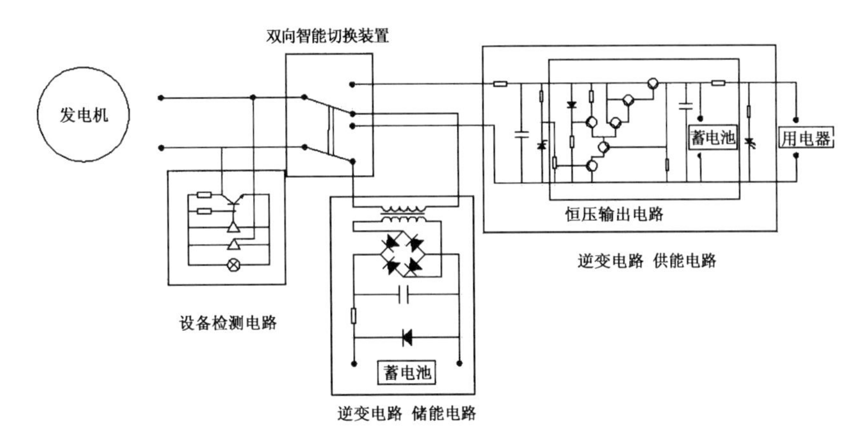

图4 电路图

得数值解如图5所示。

2.6 经济效益 BCA 分析

根据相关理论,风力发电机的额定功率与风速的三次方成正比,表达式如下所示:

$$P=\frac{1}{2}C_p\pi R^2v^3$$

其中 C_p 表示的是风能利用系数,根据叶素动量理论得到理论上风能利用系数的最大值在0.59左右。由于很多比较成熟的较大功率风机的风能利用系数已经能够达到0.5甚至更高,在此取风能利用系数 $C_p=0.45$。

另外,取风速能够起到发电作用的阀值为5 m/s,即风速较小时由于风机轴承的磨阻原因而无法起到很好的发电作用。考虑到功率与风速的三次正比关系,通过对活塞风速-时间曲线的数值积分可以得到在地铁运营全时段的等效风速 $v_b=11.87$ m/s。

考虑到在原有消防风扇后部安装发电装置可能会带来的摩阻和附加的空气动力阻碍,以及可能引起的隧道通风能耗的增加(由于这一些能耗的考虑是在原有消防风扇能耗的基础上所附加的,因而绝对数值是相对较小的),为补偿这一部分损失,引入能量折减系数 $c_w=0.85$。这当中也包含了隧道中区电能往浅区输送过程中的消耗。

综上所述,我们将本课题中风力发电机的额定功率表达式做如下修正并得到计算结果:

$$P_e=C_w\cdot P=\frac{1}{2}C_wC_p\pi R^2v^3=\frac{1}{2}\times 0.45\times 0.85\times\pi\times 0.5^2\times 11.87^3=251\ \text{w}$$

2.6.1 功率->收益(Benefit)

假设隧道全长为1 200 m,浅区每隔10 m左右放置有两个消防风扇,中区和深区每隔20 m左右防止两个消防风扇,因此单个隧道区间范围内的消防风扇个数可以达到160个。在整体正常运作的情况下总功率能够达到40.2 kW,占到地铁广告总用电功率的43.4%,占到了地铁隧道照明及隧道内广告总功率的87.3%。

2.6.2 成本收益核算

(1)发电收益

地铁运营时长按照18 h计,每个发电装置的日发电量达到4.53 kWh,根据地铁现行平均电价0.62元/kWh,可以得到每个发电装置的日发电收益为2.81元/天,从而年发电收益约为1 026元/年。

(2)装置成本

由于发电装置在原有风扇的基础上进行改造,因此装置成本可以从以下几方面计算:发电装置1 550元,输电、稳流电路及相关储能元件300元,附属输电线路20元,检测电

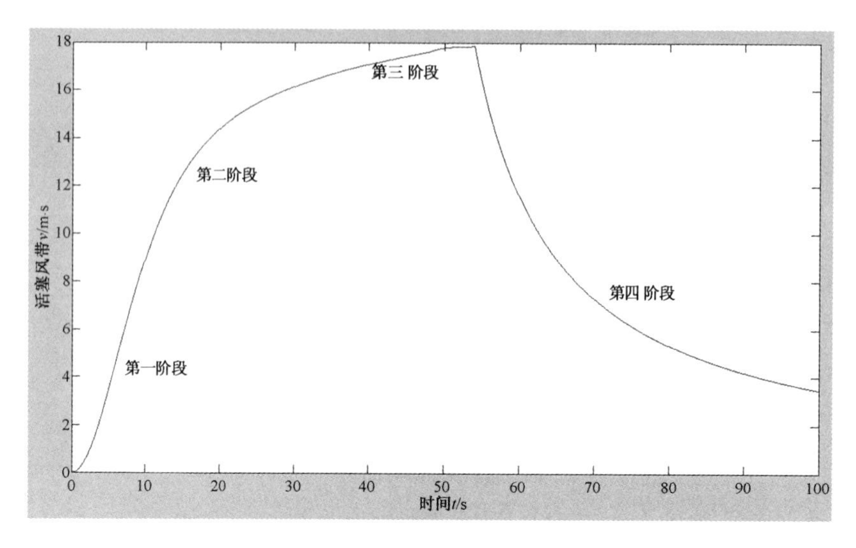

图5 数值解

路及信息传输控制装置100元,总成本1 970元。

(3)检修成本

通过装置当中的检测电路,可以使消防风扇或者发电装置的故障信息尽可能迅速得传递到控制中心,从而完成高效准确的检修,同样能够省去现阶段定期全隧道区间检修的高成本。此处不考虑这部分成本的节省收益,而是对发电装置当中精细的电路等部分的定期检修及更换的成本进行核算。包括人工费用及装置更换成本,平摊到每个装置上约150元/年。

2.6.3 成本效益分析BCA

考虑到装置的老化问题,取其老化更换周期为5年,经过计算可以得到装置的静态成本回收期为2.25年,动态资本回收期(按照银行年利率3.5%计)为2.38年。

在5年的装置使用周期之内,每个发电装置的动态总资本利润可以达到2 100元以上,因此,5年内单一隧道区间改装的总资本利润达到了34万元。

另一方面,考虑到对消防设施定期检查部分费用的节省,装置的使用可以增加额外利润可达5万元左右。

2.7 推广和安装方式

地铁完整的消防系统给我们在已建的地铁隧道中安装风力发电装置提供了可能。在消防风扇周围已经有现成的线路,这也给之后连接电路等实际施工提供了便利。可以说这个装置安装简单,具备可操作性。

2.8 应用前景

现在的车站普遍安装了屏蔽门,屏蔽门的出现虽然不利于车站内的通风,但是确使得在车辆进入车站时的风能得到了更好的利用。过去没有屏蔽门,在列车进站时的风能不能得到很好的控制,而且当时车站之中的隧道并没有广告等用电设施。这使得当时进行风能利用没有很大的意义。而现在屏蔽门的出现使得整个隧道成为一个密闭的整体,对于风能的利用和控制有了极大的帮助,这也使得我们的设计有了更加广阔的发展前景。

3 创新特色

(1)第一次将风力发电和消防设施相结合,解决了过去方案所遇到的一系列问题。

(2)改造了风力发电模型,提高模型的利用率和实用性,并且通过齿轮等一系列设计解决了隧道风速的波动性对发电功率造成的影响。

(3)有多元化的应用环境,不是单纯的理论研究。从实际出发,有非常大的应用价值和应用范围。比如可以应用在机场、火车或者汽车行驶的隧道等。

(4)风力发电能量的可行性分析,自己设计能量模型,进行推导和演算,对设计进行验算与推导。

(5)进行经济效益分析,注重实用性和可行性。

(6)将一个项目从无到有,从实际出发进行研究,深入思考,进行合理的改正。

(7)通过设计软件进行实物模拟,使得设计更加直观,更好的发现设计中所存在的问题。

(8)引入了装置检验系统,更利于装置的维修与检测。

4 结 语

由于地铁风能发电在国内基本是一片空白,只有一些企业进行了一些简单的尝试。但是那些尝试基本上也是一些不以安全性为主要考量,而是更偏重节能的初步设计。可以说,我们的设计是对于隧道风力发电这类问题的第一个比较系统和完整的设计方案。这里参考了非常多的关于地铁站内布局的设计和施工信息。对于我们的整个设计工作,我们总结下来有以下几个方面:

(1)地铁能耗巨大,本项目大幅度节约地铁能耗,具有很强的经济价值和实用性。

(2)将风力发电和地铁消防风扇进行了融合。

风力发电已经是个比较成熟的能源利用领域,但是地铁隧道中的风能却没有被很好地利用。这之中有欠缺考虑等方面的问题,更多的也是由于安装风力发电装置会影响车速、影响行车安全并且能源回收比较少等方面的因素。

本次设计,很好地利用了消防风扇这个原有的设施,使得风力发电所面临的一系列问题得到了解决。

(3)完整地设计了一整套风力发电装置

本项目设计了风扇和电路图,能够很好地将隧道中呈周期性变换的气流产生的动能转化为电能。并且独创性地加入了设备检验装置,更利于地铁消防设备的检修和维护。

(4)建立了一个可靠的预测隧道风速的模型。在研究过程中,为了更好地预测风速,进而判断模型的可行性,我们建立了一个预测隧道风速模型,将列车行驶在隧道中的不同位置分为四种情况进行计算。并用 matlab 进行数值积分,解除了隧道风速曲线。为项目的可行性提供了理论依据。

(5)注重安全性,对整个设计的可行性进行了充分的分析。

在我们整个设计过程中,我们不断地强调安全性和可行性。正是由于这两点,我们才做了以上的创新。这个作为我们设计工作中的一部分,是我们最为核心的思想。

(6)注重方案调研,对整个研究领域有了更加深入的认识。

在整个研究过程中,我们了解了在隧道风力发电领域的研究成果,并对这些成果进行分析总结。明确各成果的利弊,从而为我们的研究打下了坚实的基础。并且我们进行了实地走访和调研,拿到了地铁设计的第一手资料。

5 成果意义

本项目首次将地铁隧道的风能利用与地铁消防风扇相结合,更好地利用地铁行进过程中产生的能源。是一种绿色安全的设施。整个装置安装简便,便于利用,有非常好的应用前景。并且本装置在设计过程中注重其安全性,在使用过程中不会发生脱落等意外事故。

本项目还拥有非常大的经济效益。假设隧道全长为1 200 m,单个隧道区间范围内的消防风扇个数可以达到160个。在整体正常运作的情况下总功率能够达到40.2 kW,占到地铁广告总用电功率的43.4%,占到了地铁隧道照明及隧道内广告总功率的87.3%。

经过对项目进行BCA分析,我们发现考虑到装置的老化问题,取其老化更换周期为5年,经过计算可以得到装置的静态成本回收期为2.25年,动态资本回收期(按照银行年利率3.5%计)为2.38年。在5年的装置使用周期之内,每个发电装置的动态总资本利润可以达到2 100元以上,因此,5年内单一隧道区间改装的总资本利润达到了34万元。另一方面,考虑到对消防设施定期检查部分费用的节省,装置的使用可以增加额外利润可达5万元左右。

基于相变控温设计的梯度功能混凝土路面结构及模型

项目所在单位:长沙理工大学
项目第一完成人:唐斌璨
项目组成员:唐斌璨　李柯　贺敬　李成　宋亮　黎广
指导老师:高英力　副教授

1　成果综述

1.1　成果内容

本项目研究成果,主要体现在为现今高等级公路提供一种关键结构材料和技术。通过引入相变储能材料和梯度功能设计方法,进行水泥混凝土路面结构的一体化设计,有效提升水泥混凝土路面的防冻、抗滑、抗渗、耐腐蚀、抗裂等诸多性能。形成我国原创性的、具有自主知识产权的、整体上达到国际先进水平的新型路面水泥混凝土材料及结构,可大幅度延长混凝土材料的耐久性及路面结构的服役寿命;在长期冰冻条件下,当管内相变材料完成固液相变后,可通过外电路放热系统加热,使之吸收热量重新变为液态,从而可重复固液相变过程,达到持续向路表放热的效果,从而大幅度降低公路关键路段在极端冰雪、恶劣气候条件下的事故发生率。并总结其关键施工技术。建立相关的设计原则、性能评价方法及质量控制体系,对推动我国公路路面修建材料的技术革新以及公路交通技术的发展具有重大意义。

与现有技术相比,本作品表现出突出的科学性与先进性,主要包括:

(1)传统的水泥混凝土路面结构都是单层设计,难以兼顾多种使用功能的一体化,往往发生因某一性能劣化导致的整体路面结构寿命的大幅度衰减;

(2)现有的路面结构对冬季极端冰雪气候的应急反应机制薄弱,常用的融雪剂对路面材料的损伤十分严重,加热电缆、导电混凝土等融雪化冰系统又较为耗能,因而必须寻求智能化程度更高、节能、环保的新型防冻抗滑路面材料体系,而采用本作品中的相变储能材料体系,利用相变过程放热特征,将可起到较好的融雪除冰效果,提高路面材料的防冻抗滑功能;

(3)相变储能系统设计与梯度功能结构设计相结合,可有效延长混凝土路面的耐久性,路面结构寿命可从现今的20~30年提高到50~100年,并大幅度减小使用期的维修费用等,节约大量人力、物力投入,节能、减排,符合现今“可持续性”绿色建筑功能材料的发展趋势。

1.2　技术思路

1.2.1　梯度功能设计原理

(1)具有梯度功能的高性能水泥混凝土路面结构设计方法及原则。针对路面材料所面临的来自外界复杂作用效应的实际,通过引入先进的材料结构设计方法——功能梯度材料设计原理,对现今的高等级公路路面材料实体进行梯度功能设计。可具体从以下方面展开:

①确定具有梯度功能的水泥混凝土路面设计方法;

②根据路面表层的使用功能确定其具体的性能指标要求,如尺寸厚度、抗渗、耐磨性指标要求等;

③根据路面板主体结构层的使用功能确定相关的技术参数,如尺寸厚度、抗折强度、收缩变形等关键技术指标;

④对不同功能层界面过渡区进行设计,使之实现不同功能层在结构及功能上的梯度分布,解决其整体结构的连续性和稳定性问题。

(2)梯度功能水泥混凝土路面材料研发及表面高抗渗路面混凝土材料的关键制备技术研究,具体可从以下方面展开:

①梯度功能水泥混凝土路面表层材料的制备及关键技术。

采用正交试验设计方法,对多组分超微细粉体材料及水泥等进行优化设计及选材。通过超细粉体材料及耐磨、抗渗组分等量取代水泥掺入,并以细化传统混凝土材料浆-骨界面过渡区、阻断有害离子侵蚀的传输通道为主要设计原则,以力学性能及抗渗、耐磨性能试验等试验结果为控制指标,探求表层材料最优配合比。并根据不同的环境要求确定其性能优化调控措施。

②梯度功能水泥混凝土路面主体层材料的制备及关键技术。

采用高性能混凝土制备技术,以活性矿物外加剂及高性能减水剂等掺入,取代相当量的水泥,根据材料抗折强度指标,通过大量试验确定主体结构层混凝土的配合比,并根据大量的试验结果,确定其性能优化调控措施。

(3)梯度功能水泥混凝土路面材料性能研究具体可从以下方面展开:

①梯度功能水泥混凝土路面表层材料性能研究。

以前述方法制备出用于路面表层的材料基础上,重点对其抗渗性能进行研究。采用多种试验方法对表层材料进行检测,如在抗渗性检测中可将 ASTM1201-94 电量法、NEL 氯离子扩散系数法以及水渗透法结合起来,通过多次反复测试尽可能反映材料的真实性能,保证材料性能可实现性;以同等级普通混凝土为参比体系,分别进行耐磨性、抗裂性、力学性能、耐久性、抗冲击、耐疲劳等特性等各项性能进行测定,建立路面表层材料综合性能评价指标与体系。

②梯度功能水泥混凝土路面主体层材料性能研究。

在制备出路面主体高性能混凝土材料基础上,重点针对路面抗折强度进行研究。以普通路面混凝土作为参比体系,保证制备的路面主体混凝土材料抗折强度增长一倍以上;对于体积收缩变形,保证其 28 d 收缩率不大于 250 个微应变。同时对其他影响路面结构服役寿命的关键性能如抗冻性、抗碱集料反应性能、抗蚀性等进行系统的试验研究,综合考虑最优性能及经济成本的前提下,最终确定出用于实际路面工程施工的高性能混凝土路面主体结构材料。

③梯度功能路面混凝土材料微观性能研究。

利用 SEM、XRD、EDXA、MIP 等微观测试技术对所制备的梯度功能路面关键材料进行研究。探讨表层高抗渗、高耐磨表层材料的微观结构特征,分析其孔隙结构分布;对主体路面材料进行内部裂缝分布检测,从微裂缝细微化的角度探讨其抗折性能改善的机理;并通过界面过渡区分离技术,分离出表层及主体层相互结合的界面过渡区,并研究界面区裂缝及孔隙分布规律,从微观的角度建立起防止不同功能层界面变形、滑移、开裂的优化调控措施。

(4)梯度功能水泥混凝土路面材料实际应用及施工关键技术。

1.2.2 相变储能材料设计原理

相变储能材料又称相变材料,广义来说,是指能将其在物态变化时所吸收(放出)的大量热能用于能量储存的材料；狭义来说，是指那些在固-液相变时，储能密度高、性能稳定、相变温度适合且性价比优良、能够被用于相变储能技术的材料。

根据相变材料工作原理，初步确定采用有机多元醇作为相变储能介质的主体材料，通过一定的复合改性技术，制备出有机复合多元醇相变材料体系，并对其相变温度范围以及相变稳定性进行试验研究。对于相变温度点的确定，采用了相变材料研究常用的步冷试验方法进行确定。

通过步冷试验，对优选的复合相变材料相变温度点进行确定。同时，根据前期初步试验结果及

考虑到实际路面热量传导的过程特点，相变温度点范围宜控制在 0 ~ 5 ℃之间。试验过程中，每间隔 1 min 记录 1 次温度，直至材料完全由液态变为固态。由试验结果（图 1）可知，经复配优选的相变材料相变点为 4.53 ℃，即在 4.53 ℃附近产生液-固相变过程，在相变点附近出现明显的平台，且平台期较长。同时，通过反复升降温，试验材料相变稳定性良好，即相变点稳定在 5 ℃左右。因此可以预知，若将该试验材料用于路面，可以有效补偿极端雨雪条件下路面温度的急剧降低，起到延缓路表的结冰，提升路面对于极端天气的应急反应能力。

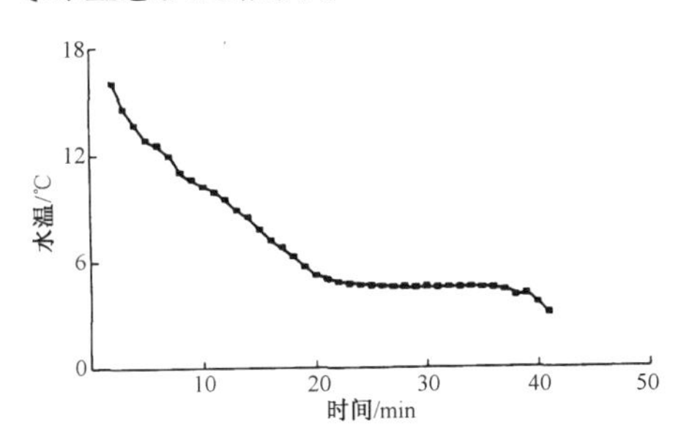

图 1　复合多元醇步冷试验结果

1.3　实施过程

1.3.1　相变控温水泥混凝土路面板设计

将梯度材料设计原理及相变储能材料体系引入到水泥混凝土路面板设计中，对传统的单层混凝土路面板结构进行防冻、耐磨梯度功能设计。其设计结构如图 2 所示，由图 2 可知，相变控温水泥混凝土路面板被设计成 4 层，由下至上依次为主体混凝土结构层、保温砂浆层、含相变储能材料的高强度无缝钢管层、耐磨混凝土表面层。其中主体混凝土结构层占整个路面板厚度的 1/ 2 ~ 2/ 3，性能与普通道路混凝土相似，抗压强度达到 C35 以上；保温砂浆层的存在主要是为了防止相变热能向路面结构下部传导，以保证热效能被充分利用，其厚度一般不超过 10 mm；含相变储能材料的高强度无缝钢管层距离路面板表面 30 ~ 50 mm，无缝钢管外径 40 ~ 60 mm；耐磨混凝土表面层掺入一定的耐磨材料（如磨细钢渣粉等）制备出高抗渗、耐磨的混凝土。为防止不同层混凝土性能差异导致的体积变形非一致性，表层材料和主体混凝土层在相变层钢管之外相互融合、渗透、消除明显的层状界面，实现从下层到表层的梯度分布。同时，高强度无缝钢管的存在，也可起到一定的横向加筋作用，强化界面区的稳定性。

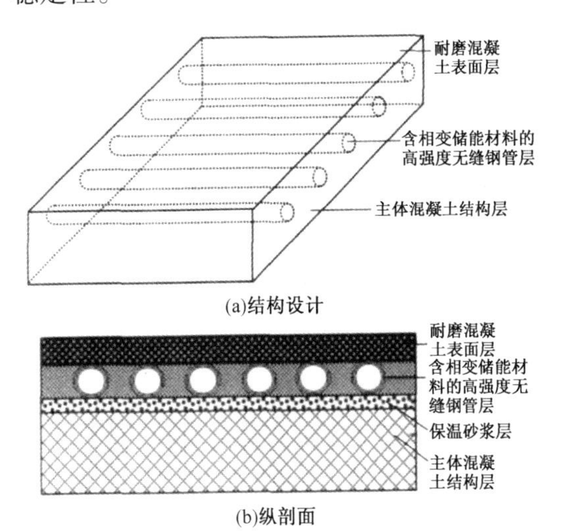

图 2　路面板结构图

1.3.2　路面混凝土制备

采用高性能混凝土制备技术，制备了主

体结构层混凝土和表面耐磨层混凝土，其主要原材料要求、组成以及初步性能检测结果见表1。另外，保温砂浆则直接购买市售干粉保温砂浆产品，直接加水搅拌即可制备成型。

由表1可知，主体层混凝土和表层混凝土力学性能均满足工程要求。其中，表层混凝土掺入了高耐磨材料磨细钢渣粉、高抗裂材料聚丙烯混杂纤维，可以有效提升表面的抗裂及耐磨性能；而主体混凝土重点强调整体结构的体积稳定性及基本力学性能，如28 d抗折强度接近6 MPa，完全可以满足工程要求。混凝土组成及性能见表1。

表1 混凝土组成及性能见

材料类型	原材料要求	配合比组成	力学性能检测结果
主体结构层混凝土	掺入优质粉煤灰及高效减水剂；水泥采用P. O42.5；5～20 mm粒径的中砂、卵石连续级配	粉煤灰等质量取代水泥30%；减水剂掺量（质量分数，后文同）0.4%；胶凝材料总量410 kg·m^{-3}；水胶比0.31；砂率34%	28 d抗压强度50.6 MPa，抗折强度5.98 MPa
表面耐磨层混凝土	水泥、砂、粉煤灰与主体层相同；掺入磨细钢渣粉；掺入聚丙烯混杂纤维；不掺入粗骨料	钢渣粉掺量8%；粉煤灰掺量22%；水胶比0.22；砂胶比1.2；减水剂掺量2%	28 d抗压强度72.8 MPa，抗折强度6.61 MPa

1.3.3 模型制备

按照前述结构设计原则及材料要求，开展水泥混凝土路面板模型制备试验其整个试验过程如图3～6所示。

图3 主体混凝土结构层成型

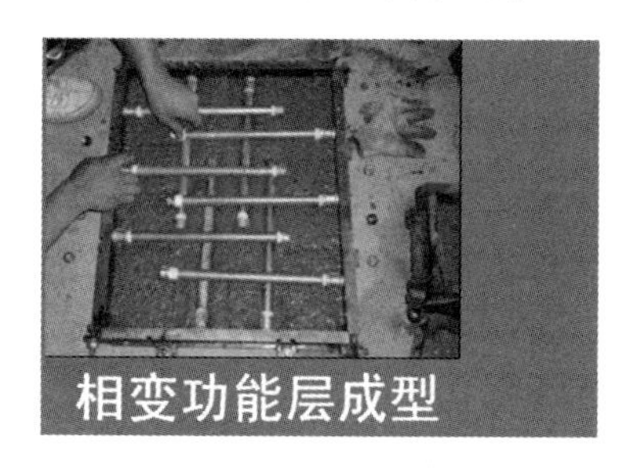

图4 相变功能层成型

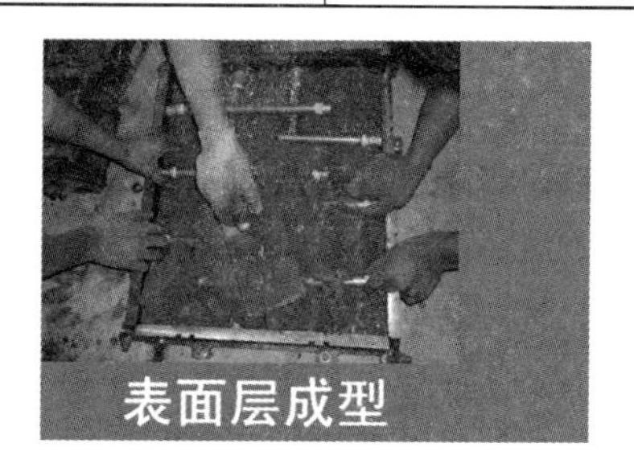

图5 耐磨混凝土表面层成型

图6 成型后的复合混凝土路面板模型

1.3.4 防冻性能模拟试验

按照混凝土路面施工标准的保湿养护方法养护24 h，脱模并注入相变材料，然后进行低温防冻的模拟试验，其试验过程如图7～11所示。

图 7 ~ 11 为混凝土路面板模型脱模后从相变材料注入到模拟表面冰雪试验的全过程。通过钢管端口的螺栓设计,可以方便地从侧面注入液态相变材料,并可以随时添加。注入相变材料并密封后,在模型板表面均匀撒布碎冰以模拟路面板表面的冰雪状况。2 h后,评价表面的融冰情况。试验发现,在无缝钢管铺设处,融冰效果明显优于表面其他部位。这里要指出的是,试验时环境温度在10 ℃左右,相对湿度 60%。通过图 11 可发现,管内材料已相变为固态,其相变潜热得到了释放,并通过钢管传导到路面板表面,因而增强了路面的融冰防冻效果。

图 7　相变材料注入端设计

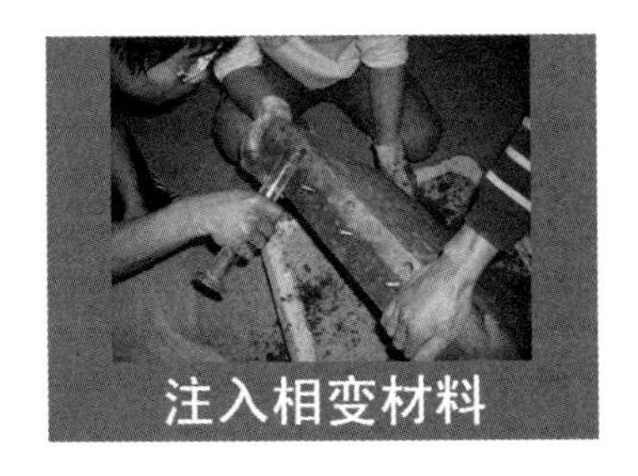

图 8　注入相变材料

图 9　模拟表面冰雪情况

图 10　表面融冰情况

图 11　管内材料相变完成

1.3.5　表面耐磨层混凝土性能检测

成型路面板模型的同时,制备表面耐磨层混凝土试件,养护 28 d 后进行耐磨性能试验,结果见表 2。

表 2　表面层混凝土耐磨性能试验结果

试件编号	M_1/kg	M_2/kg	$Gc/(\mathrm{kg\cdot m^{-2}})$		
			实测值	平均值	标准值
1	4.441	4.410	2.480	1.867	3.6
2	4.370	4.350	1.600		
3	4.420	4.401	1.520		

试验结果表明，面层混凝土耐磨性优异，28 d 磨耗率仅为标准限值的 51. 9% ，说明表面材料随着耐磨介质的掺入，耐磨性得到显著增强，可有效提升表面结构的长期性能。

1.4 创新点

(1)通过大量试验,研发出一种新型的水泥混凝土路面梯度功能材料体系,具有表层高抗渗、高抗裂、高耐磨,主体层体积稳定性好、力学性能优良等诸多优点,有效延长了混凝土路面的耐久性,路面结构设计寿命提高15%~30%,相关核心技术已获国家专利。

(2)引入相变储能材料进行路面板的防冻抗滑设计,使其满足极端冰雪条件下的表面防冻功能,避免了传统方法的耗能设计,有效提高了公路路面在冰雪气候下的应急反应能力,降低了事故发生率,该研究在国内外具有首创性。

薄壁加劲风力发电机塔筒性能分析

项目所在单位:哈尔滨工业大学土木工程学院
项目第一完成人:唐 松
项目组成员:唐 松 李继宇 龙 甘 孔祥迪
指导老师:郭兰慧

1 项目背景

风能是一种绿色可再生能源,也是人类最早使用的能源之一,越来越受到世界各国的重视。本世纪初我国也大力发展风能,在2007年3月发布的“可再生能源十一五规划”中,风力发电的目标被提高到10 000 MW。而塔架是风力发电机组的主要承载构件,在风力发电机组中塔架的重量占风力发电机组总重的1/2左右,同时塔架是保证风力发电机正常运转,免于破坏的重要构件,由此可见塔架在风力发电机组设计与运行中的重要性。由于施工方便,外形美观,筒形的塔架在当前的风力发电机组中得到了大力的推广和应用。

塔筒主要承受水平荷载,以受弯为主,从经济上考虑,塔筒径厚比越大,承载力越高,但因此不可避免会出现局部失稳。因此在设计中如何考虑圆钢管在弯矩作用下的屈曲性能,给出大径厚比下圆钢管承载力的设计方法具有重要的理论意义和应用价值。而目前,国内外对薄壁钢管的研究以小径厚比的轴压和压弯性能为主,对大径厚比薄壁钢管受弯性能的理论分析和试验研究都相对较少。

2 创新点

以往的研究大都针对于建筑结构中的原钢管,构件以受轴力为主,钢管的径厚比大都小于100。国外对于圆钢管屈曲性能的研究最早可追溯到20世纪初,1908年Lorenz等人首次对圆钢管在轴压荷载作用下的弹性屈曲性能进行研究;1964年Clark和Rolf对薄壁圆铝管的弹塑性性能进行了分析;对于圆钢管在轴压及压弯受力状态下的试验研究始于1933年,Wilson和Newmark等人对薄壁圆钢管的轴压性能进行了试验研究;随后Wilson,Plantema等人陆续对不同径厚比、不同长细比下圆钢管的受力性能进行试验,同时结合理论分析结果给出了不同径厚比下圆钢管在轴压及压弯受力状态下的承载力计算方法,并将设计方法应用于ANSI/AISC设计规范中。因此,未来对于风力发电机塔筒的研究必定会得到广泛发展和深入,基于目前尚未针对大径厚比薄壁钢管试件受弯性能的研究,可以说本项目的研究是具有开创意义的。

3 研究思路

本项目拟先对未加劲的薄壁大径厚比圆形塔筒,通过实验和理论结合的方法,研究大径厚比圆钢管其径厚比大小对构件受弯性能的影响同时借助ASKA有限元分析模拟确定合适的加劲方式,主体思路为:

(1)通过改变圆管径厚比,在其高径比不变的情况,通过有限元模拟,分析得出圆管的大径厚比对构件稳定性、临界承载力、延性和材料利用率的影响。

(2)通过有限元模拟,找出合适的加劲方式。

(3)通过实验加载,验证有限元模拟结果,并得到构件实际破坏时的破坏模式、荷载(P)-位移(U)曲线和实际承载力。

(4)验证现行的 AISC 规范中圆钢管承载力公式是否适用于大径厚比构件,并对承载力公式进行修正。

4 实施过程

4.1 无加劲圆钢管有限元软件数值模拟计算

模拟如下加载方式:

(1)利用 abaqus,计算塔筒保持 $t=2$ mm,$H/D=5$,改变径厚比径厚比 $\lambda=D/t=100$、125、150、200、250、300、350、400,得出不同径厚比下构件的临界承载力及比较材料利用率。

(2) 理论计算得出塔筒在不同径厚比下地极限承载力,通过与 abaqus 分析计算的实际临界承载力相比较,得出径厚比对圆钢管稳定性影响。

(3)通过比较不同径厚比下地反力位移曲线,得出径厚比改变对构件延性的影响。

(4)画出反力与径厚比曲线,得出在 t 已知情况下,不同径厚比圆钢管其相应的临界承载力的计算公式。

4.2 有加劲圆钢管有限元软件数值模拟计算

(1)根据实际加劲的可行性,确定合适的加劲方式。

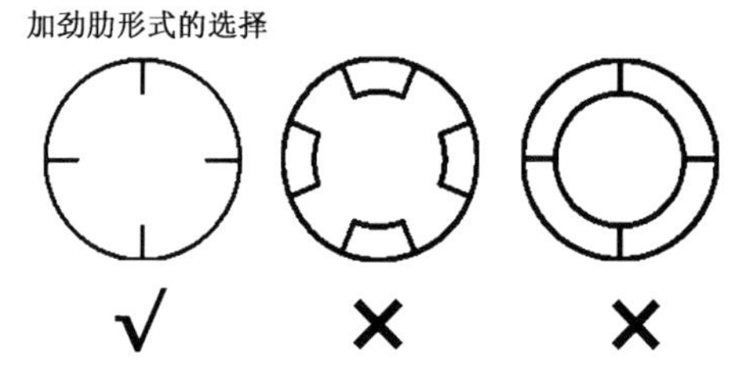

(2)确定圆钢管壁厚 $t=2$ mm,$\lambda=200$,$D=400$ mm,$H=2$ m,改变加劲肋尺寸加劲肋尺寸 $b=25,50,75,100$ mm,通过研究不同加劲肋尺寸对承载力的影响,确定合适的加劲肋尺寸。

4.3 薄壁构件实际加载试验

对四组大径厚比薄壁钢管试件进行受弯性能试验研究,试验主要参数为径厚比(D/t)。试验旨在获得大径厚比薄壁钢管受弯构件的破坏模式和极限承载能力。

主要步骤包括:

(1)试件设计与制作;

(2)材性试验;

(3)试验准备;

(4)确定加载制度并加载;

(5)试验结果分析。

5 试验方案介绍

5.1 试件设计与制作

本文设计并制作了 4 个大径厚比薄壁钢管纯弯试件。试验主要设计参数为径厚比(D/t);相同参数的试件各制作了一个。为了防止在试件加载过程中,端部和加载点出现应力集中而导致过早破坏,试件钢管部分采用分段加工,在构件两端和钢管连接处利用端板进行加强,并在加载点处端板顶部焊有垫板。

图 1 给出了试件加工图的一般性示意图。钢管由 2 mm 厚的冷轧钢板卷制,采用对接焊缝加工成直缝管,严格控制其长度的一致性和精度。钢管与端板的连接采用角焊缝围焊,端板与垫板的连接采用双面角焊缝,焊缝高度 K 应均满足强度和构造要求。端板边长 $a=D+10$ mm,厚 10 mm,钢材为 Q235。垫板尺寸为 75 mm×100 mm×10 mm,钢材为 Q235。为了尽量减小焊接残余应力和变形对

试件产生的不利影响，将钢管的纵向焊缝放置于拉应力和压应力均较小的侧面中部。试件编号及设计参数见表1。

表1　试件参数设计表

试件组号	试件编号	径厚比（D/t）	外径 D/mm	壁厚 t/mm	每段圆管长度 L_1/mm	端板厚 t_1/mm	试件长度 L/mm
1	DT75	75	150	2	1 000	10	3 040
2	DT100	100	200	2	1 000	10	3 040
3	DT125	125	250	2	1 200	10	3 040
4	DT150	150	300	2	1 200	10	3 040

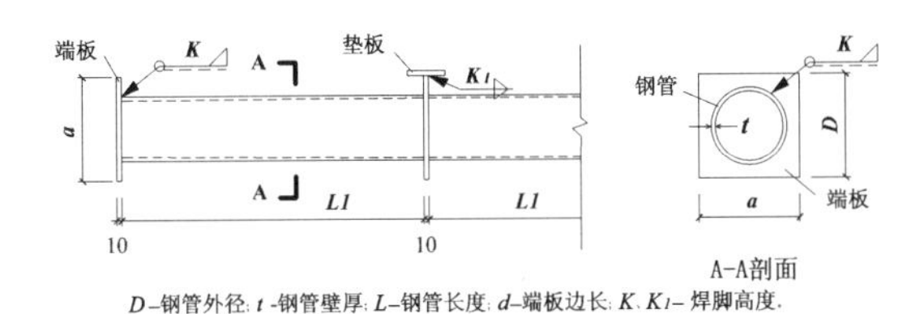

图1　试件加工图

5.2　材性试验

试验材料为鞍钢股份有限公司生产的钢板，厚度为 2 mm，名义屈服强度为 199 N/mm^2。标准试件与试验试件取于同一批钢板，共制作6个，试件取样为平行轧制方向。根据我国《金属材料—温室拉伸试验方法》（GB/T228—2002）推荐的薄板试件试样

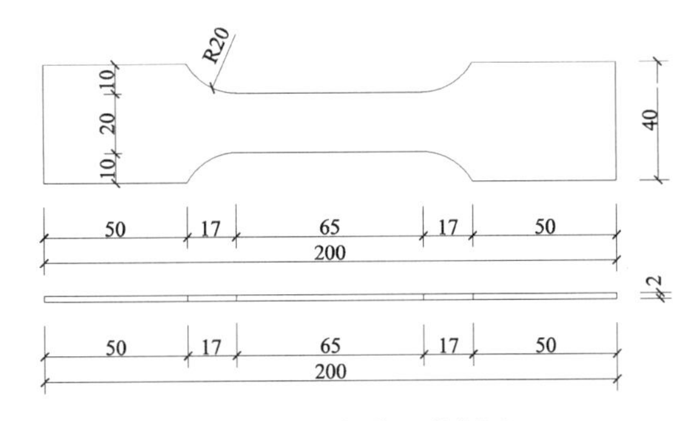

图2　钢板拉伸试件详图

及尺寸，制作材性试验试件，如图2所示。

单轴拉伸试验在哈尔滨工业大学土木工程学院结构与抗震实验中心的电子式万能试验机（WDW-100D）上进行，试验机最大负荷为10 KN，试验设备见图3。

单轴拉伸试验的加载符合《金属材料—温室拉伸试验方法》（GB/T228—2002）要求。钢管的应力（σ_s）—应变（ε）关系曲线如图4所示。从图4可以看出，试验采用的钢材不具有明显的屈服平台，屈服点较低，延性较好。

试验所用钢材主要力学性能指标见表2。

图3　万能试验机（WDW-100D）

表2　钢材力学性能指标

钢材种类	屈服强度f_y/MPa	抗拉强度f_u/MPa	弹性模量Es/MPa	泊松比μ	延伸率δ
冷轧型钢	190	300	1.8×10^5	0.36	0.51

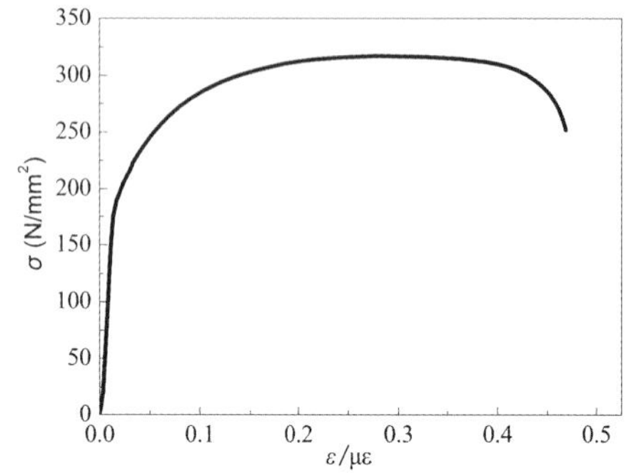

图4　钢材应力(σ_s)-应变(ε)关系曲线

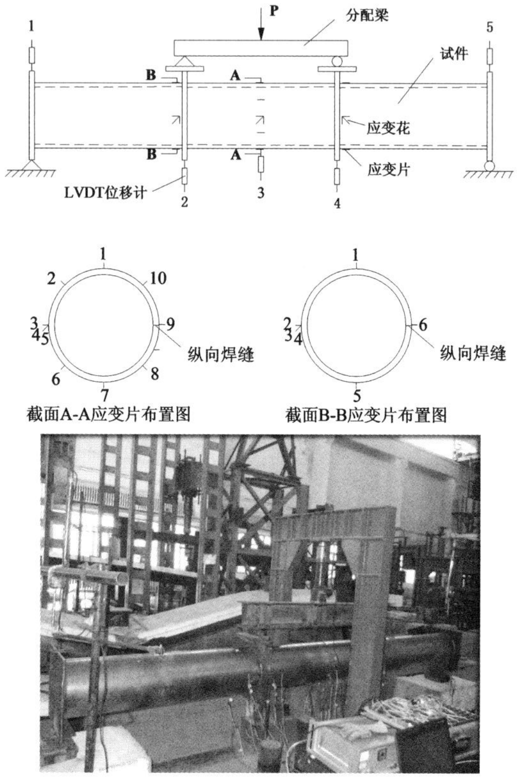

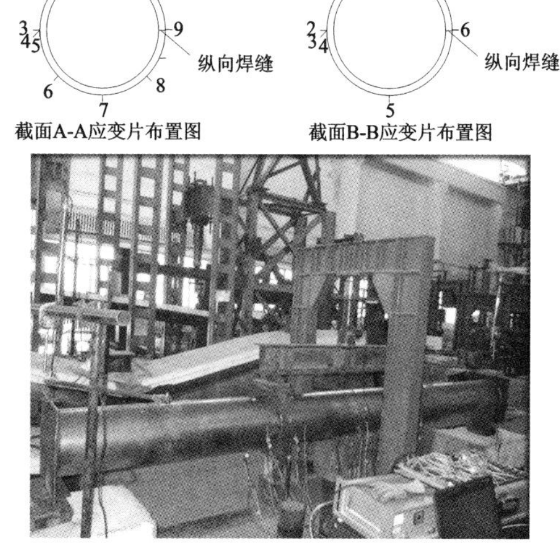

图5　试验加载装置图

5.3　试验准备

本试验是在哈尔滨工业大学结构与抗震实验室静力厅进行,采用三分点加载。加载设备为10 t的螺旋式千斤顶,所施加的荷载用10 t的力传感器来测定。千斤顶的力通过分配梁对称地同步分级传至两个荷载作用点,在跨中形成长度为L1的纯弯段。

为了准确测定试件的变形和验证平截面假设,在试件跨中截面顶部、底部、带有焊缝一侧中部及两个侧面的上部1/4处和下部1/4处各贴一个纵向应变片,测截面纵向应力,在截面无焊缝一侧中部贴一个应变花,测截面剪力。在三分点处距端板外侧20 mm处截面顶部、底部、带有焊缝一侧中部各贴一个纵向应变片,测截面纵向应力,在截面无焊缝一侧中部贴一个应变花,测截面剪力。在试件的两端支座处布置量程为100 mm的LVDT位移计,用于测量支座的竖向位移,用于挠度修正。在试件的三分点处和跨中各布置了一个量程为150 mm的LVDT位移计,测量试件挠度变化。试验装置示意图和试验加载装置图如图5(a)、(b)所示。

为使荷载平均分配给两个试件,除了对分配梁及千斤顶进行几何对中外,还需在预计极限荷载的20%的范围内分级加载进行物理对中(通过检测布置在试件跨中截面的纵向应变片的读值随荷载变化是否均匀,反复对试件的位置进行微调,直至对中为止)。对中完成后,对试件进行预加载,检验各仪器是否正常工作,并尽量减少虚位移。

5.4　加载制度

试验采用分级加载制,在达到预计极限荷载P的75%以前,每级荷载为预计极限荷载的1/15,当荷载达到75%P后,每级荷载为预计极限荷载的1/30,每级荷载的持荷时间约为1 min。当荷载接近极限荷载时,采用位移控制,2～3 mm 为一级,慢速连续加载,以获得较多的数据从而较为准确的描述试件荷载—位移曲线的峰值荷载;当荷载超过峰值点后,继续连续记录各级荷载所对应的应变片读值(直至有半数以上的应变片失效)和位移计的读值(至试件产生较大变形,最终破坏试验停止)。

6 项目成果

6.1 无加劲圆钢管有限元软件数值模拟计算成果

(1)临界承载力:利用 abaqus,计算塔筒保持 $t=2$mm,$H/D=5$,改变径厚比径厚比 $\lambda=D/t=100$、125、150、200、250、300、350、400,得出不同径厚比下构件的临界承载力(表3)。

表3 不同径厚比构件的临界承载力

D/t	t/mm	D/mm	H/D	H/m	$RF1$/kN	M/(kN·m)
100	2	200	5	1	27.5	27.5
125	2	250	5	1.25	32.7	40.9
150	2	300	5	1.5	38.1	57.1
200	2	400	5	2	47.9	96.0
250	2	500	5	2.5	59.5	148.8
300	2	600	5	3	68.3	204.9
350	2	700	5	3.5	79.6	278.8
400	2	800	5	4	89.8	359.5

从上表可以看出,在 t 保持不变的情况下,随着径厚比的增大,圆钢管的临界承载力也随之提高。原因为圆管的截面越开展,截面的惯性矩越大,即抵抗拒越大。

(2)破坏模式:通过 abaqus 的变形图可以看出(图6),圆管的破坏模式是端部发生了屈曲破坏。

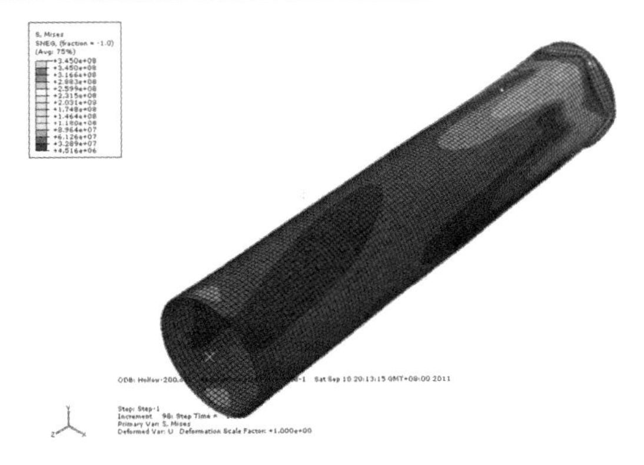

图6 abaqus 变形分析图

收集不同径厚比下圆管的临界承载力,做出反力与径厚比曲线,进行回归分析,如图7所示。

从图7可以看出,圆管的临界承载力近似与径厚比 λ 成一次曲线,且拟合度高达99%。

(3)稳定性:通过计算圆管承载力与其全截面塑性时的极限弯矩表4相比较发现,两者比值减小,说明稳定性下降,发生了局部失稳。

表4 圆管承载力与其全截面塑性极限弯矩比

D/t	100	125	150	200	250	300	350	400
M_{cr}	27.5	40.9	57.1	96.0	148.8	204.9	278.8	359.5
M_p	27.6	43.1	62.1	110.4	172.5	248.4	338.1	441.6
M_{cr}/M_p	99.6%	94.9%	91.9%	87%	86.2%	82.5%	82.3%	81.4%

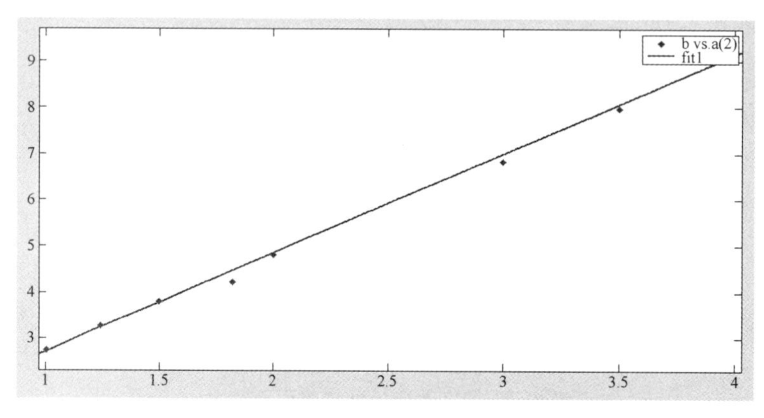

图7 圆管临界承载力与径厚比拟合曲线

从表4中数据,可得出如下结论:

当t保持不变,随着D/t的增大,圆管的稳定性随之下降。

同时该组数据给了我们启示,可以进行多组试验,统计多组不同径厚比下圆管承载力与极限承载力比值的曲线,从而给出圆管承载力的计算公式。

(4)延性:整理得到不同径厚比反力位移图(图7),可以得到径厚比越大,圆管延性越差。

(5)材料利用率:计算出不同构件的体积,发现随着径厚比增大,圆管单位体积承载力下降,即材料利用率下降(表5)。

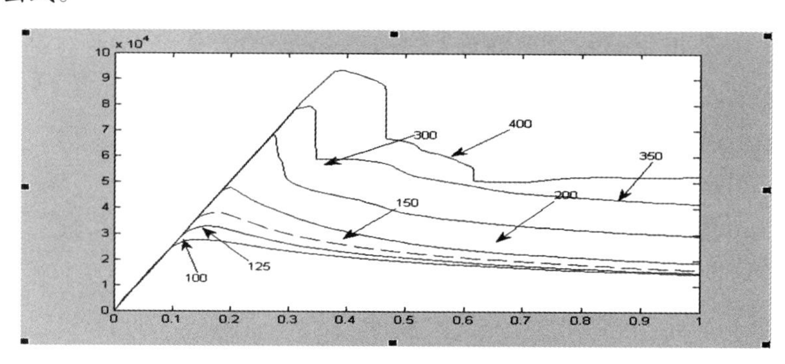

图7 不同厚径比反力位移图

表5 厚径比与圆管单位位移承载力

D/t	100	125	150	200	250	300	350	400
M	27.5	40.9	57.1	96.0	148.8	204.9	278.8	359.5
V	1.26	1.96	2.83	5.03	7.85	11.3	15.4	20.1
M/V	21.8	20.9	20.2	19.09	18.9	18.1	18.0	17.9

因此,通过上述分析发现,大径厚比圆管在受弯作用下,保持厚度和高径比不变。当径厚比增大时,圆管承载力提高,但是相对的造成稳定性、延性和材料利用率下降,既不经济又不安全。因此需要设置合适的加劲肋。

6.2 有加劲圆钢管有限元软件数值模拟计算成果

(1)加劲肋尺寸对抗弯性能影响

构件:薄壁圆管 尺寸:$t=t1=2$ mm,$\lambda=200$,$D=400$ mm,$H=2$ m;加劲肋尺寸$b=25$,

50,75,100 mm(表6)。

表6 加劲肋尺寸对抗弯性能影响

B/mm	D/t	t/mm	$RF1$/kN	M/(kN·m)	%
0	200	2	47.9	95.8	—
25	200	2	52.4	104.8	9.4%
50	200	2	57.7	115.4	20.4%
75	200	2	60.1	120.2	25.5%
100	200	2	64.1	128.2	33.8%

从表6数据,我们可以得到当t保持不变,设置加劲肋能够提高构件的承载力,且随着加劲肋尺寸的增大,承载力也随之增大。

将不同加劲肋的承载力和位移曲线反应到同一坐标系中,如图8所示。

由图8可知,设置加劲肋能够提高构件的承载力以及延性,且,加劲肋尺寸越大,延性越好。

6.3 薄壁构件实际加载试验成果

(1)破坏模式

在加载初期,当钢管还处于弹性阶段时,试件的挠度和截面的纵向拉应变随荷载的增长基本上呈线性缓慢增长,即处于弹性工作阶段,试件外观无明显变化;当钢管进入弹塑性后,试件的挠度和截面纵向拉应变随荷载的增长呈非线性加速增长,试件外观仍无明显变化;当钢管接近极限荷载时,试件在跨中截面出现局部鼓曲;此后荷载还将继续缓慢增加,但增长幅度一般不大,局部鼓曲变形不断发展。达到峰值荷载后,试件承载力随跨中挠度的增大开始下降,变形也逐渐发展为褶皱凹陷变形或钟鼓型变形,最终以跨中挠度变形过大而标志试件破坏。图9为试件的破坏模式。

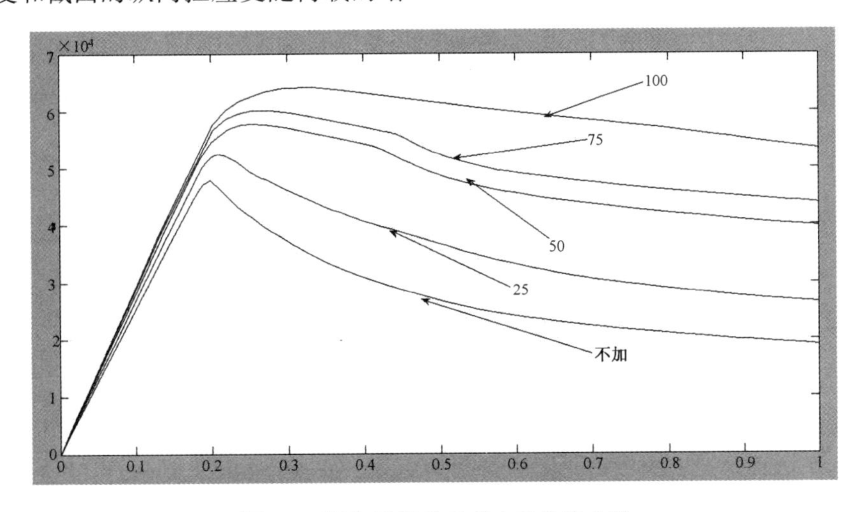

图8 不同加劲肋的承载力和位移曲线

(2)应变分析

试件的跨中弯矩(M)-截面纵向应变(ε)的关系曲线能反应试件在破坏截面处各应变片测点在各级荷载作用下的变形情况。图10为试件DT125跨中弯矩(M)-截面纵向应变(ε)的关系曲线。

试件从图10中可以看出,整个受力过程中截面形心处的应变基本为零,说明了中和轴与截面形心轴重合。在加载初期,各测点的纵向应变随荷载的增加呈线性缓慢增长。

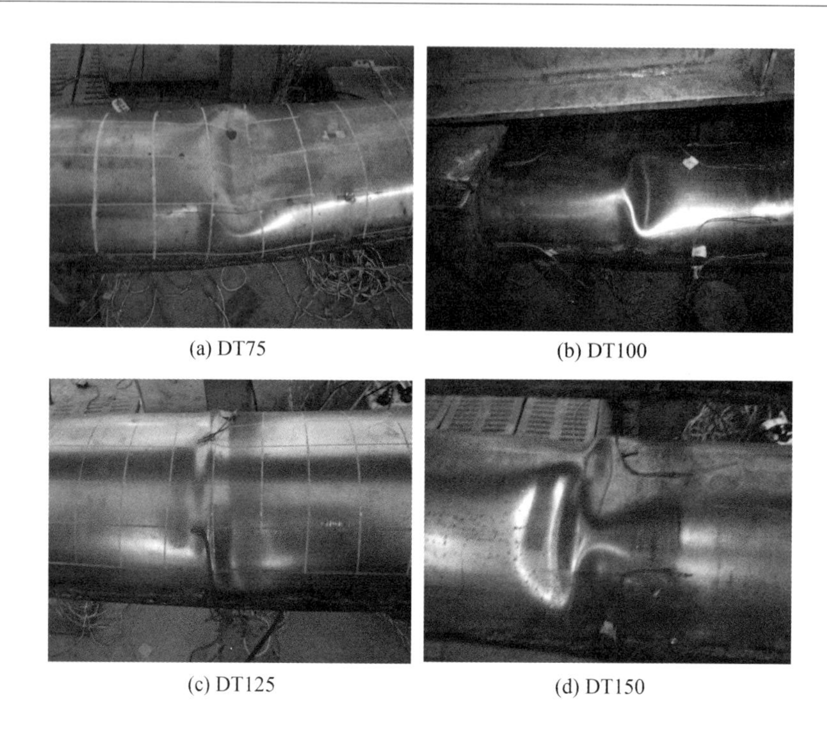

(a) DT75　(b) DT100

(c) DT125　(d) DT150

图 9　试件的破坏模式

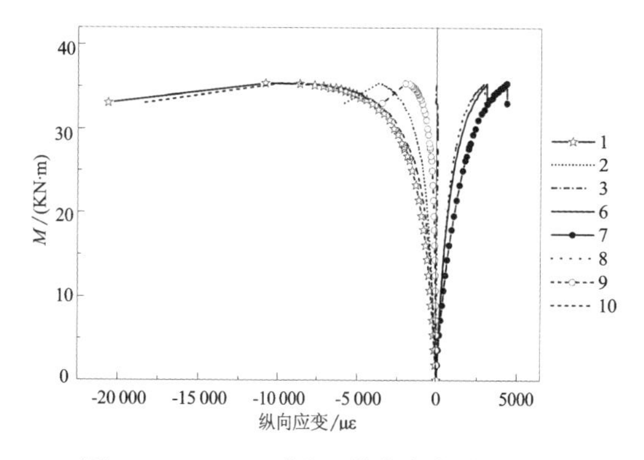

图 10　DT125-2 弯矩-纵向应变关系曲线

当钢管的最大受拉和最大受压边缘纤维达到屈服应变以后，钢管截面开始发展塑性，纵向变形呈非线性增长。直至跨中弯矩 M 接近峰值荷载前，截面中和轴仍与截面形心重合。当跨中弯矩 M 达到极限承载力，截面受压区 1 号、2 号和 10 号应变片测点位置处纵向压应变急剧增长，而受拉区 6 号、7 号和 8 号应变片测点位置处纵向拉应变不再继续增大，反而略有降低。从受压区的压应变变化情况可以看出，当跨中弯距 M 接近或达到极限承载力时，受压区出现了较大的塑性变形。随着荷载进一步增大，变形也进一步扩展。虽然截面 2 号和 10 号测点处纵向拉应变增长规律一致，但 10 号测点处纵向拉应变明显比 2 号测点处要大，说明试件破坏截面处的变形并不完全对称，在靠近焊缝一侧的受拉区更为明显，初步分析是由焊接残余应力导致。

（3）荷载（P）-位移（U）曲线

图 11 所示为四组试验跨中荷载（P）-位移（U）关系曲线。从图中可以看出，随着径厚比（D/t）不断增大，承载力提高，但弹塑性段不断缩短，下降段逐渐陡峭，试件的破坏越趋于脆性。

（4）试验结果与 AISC 规范对比

根据美国 AISC 规范中的《管截面杆件的荷载和抗力系数设计法设计规范》（AISC LRFI HSS 2000），圆管截面按受压情况下的局部屈曲进行分类。圆管截面径厚比 $\lambda = D/t$，$\lambda \leq \lambda_p$ 的截面为厚实截面（全截面塑性），$\lambda_p < \lambda \leq \lambda_r$ 为非厚实截面（边缘纤维达到屈服，但局部屈曲阻碍全塑形发展），$\lambda > \lambda_r$ 为纤细截面（弹性屈曲）。径厚比限值为

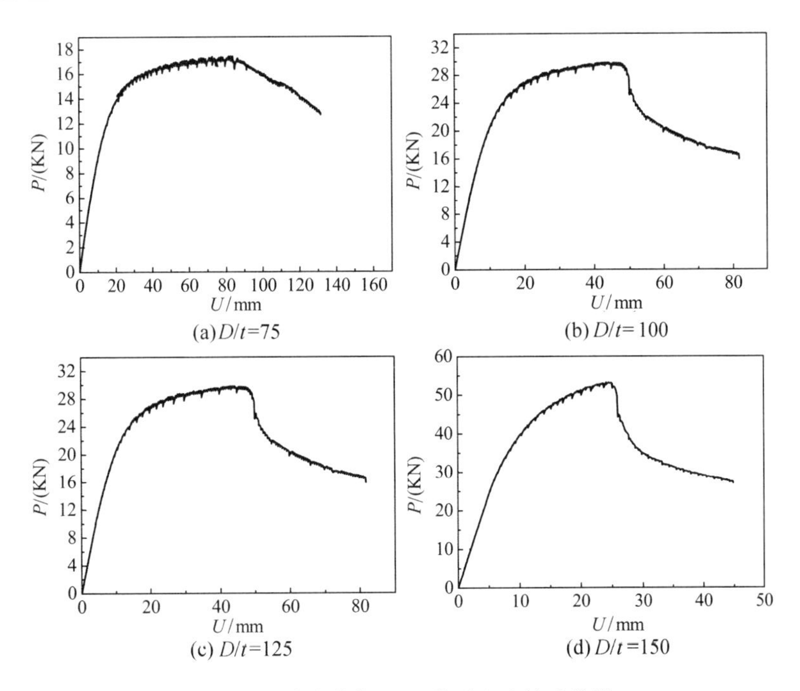

图 11 跨中荷载(P)-位移(U)关系曲线

$$\lambda_p = 0.07E/F_y \quad \lambda_r = 0.31E/F_y$$

其中,E 为钢材弹性模量,F_y 为屈服强度,均根据材性试验取值。$E = 1.88\times10^5$ MPa,F_y = 190 N/mm^2。

由此可知,本试验中所有试件截面径厚比 λ 均在 $\lambda_p < \lambda \leq \lambda_r$ 范围内,为非厚实截面。理论名义弯矩 M_n 的计算公式为

$$M_n = \left(\frac{0.021E}{\lambda} + F_y\right) S = \left(\frac{0.021E}{\lambda} + F_y\right) \cdot \frac{\pi(D^4 - d^4)}{64R}$$

式中,S 为弹性截面模量,D 为钢管外径,d 为钢管内径,R 为钢管半径。试验极限弯矩 M_u 的计算公式为

$$M_\mu = \frac{P_u \cdot L}{4}$$

式中,P_u为跨中极限承载力,L 为试件长度。

表 7 为试验结果与 AISC 规范极限承载力对比。

表 7 试验结果与 AISC 规范对比

序号	试件编号	径厚比 λ	极限荷载 P_u/kN	极限弯矩 M_u/(kN·m)	名义弯矩 M_n/(kN·m)	M_u/M_n
1	DT75	75	17.45	13.09	8.23	1.590
2	DT100	100	29.83	22.37	13.98	1.590
3	DT125	125	39.35	35.42	21.23	1.669
4	DT150	150	53.19	47.87	29.97	1.597

从表中可知,试验所得极限承载力(M_u)比按 AISC 规范计算的名义弯矩(M_n)明显大得多,即运用 AISC 规范计算的大径厚比圆钢管承载力过于保守,需要进行修正。而事实上,在大径厚比薄壁钢管构件的加工制作过程中不可避免地产生各种初始缺陷,包括构件的几何缺陷(整体初始弯曲、局部初始缺陷等)与力学缺陷(例如由各种原因引起的初始应力等),会在一定程度上降低实际构件的极限承载力。

根据表中数据,大胆推测对于大径厚比钢管,其承载力公式为

$$M_n = 1.6\left(\frac{0.021E}{\lambda} + F_y\right) S$$

7 最终成果

7.1 结论

(1)试件均在接近或达到极限承载力时跨中截面产生局部鼓曲,最终的破坏模式为凹陷褶皱形屈曲。随着径厚比(D/t)逐渐增大,钢管截面抗弯极限承载力不断提高,峰值荷载所对应的位移明显减小,跨中荷载(P)-位移(U)关系曲线的下降段不断变陡,试件脆性破坏的倾向更明显。

(2)现行的 AISC 规范中对与非厚实截面抗弯承载力的规定并不能很好的反应大径厚比薄壁钢管真实的受弯性能,显得过于保守。于是,开展进一步的试验和理论分析,提出合理的承载力公式具有较大的工程意义和价值。

(3)根据试验数据,提出大径厚比钢管承载力公式为

$$M_n = 1.6\left(\frac{0.021E}{\lambda} + F_y\right) S$$

7.2 成果意义

目前国内外对于薄壁加劲圆钢管的研究较少,且主要针对于海洋工程中圆柱形压力容器,在静力压力水作用下为防止薄壁圆管的屈曲,通常采用环形加劲的方式来提高其稳定性,而风力发电机组中的塔筒以受弯为主,其力学性能与采用的加劲方式不同于海洋工程中的薄壁柱壳钢管结构。可以说目前对于大径厚比的风力塔筒的加劲方式目前仍处于空白状态。

因为风能作为一种可再生能源被越来越广泛地利用,1980 年以来,国际上风力发电技术日益走向商业化。本世纪初我国也大力发展风能。以黑龙江省为例,黑龙江省风力资源丰富,且具有分布范围广、稳定性能高,连续性好的特点,2003 年,黑龙江省首家风力发电厂投产,拉开了黑龙江省风电大发展的序幕。因此,未来对于风力发电机塔筒的研究必定会得到广泛发展和深入,特别是对于薄壁塔筒的加劲方式和如何提高塔筒承载力将会引起广泛注意。可以说本项目具有开拓作用。

建筑结构抗震振动台模拟试验研究

项目所在单位:北京交通大学土木建筑工程学院
项目第一完成人:梁笑天
项 目 组 成 员:梁笑天　方纪平　英明鉴　裴　超　肖　峰
指　导　老　师:吕晓寅　副教授

1　项目简介

自2008年以来,我国和世界各地先后经历了多次大地震,人员和财产损失惨重,使大家越来越意识到建筑物抗震设防的重要性。建筑承受地震后的反应行为复杂,一般仅可由地震现场记录的资料与教学中的模拟得到。前者通过地震灾难后的数据资讯表现,后者适合在教学中应用,学生较易接受。在长期的本科结构工程教学中,有关结构抗震的部分,一直是学生最难理解的。

本项目通过有计划的安排数组模型结构,通过材料的改变与补强方式,经过小型振动台测试后,可以表现出不同结构在模拟地震波作用下的振动形态及振动响应情况。经过实际操作表明,相对于足尺模型试验,运用教学型小型振动台耗时不多,花费少且对比操作性强,适用于实际教学。通过试验,学生可以更加清楚的了解地震的各项概念,教学效果好,可作为结构工程课的辅助教学工具。

模型教学作为教学方法中的一种,已经被用与许多学科之上,其直观、清晰的表现形式也被许多教师所喜爱并推广。

对于用于实际建筑可行性评估的足尺模型试验,在国内已有很多,但其试验费用甚为高额。国内的主要振动台基本振动情况见表1。

表1　国内主要振动台情况

单位	平台尺寸/(m×m)	最大载重量/t
同济大学	4×4	25
中国建筑科学院	6.1×6.1	60
中国水利水电科学研究院	5×5	20
北京工业大学	3×3	60
中国地震局工程力学研究所	5×5	30
哈尔滨工业大学	3×4	12

制作足尺模型并进行振动试验,在结构制作和试验振动的操作费上花费巨大,不适用于教学上,仅适用于委托研究之用。

故本项目采用小型振动台的模型振动试验,它可以很好地再现地震过程和人工地震波的试验,它是在试验室中研究结构地震反应和破坏机理的最直接方法。

2　技术思路及实施过程

本项目主要内容包括试验设计、模型制作、振动台试验、实验数据分析四大部分。

2.1　小型精密振动台

振动实验台有液压式、机械式和电磁式等几种,振动台在结构抗震、自振频率测量、结构振动分析中是不可缺少的设备,振动台设备的成本与台面的尺寸、性能和相应的配套设备有关,一般要几十万到上百万以上的资金才能建成。此次试验所用的振动台为

“WS-Z30 小型精密振动台系统”,该系统具备了本实验所需内容,费用相应要低得多,适合作为教学使用,使学生能通过实验来学习、认识和掌握在振动上要完成的实验方法。

2.2　模型制作

此次试验的模型以木材为主要制作材料,设计了八组对比试验。木条的截面尺寸为 10 mm×10 mm、15 mm×15 mm 和 5 mm×5 mm。所用的粘结材料有:502 胶、热熔胶、木胶等。

八组对比模型分别为:

(1)一组不同跨度的结构对比模型;

(2)一组强柱弱梁与强梁弱柱的结构对比模型;

(3)一组立面变化均匀与不均匀的结构对比模型;

(4)一组节点处补强与强梁弱柱的结构对比模型;

(5)一组结构相同而材料不同的结构对比模型;

(6)有楼梯与无楼梯结构对比模型;

(7)框筒结构与框架结构的对比模型;

(8)错列剪力墙与框架结构的对比模型。

2.3　振动试验

模型制作后,将进行振动台试验,输入地震波为汶川地震波,地震波等级分为 3 个等级。配备 ICP 加速度传感器,型号:YD81D-V,灵敏度:100 mV/g;频响 0.3 Hz 至 10 kHz;质量 25 g;将加速度传感器通过热熔胶粘结在模型各层,沿模型长轴方向进行振动,通过检测振动中的加速度来评估结构的振动响应情况。

2.4　试验分析

本项目采用数据直接对比分析与建模分析的两种方式。

直接分析为通过研究试验中采集到的加速度数据的对比分析,画出曲线图,分析不同结构之间的振动响应情况。通过比较同一结构中不同层的响应情况,也可以分析振动对于不同高度处结构的影响。

建模分析采用的是 abaqus 有限元分析软件。采用软件进行分析的核心是通过不同模型结构在震动下的响应的对比,来验证相关的抗震理论,进而得到实验结果。通过有限元软件建立尺寸形状等几何参数与实际模型一致的有限元模型,把不同的模型的计算结果进行分析对比,将该对比分析的结果进一步与实验对比分析的结果进行综合对比分析。

3　特色与创新点

3.1　五组常规结构的抗震对比分析

通过模拟实验——五组常规结构的抗震对比分析,加深了我们对结构在地震响应下特征的理解。

此五组对比试验包括了现阶段工科学生在本科结构工程学习中所能够遇到的大多数结构布置情况。模型结合教学中抗震设计的基本概念,通过研究结构的动力特性、破坏机理及震害原因方面的内容,以达到加深概念,启发性教学的目的。在设计中,关注抗震设防中的几条基本原则:抗震设防的三水准设计原则——“小震不坏,中震可修,大震不倒”、“强柱弱梁、强墙弱梁、强节点弱构件”、“平面简单对称,立面变化均匀连续,高宽比不过大”。

由从浅入深地进行结构模型振动台试验,使我们深入了解所学理论知识的研究方法和亲身经历实验研究过程,并且能对所学知识灵活运用,提高学生解决问题和发现问题的能力。

3.2　楼梯对于结构整体抗震的影响

通过模拟实验——楼梯对结构整体抗震

性能的影响,提高了我们分析问题解决问题的能力。

楼梯作为疏散、逃生的主要通道,在整个建筑中起着重要作用。在结构设计中一般只作单独设计,考虑交通疏散的承载力,未做抗震设计。

在 PKPM 2008 建模实际的操作方式为:并不是把楼梯的模型建到整个模型中,而是将楼板厚度改为0,荷载输入时输入楼梯间的恒载和活载,若设置平台梁,则应指定导荷方式为对边导荷到平台梁上,并将平台梁两端约束条件改为铰接。

我们在制作模型时,对于框架模型的一边加上了梯板,相对于单一框架模型进行了地震波下的响应对比。

起初我们认为由于结构布置不对称,结构会发生较大的扭转,但是在振动分析结果后,发现加上楼梯后的模型与不加楼梯的模型相比,其相应反而更小。

实际上,在地震作用下,楼梯实际参与了主体结构的内力分配和变形协调,梯板具有类似 K 型支撑的作用,由于钢筋混凝土框架结构的抗侧刚度较弱,楼梯参与工作对框架结构整体影响不容忽略。考虑楼梯参与结构整体受力后,框架结构的整体工作性能发生了较大变化:结构的抗侧刚度增大,侧移减小;自振周期减小;振型改变;楼梯间周围构件的内力明显变化。自下而上,随着楼层的增加,楼梯受到的轴力逐步减小,表现为震害情况也逐渐减轻。

3.3 错层剪力墙的研究

通过模拟实验——错层剪力墙的抗震性能的分析,使我们了解复杂结构的工作特点,拓展了知识面。

这些年,随着我国城市化进程的加快,高层建筑剪力墙结构得到了广泛的应用。但是,剪力墙结构也有明显的缺点:第一,剪力墙间距不能太大,平面布置不灵活,不能满足公共建筑的使用要求;第二,结构自重较大,造成建筑材料用量增加,地震剪力增加。

错列剪力墙结构充分顺应了现代高层建筑的发展趋势,因此,对此新兴结构进行分析研究显得很有必要。在以往的错列剪力墙结构研究中,研究者更多的是依托功能强大的分析软件,将精力放在建模有限元分析上,通过软件模拟地震效应,研究结构在模拟地震作用下的抗震性能,而对实物模型的振动试验进行的较少。为此,我们创新实验小组采取了对实物模型进行设计制作、试验对比的方法,就这种新兴错列剪力墙结构的抗震性能在进行了实物模型振动试验的基础上进行分析,并与传统框架结构进行了对比。

在汶川地震波作用下,结构模型的振动响应通过加速度传感器采集到的形式为波形图,通过对这些采集到的每层的波形图读取最大的加速度值,得到错列剪力墙结构模型与框架结构模型每层的最大加速度值,见表2。

表2 结构每层加速度最大值 m/s^2

类型 \ 层数	台面	1层	2层	3层	4层	5层
错列剪力墙结构模型	9.31	18.2	19.55	25.44	29.86	32.71
框架结构模型	9.52	17.37	22.8	35.92	43.6	51.4

图1是我们根据实验数据加速度值画出的图形(竖向表示加速度值),可以很明显地看出两个模型的振动响应的差异。从图中分析可知,各结构的加速度响应曲线形状大体一致,随着层数的增加,或者说高度的增加,框架结构模型和错列剪力墙结构模型的最大加速度值都逐渐增大,并且框架结构模型的加速度增加量明显大于框架结构模型。框架

结构模型的加速度值响应之所以较错列剪力墙结构模型大，主要是由于与错列剪力墙结构相比框架结构没有剪力墙，横向抗侧刚度较弱，造成加速度响应值更大，振动位移也相应更大，这也表明实验结果是正确的，结果显示错列剪力墙结构体现出了更加优良的抗震性能。这种方法在以往的研究当中也是比较少见，我们小组在这方面进行了创新。

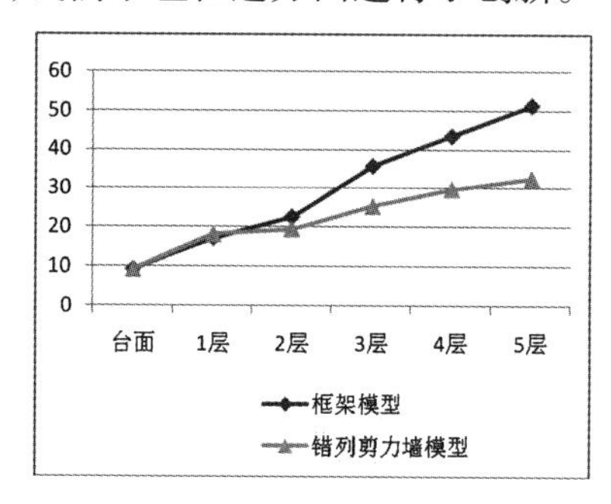

图1　加速度图

4　试验结果分析

我们使用的振动台是 WS-Z30 小型精密振动台，激励波为汶川地震波如图 2 所示，纵坐标加速度单位为 m/s^2，横坐标时间单位为 s。

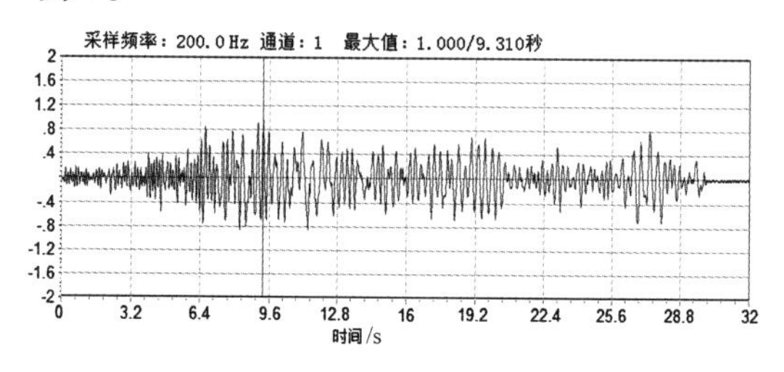

图2　汶川地震波

4.1　一组不同跨度的结构对比模型(标准模型和不等跨模型)

跨度不同模型加速度统计值见表 3。

表3　跨度不同模型加速度统计　m/s^2

模型名称	一层加速度最大值	对应的时间	二层加速度最大值	对应的时间	三层加速度最大值	对应的时间
标准模型	9.81	7.568	17.49	7.032	16.08	7.116
不等跨模型（长跨侧）	11.41	7.672	22.39	7.672	17.94	7.892
不等跨模型（短跨侧）	9.98	5.424	11.99	5.684	12.35	5.712

从这个图中，我们看到不等跨模型长跨侧的响应值要大于标准模型，而短跨侧的响应值小于标准模型，这是由于，长跨侧的刚度要小一点，结构偏柔，而短跨侧结构刚度大，偏刚点，这就导致了两侧的测量值不同，从中也可以看出，通常情况下，刚度大的结构抗震性能相比会好些。模型如图 3 所示。

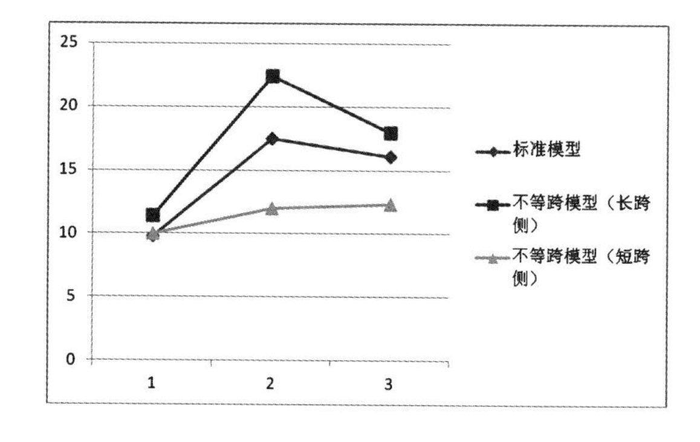

图3　跨度不同模型加速度对比

4.2　一组强柱弱梁与强梁弱柱的结构对比模型(强柱弱梁，标准模型，强梁弱柱)

梁柱刚度比不同模型加速度统计值见表4。

表4　梁柱刚度比不同模型加速度统计　m/s²

模型名称	一层加速度最大值	对应的时间	二层加速度最大值	对应的时间	三层加速度最大值	对应的时间
标准模型	9.81	7.568	17.49	7.032	16.08	7.116
强梁弱柱	11.41	7.672	22.39	7.672	18.94	7.892
强柱弱梁	8.9	5.424	11.99	5.684	13.35	5.712

此组实验模型,我们引入标准模型的对比,原因在于,强柱弱梁和强梁弱柱都是在标准模型的基础上加以改造完成的,只不过是一个是柱子截面尺寸加大,另一个是梁的截面尺寸加大,将三者放在一起对比,更有比较性。从实验结果可知,强梁弱柱结构的响应最大,强柱弱梁结构的响应最小,而标准模型介于这两者之间,表明强柱弱梁的抗震性能最优,而强梁弱柱尽管梁截面大于标准模型的梁截面,但是抗震性能反而降低了,这是由于梁相对于柱的刚度增大了,是不利于提高结构的抗震性能的。其模型如图4所示。

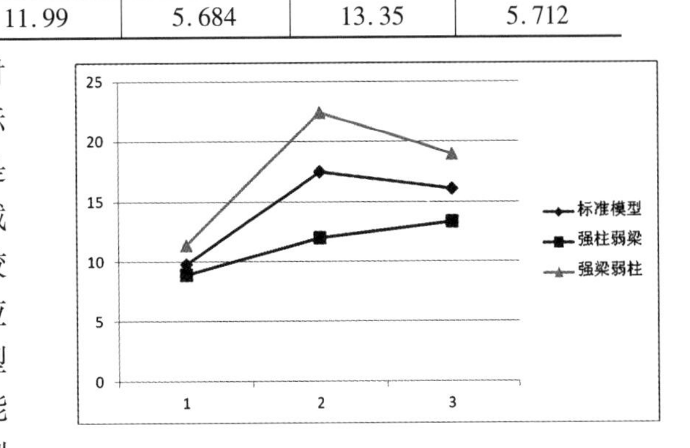

图4　梁柱刚度比不同模型加速度对比

4.3　一组立面变化均匀与不均匀的结构对比模型(标准模型和立面变化模型)

立面变化不均匀模型加速度统计值见表5。

表5　立面变化不均匀模型加速度统计　m/s²

模型名称	一层加速度最大值	对应的时间	二层加速度最大值	对应的时间	三层加速度最大值	对应的时间
标准模型	9.81	7.568	17.49	7.032	16.08	7.116
立面不均匀	14.2	7.524	17.81	7.136	19.11	7.132

在同样的外部激励下,立面不均匀结构受到的外部响应值大于标准框架结构,这是源于结构立面的突变,导致整体刚度的减小,使得地震对结构的影响增大。其模型如图5所示。

4.4　一组节点处补强与强梁弱柱的结构对比模型(节点处补强模型,标准模型,强梁弱柱)

节点处理不同模型加速度统计值见表6。

表6　节点处理不同模型加速度统计　m/s²

模型名称	一层加速度最大值	对应的时间	二层加速度最大值	对应的时间	三层加速度最大值	对应的时间
标准模型	9.81	7.568	17.49	7.032	16.08	7.116
强梁弱柱	11.41	7.672	22.39	7.672	18.94	7.892
强节点	9.5	5.424	13.05	5.684	14.85	5.712

此组实验模型,我们同样引入标准模型的对比,原因在于,强节点模型和强梁弱柱模型都是在标准模型的基础上加以改造完成的,只不过是一个是节点构造加强,另一个是梁的截面尺寸加大,将三者放在一起对比,更有比较性。从以上结果可知,强梁弱柱的模型受同样的地震激励作用产生的响应是最大的,强节点模型是最小的,标准模型介于两者

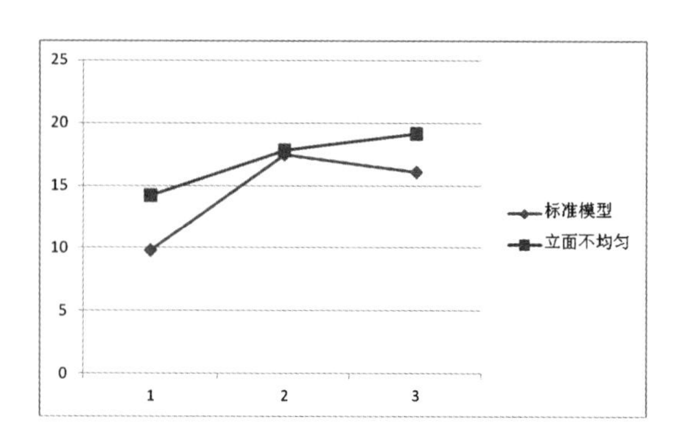

图5 立面变化不均匀模型加速度对比

之间，说明加强节点构造有利于提高结构的抗震性能。其模型如图6所示。

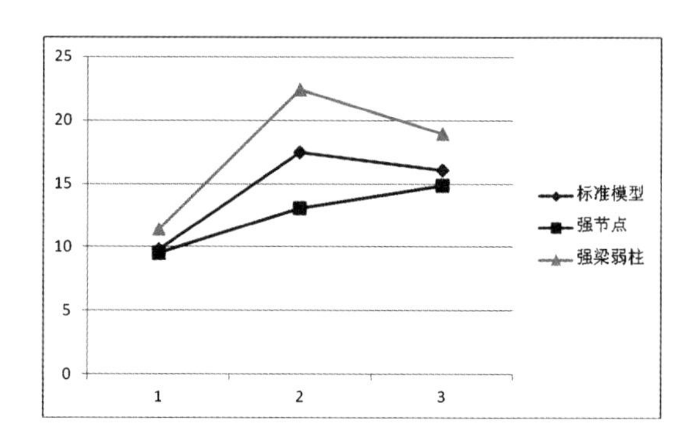

图6 节点处理不同模型加速度对比

4.5 一组结构相同而材料不同的结构对比模型(标准模型和钢模型)

材料不同模型加速度统计值见表7。

表7 材料不同模型加速度统计 m/s^2

模型名称	一层加速度最大值	对应的时间	二层加速度最大值	对应的时间	三层加速度最大值	对应的时间
标准模型	11.16	6.715	19.65	6.715	13.22	6.705
钢模型	4.08	6.735	5.74	4.77	8.75	4.765

在同样的外部激励下，钢结构受到的外部响应值小于框架结构，意味着钢结构受到的地震影响要小，表现出较好地抗震性能。出现这个结果，主要是钢模型的刚度大，抵抗地震作用效能好。其模型如图7所示。

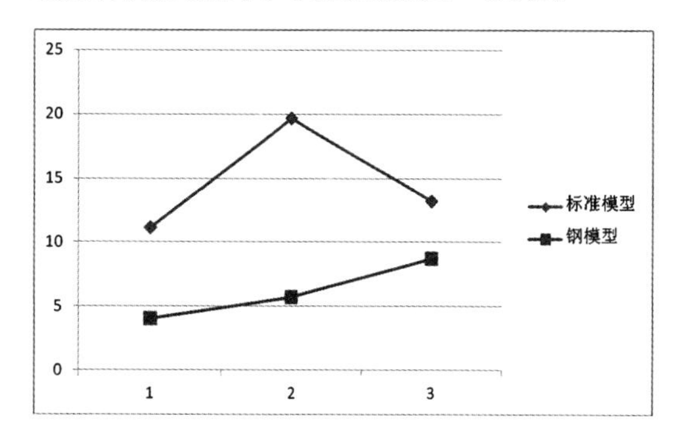

图7 材料不同模型加速度对比

4.6 更多对比模型

4.6.1 错层剪力墙的研究

在完成基本的实验目的外，我们还开发了两组模型：框筒结构模型与其对应的同尺寸纯框架模型，错层剪力墙与其相对应的同尺寸纯框架模型。与前面的思路类似，我们整理出在地震波作用下采集到的各层加速度最大值，制作成表格，并绘制成坐标图(表2和图1)。

从图2中我们可以看出，框架结构的加速度响应值比跳层剪力墙的要大，这是由于跳层剪力墙结构中有剪力墙的存在，极大地增大了结构的抗侧刚度，提高了结构的抗震性能(模型见图18)。

4.6.2 框筒结构的研究

框筒与框架模型加速度统计值见表8。

表 8　框筒与框架模型加速度统计　m/s²

模型名称	一层加速度最大值	对应的时间	二层加速度最大值	对应的时间	三层加速度最大值	对应的时间
框筒结构模型	18.88	6.393	24.06	4.94	25.11	4.87
纯框架模型	17.1	6.387	16.76	5.117	22.01	6.2
	四层加速度最大值	对应的时间	五层加速度最大值	对应的时间	六层加速度最大值	对应的时间
框筒结构模型	28.24	4.873	29.27	4.543	34.6	4.533
纯框架模型	28.21	3.883	36.15	3.107	45.52	3.107

对于框筒和框架模型的对比，我们发现框筒结构各层的加速度幅度变化没有框架结构那么大，尤其是高层部分，框架的响应要比框筒结构要大，这说明，框筒结构对于高层的抗震效果是有很大帮助的，而对于低层结构结果并不是那么明显。其模型如图 8 所示。

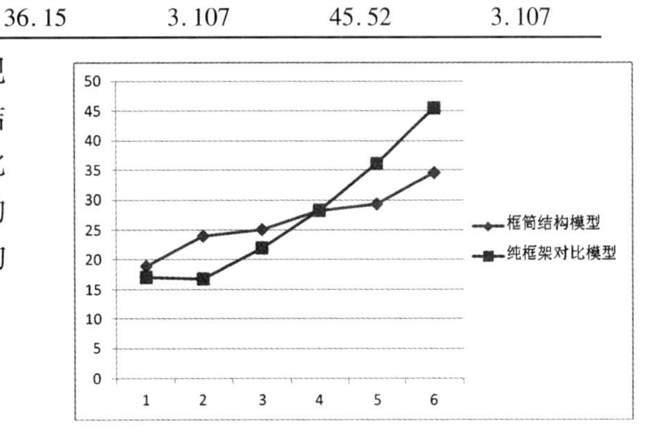

图 8　框筒与框架模型加速度对比

4.6.3　有楼梯模型与无楼梯模型的对比试验

楼梯及对比模型加速度统计值见表 9。

表 9　楼梯及对比模型加速度统计　m/s²

模型名称	一层加速度最大值	对应的时间	二层加速度最大值	对应的时间	三层加速度最大值	对应的时间
有楼梯模型	9.311	9.39	11.78	9.105	16.495	9.395
无楼梯模型	10.153	9.115	16.304	9.11	18.787	9.11

有无楼梯模型是基于标准框架结构模型的，无楼梯模型我们选用的就是标准模型，而有楼梯就是在标准模型各层粘上斜板模拟楼梯，从实验结果可知，带有楼梯形式的模型产生的激励响应要小于无楼梯的模型响应值，意味着楼梯的使用有助于结构抗震性能的改善，这主要是由于楼梯对于框架结构来说，相当于一个斜向支撑，有利于结构更好的成为一个抗震整体，同时消耗了一部分地震能，提高了结构的抗震性。其模型如图 9 所示。

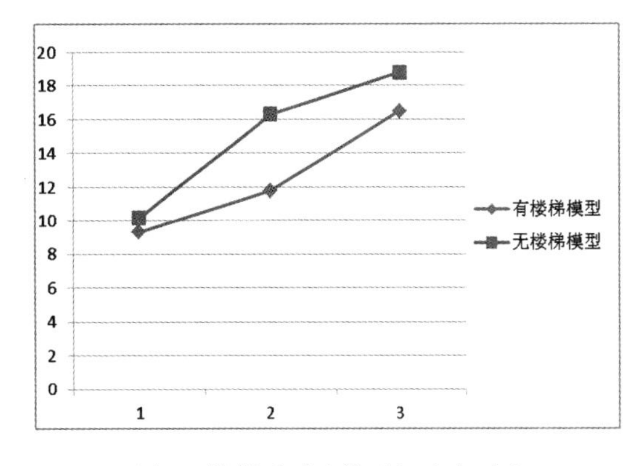

图 9　楼梯及对比模型加速度对比

总体来说，我们此次创新实验还是比较成功的，我们基本上实现了立项时的预期目标，并且通过实验得到了我们想要的结果。此外，我们还做了两组额外的模型，探索一些目前研究较少的模型结构形式，也对这两种结构的文献进行了阅读，拓宽了知识，有了理性的认识，再者经过模型试验，对这两种模型的抗震性能又有了感性的认识，收获颇多。

4.7　软件分析

除此之外，我们还利用软件进行了模拟

的辅助分析，由于木材材质的不均匀性，且所用的木材没有确定的弹性模量和泊松比的数值，所以此软件模拟仅作为分析的辅助部分。

利用有限元分析建立了三个框架结构的模型，第一个模型为正常尺寸的模型，第二个为梁的尺寸加大的模型，第三个为主的尺寸加大的模型，三个模型施加的边界条件均为在柱低施加水平的加速度值。施加的加速度值取自汶川地震波。ABAQUS 建模如图 10 所示。

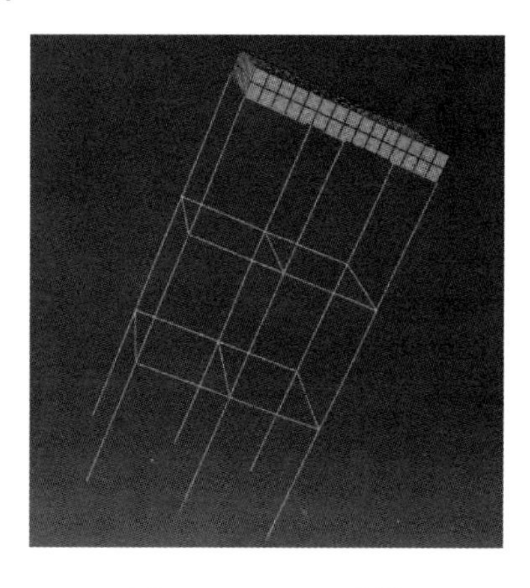

图 10　ABAQUS 建模

通过 ABAQUS 的计算，我们得到了三个模型的顶部的位移响应值，如图 11 所示。

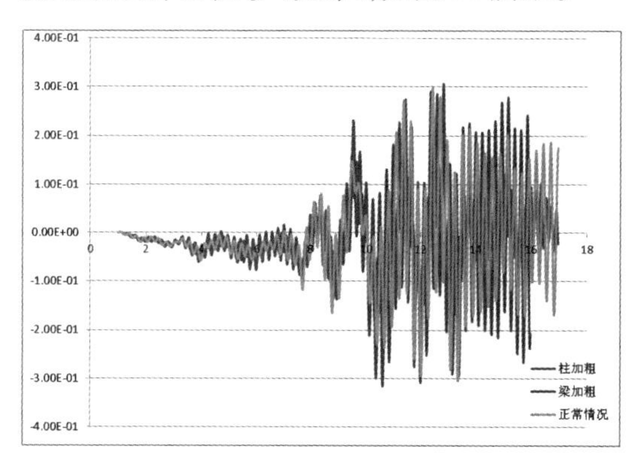

图 11　顶层位移相应

同时我们也得到了三个模型的顶部的加速度响应值，如图 12 所示。

从加速度和位移响应可以很明显地看出，梁加强的模型在地震下的响应最大，其次是正常的模型，响应最小的是柱加强的模型。这与实际实验的结论是相同的。

5　成果的科学意义和应用前景

5.1　成果展示

本次创新实验进行了 8 组实验，并制作了相应的 8 组对比模型，模型如下：

（1）跨度有无变化框架对比模型如图 13 所示。

（2）强梁弱柱、强柱弱梁对比模型如图 14 所示。

（3）立面有无变化框架对比模型如图 15 所示。

（4）有无节点补强对比模型如图 16 所示。

（5）同尺寸钢、木框架对比模型如图 17 所示。

（6）错列式剪力墙结构模型如图 18 所示。

（7）框筒与框架对比模型如图 19 所示。

（8）有无楼梯对比模型如图 20 所示。

5.2　各组实验的对照意义

（1）强梁弱柱、强柱弱梁对比实验：强柱弱梁是一个从结构抗震设计角度提出的一个结构概念。就是柱子不先于梁破坏，因为梁破坏属于构件破坏，是局部性的，柱子破坏将危及整个结构的安全——可能会整体倒塌，后果严重。要保证柱子更“相对”安全，故要“强柱弱梁”。其原理是：使框架结构塑性铰出现在梁端，用以提高结构的变形能力，防止在强烈地震作用下倒塌。

这组实验的目的在于：验证“强柱弱梁”设计思想的重要性，得到更加直观的感受和认识。（这组实验中，在相同的地震荷载激励下，强梁弱柱模型的结构响应要明显比强柱弱梁模型大，而试验数据也同样显示强梁弱柱模型的加速度值更大，这说明了强梁弱柱结构比强柱弱梁结构的抗震性能更差。）

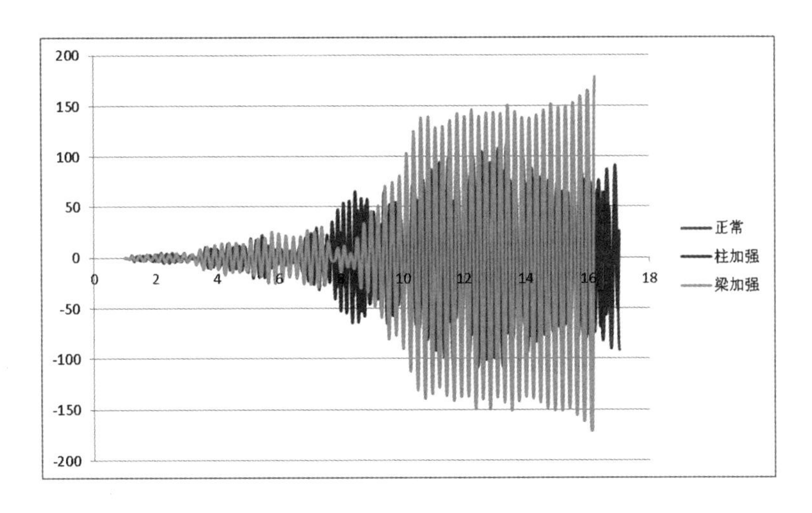

图12　顶层加速度相应

图13　跨度有无变化框架对比模型

(2)有无节点补强对比实验:强节点弱构件是从结构抗震设计角度提出的另一个结构概念。目的是保证节点的强度大于构件的强度,使得结构破坏时,构件先坏,节点保持稳定,防治结构因节点破坏导致大面积坍塌。

这组实验的目的在于:验证"强节点弱构件"设计思想的重要性,得到更加直观的感受和认识。(同样的地震荷载作用下,节点补强模型比节点无补强模型的振动响应要小,试验数据也表明节点补强模型的加速度值更小,抗震性能更好。)

(3)有无楼梯对比实验:楼梯时结构中不可缺少的组成部分,但是在结构设计过程中,一般只将楼梯简化为荷载加载在梁或柱上,没有考虑楼梯的存在对于结构的影响。楼梯对于抗震来说,又是十分重要的位置,它是人们逃生的必经之路,如果地震发生时,在结构没有倒塌,而楼梯已经被破坏,那么人们逃生就出现了巨大的障碍。

这组实验的目的在于:探究楼梯对于结构抗震的影响是好还是不好,给出相应解释。(试验表明有楼梯模型的地震响应比无楼梯模型要小,加速度值也小,这说明楼梯对建筑结构的抗震还是有帮助的。)

(4)同尺寸钢、木框架对比实验:钢结构建筑的优点主要是:对环境破坏小,强度高,自重轻,抗震性能好等。由于钢结构建筑符合循环经济的发展方向,是对城市环境影响小的一种结构形式之一,在发达国家已被广泛采用,所以被称为绿色建筑的最主要代表。

随着时间的变化,木质材料已跟不上建筑材料的要求,钢材又是建筑材料发展的新方向,对比木结构与钢结构这两种公认抗震性能较好的结构的抗震特点是有意义的。

(5)立面有无变化框架对比实验:随着时代的发展和科技的进步,建筑师们可以更加发挥想象力,设计出各种形式的建筑,而立面变化的建筑形式也是屡见不鲜。

图 14　强梁弱柱、强柱弱梁对比模型

图 15　立面有无变化框架对比模型

图 16　有无节点补强对比模型

这组实验的目的在于:探究立面变化的建筑在地震时的响应是怎样的,有什么特点,是否会出现课本上所说的“鞭梢效应”。(当立面有突变时,模型的地震响应也相应更大,这种结构相较于立面均匀变化的结构抗震能力要低。)

(6)跨度有无变化框架对比实验:正如之前所说的,随着时代的发展和科技的进步,建筑师们可以设计出各种富有想象力的建筑形式,而跨度不同也是经常采用的设计方法。

这组实验的目的在于:探究跨度不均匀的建筑在地震时的响应是怎样的,有什么特点。(结构平面跨度变化不均匀时,结构不对称,在振动试验中可以发现这种模型有较大的扭转变形,而这种变形对抗震会产生不利影响,因此这种结构相对于跨度变化均匀的结构抗震性能更差。)

(7)框筒与框架对比实验:有研究显示,在框架-核心筒结构中,核心筒在各个方向上都具有较大的抗侧刚度,因此成为结构中的主要抗侧力构件。在小震作用下,结构整体处于弹性状态,此时核心筒承受绝大部分地震剪力,一般可达总剪力的 85% 以上,其刚度大小对结构小震作用下的侧移起控制作用;

图 17　同尺寸钢、木框架对比模型

图 18　错列式剪力墙结构模型

图 19　框筒与框架对比模型

图 20　有无楼梯对比模型

在中震及大震作用下，筒体开裂，并且先于框架屈服，其抗侧刚度降低，所承担的剪力比例有所减小。而核心筒外围的框架主要承受竖向荷载，并按刚度分配分担相应的剪力，在中震和大震作用下，随着核心筒刚度的降低，框架承担的剪力也相应有所增加。

这组实验的目的在于：观察框架-核心筒结构与框架结构在振动时的状态和响应。(由于有核心筒体的存在，框筒模型的刚度远远大于普通框架模型，在振动试验中框筒模型的振动响应也大大小于框架模型，这表明框筒结构的抗震性能比框架结构要好。)

(8)错列式剪力墙结构与框架对比实验：错列式剪力墙高层建筑与目前常用的传统剪力墙相比，具有能够提供更大的使用空间和更强的结构抗侧刚度，同时显著减小结构自重和地震作用，节约建材等独特优点，可以给建筑和结构设计都带来极大的方便和好处，是一种较新的建筑结构。但是，由于其结构的局部不对称，其抗震能力是一个需要研究的问题。

这组实验的目的在于：探究错列式剪力

墙高层建筑在振动状态下的响应。(错列剪力墙模型因为其错列布置的剪力墙缘故,抗侧刚度大大强于普通框架模型,振动试验中的振动响应也大大小于框架模型,抗震性能更优。)

5.3 成果意义

本次创新实验进行了8组实验,并制作了相应的8组对比模型。这些模型都是根据实际结构,经过简化的,所以具有实际的应用价值和意义。因此,这些模型可以为以后本科生的建筑结构教学提供材料,帮助学生更加直观的了解建筑结构在震动下的运动规律。

结构抗震一直是教学和科研的一个重点。地震的破坏性大,发生概率小,大多数人都没有经历过地震,对建筑结构在地震作用下的反应不能有一个清晰全面的认识。作为土木工程的学生,对建筑结构在地震时响应的理解还只能停留在根据书本知识和老师讲解的想象中。但现实中结构的地震响应是复杂的、不规律的,凭我们的能力是难以想象的,故制作模型进行小型振动台地震模拟试验对土木工程的理论教学有着很大的补充帮助,理论实际相结合,加深学生对抗震概念的理解。据了解,目前高校内在这方面的应用还很少,绝大部分的学校依旧停留在单纯的理论教学中,因此本实验对推广到广大高校教学中还是很有潜力的。

网架结构安装应力对极限承载力试验影响研究

项目所在单位:武汉大学土木建筑学院

项目第一完成人:丁占华

项目组成员:刘　锐　何远明　马健翔　杨广德　于义翔　包永胜　刘茂青

指导老师:杜新喜　教授

1　成果内容

由于我国目前在网架安装应力对极限承载力的影响这一课题方向研究较少,所以本项目通过对网架结构进行加载破坏试验,利用专业有限元分析软件将实际应力数据与理论值进行对比,评估安装应力对结构的影响。本项目能填补我国网架安装应力对极限承载力的影响这一研究空白,为后续实验研究提供实验数据,并为网架结构的设计以及安装提供参考依据。项目成果整理如下:

(1)实验测量出结构构件安装应力、极限承载力、跨中位移、支座位移,绘制相应曲线图。

本项目共完成4 m×4 m 、5 m×5 m、6 m×6 m(各三个模型)网架模型安装应力测量实验,完成6 m×6 m(三个模型)网架模型极限承载力试验,并已对实验数据进行整理(图1 ~9)。

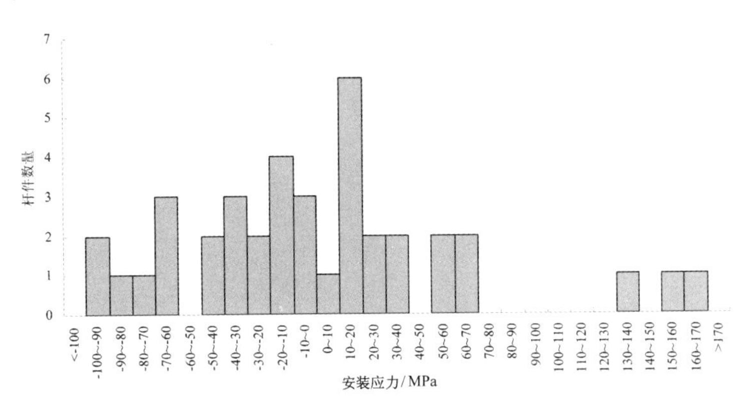

图1　4 m×4 m 网架第一次安装应力试验

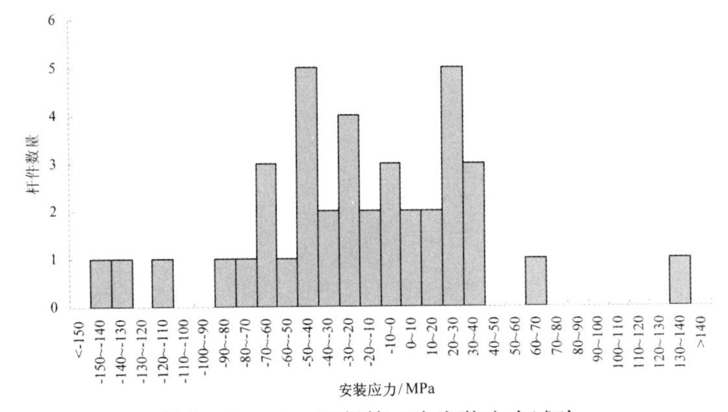

图2　4 m×4 m 网架第二次安装应力试验

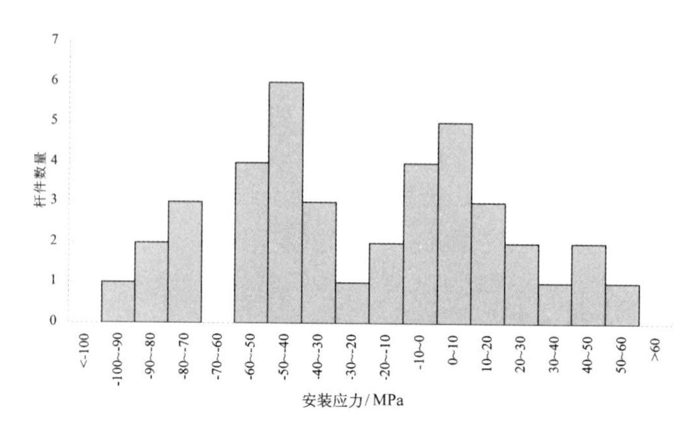

图3　4 m×4 m 网架第三次安装应力试验

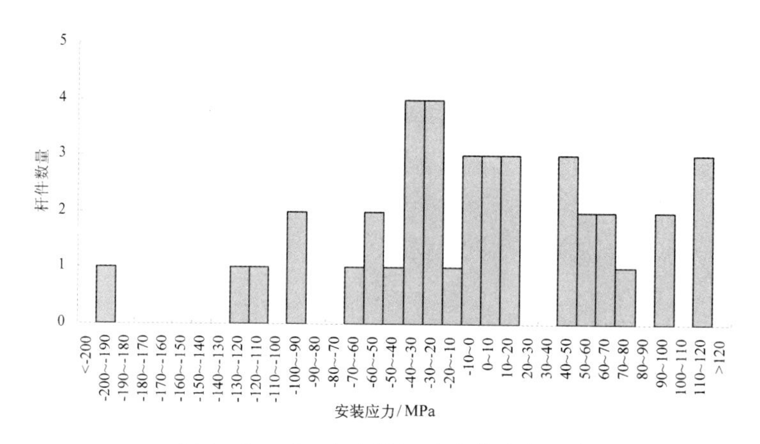

图4　5 m×5 m 网架第一次安装应力试验

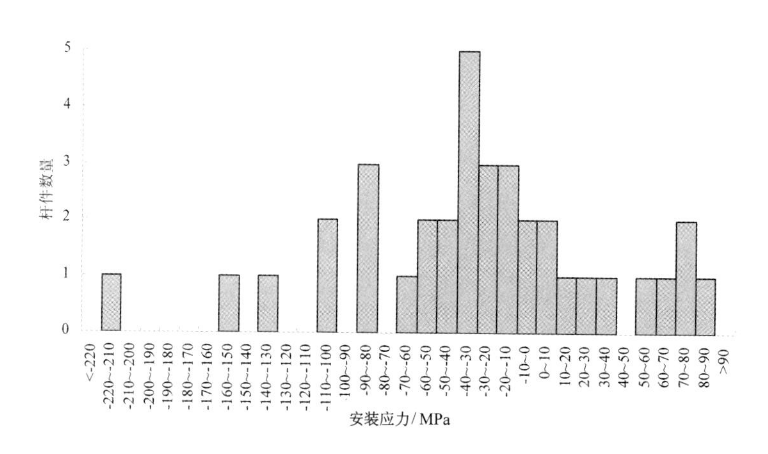

图5　5 m×5 m 网架第二次安装应力试验

(2)用 USSCAD 等软件计算出实验模型理论极限承载力,通过实际极限承载力与理论极限承载力的比较,分析安装应力对承载力的影响。

根据实验数据,可以对极限承载力试验的加载过程进行记录,加载过程中观察模型

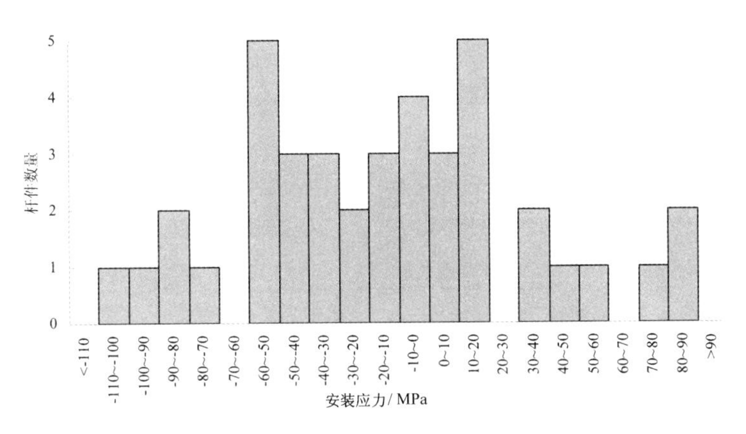

图6　5 m×5 m 网架第三次安装应力试验

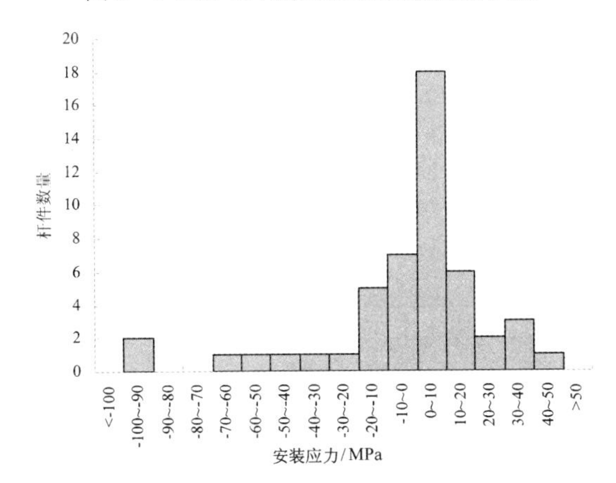

图7　6 m×6 m 网架第一次安装应力实验轴力统计直方图

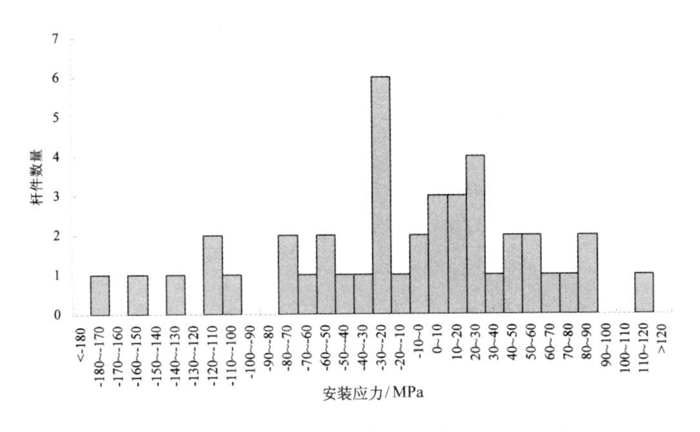

图8　6 m×6 m 网架第二次安装应力实验轴力统计直方图

中杆件，并对破坏顺序进行记录，现将极限承载力值与实验结果进行对比（图10）。

对以上数据进行分析可得，三次极限承载力试验数据较为理想，可以真实反映出安装应力对极限承载力的影响。其中，第二次试验极限承载力 92.65 KN，试验模型极限设计值 74 kN，实验承载力比理论值降低了 20.1%；第三次试验极限承载力 98.54 kN，试验模型极限设计值 74 kN，实验承载力比理论值

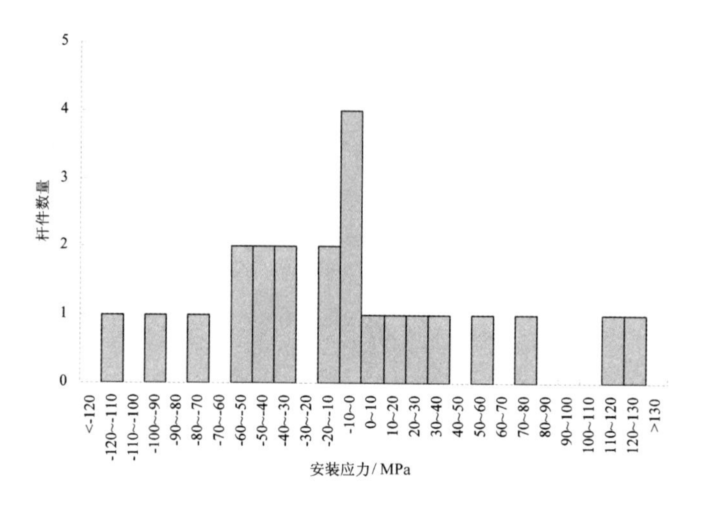

图9 6 m×6 m 网架第三次安装应力实验轴力统计直方图

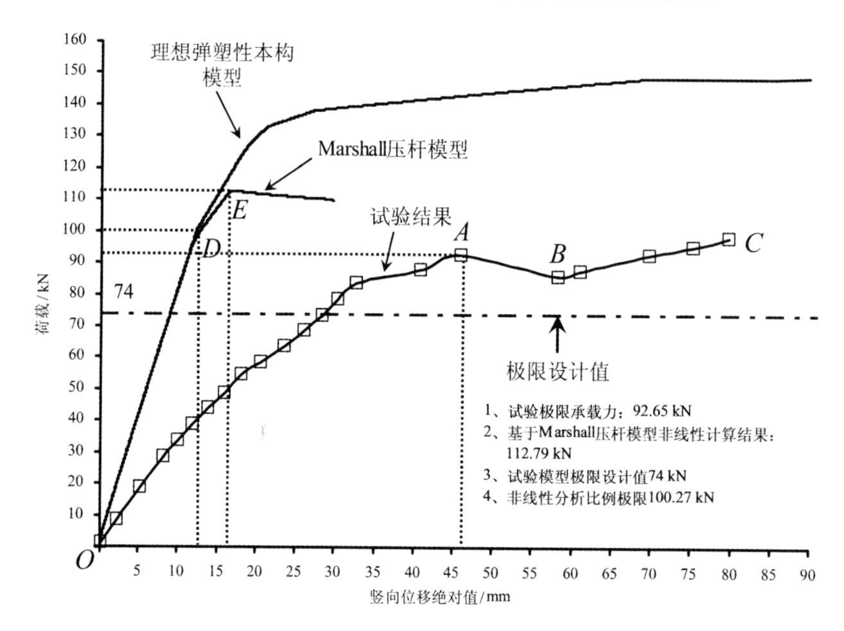

图10 6 m×6 m 网架第二次实验结果与理想弹塑性本构模型对比

降低了24.9%。

(3)基于安装应力对承载力的影响,为实际网架装配提供合理的装配方案和装配方法。

考虑到实验室条件,本项目试验用模型均采用螺栓球节点连接,螺栓球节点网架的螺栓球、杆件及杆件锥头螺栓均为工厂加工,加工精度高。安装过程中螺栓球放置要正确,由于螺栓球的放置错误会造成网架结构安装的不完整。在模型制作过程中,不同的拧紧顺序对模型极限承载力也有一定影响,先拧紧下弦杆件可以提高网架极限承载力,实际工程中,网架结构安装中杆件的拧紧也需要遵循一定顺序。

2 技术思路

本项目研究的是网架模型的安装应力对极限承载力的影响,需要进行两方面设计和计算,一是利用软件进行理论极限承载力的计算,二是测量实际安装应力及极限承载力的设计。

理论安装应力及极限承载力的计算原理:借助武汉大学土木建筑工程学院杜新喜教授开发的专门计算钢结构软件 USSCAD,建立一个标准的空间网架四角锥模型,输入实际杆件长度,计算理论应力。其中,技术难点在于如何精确地测出杆件轴心长度。实际上,轴心长度由两节点球半径和杆长三部分组成,为满足一定精度要求,测量精度保证在 0.1 mm 以内,需要采取特殊的方法进行测量。

测量实际装配应力的设计:利用现有钢构件,组装一个空间网架模型,根据理论应力的计算,选取关键杆件,利用相关仪器测量实际应力,并进行比较分析。主要有如下步骤:预组装模型—应变片粘贴—仪器调试—组装模型—测试—读数记录—分析整理。

3 实施过程

3.1 杆件长度、螺栓球直径测量

(1)测量球铰直径。对于每个球铰,我们按其孔洞连接方式,分为五大类别,每一类别球节点编号均相同。然后,用游标卡尺测量其沿不同孔洞方向的直径,从而得到球铰直径数据。

(2) 杆件轴心长度测量。对于直杆和斜杆两种类型的钢管,我们运用联合测量法分别得到了各编号杆件的长度。具体测量中,我们对每根杆件都测量两次,然后取其平均值,以减小测量误差。设杆件原始长度为 L,杆件两端球铰直径分别为 D_1 和 D_2,最终轴心长度为 L'。则 $L' = L + \frac{D_1}{2} + \frac{D_2}{2}$

3.2 安装应力试验

(1)按照应变片制作——杆件打磨——贴片——连线的步骤完成对测点杆件的应变片粘贴工作。

(2)按照设计模型图纸的大体框架,分工合作完成模型的预拼装工作。在拼装过程中,不扭紧杆件与球铰连接的螺丝(即拼装完成后,各杆件仍有一定的转动自由度)。

(3)线路全部接好后,就进行应变仪的调试,首先平衡三次,若发现有未平衡的应检查接线是否良好以及用万用表检查应变片两段电阻是否在 120 左右;然后设定采样时间和次数,开始进行应变采样;重复上述工作多次,直到初始应变值都稳定在 0 左右为止。

(4)读取数据,应变仪调试完成,达到相关标准后就可以进行正常测试了。应拧紧模型各螺栓连接,模拟工程实际,使其产生装配应力,然后通过应变仪读取数据,电脑会自动保存记录下来。

3.3 极限承载力试验

(1)应变仪调试,数据正常之后进行一次预加载。

(2)实验人员根据传感器显示的数据进行加载至 10 kN,加载过程中检查各部分接触是否良好,检查全部试验装置是否可靠,检查全部测试仪器仪表是否工作正常,检查全体试验人员的工作情况,使他们熟悉自己的任务和职责以保证试验工作顺利进行。预加载完成之后保证一切工作正常。

(3)负责千斤顶加载的实验人员按照传感器显示的荷载进行分级加载,前 80 kN 每级加载为 10 kN,每级加载完毕五分钟之后,进行数据记录;80 kN 之后每级加载为 5 kN,同样间隔五分钟之后进行数据记录。(根据 USSCAD 的计算结果,模型极限承载力约为 100 kN。)

(4)加载过程中注意观察模型杆件变化,并观察相应测点数据。

(5)加载完毕之后观察破坏杆件变化。

3.4 加载方案确定

本试验模型为空间结构，为了模拟结构的空间受力性能，需要对4个点位进行加载，在加载的时候很难做到4台千斤顶同步加载，为实现4个加载点能够施加相同的荷载，根据实际场地条件，在地下室设置分配梁，根据反力墙原理在加载装置与墙体之间设置千斤顶进行加载。工作原理如图11所示。

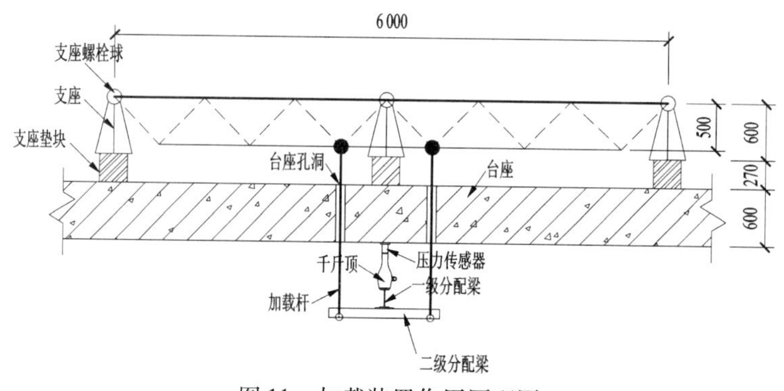

图11 加载装置作用原理图

4 创新点

本实验项目有如下的几个方面的创新：

(1)测量网架模型安装应力

本项目系统地研究了网架结构安装应力，对不同大小的9个模型进行了安装应力试验，并且在不同的拧紧顺序上进行了对比，详细对安装应力进行了研究，得出了一系列数据。

(2)进行网架结构加载实验，测量极限承载力

本项目根据武汉大学土木建筑工程学院的实验条件，设计出了相应的加载方案，并进行了论证，完全符合加载所需要求。同类项目很少进行极限承载力实验，本项目突破了网架结构模型进行加载实验的传统思维，具有很强的创新性。

(3)分析安装应力对极限承载力的不利影响

本项目在进行安装应力试验之后，对比分析了结构安装应力对极限承载力的影响，得出了由于安装应力造成的对极限承载力的折损。

5 成果意义

空间网格结构在其使用过程中，由于荷载作用、腐蚀效应和材料老化、自然灾害等不利因素的影响，以及施工缺陷、结构实际状态与设计不符等原因，结构不可避免地会产生损伤积累、抗力减小，甚至导致突发事故。

从结构本身的原因进行分析，空间网格结构构件在失稳特别是弹塑性失稳后不再处于继续承载状态而是处于卸载状态，外荷载的微小增量将导致结构变形的较大增长，这对于结构的承载极为不利。

目前对于空间网格结构的安全性评估，无论在理论、评估技术的方法、手段上均未曾进行过系统研究。若能通过一定的研究手段，利用精确的有限元分析方法和现有的结构稳定理论，研究如何精确分析结构极限承载力以及如何定量评估网格结构的损伤免疫力，这将有助于设计人员科学地诊断空间网格结构的安全性、评价结构的安全度，从而有效地避免不必要的人员伤亡和财产损失。

本项目能填补我国网架安装应力对极限承载力的影响这一研究空白，为后续实验研究提供实验数据，并为网架结构的设计以及安装提供参考依据。

粉煤灰加气混凝土砌块作外墙自保温墙体材料系统措施研究

项目所在单位:河海大学土木与交通学院
项目第一完成人:郭　江
项目组成员:郭　江　杜晓博　丁世宁
指导老师:周淑春　副教授

1　成果综述

1.1　背景介绍

2000年6月14日,在国家墙体材料革新建筑节能办公室等部门联合发布的《关于公布“在住宅建设中逐步限时禁止使用实心粘土砖”大中城市名单的通知》中,公布了我国160个城市在2000年~2003年前禁止用实心粘土砖的通知。之后国家又公布了第二批、第三批“禁实”城市名单。截至2010年年底,全国所有城市城区已实现禁止使用实心粘土砖,这给发展新型墙体材料提供了广阔的空间。

粉煤灰加气混凝土砌块作为新型墙体材料的一种,具有以下优点:(1)利用粉煤灰生产砌块,可以变废为宝,充分利用资源,解决了粉煤灰大量占用土地以及污染环境的问题;(2)提高建筑围护结构保温隔热水平,降低建筑能耗,符合国家节能减排政策;(3)砌块自重轻,减小建筑自重。粉煤灰加气混凝土砌块其自重一般为黏土实心砖的1/3,为混凝土的1/4,可有效减小建筑自重,减轻墙体施工劳动强度,降低建筑物总造价。

与此同时,它也存在墙体开裂、抹灰层空鼓、剥落等质量问题,这在一定程度上限制了粉煤灰加气混凝土砌块的应用和推广。因此从粉煤灰加气混凝土砌块作外墙自保温墙体材料系统措施进行研究以解决这些问题具有重要意义。

1.2　成果内容

(1)对当前砌块的生产的原料、生产工艺、产品规格及性能等进行调研,并结合应用状况进行了一些调查研究,最后对裂缝出现的形式进行了总结,进而分析出可能导致出现裂缝的原因。

(2)针对备选砌块分别测试了抗压强度以及干缩收缩值。得出如下结论:①在不同的含湿率条件下,砌块的抗压强度值有所变化,并且在干燥状态下抗压强度值最大;②砌块干燥收缩值是试验墙体开裂的重要因素。此外,确定各指标应满足的要求范围。

(3)对粉煤灰加气混凝土砌块配套砂浆进行分层度、收缩值、抗压强等试验,得出粉煤灰加气混凝土砌块专用砂浆的分层度、干燥收缩值和抗压强度的性能是影响粉煤灰加气混凝土砌块墙体开裂的重要因素。并确定各指标应满足的要求范围。

(4)采用正交试验法进行墙体防开裂实验研究,进行两阶段的试验,确定优化的施工工艺以及改进的构造措施和细部处理措施。

2　技术思路

(1)粉煤灰加气混凝土砌块生产及应用状况调查分析,开裂原因分析;

(2)粉煤灰加气混凝土砌块性能要求及

测试分析；

（3）粉煤灰加气混凝土砌块配套砂浆性能要求及测试分析；

（4）针对开裂原因，结合墙体防开裂性能试验，提出具体的防开裂措施。包括：研究满足防开裂要求的砌块、专用砂浆的性能指标和工艺参数；研究墙体与门窗框连接与密封时、墙体暗敷管线时具体的防开裂构造措施；优化砌筑和抹灰工艺；自保温墙体防开裂系统措施研究。技术思路如图1所示。

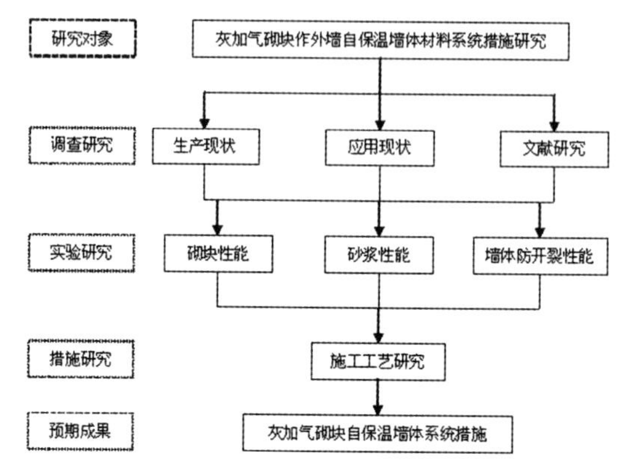

图1　技术思路

3　实施过程

3.1　进展计划

前期：文献检索、实地调研、试验方案确定及优化；

中期：试验前期准备、实验分析、数据处理；

后期：理论分析、撰写研究报告、结题报告、成果整理。

3.2　分阶段试验

3.2.1　ACB 砌块性能试验

1）抗压强度试验

（1）试验目的

本实验的目的是测试灰 ACB 砌块在不同含湿率下，砌块抗压强度的变化规律。

（2）试验设计

①实验设备

材料试验机：精度（示值的相对误差）不应低于±2%，其量程的选择应能使试件的预期最大破坏荷载处在全量程的20%～80%范围内。钢板直尺，规格为300 mm，分度值为0.5 mm。托盘天平或磅秤：称量2 000 g，感量1 g。电热鼓风干燥箱：最高温度200 ℃。

②试件尺寸和数量

沿制品膨胀方向中心部分上、中、下顺序锯取一组，上块上表面距离制品顶面30 mm，中块在制品正中处，下块下表面离制品底面30 mm。

③试验步骤

检查试件外观。测量试件的尺寸，精确至1 mm，并计算试件的受压面积（A1）。将试件放在材料试验机的下压板的中心位置，试件的受压方向应垂直于制品的膨胀方向。开动试验机，当上压板与试件接近时，调整球座，使接触均衡。以（2.0±0.5）kN/s 的速度连续而均匀的加荷；直至试件破坏，并记录破坏荷载（P_1）。

（3）结果计算

抗压强度按式（1）计算

$$f_{\infty} = \frac{P_1}{A_1} \tag{1}$$

式中　$f\infty$ —— 试件的抗压强度，MPa；

P_1—— 破坏荷载，N；

A_1 —— 试件受压面积，mm^2。

（4）试验结果分析

抗压强度试验结果见表1～4。

表1 抗压强度试验结果(一)

日期	2010-10-8			2010-10-12			2010-10-16		
试件编号	Y-1-1	Y-1-2	Y-1-3	Y-2-1	Y-2-2	Y-2-3	Y-3-1	Y-3-2	Y-3-3
抗压力/kN	36.80	36.26	41.42	39.36	37.74	32.74	38.16	36.74	24.74
抗压面积/dm^2	1.02	1.02	1.02	1.02	1.02	1.02	1.02	1.02	1.02
抗压强度/MPa	3.62	3.55	4.06	3.82	3.74	3.21	3.78	3.60	2.40
含水率	0.37	0.37	0.37	0.39	0.39	0.38	0.37	0.38	0.35
质量/g	858.5	863.6	852.7	874.2	846.8	870.0	860.3	854.1	887.0
干质量/g	624.4	628.7	620.4	630.4	611.0	629.1	627.6	618.3	658.3

表2 抗压强度试验结果(二)

日期	2010-10-20			2010-10-24			2010-10-28		
试件编号	Y-4-1	Y-4-2	Y-4-3	Y-5-1	Y-5-2	Y-5-3	Y-6-1	Y-6-2	Y-6-3
抗压力/kN	37.16	32.46	34.44	36.16	35.56	34.06	32.71	29.38	31.64
抗压面积/dm^2	1.02	1.02	1.02	1.02	1.02	1.02	1.02	1.02	1.02
抗压强度/MPa	3.68	3.15	3.44	3.51	3.63	3.34	3.32	2.94	3.16
含水率	0.28	0.34	0.36	0.36	0.55	0.35	0.23	0.28	0.28
质量/g	829.1	848.2	863.5	834.7	822.2	864.1	747.5	820.9	787.0
干质量/g	647.5	633.3	633.6	614.7	529.7	642.4	609.9	643.0	613.1

表3 抗压强度试验结果(三)

日期	2010-11-1			2010-11-5			2010-11-13		
试件编号	Y-7-1	Y-7-2	Y-7-3	Y-8-1	Y-8-2	Y-8-3	Y-9-1	Y-9-2	Y-9-3
抗压力/kN	33.27	28.16	32.27	28.72	28.27	35.85	37.61	35.82	38.38
抗压面积/dm^2	1.02	1.02	1.02	1.02	1.02	1.02	1.02	1.02	1.02
抗压强度/MPa	3.20	2.79	3.23	2.84	2.88	3.59	3.88	3.65	3.80
含水率	0.24	0.28	0.26	0.21	0.23	0.21	0.16	0.16	0.14
质量/g	789.6	814.2	762.6	782.3	758.0	787.0	699.9	688.2	752.4
干质量/g	636.8	635.6	604.8	648.8	617.4	651.4	605.9	595.8	657.4

表4 抗压强度试验结果(四)

日期	2010-11-17			2010-11-22			2010-12-4		
试件编号	Y-10-1	Y-10-2	Y-10-3	Y-11-1	Y-11-2	Y-11-3	Y-12-1	Y-12-2	Y-12-3
抗压力/kN	32.78	36.95	30.10	30.44	26.74	30.04	40.32	54.32	38.62
抗压面积/dm^2	1.02	1.02	1.02	1.02	1.02	1.02	1.02	1.02	1.02
抗压强度/MPa	3.79	3.85	2.90	3.23	2.78	3.11	4.20	5.71	4.02
含水率	0.14	0.15	0.17	0.09	0.11	0.11	0.00	0.00	0.00
试验质量/g	685.2	671.9	770.8	632.1	628.9	654.3	-	-	-
烘干质量/g	598.5	582.6	660.8	577.7	564.4	590.7	-	-	-

2)砌块干缩试验

(1)实验目的

本实验的目的是测定ACB砌块干燥收缩值。

(2)实验设计

①仪器设备

立式收缩仪:精度为0.01 mm,收缩头:采用黄铜或不锈钢制成;调温调湿箱:最高工作温度150 ℃,最高相对湿度为(95±3)%;天平:称量500 g,感量0.1 g;恒温恒湿槽(20±2)℃。

②试件

一组3块,40 mm×40 mm×160 mm,在试件的两端面中心,各钻一个直径6~10 mm,深度13 mm孔洞。在孔洞内灌入水玻璃水泥浆(或其他黏结剂),然后埋置收缩头,收缩头中心线应与试件中心线重合,试件端面必须平整。2 h后检查收缩头安装是否牢固,否则重装。

③试验步骤

试件放置1 d后,浸入水温为(20±2)℃恒温水槽中,水应高出试件30 mm,保持72 h。将试件从水中取出,用湿布抹去表面水分,并将收缩头擦干净,立即称取试件的质量。用标准杆调整仪表原点(一般为5.00 mm),然后按标准试件的测试方向立即测定试件的初始长度,记下初始百分表的读数。

试件长度测试误差为±0.01 mm,称取质量误差为±0.1 g;将试件放在温度为(20±2)℃,相对湿度为(43±2)%的调温调湿箱中。每隔4 d将试件在(20±2)℃的房间中测试一次,直至质量变化小于0.1%为止,测量前校准仪器原点,要求每组试件在10 min内测完。每测一次长度,应同时称取试件的质量。

(3)实验结果及分析见表5。

表5　实验结果分析

时间	试件编号	试件长度测量值/mm	累计变化值/mm	质量/g	收缩值/(mm·m^{-1})	备注
初始 2011.7.2	1-1	163.97	0.00	281.84	0.00	
	1-2	164.87	0.00	295.4	0.00	
	1-3	162.83	0.00	285.37	0.00	
第4天	1-1	163.91	0.06	218.74	0.43	
	1-2	164.81	0.06	233.51	0.43	
	1-3	162.64	0.19	218.78	1.36	
第8天	1-1	163.86	0.11	197.38	0.79	
	1-2	164.77	0.10	215.77	0.71	
	1-3	162.62	0.21	201.06	1.50	
第12天	1-1	163.83	0.14	186.51	1.00	
	1-2	164.53	0.34	202.92	2.43	
	1-3	162.62	0.21	190.27	1.50	
第16天	1-1	163.8	0.17	184.88	1.21	
	1-2	164.43	0.44	199.73	3.14	
	1-3	162.6	0.23	188.5	1.64	
第20天	1-1	163.78	0.19	184.4	1.36	
	1-2	164.37	0.50	198	3.57	
	1-3	162.57	0.26	188.77	1.86	
第24天	1-1	163.76	0.21	184.23	1.50	
	1-2	164.34	0.53	197.91	3.79	
	1-3	162.52	0.31	188.65	2.21	

依据《蒸压 ACB 砌块》(GB11968—2006)的规定,B06 级蒸压 ACB 砌块在标准测定的条件下,砌块的干燥收缩值应≤0.5 mm/m。经实验测试,该批次粉煤灰蒸压 ACB 砌块的干燥收缩值平均值为2.5 mm/m,超过规范规定值,不符合规范要求。该批次粉煤灰蒸压 ACB 砌块干燥收缩值超过标准值是造成试验墙体开裂的重要因素。

3.2.2 ACB 砌块配套砂浆性能试验

1)分层度试验

(1)仪器设备

①砂浆分层度筒内径 150 mm,上节高度为 200 mm,下节带底净高为 100 mm,用金属板制成,上、下层连接处需加宽到 3 ~ 5 mm,并设有橡胶热圈;

②振动台:振幅(0.5±0.05)mm,频率(50±3)Hz;

③稠度仪、木棰等。

(2)试验步骤

①首先将砂浆拌合物按稠度试验方法测定稠度;

②将砂浆拌合物一次装入分层筒中,待装满后,用木棰在容器周围距离大致相等的四个不同部位轻轻敲击 1 ~2 下,如砂浆沉落到低于筒口,则应随时添加,然后刮去多余的砂浆并用抹刀抹平;

③静置 30 min 后,去掉上节 200 mm 砂浆,剩余的 100 mm 砂浆倒出放在拌合锅内拌 2 min,再按稠度试验方法测定其稠度。前后测得的稠度之差即为是该砂浆的分层度值;

④取两次试验结果的算术平均值作为该砂浆的分层度值;两次分层度试验值之差如大于 10 mm,应重新取样测定。

(3)试验结果

九翔抹面砂浆分层度测试值见表 6 ~11。

表 6 九翔砌筑砂浆分层度测试值

mm

序号		初始刻度	终止刻度	稠度	平均稠度	备注
1	1	78	132	54	57.0	初始
	2	72	132	60		
2	3	73.5	132.5	59	56.5	初始
	4	73	127	54		
1’	5	74	135	61	63.5	30 分钟后
	6	71	137	66		
2’	7	73	138	65	67.5	30 分钟后
	8	77	147	70		
分层度			8.75			

表 7 九翔抹面砂浆分层度测试值

mm

序号		初始刻度	终止刻度	稠度	平均稠度	备注
1	1	73.5	140	66.5	66.75	初始
	2	74	141	67		
2	3	74	138	64	66.5	初始
	4	73.5	142.5	69		
1’	5	77	151	74	74.5	30 分钟后
	6	73	148	75		
2’	7	72	146	74	71.5	30 分钟后
	8	95	164	69		
分层度			6.375			

表 8　凌云抹面砂浆分层度测试值

mm

序号		初始刻度	终止刻度	稠度	平均稠度	备注
1	1	46	140	94	95.5	初始
	2	48	145	97		
2	3	46	147	101	101	初始
	4	46	147	101		
1’	5	45	147	102	104.5	30 分钟后
	6	43	150	107		
2’	7	45	156	111	110.5	30 分钟后
	8	46	156	110		
分层度			9.25			

表 9　凌云砌筑砂浆分层度测试值

mm

序号		初始刻度	终止刻度	稠度	平均稠度	备注
1	1	52	157	105	108.5	初始
	2	50	162	112		
2	3	51	165	114	113.5	初始
	4	54	167	113		
1’	5	50	162	112	113.5	30 分钟后
	6	48	163	115		
2’	7	47	164	117	117.5	30 分钟后
	8	48	166	118		
分层度			4.5			

表 10　巨龙专用砂浆分层度测试值

mm

序号		初始刻度	终止刻度	稠度	平均稠度	备注
1	1	44	124	80	79	初始
	2	51	129	78		
2	3	48	126	78	79.5	初始
	4	55	136	81		
1’	5	48	134	86	85	30 分钟后
	6	46	130	84		
2’	7	49	135	86	88	30 分钟后
	8	44	134	90		
分层度			7.25			

表 11　建宝专用砂浆分层度测试值

mm

序号		初始刻度	终止刻度	稠度	平均稠度	备注
1	1	50	160	110	110	初始
	2	52	162	110		
2	3	48	159	111	110.5	初始
	4	53	163	110		
1’	5	49	166	117	117	30 分钟后
	6	47	164	117		
2’	7	46	165	119	118.5	30 分钟后
	8	44	162	118		
分层度			7.5			

上述各种砂浆的分层度对比详见表12。

表12　各砂浆分层度值

序号	砂浆种类	分层度/mm	分层度标准值/mm	备注
1	JXQZ	8.75	≤20	合格
2	JXMM	6.38	≤20	合格
3	LYMM	9.25	≤20	合格
4	LYQZ	4.5	≤20	合格
5	JLZY	7.25	≤20	合格
6	JBZY	7.5	≤20	合格

由上表可知，上述6种砂浆（JXQZ、JXMM、LYMM、LYQZ、JLZY及JBZY）的分层度虽各不相同，但是都能够满足规范的要求。

1）收缩试验

（1）仪器设备：

①立式砂浆收缩仪：标准杆长度为（176±1）mm，测量精度为0.01 mm；

②收缩头：黄铜或不锈钢加工而成；

③试模：尺寸为40 mm×40 mm×160 mm棱柱体，且在试模的两个端面中心，各开一个Φ6.5 mm的孔洞。

（2）试验步骤：

①将收缩头固定在试模两端面的孔洞中，使收石头露出试件端面（8±1）mm；

②将拌合好的砂浆装入试模中，振动密实，置于（20±5）℃的预养室中，4 h后将砂浆表面抹平，砂浆带模在标准养护条件（温度为（20±2）℃，相对湿度为90%以上）下养护，7 d拆模，编号，标明测试方向；

③将试件移入温度（20±2）℃，相对湿度（60±5）%的测试室中预置4 h，测定试件的初始长度，测定前，用标准杆调整收缩仪的百分表的原点，然后按标明的测试方向立即测定试件的初始长度；

④测定砂浆试件初始长度后，置于温度（20±2）℃，相对湿度为（60±5）%的室内的，到第7 d、14 d、21 d、28 d、56 d、90 d分别测定试件的长度，即为自然干燥后长度。

（3）试验结果及分析见表13～18。

表13　九翔砌筑砂浆干燥收缩值

时间	试件编号	试件长度测量值/mm	累计变化值/mm	质量/g	收缩值/(mm·m^{-1})	收缩值平均值/(mm·m^{-1})
初始 2011.6.5	1-1	159.75	0	491.3	0.00	0.00
	1-2	160.69	0	488.6	0.00	
	1-3	160.85	0	490.8	0.00	
第7天	1-1	159.62	0.13	430.9	0.93	1.48
	1-2	160.48	0.21	430.2	1.50	
	1-3	160.57	0.28	429.6	2.00	
第14天	1-1	159.56	0.19	428.1	1.36	1.98
	1-2	160.42	0.27	427.3	1.93	
	1-3	160.48	0.37	426.8	2.64	
第21天	1-1	159.56	0.19	428.1	1.36	1.98
	1-2	160.42	0.27	427.3	1.93	
	1-3	160.48	0.37	426.8	2.64	

续表 13

时间	试件编号	试件长度测量值/mm	累计变化值/mm	质量/g	收缩值/(mm·m⁻¹)	收缩值平均值/(mm·m⁻¹)
第 28 天	1-1	159.56	0.19	429.45	1.36	1.98
	1-2	160.42	0.27	428.53	1.93	
	1-3	160.48	0.37	428.01	2.64	
第 56 天	1-1	159.55	0.2	432.1	1.43	2.02
	1-2	160.42	0.27	430.83	1.93	
	1-3	160.47	0.38	429.45	2.71	

表 14　建宝专用砂浆干燥收缩值

时间	试件编号	试件长度测量值/mm	累计变化值/mm	质量/g	收缩值/(mm·m⁻¹)	收缩值平均值/(mm·m⁻¹)
初始 2011.7.6	2-1	164.66	0	489.35	0.00	0.00
	2-2	163.55	0	492.43	0.00	
	2-3	164.39	0	488.98	0.00	
第 7 天	2-1	164.6	0.06	430.9	0.43	0.60
	2-2	163.44	0.11	430.2	0.79	
	2-3	164.31	0.08	429.6	0.57	
第 14 天	2-1	164.52	0.14	432.68	1.00	1.12
	2-2	163.36	0.19	437.48	1.36	
	2-3	164.25	0.14	433.78	1.00	
第 21 天	2-1	164.45	0.21	430.76	1.50	1.50
	2-2	163.3	0.25	438.13	1.79	
	2-3	164.22	0.17	431.67	1.21	
第 28 天	2-1	164.44	0.22	428.53	1.57	1.62
	2-2	163.28	0.27	433.17	1.93	
	2-3	164.2	0.19	432.77	1.36	
第 56 天	2-1	164.43	0.23	427.15	1.64	1.74
	2-2	163.26	0.29	432.06	2.07	
	2-3	164.18	0.21	431.52	1.50	

表 15　巨龙专用砂浆干燥收缩值

时间	试件编号	试件长度测量值/mm	累计变化值/mm	质量/g	收缩值/(mm·m⁻¹)	收缩值平均值/(mm·m⁻¹)
初始 2011.7.6	3-1	155.38	0	473.37	0.00	0.00
	3-2	158.59	0	478.08	0.00	
	3-3	161.17	0	484.46	0.00	
第 7 天	3-1	155.32	0.06	430.90	0.43	0.29
	3-2	158.53	0.06	430.20	0.43	
	3-3	161.17	0	429.60	0.00	
第 14 天	3-1	155.21	0.17	427.84	1.21	1.17
	3-2	158.38	0.21	433.12	1.50	
	3-3	161.06	0.11	440.64	0.79	

续表 15

时间	试件编号	试件长度测量值/mm	累计变化值/mm	质量/g	收缩值/(mm·m^{-1})	收缩值平均值/(mm·m^{-1})
第 21 天	3-1	155.14	0.24	421.76	1.71	1.98
	3-2	158.29	0.3	426.79	2.14	
	3-3	160.88	0.29	433.30	2.07	
第 28 天	3-1	155.13	0.25	420.52	1.79	2.10
	3-2	158.29	0.3	424.64	2.14	
	3-3	160.84	0.33	430.90	2.36	
第 56 天	3-1	155.1	0.28	420.16	2.00	2.29
	3-2	158.26	0.33	424.39	2.36	
	3-3	160.82	0.35	429.68	2.50	

表 16　九翔抹面砂浆干燥收缩值

时间	试件编号	试件长度测量值/mm	累计变化值/mm	质量/g	收缩值/(mm·m^{-1})	收缩值平均值/(mm·m^{-1})
初始 2011.7.6	4-1	160.95	0.00	481.24	0.00	0.00
	4-2	160.92	0.00	483.15	0.00	
	4-3	160.02	0.00	475.48	0.00	
第 7 天	4-1	160.80	0.15	430.90	1.07	0.86
	4-2	160.81	0.11	430.20	0.79	
	4-3	159.92	0.10	429.60	0.71	
第 14 天	4-1	160.71	0.24	428.10	1.71	1.52
	4-2	160.72	0.20	427.30	1.43	
	4-3	159.82	0.20	426.80	1.43	
第 21 天	4-1	160.63	0.32	429.90	2.29	2.10
	4-2	160.63	0.29	429.27	2.07	
	4-3	159.75	0.27	425.86	1.93	
第 28 天	4-1	160.63	0.32	426.62	2.29	2.19
	4-2	160.62	0.30	426.91	2.14	
	4-3	159.72	0.30	423.68	2.14	
第 56 天	4-1	160.63	0.32	426.16	2.29	2.19
	4-2	160.62	0.30	426.53	2.14	
	4-3	159.72	0.30	423.18	2.14	

表 17　凌云抹面砂浆干燥收缩值

时间	试件编号	试件长度测量值/mm	累计变化值/mm	质量/g	收缩值/(mm·m^{-1})	收缩值平均值/(mm·m^{-1})
初始 2011.7.14	5-1	160.22	0.00	406.21	0.00	0.00
	5-2	160.38	0.00	403.88	0.00	
	5-3	161.40	0.00	403.21	0.00	
第 7 天	5-1	160.20	0.02	344.23	0.14	0.21
	5-2	160.33	0.05	341.59	0.36	
	5-3	161.38	0.02	344.34	0.14	

续表 17

时间	试件编号	试件长度测量值/mm	累计变化值/mm	质量/g	收缩值/(mm·m^{-1})	收缩值平均值/(mm·m^{-1})
第 14 天	5-1	160.02	0.20	331.79	1.43	1.31
	5-2	160.21	0.17	327.98	1.21	
	5-3	161.22	0.18	330.71	1.29	
第 21 天	5-1	160.00	0.22	329.96	1.57	1.45
	5-2	160.19	0.19	326.17	1.36	
	5-3	161.20	0.20	330.71	1.43	
第 28 天	5-1	159.98	0.24	329.76	1.71	1.62
	5-2	160.16	0.22	326.22	1.57	
	5-3	161.18	0.22	327.90	1.57	
第 56 天	5-1	159.96	0.26	328.69	1.86	1.74
	5-2	160.15	0.23	325.76	1.64	
	5-3	161.16	0.24	326.78	1.71	

表 18　凌云砌筑砂浆干燥收缩值

时间	试件编号	试件长度测量值/mm	累计变化值/mm	质量/g	收缩值/(mm·m^{-1})	收缩值平均值/(mm·m^{-1})
初始 2011.7.14	6-1	162.62	0.00	439.08	0.00	0.00
	6-2	161.08	0.00	432.93	0.00	
	6-3	162.05	0.00	440.68	0.00	
第 7 天	6-1	162.52	0.10	402.96	0.71	0.50
	6-2	161.03	0.05	396.11	0.36	
	6-3	161.99	0.06	403.24	0.43	
第 14 天	6-1	162.47	0.15	389.56	1.07	0.95
	6-2	160.97	0.11	382.11	0.79	
	6-3	161.91	0.14	390.67	1.00	
第 21 天	6-1	162.44	0.18	384.06	1.29	1.12
	6-2	160.94	0.14	375.68	1.00	
	6-3	161.90	0.15	382.83	1.07	
第 28 天	6-1	162.43	0.19	381.22	1.36	1.26
	6-2	160.92	0.16	374.30	1.14	
	6-3	161.87	0.18	382.37	1.29	
第 56 天	6-1	162.41	0.21	380.42	1.50	1.38
	6-2	160.90	0.18	373.83	1.29	
	6-3	161.86	0.19	381.54	1.36	

上述 6 种砂浆分层度对比见表 19。

表19　6种砂浆分层度对比表

时间/d	收缩值平均值/(mm·m^{-1})						
	1#	2#	3#	4#	5#	6#	标准值
0	0.00	0.00	0.00	0.00	0.00	0.00	1.10
7	1.48	0.60	0.29	0.86	0.21	0.50	1.10
14	1.98	1.12	1.17	1.52	1.31	0.95	1.10
21	1.98	1.50	1.98	2.10	1.45	1.12	1.10
28	1.98	1.62	2.10	2.19	1.62	1.26	1.10
56	2.02	1.74	2.29	2.19	1.74	1.38	1.10

3)抗压强度试验

(1)仪器设备

①试模:尺寸为70.7 mm×70.7 mm×70.7 mm的带底试模。试模的内表面应机械加工,其不平度应为每100 mm不超过0.05 mm,组装后各相邻的不垂直度不应超过±0.5°;

②钢制捣棒:直径为10 mm,长为350 mm,端部应磨圆;

③压力试验机:精度为1%,试件破坏荷载应不小于压力机质量的20%,且不大于全量程的80%;

④垫板:试验机上、下压板及试件之间可垫以钢垫板,垫板的尺寸应大于试件的承压面,其不平度应为100 mm不超过0.02 mm。振动台:空载中台面的垂直振幅应为(0.5±0.05)mm,空载频率应为(50±3)Hz,空载台面振幅均匀度不大于10%。一次试验至少能固定(或用磁力吸盘)三个试模。

(2)试件制作及养护

①采用立方体试件,每组试件3个;

②应用黄油等密封材料涂抹试模的外接缝,试模内涂刷薄层机油或脱模剂,将拌制好的砂浆一次性装满砂浆试模,成型方法根据稠度而定,当稠度≥50 mm时采用人工振捣成型,当稠度<50 mm时采用振动台振实成型;

③待表面水分稍干后,将高出试模部分的砂浆沿试模顶面刮去并抹平;

④试件制作完成后应在室温为(20±5)℃的环境下静置(24±2)h,当气温较低时,可适当延长时间,当不应超过两昼夜,然后对试件进行编号、拆模。试件拆模后应立即放入温度为(20±2)℃,相对湿度为90%以上的标准养护室中养护。养护期间,试件彼此间隔不小于10 mm,混合砂浆试件上面应覆盖以防有水滴在试件上;

(3)抗压强度试验步骤:①试件从养护室地点取出后应及时进行试验。试验前将试件表面擦拭干净,测量尺寸,并检查其外观。并据此计算试件的承压面积,如实测尺寸与公称尺寸之差不超过1 mm,可按公称尺寸进行计算;②将试件安放在试验机的下压板上(或下垫板)上,试件的承压面应与成型时的顶面垂直,试件中心应与试验机下压板(或下垫板)中心对准。开动试验机,当上压板与试件(或上垫板)接近时,调整球座,使接触面均衡受压。承压试验应连续而均匀地加荷,加荷速度应为每秒钟0.25~1.5 kN(砂浆强度不大于5 MPa时,宜取下限,砂浆强度大于5 MPa时,宜取上限),当试件接近破坏而开始迅速变形时,停止调整试验机油门,直至试件破坏,然后记录破坏荷载。

(4)试验结果:砂浆抗压强度见表20~26。

表 20　九翔砌筑砂浆抗压强度

序号	破坏荷载/N	承压面积/mm²	抗压强度/MPa	抗压强度平均值/MPa	抗压等级	备注
1	40 170	4 998.49	8.03			
2	41 920	4 998.49	8.38	8.06	M7.5	
3	38 820	4 998.49	7.76			

表 21　九翔抹面砂浆抗压强度

序号	破坏荷载/N	承压面积/mm²	抗压强度/MPa	抗压强度平均值/MPa	抗压等级	备注
1	55 720	4 998.49	11.14			
2	55 750	4 998.49	11.15	11.08	M10	
3	54 750	4 998.49	10.95			

表 22　凌云砌筑砂浆抗压强度

序号	破坏荷载/N	承压面积/mm²	抗压强度/MPa	抗压强度平均值/MPa	抗压等级	备注
1	35 560	4 998.49	7.11			
2	35 720	4 998.49	7.14	7.07	M5	
3	34 860	4 998.49	6.97			

表 23　凌云抹面砂浆抗压强度

序号	破坏荷载/N	承压面积/mm²	抗压强度/MPa	抗压强度平均值/MPa	抗压等级	备注
1	33 620	4 998.49	6.73			
2	32 060	4 998.49	6.41	6.65	M5	
3	34 060	4 998.49	6.81			

表 24　巨龙专用砂浆抗压强度

序号	破坏荷载/N	承压面积/mm²	抗压强度/MPa	抗压强度平均值/MPa	抗压等级	备注
1	56 380	4 998.49	11.28	11.43		
2	58 190	4 998.49	11.64	15	M15	
3	56 800	4 998.49	11.36			

表 25　建宝专用砂浆抗压强度

序号	破坏荷载/N	承压面积/mm²	抗压强度/MPa	抗压强度平均值/MPa	抗压等级	备注
1	25 650	4 998.49	5.13	5.43		
2	28 500	4 998.49	5.70	7.06	M5	
3	27 270	4 998.49	5.46			

表 26　各砂浆抗压强度对比

序号	砂浆种类	抗压强度等级	抗压强度标准值	备注
1	JXQZ	M7.5	M2.5,M5	不合格
2	JXMM	M10	M2.5,M5	不合格
3	LYQZ	M5	M2.5,M5	合格
4	LYMM	M5	M2.5,M5	合格
5	JLZY	M15	M2.5,M5	不合格
6	JBZY	M5	M2.5,M5	合格

3.2.3 ACB 砌块墙体防开裂试验

分析引起墙体开裂的原因,进行 2 水平 7 因素的正交试验研究(图 2)。

因素 1:砌筑砂浆种类

水平 1:凌云砌筑砂浆

水平 2:建宝专用砂浆

因素 2:施工方法

水平 1:干法施工

水平 2:湿法施工

因素 3:砌块种类

水平 1:瑞阳

水平 2:佳园

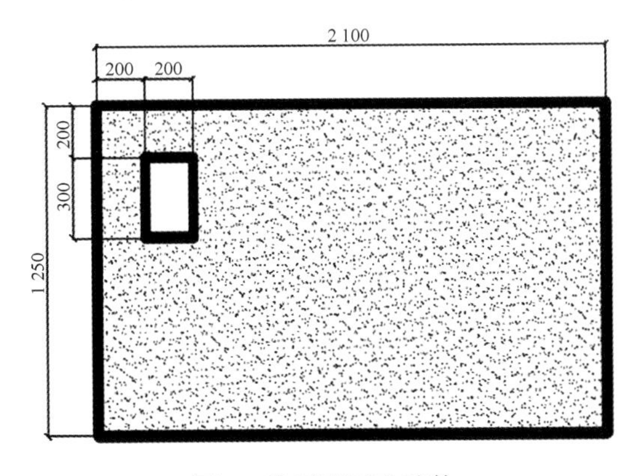

图 2 防开裂试验墙体

因素 4:抹面砂浆种类

水平 1:凌云抹面砂浆

水平 2:建宝专用砂浆

因素 5:网格布

水平 1:单层网格布

水平 2:双层网格布

因素 6:界面剂种类

水平 1:凌云界面剂

水平 2:建宝界面剂

因素 7:抹灰层厚度

水平 1:15 mm

水平 2:20 mm

(1)试验墙体尺寸

试验墙尺寸:宽度 1.25 m,高度 1.00 m,在离实验墙边缘 0.2 m 处的一角,开一个宽 0.2 m、高 0.3 m 的洞口,该洞口用于安装窗户。

(2)试验设备

气候调节室,温度控制范围 -25 ~ 75℃,带有自动喷淋设备。

(3)试验步骤

① 养护

墙体砌筑完成后,应至少在室内养护 28 d时间(图 3)。在养护期内,室温应在 10 ℃至 25 ℃之间。相对湿度不能低于 50 %。在养护期内,体系的任何变形,如爆皮、裂纹均需记录。

图 3 试验墙体砖筑过程

②热雨循环

试验墙进行 80 次循环试验,包括下列步骤:

加热至 70 ℃(1 h 升温),10 % ~15 % 相对湿度下保持 2 h(共 3 h),喷水 1 h [水温为 15 ℃,水量为 1 L/(m^2 · min)],静置 2 h(干燥),试验过程观察:在每四个热/雨循环试验后,观察整个系统或仅由抹面胶浆组成的体系在特性或性能(起泡、分离、裂纹、粘结性丧失、裂缝的形成等)方面的有关变化,记录如下:

——检查系统饰面层是否产生任何裂缝,需测出并记录所有裂缝的尺寸及位置;

——检查表面的起泡或剥落情况,并记录其位置及程度;

——检查窗栏及型材,如有任何损坏/破裂和伴随而至的饰面层裂纹;同样,必须记录发生的位置及程度;

试验结束后,对损坏和破裂进行进一步的研究。包括除去有裂缝的部分,观察水分渗透进入体系内部的情况。

③热冷循环

在温度为 10 ~ 25 ℃及相对湿度最小为 50 % 的条件下养护至少 48 h 后，用上述试验墙进行五次周期为 24 h 的热/冷循环，由下面两个步骤组成：在(50±5)℃(升温 1 h)及最大相对湿度 10 % 的条件下进行 7 h(共 8 h)，在(-20±5)℃(降温 2 h)的条件下进行 14 h(共 16 h)。

试验过程观察：在每个热/冷循环后，观察整个系统或仅由抹面胶浆组成的体系在特性或性能(起泡、分离、裂纹、粘结性丧失、裂缝的形成等)方面的有关变化，记录如下：

——检查系统饰面层是否产生任何裂缝，需测出并记录所有裂缝的尺寸及位置；

——检查表面的起泡或剥落情况，并记录其位置及程度；

——检查窗栏及型材，如有任何损坏/破裂和伴随而至的饰面层裂纹。同样，必须记录发生的位置及程度。

试验结束后，对损坏和破裂进行进一步的研究。包括除去有裂缝的部分，观察水分渗透进入体系内部的情况。

(4)试验过程

①试验墙体制备

按照正交试验表的要求，分别制作 1 ~ 4 号墙体，如图 4 所示。

②养护条件

养护条件如图 5 ~ 6 所示，表 27 ~ 29 所示。

图 4 1 ~ 4 号墙体养护中期

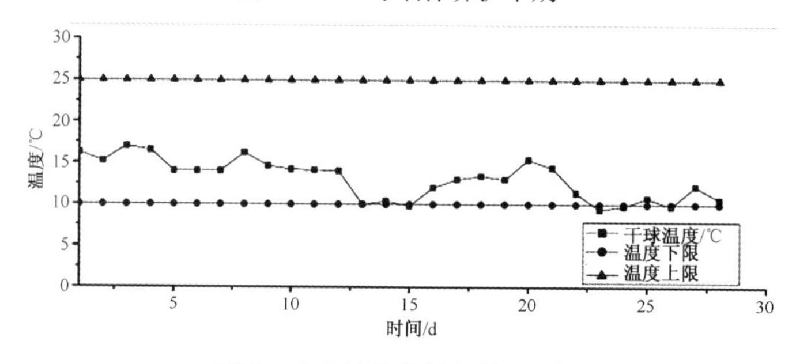

图 5 实验墙体养护条件-温度

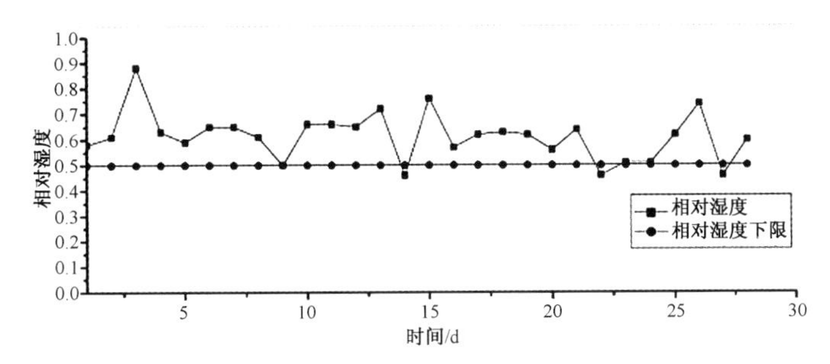

图6　实验墙体养护条件-相对湿度

表27　实验墙体养护初期温湿度

日期	2010.12.9			2010.12.10		
时间	8点	16点	22点	8点	16点	22点
干球温度/℃	14.0	15.8	14.7	16.2	15.8	14.6
相对湿度/%	64.50	56.63	54.25	60.60	68.00	59.00

表28　实验墙体养护中期温湿度

日期	2010.12.17			2010.12.18		
时间	8点	16点	22点	8点	16点	22点
干球温度/℃	9.8	12	12.1	12	13	12
相对湿度/%	76.00	61	61	57	58	67

表29　实验墙体养护末期温湿度

日期	2010.12.25			2010.12.26		
时间	8点	16点	22点	8点	16点	22点
干球温度/℃	10.8	10.2	12.4	9.8	10.6	7.6
相对湿度/%	61.6	50	72	74	57	89

③热雨循环和热冷循环

热雨循环于2011年1月22日10:30开始,2011年2月26日8:30结束;共进行了80次热雨循环和5次热冷循环。

1号热雨循环(2011.1.22)~8号热雨循环(2011.1.24),1~4号实验墙体均没有出现裂纹、起泡脱皮以及窗体破坏的现象。12号循环(2011.1.25)结束时,1号墙体开始出现裂纹,2~4号墙体没有裂纹现象;1~4号墙体均无起泡脱皮以及窗体破坏的现象。28号循环结束时,1号墙体裂纹面积增加,主要位于窗附近;2号墙体开始出现一条裂纹,3~4号墙体没有出现裂纹现象;1~4号墙体没有出现起泡脱皮以及窗体破坏的现象。2011.1.31,1号墙体窗附近裂纹继续增加,2号墙体窗周围出现裂纹,3~4号墙体没有出现裂纹现象;1~4号墙体没有出现起泡脱皮以及窗体破坏的现象。热雨循环结束时,1、2号墙体窗附近不同程度的出现了裂纹现象,其中1号墙体裂纹面积较大,2号墙体裂纹面积较小;3、4号墙体基本没有裂纹现象;1~4号墙体整个热雨循环过程中没有出现起泡脱皮与窗损坏的现象。

4　创新点

以粉煤灰加气混凝土砌块作为外墙自保温墙体材料进行系统研究,得到成套的粉煤灰加气混凝土砌块作为自保温墙体的技术。

5 成果意义

粉煤灰加气混凝土砌块(以下简称 ACB 砌块)自保温系统是无机建筑材料,耐久性能(包括耐火性)不容置疑,在作为外围护结构材料的同时又起到保温的作用,综合造价低于保温砂浆、聚苯板、聚氨酯等外墙保温体系,是墙体保温材料的最佳选择之一。所以,进行 ACB 砌块外墙自保温系统措施的研究,有诸多社会效益和经济效益,总结如下:

(1)利用粉煤灰生产砌块,可以变废为宝,充分利用资源,解决了粉煤灰大量占用土地以及污染环境的问题;

(2)提高建筑围护结构保温隔热水平,降低建筑能耗,符合国家节能减排政策;

(3)砌块自重轻,减小建筑自重;可有效减小建筑自重,减轻墙体施工劳动强度,降低建筑物总造价;

(4)耐用持久,维修费用低;蒸压 ACB 砌块,所有构成多为硅酸盐材料,其寿命与结构相同,可以与建筑物同使用寿命,几乎不需要维护费用;

(5)优良的防火性能,蒸压 ACB 砌块原材料均为无机不燃物,不产生有害气体。